MATLAB 在飞行器制导控制系统研制中的应用

常晓飞　符文星　陈康　编著

电子工业出版社

Publishing House of Electronics Industry

北京·BEIJING

内 容 简 介

MATLAB 是科学研究、工程设计等众多领域中数字仿真、辅助设计、算法研究和应用开发的基本工具和首选软件，在飞行器制导控制系统研制过程中有非常广泛的应用，在方案论证、系统设计和仿真验证试验中发挥了重要的作用。

本书内容紧密结合飞行器制导控制系统的研制过程。首先介绍了 MATLAB 的基本功能及其在科学计算中的应用；然后，介绍了如何利用相关函数和工具完成线性控制系统的设计和非线性系统的构建；接下来，介绍了 MATLAB 在制导系统设计中的应用方法，侧重于信号滤波、图像处理、射频处理等内容；最后，介绍了 MATLAB 在仿真验证中的应用，包括蒙特卡罗仿真、仿真加速和半实物仿真等内容，以及如何利用 MATLAB 开展试验数据的统计分析方法。

本书可作为一般读者学习和掌握 MATLAB/Simulink 语言的教科书，也可作为高等学校飞行器设计和导航制导与控制专业的本科生及研究生仿真课程的教材和教学参考书，还可作为相关科研人员学习和应用 MATLAB 开展制导控制系统设计的参考资料。

图书在版编目（CIP）数据

MATLAB 在飞行器制导控制系统研制中的应用 / 常晓飞，符文星，陈康编著. —北京：电子工业出版社，2020.6

ISBN 978-7-121-38486-8

Ⅰ. ①M… Ⅱ. ①常… ②符… ③陈… Ⅲ. ①Matlab 软件－应用－飞行器－制导系统－高等学校－教材②Matlab 软件－应用－飞行器－飞行控制系统－高等学校－教材 Ⅳ. ①V47-39

中国版本图书馆 CIP 数据核字（2020）第 028740 号

责任编辑：孟　宇

印　　刷：北京天宇星印刷厂

装　　订：北京天宇星印刷厂

出版发行：电子工业出版社

　　　　　北京市海淀区万寿路 173 信箱　　邮编：100036

开　　本：787×1 092　1/16　印张：31.75　字数：794 千字

版　　次：2020 年 6 月第 1 版

印　　次：2023 年 12 月第 6 次印刷

定　　价：89.00 元

前　言

　　飞行器制导控制系统作为飞行器和精确制导武器的核心系统，其性能直接影响飞行器和武器的战技指标。随着作战模式的日趋多样和战场环境的日趋恶劣，飞行器制导控制系统的设计面临着作战任务复杂多变、约束条件项目众多、各种干扰日趋显著、制导精度愈加精准和设计周期日渐缩短等诸多问题。

　　飞行器制导控制系统的研制过程大致分为系统建模、设计、分析、数学仿真、性能测试、半实物仿真、实弹靶试等诸多设计步骤，需要不断地对系统和分系统之间的性能参数进行综合权衡，最终才能给出一个满意的设计结果。同时，在飞行器制导控制系统的设计中，涉及飞行力学、经典控制原理、现代最优控制、信号处理、滤波估计、图像处理、射频信号处理、试验数据分析等诸多知识，因此，飞行器制导控制系统的研制是一个非常复杂的系统化工程。

　　MATLAB 作为当今世界科学研究和工程领域中广泛使用的控制系统设计工具，为设计者提供了系统设计、系统测试、系统仿真、数据分析一体化的先进的系统开发与设计环境。在飞行器制导控制系统设计过程中，MATLAB 有着非常广泛的应用，在方案论证、控制回路设计和制导回路详细设计以及仿真验证试验等不同的研制阶段发挥了重要的作用。设计人员基于 MATLAB 仿真评估，能够做到边设计、边分析、边试验，大大提高了工程设计与型号研制的效率和质量。

　　目前，国内已经出版了众多 MATLAB 及其工具箱的图书，多数图书侧重于介绍 MATLAB 软件在科学计算、控制系统设计、图像分析等方面的功能与应用，但是与工程实践和具体应用结合的图书较少。对于飞行器制导控制系统设计中的 MATLAB 应用方法，缺乏系统的、整体的介绍，科研人员往往需要查阅多本图书才能找到合适的内容。为了满足飞行器制导控制系统的专业需求，从实用性和普及与提高相结合的角度出发，编者在多年应用 MATLAB 软件教学和科研的基础上，紧密结合飞行器制导控制系统的设计流程，较为系统地、全面地介绍了 MATLAB 软件及其相关功能，可使读者方便、快捷地基于 MATLAB 软件完成系统概念设计、方案设计、仿真验证、数据分析的相关工作。本书注重工程应用，增加了相关模块工程使用的内容，使读者能够结合型号研制的相关工作，联系工程实践中的具体问题，尽快掌握所学的方法和技术。

　　本书共 9 章，第 1 章为绪论；第 2 章为 MATLAB 程序语言设计基础；第 3 章为 MATLAB 与科学计算；第 4 章为基于飞行器线性模型的控制系统设计；第 5 章为基于飞行器非线性模型的控制系统仿真验证；第 6 章为先进飞控算法在 MATLAB/Simulink 中的实现；第 7 章为 MATLAB 在飞行器制导系统设计分析中的应用；第 8 章为 MATLAB 在飞行器制导控制系统仿真验证中的应用；第 9 章为 MATLAB 在试验数据结果分析中的应用。

　　本书是编者在总结西北工业大学飞控所多位教师教学和科研工作基础上，参考国内外相关文献资料编写完成的，在编写过程中得到了研究所全体教师的大力支持和帮助。另外，研究所的万士正、廉璞、罗诗雨、孙博、郭瑞生、胥锦程、徐亚宁等多位研究生参与了相关文献资料的收集和文字校对工作，在此一并表示感谢。编者在编写过程中，参考了多位学者的研究文献以及网络论坛资料，在此也向他们表示感谢。

　　由于编者水平有限，疏漏和不当之处在所难免，恳请读者与专家批评指正。

编者于西北工业大学

2020 年 1 月

符号说明表

符 号	意 义	符 号	意 义
$Axyz$	地面坐标系	X	阻力
$Ox_1y_1z_1$	弹体坐标系	Y	升力
$Ox_2y_2z_2$	弹道坐标系	Z	侧向力
$Ox_3y_3z_3$	速度坐标系	r	弹目相对距离
x_m、y_m、z_m	飞行器在地面坐标系下坐标	q_y	视线偏角
m	导弹质量	q_z	视线倾角
$m_s(t)$	飞行器单位时间内质量消耗	n_y、n_z	弹体坐标系下法向和侧向过载指令
v_m	导弹速度	$J_x,J_y,J_z,J_{xy},J_{zy},J_{xz}$	转动惯量和惯性积
θ	弹道倾角	$\omega_x,\omega_y,\omega_z$	弹体坐标系角速度分量
α	攻角	a_{11}、$\cdots$、a_{24}、$\cdots$	纵向扰动运动的动力系数
β	侧滑角	b_{11}、$\cdots$、b_{24}、$\cdots$	偏航扰动运动的动力系数
γ	滚转角	θ_T	目标俯仰角
φ	弹道倾角	φ_T	目标方位角
γ_v	速度滚转角	$n_{\theta T}$	目标俯仰机动过载
ψ_v	弹道偏角	$n_{\varphi T}$	目标方位机动过载
ψ	偏航角	v_T	目标速度
ϑ	俯仰角	x_T、y_T、z_T	目标在地面坐标系下坐标
P	推力		

目　录

1

绪 论

现代战争从某种意义上来说是作战双方科技水平的较量，战争的最终胜负虽然不由武器的先进性决定，但基于高科技手段研制出的高性能武器，在某个局部战争中确实能起到关键作用。正因如此，科技手段在现代化战争中发挥着越来越重要的作用。自从 1944 年德国使用 V1 导弹以来，精确制导武器由于具有命中精度高、作战效能高、射程远、作战效费比高等特点，越来越多地被作战双方青睐。经过 70 多年的发展，精确制导武器已经具有多种类型和型号，被广泛地应用于对地攻击、防空拦截、海面攻击、水下攻击等作战任务，并在战争中发挥着越来越大的作用。据相关资料统计，在 1991 年海湾战争中，美军使用的精确制导弹药只占所投掷弹药总吨位的 9%，但却摧毁了伊拉克 75%的战略和战术目标。进入 21 世纪以来，随着电子技术、图像处理、卫星导航等技术的迅猛发展，精确制导武器的性能日益提高，在战争中投放比例也在逐渐增大。可以预见的是，未来的高技术战场，必将是各种精确制导武器相互较量的战场。因此，解决精确制导武器中的关键技术、研发性能更为优越的精确制导武器仍将继续成为各国军事发展的重点。

精确制导武器与传统武器的主要区别在于其具有制导控制系统，它能够借助制导控制系统导引并控制其飞行路线，从而精确地命中、毁伤目标。制导控制系统的性能优劣在很大程度上决定了武器系统的性能优劣和战技指标好坏，因此，制导控制系统的分析与设计成为决定精确制导武器系统功能和性能的关键环节。

精确制导武器作为一个典型的闭环控制系统，其制导控制系统的研制过程需要经过系统建模、设计、分析、数学仿真、系统部件测试、半实物仿真、飞行试验等诸多环节，其设计过程难度大、周期长、花费多、效率低。MATLAB 作为一种著名的控制系统辅助设计工具，除具备传统的交互式编程外，还提供了丰富可靠的矩阵运算、图形绘制、数据处理、图像处理等函数和工具，已经成为国际上控制界中最流行的软件。基于 MATLAB 的函数和众多工具箱，设计者能够非常方便地完成飞行器控制系统设计、六自由度仿真验证、探测信息及导航信号的滤波处理、图像目标的识别与跟踪、雷达系统的设计与验证、半实物仿真试验、试验数据的统计与分析等任务。基于 MATLAB 设计软件，能够大幅提高制导控制系统的研制效率，加快研制进度，降低系统的研制风险难度。

本书结合精确制导武器的制导控制系统的典型研制过程，分别介绍 MATLAB 软件在控制系统设计分析、制导系统设计分析、系统仿真验证和实验数据分析处理四个方面和各阶段的具体应用。在本章中，首先对制导控制系统和 MATLAB 软件进行简单的介绍。

1.1 精确制导武器制导控制系统概述

精确制导武器系统作为现代化战争中的重要武器，与普通武器的根本区别在于精确制导武器具有制导控制系统，它的主要任务是对目标实施精确打击或按照给定的弹道飞行。本节介绍了精确制导武器制导控制系统的概念、组成，以及制导控制系统的研制过程及要求。

1.1.1 精确制导武器制导控制系统的概念及组成

几十年的制导武器发展历史表明，制导控制系统的分析与设计是决定精确制导武器系统功能和性能的关键环节。制导控制系统的性能在很大程度上决定着武器的战术技术性能。

作为制导控制系统，必须具备以下两方面的基本功能。

（1）制导。在飞行器飞向目标的过程中，不断测量飞行器实际飞行弹道相对于理想（规定）飞行弹道之间的偏差，或者测量飞行器与目标的相对位置及其偏差，并按照一定制导规律计算出飞行器击中目标所必需的控制指令，以便自动控制飞行器，修正偏差，准确飞向目标。

（2）控制。按照导引律所要求的控制指令，驱动伺服系统工作，操作控制机构，产生控制力和力矩，改变飞行器的飞行路线和姿态，保证飞行器稳定地按照所需要的弹道飞行直至击中目标。

从结构上，制导控制系统一般由制导控制装置和被控对象（弹体运动）两大部分组成，制导控制装置是指用于控制弹体运动的所有设备仪器。制导控制装置是整个系统的核心，它一般由弹目相对运动测量装置、制导指令形成装置、姿态运动测量装置、姿态控制校正网络、执行机构等组成，如图 1-1 所示。

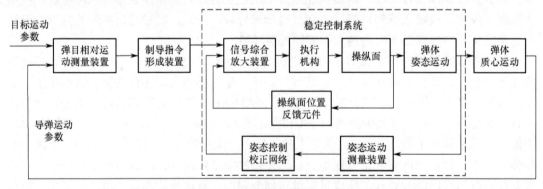

图 1-1　典型精确制导武器制导控制系统的基本组成

制导控制系统的工作流程：精确制导武器发射后，弹目相对运动测量装置不断测量飞行器相对要求弹道的偏差，并将此偏差送给制导指令形成装置；制导指令形成装置将该偏差信号加以变换和计算，形成制导指令，该指令通常要求飞行器改变航向或速度；制导指令信号送往稳定控制系统，经变换、放大后，通过执行机构驱动操纵面偏转，改变飞行器的飞行方向，使飞行器回到要求的弹道上来；当飞行器受到干扰，姿态角发生改变时，弹上姿态敏感元件检测出姿态偏差，并以电信号的形式送入弹载计算机，从而操纵飞行器恢复到原来的姿态，保证飞行器稳定地沿要求的弹道飞行。操纵面位置敏感元件能够感受操纵面的位置，并以电信号的形式送入计算机。计算机接收制导信号、姿态运动信号和操纵面位置信号，经过比较和计算，形成控制信号，以驱动动作装置，改变飞行器受到的力和力矩的大小，继而控制飞行器的姿态和位置。

1.1.2　精确制导武器制导控制系统的研制过程

下面简要介绍一下典型制导控制系统在研制过程中面临的问题以及其研制过程。

一、制导控制系统面临的问题

众所周知，精确制导武器是一个具有非线性、时变、耦合和不确定性的被控对象，其制导控制系统也较其他工业自动化系统更为复杂。这主要是由于制导控制系统有着特殊的工作条件和对其在精度和可靠性方面的高要求。

制导控制系统工作条件的特殊性表现在它的复杂化和多样化上，主要表现在以下几个方面。

（1）精确制导武器的动力学模型是一个非线性的微分方程组，纵向运动和侧向运动之间存在较强的耦合，特别是在大攻角机动时，控制系统通道之间存在复杂的相互作用。

（2）精确制导武器的动力学特性与它飞行时快速变化的飞行速度、高度、质量和转动惯量之间的密切联系。

（3）精确制导武器飞行距离远、飞行高度落差较大，在整个飞行过程中，由于飞行器的质量、大气密度都发生显著的变化，因此飞行器的动力学特性出现较大变化，这将直接导致制导控制系统的被控对象变化较大。

（4）精确制导武器空间运动、弹体与空间介质的相互作用以及结构弹性引起的操纵机构偏转与弹体运动参数之间的复杂联系。

（5）控制装置元件具有非线性特性，如舵机的偏转角度、偏转速度、响应时间受到舵机结构及物理参数的限制。

（6）在传感器输出中混有噪声，特别是在大过载的情况下，传感器的噪声可能被放大。

（7）大量的各种类型的干扰作用，在飞行器飞行过程中，受到大气风场、目标诱饵等各种外在因素的干扰。

（8）各种各样的发射和飞行条件，如飞行高度、弹体和目标在发射瞬间相对运动参数和目标以后运动的参数。

因此，精确制导武器制导控制系统的设计是一个较为复杂的问题，必须根据不同的研究目的将其分为若干设计阶段，并按照严格的设计流程开展相关的设计和分析工作。

二、制导控制系统的研制要求

为了完成精确制导武器的制导控制任务，对制导控制系统有很多要求，最基本的要求是制导控制系统的制导精度、目标分辨率、作战反应时间、抗干扰能力和生存能力、可靠性和维修性等几个方面。

1．制导精度

制导精度是制导控制系统最重要的指标。若制导系统的精度很低，则不能把精确制导武器的有效载荷（如战斗部）引向目标，不能完成摧毁目标的任务。制导精度通常用脱靶量来表示。所谓脱靶量是指精确制导武器在制导过程中与目标间的最短距离。脱靶量不能超出其战斗部的杀伤半径，否则便不能以预定概率杀伤目标。目前，战术导弹的脱靶量可达到几米甚至有的可与目标相碰。由于战略导弹战斗部威力大，因此目前的脱靶量可达几十米甚至几百米。

2．目标分辨率

若要使精确制导武器去攻击相邻几个目标中的某个指定目标，则制导装置对目标必须有较高的距离分辨能力和角度分辨能力。距离分辨率是指制导装置对同一方位、不同距离上的两个目标的分辨能力，一般用制导装置能分辨出两个目标的最小距离 Δr 来表示。角度分辨率则是指制导装置对统一距离、不同方位上两个目标的分辨能力，一般用制导装置能分辨出的两个目标和探测点连线间的最小夹角 $\Delta \varphi$ 表示。

制导装置对目标的分辨率主要由其传感器的测量精度决定。若要提高系统对目标的分辨率，则必须采用高分辨能力的目标传感器。目前，制导装置对目标的距离分辨率可以达到几米以内，角度分辨率可以达到毫弧度级以内。

3．作战反应时间

作战反应时间是指从发现目标起到第一枚导弹起飞为止的一段时间，通常情况下，应由指挥、控制、通信和情报（C3I）系统及制导系统的性能决定。但对攻击活动目标的战术导弹而言，则主要由制导系统决定。当导弹武器系统的搜索探测设备对目标进行识别和威胁判定后，立即计算目标诸元并选定应射击的目标。制导装置便接收被指定的目标，对目标进行跟踪，并控制发射设备捕获目标、计算发射数据、执行发射操作等。此后，导弹才从发射设备射出。制导系统执行上述操作所需要的时间称为作战反应时间。随着科学技术的发展，以及目标移动速度越来越快，由于难以实现在远距离上对地空目标的搜索、探测，因此制导系统的反应时间必须尽量短。

缩短制导系统反应时间的主要途径是提高制导装置准备工作的自动化程度。例如，使跟踪瞄准自动化、发射前测试自动化等。目前，技术先进的弹道导弹反应时间可缩短到几分钟，近程地空导弹的反应时间可达几秒钟。

4．抗干扰能力和生存能力

抗干扰能力和生存能力是指遭到敌方袭击、电子对抗、反导对抗和受到内部、外部干扰时，制导控制系统保持其正常工作的能力。对多数战术导弹而言，要求的是抗干扰能力。为提高制导控制系统的抗干扰能力，一是采用新技术使制导系统对干扰不敏感；二是使制导控制系统的工作具有突然性、欺骗性和隐蔽性，使敌方不易察觉制导控制系统的工作状态；三是制导装置采用多种模式工作，一种模式被干扰时，立即切换成另一种模式。对战略弹道导弹而言，要求的是生存能力，为提高生存能力，导弹可采用机动发射或在水下发射等发射方式。

5．可靠性和维修性

制导控制系统在规定的条件下和规定的时间内，完成规定功能的能力，称为可靠性。它取决于系统内部组件、元件的可靠性及由结构决定的对其他组件、元件及整个系统的影响。

目前，技术先进的战术导弹制导控制系统的可靠度可达 95%以上；战略导弹制导控制系统的可靠度在 80%～90%。

制导控制系统发生故障后，在规定的条件和规定的时间内，按规定的方法进行维修时，恢复到规定状态的能力，称为维修性。它主要取决于系统内设备、组件、元件的安装，人机接口，监控设备，维修程序，维修环境等。目前，技术先进的制导控制系统用计算机进行故障诊断，内部多采用组合插件，维修场地配置合理，环境条件好，并采用最佳维修程序，从而大大提高了制导控制系统的维修性。

除上面所说的要求外，在制导控制系统设计中还应考虑控制容量、生产成本、研制周期、质量和体积要求等诸多因素，因而在设计中需要综合衡量各方面的因素，这些因素综合在一起，导致制导控制系统的设计难度更加复杂。

三、制导控制系统的设计阶段划分

制导控制系统的复杂性决定了一次综合完成设计在工程中是行不通的，只能经过几个研究阶段逐次接近完成设计目标。根据不同的划分依据，可以将制导控制系统研制分成不同的阶段。

在武器型号研制过程中，通常分为论证阶段（L 阶段）、方案设计阶段（F 阶段）、工程阶段（G 阶段）及定型阶段（D 阶段），各阶段根据工作重点的不同开展相关的研究工作。L 阶段主要配合产品用户，根据作战需求，进行导弹武器系统的总体及制导系统总体的论证工作。F 阶段根据总体下达的研制任务书进行制导系统的方案设计工作。G 阶段一般包括初样阶段（C 阶段）和试样阶段（S 阶段），在 C 阶段主要完成制导孔子系统各单元的出样设计、试制、调试和制导控制舱的调试及性能测试，有时还可以开展制导控制系统初步的半实物仿真；在 S 阶段主要完成制导系统各单元的试样研制，各种地面性能考核试验、环境考核试验、数字/半实物仿真，参加全弹的外场地面考核试验，空中挂飞和空中靶试考核。D 阶段处理按照用户制定的定性试验大纲，除完成 S 阶段的基本相同的各种地面、空中相关试验考核外，还应完成与制导系统相关的配套单元，关键部件等三类、四类产品的鉴定及技术状态确认等相关定性工作。

制导控制系统研制阶段的划分更多的是从整个武器系统上进行划分的，而对于制导控制系统的设计任务而言，其主要研制阶段可以分为方案论证阶段、方案设计阶段和试验验证阶段。

（1）方案论证阶段：主要基于前期数据和相关型号经验，采用理论估算和参数计算等方法，根据任务需求完成方案的初步设计、指标分解和硬件选型等诸多工作。

（2）方案设计阶段：根据初步方案开展详细设计，采用详细建模与仿真计算等方法，开展制导方案设计、控制系统方案设计、图像处理算法设计、硬件设计和电气回路设计等设计工作。

（3）试验验证阶段：对设计方案进行多种形式的仿真验证，包括全系统数字仿真、半实物仿真和外场飞行试验等，并评估系统设计方案。

四、制导控制系统设计的典型工作步骤

下面参考相关武器型号的研制过程和相关军用标准，给出制导控制系统在研制过程中的典型工作步骤，按照方案论证、方案设计和试验验证这三个阶段，分别介绍每个阶段过程的相关工作。

需要说明的是，由于制导控制系统设计的复杂性，使得制导控制系统在实际设计过程中，设计方案的选择和相关参数的选型存在多样性，而评价这些方案的优劣并非易事。因此，在实际的工程实践中，制导控制系统的设计工作并不是严格按照工作步骤顺序执行的，而是经常需要根据设计结果进行不断的迭代，通过比较分析逐步淘汰不合理的方案，优化系统结构和设计参数，最终给出满意的结果。

1. 制导控制系统方案论证

制导控制系统方案作为武器系统总体方案的重要组成，通常与武器系统总体方案论证同时进行，其主要工作包括以下内容。

（1）确定制导体制：制导体制作为武器系统的重要参数，直接影响了导引系统方案、结构布局形式和武器系统方案等。每种制导体制在精度、抗干扰能力、技术复杂程度及成本等方面均有各自的优缺点，因此，在设计过程中需要根据武器作战目标和任务要求，选择合适的制导体制。

（2）选择控制方案：根据飞行器外形布局和弹道要求，选择合适的稳定控制回路结构形式、敏感器件类型和执行机构的参数，并考虑各个设备的尺寸、重量和供电，与总体方案进行迭代设计。

（3）指标初步估计：需要和总体设计方案一起，完成制导精度、交接班区域、发射条件等诸多参数的初步估计，并配合总体完成相关器件的论证选型。

总之，这一阶段的论证工作主要是与武器系统的总体方案配合的，通过几轮迭代设计，选择合适的制导方式及控制方式，初步建立制导控制系统结构框图，并结合以往研制经验，初步论证给出各分系统设备的性能指标，明确制导控制系统能否满足武器系统的战技要求。

2. 制导控制系统方案设计

在完成初步方案选型后，需要开展相关研究工作来完成详细方案的设计，主要包括控制回路的设计和制导回路的设计两方面的工作。

在明确稳定控制回路结构选型后，需要进行控制回路设计，由于弹体被控对象是一个典型非线性、变系数、交叉耦合的多输入多输出系统，使得其设计工作较为困难，因此，目前工程上主要还是采用小扰动线性化的方法对其系数进行冻结，将其转换为线性模型进行设计。其典型设计步骤如下：① 首先根据飞行器总体提供的气动力数据，对其进行气动特性分析，初步判断是否能够满足控制性能的要求，若不满足，则需要和总体进行迭代设计，并为总体气动外形的优化和设计提供理论依据；② 然后，基于小扰动线性化的原理，对选择的弹道特征点气动数据进行计算处理，得到弹体的气动特征参数，建立弹体的线性

系统模型，基于线性系统模块和设计的控制系统回路，开展控制系统设计，并分析设计系统的时域指标和频域指标；③ 将设计的控制系统代入到非线性模型中，考核控制方案在通道耦合和环境变化情况下的控制性能。

由于精确制导武器的探测体制和制导体制的不同，使得制导回路设计工作涉及较多的知识内容，主要研究包括导引律的选择、目标信息的预估处理、目标信息的识别与跟踪等内容。其中，导引律的选择主要是在各种总体指标、作战需求、弹道规划、目标特征等因素的约束下，开展导引律的方案选型和参数设计；目标信息的预估处理主要是根据测量到的目标视线信息，对其进行滤波处理，估算出目标的位置、速度、加速度以及剩余飞行时间等信息，为先进导引律的设计提供高精度的数据来源；目标信息的识别与跟踪主要和目标探测方向相关，包括以目标图像为研究对象的图像处理、目标识别、跟踪和锁定等内容，以及以目标射频特征为研究对象的雷达信号滤波与处理。

3．制导控制系统设计试验验证

在完成制导控制系统方案设计后，需要开展相关的仿真试验和数据分析，评估系统设计方案是否满足战技指标。主要包括全数字仿真、半实物仿真、靶试试验等内容，通过对不同阶段的试验数据进行统计分析，评估设计结果是否满足要求。

在完成导引律选择和控制回路设计后，就可以建立全系统数学模型，通过仿真验证考核制导控制系统性能、优化系统设计方案、调整系统控制参数。目前，主要采用蒙特卡罗仿真方法，并且通过大量的仿真计算，考核制导控制系统在各项干扰、误差作用下的性能指标。

在全数字仿真完成后，需要进行半实物仿真，将制导控制系统中的核心器件，如弹载计算机、导引头、陀螺和舵机等真实部件，引入到仿真回路中，验证制导控制系统各个器件之间软、硬件的协调性和正确性，研究分析控制作用的能力和系统的抗干扰能力，评估系统设计参数、系统稳定性及各种交叉耦合的影响等，以达到优化系统设计和提高系统可靠性的目的。

在完成系统设计和仿真验证后，还需要进行外场靶试，通过靶试试验来最终验证全系统的设计结果和战技指标。在靶试试验后，通过一系列数据分析为武器系统的优化改进和武器系统的定性提供理论依据。

需要说明的是，制导控制系统的研制过程是一个非常复杂的系统化工程，包含的研究内容和设计步骤众多，同时，整个设计过程也是一个反复迭代的过程，需要不断地对系统和分系统之间的性能参数进行综合权衡，最终才能给出一个满意的设计结果。在此，结合笔者的科研经验，对其一般过程进行了归纳。受个人能力限制，还有很多地方尚未提及，有兴趣的读者可以参考专业论著进行更加深入的学习。

1.2 MATLAB 软件在制导控制系统研制中的应用

MATLAB 作为当前国际控制界最流行的面向工程与科学计算的高级语言，在飞行器制导控制系统的分析、仿真和设计方面有非常广泛的应用，在方案论证、控制回路设计和制导回路详细设计，以及仿真验证试验等不同的研制阶段中都发挥了重要的作用。设计人员基于 MATLAB 仿真评估，能够做到边设计、边分析、边试验，大大提高了工程设计与型号研制的效率和质量。同时，航空航天领域和制导控制系统设计作为 MATLAB 的一个重要应用场合，在一定程度上也显著地推进了 MATLAB 软件自身的发展，其功能模块不断改进和完善。

本节在介绍 MATLAB 软件的产生及发展的基础上，介绍了 MATLAB 的特点，并结合 MATLAB 的产品线，分析了 MATLAB/Simulink 在制导控制系统研制中的应用。

1.2.1　MATLAB 的发展历程

20 世纪 70 年代中后期，曾在密歇根大学、斯坦福大学和新墨西哥大学担任数学与计算机科学教授的 Cleve Moler 博士，为讲授矩阵理论和数值分析课程的需要，与同事用 FORTRAN 语言编写了两个子程序库 EISPACK 和 LINPACK，这便是构思和开发 MATLAB 的起点。MATLAB 一词是 MATrix LABoratory（矩阵实验室）的缩写，由此可看出 MATLAB 与矩阵计算的渊源。

在 20 世纪 80 年代初，John Little 等人将先前的 MATLAB 全部用 C 语言进行改写，形成了新一代的 MATLAB。1984 年，Cleve Moler 和 John Little 等人成立 Mathworks 公司，并于同年向市场推出了 MATLAB 的第一个商业版本。随着市场接受度的提高，其功能也不断增强，在完成数值计算的基础上，新增了数据可视化以及与其他流行软件的接口等功能，并开始了对 MATLAB 工具箱的研究开发。

1993 年，MathWorks 公司推出了基于计算机并且以 Windows 为操作系统平台的 MATLAB 4.0。1994 年推出的 MATLAB 4.2，扩充了 MATLAB 4.0 的功能，尤其在图形界面设计方面提供了新的方法。

1997 年推出的 MATLAB 5.0 增加了更多的数据结构。如结构数组、细胞数组、多维数组、对象、类等，使其成为一种更方便的编程语言。1999 年年初推出的 MATLAB 5.3 在很多方面又进一步改进了 MATLAB 的功能。

2000 年 10 月底，推出了全新的 MATLAB 6.0 正式版，在核心数值算法、界面设计、外部接口、应用桌面等诸多方面有了极大的改进。2002 年 8 月，推出了 MATLAB 6.5，其操作界面进一步集成化，并开始运用 JIT 加速技术，使运算速度有了明显提高。

2004 年 7 月，Marhworks 公司又推出了 MATLAB 7.0，其中集成了编译器、Simulink 6.0 图形仿真器及很多工具箱，在编程环境、代码效率、数据可视化、文件 I/O 等方面进行了全面的升级。

2006 年 9 月，MATLAB 2006b 正式发布，从此以后，MathWorks 公司将每年进行两次产品发布，时间分别在每年的 3 月和 9 月，而且，每次发布都会包含所有的产品模块，如产品的 new feature、bugfixes 和新产品模块的推出。

在最新的 MATLAB 2016b 版本中，加强了对图像深度学习的支持，使得 MATLAB 又一次走在了时代的前沿。经过多年的发展，MATLAB 功能已十分强大，为科学研究、工程设计及必须进行有效数值计算的众多科学领域提供了一种全面的解决方案，并在很大程度上摆脱了传统非交互式程序设计语言（如 C 语言、FORTRAN 语言）的编辑模式，代表了当今国际计算机软件的先进水平。

1.2.2 基于 MATLAB 开展制导控制系统设计的优点

基于 MATLAB 平台开展制导控制系统设计时，具有以下优点。

1．友好的工作平台和编程环境

MATLAB 由一系列工具组成。这些工具能方便用户使用 MATLAB 的函数和文件，其中许多工具采用的是图形用户界面。包括 MATLAB 桌面和命令窗口、历史命令窗口、编辑器和调试器、路径搜索和用于用户浏览帮助、工作空间及文件的浏览器。随着 MATLAB 的商业化以及软件本身的不断升级，MATLAB 的用户界面也越来越精致，更加接近 Windows 的标准界面，人机交互性更强，操作更简单。而且新版本的 MATLAB 提供了完整的联机查询和帮助系统，极大地方便了用户的使用。简单的编程环境提供了比较完备的调试系统，程序不必经过编译就可以直接运行，而且能够及时地报告出现的错误并进行出错原因分析。

2．简单易用的程序语言

MATLAB 是一种高级的矩阵语言，它具有控制语句、函数、数据结构、输入输出和面向对象编程的特点。用户可以在命令窗口中将输入语句与执行命令同步，也可以先编写好一个较大的复杂的应用程序（M 文件）后再一起运行。新版本的 MATLAB 语言是基于最为流行的 C++语言设计的，因此语法特征与 C++语言极为相似，而且更加简单，更加符合科研人员对数学表达式的书写格式，更利于非计算机专业的科研人员使用。而且这种语言可移植性、可拓展性极强，这也是 MATLAB 能够深入到科学研究及工程计算各个领域的重要原因。

3．强大的科学计算机数据处理能力

MATLAB 是一个包含大量计算算法的集合，它拥有 600 多个工程中要用到的数学运算函数，可以方便地实现用户所需的各种计算功能。几乎所有函数中所使用的算法都是科研和工程计算中的最新研究成果，而且经过了各种优化和容错处理。在通常情况下，可以用它来代替底层编程语言，如 C 和 C++。在计算要求相同的情况下，使用 MATLAB 的编程工作量会大大减少。MATLAB 的这些函数集包括从最简单、最基本的绝对值函数到诸如矩阵、特征向量、快速傅立叶变换等复杂函数。这些函数所能解决的问题大致包括矩阵运算和线性方程组的求解、微分方程及偏微分方程组的求解、符号运算、傅立叶变换和数据的统计分析、工程中的优化问题、稀疏矩阵运算、复数的各种运算、三角函数和其他初等数学运算、多维数组操作以及建模动态仿真等。

4．出色的图形处理功能

MATLAB 自开发之日起就具有方便的数据可视化功能，以将向量和矩阵用图形表现出来，并且可以对图形进行标注和打印。高层次的作图包括二维和三维的可视化、图像处理、动画和表达式作图，可用于科学计算和工程绘图。最新版本的 MATLAB 对整个图形处理功能做了很大的改进和完善，使它不仅在一般数据可视化软件都具有的功能（如二维曲线和三维曲面的绘制和处理等）方面更加完善，而且对于一些其他软件所没有的功能（如图形的光照处理、色度处理及四维数据表现等）同样表现出了出色的处理能力。同时，对一些特殊的可视化要求（如图形对话等），MATLAB 也有相应的功能函数，满足了用户不同层次的需求。另外，最新版本的 MATLAB 还在用户图形界面（GUI）的制作上做了很大的改善，对这方面有特殊要求的用户也可以得到满足。

5．应用广泛的模块集合工具箱

MATLAB 对许多专门的领域都开发了功能强大的模块集和工具箱。一般来说，它们都是由特定领域的专家开发的，用户可以直接使用工具箱学习、应用和评估不同的方法而不需要自己编写代码。目前，MATLAB 已经把工具箱延伸到了科学研究和工程应用的诸多领域，诸如数据采集、数据库接口、概率统计、样条拟合、优化算法、偏微分方程求解、神经网络、小波分析、信号处理、图像处理、系统辨识、控制系统设计、LMI 控制、鲁棒控制、模型预测、模糊逻辑、金融分析、地图工具、非线性控制设计、实时快速原型及半实物仿真、嵌入式系统开发、定点仿真、DSP 与通信和电力系统仿真等。

6．实用的程序接口和发布平台

新版本的 MATLAB 可以利用 MATLAB 编译器和 C/C++数学库和图形库，将自己的 MATLAB 程序自动转换为独立于 MATLAB 运行的 C 和 C++代码。允许用户编写可以与 MATLAB 进行交互的 C 或 C++语言程序。另外，MATLAB 网页服务程序还容许在 Web 应用中使用自己的 MATLAB 数学和图形程序。MATLAB 的一个重要特性就是具有一套程序扩展系统和一组称之为工具箱的特殊应用子程序。工具箱是 MATLAB 函数的子程序库，每一个工具箱都是为某一类学科专业和应用而定制的，主要包括信号处理、控制系统、神经网络、模糊逻辑、小波分析和系统仿真等方面的应用。

7．应用软件开发（包括用户界面）

在开发环境中，用户能更方便地控制多个文件和图形窗口；在编程方面，支持函数嵌套，有条件中断等；在图形化方面，具有更强大的图形标注和处理功能；在输入/输出方面，可直接与 Excel 和 HDF5 进行连接。

1.2.3　MATLAB 的组成及其在制导控制系统研制中的应用

MATLAB 经过二十多年的发展，已逐步成为一个功能强大的设计与仿真验证平台。MATLAB 以工具箱的形式提供了众多专业模块，被广泛地应用于科学计算、数据处理、信号分析、图像处理、航空航天、金融分析等诸多领域中。下面就简要地介绍一下 MATLAB 的组成，并结合产品线，介绍一下不同模块在制导控制系统设计中的应用。

一、MATLAB 产品线

MATLAB 的产品线主要可以分为 MATLAB 和 Simulink 两个系列。由于一些工具箱提供了函数和 Simulink 模块，因此会在两个系列中共同出现。下面给出产品线的简介。

1．MATLAB 产品线组成

表 1-1 给出了 MATLAB 的产品线组成，从表中可以看出，MATLAB 提供了众多工具箱，能够完成数学、统计和优化、控制系统、信号处理与无线通信、图像处理与计算机视觉、测试与测量、计算金融学、计算生物学、代码生成、应用程序发布、数据库访问与报

告等诸多领域的计算任务。

表 1-1　MATLAB 的产品线组成

应用领域	名称	功能
数学，统计和优化	Statistics and Machine Learning Toolbox	统计和机器学习工具箱
	Neural Network Toolbox	神经网络工具箱
	Optimization Toolbox	优化工具箱
	Global Optimization Toolbox	全局优化工具箱
	Curve Fitting Toolbox	曲线拟合工具箱
	Symbolic Math Toolbox	符号数学工具箱
	Partial Differential Equation Toolbox	偏微分方程工具箱
控制系统	Control System Toolbox	控制系统工具箱
	System Identification Toolbox	系统识别工具箱
	Fuzzy Logic Toolbox	模糊逻辑工具箱
	Robust Control Toolbox	鲁棒控制工具箱
	Model Predictive Control Toolbox	模型预测控制工具箱
	Aerospace Toolbox	航空航天工具箱
	Robotics System Toolbox	机器人系统工具箱
信号处理和无线通信	Signal Processing Toolbox	信号处理工具箱
	DSP System Toolbox	DSP 系统工具箱
	Audio System Toolbox	音频系统工具箱
	Communications System Toolbox	通信系统工具箱
	Wavelet Toolbox	小波工具箱
	RF Toolbox	射频工具箱
	Antenna Toolbox	天线工具箱
	Phased Array System Toolbox	相控阵系统工具箱
	LTE System Toolbox	LTE 系统工具箱
	WLAN System Toolbox	WLAN 系统工具箱
图像处理与计算机视觉	Image Processing Toolbox	图像处理工具箱
	Computer Vision System Toolbox	计算机视觉系统工具箱
	Automated Driving System Toolbox	自动驾驶系统工具箱
	Vision HDL Toolbox	Vision HDL 工具箱
	Image Acquisition Toolbox	图像采集工具箱
	Mapping Toolbox	地图工具箱
测试和测量	Data Acquisition Toolbox	数据采集工具箱
	Instrument Control Toolbox	仪器控制工具箱
	Image Acquisition Toolbox	图像采集工具箱
	OPC Toolbox	OPC 工具箱
	Vehicle Network Toolbox	车载网络工具箱
计算金融学	Financial Toolbox	金融工具箱
	Econometrics Toolbox	计量经济学工具箱
	Datafeed Toolbox	数据输入工具箱

（续表）

应用领域	名称	功能
计算金融学	Database Toolbox	数据库工具箱
	Financial Instruments Toolbox	衍生金融工具箱
	Trading Toolbox	交易工具箱
	Risk Management Toolbox	风险管理工具箱
计算生物学	Bioinformatics Toolbox	生物信息工具箱
	SimBiology	生物学工具箱
代码生成	MATLABCoder	MATLAB 编码器
	HDL Coder	HDL 编码器
	Vision HDL Toolbox	Vision HDL 工具箱
	HDL Verifier	HDL 验证器
	Filter Design HDL Coder	滤波器设计 HDL 编码器
	Fixed-Point Designer	定点设计器
应用程序发布	MATLAB Compiler	MATLAB 编译器
	MATLAB Compiler SDK	MATLAB 编译器 SDK
	Spreadsheet Link (for Microsoft Excel)	电子表格链接（适用于 Excel）
	MATLAB Production Server	MATLAB 生产服务器
数据库访问与报告	Database Toolbox	数据库工具箱
	MATLAB Report Generator	MATLAB 报告生成器

2．Simulink 产品线组成

表 1-2 给出了 Simulink 的产品线组成，从表中可以看出，Simulink 提供了众多工具箱和模块库，能够满足基于事件的建模、物理建模、控制系统、信号处理和无线通信、代码生成、实时仿真和测试、确认验证和测试、仿真图形与报告等诸多领域的仿真任务需求。

表 1-2　Simulink 的产品线组成

应用领域	名称	功能
基于事件的建模	Stateflow	
	SimEvents	
物理建模	Simscape	Simscape
	Simscape Multibody	Simscape 多体
	Simscape Driveline	Simscape 传动系
	Simscape Fluids	Simscape 流体
	Simscape Electronics	Simscape 电子
	Simscape Power Systems	Simscape 电力系统
控制系统	Simulink Control Design	Simulink 控制设计
	Simulink Design Optimization	Simulink 设计优化
	Aerospace Blockset	航空航天模块库
	Robotics System Toolbox	机器人系统工具箱
	Powertrain Blockset	动力总成模块库

（续表）

应用领域	名称	功能
信号处理和无线通信	DSP System Toolbox	DSP 系统工具箱
	Audio System Toolbox	音频系统工具箱
	Communications System Toolbox	通信系统工具箱
	Phased Array System Toolbox	相控阵系统工具箱
	RF Blockset	射频模块库
	Computer Vision System Toolbox	机器视觉系统工具箱
代码生成	Simulink Coder	Simulink 编码器
	Embedded Coder	嵌入式编码器
	HDL Coder	HDL 编码器
	Vision HDL Toolbox	Vision HDL 工具箱
	Simulink PLC Coder	Simulink PLC 编码器
	Fixed-Point Designer	定点设计器
	DO Qualification Kit (for DO-178)	DO 认证套件（DO-178）
	IEC Certification Kit	IEC 认证工具包
实时仿真和测试	Simulink Real-Time	Simulink 实时
	Simulink Desktop Real-Time	Simulink 桌面实时
确认、验证和测试	Simulink Verification and Validation	Simulink 验证和验证
	Simulink Design Verifier	Simulink 设计验证器
	Simulink Test	Simulink 测试
	Simulink Code Inspector	Simulink 代码检查器
	HDL Verifier	HDL 验证器
	Polyspace Bug Finder	BUG 搜索器
	Polyspace Code Prover	密码验证器
仿真图形与报告	Simulink 3D Animation	Simulink 3D 动画
	Simulink Report Generator	Simulink 报告生成器

二、MATLAB 在制导控制系统研制中的应用

由于导弹是一个具有非线性、时变、耦合和不确定特性的被控对象，因为在制导控制系统设计时需要进行大量的、复杂的计算和仿真，而 MATLAB 的使用，无疑减轻了设计人员的负担，提高了计算的精度。

在制导控制系统仿真初期，往往需要技术人员自己用 BASIC 等语言去编写数值计算程序。例如，若想求得系统的阶跃响应数据并绘制阶跃响应曲线，则首先需要编写一个求解微分方程的子程序，然后将原系统模型输入给计算机，通过计算机求出阶跃响应数据，接着编写一个画图的子程序，将所得的数据以曲线的方式绘制出来。显然，求解这样简单的问题需要花费很长时间，并且由于没有纳入规范，往往不能保证结果的正确性。

自 MATLAB 问世以来，其应用范围越来越广，软件工具越来越完善，给控制系统的分析和设计带来了极大的便利，现已成为常用的控制系统计算机辅助分析工具。

结合制导控制系统的研制过程，下面给出 MATLAB 在制导控制系统研制中的应用。

1．基于线性模型的控制系统设计

MATLAB 控制系统工具箱中提供了诸多函数，能够完成精确制导武器线性模型的描

述、稳定性分析、控制系统设计和时域频域性能分析。

2．基于非线性模型的仿真验证

MATLAB 提供了 Simulink 仿真环境,特别适用于构建以微分方程组描述的飞行器非线性模型;同时,航空航天工具箱中提供了大量的动力学模块和环境模块,便于设计人员快速完成非线性模型的仿真验证。

3．先进控制方法

MATLAB 提供了神经网络工具箱、系统识别工具箱、模糊逻辑工具箱、鲁棒控制工具箱、模型预测控制工具箱、优化工具箱及全局优化工具箱等一系列先进的控制方法,便于设计人员开展基于现代控制理论的自动驾驶仪设计、先进制导律设计、复杂路径规划等任务

4．并行计算和实时代码生成

MATLAB 提供了多种并行计算工具箱,能够大幅提高计算效率,缩短仿真试验周期;同时还提供了多种实时仿真工具和代码生成器,能够方便、快捷地完成任务代码生成和实时程序生成,便于开展控制系统快速原型和半实物仿真试验。

5．目标图像处理

MATLAB 为图像制导武器的研究提供了多个图像处理工具箱,能够较为方便地开展目标识别与跟踪、抗干扰等图像制导系统的研究。

6．射频信号处理

MATLAB 为雷达制导武器提供了射频工具箱、相控阵工具箱、信号处理工具箱、小波变换工具箱等,能够方便地完成目标雷达信号的识别和处理。

7．试验数据分析

借助 MATLAB 中的统计工具箱,可以较为方便地完成试验数据的归纳处理、假设检验、回归分析等统计处理分析工作。

受篇幅限制,本书无法对 MATLAB 中所有的工具箱和模块进行介绍。在此,结合作者多年的工程实践经验,结合制导控制系统的研制过程,本书将对部分常用的函数、模块和工具箱进行介绍,包括其使用方法和注意事项等内容。

三、MATLAB 在制导控制系统研制中的应用

为了进一步的说明 MATLAB 在飞行器制导控制系统中的应用情况,编者通过对中国知网中相关文献进行了初步的统计。

1．MATLAB 和 Simulink 的文献统计情况

首先以包含"MATLAB"或"Simulink"为搜索条件,对文献主题进行检索,截止到 2018 年 7 月 24 日,共检索到文献 53639 篇。从文献检索结果可知,国内关于 MATLAB 的最早研究文献是上海机械学院计算机工程系的张文乐和朱家组老师,在 1988 年 7 月发表的《MATLAB-PC 矩阵分析计算软件包在控制理论中的应用》。该文献已经指出:"用 MATLAB 进行控制系统计算机辅助设计和计算、实现系统仿真极为简单方便,是进行计算机辅助设计和分析强有力的软件工具。"

如图 1-2 所示,图中给出了相关文献的年度分析表,从分析表中可以看出,进入到 21

世纪以后，随着计算机的快速普及和基于计算机进行辅助设计技术的全面推广，利用 MATLAB/Simulink 开展相关的仿真计算研究有了显著的提升。

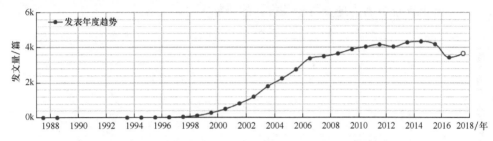

图 1-2 MATLAB/Simulink 相关研究论文年度发表统计

如图 1-3 和图 1-4 所示，从其研究层次和研究学科的统计结果可以看出，科研人员基于 MATLAB/Simulink 的研究工作主要集中在工程技术和基础与应用基础研究领域，分布在计算机、自动化、电力、电路、机械、汽车、无线电、建筑、物理、矿业、航空航天等众多学科，几乎涵盖了整个工业应用领域。

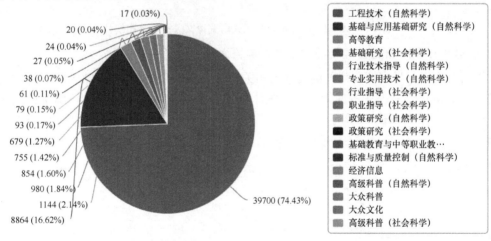

图 1-3 MATLAB/Simulink 相关研究论文研究层次分布统计

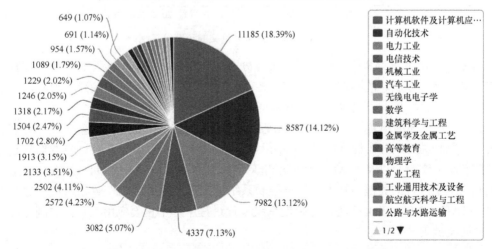

图 1-4 MATLAB/Simulink 相关研究论文学科分布统计

如图 1-5 所示，从对其论文关键词分布进行统计可知，相关研究涉及仿真、模糊控制、神经网络、遗传算法、优化设计、图像处理等诸多技术方向，这在一定程度上也表明了 MATLAB/Simulink 能够有力地支持相关方向的研究工作。

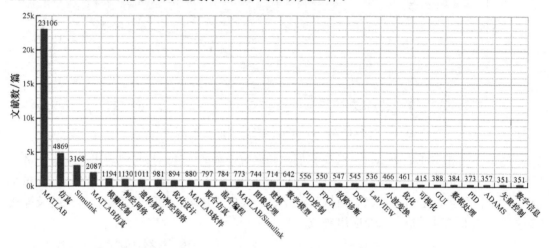

图 1-5 MATLAB/Simulink 相关研究论文关键词分布统计

2．MATLAB/Simulink 在制导控制系统的论文统计情况

下面首先以制导和控制为关键词开展相关检索工作，共检索文献 4725 篇。为了分析 MATLAB/Simulink 在其中的应用情况，统计时间从 2010 年重新检索，共检索到论文 3974 篇，年度发表统计如图 1-6 所示。

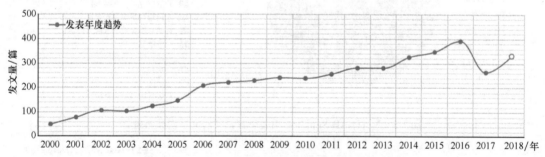

图 1-6 制导控制相关研究论文的年度发表统计

如图 1-7 所示，对其涉及的关键词进行分布统计可知，关键词涉及制导律、仿真、半实物仿真、最优控制、滑膜控制、变结构控制、比例导引、再入导引等诸多内容，主要集中在制导律设计、控制下同设计和仿真验证三个方面。

然后，在上述的检索结果中，全文检索 MATLAB 或 Simulink，共检索论文 610 篇。年度发表情况和关键词分布统计如图 1-8 所示。从图 1-8 中可以看出，其论文的增长趋势与制导控制研究文献，以及 MATLAB/Simulink 研究文献基本一致；MATLAB/Simulink 和制导控制论文中涉及的关键词基本与制导控制系统论文涉及的关键词一致。这在一定程度上表明，MATLAB/Simulink 作为制导控制系统设计过程中一个重要应用工具，与制导控制系统是共同发展的。

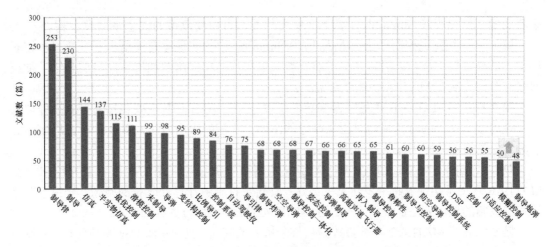

图 1-7 制导控制相关研究论文的关键词分布统计

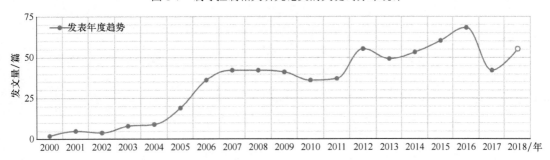

图 1-8 制导控制设计中涉及 MATLAB/Simulink 相关研究论文的关键词分布统计

1.3 本书的结构及内容

本书力求在编者多年应用 MATLAB 软件的基础上，围绕 MATLAB 在飞行器制导控制系统研制过程中的应用进行展开，结合典型制导控制系统的研制过程，分别介绍 MATLAB 在制导控制系统设计、仿真验证和试验分析中的相关应用。本书的各章内容如下。

第 1 章为绪论，简要介绍制导控制系统的组成和研制过程；并介绍 MATLAB 的发展过程，优点及其产品线组成。

第 2 章系统地介绍 MATLAB 程序语言设计基础。包括语言描述、变量定义、数据运算方法、M 语言的函数编写与测试，最后给出了常用的绘图方法。

第 3 章介绍 MATLAB 与科学计算，利用 MATLAB 提供的相关函数，能够方便、快捷地完成线性代数问题和微积分问题的分析与求解，以及利用 MATLAB 的求解最优化的方法，最后介绍基于 MATLAB 开展插值、拟合和基本统计的方法。

第 4 章介绍基于飞行器线性模型的控制系统设计，包括线性系统的描述、稳定性分析、时域分析、根轨迹设计和频域分析。

第 5 章介绍基于飞行器非线性模型的控制系统仿真验证。重点介绍 Simulink 仿真环境，包括其基本的使用方法、常用的仿真模块、一些晋级使用技巧等内容。最后，结合编者经验，给出了在 Simulink 环境下开展飞行器六自由度建模的注意事项及步骤。

第 6 章介绍先进控制算法在 MATLAB/Simulink 中的实现。首先给出了一些 Simulink 环境下的高级使用技巧；然后介绍了航空航天工具箱的相关函数和模块；最后介绍了神经网络和模糊控制在 MATLAB 中的实现方法。

第 7 章介绍 MATLAB 在飞行器制导系统设计分析中的应用，主要包括信号滤波处理和卡尔曼滤波方法。同时介绍针对图像制导的图像工具箱的应用方法，以及针对雷达制导的射频工具箱及相控阵工具箱的应用方法。

第 8 章介绍 MATLAB 在飞行器制导控制系统仿真验证中的应用。首先给出了在 MATLAB 环境下实现蒙特卡罗仿真的方法；针对蒙特卡罗计算耗时长的问题，介绍了并行计算工具箱的使用方法；最后，介绍了 MATLAB 在半实物仿真中的应用。

第 9 章介绍 MATLAB 在试验数据结果分析中的应用。包括试验数据的预处理、假设检验、参数估计、回归分析等，并给出了常用的统计图的绘制方法。

第 2 章
MATLAB 程序语言设计基础

为了利用 MATLAB 辅助设计人员开展飞行器制导控制系统的研制工作，在了解 MATLAB 界面的基础上，首先需要掌握 MATLAB 程序语言的设计基础，包括变量的命名规则、基本的语法结构、常用的数学运算方法、如何利用 M 语言进行代码的编写与设计等内容，这些都为后续飞行器制导控制系统设计的变量定义和数据处理等工作奠定了基础。最后介绍 MATLAB 中的数据曲线绘制的方法，包括二维曲线和三维绘图，这为制导控制系统设计完成后的结果分析及图像化显示提供了途径。

2.1 MATLAB 软件界面简介

下面对 MATLAB 的软件操作界面进行简要介绍。

2.1.1 MATLAB 软件界面

在完成 MATLAB 的安装后，启动 MATLAB，MATLAB 软件界面是一个高度集成的工作界面。从图 2-1 中可以看出，该界面主要包括工具栏、当前工作路径、当前路径文件浏览器、命令行窗口、工作空间和命令历史记录。

1．工具栏

在工具栏区域，用户可以通过单击完成相关操作。它包括三个 Tab 页，分别是主页、绘图和应用程序，其中，主页中包含各种常用操作和设置，主要包括文件的操作、变量的加载与保存、代码的运行、Simulink 库的启动、布局和设置以及帮助等内容；绘图中包含各种绘图指令，应用程序中包含 MATLAB 提供的多种应用工具和程序。需要说明的是，随着用户操作的不同，工具栏的内容会发生相应的变化。

2．当前工作路径

该窗口用于指示当前工作路径，相关操作与 Windows 操作风格类似。

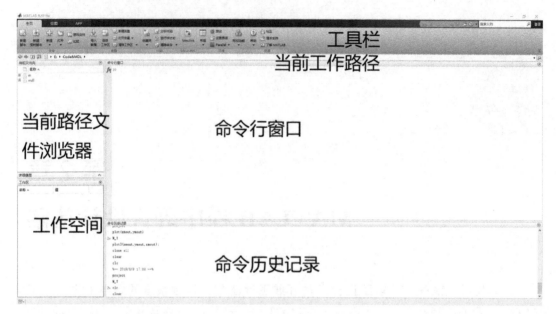

图 2-1 MATLAB 操作界面

3．当前路径文件浏览器

该浏览器中显示当前路径中的各个文件，用户可以在该界面中，完成文件的打开、复制、删除、重命名等操作；另外，对于 Mat 数据文件，用户可以单击右键，在快捷菜单中，完成数据文件的载入。

4．命令行窗口（Command Windows）

命令行窗口是 MATLAB 操作的主要窗口，在该区域内，用户可以输入各种命令、函数和表达式；同时，各种运算结果和运行提示也会在该窗口中显示。

5．工作空间（Workspace）

该窗口中显示了 MATLAB 工作空间中的所有变量，包括名称、大小、类型；双击某个变量，会弹出数组编辑区，便于用户查看数据或编辑数据；选中某个变量，单击右键，在快捷菜单中可以完成复制、删除、重命名及各种绘图操作。

6．命令历史记录

该窗口中记录着已经运行过的各种命令、函数和表达式，以及运行时间。用户双击某个命令记录，即可完成该命令记录的重新执行；用户也可以选择多个命令，在右键快捷菜单中，选择执行或者创建 M 文件。

需要说明的是，MATLAB 操作界面随着 MATLAB 版本的不同会有一定的差异。

2.1.2　MATLAB 软件设置

在 MATLAB 中，用户可以通过相关设置操作，修改软件的界面布局，更改软件的相关属性。

1．界面布局设置

在 MATLAB 工具栏的主页设置页中，单击"布局"按钮，在弹出的下拉菜单中完成主界面布局的设置，以及主界面显示内容的设置。

2．MATLAB 属性设置

在 MATLAB 工具栏的主页设置页中，单击"预设"按钮，弹出如图 2-2 所示的 MATLAB 属性设置对话框，用户可以在该对话框中完成颜色、命令行记录、命令行窗口、比较、编辑器、字体等诸多内容的属性设置。

图 2-2　MATLAB 属性设置对话框

3．MATLAB 搜索路径设置

在 MATLAB 中，用户输入的相关操作和命令，MATLAB 会按照一定的顺序来查找该数据或命令函数的源文件。在搜索时，首先检查当前目录是否包含该文件；否则检查 MATLAB 设置的所有搜索路径是否包含该文件；若依然搜索不到，则给出错误提示信息。如图 2-3 所示，用户可以在 MATLAB 工具栏的主页设置页中，单击"设置路径"按钮，在弹出的对话框中修改搜索路径。

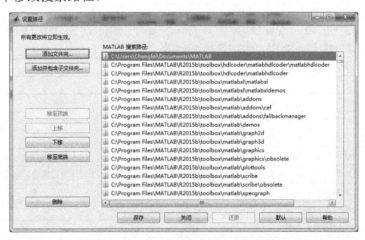

图 2-3　MATLAB 搜索路径设置对话框

在工程实践中，用户可以将自己编写的相关文件路径添加到搜索路径中，使得用户可以在 MATLAB 中调用自定义的函数，而不必每次都将相关函数文件复制到当前路径中。

2.2　MATLAB 语言中的变量及命令行窗口的基本操作

在本节中，首先介绍一下 MATLAB 语言的基础，以及命令行窗口中的基本操作方法。

2.2.1　MATLAB 语言中的变量及数据结构

对于一种编程语言，用户首先需要掌握其变量的命名方法和语言的基本语句。

一、MATLAB 语言中的变量

1．MATLAB 语言中的变量命名

在 MATLAB 语言中，所有的变量在进行命名时，第一个字符必须是英文字母，后面可以跟字母、数字、下画线等，其名字的最大长度为 63 个字符，注意，变量名和函数名是区分字母大小写的，即 MyVar 和 MyVAR 表示两个不同的变量。

另外，用户在进行变量命名时，不应与 MATLAB 中的关键词重名，更不应与 MATLAB 自用的变量名、函数名和文件夹名重名，否则在程序运行的过程中，可能会产生混淆或导致计算结果异常。

2．MATLAB 语言中的自用变量

MATLAB 为一些常用的数学常数预定义了变量名，当 MATLAB 启动后，这些变量名就自动产生。由于这些变量都包含特殊含义和用途，因此，在进行变量名命名时应尽可能避开这些名词。另外，熟悉并掌握这些变量的含义，有助于 M 文件代码的编写和调试。

表 2-1　常见的 MATLAB 自用变量名

变量名	含义
eps	机器的浮点运算误差限，默认值为 2^{-52}，即 2.2204×10^{-16}。若某个量的绝对值小于 eps，则可以认为这个量为 0
i 或 j	默认情况下表示纯虚数量；当被修改后，则通过语句 i=sqrt(-1) 恢复默认设置
Inf 或 inf	表示正无穷大量，负无穷大用-inf 表示。在 MATLAB 中，遵循 IEEE 算法规则，除 0 是被允许的-1，它不会导致程序执行的中断，给出警告并用 inf 表示结果
NaN 或 nan	表示不是一个数的含义，通常由 0/0 或 ∞/∞ 得到
pi	圆周率 π 的大小
intmax	可表达的最大正整数，默认为 2147483647
intmin	可表达的最小负整数，默认为-2147483648
realmax	可表达的最大正实数，默认为 1.7977e+308
realmin	可表达的最小负实数，默认为 2.2251e-308
lasterr	存放最新一次的错误信息。此变量为字符串型，若在本次执行过程中没出现过错误，则此变量为空字符串
lastwarn	存放最新的警告信息。若未出现过警告，则此变量为空字符串
nargin	函数的输入参数个数
nargout	函数的输出参数个数
ans	保留最近一次的运算结果

二、MATLAB 语言中的数据类型

MATLAB 的强大之处在于其支持的数据结构和类型种类很多，能够充分覆盖科学计算、信息处理、仿真模拟等各个领域的应用需求。

1．数值型（Numeric）

数值数组是 MATLAB 中最重要的数据类型，是存储和运算的基本单元，其组成元素就是里面记录的数值，数值的默认数据类型为双精度浮点数，占 8 个字节（64 位），遵从 IEEE 记数法，包括 11 个指数位、52 位尾数及一个符号位，此外，数值数组还支持多种数据类型，如 uint8，int8，int16，int32，uint16，uint32 等。

数值数组的维数不受限制，可以是一维、二维、三维甚至是高维，其数据的编址方式包括单下标或全下标等类型。另外，MATLAB 为数值数组的创建、操作、运算提供了非常丰富的函数。

在本书中，若不做特殊说明，则数据结构默认为数值数组。

2．符号型（Symbolic）

为了实现公式推导和数学问题的解析解法，MATLAB 定义了符号型变量，以区别于常规的数值型变量。在进行解析运算前，需要首先利用 syms 函数将采用的变量声明为符号变量，该语句具体的用法为 syms var_list var_props。其中，var_list 给出需要声明的变量列表，可以同时声明多个变量，中间用空格分隔。若需要，则可以进一步声明变量的类型 var_props，还可以使用的类型为 real、positive 等。

符号型数值可以通过变精度算法函数 vpa()以任意指定的精度显示出来。该函数的调用格式为 vpa(A)，或 vpa(A,n)，其中，A 为需要显示的数值或矩阵，n 为指定的有效数字位数，前者以默认的十进制位数（32 位）显示结果。

3．字符串型（Character and String）

MATLAB 支持字符串变量，可以用它来存储相关的信息。与 C 语言等程序设计语言不同，MATLAB 字符串是用单引号括起来的，而不是用双引号。在 MATLAB 中，字符串型与数值型之间可以比较方便地通过一些函数进行转换。

4．胞元数组（Cell Arrays）

胞元数组是一种用于存储不同大小、不同类型数据的异构容器，其存储格式类似于普通的矩阵。胞元数组中的基本组分就是胞元（Cell），每个胞元本身在数组上是平等的，只能以下标的形式进行区分和访问。胞元可以存放任何类型、任何大小的数组（如任意维数的数值数组、字符串数组、符号对象等），而且同一个胞元数组中各个胞元中的内容可以各不相同。与数值数组一样，胞元数组的维数同样不受限制，可以是一维、二维，甚至是多维。胞元数组中对于胞元的编址也有单下标编址和全下标编址两种。

5．架构数组（Structure array）

架构数组同样是一种用于存储不同大小、不同类型数据的异构容器，其基本组或成分是 Structure（架构）。数组上每个架构都是平等的，以下标进行区分。每个架构必须在划分"域"后才能使用。数据不能直接存放于架构中，而只能存放在域中。架构中的域可以存放任何类型、任何大小的数组，不同架构的同名域中存放的内容也可以不同。同样，架构数组的维数也不受到限制，可以是一维或多维。架构数组中对于架构的编址也有单下标编址和全下标编址等。

三、MATLAB 语言中的基本语句结构

下面介绍 MATLAB 语言中的基本语句，主要包括直接赋值语句和函数调用语句两种类型。

1．直接赋值语句

直接赋值语句的基本结构如下：

赋值变量 = 赋值表达式

这一过程把等号右边的表达式直接赋给左边的赋值变量，并返回到 MATLAB 的工作空间。若赋值表达式后面没有分号，则将在 MATLAB 命令窗口中显示表达式的运算结果。若不想显示运算结果，则应该在赋值语句的末尾加一个分号。若省略了赋值变量和等号，则表达式运算的结果将赋给保留变量 ans。保留变量 ans 将永远存放最近一次无赋值变量语句的运算结果。

2．函数调用语句

函数调用语句的基本结构如下：

[返回变量列表]=函数名（输入变量列表）

其中，函数名的要求和变量名的要求是一致的，一般函数名应该对应在 MATLAB 路径下的一个文件名。例如，函数名 my_fun 应对应于 my_fun.m 文件。当然，还有一些函数名需要对应于 MATLAB 内核中的内在（Built-in）函数，如 inv() 函数等。

返回变量列表和输入变量列表均可以由若干个变量名组成，它们之间应该分别用逗号隔开。返回变量还允许用空格分隔，例如 [U S V] = svd(X)，该函数对给定的 X 矩阵进行奇异值分解，所得的结果由 U、S、V 这 3 个变量返回。

2.2.2 MATLAB 语言中命令行窗口的操作

在 MATLAB 语言中，很多代码的输入和编写均是在其命令行窗口中实现的，下面将系统地对 Command window 的操作和命令进行归纳整理，以便读者更好地掌握和使用 MATLAB。

一、指令行中的标点符号

在 MATLAB 语言中，一行代码中除由英文字母和数字定义的变量和函数外，就是各种各样的标点符号。在命令行窗口中，不同标点符号的功能和任务不同，同一标点符号在不同情况下的功能也不相同。下面给出各种标点符号的主要功能，注意所有标点符号均为英文字符。

（1）　　　　空格可用作输入量与输入量之间的分隔符，也可用作数组元素的分隔符。

（2），　　　与空格类似，可用作输入量与输入量之间的分割符，以及要显示计算结果的指令与其后指令之间的分隔。

（3）.　　　数值中表示小数点；在运算符号前，组成数组运算，如点乘、点除。

（4）；　　　指令结尾；数组的行间分隔符。

（5）：　　　生成一维数值数组；单下标援引数据时，表示全部元素组成的长列；多下标援引数据时，表示该维度上的全部元素。

（6）%　　　注释功能，将本行该符号后的输入当作注释。

（7）''　　　字符串记述符，单引号内为字符串。

（8）()　　　可以改变运算次序；数组援引；函数指令输入量列表。

（9）[]　　　输入数组；函数指令输出量列表。

（10）{}　　　胞元数组记述符。

（11）=　　　赋值符号，将右边的计算结果赋值给左边的变量。

（12）…　　　三个连续黑点组成一个续行符，把下一行当作该行的继续，不能放在变量中间使用。

（13）@　　　函数名前形成函数句柄；匿名函数前导符；目录名前形成对象类目录。

二、命令行窗口中的显示方法设置

在 MATLAB 的命令行窗口中，函数、变量、数值结果采用黑色字体输出；if、for、end、while 等控制流语句用蓝色字体输出；字符串用紫色字体输出；警告信息用红色字体表示。

在命令行窗口中，所有的数值输出默认情况下采用 5 位数字表示，用户可以通过 format 指令，调整数据的显示个数和显示格式。注意，该设置仅在当前执行过程中有效。如表 2-2 所示。

表 2-2　MATLAB 命令行窗口用于调整数值数据显示格式的函数

指令	含义	示例（输入 pi）
format format short	默认格式。通常保留小数点后 4 位有效数字，最多不超过 7 位；大于 1000 的实数，用 5 位有效科学计数法显示	3.1415926 1000*pi 为 3.1416e+03
format long	小数点后 15 位数字表示	3.141592653589793
format short e	5 位科学计数法表示	3.1416e+00
format long e	15 位科学计数法表示	3.141592653589793e+00
format short g	在 format short 和 format short e 中自动选择最佳方式	3.1416
format long g	在 format long 和 format long e 中自动选择最佳方式	3.14159265358979
format rat	近似有理数表示	355/113
format hex	十六进制表示	400921fb54442d18
format +	用于显示大矩阵，正数/负数/零分别用+、−、空格表示	
format bank	金融的元、角、分	3.14

三、命令行窗口中的命令和快捷方式

MATLAB 还提供了多个控制指令，用户通过这些命令，可以在命令行窗口中执行一些特殊任务，如表 2-3 所示。

表 2-3　MATLAB 命令行窗口中常用的操作指令

指令	含义	指令	含义
cd	设置当前的工作目录	help	在命令行窗口中显示帮助信息
clf	清除图形窗口	edit	启动 M 文件编辑窗口
clc	清除命令行窗口中的显示内容	return	返回到上层调用程序；结束键盘模式
clear	清除 MATLAB 工作空间的变量	quit	退出 MATLAB
dir	列出指定目录下的文件和子目录清单	exit	退出 MATLAB
save	保存变量到 Mat 文件	load	从 Mat 文件中读取变量
who	获取工作空间中的变量	whos	获取工作空间的变量的详细信息

为了便于用户操作，MATLAB 不仅允许用户在命令行窗口对输入的指令行进行各种编辑操作，而且允许用户对过去已经输入的指令进行回调、编辑和重运行。熟悉和掌握这些命令能够有效地提高代码的编写效率。

表 2-4　MATLAB 命令行窗口中常用的快捷方式

按键	功能	按键	功能
↑	前寻式调回已输入过的指令行	↓	后寻式调回已输入过的指令行
←	在当前行中左移光标	→	在当前行中右移光标
PgUp	前寻式翻阅当前窗口的内容	PgDn	后寻式翻阅当前窗口的内容
Home	使光标移到当前行的最前面	End	使光标移到当前行的最后面
Delete	删去光标右边的字符	Backspace	删去光标左边字符
Esc	清除当前行的全部输入内容		

2.3　MATLAB 语言中数据的运算方法

数据作为一种 MATLAB 的核心元素，是任何函数和功能的基础。因此，只有熟悉并掌握数据的创建方法、调用方法、各种运算方法，才能有效地完成函数的编写和功能的实现。

2.3.1　MATLAB 语言中数据的创建

任何数据在使用前均需要对其进行定义并创建，下面介绍 MATLAB 中常见类型的数据创建方法。

一、向量数值数据的创建

出于数值计算离散本质的考虑，也出于向量化快速处理数据的需求，MATLAB 把数组看作存储和运算的基本单元。即便是一个标量数据，也被看作是一个 1×1 的数组。向量数据作为一个一维数组，在 MATLAB 中经常用到。对于一个一维数组，根据数组中数据的属性不同，可以采用两种不同的创建方法。

1．数值大小不同型的一维数组创建

对于一些内容比较少的一维数组，当里面的数值大小不同时，通常采用逐个元素输入的方法进行创建。例如，在命令行窗口中输入 A=[1,2,3]或 A=[1 2 3]，创建一个包含 3 个元素的行向量；当输入 A=[1;2;3]，创建一个包含 3 个元素的列向量。

在创建过程中，整个输入数组的首尾必须添加方括号"[ ]"，行内元素用空格或逗号进行分割，不同行之间用分号或回车键分割。

2．数值递增/递减型的一维数组创建

在 MATLAB 中还经常会用到一些递增/递减的一维数组，这些数组用于函数的自变量和 for 循环中的循环变量等情况，例如，生成一组随等间距递增的时间序列数据。该类数组中的数据特点是所有元素的大小按照等值递增或等值递减的方法进行排列的。这种类型的数组创建方法有两种：冒号生成法和函数生成法。

（1）冒号生成法。冒号生成法的主要语句表达式如下：

```
X = a : inc : b
```

式中，a 是数组的第一个元素，inc 为采样点之间的间隔，即步长，生成的数组最后一个元素的大小为 $a + inc \times \lfloor (b-a)/inc \rfloor$，其中 $\lfloor \cdot \rfloor$ 表示向 0 取整。inc 为正数或负数，当 inc 为正时，a 要小于 b；当 inc 为负时，a 要大于 b。

（2）函数生成法。除冒号生成法外，用户还可以调用 linspace() 函数生成线性递增数组，或 logspace() 函数生成对数递增数组。其调用方法如下：

```
X = linspace (a, b, n);              %   生成线性递增数组
X = logspace (a, b, n);              %   生成对数递增数组
```

式中，linspace() 函数产生一个以 a，b 为左右端点，线性递增的 n 个数据。logspace() 函数产生一个以 a，b 为端点，对数递增的 n 个数据。

【例 2-1】利用不同的方法创建一维数组。

```
>> a=[1 3 5 6]                    %数值大小不同型一维数组的创建
a =     1     3     5     6
>> b=10:-2:1                      %冒号生成法创建一维数组
b =    10     8     6     4     2
>> c=linspace(1,10,10)           %函数生成法创建一维数组
c =     1     2     3     4     5     6     7     8     9    10
>> d=logspace(0,5,3)             %函数生成法创建一维数组
d =   1.0e+05 *
      0.0000     0.0032     1.0000
```

二、多维数值数据的创建

多维数组是 MATLAB 最常用的一种数据形式，向量数据通常可以看成一个多维数组的特例。多维数值数组的创建方法包含三种：手动输入方法、函数生成方法和文件载入方法。

1．手动输入方法

对于较小的数组，从键盘上直接输入最便捷。具体方法与一维向量的创建方法相同。当数据量略微较大时，可以在 MATLAB 工作空间完成数组的创建。首先，在 Comand Windows 中创建一个变量；然后在 WorkSpace 区域中选择该变量，弹出数组编辑器；最后在数组编辑器中，逐个录入数组数值，敲击回车键完成单个元素的录入。

2．函数生成方法

在实际应用中，MATLAB 提供了多种函数，便于用户生成指定形式的数组/矩阵。MATLAB 命令行窗口中常用的操作指令如表 2-5 所示。

表 2-5　MATLAB 命令行窗口中常用的操作指令

指令	含义	指令	含义
zeros(m,n)	生成一个全零的 m×n 矩阵	eye(m)	生成一个 m×m 的单位矩阵
ones(m,n)	生成一个全 1 的 m×n 矩阵	rand(m,n)	生成一个 m×n 的均匀分布随机矩阵
magic(m)	生成一个 m×m 的魔方矩阵	gallery	生成指定数学方法的特殊矩阵
randn(m,n)	产生一个 m×n 的正态分布随机矩阵	randi(m,n)	产生一个 m×n 的均匀分布随机整数矩阵

【例 2-2】创建特殊格式的多维数组。

```
>> A=magic(3)                    %创建一个 3×3 的魔方矩阵
A =
        8      1      6
        3      5      7
        4      9      2
>> B=eye(2)                      %创建一个 2×2 的单位矩阵
B =
        1      0
        0      1
>> C=randi(3,4)                  %创建一个 3×4 的均匀分布随机整数矩阵
C =
        3      2      3      3
        3      1      3      2
        1      2      1      3
```

3．文件载入方法

在飞行器制导控制设计中，通常会调用很多数据，如多维气动数据、发动机推力随时间变化数据、弹体转动惯量数据，以及大量随时间变化的仿真数据。这些数据内容较多且缺乏显著的规律，难以通过手动录入或函数生成的方法实现。但另一方面，这些数据通常会以某种格式保存在文本文件中，用户可以通过文件载入的方法，直接将其载入到MATLAB 工作空间中。

在实际应用中，如图 2-4 所示，用户可以在工作目录中选择该文件，右键快捷菜单，单击"导入数据"按钮，在弹出的数据文件导入对话框中，通过相关设置，完成文件的操作。该方法可以通过设置，剔除文件中相关文件的数据表头。也可以通过 open 命令来弹出数据文件导入对话框，其调用格式为 open FileName，注意，文件名需要包含文件类型后缀。

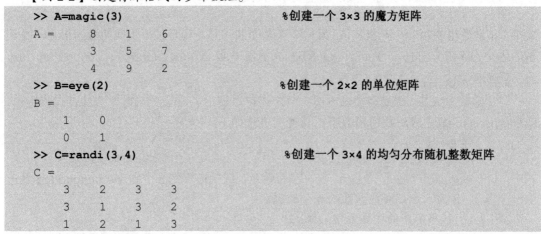

图 2-4　MATLAB 搜索路径设置对话框

另外，对于一些不包含表头描述，仅包含二维数组的文件，MATLAB 提供了 load 函数，能够直接读取该文件，其调用格式为 load FileName，同样要注意文件名需要包含文件类型后缀，导入成功后生成一个以该文件名命令的数据变量。

三、其他类型数据的创建

除常用的数值数据外，MATLAB 中还包含字符串数组、胞元数组、架构数组等数据结构。下面简要介绍这几种数据类型的数据创建。

1．字符串数组

由于字符串数组和数值数组是两种不同的数据类型，因此两者的创建方式也不同。数值变量是通过命令行窗口或函数生成的，而字符变量的创建方式是在命令行窗口中，将输入的待建的字符放在单引号中，然后按下回车键。

当用户创建多行字符串数组时，要求保证同一字符串数组的各字符个数相同，即保证各行的长度相同。采用的方法可以是通过手动调整，或者借助 char、str2mat 或 strvcat 等指令生成多行字符串数组。当使用这 3 个函数时，不必担心每行字符数是否相等，MATLAB 会自动按照最长字符进行设置，数目较少的字符串的尾部用空格填充。

【例 2-3】创建字符串数组。

```
>> x = str2mat('36842', '39751', '38453', '90307')    %创建字符串数组
x =
36842
39751
38453
90307
>> whos x                                              %获取变量 x 的详细信息
  Name        Size              Bytes  Class     Attributes
  x           4x5                  40  char
>> y=strvcat('one', 'two', 'three')                    %创建字符串数组
y =
one
two
three
>> whos y                                              %获取变量 y 的详细信息
  Name        Size              Bytes  Class     Attributes
  y           3x5                  30  char
```

2．胞元数组

胞元数组可以存放任何类型、任何大小的数组。在胞元数组中，胞元和胞元中的内容属于两种不同的范畴。因此，寻访胞元和寻访胞元中的内容是两种不同的操作。为此，MATLAB 提供了两种操作方式：胞元外标示（Cell Indexing）和胞元内编址（Content Addressing）。以二维胞元数组 A 为例，A(2,3)表示胞元数组的第 2 行第 3 列胞元元素，A{2,3}表示胞元数组中第 2 行第 3 列胞元中存取的内容。两者的区别在于所用的括号不同，外标识的胞元元素用的是圆括号，而编址胞元元素内容用的是花括号。

胞元数组通常采用直接法进行创建，包括外标识胞元元素赋值法和编址胞元元素内容的直接赋值法。

（1）外标识胞元元素赋值法：等式左边采用圆括号标识胞元元素，等式右边是用花括

号包围的子胞元。

（2）编址胞元元素内容的直接赋值法：等式左边采用花括号编址，直接指向子胞元内部，而等式右边是内容本身。

【例 2-4】：二维胞元数组的创建。

首先，生成一系列变量作为胞元数组的元素，在 MATLAB 中输入如下代码。

```
Cell1_1_str= '这是一个测试';           %  创建一个字符串
Cell1_2_Array = ones(3);             %  创建一个 3×3 的数组
Cell2_1_Array = rand(2,3);           %  创建一个 3×2 的数组
Cell2_2_sym = sym('sin(-3*t)');      %  创建一个符号函数量
```

然后创建二维胞元数组，下面给出外标识胞元元素赋值法的创建方法。

```
A(1,1)={Cell1_1_str};A(1,2)={Cell1_2_Array};A(2,1)={Cell2_1_Array};A(2,2)={Cell2_2_sym};
```

下面给出编址胞元元素内容的直接赋值法的创建方法。

```
B{1,1}=Cell1_1_str;B{1,2}=Cell1_2_Array;B{2,1}=Cell2_1_Array;B{2,2}=Cell2_2_sym;
```

3．架构数组

架构数组的组成与 C 语言的结构体非常类似，它同样可以存放不同大小的各类数据。其创建方法包括直接向域或子域进行赋值的创建方法和采用构造函数 struct 的创建方法。在此不做过多赘述，感兴趣的读者可以参考 MATLAB 的帮助文档。

2.3.2 MATLAB 语言中数据的标识与寻访

在 MATLAB 语言中，当一个数据变量创建后，需要对其进行标识和寻访，完成对数据的读取或数据的赋值与修改，主要方法是通过下标来获取数据中的元素。

一、数值型数据的标识与寻访

由于数值型数据在 MATLAB 中存储时均按照矩阵的形式进行处理，不同维数的数据数组的寻访方法和调用方法基本一致。在此，以二维数组为例，给出其元素和子数组的标识和寻访方法。主要分为全下标法、单下标法和逻辑标识法。MATLAB 数值数组中数据的调用方法如表 2-6 所示。

表 2-6　MATLAB 数值数组中数据的调用方法

方法	格式	使用说明
全下标法	A(l,k)	读取或修改二维数组 A 中的"l 指定行"和"k 指定列"上的元素
	A(l,:)	读取或修改二维数组 A 中的"l 指定行"和"全部列"上的全部元素
	A(:,k)	读取或修改二维数组 A 中的"全部行"和"k 指定列"上的全部元素
单下标法	A(:)	"单下标全元素"寻访由二维数组 A 中的各列按自左到右的次序，首尾相连而生成"一维长列"的数组
	A(l)	"单下标"寻访，生成"l 指定的"一维数组，l 若是"行数组"（或"列数组"），则 A(l) 就是长度相同的"行数组"（或"列数组"）
逻辑标识	A(L)	"逻辑寻访"，生成"一维"列数组；由与 A 同样大小的"逻辑数组"L 中的"1"元素选出 A 的对应元素；按"单下标"次序排成长列组成。

【例 2-5】寻访数值数组中的元素。

```
>> x=rand(3,4)                        %创建 3×4 的随机数组
x =
    0.7577    0.6555    0.0318    0.0971
    0.7431    0.1712    0.2769    0.8235
    0.3922    0.7060    0.0462    0.6948
>> a=x(1,3)                           %读取该数组第 1 行第 3 列的元素
a =    0.0318
>> b=x(2,:)                           %读取该数组第 2 行的全部元素
b =    0.7431    0.1712    0.2769    0.8235
>> c=x(7)                             %将该数组按列从左到右排序，提取第 7 个数据
c =    0.0318
>> d=x(7:10)                          %将该数组按列从左到右排序，提取第 7 到 10 个数据
d =    0.0318    0.2769    0.0462    0.0971
>> e=x([1 3 5])                       %将该数组按列从左到右排序，提取第 1,3,5 个数据
e =    0.7577    0.3922    0.1712
>> e=x([1 2; 3 4])                    %将该数组按列从左到右排序，提取第 1,2,3,4 个数据，
e =    0.7577    0.7431
    0.3922    0.6555
```

二、其他型数据的标识与寻访

1．字符串数据的标识与寻访

字符串数据创建后，其在 MATLAB 中存储也按照矩阵的形式进行处理，因此，对字符串中数据的标识和寻访方法，与数值数据的寻访方法基本一致，均可通过全下标法和单下标法获取其中的字符数据。

2．胞元数组的标识与寻访

MATLAB 提供了两种胞元数组的标识寻访方式：用圆括号表示的胞元外标识和用花括号表示的胞元内编址。

2.3.3　MATLAB 语言中数据的运算处理

MATLAB 语言为数据提供了多种处理命令和运算方法，通过这些命令和方法，才能完成数据的运算，实现期望的数学运算功能。

一、数值数据运算函数

MATLAB 中为数值数据的运算提供了丰富的运算函数，按照其类型可以分为矩阵运算方法和数组运算方法两种。其中，部分函数能够支持两种类型的运算，通过前面添加 "." 来进行区别。下面给出数组运算和矩阵运算的运算符及其数学意义（见表 2-7），需要注意在进行数据运算时两者的维数是否符合运算要求，若维数不同，则会给出错误信息。

表 2-7　MATLAB 中用于数值数据的运算符及其数学意义

指令		含义	指令		含义
数学模型描述		程序表示	数学模型描述		程序表示
A 的非共轭转置		A.'	矩阵 A 的共轭转置		A'
对应元素相加 $a_{ij}+b_{ij}$		A+B	矩阵相加 $A+B$		A+B
对应元素相减 $a_{ij}-b_{ij}$		A−B	矩阵相减 $A-B$		A−B
对应元素相乘 $a_{ij}\times b_{ij}$		A.*B	矩阵相乘 AB		A*B
对应元素相除 a_{ij}/b_{ij} 或 $b_{ij}\backslash a_{ij}$		A./B 或 B.\A	矩阵右除 AB^{-1}		A/B
			矩阵左除 $A^{-1}B$		A\B
对应元素的对应次方 $a_{ij}\wedge b_{ij}$		A.^B			
各个元素与标量相加 $a+b_{ij}$		a+B 或 a.+B	矩阵与标量相加. $a+b_{ij}$.		a+B
各个元素与标量相减 $a-b_{ij}$		a−B 或 a.−B	矩阵与标量相减 $a-b_{ij}$		a−B
各个元素与标量相乘 $a\times b_{ij}$		a.*B	矩阵与标量相乘 aB		a*B
标量除各个元素 a/b_{ij} 或 $b_{ij}\backslash a$		a./B 或 B.\a			
各个元素除标量 $a\backslash b_{ij}$ 或 b_{ij}/a		a.\B 或 B./a	矩阵除以标量 B/a		B/a 或 a\B
对标量执行逐个元素次方..		a.^B	（B 为方阵时）a^B		a^B
对逐个元素执行标量次方 $a^{b_{ij}}$		B.^a	（B 为方阵时）B^a		B^a

表中，A、B 为数组（矩阵），a_{ij}、b_{ij} 为数组（矩阵）中的元素，a 为标量。

从表 2-7 中可以看出，数值数组中出现的加减运算，均被理解为数组加减。当数组运算在两个数组之间进行时，两个数组的维数必须相同。

【例 2-6】数组及矩阵的基本数值计算。

```
>> A=[1 2 3;4 5 6];              %创建一个 2×3 的矩阵
>> B=[3 1;2 6;9 4];             %创建一个 3×2 的矩阵
>> C=A*B                        %矩阵相乘
C =
    34    25
    76    58
>> D=B'                          %矩阵转置为 2×3 的矩阵
D =
     3     2     9
     1     6     4
>> x=A.*D                        %具有相同维数的数组 A 与 C 点乘
x =
     3     4    27
     4    30    24
>> y=C\A                         %矩阵左除，等效于计算 C*y=A 的解
y =
   -0.5833   -0.1250    0.3333
    0.8333    0.2500   -0.3333
>> C*y                           %验证矩阵左除计算
ans =
    1.0000    2.0000    3.0000
```

```
     4.0000     5.0000     6.0000
>> A./D                              %数组除法，对应元素相除
ans =
     0.3333     1.0000     0.3333
     4.0000     0.8333     1.5000
>> 10-A                              %标量与矩阵相减
ans =
     9     8     7
     6     5     4
```

二、数据的关系操作和逻辑操作函数

MATLAB 中为数值数组（矩阵）除提供了一系列的数学运算方法外，还为其提供了各种比较关系操作和逻辑运算操作。关系运算符主要包括六种，分别为"<"（小于），">"（大于），"<="（小于等于），">="（大于等于），"=="（等于），"~="（不等于）；逻辑运算符主要包括三种，分别为"&"（与），"|"（或），"~"（非）运算等；这些运算符可用于标量与数值之间的比较运算或逻辑运算，或同维数组之间的比较运算或逻辑运算。在进行运算时，MATLAB 按照如下规则执行。

（1）当标量和任何维数数组进行比较关系或逻辑运算时，在标量与数组中每个元素之间比较大小或逻辑运算，得到的结果与参与运算的数组维数相同。

（2）当两个数组之间运算时，参与运算的数组维数必须相同，即在两个数组中相同位置上的运算比较大小或逻辑运算，得到的结果与参与运算的数组维数相同。

需要说明的是，在所有的关系比较和逻辑操作运算中，作为输入的任何非 0 的数均被看作"逻辑真"，只有 0 才被认为是"逻辑假"；并且所有的关系比较和逻辑操作的输出，均是一个由 0 和 1 组成的逻辑数组。在该数组中，1 表示"真"，0 表示"假"。

除关系操作符和逻辑操作符外，MATLAB 还提供了多个特殊的函数，用于逻辑数组的创建、对象元素的判断和数据类型的判断等。MATLAB 中常用的逻辑描述如表 2-8 所示。

表 2-8　MATLAB 中常用的逻辑描述

类型	用法	含义
含 0 数组判断	all(A)、all(A,dim)	判断所有数组元素是否均为零，该列不含 0 返回 1
	any(A)、any(A,dim)	判断所有数组元素是否全 0，该列不全是 0 返回 1
生成逻辑数组	false(m)、false(m,n)	按照指定大小，创建一个全 0 的逻辑数组
	true(m)、true(m,n)	按照指定大小，创建一个全 1 的逻辑数组
	logical(A)	将数值数组转换为同维的逻辑数组，元素非零为 1
数据对象判断	isempty(A)	判断该输入矩阵是否为空，输入为空返回标量 1
	isprime(A)	判断输入矩阵各个元素是否为质数，返回同维矩阵
	isfinite(A)	判断输入矩阵各个元素是否为有限数，返回同维矩阵
	isreal(A)	判断输入矩阵是否包含实数，全为实数返回标量 1
	isinf(A)	判断输入矩阵各个元素是否为无穷大，返回同维矩阵
	isnan(A)	判断输入矩阵各个元素是否为非数，返回同维矩阵
	isletter(str)	判断输入字符串各个元素是否为字符，返回同维矩阵
	isspace(str)	判断输入字符串各个元素是否为空格，返回同维矩阵

（续表）

类型	用法	含义
数据类型判断	isa(obj,ClassName)	判断输入是否为指定的数据类型，返回为逻辑标量
	ishandle(H)	判断输入是否为图像句柄
	ischar(A)	判断输入是否为字符串
	islogical	判断输入是否为逻辑数组类型
	isglobal	判断输入是否全局变量
	isnumeric	判断输入是否为数值数组类型

【例 2-7】逻辑运算。

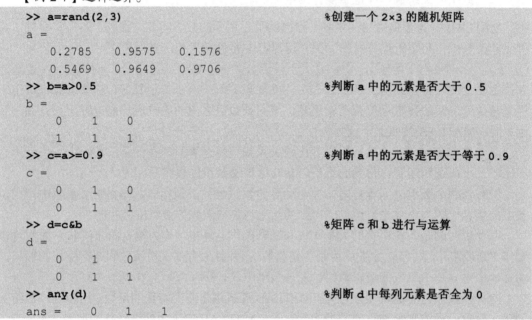

```
>> a=rand(2,3)                              %创建一个 2×3 的随机矩阵
a =
    0.2785    0.9575    0.1576
    0.5469    0.9649    0.9706
>> b=a>0.5                                  %判断 a 中的元素是否大于 0.5
b =
    0    1    0
    1    1    1
>> c=a>=0.9                                 %判断 a 中的元素是否大于等于 0.9
c =
    0    1    0
    0    1    1
>> d=c&b                                    %矩阵 c 和 b 进行与运算
d =
    0    1    0
    0    1    1
>> any(d)                                   %判断 d 中每列元素是否全为 0
ans =    0    1    1
```

三、字符串处理函数

虽然字符串数组在 MATLAB 中很少使用，但 MATLAB 依然提供了诸多函数用于字符串的处理以及与其他数据类型之间的转换。MATLAB 中字符串转换处理函数如表 2-9 所示。

表 2-9　MATLAB 中字符串转换处理函数

指令	含义	指令	含义
cellstr	把字符串数组创建胞元数组	char	把任何类型数据转换为字符串
double	将任何数据类型转换为双精度数值；给出字符串的 ASCII 码值	mat2str	把数值矩阵转换为 eval 可调用的格式
int2str	把整数转换为字符串	num2str	把数值转换为字符串
sprintf	以控制格式把数值转换为字符串	sscanf	以控制格式把字符串转换为数值
str2num	把字符串转换为双精度数组	str2double	把单个字符串转换为双精度数

【例 2-8】字符串的相关操作。

```
>>s = '2.7183  3.1416';                     %创建一个字符串数组
>>A = sscanf(s,'%f')                        %将字符串数组转换为数值型
```

```
A =
    2.7183
    3.1416
>> whos s                                          %获取变量 s 的详细信息
    Name        Size              Bytes  Class     Attributes
    s           1x14                 28  char
>> whos A                                          %获取变量 A 的详细信息
    Name        Size              Bytes  Class     Attributes
    A           2x1                  16  double
```

2.4　MATLAB 函数的编写与调试

在 MATLAB 的日常使用中，对于比较简单的问题或一次性问题，可以直接在命令行窗口中录入指令去求解。但在工程实践中，大多数问题所需的指令较多或指令结构较复杂，或者同一段命令操作需要反复调用，在这种情况下，通过命令行的形式就会显得较为烦琐，此时就需要借助编程文件来解决。下面将介绍如何在 MATLAB 环境中完成代码编写和程序控制。

2.4.1　M 文件的分类及构成元素

M 文件是由 MATLAB 语句（命令或函数）构成的 ASCII 码文本，它在 MATLAB 的文件编辑器中，根据 MATLAB 的基本构建和语言完成代码指令编写的，其文件后缀名必须为".m"。用户通过调用 M 文件，可以实现一次执行多条 MATLAB 语句的功能。

一、M 文件的分类

MATLAB 中提供了两种 M 文件类型，分别为 M 脚本文件和 M 函数文件。

1．M 脚本文件

M 脚本文件（M-File Scripts）是一串按照用户意图排列（包括控制流指令在内）的 MATLAB 指令集合，该文件没有输入和输出参数。M 脚本文件只能对 MATLAB 基本工作空间中的数据进行处理，产生的所有变量均驻留在 MATLAB 基本工作空间中。在运行过程中，这些变量为全局变量，会一直保存在工作空间中，直到程序退出或被清除。运行时，只需在命令行窗口中输入文件名即可（运行前确保文件位于当前工作路径中）。M 脚本文件通常适用于用户需要立即得到结果的小规模运算，如用户在进行飞行器相关仿真参数的加载和初始设置时。

按照 MATLAB 自身文件的规则，一个功能齐全且结构完整的 M 脚本文件应包含以下内容。

（1）H1 行（The First Help Text Line）：以%开头，包括文件名和功能简述。

（2）在线帮助文本区（Help Text）：以%开头，H1 行及其以后的所有连续注释行构成的整个在线帮助文本。通常涉及文件中关键变量的简短说明。

（3）编写和修改记录：该区域文本内容也都以%开头，包含文件的编写作者和日期以及版本。

（4）程序体：任务功能及关键指令的注释。只有该区域是文件中必不可少的内容。

2．M 函数文件

M 函数文件（M-Function File）是以函数语句引导的 M 语言文件，包含了一定数量的输入函数与输出函数。其输入/输出量的个数没有限制，既可以完全没有输入/输出量，也可以有任意个数的输入/输出量。在 M 函数文件开始运行时，MATLAB 会为其开辟一个被称为函数工作空间（Function Workspace）的临时区域，M 函数执行中产生的所有中间变量都存放在函数工作空间中。当执行完毕后，该函数的函数工作空间及其所有的中间变量立即被清除。在命令行窗口中运行某个 M 函数文件时，除 M 函数文件外，还应包含该函数的输入变量。

按照 MATLAB 自身文件的规则，一个功能齐全且结构完整的 M 函数文件应包含如下内容。

（1）函数声明行（Function Declaration Line）：位于函数文件的首行，以 MATLAB 关键字 function 开头，包含其输入/输出变量；其中，输出变量位于 function 之后，用方括号括起来，多个输出之间用逗号隔开；输入变量紧随函数名后，用圆括号括起来，多个输入之间用逗号隔开；输出变量和函数名之间用等号相连。

（2）H1 行：紧随函数声明行之后以%开头的第一注释行，应包含函数文件名，运用关键词简要描述该函数的功能。

（3）在线帮助文本区：H1 行及其之后的连续以%开头的所有注释行构成整个在线帮助文本，通常包括函数输入/输出变量的含义，以及调用格式说明。

（4）编写及修改记录：与在线帮助文本相隔一个空白行，以%开头，包含文件的编写和修改的日期、作者和版本。

（5）函数体：该部分内容由实现该 M 函数文件功能的 MATLAB 指令组成。它接收输入变量，进行程序流控制，创建输出变量。为使文件清晰易读，通常与前面内容以空白行隔开。

在 M 函数文件中，只有函数声明行和函数体两部分是构成 M 函数文件必不可少的内容。

二、M 文件的组成元素

尽管两类 M 文件在格式、调用方式、数据存储区域等方面存在一些不同，但两者都是用来实现某个应用目的和任务功能的，因此 M 文件中均由如下一些基本构件组成。

1．变量

变量用来描述 M 文件中的数据，可以用来赋值和读取，其变量名应具备唯一性。根据变量的作用域和寿命不同，变量分为三类：Local（局域）变量、Global（全局）变量和 Persistent（持续）变量。

2．运算符

M 文件中包含多种运算符，主要包括算术运算（如＋、－、×、÷、^等）、关系运算（如＞、＜、>=、<=、==等）、逻辑运算（如&、|、～等）。在几种运算符中，算术运算的优先级最高，关系运算次之，逻辑运算的优先级最低。

3．标点符号

标点符号（如逗号、分号、冒号、圆括号、方括号、@号等）在 M 文件的编写和运行中起着十分重要的作用。详细帮助可参见 MATLAB Help 中的"Symbol Reference"。

4．关键词

MATLAB 中包含若干专用词汇，如 for、while、if、return 等，用户在编写代码时应避免与其重名。

5．特殊值

MATLAB 中包含若干预定义变量，我们在 2.2.1.1 节中对其有所介绍，用户在编写代码时应避免与其重名。

6．MATLAB 函数

MATLAB 为用户提供了功能丰富的诸多函数，如内建函数（Built-In Functions）、M 文件函数、重载函数等，它们按照一定的规则驻留在 MATLAB 的各个文件夹中。

7．指令及指令行

指令是由数字、变量、运算符、标点符、关键词、函数等各种基本构件按照 MATLAB 约定的规则组成的。在 MATLAB 中，每个应用目的都是依靠一行指令或多条指令实现的。

2.4.2　M 函数的类别

在 MATLAB 中，函数又被细分为诸多类型。

一、主函数和子函数

主函数与子函数（Primary Function and Subfunction）位于同一个 M 函数文件中，是一个相对关系。

1．主函数（Primary Function）

主函数即 M 函数文件中与"保存文件名"同名的那个函数，即由第一个 function 引出的函数。该函数在命令行窗口或其他函数中，能够直接调用；通过 help function name 可获取函数所携带的帮助信息。

2．子函数（Subfunction）

子函数寄驻于主函数文件内，一个主函数中可以包含多个子函数，每个子函数又可以包含自己的下层子函数。其位置可以位于 M 函数文件中除函数声明行外的任意位置，并且其调用次序与其位置无关。

子函数的结构与函数文件基本一致，均需要包含 function 定义行、帮助行和函数体等。其中，主函数和子函数的函数工作空间是彼此独立的，主函数与子函数之间的数据交换只能通过输入/输出变量或者全局变量进行。

【例 2-9】编写函数，计算一个向量所有元素的平均值和中值。

```
function [ a,m ] = Example2_9_Fun( u )        %主函数
%newstats 为利用内部函数计算平均值和中值
n=length(u);                                  %计算向量的长度
```

```
    a=mean(u,n);                                    %计算平均值
    m=median(u,n);                                  %计算中值

    function a=mean(v,n)                            %子函数
        %计算平均值
        a=sum(v)/n;
    end

    function m=median(v,n)                          %子函数
        %计算中值
        w=sort(v);                                  %将向量中的元素由小到大排列
        if rem(n,2)==1                              %判断元素个数是否为奇数
            m=w((n+1)/2);
        else
            m=(w(n/2)+w(n/2+1))/2;
        end
    end
end
```

二、匿名函数

匿名函数（Anonymous Function）是一种面向命令行的函数形式，它特别适合表示较为简单的（能在一行内描述的）数学函数。它的生成方式极为简单，可以在命令行窗口、任何函数内或任何脚本文件内通过一行命令直接生成。

匿名函数的基本格式为

```
fHandle = @(arglist)expression                     %创建匿名函数及其函数句柄
```

其中，等式的右边是由@引出的匿名函数；arglist 表示匿名函数的输入量列表；expression 表示由输入量构成的函数表达式；等式的左边 fHandle 表示所创建的匿名函数的函数句柄。如 fHandle = =@(x,y)sin(x.^2+y.^2)。

在创建匿名函数时，除 arglist 输入变量外，expression 表达式中所包含的其他参数都应该实现被赋值（直接给出数值或在工作空间中已经定义）。一旦句柄建立，表达式中的这些参数值将始终不变。

三、内联函数

有时为了描述某个数学函数方便，可以用内联函数（Inline Function）inline()函数来直接编写该函数，形式相当于前面介绍的 M 函数，但无须编写一个真正的 MATLAB 文件，就可以描述出某种数学关系。inline()函数的具体调用格式为

```
fHandle = inline('expression','arg1','arg2'..);    %创建内联函数及其句柄
```

其中，fHandle 为内联函数的函数句柄，'expression'为需要填写函数的具体语句，其内容应该与 function 格式的编写内容完全一致。'arg1'为内联函数的自变量参数，每个自变量均需要用单引号括起来。如 g = inline('sin(alpha*x)','x','alpha')。

这样就可以动态定义出 inline()函数，而无须给每个求解的内容都编写一个 MATLAB 程序了。inline()函数在数学问题求解中，尤其是在微分方程求解和最优化等求解上很有用。与 MATLAB 的 M 函数相比，该结构不支持结构较复杂的语句，只支持一个语句就能求出

函数值的形式。

2.4.3　M 语言中的控制流

作为一种程序设计语言，MATLAB 提供了循环语句结构、条件语句结构、开关语句结构等控制流程序，其关键词和其他编程语言十分类似。

一、循环结构的基本形式

尽管 MATLAB 的数据结构很适合进行向量化编程，但循环控制作为数据流的常见控制手段，依然适用于很多场合。循环结构可以由 for 或 while 语句引导，以 end 语句结束，在这两个语句之间的部分称为循环体。

1．for 循环的一般结构

for 循环结构适用于预先知道固定循环次数的循环情况，其语句的基本形式如下：

```
for ix= array                              %设置循环条件
    (commands)                             %设置循环内容
end                                        %循环内容结束标志
```

在 for 循环结构中，变量 ix 为循环变量，for 与 end 之间的 commands 指令组为循环体。在循环计算时，ix 依次取 array 中的元素，每取一个元素，就运行循环体中 commands 指令组一次，直到 ix 大于 array 的最后一个元素跳出该循环为止。

2．while 循环的一般结构

while 循环适用于循环次数不确定的情况，其语句的基本形式如下：

```
while expression                           %设置循环条件
    (commands)                             %设置循环内容
end                                        %循环内容结束标志
```

while 循环中的 expression 是一个逻辑表达式，若其值为真（非零），则将自动执行循环体 commands 的结构，执行完后再判定 expression 的真假，若其值为真，则继续执行结构体；否则将退出循环结构。

3．辅助指令 continue 和 break

在循环结构中，MATLAB 提供了 continue 和 break 两种控制指令，为循环的编写控制提供了更大的自由度。在 for 或 while 循环中遇到 continue 指令时，执行下一次迭代，不管其后的指令如何。在循环中遇到 break 指令时，跳出该循环，不管后续指令如何。

4．MATLAB 中的循环结构体和向量化编程的对比

需要注意的是，在 MATLAB 程序中，循环结构的执行速度较慢。所以在实际编程时，若能对整个矩阵进行运算，则尽量不要采用循环结构，这样可以提高代码运行的速度。

下面将通过实例演示循环与向量化编程的区别。

【例 2-10】：求解级数和问题 $S = \sum\limits_{i=1}^{100000} (\dfrac{1}{2^i} + \dfrac{1}{3^i})$。

用循环语句和向量化方式的执行时间分别可以用 tic 和 toc 命令测出，读者可以进行测试，观察测试结果。经测试，向量化所需的时间小于循环结构的耗时，故用向量化方法可

以节省时间。

for 循环编程如下：

```
tic;s=0;for i=1:100000,s=s+1/2^i+1/3^i;end;toc
```

向量化编程如下：

```
tic;i=1:100000; s=sum(1./(2^i)+1./(3.^i));toc
```

二、条件分支结构的基本形式

条件分支结构是程序设计语言中的一种重要结构。MATLAB 下的最基本的条件分支结构是 if … end，也可以和 else 语句和 else if 语句扩展转移语句。

1. 单分支一般结构

单分支语句的基本形式如下：

```
if expression                          %设置分支条件
    （commands）                        %设置执行内容
end                                    %条件分支内容结束标志
```

条件分支描述 expression 是一个逻辑表达式，若其值为真（非零），则将自动执行 commands 的内容。

2. 双分支一般结构

双分支语句的基本形式如下：

```
if expression                          %设置分支条件
    （commands1）                       %设置执行内容
else                                   %分支关键词
    （commands2）                       %设置执行内容
end                                    %条件分支内容结束标志
```

条件分支描述 expression 是一个逻辑表达式，若其值为真（非零），则将自动执行 commands1 的内容；若其值为假，则将自动执行 commands2 的内容。

（3）多分支一般结构

多分支语句的基本形式如下：

```
if expression1                         %设置分支条件1
    （commands1）                       %设置执行内容
elseif expression1                     %设置分支条件2
    （commands2）                       %设置执行内容
……
else                                   %分支关键词
    （commandsn）                       %设置执行内容
end                                    %条件分支内容结束标志
```

条件分支描述 expression1 是一个逻辑表达式，若其值为真（非零），则将自动执行 commands1 的内容；若其值为假，则将判断条件分支描述 "expression2"，若其值为真（非零），则自动执行 commands2 的内容；若其值为假，则继续判断，直到 end 为止。

【例 2-11】：求出满足 $\sum\limits_{i=1}^{m} i > 1000$ 的最小 m 值。

方法一：由于 m 未知，所有首先考虑用 while 结构求解，具体的语句如下：

```
>> s=0;m=0;
>> while (s<=1000), m=m+1;s=s+m; end,[s,m]
ans =
        1035            45
```

方法二：该问题也可以用 for 循环和 if 语句相结合的形式求解，具体的语句如下：

```
>> s=0;
  for i=1:100
     s=s+i; if s>1000,break; end
  end
```

但是，该结构较烦琐，不如直接使用 while 结构直观、方便。

三、开关切换分支结构的基本形式

使用 if-else if-else 处理多项分支时，不仅表述困难，而且程序可读性较差。此时，采用 switch-case 开关切换分支结构比较合适。其基本形式如下：

```
switch expression                              %设置切换条件
    case VorC1                                 %分支情况 1

    (commands1)                                %设置执行内容
    case VorC2                                 %分支条件 2

    (commands2)                                %设置执行内容
......
    case VorCn                                 %分支条件 n
    (commandsn)                                %设置执行内容
    otherwise                                  
    (commanddefault)                           %设置执行内容
end                                            %开关切换分支内容结束标志
```

在遇到 switch 结构时，MATLAB 将表达式 expression 的值依次和各个 case 指令后面的检测值进行比较。若比较结果为假，则取下一个检测值再来比较；若一旦比较结果为真，则 MATLAB 执行其后的指令，然后跳出该结构；若所有的比较结果都为假，即表达式的值和所有的检测值都不相等，则 MATLAB 将执行 otherwise 后面的一组指令。其中，switch 指令后的表达式 expression，不管是已赋过值的变量还是变量表达式，expression 的值只能是标量数值或标量字符串。

四、试探容错结构的基本形式

MATLAB 为了提高 M 程序的容错性，提供了 try-catch 试探容错结构，其基本形式如下：

```
try                                            %试探容错关键词

    (commands1)                                %设置执行内容
catch                                          %试探容错关键词

    (commands2)                                %设置执行内容
end                                            %条件分支内容结束标志
```

本语句结构首先试探性地执行 try 的控制指令 commands1，若在此段语句执行过程中出现错误，则将错误信息赋给保留的 lasterr 变量，并终止这段语句的执行，转而执行 catch 的控制指令 commands2。当 commands2 运行依然出错时，MATLAB 将终止该程序。

2.4.4　M 函数的参数传递

在 M 函数文件中，通过形式参数的方法将调用函数的参数，传递到函数内部，完成计算后，再将计算结果以返回值的形式返回到工作空间或上一层调用函数中。下面简要地介绍一下 M 函数中的参数检测指令和变长度参数的处理方法。

一、M 函数中参数变量的处理方法

在 MATLAB 的函数调用过程中，M 函数的输入参数个数和输出参数个数非常灵活，很多参数可以采用默认值。为了便于用户在代码编写中获取当前调用下的输入/输出变量个数，MATLAB 提供了多个函数，用于检测或获取 M 函数的参数变量。其中 nargin 和 nargou 变量用于获取调用函数时实际的输入参数个数和输出参数个数；而 nargin('fun') 和 nargout('fun')用于获取指定函数 fun 在进行定义声明时的输入参数的个数和输出参数个数。在函数体内使用 inputname(n)指令，可以得到第 n 个输入量的实际调用变量名。

二、M 函数中变长度参数的处理方法

在实际工作中，有时会遇到输入参数或输出结果不确定的情况，这就要求函数具有接受任意多输入和返回任意多输出的能力。在 MATLAB 中，通过 varargin 和 varargout 两个函数来实现 M 函数的变长度参数功能，需要注意的是，两个变量必须放置在普通输入量或输出量之后，此时 M 函数的编写格式如下：

```
function y = funcitonname(A1,A2,varargin);        %具有两个普通输入变量和一
个变长度输入变量的函数声明
function [y1 y2 varargout] = funcitonname(A1);      %具有两个普通输出变量和一
个变长度输出变量的函数声明
```

在函数声明中，varargin 本身是一个胞元数组；在函数调用时，输入变量首先分配给前面的普通输入变量，然后，将剩余的输入变量依次分配给胞元数组中的每个胞元，其长度取决于分配到的输入变量数。varargout 与此类似。在函数内部和外部，对于 varargin 和 varargout 的处理方法，与普通的胞元数组处理方法一致。

2.4.5　M 文件编辑器简介

下面简要介绍 M 文件编辑器的界面和操作方法。

一、M 文件编辑器界面

用户通过新建一个 M 脚本文件或函数文件，或者加载一个 M 文件后，即可打开 M 文件编辑器界面，如图 2-5 所示。用户可以在该编辑器中完成 M 文件的编写，也可以完成代码的调试，同时也可以阅读或编辑其他类型的 ASCII 码文件。

从图 2-5 中可以看出，M 编辑器的界面主要包括工具栏、文件地址指示区和输入区。其中，工具栏主要包括新建、打开、保存、查找、打印等文件操作，插入、编辑、注释等

编辑快捷按钮，断点插入按钮，以及运行调试等相关操作。输入区和常规的代码编辑器界面类似，在每行的左边显示了当前的行数，并可添加书签（天蓝色方块）或断点（红色圆点）；另外，输入区通过 Tab 页的方式支持多个文件的编辑。

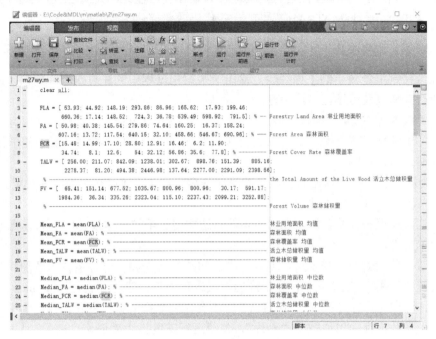

图 2-5　M 文件编辑器界面

需要说明的是，不同版本的 MATLAB，M 文件编辑器的界面有所差异。

二、M 文件编辑器操作方法及快捷键

MATLAB 为 M 语言的编写提供了多个快捷键（见表 2-10），通过这些快捷键能够有效提升编程效率。

表 2-10　MATLAB 中 M 文件编辑器中的常用快捷方式

按键	功能	按键	功能
Ctrl+N	新建一个 M 文件	Ctrl+O	弹出文件选择对话框，打开 M 文件
Ctrl+S	保存当前 M 文件	Ctrl+P	打印当前 M 文件
Ctrl+F	查找或替换	F3	查找下一处
Shift+F3	查找上一处	Ctrl+F3	查找所选内容
Ctrl	弹出对话框，设置跳转到第几行	Ctrl+F2	在光标所在代码行设置或取消书签
F2	跳转到下一个书签	Shift+F2	跳转到上一个书签
Ctrl+R	注释，对多行有效	Ctrl+T	去掉注释，对多行有效
Tab 或 Ctrl+]	增加缩进，对多行有效	Ctrl+[	减少缩进，对多行有效
Ctrl+I	自动缩进，对多行有效	F5	运行程序，或断点后继续执行
F12	设置或取消断点，只有保存后才能添加	F10	单步执行
F11	进入函数内部	Shift+F11	跳出函数

2.4.6　M 语言的编程技巧、调试方法与耗时测试

由于 M 语言是一种解释性语言，其运行效率较低。在此，介绍 M 语言的编写技巧和调试方法，并介绍一下 MATLAB 提供的一些代码效率评估工具。

一、M 语言编程技巧

在此，结合编者多年的工程经验，给出一些编程过程中的注意事项和建议，从而提高代码的执行效率以及可读性与通用性。

（1）养成添加注释的习惯，良好的注释使得程序具有很强的可读性；另外，除程序间的注释外，编写 M 文件时还应该在文件开头说明该程序的功能和使用方法，便于使用 Help 命令时能够查看该帮助。

（2）为防止工作空间内已有数据影响程序的运行结果，建议在主程序开头用 clear 指令清除变量，但在子程序中不要调用。

（3）建议在程序开始初始化和加载参数，这样便于维护，建议使用 load 函数加载之前的配置数据文件。

（4）对一些较大的数据变量，或者大小已知的变量（如在进行蒙特卡罗随机仿真时飞行器状态统计结果），建议采用预先定维的方式进行处理，即通过 zeros() 或 ones() 方法预先申请变量，这样在运行过程中，MATLAB 就不会因为数据维数的变化，在内容中动态寻找空间，从而导致内存中出现较多"碎片"，使得运行速度大大降低。

（5）尽量采用矢量化编程的方法，避免循环的使用，矢量化的编程是指将 for 循环或 while 循环转换为等价的矢量操作或矩阵操作。另外，在必须采用多重循环的情况下，若两个循环次数不同，则建议在外循环中执行较少循环次数，内循环中执行较多循环次数，这样可以提高运行效率。

（6）建议在程序运行过程中，代码后面添加分号，使得中间结果和状态不在命令行窗口中显示，从而提高执行速度。

（7）优先考虑内核函数，提高执行效率。

（8）程序尽量采用模块化设计，以便提高程序的重复利用率。

二、M 语言的调试方法

在进行 M 语言的代码编写过程中，由于种种原因，不可避免地出现各种错误。根据错误的类型主要可以分为语法错误、运行错误和逻辑错误。其中，语法错误主要指由于程序员疏忽、输入不正确等原因而造成的代码违背程序语言规则的错误，如变量或函数名拼写错误、缺少引号或括号等，通常导致程序无法运行，可以比较快捷地完成这类错误的定位；而运行错误是通常由于对所求解问题的理解差异或操作失误，导致程序流程出错或对程序本身的特性认识有误而造成的程序执行结果错误的情况，如数学符号的错误、矩阵维数的异常等，通过调试手段和单步运行来完成定位；而逻辑错误往往出现在规模较大的 MATLAB 程序中，并且涉及多个函数的调用以及数据的调用，如被调用的文件不存在、数据传输路径错误、异常的数据等，这类错误通常较为隐蔽，可能只有在某些情况下才能触发，需要用户具有较高的编程水平和调试能力才能解决。下面介绍两种调试方法。

1．直接调试法

对于一些简单的脚本文件或函数文件，由于代码较少，可读性较高，因此，直接调试方法对于一些简单问题往往有效。直接调试法包括以下具体的方法。

（1）将重点怀疑语句行、指令行后的分号删除，使得计算结果直接显示在命令行窗口。

（2）在适当的位置，通过 disp 函数，将一些关键变量的大小在命令行窗口进行显示。

（3）利用 echo 指令，在运行过程中，在屏幕上逐行显示文件内容。

（4）通过添加 keyboard 指令，使得程序运行到该指令处暂停，在命令行窗口中出现 K 提示符。

此时，用户可以输入指令查看工作空间或函数空间的各个变量，也可以对那些变量进行修改。在 K 提示符后输入 return 指令，结束查看。

2．程序调试法

对于一些规模较大、嵌套复杂且包含由较多的函数与子函数调用的 M 函数文件，需要利用调试界面对其进行调试，其调试过程与其他编程软件的调试过程类似。主要过程是首先对出现的错误结果或异常情况进行分析；然后，通过设置断点（F12）的方式进行单步调试；在运行（F5）过程通过单步调试来查看数据。在调试时，只需将鼠标放在要观察的变量上停留片刻，就会显示出变量的值，当矩阵太大时，只显示矩阵的维数；遇到函数调用时，通过进入函数内部（F11）的方式查看函数内部的代码执行情况；通过单步调试确认错误代码和错误逻辑，然后结束调试后进行修改。注意，修改后一定要在此进行测试，确认故障定位准确，修改无误。

三、M 语言的执行耗时剖析方法

由于 M 语言为文本解释型语言，导致执行效率较低且耗时较长，为此 MATLAB 提供了多个函数和工具，便于用户获取 M 语言的执行耗时，剖析耗时结果，为用户改进程序提供依据。

1．程序执行计时

MATLAB 提供了多个函数，用于获取程序的运行时间。其中，tic 和 toc 命令分别是启动计时器和停止计时器的命令，用户在测试代码前后添加 tic 和 toc 指令，即可获取该段程序的执行耗时，耗时结果会自动在命令行窗口中显示。另外，MATLAB 提供了 cputime 指令，用于查询当前的计算机 CPU 时钟，并可将其赋值给设定的变量。

2．程序耗时剖析工具

Matab 提供了一个能够检测程序运行状态的工具 profile，通过该工具可以获取 M 文件中哪些代码耗时最长，哪些行被调用次数最多，为设计人员完成代码优化和改善程序性能提供指导。

测试人员可以在 M 文本编辑器中，单击"运行"按钮并计时，运行代码进行耗时剖析。或者通过以命令行的形式完成特定代码或多个函数的耗时剖析，调用方法如下：

```
profile on;                          %  启动耗时剖析功能
funcitonname;                        %  执行被测试的函数代码
profile report;                      %  生成耗时剖析报告
profile off;                         %  关闭耗时剖析功能
```

执行完上述代码后，弹出程序耗时检测综述报表，如图 2-6(a)所示。综述报表提供了程序耗时的时间、调用频率和自用时间，其中，自用时间是指函数耗费的时间，但不包括函数的子函数耗费的时间。所有耗时代码按照耗时长短进行排序。若用户单击某个函数名，则将显示一个详细报表，给出该函数的详细调用情况，如图 2-6(b)所示。在检测详细报表中主要包括三个部分内容：第一部分提供了文件名，到文件的一个连接以及一个将报表复制到单独窗口的连接；复制报表后，可以改变文件，重新运行 profile，从而比较两次运行的检测详细报表，评估代码更改效果；第二部分包括父函数、花费时间最多的语句行，被子函数调用的语句行信息的综述列表，以及代码分析器结果和文件总信息；第三部分给出该函数的所有代码，并显示出每行代码的运行耗时和调用次数等信息。

(a) 程序耗时检测综述报表   (b) 函数的详细调用情况

图 2-6　M 语言程序执行耗时剖析报告

用户通过 profile 工具可以非常方便地查找到耗时最多或调用最频繁的函数和代码行，并可通过对比评估优化措施是否有效，从而提高程序的执行效率。

另外，用户可以通过 profie resume 实现在不清除前面记录的情况下重新启动 profile。通过 profile clear 清除检测记录的统计信息；通过 profsave()函数将 profile 信息保存到单独的 HTML 中，在默认情况下，保存结果存放在当前目录下名为 profile_results 的子目录中。关于 profile 的详细使用方法，可以参考 MATLAB 的帮助文件。

2.5　MATLAB 的数据曲线绘制

数据可视化的目的是通过几何、曲线、色彩等方法，表现出一些貌似杂乱的数据集合，暴露数据内在关系和总体趋势，进而揭示出数据所传递的内在本质。在制导控制系统研制过程中，经常需要对仿真结果和试验数据进行绘图分析，MATLAB 除提供了强大的数据运算功能外，同样提供了丰富的数据可视化函数。通过一系列直观、简单的二维图形和三维图形绘制命令与函数，可以将实验结果与仿真结果用可视的形式显示出来。本节将简要介绍各种各样的图形绘制方法。

2.5.1　二维曲线及修饰方法

在进行飞行器制导控制系统设计与仿真过程中，经常需要分析飞行器姿态、过载、角速度等状态随时间的变化趋势。这需要通过图形化函数，绘制两者之间的关系。二维曲线图形绘制中最重要、最基本的指令是 plot。因此，本小节将围绕 plot 指令及二维曲线的各种修饰指令进行展开。

一、典型的二维曲线绘制方法

下面给出各种 plot 函数的调用方式：

```
plot(x,y);                                    %采用双坐标绘制单根曲线
plot(x,y,'s');                                %采用双坐标绘制带修饰的单根曲线
plot(X,Y);                                    %绘制多根曲线
plot(x1,y1,'s1',x2,y2,'s2',…);               %采用双坐标绘制带修饰的多根曲线
plot(y);                                       %绘制单根曲线
plot(x,y,'s','PropertyName',propertyValue,…); %带属性设置的调用格式
```

其中，X、Y 是长度相同的一维数组，x、y 分别指定数据点的横坐标和纵坐标，'s'为曲线的修饰符，用于设置曲线的颜色、线型和标记符号。在使用时，可以由将这三项内容进行组合，以便显示不同的曲线形式。该参数不使用时，plot 将使用默认的设置，即无标记符号的蓝色细实线。表 2-11 给出了 MATLAB 曲线绘图时修饰符的组成选项。

表 2-11　MATLAB 曲线绘图时修饰符的组成选项

曲线线型		曲线颜色				标记符号			
选项	意义	选项	意义	选项	意义	选项	意义	选项	意义
'-'	实线	'b'	蓝色	'c'	青色	'*'	星号	'<'	◁
'--'	虚线	'g'	绿色	'k'	黑色	'.'	点号	'o'	圆圈
':'	点线	'm'	品红色	'r'	红色	'x'	叉号	'square'	□
'-.'	点画线	'w'	白色	'y'	黄色	'v'	▽	'diamond'或'd'	◇
'none'	无线					'^'	△	'hexagram'或'h'	六角星
						'>'	▷	'pentagram'或'p'	五角星

另外，plot 函数中的数据可以用数组表示，即 X、Y 均为（m×n）的数值数组，用于绘制 n 条曲线。每条曲线的几何位置由 X、Y 对应的列确定。若两个输入量中有一个是一维数组，且该数组的长度与另一个输入的行数（或列数）相等，则将绘制出列数（或行数）条曲线。

除可以通过修饰符来设置曲线颜色线型外，还可以在函数中附带属性参数，直接设置绘图曲线的相关属性。常用的绘图属性参数如表 2-12 所示。

表 2-12　常用的绘图属性参数

含义	属性名	属性值	说明
点、线色彩	Color	RGB 三元组中每个元素在[0,1]取值	常用颜色可通过's'设置
线性	LineStyle	包含实线、虚线、点线和点画线	可通过's'设置
线宽	LineWidth	正实数	默认线宽为 0.5

含义	属性名	属性值	说明
数据点型	Marker	包括十四种标记符号	可通过's'设置
点的大小	MarkerSize	正实数	默认大小为 6
点边界色彩	MarkerEdgeColor	RGB 三元组中每个元素在[0,1]取值	
点内色彩	MarkerFaceColor	RGB 三元组中每个元素在[0,1]取值	

二、二维曲线的修饰方法

MATLAB 对图形风格的控制比较完备。一方面，在最通用的层面上，它采用了一系列考虑周全的默认设置，因此，在绘制图形时，无须人工干预，就能根据输入数据自动地确定坐标取向、范围、刻度、高宽比，并给出相当令人满意的画面。另一方面，在适应用户的层面上，它又给出了一系列便于使用的指令，可让用户根据需求自行进行设定。用户通过这些指令函数，可以定制出期望的曲线图形界面。

1．坐标轴设置

在 MATLAB 曲线绘制中，通过 axis 函数来实现坐标轴控制，通过相关参数完成坐标轴的可视、取向、取值范围和轴的高宽比等设置。

- axis auto：　　　　　　使用默认设置。
- axis off：　　　　　　取消坐标轴。
- axis on：　　　　　　开启坐标轴。
- axis manual：　　　　　保持当前坐标范围不变。
- axis fill：　　　　　　使坐标轴可以包含整个绘制区域。
- axis equal：　　　　　将图中的横、纵坐标设置为等长刻度。
- axis image：　　　　　坐标轴采用等长刻度，且坐标框紧贴图形。
- axis square：　　　　　产生正方形坐标系。
- axis([x1,x2,y1,y2])：　手动设定坐标系范围。

2．网格线及边框设置

MATLAB 提供了界面的网格线和边框的控制函数。利用 grid on 函数在图形中添加网格线；利用 grid off 函数取消图形中的网格线；利用 box on 开启图形边框，使当前坐标呈封闭形式；利用 box off 关闭图形边框，使当前坐标呈开放形式。

3．图形标识指令设置

MATLAB 提供了图形标识指令，可以定制图形的标题和坐标轴名称等参数。

- title(S)：　　　　　　在绘制的图形上添加标题。
- xlabel(S)：　　　　　设置横坐标的坐标轴名称。
- ylabel(S)：　　　　　设置纵坐标的坐标轴名称。
- text(x,y,S)：　　　　在图形(x,y)坐标处书写字符注释。
- legend(S1,S2…)：　　在图形上标示图例。

函数中的参数 S 必须为字符串，可以是由英文、中文或 Tex 定义的各种特殊字符。另外，使用 legend 函数时，字符串的数目与图例所标曲线图形的数目相等，字符串的次序应与不同曲线绘制的次序一致。

4．图形叠加设置

在进行曲线绘图时，经常需要在一幅画面上绘制多条曲线，以便进行曲线对比。此时，可以采用图形叠加的形式，保证后续图形不会将之前的图形覆盖。绘制第一条曲线后，通过 hold 函数来设置图形是否能够进行叠加。

- hold on:　　　　　　　使当前坐标轴及图形保持而不被刷新。
- hold off:　　　　　　　使当前坐标轴及图形不再保持，而具备可刷新性质。

5．双纵坐标图设置

在实际应用中，经常需要把同一个自变量的两个不同量纲、不同数量级的函数量变化绘制在同一个图形中。为满足这种需求，MATLAB 提供了如下的指令，从而实现双纵坐标图形。

plotyy(x1,y1,x2,y2) 函数以左右不同纵轴绘制 x1-y1、x2-y2 的两条曲线；plotyy(x1,y1,x2,y2,'Fun1','Fun2')函数以左右不同纵轴把 x1-y1、x2-y2 绘制成 Fun1、Fun2 指定的不同形式的两条曲线。

6．多子图设置

MATLAB 允许用户在同一个图形窗里布置几幅独立的子图。具体指令如下。

- subplot(m,n,k):　　　　调用后，图形窗口将有（m×n）幅子图。其左上方第 1 幅，向右向下依次排号，将其中的第 k 幅设置为当前图。
- subplot('positon',[left bottom width height]):　　　在图形窗口指定位置上开辟子图，并设置为当前图；指定位置的四元数组采用归一化的标称单位，取值范围为 [0, 1]，其中原点[0, 0]为图形的左下角。

【例 2-12】绘制 $y = \sin x$ 和 $y = \cos x$ 的曲线。

在 MATLAB 中创建函数代码如下：

```
clf                        %清除当前图形窗口中的所有图形
x=0:pi/10:2*pi;
y1=sin(x);
y2=cos(x);
plot(x,y1,'m--*','linewidth',2)
hold on
plot(x,y2,'g-.o','linewidth',2)
grid on
xlabel('x','fontsize',12)
ylabel('y','fontsize',12)
legend('sin(x)','sin(y)')
```

运行结果如图 2-7 所示

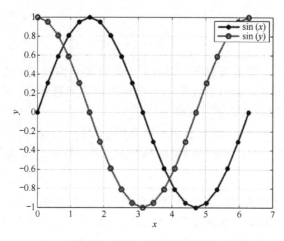

图 2-7　例 2-12 的运行结果

2.5.2　三维绘图及修饰方法

在进行飞行器仿真计算后，经常需要绘制飞行器在空中的三维飞行轨迹，此时需要采用三维绘图来完成曲线的绘制。

一、三维曲线绘制方法

MATLAB 语言中通过 plot3 指令来绘制三维曲线，其调用格式与 plot 十分相似。

```
plot3(x,y,z);                        %绘制默认格式的单根三维曲线
plot3(x,y,z,'s');                    %绘制设定格式的单根三维曲线
plot3(x1,y1,z1,'s1',x2,y2,z2,'s2',….);   %绘制带修饰的多根曲线
plot3(X,Y,Z);                        %绘制多根曲线
```

在该函数中，输入数据可以是同维向量 x，y，z；也可以是同维矩阵 X、Y、Z，此时曲线条数等于矩阵的列数。

二、三维曲面绘制方法

除三维曲线的绘制外，MATLAB 还提供了三维曲面的绘制，包括三维网线图函数 mesh 和三维曲面图函数 surf。

```
mesh(X,Y,Z);          %绘制默认格式的三维网线图
surf(X,Y,Z);          %绘制设定格式的三维网面图
mesh(Z);              %以 Z 数组列行下标为 x、y 轴自变量绘制网线图
surf(Z);              %以 Z 数组列行下标为 x、y 轴自变量绘制曲面图
```

在该函数中，X、Y 是描写自变量取值矩形域的格点坐标数组；Z 是格点上的函数数组。通常首先生成两个一维数组 x 和 y，然后，调用 meshgrid() 函数生成网格矩阵数据 X 和 Y，这样就可以按函数公式用点运算的方式计算出 Z 矩阵，之后便可用 mesh() 或 surf() 等函数进行三维图形绘制。

三、三维绘图的修饰方法

对于三维绘图，MATLAB 还提供了多种函数，用于设置三维图形的视线、光照，以及

三维曲面的配色等属性。

1．三维曲线的视点控制

在 MATLAB 三维图形显示中提供了修改视角的功能，允许用户从任意的角度观察三维图形，实现视角转换有两种方法。其一是使用图形窗口工具栏中提供的三维图形转换按钮可视地对图形进行旋转；其二是用 view() 函数有目的地进行旋转。在说明函数前，首先介绍 MATLAB 三维图形的视角定义（见图 2-8）。

从图 2-8 中可以看出，MATLAB 利用两个角度来确定图形的视角，方位角 alpha 定义为视点在 xOy 平面投影点与 y 轴负方向之间的夹角，默认值为 alpha=-37.5°，仰角 beta 定义为视点与 xOy 平面的夹角，默认值为 beta=30°。

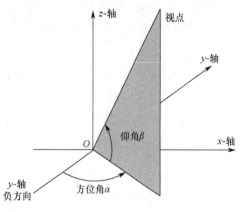

图 2-8　MATLAB 三维图形的视角定义

view 函数的调用方式如下：

```
view(alpha,beta);            %    通过视线角来设置视点，单位为度
view([vx,vy,vz]);            %    通过直角坐标系设置视点
```

若想改变视角来观察曲面，则可以给出 view(alpha,beta) 命令。例如，俯视图由 view(0,90) 设置，正视图由 view(0,0) 设置，右视图由 view(90,0) 设置。

【例 2-13】绘制二元函数 $z = f(x,y) = (x^2 - 2x)e^{-x^2-y^2-xy}$ 的三维视图，并通过 view 调整其视点。

在 MATLAB 中创建函数代码如下，运行结果如图 2-9 所示：

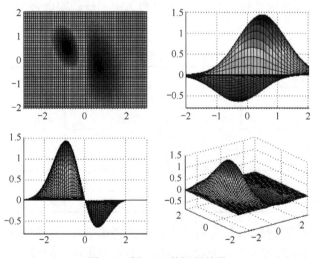

图 2-9　例 2-13 的运行结果

```
[x,y]=meshgrid(-3:0.1:3,-2:0.1:2);      %    生成 X、Y 数据
z=(x.^2-2*x).*exp(-x.^2-y.^2-x.*y);     %    按照公式计算得到 z
subplot(221);surf(x,y,z);view(0,90);    %    绘图并设置为俯视图
axis([-3 3 -2 2 -0.8 1.5]);
subplot(222);surf(x,y,z);view(90,0);    %    绘图并设置为正视图
```

```
axis([-3 3 -2 2 -0.8 1.5]);
subplot(223);surf(x,y,z);view(0,0);        %   绘图并设置为右视图
axis([-3 3 -2 2 -0.8 1.5]);
subplot(224);surf(x,y,z);                   %   绘制三维视图
axis([-3 3 -2 2 -0.8 1.5]);
```

2．三维曲线的旋转

MATLAB 语言还提供了三维图形的旋转功能，其调用方法如下：

```
rotate(h,direction,alpha,origin)           %   使图形句柄为 h 的对象绕方向轴旋转
alpha 度
```

在 rotate 函数中，输入量 h 是被旋转对象（如线、面等）句柄；direction 为选择的方向轴，包括球面坐标和直角坐标两种描述类型；alpha 是绕方向轴遵循右手法则旋转的角度；origin 是方向轴的支点坐标，默认情况下该坐标为坐标原点。需要说明的是，view 仅改变了视点，而 rotate 会改变原图形对象的数据。

3．三维曲面的色图

在使用 mesh、surf 等函数创建三维曲线后，通过调用 colormap 来设置着色所用的颜色，然后，再调用 shading 函数，来设置着色的方式，使得三维图像可以按照自己期望的颜色和方式进行上色，使其绚丽醒目。其调用方法是在三维曲线绘制函数 mesh 或 surf 后，添加如下代码：

```
colormap(CM);                              %   设置当前图形窗口的着色色图为 CM
shading options;                           %   设置当前图形窗口的颜色浓淡处理方式
```

colormap 函数中的 CM 为图形着色的内容，为一个大小为$(m×3)$的矩阵，它的每一行都是一个 RGB 三元组。在调用时，既可以按照矩阵元素进行直接赋值定义，也可以直接选用 MATLAB 预设的一些着图色彩配置方案。MATLAB 三维绘图中预定义的色图矩阵 CM 如表 2-13 所示。

表 2-13　MATLAB 三维绘图中预定义的色图矩阵 CM

参数	含义	参数	含义	参数	含义
jet	蓝头红尾饱和值色	Line	采用 plot 绘色	spring	青、黄浓淡色
summer	绿、黄浓淡色	autumn	红、黄浓淡色	winter	蓝、绿浓淡色
bone	蓝色调浓淡色	Gray	灰色调线性浓淡色	pink	淡粉红色图
white	全白色	copper	纯铜色调线性浓淡	flag	红、白、蓝、黑交错色
colorcube	三浓淡多彩交错色	Cool	青、品红浓淡色	hot	黑、红、黄、白浓淡色
prism	光谱交错色	Hsv	两端为红饱和值色		

shading 函数后面的 options 即为着色方式，主要包括以下三种着色方式。

（1）flag：网线图的整个线段、曲面图的整个贴片均采用一种颜色。颜色取自线段两端，或贴片四定点数据点中下标最小一点的颜色。

（2）interp：网线图线段，或取曲面图的贴片上各点的颜色，或该贴片四顶点处的颜色经线性插值而得。该方法的用色最为细腻，但耗时较长。

（3）faceted：在 flat 基础上，再在贴片四周勾画黑色网线，该设置是默认设置。

4．三维曲面的光照和材质

为了更加细腻的表现三维图形的效果，MATLAB 还提供了光照的设置函数 light 和材质处理函数 material。两者的使用方式如下：

```
light('color',opt1,'style',opt2,'position',opt3);    %灯光照射点等参数的设置
lighting options;                                    %设置照明模式
material options;                                    %使用预定义的反射模式
material [ka kd ks n sc];                            %对五大反射要素进行设置
```

light 函数中，color 参数的数值可以用 RGB 三元数组或相应的色彩字符来设置；style 参数包含两种类型，分别是表示无穷远光的'infiniti'，以及表示近光的'local'；position 参数为直角坐标的三元数组形式，远光时表示光线穿过该点射向原点，近光时表示光源所在位置。而在 lighting 函数后，options 包含四种设置模式：flag 表示入射光均匀地洒落在图形的每个面上；gouraud 表示先对顶点颜色插补，再对曲面进行插补，用于曲面表面；phong 表示先对顶点处法线插值，再计算各像素反光，其表现效果最佳，但耗时最长；none 表示关闭所有光源。

material 函数后，options 可取四种关键词，分别为参数为 shiny 时对象比较明亮，镜反射较多，反射光颜色仅取决于光源；参数为 dull 时对象比较暗淡，漫反射较多，无镜面亮点，反射光颜色取决于光源；参数为 metal 时，对象呈现金属光泽，镜反射较多，背景光和漫反射较少；当参数为 default 时，采用默认设置。

在 material 参数五大反射要素中，ka 表示无方向均匀背景光的强度；kd 表示无方向软反射、漫反射光的强度；ks 表示硬反射光的强度；n 表示控制镜面亮点大小的镜面指数；sc 表示控制镜面颜色的反射系数。

2.5.3　特殊曲线的绘制方法

除常见的二维曲线和三维曲线/曲面外，MATLAB 语言还提供了许多特殊的函数，用于满足一些特殊情况下的数据可视化需求。

一、二维特殊曲线绘制方法

除标准的二维曲线绘制外，MATLAB 还提供了具有各种特殊意义的图形绘制函数，其常用调用格式如表 2-14 所示。其中，参数 x，y 分别表示横、纵坐标绘图数据，

表 2-14　MATLAB 语言提供的特殊二维曲线绘制函数的常用调用格式

函数名及格式	意义	函数名及格式	意义
bar(x,y)和 barh(x,y)	二维垂直/水平直方图	comet(x,y)	彗星状轨迹图
compass(x,y)	罗盘图	errorar(x,y)	误差线图形
pie(x,y)	二维饼图	area(x,y)	面域图
feather(x,y)	羽毛状图	fill(x,y)	二维填充函数图
hist(x,y)	直方图	loglog(x,y)	对数图
polar(x,y)	极坐标图	quiver(x,y)	磁力线图
stairs(x,y)	阶梯图形	stem(x,y)	火柴杆图
semilogx(x,y)	x-半对数图	semilogx(x,y)	y-半对数图

二、三维特殊图形绘制方法

MATLAB 语言同样提供了多种特殊的三维图形绘制函数，用于满足特殊需求。如 surfc() 函数和 surfl() 函数可以分别绘制带有等高线和光照下的三维曲面；waterfa11() 函数可以绘制瀑布形三维图形；contour3() 函数绘制三维等高线图形；bar3() 函数和 bar3h() 函数绘制三维的垂直直方图和水平直方图；pie3() 函数绘制三维饼图；fill3() 函数可以绘制三维填充函数图；trimesh() 函数和 trisurf() 函数绘制不规则数据的三维网线图和三维网面图。

三、隐形函数绘制及应用

在某些情况下，函数 $f(x,y)$ 中无法求出 x、y 之间的显式关系，这样就无法通过先定义一个 x 变量再求出相应的 y 变量，继而不能采用 plot 等函数来绘制曲线。对于隐形函数，MATLAB 提供了 ezplot 函数，用于直接绘制隐函数曲线，该函数的典型调用格式如下：

```
ezplot(Fun,[xmin,xmax]);                          %   调用隐函数曲线绘制
```

函数中，Fun 为隐函数的表达式，xmin 和 xmax 为用户选择的自变量范围，若省略这两个参数，则取默认区间为（-2π，2π）。下面将通过实例来演示该函数的使用方法。

【例 2-14】试绘制隐函数 $f(x,y) = xy\sin(x^2 + y^2) + (x + y)^2 e^{-(x+y)} = 0$ 的曲线。

从给出的函数可见，无法用解析的方法写出该函数，所以不能用前面给出的 plot() 函数绘制出该函数的曲线。对这样的隐函数，若采用如下命令，则将得到如图 2-10 所示的隐函数曲线。

```
ezplot('x*y*sin(x^2+y^2)+(x+y)^2*exp(-(x+y))');   %绘制隐函数
```

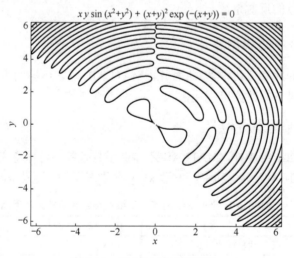

图 2-10　例 2-14 的运行结果

2.6　本章要点小结

本章主要介绍了 MATLAB 的基础知识，包括各种数据的基本操作和函数的基本编写，通过本节的学习，为后续 MATLAB 的使用奠定了基础。主要内容包括以下六个方面。

（1）MATLAB 的界面简介及其属性设置方法。

（2）MATLAB 中的数据基础，包括变量的命名规则，数据类型的分类和基本的语句结构。

（3）命令行窗口的操作，包括指令中的各种标点符号，命令行窗口的显示方法，以及命令行中的常用操作及快捷方式。

（4）MATLAB 中的数据运算方法，包括不同类型数据的创建、标识与寻访，以及各种运算处理方法。

（5）MATLAB 函数的编写方法。介绍了 MATLAB 中 M 文件的两种组成：M 脚本文件和 M 函数文件；对 MATLAB 的函数总体类型进行了介绍；介绍了 M 文件中常见的控制流实现方法，包括循环、条件分支、开关切换、试探容错等结构；介绍了 M 函数中参数个数的获取方法以及变长度参数的实现方法；简要地介绍了编辑器的界面及其常用操作方法；最后，结合工程经验，给出了 M 语言的一些编程技巧、调试方法和耗时计算方法。

（6）MATLAB 中的图形绘制，包括二维图形和三维图形的绘制函数和修饰方法，并简要给出特殊曲线的绘制方法。

第 3 章

MATLAB 与科学计算

在飞行器总体方案论证和制导控制系统方案评估的过程中，经常会遇到一些与科学计算相关的任务需求，如一些极限的求取、状态稳定性的评判、命中概率的统计、杀伤半径的计算等内容，MATLAB 为这些需求提供了非常强大的科学计算辅助工具，便于设计人员快速地完成一些科学计算任务。MATLAB 起源于线性代数的数值运算，在其长期的发展过程中，形成了微分方程数值解法、最优化技术、数据处理、数理统计等诸多分支，并成功地引入了符号运算的功能，使得公式推导成为可能。

MATLAB 语言具有求解科学运算的功能，该功能是广受科学工作者喜爱 MATLAB 的重要原因，也是 MATLAB 语言的一大重要的特色，本章将简要介绍 MATLAB 在科学计算中的几个应用，包括线性代数处理、常微分方程的求解、最优化问题及统计化问题的求解。

3.1 利用 MATLAB 求解线性代数问题

现代控制方法是解决复杂条件下飞行器控制问题的一个重要手段，其数学基础之一就是线性代数问题。MATLAB 为线性代数问题的求解提供了大量的函数和工具，能够非常方便地完成一些线性代数问题的解析解或数值解的求解。下面就主要介绍矩阵的基本分析方法和线性代数方程的求解。

3.1.1 矩阵的基本分析方法

MATLAB 提供了大量的矩阵分析与运算函数，下面介绍各种矩阵的基本分析问题的求解方法和分析方法。

一、特殊矩阵的输入

在 2.2.1.2 节中，已经介绍了部分矩阵的生成方法，如全零矩阵 zeros()、单位矩阵 eye()、全一矩阵 ones()、随机矩阵 rand() 等。除此之外，MATLAB 还提供了一些方法，用于特殊矩阵的生成，这些特殊矩阵在数字信息处理、数值计算、系统理论和自动控制理论中都有广泛的应用。如利用最小二乘法求数据的多项式拟合曲线问题就可以转换为求解以 Hankel 矩阵为系数矩阵的线性方程；线性系统的状态空间方程简化为可控或可观的规范方程也涉及这些特殊矩阵。

1．对角矩阵

对角矩阵是一种特殊的矩阵，这种矩阵的主对角线元素可以为 0 或非零元素，而非对角线元素的值均为 0。MATLAB 可以利用 diag 函数生成一个对角矩阵，调用方式如下：

```
A=diag([a1,a2,…,an]);          %生成对角元素为 a1、a2…an 的 n 维对角矩阵
```

2．Hilbert 矩阵

Hilbert 矩阵是一类特殊矩阵，它的第(i, j)个元素的值满足 $h_{i,j} = 1/(i+j-1)$，生成方法如下：

```
A=hilb(n);                     %生成阶次为 n 的 Hilbert 矩阵
```

另外，由于高阶 Hilbert 矩阵在求逆时往往会引起浮点溢出，其特殊的求逆函数如下：

```
A=invhilb(n);                  %求解 n 阶的 Hilbert 矩阵的逆矩阵
```

3．Hankel 矩阵

Hankel 矩阵是指每条副对角线上的元素都相等的矩阵。即已知一个序列 c，其各个元素为 $\{c_1, c_2, \cdots, c_n\}$，则 Hankel 矩阵的第$(i, j)$个元素的值满足 $h_{i,j} = c_{i+j-1}$，$i, j = 1, 2\cdots$。

```
A=hankel([c1,c2,…,cn]);        %利用序列 c 生成阶次为 n 的 hankel 矩阵
```

4．Vandermonde 矩阵

Vandermonde 矩阵是一种各列均为几何级数的矩阵。即已知一个序列 $c = [c_1, c_2, \cdots, c_n]$，则 Vandermonde 矩阵的第$(i, j)$个元素的值满足 $v_{i,j} = c_i^{n-j}$，$i, j = 1, 2\cdots$。构造方法如下：

```
V=vander([c1,c2,…,cn]);        %利用序列 c 生成 Vandermonde 矩阵
```

（5）Hadamard 矩阵

Hadamard 矩阵是一种特殊方阵，每个元素都是 1（或-1），每行都是互相正交的。该矩阵在信息处理、傅立叶计算中有重要应用。构造方法如下：

```
H=hadamard(n);                 %生成阶数为 n 的 Hadamard 矩阵
```

需要说明的是，参数 n 必须为整数，并且 n、n/12 或 n/20 必须为 2 的幂。

二、矩阵的基本分析与运算

矩阵的特征分析往往可以反映出矩阵的某些性质，例如，在控制系统分析中，矩阵的特征值可以用来分析系统的稳定性，矩阵的秩可用来分析系统的可控性和可观测性等。下面介绍 MATLAB 常用的矩阵分析方法。

1．矩阵的行列式（Determinant）

矩阵的行列式定义为 $|A_{n \times n}| = \sum_{j=1}^{n} (-1)^{j+1} a_{1j} |A_{1j}|$，其中 $|A_{1j}|$ 是元素 a_{1j} 对应的子行列式。

MATLAB 提供了函数 det(A)来直接求取矩阵 A 的行列式。若矩阵 A 为数值矩阵，则得出的行列式为数值计算结果，若 A 定义为符号矩阵，则 det()函数将得出解析解。

2．矩阵的迹（Trace）

矩阵的迹的计算公式为 $\sum\limits_{i=1}^{n} a_{ij}$，即对角线上各个元素之和。MATLAB 语言中，矩阵 A 的迹由函数 trace(A)求出，并且 trace()函数可以扩展到长方形矩阵的迹计算。

3．矩阵的秩（Rank）

矩阵的秩有如下三种表述形式：矩阵 A 中线性无关列（或行）向量中的最大向量数，或者矩阵 A 中的最高非零子行列式的阶数，或者矩阵 A 中的最高非奇异子矩阵的维数。在线性代数中，矩阵求秩的算法很多，其区别在于部分算法可能因矩阵的条件数变化而变得不稳定。MATLAB 提供了 rank(A)函数来求解矩阵的秩，其采用的算法是基于矩阵的奇异值分解的算法进行求解。

4．矩阵的范数（Norm）

矩阵的范数是对矩阵的一种测度。常用的范数定义方法如式（3-1）。

$$\|A\|_1 = \max_{1 \le j \le n} \sum_{i=1}^{n} |a_{ij}|, \quad \|A\|_2 = \sqrt{s_{\max}(A^T A)}, \quad \|A\|_\infty = \max_{1 \le i \le n} \sum_{j=1}^{n} |a_{ij}| \tag{3-1}$$

其中，$s(X)$ 为 X 矩阵的特征值，而 $s_{\max}(A^T A)$ 即为 $A^T A$ 矩阵的最大特征值。事实上，$\|A\|_2$ 为 A 矩阵的最大奇异值。

MATLAB 提供了求解矩阵范数的函数 norm(A,options)，允许求各种意义下的矩阵范数，其中参数的选项为 1、2、inf 和'fro'，分别对应与求解 $\|A\|_1$、$\|A\|_2$、$\|A\|_\infty$ 和 Frobinius 函数。注意，该函数只能用于数值解求解。

5．特征多项式（Characteristic Polynomial）

已知矩阵 A，求解矩阵 $sI-A$ 的行列式，即可以得到一个多项式 $C(s)$，即

$$C(s) = \det(sI - A) = s^n + c_1 s^{n-1} + \cdots + c_{n-1} s + c_n \tag{3-2}$$

这个多项式就被称为矩阵 A 的特征多项式，其中系数为 c_i，$i = 1, 2, \cdots, n$ 称为矩阵的特征多项式系数。

MATLAB 提供了求取矩阵特征多项式系数的函数 c=poly(A)，而返回的 c 为一个行向量，其各个分量为矩阵 A 的降幂排列的特征多项式系数。

6．多项式求值

多项式的多项式求值可以由 polyval()函数直接完成，由 c=polyval(a,x)命令可以求出多项式的值的大小，其中 a 为多项式系数降幂排列构成的向量，即 $a = [a_1, a_2, \cdots, a_n, a_{n+1}]$，$x$ 为一个标量。

7．矩阵的逆

对于一个已知 $n \times n$ 的非奇异方阵 A 而言，若有一个同样大小的 C 矩阵与其右乘后等于单位矩阵，则称矩阵 C 为矩阵 A 的逆矩阵，记作 $C = A^{-1}$。

MATLAB 语言提供了一个求逆矩阵的函数 inv()，其调用格式为 C=inv(A)。

三、矩阵的相似变换与分解

1．矩阵的相似变换与正交变换

假设有一个 $n \times n$ 的方阵 A，并存在一个与它同阶的非奇异矩阵 T，则可以对 A 矩阵进行如式（3-3）的变换，即

$$\hat{A} = T^{-1}AT \tag{3-3}$$

这种变换称为 A 的相似变换（Similarity Transforrn）。可以证明，变换后矩阵 $\hat{A}$ 的特征值和原矩阵 A 的特殊值是一致的，即相似变换并不改变原矩阵的特征结构。

对于一类特殊的相似变换矩阵 T 来说，若它本身满足 $T^{-1} = T^*$，其中 T^* 为 T 的 Hermit 共轭转置矩阵，则称 T 为正交矩阵，并记 $Q=T^*$。正交矩阵 Q 满足下面的条件：

$$Q^*Q = I，且 QQ^* = I$$

正交矩阵中还有一类特殊形式，若矩阵 A 不是满秩矩阵，且有矩阵 Z 使得 $AZ=0$，则称 Z 矩阵为化零空间（Null Space），利用化零空间可以求出奇异矩阵齐次方程的基础解系。

MATLAB 中提供了求取正交矩阵和化零矩阵的函数 orth(A) 和 null(A)。

2．矩阵的三角分解

矩阵的三角分解又称为 LU 分解，它的目的是将一个矩阵分解成一个下三角矩阵 L 和一个上三角矩阵 U 的乘积，即 $A=LU$，其中 L 和 U 矩阵可以分别写成：

$$L = \begin{bmatrix} 1 & & & \\ l_{21} & 1 & & \\ \vdots & \vdots & \ddots & \\ l_{n1} & l_{n2} & \cdots & 1 \end{bmatrix}, \quad U = \begin{bmatrix} u_{11} & u_{12} & \cdots & u_{1n} \\ & u_{22} & \cdots & u_{2n} \\ & & \ddots & \vdots \\ & & & u_{nn} \end{bmatrix} \tag{3-4}$$

MATLAB 语言提供了 [L,U]=lu(A) 函数，对给定矩阵 A 进行 LU 分解，返回下三角矩阵 L 和上三角矩阵 U。由于采用数值算法，有时得出的矩阵 U 不是上三角矩阵，而是其基本置换。

3．对称矩阵的 Cholesky 分解

若 A 矩阵为对称矩阵，则仍然可以用 LU 分解的方法对其进行分解，对称矩阵 LU 分解有特殊的性质，即 $L = U^T$，令 $D=L$ 为一个下三角矩阵，则可以将原来矩阵 A 分解成：

$$A = D^T D = L = \begin{bmatrix} d_{11} & & & \\ d_{21} & d_{22} & & \\ \vdots & \vdots & \ddots & \\ d_{n1} & d_{n2} & \cdots & d_{nn} \end{bmatrix} \begin{bmatrix} d_{11} & d_{21} & \cdots & d_{n1} \\ & d_{22} & \cdots & d_{n2} \\ & & \ddots & \vdots \\ & & & d_{nn} \end{bmatrix} \tag{3-5}$$

其中，D 矩阵可以形象地理解为原 A 矩阵的平方根。对该对称矩阵进行分解可以采用 Cholesky 分解算法。

MATLAB 提供了 chol() 函数来求取矩阵的 Cholesky 分解矩阵 D，该函数的调用格式可以写成 [D,P]=chol(A)，式中返回的 D 为 Cholesky 分解矩阵，且 $A = D^T D$；而 $P-1$ 为矩阵 A 中正定的子矩阵的阶次，若矩阵 A 为正定矩阵，则返回 $P=0$。

（4）矩阵的奇异值分解

矩阵的奇异值也可以看成是矩阵的一种测度。对任意 $n \times m$ 阶的矩阵 A 来说，总有

$$A^\mathrm{T}A \geq 0, AA^\mathrm{T} \geq 0 \tag{3-6}$$

且有 $\mathrm{rank}\left(A^\mathrm{T}A\right)=\mathrm{rank}\left(AA^\mathrm{T}\right)=\mathrm{rank}(A)$。进一步可以证明，$A^\mathrm{T}A$ 与 AA^T 具有相同的非负特征值 λ_i，在数学上，把这些非负的特征值的平方根称为矩阵 A 的奇异值，记作 $\sigma_i(A) = \sqrt{\lambda_i\left(A^\mathrm{T}A\right)}$。

假设 A 矩阵为 $n \times m$ 阶矩阵，且 $\mathrm{rank}(A)=r$，则 A 矩阵可以分解为

$$A = L\begin{bmatrix} \Delta & 0 \\ 0 & 0 \end{bmatrix}M^\mathrm{T} \tag{3-7}$$

其中，L 和 M 均为正交矩阵，$\Delta = \mathrm{diag}(\sigma_1, \cdots, \sigma_n)$ 为对角矩阵，其对角元素 $\sigma_1, \sigma_2, \cdots, \sigma_n$ 满足不等式 $\sigma_1 \geq \sigma_2 \geq \cdots \geq \sigma_n \geq 0$。

MATLAB 提供了直接求矩阵奇异值分解的函数[L,A1,M]=svd(A)，其中，A 为原始矩阵，返回的 $A1$ 为对角矩阵，而 L 和 M 均为正交变换矩阵，并满足 $A = LA_1M^\mathrm{T}$。

3.1.2 代数方程的求解

线性代数方程的求解是科学计算的中心问题之一。本节将介绍线性代数方程 Lyapunov 方程、Sylverster 方程的数值解和解析解方法，并介绍二次型 Riccati 代数方程的数值解法。这些方程在现代控制理论和控制系统设计中有着广泛的应用。

一、线性代数方程求解

矩阵求逆运算往往和线性代数方程的求解有关，考虑下面给出的线性代数方程

$$Ax = B \tag{3-8}$$

式中，A 和 B 为相容维数的矩阵：

$$A = \begin{bmatrix} a_{11} & a_{12} & \cdots & a_{1n} \\ a_{21} & a_{22} & \cdots & a_{2n} \\ \vdots & \vdots & \ddots & \vdots \\ a_{m1} & a_{m2} & \cdots & a_{mn} \end{bmatrix}, \quad B = \begin{bmatrix} b_{11} & b_{12} & \cdots & b_{1p} \\ b_{21} & b_{22} & \cdots & b_{2p} \\ \vdots & \vdots & \ddots & \vdots \\ b_{m1} & b_{m2} & \cdots & b_{mp} \end{bmatrix} \tag{3-9}$$

由矩阵理论可知，该方程的解存在三种可能，即唯一解、无穷多解和无解，下面分别讨论该方程解的 3 种形式。

1. 方程有唯一解

若矩阵 A 为非奇异的方阵，则可以立即得出方程的唯一解为 $x = A^{-1}B$。此时，由 Matab 提供的矩阵求逆函数可以得出方程的唯一解 x=inv(A)*B。

若矩阵 A 不是非奇异方阵，则可以由给定的矩阵 A 和矩阵 B 构造出解的判定矩阵 C，即

$$C = \begin{bmatrix} a_{11} & a_{12} & \cdots & a_{1n} & b_{11} & b_{12} & \cdots & b_{1p} \\ a_{21} & a_{22} & \cdots & a_{2n} & b_{21} & b_{22} & \cdots & b_{2p} \\ \vdots & \vdots & \ddots & \vdots & \vdots & \vdots & \ddots & \vdots \\ a_{m1} & a_{m2} & \cdots & a_{mn} & b_{m1} & b_{m2} & \cdots & b_{mp} \end{bmatrix} \tag{3-10}$$

这样可以不加证明地给出线性方程组有解的判定定理。

2．方程有无穷解

当 rank(A)=rank(C)=$r<n$ 时，线性方程有无穷多解，可以构造出线性方程组 $n-r$ 个化零向量 x_i，$i=1,2,\cdots,n-r$，原方程组对应的齐次方程组的解 $\hat{x}$ 可以由 $\hat{x}_i$ 的线性组合来表示，即

$$\hat{x} = \alpha_1 x_1 + \alpha_2 x_2 + \cdots + \alpha_{n-r} x_{n-r}$$

其中，系数 $\alpha_i, i=1,2,\cdots,n-r$ 为任意常数。在 MATLAB 语言中可以由 null()直接求出，其调用格式为 Z=null()，null()函数也可以用于符号变量描述方程的解析解问题，其中 Z 的列数为 $n-r$，而各列构成的向量又称为矩阵 A 的基础解系。

求解 $Ax=B$ 非齐次方程组也是比较简单的，只要能求出该方程的任意一个特解 $\hat{x}$，则原非齐次方程组的解为 $\hat{x}$。其实，在 MATLAB 中求解该方程的一个特解并非难事，用 x0=pinv(A)*B 即可求出。

【例 3-1】求解非线性方程组 $Ax=B$，其中 $A=\begin{bmatrix} 1 & 2 & 3 & 4 \\ 2 & 2 & 1 & 1 \\ 2 & 4 & 6 & 8 \\ 4 & 4 & 2 & 2 \end{bmatrix}$，$B=\begin{bmatrix} 1 \\ 3 \\ 2 \\ 6 \end{bmatrix}$。

用下面语句可以输入 A 和 B，并构造出 C 矩阵，从而判定矩阵方程的可解性。

```
A=[1 2 3 4; 2 2 1 1;2 4 6 8;4 4 2 2];B =[1;3;2;6];
C=[A B];[rank(A) rank(C)]
```

通过秩检验可知矩阵 A 和矩阵 C 的秩相同，两者都为 2，小于矩阵的阶次 4，因此可以得出原线性代数方程组有无穷多组解。可以考虑用符号工具箱求解方程解的解析解。

```
Z=null(sym(A)),x0=sym(pinv(A))*B,syms a1 a2; x=Z*[a1;a2]+x0
```

由基础解系矩阵 Z 和特解向量 x_0 构造出通解向量 x。

$$Z=\begin{bmatrix} 0 & 1 \\ 1 & 0 \\ -6 & -7 \\ 4 & 5 \end{bmatrix},\quad x_0=\frac{1}{131}\begin{bmatrix} 125 \\ 96 \\ -10 \\ -39 \end{bmatrix},\quad x=a_1\begin{bmatrix} 0 \\ 1 \\ -6 \\ 4 \end{bmatrix}+a_2\begin{bmatrix} 1 \\ 0 \\ -7 \\ 5 \end{bmatrix}+\frac{1}{131}\begin{bmatrix} 125 \\ 96 \\ -10 \\ -39 \end{bmatrix}=\begin{bmatrix} a_2+125/131 \\ a_1+96/131 \\ -6a_1-7a_2-10/131 \\ 4a_1+5a_2-39/131 \end{bmatrix}$$

其中，a_1、a_2 为任意常数。

MATLAB 函数 rref( )还可以对给定矩阵 C 进行基本行变换，以此求解代数方程的解析解。

```
C1=rref(sym(C))
```

得到基本行变换的结果为

$$C_1=\begin{bmatrix} 1 & 0 & -2 & -3 & 2 \\ 0 & 1 & 5/2 & 7/2 & -1/2 \\ 0 & 0 & 0 & 0 & 0 \\ 0 & 0 & 0 & 0 & 0 \end{bmatrix}$$

由得出的结构可知，若令 $x_3=b_1, x_4=b_2$，b_1,b_2 为任意常数，则方程的解析解可以写成

$$x_1=2b_1+3b_2+2, \ x_2=-5b_1/2-7b_2/2-1/2$$

3．方程无解

当 rank(A)<rank(C)时，则线性方程 $Ax=B$ 无解，此时只能利用 Moore-Penrose 广义逆求解出方程的最小二乘解为 x=pinv(A)*B，该解不满足原方程，只能使误差的范围测度

$\|Ax - B\|$ 取最小值。

【例 3-2】将例 3-1 中矩阵 $\boldsymbol{B}$ 改成 $\boldsymbol{B} = \begin{bmatrix} 1 & 2 & 3 & 4 \end{bmatrix}^{\mathrm{T}}$，通过求解可知

```
A=[1 2 3 4; 2 2 1 1;2 4 6 8;4 4 2 2];B =[1;2;3;4];
C=[A B];[rank(A) rank(C)]
```

由此得到 rank(A)=2，而 rank(C)=3，故原始方程是矛盾方程，不存在任何解。可以使用 pinv( ) 函数求取 Moore-Penrose 广义逆，从而求出原始方程的最小二乘解为

```
x=pinv(A)*B,A*x-B
```

方程的解和误差矩阵为

$$\boldsymbol{x}_0 = \begin{bmatrix} 0.5465648855 \\ 0.4549618321 \\ 0.04427480916 \\ -0.04732824427 \end{bmatrix}, \text{误差矩阵为} \begin{bmatrix} 0.4 \\ 8.8818 \times 10^{-16} \\ -0.2 \\ 1.7764 \times 10^{-15} \end{bmatrix}$$

显然，该解不满足原始代数方程组，但该解能使解的整体误差（误差向量的范数）最小。

二、Kronecker 积与矩阵方程求解

考虑式（3-11）一类线性代数方程为

$$AX = C \tag{3-11}$$

其中，A 为 $n \times n$ 矩阵，且 C 为 $n \times m$ 矩阵，为方便叙述，可以将各个矩阵的参数记为

$$X = \begin{bmatrix} x_1 & x_2 & \cdots & x_m \\ x_{m+1} & x_{m+2} & \cdots & x_{2m} \\ \vdots & \vdots & \ddots & \vdots \\ x_{(n-1)m+1} & x_{(n-1)m+2} & \cdots & x_{nm} \end{bmatrix} \quad C = \begin{bmatrix} c_1 & c_2 & \cdots & c_m \\ c_{m+1} & c_{m+2} & \cdots & c_{2m} \\ \vdots & \vdots & \ddots & \vdots \\ c_{(n-1)m+1} & c_{(n-1)m+2} & \cdots & c_{nm} \end{bmatrix} \tag{3-12}$$

该方程的解仍可以由 $X = A^{-1}C$ 求出，即由 MATLAB 函数可以直接求出该方程的解 X=inv(A)*C。但是在很多应用中，人们更希望将上面的方程转换成方程右边的一个列向量，且方程的解也由一个列向量来表示的形式，这需要进行特殊的变换。可以证明，该方程可以变换成如下形式：

$$(A \otimes I)x = c$$

式中，$\otimes$ 表示两个矩阵的 Kronecker 乘积，而 x 和 c 分别为列向量，其表示方法为

$$x^{\mathrm{T}} = \begin{bmatrix} x_1 & x_2 & \cdots & x_{nm} \end{bmatrix}, \quad c^{\mathrm{T}} = \begin{bmatrix} c_1 & c_2 & \cdots & c_{nm} \end{bmatrix}$$

这样原方程的解 x 即可很容易地求出。

以上演示的算法并不是以利用 Kronecker 乘积为主要目的，理解上述变换后，还可以用 Kronecker 乘积来处理更复杂的方程，如式（3-13）给出的广义 Lyapunov 方程

$$AX + XB = -C \tag{3-13}$$

式中，A 为 $n \times n$ 矩阵，B 为 $m \times n$ 矩阵。利用 Kronecker 乘积的表示方法，上面的方程可以写成

$$(A \otimes I_m + I_n \otimes B^{\mathrm{T}})x = -c \tag{3-14}$$

根据上述算法，可以编写如下的 MATLAB 函数，用于求 Lyapunov 方程的解析解。

```
function X=lyap(A,B,C)                           %   注意应置于@sym 目录下
```

```
if nargin==2,C=B;B=A';end
[n,m]=size(C);A0=kron(A,eye(m))+kron(eye(n),B');
try, C1=C';x0=-inv(A0)*C1(:);X=reshape(x0,m,n)';
catch,error('singular matrix found.'), end
```

该函数可以直接求取各种 Lyapunov 方程的解析解，其调用格式如下：

```
X=lyap(sym(A),C)              %   Lyapunov 方程 AX + XAᵀ = −C
X=lyap(sym(A),-inv(A'),Q*inv(A'))    %   离散方程 AX + XAᵀ = −C
X=lyap(sym(A),B,C)            %   Sylvester 方程 AX + XB = −C
```

【例 3-3】假设方程 **AX+XB=−C** 中 A、B 和 C 矩阵分别为

$$A = \begin{bmatrix} 1 & 2 & 3 \\ 4 & 5 & 6 \\ 7 & 8 & 0 \end{bmatrix}, B = A^{\mathrm{T}}, C = \begin{bmatrix} 1 & 5 & 4 \\ 5 & 6 & 7 \\ 4 & 7 & 9 \end{bmatrix}$$

在 MATLAB 的命令行窗口中输入如下代码：

```
A=[1 2 3; 4 5 6; 7 8 0];B=A';C=[1 5 4; 5 6 7; 4 7 9];
X=lyap(A,C),              %   求解 Lyapunov 方程
norm(A*X1+X1*A'+C)        %   计算求解误差
```

计算结果为

$$X = \begin{bmatrix} -1.5556 & 1.1111 & -0.3889 \\ 1.1111 & -1.2222 & 0.2222 \\ -0.3889 & -0.2222 & -0.3889 \end{bmatrix}$$

计算误差为 1.0720×10^{-14}，满足一定的精度要求。

三、Riccati 方程求解

下面的方程称为 Riccati 代数方程

$$A^T X + XA - XBX + C = 0 \qquad (3\text{-}15)$$

其中，**A**、**B**、**C** 为给定矩阵，且 **B** 为非负定对称矩阵，**C** 为对称矩阵，可以通过 MATLAB 的 are() 函数得出 Riccati 方程的解 X=are(A,B,C)，且 **X** 为对称矩阵。

【例 3-4】考虑下面给出的 Riccati 方程

$$\begin{bmatrix} -2 & -1 & 0 \\ 1 & 0 & -1 \\ -3 & -2 & -2 \end{bmatrix} X + X \begin{bmatrix} -2 & 1 & -3 \\ -1 & 0 & -2 \\ 0 & -1 & -2 \end{bmatrix} - X \begin{bmatrix} 2 & 2 & -2 \\ -1 & 5 & -2 \\ -1 & 1 & 2 \end{bmatrix} X + \begin{bmatrix} 5 & -4 & 4 \\ 1 & 0 & 4 \\ 1 & -1 & 5 \end{bmatrix} = 0$$

对比所述方程和上式给出的标准型可见

$$A = \begin{bmatrix} -2 & 1 & -3 \\ -1 & 0 & -2 \\ 0 & -1 & -2 \end{bmatrix}, B = \begin{bmatrix} 2 & 2 & -2 \\ -1 & 5 & -2 \\ -1 & 1 & 2 \end{bmatrix}, C = \begin{bmatrix} 5 & -4 & 4 \\ 1 & 0 & 4 \\ 1 & -1 & 5 \end{bmatrix}$$

在 MATLAB 的命令行窗口中输入如下代码：

```
A=[-2 1 -3;-1 0 -2; 0 -1 -2];    %  输入 Riccati 方程的系数矩阵
B=[2 2 -2;-1 5 -2;-1 1 2];
C=[5 -4 4; 1 0 4; 1 -1 5];
```

```
X=are(A,B,C)                          %    求解 Riccati 方程
```
运行结果如下：
```
X =
     0.9874    -0.7983     0.4189
     0.5774    -0.1308     0.5775
    -0.2840    -0.0730     0.6924
```

3.2 利用 MATLAB 求解微积分问题

微积分问题是高等数学中研究函数的微分（Differentiation）、积分（Integration）以及有关概念和应用的数学分支，它是数学的一个基础学科。内容主要包括极限、微分学、积分学及其应用。微积分学极大地推动了数学的发展，同时也极大地推动了天文学、力学、物理学、化学、生物学、工程学、经济学等自然科学、社会科学及应用科学各个分支的发展。由飞行力学的知识可知，飞行器的动力学运动学模型是一组典型的常微分方程组，当设计人员希望在 M 语言中完成动力学模型构建时，就需要根据相关参数完成常微分方程的求解。

MATLAB 作为一种强大的数学运算工具，为许多微积分问题提供了求解函数，能够方便、快捷地完成相关问题的解析求解和数值求解。本节简要介绍如何利用 MATLAB 求解常见的微积分问题。

3.2.1 MATLAB 中微积分问题的解析解求解方法

在 MATLAB 环境中能够通过符号计算的方法获取诸多数学问题的解析解。符号计算的优点是凭借恒等式和数学定理，通过推理和演绎，给出具有"无限尺度"描写能力的解析结果。

在利用符号计算的方法求解数学问题前，需要利用 syms 函数定义相关符号变量；利用这些符号变量和数值符号描述来构造相应的公式或数学问题；然后，调用相关函数来求解该数学问题的解析解；最后，可以借助相关函数对解析解的计算结果进行简化和美观优化。

一、极限问题的符号计算方法

极限是微积分中的基础概念，是指变量在一定的变化过程中，逐渐稳定的变化趋势以及所趋向的值（极限值）。在现代的数学分析教科书中，几乎所有基本概念（连续、微分、积分）都建立在极限概念的基础之上。

MATLAB 语言中提供了 limit() 函数来求解极限问题的解析解。其调用形式如下：
```
limit(f,x,a);                          %    求极限
limit(f,x,a,'right');                  %    求右极限
limit(f,x,a,'left');                   %    求左极限
```
下面举例说明利用符号计算函数，求解相关公式的极限。

【例 3-5】利用 MATLAB 的符号函数来求解两种重要极限 $\lim\limits_{t\to 0}\dfrac{\sin kt}{kt}$ 和 $\lim\limits_{x\to\infty}\left(1-\dfrac{1}{x}\right)^{kx}$。

在 MATLAB 的命令行窗口中输入如下代码：

```
syms t x k;                        %   利用 syms 定义符号变量 t,x,k
Fun1=sin(k*t)/(k*t);               %   利用符号变量描述期望的数学函数
Fun2=(1-1/x)^(k*x);                %   利用符号变量描述期望的数学函数
LFun1=limit(Fun1,t,0)              %   求解变量 t 趋于零时的函数极限
LFun2=limit(Fun2,x,inf)            %   求解变量 x 趋于正无穷时的极限
```

计算结果为：

```
LFun1 = 1;  LFun2 = exp(-k)
```

二、导数问题的符号计算方法

导数（Derivative）是微积分中的重要基础概念。当函数 $y=f(x)$ 的自变量 x 在一点 $x0$ 上产生一个增量 Δx 时，函数输出值的增量 Δy 与自变量增量 Δx 的比值在 Δx 趋于 0 时的极限 a，若存在，则 a 即为 $f(x)$ 在 $x0$ 处的导数。导数是函数的局部性质，一个函数在某点的导数描述了这个函数在这一点附近的变化率。若函数的自变量和取值都是实数，则函数在某点的导数就是该函数所代表的曲线在该点的切线斜率。导数的本质是通过极限的概念对函数进行局部的线性逼近。如飞行器位置对于时间的导数就是飞行器的瞬时速度。

MATLAB 语言中提供了 diff() 函数来求解导数问题的解析解。其调用形式如下：

```
diff(f,x,n);                       %   求解函数 f 的 n 阶导数 dⁿf(x)/dxⁿ
```

此外，MATLAB 还提供了 jacobian() 函数和 taylor() 函数用来求解相关高等数学问题。

```
jacobian(f,x);                     %   求多元函数 f(x) 的 Jacobian 矩阵
taylor(f,x,a);                     %   求标量多元函数 f(x) 在 x=a 处的泰勒展开
taylor(f,x,a,'Pram',Value);        %   按照设置求解多元函数 f(x) 在 x=a 处泰勒展开
```

下面举例说明利用符号计算函数，求解指定数学函数的导数。

【例 3-6】对函数 $f = t\cos x e^{tx}$，求函数的导数 $\dfrac{\mathrm{d}f}{\mathrm{d}x}$，$\dfrac{\mathrm{d}^2 f}{\mathrm{d}t^2}$，$\dfrac{\mathrm{d}^2 f}{\mathrm{d}t\mathrm{d}x}$。

在 MATLAB 的命令行窗口中输入如下代码：

```
syms t x ;                         %   利用 syms 定义符号变量 t,x
f=t*cos(x)*exp(t*x);               %   利用符号变量描述期望的数学函数
dfdx=diff(f,x)                     %   求解函数关于 x 的一阶导数
dfdt2=diff(f,t,2)                  %   求解函数关于 t 的二阶导数
dfdxdt=diff(diff(f,x),t)           %   求解函数关于 t 和 x 的一阶导数
```

计算结果为：

```
dfdx = t^2*exp(t*x)*cos(x) - t*exp(t*x)*sin(x)
dfdt2 = 2*x*exp(t*x)*cos(x) + t*x^2*exp(t*x)*cos(x)
dfdxdt = 2*t*exp(t*x)*cos(x) - exp(t*x)*sin(x) + t^2*x*exp(t*x)*cos(x) -
t*x*exp(t*x)*sin(x)
```

【例 3-7】求 $f(x) = x^2 \mathrm{e}^x$ 在 $x=0$ 和 $x=1$ 处展开的 5 阶泰勒级数。

在 MATLAB 的命令行窗口中输入如下代码：

```
syms x ;                           %   利用 syms 定义符号变量 x
f=x^2*exp(x);                      %   利用符号变量描述期望的数学函数
r1=taylor(f,x,0,'Order',6)         %   求解函数在 0 处的泰勒展开忽略 6 阶小量
```

```
r2=taylor(f,x,1,'Order',6)          %   求解函数在 1 处的泰勒展开忽略 6 阶小量
```
计算结果为：
```
r =x^5/6 + x^4/2 + x^3 + x^2
r = exp(1) + 3*exp(1)*(x - 1) + (7*exp(1)*(x - 1)^2)/2 + (13*exp(1)*(x - 1)^3)/6
+ (7*exp(1)*(x - 1)^4)/8 + (31*exp(1)*(x - 1)^5)/120
```

三、级数求和问题的符号计算方法

将数列 u_n 的项 $u_1, u_2, \cdots u_n$，依次用加号连接起来的计算称为级数的求和问题。级数是研究函数的一个重要工具，在理论上和实际应用中有着重要的地位。一方面借助级数能表示许多常用的非初等函数，微分方程的解就常用级数表示；另一方面又可将函数表示为级数，从而借助级数去研究函数，如用幂级数研究非初等函数，以及进行近似计算等。

MATLAB 语言中提供了 symsum()函数来求解级数求和问题的解析解。其调用形式如下：
```
symsum(f,k,a,b);                    %   求通式 f 在指定变量 k 取遍 [a,b] 时的和
```
利用 symsum()函数，不仅可以计算有限项级数和，还可以求解无限项级数和。

【例 3-8】求 $\sum_{k=1}^{10} k^2$，$\sum_{k=1}^{\infty} \frac{1}{k^2}$，$\sum_{k=1}^{\infty} \frac{x^k}{k!}$。

问题中的阶乘可以用 factorial()函数进行求解，MATLAB 命令行窗口中输入如下代码：
```
syms k x;                           %   利用 syms 定义符号变量 x
f1 = k^2;                           %   利用符号变量描述期望的数学函数
f2 = 1/k^2;                         %   利用符号变量描述期望的数学函数
f3= x^k/factorial(k);               %   利用符号变量描述期望的数学函数
S1 = symsum(f1, k, 1, 10)           %   求解有限项级数之和
S2 = symsum(f2, k, 1, Inf)          %   求解无限项级数之和
S3 = symsum(f3, k, 1, Inf)          %   求解多元函数无限项级数之和
```
计算结果为：
```
S1 = 385;  S2 = pi^2/6;  S3 = exp(x)
```

四、积分问题的符号计算方法

积分是微积分学与数学分析中的一个核心概念，通常分为定积分和不定积分两种。对于一个给定的正实值函数，在一个实数区间上的定积分可以理解为在坐标平面上，由曲线、直线以及轴围成的曲边梯形的面积值（一种确定的实数值）。

在 MATLAB 中，积分问题的解析解是通过 int()函数来实现的。与数值积分相比，符号积分指令简单、适应性强，但其计算耗时较长，并且可能得到冗长而生疏的符号表达式。int()函数的常用调用形式如下：
```
int(f,var);                         %   给出 f 对指定变量 var 的不定积分
int(f,var,a,b);                     %   给出 f 对指定变量 var 的定积分
int(f,var,'Pram',Value);            %   在求解积分问题时附带相关属性参数
```

【例 3-9】求解不定积分 $\int \frac{x}{1+z^2} dx$、$\int \frac{x}{1+z^2} dz$，以及定积分 $\int_0^1 x\ln(1+x)dx$。

在 MATLAB 的命令行窗口中输入如下代码：
```
syms x z ;                          %   利用 syms 定义符号变量 x,z
f1=x/(1+z^2);                       %   利用符号变量描述期望的数学函数
```

```
f2=x*log(1+x);            %    利用符号变量描述期望的数学函数
i1=int(f1,x)              %    求解指定函数的不定积分
i2=int(f1,z)              %    求解指定函数的不定积分
i3=int(f2,x,0,1)          %    求解指定函数的定积分
```
计算结果为：
```
i1 = x^2/(2*(z^2 + 1));  i2 = x*atan(z);  i3 = 1/4
```

【例 3-10】求三重积分 $\int_{1}^{2}\int_{2x}^{x^2}\int_{\sqrt{xy}}^{x+y}(x^2+2y^2+3z^2)\mathrm{d}z\mathrm{d}y\mathrm{d}x$ 。

在 MATLAB 的命令行窗口中输入如下代码，注意该函数的内积分上下限均为函数变量：

```
syms x y z ;                       %    利用 syms 定义符号变量 x,y,z
f=x^2+2*y^2+3*z^2;                 %    利用符号变量描述期望的数学函数
Res=int(int(int(f,z,sqrt(x*y),x+y),y,2*x,x^2),x,1,2);
                                   %    求解三重积分
Res1 = double(Res)                 %    将字符变量转换为 double 类型的数值
Res2 = vpa(Res)                    %    将字符变量转换为 32 位数字表示的数值
```
计算结果为：
```
Res = (1848124*2^(1/2))/116025 - 10375883/132600
Res1 = -55.7230
Res2 = -55.722952805453877061223252128926
```

3.2.2　MATLAB 中微积分问题的数值解求解方法

MATLAB 中虽然能够采用符号运算的方法来求解数学问题的解析解，但是其运算耗时较长，且结果并不直观，并且有些数学问题无法求得解析解，只能利用数值计算功能来求解其数值解。本节就简要地介绍如何利用数值计算的方法来求解微积分问题的数值解。

一、差分与微分问题的数值计算方法

1．数值极限问题

在 MATLAB 的数值计算中，没有提供专门求极限的指令，其原因在于 MATLAB 采用了浮点数存储体系，在这种情况下，数值的精度有限，并不能描述无穷小量，即不能准确地描述数的邻域概念。

2．数值差分问题

MATLAB 提供了多种函数，以便实现不同的差分算法，常用的调用函数及格式如下：
```
dF=diff(F);              %    求输入 F 的两点前向差分 df_n = f_{n+1} - f_n
dF=diff(F,n);            %    对输入 F 的 n 阶两点前向差分
gF=gradient(F);          %    求输入 F 内点中心差分 gf_n = (f_{n+1} - f_{n-1})/2
```
对于 diff 而言，当输入 F 是向量时，dF=F(2:n)−F(1:n-1)，得到的输出 dF 的长度比 F 少一个元素；当输入 F 是二维矩阵时，dF=F(2:n,:)− F(1:n-1,:)，得到的输出 dF 比 F 少一行。而对于 gradinet 而言，当输入 F 是向量时，gF 的非端点 gF(2:end-1)=(F(3:end)−F(1:end-2))/2，而首端 gF(1)=F(2)−F(1)，末端 gF(end)=F(end)−F(end-1)，输出 gF 与输入 F 维数相同；输入为二维矩阵，将其每行均作为一个向量进行处理，其输出与输入维数不变。

【例 3-11】计算向量[1 1 2 3 5 8 13 21]和矩阵[1 2 3; 7 8 9; 13 15 19]的前向差分和二次前向差分，以及内点中心差分。

在 MATLAB 的命令行窗口中输入如下代码：

```
X1 = [1 1 2 3 5 8 13 21];        %   定义向量
X2 = [1 2 3; 7 8 9; 13 15 19]    %   定义矩阵
dF1 = diff(X1)                   %   求解向量的两点前向差分
dFdF1 = diff(X1,2)               %   求解向量的二次两点前向差分
dF2 = diff(X2)                   %   求解矩阵的两点前向差分
dFdF2 = diff(X2,2)               %   求解矩阵的二次两点前向差分
gF1 = gradient(X1)               %   求解向量的内点中心差分
gF2 = gradient(X2)               %   求解矩阵的内点中心差分
```

计算结果为：

```
dF1=[0 1 1 2 3 5 8]; dFdF1=[1 0 1 1 2 3]; dF2=[6 6 6; 6 7 10]; dFdF2=[0 1 4];
gF1 = [0 0.50 1.00 1.50 2.50 4.00 6.50 8.00];
gF2 = [1 1 1; 1 1 1; 2 3 4]
```

二、积分问题的数值计算方法

求某个函数的定积分时，在多数情况下，被积函数的原函数很难用初等函数表达出来，或者许多实际问题中的被积函数往往是列表函数或其他形式的非连续函数，对于这种情况，数值积分的理论与方法一直是计算数学研究的基本课题。

数值积分是利用黎曼积分和积分中值等数学定义和定理，采用数值逼近的方法近似计算给定的定积分值，在数值计算中的求解方法种类很多，如梯形法、Simpson 法、Tomberg 法等，这些方法的基本思想均是将整个积分空间[a,b]分割成若干个子空间，通过在每个子空间内开展数值求和来近似求解系统的积分值。

MATLAB 也提供了多种函数用于求解数值积分问题，常用的计算公式及调用方法如下：

```
Ss=quad(fun,a,b,tol);      %   递推自适应 Simpson 法在[a,b]区间求不大于
                           %   误差 tol 的函数 fun 的定积分近似值
Si=integral(fun,min,max);  %   在区间[min,max]之间采用全局自适应正交
                           %   和默认误差情况下计算数值积分
```

在早期版本的 MATLAB 中，最常用的数值积分函数是 quad 函数，在未来的版本中将被 integral 函数所取代。两个函数的使用方法基本一致。fun 函数为被积分函数的描述形式，a、b 分别为定积分的上限和下限，tol 为设定的允许误差项。

被积分函数的描述形式包括匿名函数、inline 函数或 M 函数文件三种形式，其中匿名函数的调用形式为@(x)Fun，符号@后面紧跟一对圆括号，圆括号内是自变量列表，圆括号后面紧跟着函数表达式。该方法使用简单，特别适用于被积分函数能够用单行 M 语言表达的情况。当函数较为复杂或者包含多个返回变量时，可以用 M 语言创建 M 函数文件来完成函数的描述。还有一种是 inline 函数，调用方式为 inline('Fun','x')，函数内首参数为函数表达式，第二个参数为函数变量，但该方法求解速度最慢，不推荐使用。下面以具体例子来说明三种形式的使用方法。

【例 3-12】求解定积分 $\int_0^1 xe^{-x^2}dx$。

创建 M 函数文件，并将其保存为 Example_3_12Fun.m，相关代码如下：

```
function y=Example_3_12Fun(x)              %    函数声明项目
y=x.*exp(-x.^2);                           %    描述函数
```

在 MATLAB 的命令行窗口中输入如下代码：

```
Fun1=@(x)x.*exp(-x.^2);                    %    创建匿名函数
Fun3=inline('x.*exp(-x.^2)','x');          %    创建 inline 函数
y1=quad(Fun1,0,1)                          %    调用匿名函数求解数值积分
i1=integral(Fun1,0,1)                      %    调用匿名函数求解数值积分
y2=quad(@(x)Example_3_12Fun(x),0,1)        %    调用 M 函数求解数值积分
i2=integral(@(x)Example_3_12Fun(x),0,1)
y3=quad(Fun3,0,1)                          %    调用 inline 函数求解数值积分
```

计算结果为：

```
y1 = 0.3161;    i1 = 0.3161;    y2 = 0.3161;  i2 = 0.3161;  y3 = 0.3161;
```

三、多重积分问题的数值计算方法

对于一重积分中存在的问题，在多重积分中同样存在。由于进行积分时采样点数的急剧增加、内重积分上下限存在非常数等问题，使得多重积分的计算更加困难。

MATLAB 中提供的多重积分计算方法如下：

```
q = dblquad(fun,xmin,xmax,ymin,ymax);                    %    二重闭环数值积分
q = dblquad(fun,xmin,xmax,ymin,ymax,tol,meth);           %    指定方法二重数值积分
q = integral2(fun,xmin,xmax,ymin,ymax);                  %    二重闭环数值积分
q = integral2(fun,xmin,xmax,ymin,ymax,name,meth);        %    指定参数二重数值积分
q = triplequad(fun,xmin,xmax,ymin,ymax,zmin,zmax);       %    三重闭环数值积分
q = integral3(fun,xmin,xmax,ymin,ymax,zmin,zmax);        %    三重闭环数值积分
```

在早期版本的 MATLAB 中，多重数值积分函数是 dblquad 和 triplequad 函数，在未来的版本中将被 integral2 和 intergral3 函数所取代。两个函数的使用方法基本一致。与单重积分 quad 函数类似，被积分函数的描述形式包括匿名函数、inline 函数和 M 函数文件三种形式。

【例 3-13】求解多重定积分 $\int_0^1 \int_{-2}^2 e^{-x^2} \sin(x^2 + y) \mathrm{d}x\mathrm{d}y$。

在 MATLAB 的命令行窗口中输入如下代码：

```
Fun=@(x,y)exp(-x.^2).*sin(x.^2+y);         %    创建匿名函数
J1=dblquad(Fun,-2,2,0,1)                    %    求解二重积分
J2=integral2 (Fun,-2,2,0,1)                 %    求解二重积分
```

计算结果为：

```
J1 = 1.1180;    J2 = 1.1180;
```

3.2.3　常微分方程的数值求解方法

凡含有参数、未知函数和未知函数导数（或微分）的方程，称为微分方程，未知函数是一元函数的微分方程称为常微分方程。微分方程中出现的未知函数最高阶导数的阶数，称为微分方程的阶。常微分方程在很多学科领域内有着重要的应用，自动控制、各种电子学装置的设计、弹道的计算、飞机和导弹飞行的稳定性的研究、化学反应过程稳定性的研究等。这些问题都可以化为求常微分方程的解，或者化为研究解的性质的问题。例如，导弹的动力学和运动学方程就是一组典型的常微分方程组，根据飞行器受到的力和力矩大小，求解得到飞行器当前的速度、位置、姿态等状态信息。

在工程实践中，常见的常微分方程，或者没有解析解，或者求取解析解的代价无法忍受，因此需要借助数值计算的方法进行方程的求解。通过学习计算方法的课程可知，求解常微分方程的数值方法是多种多样的，如常用的 Euler 法、Runge-Kutta 方法、Adams 线性多步法，若需要解决刚性问题则有若干专用的刚性问题求解方法。而 MATLAB 就提供了多个函数用于求解常微分方程，下面就介绍如何用 M 语言来求解常微分方程。

一、常用的常微分方程求解函数

MATLAB 提供了一系列常微分方程求解函数，如 ode23()、ode45()、ode113()、ode15()等，这些函数分别采用不同的常微分方程求解方法，适用于不同的求解问题。由于这几种方法的求解函数格式相同，下面给出解算函数的调用形式，函数名用 solver 代替。

```
sol = solver(odefun,tspan,y0);                        %   基础的单输出格式
[T,Y] = solver(odefun,tspan,y0);                      %   三输入两输出格式
[T,Y] = solver(odefun,tspan,y0,options);              %   四输入两输出格式
[T,Y,TE,YE,IE] = solver(odefun,tspan,y0,options);  %   四输入四输出格式
```

调用函数中，输入参数 odefun 表示待计算的常微分方程，可以用描述系统状态方程的 M 函数（该函数名应该用引号括起来或由@号引导）、匿名函数或 inline 函数表示。当输入参数 tspan 为二元数组[t0, tf]时，表示求数值解的时间区间，t0 为起始时间，tf 为终止时间；当输入参数 tspan 为多元数组时，表示在 tspan 指定的时间序列上求数值解，此时，tspan 的元素必须按照单调升（或降）的次序排列。输入参数 y0 表示初始条件的向量。输入 options 表示各种解算方法的设置属性。

输出 sol 表示解算结果的结构体，该结构体中包含多个域，各个域中存放着涉及微分方程解的相关信息。输出 T 表示时间点的列向量，当 tspan 为二元数组时，时间序列 T 自动生成；当 tspan 为多元数组时，时间序列 T 指 tspan 指定的数组。输出 Y 表示计算结果，其每一行表示时间序列 T 相应的行的计算结果。YE 和 IE 只有在设置 Event（事件）属性后才执行输出，分别表示事件时刻的计算结果和事件消失时的序列号。

常用的常微分方程求解函数的特点及其使用情况如表 3-1 所示

表 3-1 常用的常微分方程求解函数的特点及其使用情况

函数名	适用类型	精度	特点	适用场合
ode45	非刚性	适中	一步法，采用 4、5 阶 Runge-Kutta 方法，累积截断误差为 $(\Delta x)^5$	大多数场合的首选算法
ode23	非刚性	低	一步法，采用 2、3 阶 Runge-Kutta，累积截断误差为 $(\Delta x)^3$	较低精度的场合
ode113	非刚性	低到高	多步法，采用 Adams 方法，累积截断误差从 10^{-3} 到 10^{-6}	取代 ode45 计算时间太长或精度较高的情况
ode15s	刚性	低到中	多步法，采用 Gear's 反向数值微分方法	当 ode45 失效或存在质量矩阵的情况
ode23s	刚性	低	一步法，采用二阶 Rosenbrock 方法	低精度时比 ode15s 有效；存在定常质量矩阵
ode23t	适度刚性	低	采用梯形法则方法	适度刚度或质量矩阵
ode23tb	刚性	低	采用梯形法则-反向数值微分两阶段算法	低精度时比 ode15s 有效；存在定常质量矩阵

关于不同的解算方法的特点，在第 5 章 Simulink 环境设置时还会对其进行详细介绍。

二、常微分方程函数的设置

在常微分方程的一系列解算函数中，函数中的参数 options 是用来控制算法行为、显示解算中间过程和输出结果的重要变量。MATLAB 提供了函数 odeget()和函数 odeset()，便于用户完成相关参数值的获取或设置。其调用的一般形式如下：

```
options = odeset('name1',value1,'name2',value2,...);    %创建解算器属性变量
options = odeset(oldopts,'name1',value1,...);           %更新已有属性中的某个参数
options = odeset(oldopts,newopts);                      %替换属性变量
o = odeget(options,'name');                             %获取属性变量中的某个属性
```

odeset()函数的作用就是改变 options 属性构架变量中某些指定的属性域所保存的值，需要注意的是，该函数调用时仅修改函数中指定的那些属性，而那些未被修改的属性值不会发生改变。常用的解算器属性包括误差控制、解算器输出、步长、事件、雅克比矩阵等内容，表 3-2 给出常微分方程求解函数的设置属性。

表 3-2　常微分方程求解函数的设置属性

类型	属性域名	取值	应用场合
误差控制	AbsTol	正标量或向量：{1e-6}	绝对误差：标量应用于解向量的所有元素，向量则分别应用于解向量的各元素
	RelTol	正标量：{1e-3}	相对误差：应用于解向量的所有元素，每积分步中，估计误差计算公式为$\|e(i)\| \leq \max(RelTol*abs(y(i)),AbsTol(i))$
	NormControl	字符串：{'on' | 'off' }	
解算器输出	NonNegative	整数向量	指定哪些解向量的分量必须为非负数，默认为[]
	OutputFcn	函数句柄	每次积分步长后所调用的函数
	OutputSel	指数向量	指定哪个解向量的分量将被传递到输出函数
	Refine	正整数	通过精确的因子增加输出的点的数量
	Stats	字符串：{'on' | 'off' }	确定求解是否应该显示计算的统计，默认为关
仿真步长	InitialStep	正标量	建议的初始步长
	MaxStep	正标量{0.1*abs(t0-tf)}	解算步长的最大上限
事件	Events	函数句柄	定义事件发生时的函数
雅克比矩阵	Jacobian	函数句柄或常值矩阵	计算雅克比矩阵或函数
	JPattern	稀疏矩阵	设置稀疏矩阵
	Vectorized	字符串：{'on' | 'off' }	是否允许解算器减少函数计算所需的次数

【例 3-14】求解常微分方程组
$$\begin{cases} y_1' = 2y_2y_3, & y_1(0) = 1 \\ y_2' = -y_1/y_3, & y_2(0) = -1.5 \\ y_3' = 0.4y_1^2y_2, & y_3(0) = 0.5 \end{cases}$$

在 MATLAB 中创建 M 函数文件如下：

```
function dy = Example3_14_Fun(t,y)  %   创建函数文件
dy = zeros(3,1);                    %   创建一个列向量
dy(1) = 2 .*y(2) .* y(3);          %   描述常微分方程
```

```
dy(2) = -y(1)./  y(3);
dy(3) = 0.4 .* y(1) .* y(2);
```

在 MATLAB 的命令行窗口中，设置解算器参数、调用解算函数、绘制结果，输入如下：

```
options = odeset('RelTol',1e-4,'AbsTol',[1e-4 1e-4 1e-5]);
[T,Y] = ode45(@Example3_14_Fun,[0 12],[1 -1.5 0.5],options);
plot(T,Y(:,1),'-',T,Y(:,2),'-.',T,Y(:,3),'.');
legend('y1','y2','y3');
```

计算结果如图 3-1 所示。

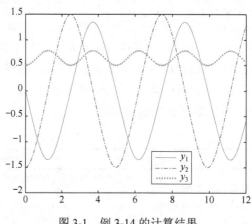

图 3-1   例 3-14 的计算结果

三、高阶常微分方程函数的转换

从前面的叙述可知，ode45()这类常微分方程解算函数只能处理显式一阶微分方程组标准问题。而在实际应用中，经常会遇到一个或多个高阶常微分方程才能描述求解问题。在这种情况下，需要对其进行转换为标准情况进行解算。

假设一个高阶常微分方程的一般形式如式（3-16）：

$$y^{(n)} = f\left(t, y, y', y'', \cdots, y^{(n-1)}\right) \tag{3-16}$$

通过增加一组状态变量 $x_1 = y, x_2 = y', x_3 = y'', x_n = y^{(n-1)}$，将其转换为一阶常微分方程组进行求解，即

$$\begin{cases} x_1' = x_2 \\ x_2' = x_3 \\ \quad\vdots \\ x_n' = f\left(t, x_1, x_2, \cdots, x_n\right) \end{cases} \tag{3-17}$$

3.3 利用 MATLAB 求解优化问题

随着计算机和现代控制技术的迅猛发展，优化理论在飞行器动力学、制导和控制问题

方面得到了迅速的发展和应用，如航天器飞行轨道的选择、飞行器的再入轨道规划、中远距离导弹最优中制导律设计、控制参数的优化等内容。由于优化理论及其方法涉及诸多内容，在本节中，仅对基础的最优化函数进行简要介绍。

MATLAB 提供了功能强大的优化工具箱来完成最优问题的求解。工具箱中包含了适用不同场合的多种优化函数，可以寻找连续与离散优化问题的解决方案、执行折中分析，以及将优化的方法结合到其算法和应用程序中。通过优化工具箱及其相关函数，用户可以方便快捷地完成非线性系统的方程求解、无约束条件下和约束条件下的非线性极小值计算、二次规划和线性规划及其他问题。在此，仅对常用的函数进行介绍。

3.3.1　非线性方程组的求解

非线性方程是指因变量与自变量之间的关系不是线性关系，如平方关系、对数关系、指数关系、三角函数关系等。求解此类方程往往很难得到精确解，经常需要求近似解。在 MATLAB 中，多元非线性方程的求解问题是通过调用优化工具箱中 fsolve()函数解决的，该函数可以直接求解 $f(x)=0$ 的非线性方程组，注意在求解时，函数个数与未知数的个数必须相同。下面给出解算函数的典型调用形式。

```
x = fsolve(fun,x0);                              %简单的双输入单输出调用格式
x = fsolve(fun,x0,options);                      %简单的三输入单输出调用格式
[x,fval] = fsolve(fun,x0);                       %输出结果和残差的调用格式
[x,fval] =fsolve(fun,x0,options);               %输出结果残差的带参数调用格式
[x,fval,exitflag,output] = fsolve(fun,x0);      %输出完整信息的调用格式
[x,fval,exitflag,output] = fsolve(fun,x0,optiions); %输出完整信息的带参数调用格式
```

在函数输入中，fun 为求解问题的数学描述，可以用描述系统状态方程的 M 函数、匿名函数或 inline 函数来表示；x0 为未知数的起始搜索点，对于不符合 $f(x)=0$ 形式的方程组，需要对其进行转换和调整；options 是优化求解时的相关参数。在输出结果中，x 为返回的函数解；fval 为原函数在 x 点处的值，即解的残差；exitflag 表示函数的结束标志，其值为一个整数，当值为 1 时表示已求得方程的解，0 表示未求得函数解，负数表示求解过程出现了不同类型的异常情况；output 为方程组解的附加信息，其值为一个结构体类型，其中，iteration 表示计算迭代次数，funcCount 表示目标函数的调用次数，algorithm 表示优化算法的调用次数。

【例 3-15】求解二元非线性方程组 $\begin{cases} e^{e^{(x_1+2x_2)}} - x_1 x_2^2 = 0 \\ x_1 \cos(x_2) + x_2 \sin(x_1) - 1 = 0 \end{cases}$

在 MATLAB 中创建 M 函数文件如下：

```
function y = Example3_15_Fun(x)          %    创建函数文件
y = zeros(2,1);                          %    创建一个列向量
y(1) = exp(exp(x(1)+2*x(2)))-x(1)*x(2)^2; %   描述二元非线性方程组
y(2) = x(1)*cos(x(2))+x(2)*sin(x(1))-1;
```

在 MATLAB 的命令行窗口中，输入如下代码：

```
x = fsolve(@Example3_15_Fun,[0 0])
[xx,fval,exitflag,output] = fsolve(@Example3_15_Fun,[0 0])
```

计算结果为：

```
x = [3.4340  -1.3959]; xx = [3.4340  -1.3959];
fval = [0.1843*1.0e-09   -0.1283*1.0e-09];exitflag =    1;
output =
     iterations: 11
     funcCount: 32
     algorithm: 'trust-region-dogleg'
     firstorderopt: 6.0586e-09
     message: 'Equation solved.…'
```

3.3.2　无约束情况下优化问题的求解

无约束情况下优化问题的一般描述为

$$\min_x f(x) \tag{3-18}$$

其中，$x=[x_1,x_2,\cdots,x_n]^T$。该函数公式描述的含义即在无任何约束条件下求取一组 x 向量，使得最优化目标函数 $f(x)$ 为最小，即达到某个目标属性的最优。尽管在实际工程中，所有设计问题几乎都是有约束的，但无约束最优化问题确实是优化技术中极为重要和基本的内容，而且许多约束优化问题可以转换为一系列无约束优化问题来求解。

根据构成搜索方向所使用的信息性质的不同，无约束优化方法可以分为间接法和直接法两种类型，间接法是使用导数的无约束优化方法，如梯度法、（阻尼）牛顿法、变尺度法、共轭梯度法等；直接法是利用目标函数值的无约束优化问题，如坐标轮换法、鲍威尔法、单纯形法等。

MATLAB 中针对无约束情况的最优问题，提供了多个函数来适用于不同的情况。

一、单变量局域优化指令

MATLAB 中提供了 fminbnd()指令函数用于查找单变量函数在固定间隔内的最小值。该函数用于求解 $\min_x f(x)$，$x_1<x<x_2$ 所表述的优化问题，其中，x 是标量，并要求函数 $f(x)$ 在区间 (x_1,x_2) 连续。fminbnd()指令函数采用 Brent 算法进行寻优，集合了黄金分割搜索和抛物线插值两种方法。指令调用格式如下：

```
x = fminbnd(fun,x1,x2,options);                          %单变量局域优化指令
[x,fval,exitflag,output] = fminbnd(fun,x1,x2,options);   %输出完整信息的单变量
                                                           优化
```

该函数中，fun 为待解的目标函数，用 M 函数文件、匿名函数或 inline 函数来表示；x1 和 x2 对应自变量所在区间的下界和上界；options 是算法的属性构架，该参数可以采用默认或采用 optimset 设置（参见 3.4.5 节）。输出结果中，x 和 fval 分别表示局域最小值的 x 变量大小和目标函数 f(x)的最小值，需要注意的是，该最小值点往往是全区间内的最小值点，但不能绝对保证；exitflag 以整数形式表示算法终止分类，1 表示寻优成功，0 表示在规定的次数内未找到最小值，–1 表示算法终止，–2 表示没有可行解；output 是表示优化算法的信息架构，主要包括 iterations（迭代次数），funcCount（目标函数计算次数），constrviolation（约束函数最大值），algorithm（所用的优化算法），firstorderopt（一阶最优性测度），message（算法退出的详细信息）。

【例 3-16】求解一元非线性函数 $e^{\sin x} \times e^{\cos x + 1} \times \left(\cos(x) + |x| \right)$ 在[−10 10]内的最小值。

在 MATLAB 的命令行窗口中，输入如下代码：

```
fun=@(x)exp(sin(x))*exp(cos(x)+1)*(cos(x)+abs(x));     %   创建函数文件
[xVal,fval,exitflag,output]= fminbnd(fun,-10,10);      %   求最小值
```

计算结果为：

```
xVal = -2.2574; fval = 1.0803; exitflag = 1;
output =
    iterations: 11
     funcCount: 12
     algorithm: 'golden section search, parabolic interpolation'
       message: '优化已终止:…'
```

二、多变量局域优化指令

对于多变量局域优化问题，MATLAB 中提供了 fminsearch()指令函数用于求解无约束条件下非线性目标函数的局域最小值。其中，自变量函数 x 为一个向量；目标函数 $f(x)$ 为一个标量函数，并且允许函数为不连续函数。fminsearch()指令函数采用修改的 Nelder-Mead 下山单纯形（Downhill Simplex）法搜索局域最小值点，该算法不需要目标函数的梯度信息。该指令函数的调用格式如下：

```
x = fminsearch (fun,x0,options);                        %多变量局域优化指令
[x,fval,exitflag,output] = fminsearch (fun,x0,options); %输出完整信息的多变
                                                          量优化
```

在该函数中，fun 为待解的目标函数，用 M 函数文件、匿名函数或 inline 函数表示；x0 是算法的搜索起点，不同的输入对应不同的目标函数，当 x0 为标量时，f(x)中的变量 x 为标量，且采用"单起点"搜索；当 x0 为(1×m)行向量时，f(x)中的变量 x 为标量，即采用 m 个起点搜索；当 x0 为(n×1)列向量时，f(x)中的变量 x 为(n×1)向量，即采用单起点搜索；当 x0 为(n×m)矩阵时，f(x)中的变量 x 为(n×1)向量，即采用 m 个起点搜索。options 是算法的属性构架，该参数可以采用默认设置或采用 optimset 设置。

在输出结果中，x 为局域最小值，根据输入 x0 的不同而有所变化。当 x0 采用单起点搜索时，x 为一个局域最小值；当 x0 采用 m 个起点搜索时，x 为按照对应目标值从小到大排序的 m 个局域最小点。Fval 为一个标量数据，给出目标函数的局域最小值，即使搜索按照 m 个起点进行搜索，而它仅给出搜索结果中的最小值，即输出 x 中第一个数据所对应的目标函数值。关于 exitflag 和 output，其含义与 fminbnd()函数的输出一致。

【例 3-17】求解二元非线性函数 $f(x) = 15\left(2x_2 - x_1^2 \right)^2 + \left(1 - 2x_1 + x_2 \right)^2$ 的最小值。

在 MATLAB 的命令行窗口中，输入如下代码：

```
fun=@(x)15*(2*x(2)-x(1)^2)^2+(1-2*x(1)+x(2))^2;     %   创建目标函数
[xVal,fval,exitflag,output]=fminsearch(fun,[0,0])   %   求最小值
```

计算结果为：

```
xVal = [0.5858  0.1716]; fval = 1.6548e-09; exitflag = 1;
output =
     iterations: 64
     funcCount: 122
```

```
algorithm: 'Nelder-Mead simplex direct search'
message: '优化已终止:…'
```

3.3.3 约束情况下优化问题的求解

约束优化问题是在自变量满足约束条件的情况下目标函数最小化的问题,其中约束条件既可以是等式约束也可以是不等式约束。一般的约束优化问题的数学模型表示为

$$\min f(x),\text{st.}\begin{cases} h_i(x)=0 & i=1,2,\cdots,k \\ g_i(x)\geq 0 & j=1,2,\cdots,\text{m} \end{cases} \tag{3-19}$$

其中,$f(x)$ 为目标函数,$h_i(x)$ 为等式约束条件,$g_i(x)$ 为不等式约束条件。在求解约束优化问题时,很多算法均是从无约束优化问题的算法直接衍生出来的,只是判断每步迭代得到的解是否满足约束条件。

在 MATLAB 中,通过 fmincon()函数求解约束情况下多变量的优化问题,该函数用于查找约束的非线性多变量函数的最小值。其数学描述和约束条件为

$$\min f(\boldsymbol{x})$$

$$\boldsymbol{x}\,\text{s.t.}\begin{cases} A\boldsymbol{x}\leq B \\ A_{\text{eq}}\boldsymbol{x}=B_{\text{eq}} \\ \boldsymbol{x}_m\leq \boldsymbol{x}\leq \boldsymbol{x}_M \\ C(\boldsymbol{x})\leq 0 \\ C_{\text{eq}}(\boldsymbol{x})=0 \end{cases} \tag{3-20}$$

其中,$\boldsymbol{x}=[x_1,x_2,\cdots,x_n]^{\text{T}}$,在约束条件中直接给出了线性等式约束 $A_{\text{eq}}\boldsymbol{x}=B_{\text{eq}}$,线性约束不等式 $A\boldsymbol{x}\leq B$,一般非线性等式约束 $C_{\text{eq}}(\boldsymbol{x})=0$,一般非线性不等式约束 $C(\boldsymbol{x})\leq 0$ 和优化变量的上下界约束 $\boldsymbol{x}_m\leq \boldsymbol{x}\leq \boldsymbol{x}_M$。注意,这里的不等式约束条件全部是小于等于,若原问题关系为大于等于,则可以将不等式两端同时乘以-1;将其转换成小于等于不等式。

该函数中包含了四种算法以应对不同优化问题,分别是作用集(Active-Set)法、内点(Interior-Point)法、序贯二次规划 SQP 法和信赖域(Trust-Region-Reflective)法。指令函数的调用格式如下:

```
x = fmincon(fun,x0,A,b);                                    %约束条件多变量优化指令
x = fmincon(fun,x0,A,b,Aeq,beq,lb,ub,nonlcon,options); %约束条件多变量优化指令
[x,fval,exitflag,output]=fmincon(fun,x0,A,b,Aeq,beq,lb,ub,nonlcon,options);
[x,fval,exitflag,output,lamb,grad,hess]=fmincon(fun,x0,A,b,Aeq,beq,lb,ub
,nonlcon, options)
```

在该函数中,fun 为待解的目标函数,用 M 函数文件、匿名函数或 inline 函数表示,要求目标函数为一个标量函数,并且要求该函数及其一阶导函数连续;x0 为算法的搜索起点,可以是标量、向量或矩阵,其含义与 fminsearch()函数的含义相同;参数 A、b、Aeq、beq、lb、ub 分别为约束条件中相应符号的常数矩阵或向量,若各个矩阵的约束不存在,则应该用空矩阵来占位;nonlcon 为非线性约束函数句柄,该函数的输入量必须为向量形式,输出量为两个,分别为不等式约束函数 $C(\boldsymbol{x})$ 的计算量和等式约束函数 $C_{\text{eq}}(\boldsymbol{x})$ 的计算量。约

束条件中，A、b 为必选输入，而其他参数均为可选输入，因此，该函数只能求解带约束的优化问题。

在输出结果中，x 为局域最小值点；fval 为目标函数的局域最小值；关于 exitflag 和 output，其含义与 fminbnd()函数和 fminsearch()函数相同。输出量 lamb 为一个结构框架变量，用于描述解 x 处的 Lagrange 因子值，分别为 lower（下界约束）、upper（上界约束）、ineqlin（线性不等式约束）、eqlin（线性等式约束）、ineqnonlin（非线性不等式约束）、eqnonlin（非线性等式约束），输出量 grad 和 hess 分别给出了最小值点 x 处的梯度（Gradient）和海森（Hessian）矩阵。

在进行优化问题求解时，选项有时很重要。若返回变量 key 不是正数，则说明这时因故未发现原问题的解，可以考虑改变初值，或修改控制参数 OPT，再进行寻优，以得出期望的最优值。

【例 3-18】求解二元非线性函数 $f(x) = \mathrm{e}^{x_1}\left(2x_1^2 + 3x_2^2 + 2x_1x_2 + 3x_1 + 4x_2\right)$ 的最小值，其约束条件为 $x_2\sqrt{x_1 + 20} - x_1 \leq 11$ 和 $x_2\left|0.5x_1 + 1\right| + x_1 \geq -10$。

首先，将约束条件转换为向量不等式的形式，并在创建约束条件的 M 函数文件。

```
function [cx,ceqx] = Example3_18_Fun(x)    %    创建约束函数
cx=[-x(1)+x(2)*sqrt(x(1)+20)-11, -x(1)-x(2)*abs(0.5*x(1)+1)-10]
                                           %    创建不等式约束
ceqx=[];                                    %    创建等式约束，该函数必须包含两个输出
```

在 MATLAB 的命令行窗口中，输入如下代码：

```
fun=@(x)exp(x(1))*(2*x(1)^2+3*x(2)^2+2*x(1)*x(2)+3*x(1)+4*x(2));
                                           %    创建目标函数
[xVal,fval,exitflag,output]=           fmincon(fun,[0,0],[],[],[],[],[],[],
@Example3_18_Fun)                          %    求最小值
```

计算结果为：

```
xVal = [-0.0682  -0.6439]; fval = -1.3444; exitflag = 1;
output =
    iterations: 10
    funcCount: 38
    constrviolation: 0
   stepsize: 1.4947e-05
    algorithm: 'interior-point'
    firstorderopt: 5.7378e-07
    cgiterations: 0
    message: 'Local minimum found that satisfies the constraints…'
```

3.3.4　优化问题求解函数的设置

在优化问题的求解函数中，options 是用来控制算法行为、显示解算中间过程和输出结果的重要变量，MATLAB 通过 optimget()函数和 optimset ()函数来完成其参数值的获取和设置。调用的一般形式如下：

```
options = optimset ('param1',value1,'param2',value2,...); %创建优化算法属性变量
options = optimset (oldopts,'param1',value1,...);           %更新已有属性中某个参数
```

```
options = optimset (oldopts,newopts);                    %替换属性变量
o = optimget (options,'param');                          %获取属性变量中某个属性
```

常用的属性包括优化算法、显示、迭代次数等内容，表 3-3 给出常用的属性含义及其设置方式。

表 3-3 常用的属性含义及其设置方式

属性名	取值范围	用途及含义	适用函数
Display	'off' | 'iter' | {'final'} | 'notify'	无输出显示 每次迭代中显示输出 在计算结束后显示输入 在目标函数不收敛时显示输出	fminbnd,fminsearch,fzero, fmincon
FunvalCheck	{'off'} | 'on'	设置是否检查目标函数值的有效性	fminbnd,fminsearch,fzero, fmincon
MaxFunEvals	正整数	允许的目标函数计算最多次数	fminbnd,fminsearch,fmincon
MaxIter	正整数	允许的最多迭代次数	fminbnd,fminsearch,fmincon
OutputFcn	函数句柄或空	在每次迭代中，供目标函数调用的函数	fminbnd,fminsearch,fzero, fmincon
PlotFcns	函数句柄或空	在每次迭代中，优化目标函数调用的用户函数或内建函数	fminbnd,fminsearch,fzero, fmincon
TolFun	正标量	终止计算的目标函数容差	fminsearch,fmincon
TolX	正标量	终止计算的节点容差	fminbnd,fminsearch,fzero, fmincon
Algorithm	'interior-point' 'trust-region-reflective' 'sqp' 'active-set'	选择约束优化的算法: 作用集法、内点法、序贯二次规划法和信赖域法	fmincon
DerivativeCheck	{'off'} | 'on'	设置是否比较用户提供的导数和有限差分	fmincon
Diagnostics	{'off'} | 'on'	设置是否显示诊断信息	fmincon
GradConstr	{'off'} | 'on'	设置非线性约束函数的梯度是否由用户提供，选 off 表示采用有限差分估算	fmincon
GradObj	{'off'} | 'on'	设置目标函数中是否应包含梯度计算,选 off 表示目标函数梯度采用有限差分估算	fmincon

3.4 利用 MATLAB 进行插值、拟合和统计

插值、拟合和统计作为典型的数学计算问题，在控制系统设计、仿真验证、数据分析等方面有着广泛的应用，MATLAB 提供了一系列函数用于求解这些相关问题。

3.4.1 数据的插值处理

插值的数学概念是指在离散数据的基础上补插连续函数，使得这条连续曲线通过全部给定的离散数据点。插值是离散函数逼近的重要方法，利用该方法并通过函数在有限个点处的取值状况，估算出函数在其他点处的近似值。在飞行器制导控制系统设计过程中，飞行器的质量、推力大小和气动力系数通常来源于总体提供的相关数据，在使用时，根据飞行时间、飞行状态等参数对数据进行插值处理。

一、数据插值函数指令

MATLAB 中提供了多种插值函数，用于处理不同情况的插值计算结果，如一维插值 intrep1()、二维插值 interp2()、三维插值 interp3()、高维插值 interpn()等。在此，简要介绍一维插值和二维插值的调用方法，其他函数的使用方法与其类似，具体方法可以查看帮助文档。

1．一维插值

一维插值函数 interp1()的主要调用格式如下：

```
vq = interp1(x,v,xq);                        %    一维插值简单调用方法
vq = interp1(x,v,xq,method,extrapolation);   %    带附加参数的一维插值
```

在该函数中，x 和 v 是一维向量数据，分别表示给定样本点的一组自变量和函数值数据，其中 x 的数据必须以单调递增（或递减）的形式排列；xq 为一组插值点的自变量坐标向量；method 为一个字符串变量，用于表示插值所采用的方法；extrapolation 为一个字符串变量或标量，用以表示外推策略；vq 是根据插值点 xq 得到的插值结果。

2．二维插值

二维插值函数 interp2()的主要调用格式如下：

```
Vq = interp2(X,Y,V,Xq,Yq);                   %    二维插值简单调方法
Vq = interp2(X,Y,V,Xq,Yq ,method,extrapval); %    带附加参数的二维插值
```

在该函数中，X 和 Y 分别是用于插值的自变量样本，其格式可以为一维向量数据或同维实数矩阵，若为向量，则其数据必须以单调递增（或递减）的形式排列；V 是待插值的数值矩阵；Xq 和 Yq 是由插值点构成的坐标值，可以是标量或同维实数矩阵；method 是一个字符串变量，表示插值所采用的方法；extrapval 是一个标量，表示外推值大小；返回结果 Vq 是根据插值点 Xq 和 Yq 得到的插值结果。

【例 3-19】已知某飞行器总体提供了一系列推力数据 P 和气动力系数数据，要求根据飞行器当前状态，通过插值计算获取当前状态下的推力大小和气动力系数大小。该飞行器的推力数据来源于发动机试车台的实测数据，相关数据如下。

时间/s	0.124	0.433	0.821	1.082	2.041	3.124	4.342	5.231	6.324	7.323
推力大小/N	34.3	321.3	912.3	953.4	985.3	845.2	632.1	224.1	14.2	0

气动力系数 Cy 来源于总体气动计算，与飞行器速度和攻角有关。

	攻角为 −6°	攻角为−4°	攻角为−2°	攻角为 0°	攻角为 2°	攻角为 4°	攻角为 6°
马赫数为 0.3	−1.61	−1.06	−0.52	0	0.52	1.06	1.61
马赫数为 0.6	−1.71	−1.13	−0.56	0	0.56	1.13	1.71
马赫数为 0.8	−1.86	−1.22	−0.61	0	0.61	1.22	1.86

下面求取飞行时间为 4.8s 时的推力大小，以及马赫数为 0.47，攻角为 3.2° 时的气动力大小。

在 MATLAB 的命令行窗口中，首先完成推力数据和气动数据的录入，然后，通过函数 intrep1()和 interp2()，求取指定状态下的推力大小和气动参数，输入代码如下。

```
%    录入推力数据和气动书
```

```
T_Table = [0.124 0.433 0.821 1.082 2.041 3.124 4.342 5.231 6.324 7.323];
P_Table = [34.3 321.3 912.3 953.4  985.3 921.2 632.1 224.1 14.2 0];
Ma_Table = [0.3 0.6 0.8];
Alpha_Table = [-6 -4 -2 0 2 4 6];
Cy_Data_Table = [-1.61 -1.06 -0.52 0 0.52 1.06 1.61;-1.71 -1.13 -0.56 0 0.56
1.13 1.71;-1.86 -1.22 -0.61 0 0.61 1.22 .186];
%    求取 4.8s 时的推力大小
P_Cur = interp1(T_Table, P_Table,4.8);
%    求取马赫数为 0.47, 攻角为 3.2° 时的气动力大小
Cy_Cur = interp2(Alpha_Table,Ma_Table,Cy_Data_Table,3.2,0.47);
```
计算结果如下。
```
P_Cur = 421.9043; Cy_Cur = 0.8769;
```

二、数据插值函数中的插值方法

在插值函数中，用户通过参数 method 来设置插值函数所选用的插值方法，MATLAB 提供了多种插值方法，不同的方法其精度和运算速度各不相同，用户在使用时根据具体情况来选择不同的插值方法。MATLAB 语言提供的插值函数的常用的插值方法如表 3-4 所示。

表 3-4　MATLAB 语言提供的插值函数的常用的插值方法

属性名	含义	连续性	特点用途	数据需求
'nearest'	最近邻插值	不连续	运算速度最快，占用内存最少，精度低，适用于实时计算或需要保持基准数据的场合	最少 2 个点
'next'	后邻插值	不连续	运算速度最快，占用内存最少，精度低，适用于实时计算或需要保持基准数据的场合	最少 2 个点
'previous'	前邻插值	不连续	运算速度最快，占用内存最少，精度低，适用于实时计算或需要保持基准数据的场合	最少 2 个点
'linear'	线性插值	C^0	运算速度较快，占用较多内存，精度较高，作为默认设置适用于多数场合	最少 2 个点
'pchip'	保形分段三次插值	C^1	需要较多的内存和计算时间，精度较高；常作平滑用，能够保留原数据的单调性和形态	最少 4 个点
'cubic'	三次多项式插值	C^1	与 pchip 一致	最少 4 个点
'spline'	保形分段三次插值	C^2	需要最大的内存和计算时间，计算精度最高，最平滑。对非等距 x 样点慎用	最少 4 个点

3.4.2　曲线数据的拟合

在工程实践中，变量间未必都有线性关系，变量和函数值通常呈曲线关系，有时需要根据任务需求，求出这个曲线关系。曲线拟合（Curve Fitting）是指选择适当的曲线类型来拟合观测数据，并用拟合的曲线方程分析两变量间的关系。例如，在飞行器制导控制系统设计过程中，由于插值算法需要消耗大量的内存和计算时间，导致弹载计算机系统难以完成相关数据的计算。此时，根据变量数据和函数结果，对其进行曲线拟合，得到能够描述变量变化关系的多项式或函数表达式。

MATLAB 提供多种曲线拟合的函数指令，能够完成多项式拟合或最小二乘拟合。

一、多项式曲线拟合指令

多项式拟合是一种应用广泛的线性拟合方法，对于许多不规则的函数曲线有比较好的拟合效果。MATLAB 提供了 polyfit() 指令函数用于实现多项式曲线拟合功能，其调用格式如下：

```
p = polyfit(x,y,n);                    %    单输出多项式拟合指令
[p,S] = polyfit(x,y,n);                %    双输出多项式拟合指令
[p,S,mu] = polyfit(x,y,n);             %    三输出多项式拟合指令
```

在该函数中，x 和 y 分别是用于拟合的原始数据中的自变量和因变量，n 是用于指定拟合多项式的阶数。输出结果中，p 为拟合多项式的系数向量，其长度为 $n+1$，数据按照降幂形式排列；S 为可选输出，是一个结构变量，包含三个域变量，S.R 是拟合模型设计矩阵 QR 分解产生的三角阵 R，S.df 表示用于拟合分析用的自由度，S.normr 表示用于拟合分析用的残差范数；mu 表示统计向量，包含两个元素，分别是平均值和标准差。

【例 3-20】已知某地区（40°N，120°E）七月份的平均纬向风数据如下，对其进行不同阶次的曲线拟合并对比拟合结果。

高度 m	55	500	1000	1500	2000	2500	3000	3500	4000	4500
风速 m/s	−0.07	0.72	1.60	2.45	3.02	3.58	4.15	4.89	5.67	6.44
高度 m	5000	5500	6000	6500	7000	7500	8000	8500	9000	9500
风速 m/s	7.22	8.00	8.86	9.84	10.83	11.81	13.16	14.52	15.89	17.26
高度 m	10000	11000	12000	13000	14000	15000	16000	17000	18000	19000
风速 m/s	18.79	21.88	23.92	23.85	22.25	18.66	14.28	9.85	5.25	0.64
高度 m	20000	21000	22000	23000	24000	25000	26000	27000	28000	29000
风速 m/s	−2.35	−4.99	−6.30	−7.57	−8.41	−9.34	−9.65	−10.33	−10.40	−10.96
高度 m	30000	32000	34000	36000	38000	40000	42000	44000	46000	48000
风速 m/s	−11.23	−12.56	−14.68	−17.15	−20.02	−23.14	−26.12	−28.92	−31.54	−34.04
高度 m	50000	52000	54000	56000	58000	60000	62000	64000	66000	68000
风速 m/s	−36.42	−38.72	−40.99	−43.68	−46.52	−49.12	−51.49	−53.64	−56.49	−57.27
高度 m	70000	72000	76000	78000	80000					
风速 m/s	−55.89	−52.02	−45.37	−36.51	−25.94					

在 MATLAB 的命令行窗口中，首先完成高度和纬向风速录入，变量名分别为 Height 和 WindVelocity，然后输入如下代码：

```
H=0:1000:80000;                                %    生成高度序列
P3 = polyfit(Height,WindVelocity,3)            %    求取三次项拟合结果
V3=P3(1)*H.^3+P3(2)*H.^2+P3(3)*H+P3(4);
P5 = polyfit(Height,WindVelocity,5)            %    求取五次项拟合结果
V5=P5(1)*H.^5+P5(2)*H.^4+P5(3)*H.^3+P5(4)*H.^2+P5(5)*H+P5(6);
P7 = polyfit(Height,WindVelocity,7)            %    求取七次项拟合结果
V7=P7(1)*H.^7+P7(2)*H.^6+P7(3)*H.^5+P7(4)*H.^4+P7(5)*H.^3+P7(6)*H.^2+P7(7)*H+P7(8);
```

```
plot(WindVelocity,Height,'r-');          %   绘制原始风速随高度变化曲线
hold on;                                  %   将曲线设置为不重置
plot(V3,H,'b--');                         %   绘制三次拟合结果
plot(V5,H,'m:');                          %   绘制四次拟合结果
plot(V7,H,'k-.');                         %   绘制五次拟合结果
xlabel('纬向风速大小(m/s)');              %   设置横坐标名称
ylabel('高度(m)');                        %   设置纵坐标名称
title('某地区纬向风曲线及其拟合结果对比'); %   设置图名
legend('原始数据','三次拟合','五次拟合','七次拟合');
```

计算结果如下，相关曲线如图 3-2 所示。

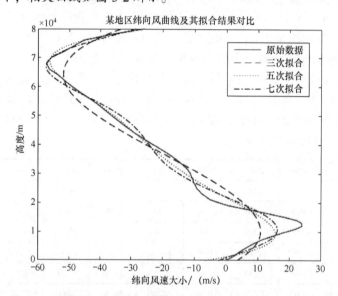

图 3-2　利用拟合公式求取某地区风速大小曲线拟合的输出结果

```
P3=[7.89737975407554e-13,-8.82307391479293e-08,0.00154743800717582,3.340
50650651642];
P5=[9.50736178702323e-22,-1.89172288270552e-16,1.40439012450633e-11,-4.7
3697916336175e-07,0.00569544715764798,-6.48812230513013];
P7=[-1.01868171100968e-30,2.82468821886330e-25,-2.98619179063590e-20,1.4
8266241757467e-15,-3.28384800119874e-11,1.62796857677159e-07,0.0022826998439
9428,-2.35485043185088];
```

二、最小二乘法的非线性曲线拟合指令

在某些情况下，试验人员获取了一组试验数据自变量 x_i 和因变量 y_i，其中 $i = 1, 2, \cdots, N$，并且已知该数据中因变量和自变量满足某个函数关系。这就需要根据试验数据来求取函数中的相关系数，即求取函数 $y = f(a,x)$ 中系数变量 a 的大小。MATLAB 提供了 lsqcurvefit() 函数，利用最小二乘方法，通过求取如式（3-21）目标函数中的最小值，实现计算特定曲线函数中系数的大小，从而解决非线性曲线/数据的拟合问题。

$$\min_a \left\| F(a, x\text{data}) - y\text{data} \right\|_2^2 = \min_a \sum_i \left(F(a, x\text{data}_i) - y\text{data}_i \right)^2 \qquad (3\text{-}21)$$

该函数的主要调用格式如下：

```
a = lsqcurvefit(fun,a0,xdata,ydata);              %      简单调用格式
a = lsqcurvefit(fun,a0,xdata,ydata,lb,ub);        %      多输入单输出调用格式
a = lsqcurvefit(fun,a0,xdata,ydata,lb,ub,options); %    完整输入单输出调用
[a,resnorm] = lsqcurvefit(___);                   %      双输出调用格式
[a,resnorm,residual,exitflag,output] = lsqcurvefit(___); %     四输出调用格式
[a,resnorm,residual,exitflag,output,lambda,jacobian] = lsqcurvefit(___);
```

在该函数中，fun 为待求系数的函数表达式，用 M 函数文件、匿名函数或 inline 函数表示；a0 为待求系数的初始搜索值；xdata 和 ydata 分别为已知的自变量数据和因变量数据；lb 和 ub 为可选参数，用于设置待定系数的下界和上界；options 为可选参数，用于设置寻优控制变量。在输出结果中，a 为求得的待定系数向量；resnorm 表示残留的范数大小；residual 为求解系数时的目标函数值，其大小为 fun(x,xdata)−ydata；exitflag 以整数的形式表示算法终止分类，1 表示拟合成功；output 表示计算结果的信息架构，主要包括 iterations（迭代次数），funcCount（目标函数计算次数），algorithm（所用的优化算法），firstorderopt（一阶最优性测度），message（算法退出的详细信息）等内容；lambda 表示计算的拉格朗日乘子；jacobian 表示解的雅克比矩阵。

【例 3-21】已知某组数据，其自变量和因变量的相对关系符合计算公式 $y = a_1 x e^{a_2 x}$，式中，a_1 为待定系数。从试验数据中求取待定系数的值。

首先，模拟生成相关的试验数据，假设试验数据的数学关系式为 $y = 2.48 x e^{1.32x}$。在 MATLAB 的命令行窗口中，输入如下代码：

```
x=0:0.1:10;                    %    模拟生成自变量 x 试验数据
y=2.48.*x.*exp(1.32.*x);       %    模拟生成因变量 y 试验数据
```

在 MATLAB 的命令行窗口中，输入如下代码：

```
fun=@(a,x)a(1).*x.*exp(a(2).*x);   %    创建数据关系函数
a= lsqcurvefit(fun,[1 1],x,y)      %    求待定系数
```

计算结果为：

```
a = [2.4800  1.3200];
```

3.4.3　随机数据的生成和统计

在进行系统蒙特卡罗随机仿真计算过程中，常常需要独立分布的随机数用于生成随机噪声或偏差，并且需要对试验结果进行统计分析。MATLAB 提供了一系列函数用于随机数据的生成和统计。

一、伪随机数据的生成

MATLAB 进行仿真计算时，通过数学的算法，仿照随机数发生的规律计算生成随机数据。由于产生的随机数据是由数学公式计算得出的，因此该类随机数据也被称为伪随机数。采用伪随机数具有以下优点，① 随机数可以重复，这就保证了仿真结果能够复现；② 随机数的特征参数可以人为设定，便于评估不同分布状态下随机数据对试验结果的影响。

1．均匀分布随机数的产生

MATLAB 提供了 rand()函数，用于生成在[0, 1]区间内均匀分布的指定维度随机数据。该函数的主要调用方式如下：

```
x = rand;                          %      产生一个均匀分布的标量
```

```
x =rand(n);                           %      产生一个均匀分布的 n 阶方阵
x=rand(sz1,...,szN);                  %      产生指定维度均匀分布的矩阵
```

由于该函数只能产生[0, 1]区间的随机数据，因此，对于要求数据区间分布符合[a, b]均匀分布的情况，可以借助变换公式 $x = a + (b-a) \times \text{rand}$ 来实现。

2．正态分布随机数的产生

MATLAB 提供了 randn()函数，用于生成在满足 $N(0,1)$ 标准正态分布的指定维度随机数据。该函数的主要调用方式如下：

```
x = randn;                            %      产生一个正态分布的标量
x = randn(n);                         %      产生一个正态分布的 n 阶方阵
x = randn(sz1,...,szN);              %      产生指定维度正态分布的矩阵
```

由于该函数只能产生均值为 0，方差为 1 的正态分布随机数据 N（0,1），因此，对于要求数据分布符合 $N(\mu,\sigma^2)$ 的情况，可以借助变换公式 $x = \mu + \sigma \times \text{rand}n$ 来实现。

3．复杂分布随机数据生成函数

MATLAB 统计工具箱还提供了多种其他分布随机数据的生成函数，以满足不同的任务需要，相关线式函数如下：

```
R = normrnd(mu,sigma,m,n,...) ;       %      产生正态高斯分布的随机数据
R = poissrnd(lambda,m,n,...);         %      产生泊松分布的随机数据
R = raylrnd(B,m,n) ;                  %      产生瑞丽分布的随机数据
R = betarnd(A,B,m,n,...);             %      产生贝塔分布的随机数据
R =binornd(N,P,m,n,...);              %      产生二项分布的随机数据
R =exprnd(mu,m,n,...);                %      产生指数分布的随机数据
R = chi2rnd(V,m,n,...);               %      产生卡方分布的随机数据
R = frnd(V1,V2,m,n,...) ;             %      产生 F 分布的随机数据
R = gamrnd(A,B,m,n,...) ;             %      产生 F 分布的随机数据
R = geornd(p,m,n,...) ;               %      产生 F 分布的随机数据
R = hygernd(M,K,N,m,n,...) ;          %      产生伽马分布的随机数据
R = lognrnd(mu,sigma,m,n,...) ;       %      产生对数正态分布的随机数据
r = trnd(nu,m,n,...) ;                %      产生学生氏 T 分布的随机数据
R = unifrnd(A,B,m,n,...) ;            %      产生连续均匀分布的随机数据
R = unidrnd(N,m,n,...) ;              %      产生离散均匀分布的随机数据
RND = nbinrnd(R,P,m,n,...) ;          %      产生负二项分布的随机数据
R = ncfrnd(NU1,NU2,DELTA,m,n,...) ;   %      产生非中心 F 分布的随机数据
R = nctrnd(V,DELTA,m,n,...) ;         %      产生非中心 T 分布的随机数据
R = ncx2rnd(V,DELTA,m,n,...) ;        %      产生非中心卡方分布的随机数
```

二、试验数据的概率统计

在飞行器制导控制系统研制过程中，需要进行大量的仿真计算或飞行试验，在获取试验数据后，需要对相关的试验结果进行统计分析。在此，仅给出简单的概率统计方法，复杂的数据处理分析方法详见第 9 章或相关帮助文档。

1．极值的求取

试验样本数据的极值大小是对试验数据的基础处理功能，在飞行器的仿真中经常需要

用到，如求取多次随机仿真中的最大脱靶量。MATLAB 提供了 min()和 max()函数，用于求取向量或矩阵数据的极值大小。其主要调用格式如下：

```
a = max(A) ;                              %    求取样本数据的最大值
b = min(A);                               %    求取样本数据的最小值
```

在该函数中，输入 A 可以是向量或矩阵，当输入为向量时，返回结果为一个标量数据，表示该向量中的最大值或最小值；当输入为矩阵时，返回结果为一个与输入矩阵列纬度相同的向量，表示每列中的最大值或最小值。

2．均值和中位数

试验样本数据的中心位置是描写数据分布特征最重要的参数，MATLAB 提供了 mean()和 median()函数用于求取数据的算数平均值和样本中位数。其主要调用格式如下：

```
M = mean(A) ;                             %    求取样本数据的算数平均值
M = mean(A,dim) ;                         %    求取数据指定维度的平均值
MD = median(A) ;                          %    求取样本数据的中位数
MD= median(A,dim) ;                       %    求取数据指定维度的中位数
```

在该函数中，输入 A 可以是向量或矩阵。

3．标准差和方差

标准差和方差是描述样本聚散程度的重要参数，MATLAB 提供了 var()、std()和 range()等多种数据聚散度的统计指令。其主要调用格式如下：

```
V = var(A) ;                              %    求取样本数据的方差
S = std(A) ;                              %    求取样本数据的标准差
R = range(A) ;                            %    求取样本数据的极差
```

在该函数中，输入 A 可以是向量或矩阵。

4．协方差和相关系数

协方差分析是建立在方差分析和回归分析基础之上的一种统计分析方法，用于衡量两个变量的总体误差。而相关系数是用以反映变量之间相关关系密切程度的统计指标。这两个参数是描述数据之间关系的重要参数。MATLAB 提供了 cov()函数和 corrcoef()函数用于求取变量之间的协方差和相关系数。其主要调用格式如下：

```
C = cov(A) ;                              %    求取样本数据的方差
C = cov(A,B) ;                            %    求取 A、B 的协方差矩阵
R = corrcoef(A);                          %    求取 A 中列向量的相关系数
R = corrcoef(A,B);                        %    求取 A、B 的相关系数
```

3.5　本章要点小结

在飞行器在制导控制研制过程中，在很多地方都涉及大量的数学计算。MATLAB 作为一种高效、高精度的科学计算语言，能够比较方便地解决很多高等数学、矩阵运算、优化处理、概率论等科学计算问题。本章围绕科学计算的几个基础内容，简要地介绍如何利用 MATLAB 解决科学计算问题。

（1）本章首先介绍了如何利用 MATLAB 求解线性代数问题，包括各种特殊矩阵的创建

方法，矩阵基础属性（如迹、秩、范数等）的求解，以及各种矩阵的变换方法和求解方法，最后介绍了代数方程的求解方法。

（2）介绍了利用 MATLAB 求解微积分问题，包括解析解和数值解两种方法。对于问题的解析方法，通过创建符号变量和描述函数，并且利用函数 limit() 求解极限，利用函数 diff() 求解导数，利用函数 symsum() 求解级数求和，利用函数 int() 求解不定积分和定积分。对于一些不能求取解析解的情况，MATLAB 提供了各种数值求解方法，利用函数 quad() 和 integral() 求解指定函数的数值积分，函数 dblquad() 和 integral2() 来求解双重积分，函数 triplequad() 和 integral3() 来求解三重积分。

（3）对于在飞行器仿真建模中经常使用到的常微分方程的求解问题，MATLAB 提供了多种算法来完成方程组的数值求解问题。本书中系统对比了各种求解算法的特点和适用范围，并对求解过程中的设置属性进行了详细介绍。

（4）MATLAB 提供了很多方法来完成不同情况下的最优问题的求解。函数 fsolve() 可以完成非线性方程组的求解。对于无约束情况下的优化问题，MATLAB 提供了函数 fminbnd() 和 fminsearch()；而对于有约束情况下的优化问题，函数 fmincon() 可以通过不同的参数来设置各种约束条件，完成约束情况下的优化求解。

（5）最后，简要介绍了试验数据的插值、拟合和随机数据的生成与统计。MATLAB 中提供了 intrep1()、interp2()、interp3() 等多种插值函数，用于处理不同情况的插值计算结果。对于不便于进行插值处理的情况，MATLAB 提供了多种曲线拟合方法，包括最常用的多项式拟合方法 polyfit() 函数，以及已知函数关系求取相关系数的 lsqcurvefit() 函数。MATLAB 提供了一系列函数能够方便、快捷地完成相关参数和分布类型的伪随机数生成，以及试验数据统计特征的快速计算。

MATLAB 在科学计算领域拥有强大的计算能力和丰富的计算功能，本章简要介绍了 MATLAB 对几种常见数学问题的求解方法，对于更加专业的应用，读者可以参见 MATLAB 帮助文档和相关参考书籍。

4

第 4 章
基于飞行器线性模型的控制系统设计

飞行器控制系统是一个典型的闭环控制系统，其控制系统的输入是制导系统或提前规划好的过载控制指令或姿态角指令，将陀螺和加速度计测量得到的飞行器过载信号和角速度信号作为反馈，按照一定的控制方法计算得到舵控指令，驱动舵机执行结构进行转动，改变飞行器受到的力和力矩大小，从而控制飞行器的姿态、速度和位置等状态。因此，飞行器控制系统的设计是一个典型的闭环控制系统设计。

通过对自动控制原理的学习可知，在进行控制系统设计时，首先需要建立被控对象的数学模型；通过对被控对象的弹性分析选择合适的控制系统方案；按照一定的设计方法完成控制系统参数的设计；根据一定的评价指标考核设计结果，从而完成控制系统的设计过程。

通过对飞行器飞行力学的课程学习，飞行器的动力学模型结构复杂，参数变化大，该模型是一个典型的非线性系统模型。对其进行控制系统设计时，通常利用小扰动线性化的方法，建立起其线性系统模型；然后，基于线性模型对控制系统进行设计，使得系统响应达到预期的设计效果。

MATLAB 作为一个非常经典的控制系统辅助设计软件，提供了大量的函数和工具用于线性系统的描述、控制系统的设计和分析。因此，MATLAB 在飞行器控制系统设计中得到了广泛的应用。在本章中，简要介绍飞行器动力学运动学模型的建立过程及其小扰动线性化的方法，以及典型的线性系统模型；然后介绍在 MATLAB 环境下的线性系统描述方法和特性分析，并且介绍利用 MATLAB 开展线性控制系统的时域分析和频域分析的方法；最后介绍 MATLAB 中用于线性系统设计的两个工具箱。

4.1 飞行器数学模型的建立

在对飞行器进行动力学建模时，对于不同的研究阶段，其任务需求和研究重点各不相同，进而对模型精度的需求也有所差异。例如，在飞行器设计的方案论证或初步设计阶段，可以把飞行器当成一个质点，建立一组简单的数学模型，用以估算其运动轨迹。随着设计工作的进行，以及研究飞行器运动和分析动态特性的需要，必须把描述飞行器运动的数学模型建立得更加复杂、更加完善。另外，在进行数学建模时，应根据对象运动特点对问题进行合理的假设和简化。例如，对于近程战术飞行器，由于飞行时间短、距离小，可以将大地近似为平面，忽略一些较小因素的影响；而对远程弹道导弹或巡航导弹而言，就需要考虑地球自转、发射点经纬高、附加哥氏力、离心力等因素的影响。

下面就以近程轴对称导弹为例，介绍其数学模型的建立过程。在建模时，首先将其视为一个刚体，忽略弹性问题及一些较小的扰动，建立其刚体动力学模型；然后，基于小扰动线性化原理对其进行简化处理；最后得到飞行器的传递函数模型。

4.1.1 典型飞行器刚体动力学模型

下面介绍飞行器刚体动力学建模的理论基础、坐标系选择和动力学模型的建立过程。

一、飞行器刚体动力学建模理论基础

通过理论力学的知识可知，任何自由刚体在空间的任意运动都可以把它视为刚体质心的平移运动和绕质心旋转运动的合成运动，即决定刚体质心瞬时位置的三个自由度和决定刚体瞬时姿态的三个自由度。对于飞行器的刚体运动过程，通常利用牛顿定律来研究质心在空间移动的规律，利用动量矩定理来研究刚体绕质心的转动，通过确定刚体的六个自由度求解刚体在空间任意瞬时的位置和姿态。

若用 m 表示刚体的质量，V 表示刚体质心的速度，H 表示刚体相对于质心的动量矩，则描述刚体质心移动和绕质心转动的动力学基本方程为

$$m\frac{\mathrm{d}V}{\mathrm{d}t} = F \tag{4-1}$$

$$\frac{\mathrm{d}H}{\mathrm{d}t} = M \tag{4-2}$$

式中，F 为作用于刚体上的合外力；M 为外力对刚体质心的合力矩。

值得注意的是，上述定理的应用是有条件的：第一，运动物体是常质量的刚体；第二，运动是在惯性坐标系中考虑的，即描述刚体运动应采用绝对运动参数，而不是相对运动参数。

由于实际物理系统的物理现象或过程往往比较复杂，因此建立描绘系统的数学模型时，应抓住反映物理系统最本质、最主要的因素，而舍去那些非本质、非主要因素。一般在研究飞行器运动规律时，为使问题简化，可以把飞行器质量与燃料质量的变化合在一起考虑，将其转换为一个常质量系，即采用所谓的固化原理：在任意研究瞬时，将变质量系的飞行器视为虚拟刚体，把该瞬时飞行器所包含的所有物质固化在虚拟的刚体上。采用固化原理后，某个研究瞬时的变质量飞行器运动方程可简化成常质量刚体的方程形式，用该瞬时的导弹质量 $m(t)$ 取代原来的质量 m。

二、飞行器刚体动力学坐标系体系及其转换关系

为了研究飞行器的运动特性，首先需要定义相应的坐标系体系，将力和力矩投影到相应的坐标系中进行分析处理。坐标系的选择及定义可以根据习惯和研究问题的方便而定，并无统一格式。但由于在不同坐标系下建立的飞行器运动方程组的形式和复杂程度会有所

不同，从而影响求解方程的难易程度和运动参数的直观程度，因此选取合适的坐标系是十分重要的。相关工程经验表明，选取坐标系的原则是：既能正确地描述飞行器的运动，又要使描述飞行器运动的方程形式简单且清晰明了。

目前，飞行力学经过多年的发展，对于不同的飞行器已经形成了较为方便的坐标系体系，如对于近程战术导弹、远程弹道导弹、滚转反坦克导弹和卫星等都有非常适合的坐标系体系去描述其受力关系和运动特点。在此，仅给出有翼战术导弹的坐标系体系及其转换关系，对于其他类型飞行器，可以参考相关书籍。

对于近程轴对称导弹，其动力学建模中需要用到的坐标系有弹体坐标系 $Ox_1y_1z_1$、速度坐标系 $Ox_3y_3z_3$、地面坐标系 $Axyz$、弹道坐标系 $Ox_2y_2z_2$，它们都是右手直角坐标系。

1．地面坐标系

地面坐标系 $Axyz$ 与地球固定连接，原点 A 通常取飞行器质心在地面（水平面）上的投影点，Ax 轴在水平面内，指向目标（或目标在地面的投影）为正；Ay 轴与地面垂直，向上为正；Az 轴按右手定则确定。为了便于坐标变换，通常将地面坐标系平移，即原点 A 移至飞行器质心 O 处，各坐标轴平行移动。

对于近程战术导弹，可以认为地面坐标系就是惯性坐标系，主要用来确定飞行器质心位置和空间姿态的基准。

2．弹体坐标系

原点 O 取在导弹的质心上；Ox_1 轴与弹体纵轴重合；Oy_1 轴位于弹体纵向对称面内与 Ox_1 轴垂直，向上为正；Oz_1 轴垂直于 x_1Oy_1 平面，其方向由右手定则确定。此坐标系与弹体固联，也是一个动坐标系。

弹体坐标系与地面坐标系配合，可以确定弹体的姿态。另外，研究作用在飞行器上的推力、推力偏心形成的力矩以及气动力矩时，利用该坐标系也比较方便。

3．速度坐标系

原点 O 取在飞行器的质心上；Ox_3 轴与飞行器速度矢量 V 重合；Oy_3 轴位于弹体纵向对称面内与 Ox_3 轴垂直，向上为正；Oz_3 轴垂直于 x_3Oy_3 平面，其方向由右手定则确定。此坐标系与飞行器速度矢量固定连接，且是一个动坐标系。

速度坐标系常用来研究作用于飞行器上的空气动力 R。该力在速度坐标系各轴上的投影分量就是所谓的阻力 X、升力 Y 和侧向力 Z。

4．弹道坐标系

弹道坐标系 $Ox_2y_2z_2$ 的原点 O 取在飞行器的质心上；Ox_2 轴与飞行器速度矢量 V 重合（即与速度坐标系 $Ox_3y_3z_3$ 的 Ox_3 轴完全一致）；Oy_2 轴位于包含速度矢量 V 的铅垂平面内，且垂直于 Ox_2 轴，向上为正；Oz_2 轴按照右手定则确定。此坐标系与飞行器速度矢量固定连接，是一个动坐标系。

弹道坐标系主要用于研究飞行器质心的运动特性，对于近程轴对称导弹，利用该坐标系建立导弹质心运动的动力学方程，在分析和研究弹道特性时比较简单、清晰。

下面给出各坐标系之间的变换关系。

1．地面坐标系与弹体坐标系之间的变换矩阵

如图 4-1 所示，将地面坐标系 $Axyz$ 平移，使原点 A 与弹体坐标系的原点 O 重合。可

以用三个姿态角来确定弹体坐标系 $Ox_1y_1z_1$ 相对地面坐标系 $Axyz$ 的方位，它们分别是偏航角 ψ、俯仰角 ϑ、滚转角 γ。其中，偏航角 ψ：弹体纵轴 Ox_1 与地面坐标系 Ax 轴之间的夹角。由 Ax 轴逆时针方向转至导弹纵轴的投影线时，偏航角 ψ 为正（转动角速度方向与 Ax 轴的正向一致），反之为负。俯仰角 ϑ：弹体纵轴 Ox_1 与水平面之间的夹角。若纵轴在水平面之上，则俯仰角 ϑ 为正（转动角速度方向与 Az' 轴的正向一致），反之为负。滚转角 γ：弹体 Oy_1 轴与包含弹体纵轴 Ox_1 的铅垂面之间的夹角。从弹体尾部沿 Ox_1 轴往前看，若 Oy_1 轴位于铅垂平面的右侧，则形成的夹角 γ 为正（转动角速度方向与 Ox_1 轴的正向一致），反之为负。

以上定义的三个角度，通常称为欧拉角，又称为弹体的姿态角。借助于它们可以推导出地面坐标系 $Axyz$ 到弹体坐标系 $Ox_1y_1z_1$ 的变换矩阵 $\boldsymbol{L}(\psi,\vartheta,\gamma)$。按照姿态角的定义，绕相应坐标轴依次旋转 ψ，ϑ 和 γ，每次旋转称为基元旋转。相应地，得到三个基元变换矩阵（又称初等变换矩阵），这三个基元变换矩阵的乘积，就是坐标变换矩阵 $\boldsymbol{L}(\psi,\vartheta,\gamma)$，如式（4-3）所示。

要将某矢量在地面坐标系 $Axyz$ 的分量转换到弹体坐标系 $Ox_1y_1z_1$ 中，其坐标变换矩阵 $\boldsymbol{L}(\psi,\vartheta,\gamma)$ 为

$$\boldsymbol{L}(\psi,\vartheta,\gamma)=\begin{bmatrix} \cos\vartheta\cos\psi & \sin\vartheta & -\cos\vartheta\sin\psi \\ -\sin\vartheta\cos\psi\cos\gamma+\sin\psi\sin\gamma & \cos\vartheta\cos\gamma & \sin\vartheta\sin\psi\cos\gamma+\cos\psi\sin\gamma \\ \sin\vartheta\cos\psi\sin\gamma+\sin\psi\cos\gamma & -\cos\vartheta\sin\gamma & \cos\psi\cos\gamma \end{bmatrix} \tag{4-3}$$

2. 地面坐标系与弹道坐标系之间的变换矩阵

地面坐标系 $Axyz$ 与弹道坐标系 $Ox_2y_2z_2$ 的变换，可以通过两次旋转得到，如图 4-2 所示。两者之间的相互方位可由两个角度确定，分别定义如下。

弹道倾角 θ：飞行器速度矢量 $\boldsymbol{V}$（即 Ox_2 轴）与水平面 xAz 之间的夹角，若速度矢量 $\boldsymbol{V}$ 在水平面上，则 θ 为正，反之为负。弹道偏角 ψ_v：飞行器速度矢量 $\boldsymbol{V}$ 在水平面 xAz 上的投影 Ox' 与 Ax 轴之间的夹角。沿 Ay 轴向下看，当 Ax 轴逆时针方向转到投影线 Ox' 上时，弹道偏角 ψ_v 为正，反之为负。

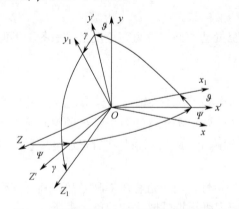 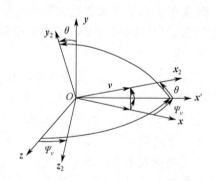

图 4-1　地面坐标系与弹体坐标系的转换关系　　图 4-2　地面坐标系与弹道坐标系的转换关系

因此地面坐标系与弹道坐标系之间的变换矩阵为

$$L(\psi_v,\theta)=L_z(\theta)L_y(\psi_v)=\begin{bmatrix} \cos\theta\cos\psi_v & \sin\theta & -\cos\theta\sin\psi_v \\ -\sin\theta\cos\psi_v & \cos\theta & \sin\theta\sin\psi_v \\ \sin\psi_v & 0 & \cos\psi_v \end{bmatrix} \tag{4-4}$$

3．速度坐标系与弹体坐标系之间的变换矩阵

根据这两个坐标系的定义，弹体坐标系 $Ox_1y_1z_1$ 相对于速度坐标系 $Ox_3y_3z_3$ 的相对关系，由攻角 α 和侧滑角 β 来确定，如图 4-3 所示。

攻角 α：速度矢量 V 在纵向对称平面上的投影与纵轴 Ox_1 的夹角，当纵轴位于投影线的上方时，攻角 α 为正，反之为负。侧滑角 β：速度矢量 V 与纵向对称平面之间的夹角，若来流从右侧（沿飞行方向观察）流向弹体，则所对应的侧滑角 β 为正，反之为负。

因此，速度坐标系 $Ox_3y_3z_3$ 到弹体坐标系 $Ox_1y_1z_1$ 的变换矩阵可写成

$$L(\beta,\alpha)=L_z(\alpha)L_y(\beta)=\begin{bmatrix} \cos\alpha\cos\beta & \sin\alpha & -\cos\alpha\sin\beta \\ -\sin\alpha\cos\beta & \cos\alpha & \sin\alpha\sin\beta \\ \sin\beta & 0 & \cos\beta \end{bmatrix} \tag{4-5}$$

4．弹道坐标系与速度坐标系之间的变换矩阵

由弹道坐标系和速度坐标系的定义可知，Ox_2 轴和 Ox_3 轴都与飞行器速度矢量 V 重合，因此它们之间的相互方位只需用一个角参数 γ_v 即可确定，如图 4-4 所示。γ_v 称为速度滚转角，它是位于导弹纵向对称平面 x_1Oy_1 内的 Oy_3 轴与包含度矢量 V 的铅垂面之间的夹角（Oy_2 轴与 Oy_3 轴之间的夹角）。沿速度方向（从导弹尾部）看，Oy_2 轴顺时针方向转到 Oy_3 轴时，γ_v 为正，反之为负。

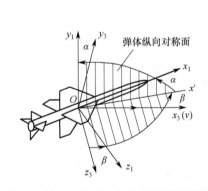

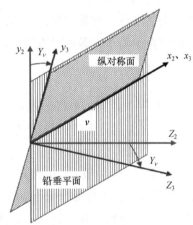

图 4-3 速度坐标系与弹体坐标系的相对关系　图 4-4 弹道坐标系与速度坐标系的相对关系

弹道坐标系和速度坐标系之间的变换矩阵就是绕 Ox_2 轴旋转 γ_v 角所得的基元旋转矩阵，即

$$L(\gamma_v)=L_x(\gamma_v)=\begin{bmatrix} 1 & 0 & 0 \\ 0 & \cos\gamma_v & -\sin\gamma_v \\ 0 & \sin\gamma_v & \cos\gamma_v \end{bmatrix} \tag{4-6}$$

5．地面坐标系与速度坐标系之间的变换矩阵

以弹道坐标系作为过渡坐标系，即可得到地面坐标系到速度坐标系的变换矩阵为

$$L(\psi_v, \theta, \gamma_v) = L(\gamma_v)L(\psi_v, \theta) =$$

$$\begin{bmatrix} \cos\theta\cos\psi_v & \sin\theta & -\cos\theta\sin\psi_v \\ -\sin\theta\cos\psi_v\cos\gamma_v + \sin\psi_v\sin\gamma_v & \cos\theta\cos\gamma_v & \sin\theta\sin\psi_v\cos\gamma_v + \cos\psi_v\sin\gamma_v \\ \sin\theta\cos\psi_v\sin\gamma_v + \sin\psi_v\cos\gamma_v & -\cos\theta\sin\gamma_v & -\sin\theta\sin\psi_v\sin\gamma_v + \cos\psi_v\cos\gamma_v \end{bmatrix} \quad (4\text{-}7)$$

6. 弹道坐标系与弹体坐标系之间的变换矩阵

以速度坐标系作为过渡坐标系，即可得到弹道坐标系到弹体坐标系的变换矩阵为

$$L(\gamma_v, \beta, \alpha) = L(\beta, \alpha)L(\gamma_v) =$$

$$\begin{bmatrix} \cos\alpha\cos\beta & \sin\alpha\cos\gamma_v + \cos\alpha\sin\beta\sin\gamma_v & \sin\alpha\sin\gamma_v - \cos\alpha\sin\beta\cos\gamma_v \\ -\sin\alpha\cos\beta & \cos\alpha\cos\gamma_v - \sin\alpha\sin\beta\sin\gamma_v & \cos\alpha\sin\gamma_v + \sin\alpha\sin\beta\cos\gamma_v \\ \sin\beta & -\cos\beta\sin\gamma_v & \cos\beta\cos\gamma_v \end{bmatrix} \quad (4\text{-}8)$$

通过上述变换矩阵可以完成不同力在不同坐标系下的变换。

三、飞行器刚体动力学运动方程组

飞行器刚体动力学运动方程组是描述作用在飞行器上的力、力矩与飞行器运动参数之间关系的一组方程。它由描述飞行器质心运动和弹体姿态变化的动力学方程、运动学方程、质量变化方程、角度几何关系方程和描述控制系统工作的方程所组成。其中，坐标系的选取方法将直接影响到所建立的飞行器质心运动方程的繁简程度。工程实践表明：研究近程轴对称导弹质心运动的动力学问题时，将矢量方程投影到弹道坐标系 $Ox_2y_2z_2$ 是最方便的。下面就给出典型近程轴对称导弹在弹道坐标系下的运动学方程。

1. 飞行器质心动力学方程

将受到的各种力在弹道坐标系 $Ox_2y_2z_2$ 的各轴上展开，分解过程可参考相关飞行力学书籍，在此直接给出飞行器在弹道坐标系上的质心动力学方程为

$$\begin{bmatrix} m\dfrac{\mathrm{d}V}{\mathrm{d}t} \\ mV\dfrac{\mathrm{d}\theta}{\mathrm{d}t} \\ -mV\cos\theta\dfrac{\mathrm{d}\psi_v}{\mathrm{d}t} \end{bmatrix} = \begin{bmatrix} P\cos\alpha\cos\beta - X - mg\sin\theta \\ P(\sin\alpha\cos\gamma_v + \cos\alpha\sin\beta\sin\gamma_v) + Y\cos\gamma_v - Z\sin\gamma_v - mg\cos\theta \\ P(\sin\alpha\sin\gamma_v - \cos\alpha\sin\beta\cos\gamma_v) + Y\sin\gamma_v + Z\cos\gamma_v \end{bmatrix} \quad (4\text{-}9)$$

其中，P 为推力，X 为阻力，Y 为升力，Z 为侧向力。

2. 飞行器绕质心转动的动力学方程

对于近程轴对称导弹而言，若导弹为轴对称型，则弹体坐标系的轴 Ox_1，Oy_1 与 Oz_1 就是导弹的惯性主轴。此时，导弹对弹体坐标系各轴的惯性积为零。绕质心转动的动力学方程就可简化成

$$\begin{pmatrix} J_x\dfrac{\mathrm{d}\omega_x}{\mathrm{d}t} - J_{xy}\dfrac{\mathrm{d}\omega_y}{\mathrm{d}t} + (J_z - J_y)\omega_y\omega_z + J_{xy}\omega_x\omega_z \\ J_y\dfrac{\mathrm{d}\omega_y}{\mathrm{d}t} - J_{xy}\dfrac{\mathrm{d}\omega_x}{\mathrm{d}t} + (J_x - J_z)\omega_x\omega_z + J_{xy}\omega_y\omega_z \\ J_z\dfrac{\mathrm{d}\omega_z}{\mathrm{d}t} + (J_y - J_x)\omega_x\omega_y + J_{xy}(\omega_y^2 - \omega_x^2) \end{pmatrix} = \begin{pmatrix} M_x \\ M_y \\ M_z \end{pmatrix} \quad (4\text{-}10)$$

其中，M_x, M_y, M_z 分别为作用于导弹上的所有外力对质心总力矩在弹体坐标系 $Ox_1y_1z_1$ 各轴上的分量。若推力矢量 $\boldsymbol{P}$ 与 Ox_1 轴完全重合，则只考虑气动力矩就可以了。

若导弹是面对称型的（关于导弹纵向平面 x_1Oy_1 对称），即 $J_{yz} = J_{zx} = 0$，则导弹绕质心转动的动力学方程可写成

$$\begin{pmatrix} J_x \dfrac{\mathrm{d}\omega_x}{\mathrm{d}t} + (J_z - J_y)\omega_y\omega_z \\ J_y \dfrac{\mathrm{d}\omega_y}{\mathrm{d}t} + (J_x - J_z)\omega_x\omega_z \\ J_z \dfrac{\mathrm{d}\omega_z}{\mathrm{d}t} + (J_y - J_x)\omega_x\omega_y \end{pmatrix} = \begin{pmatrix} M_x \\ M_y \\ M_z \end{pmatrix} \tag{4-11}$$

3．飞行器质心运动学方程

在地面坐标系中，得到导弹质心的运动学方程为

$$\begin{bmatrix} \dfrac{\mathrm{d}x}{\mathrm{d}t} \\ \dfrac{\mathrm{d}y}{\mathrm{d}t} \\ \dfrac{\mathrm{d}z}{\mathrm{d}t} \end{bmatrix} = \begin{bmatrix} V\cos\theta\cos\psi_V \\ V\sin\theta \\ -V\cos\theta\sin\psi_V \end{bmatrix} \tag{4-12}$$

通过积分可以求得导弹质心相对于地面坐标系的位置坐标 x, y, z。

4．绕质心转动的运动学方程

若要确定飞行器在空间的姿态，则需要建立描述飞行器相对地面坐标系姿态变化的运动学方程，即建立飞行器姿态角 ψ, ϑ, γ 对时间的导数与转动角速度分量 $\omega_{x1}, \omega_{y1}, \omega_{z1}$ 之间的关系式。

飞行器绕质心转动的运动学方程为

$$\begin{bmatrix} \dfrac{\mathrm{d}\vartheta}{\mathrm{d}t} \\ \dfrac{\mathrm{d}\psi}{\mathrm{d}t} \\ \dfrac{\mathrm{d}\gamma}{\mathrm{d}t} \end{bmatrix} \begin{bmatrix} \omega_x\sin\gamma + \omega_z\cos\gamma \\ \dfrac{1}{\cos\vartheta}(\omega_y\cos\gamma - \omega_z\sin\gamma) \\ \omega_x - \tan\vartheta(\omega_y\cos\gamma - \omega_z\sin\gamma) \end{bmatrix} \tag{4-13}$$

注意：方程 4-13 在某些情况下是不能应用的。例如，当俯仰角 $\vartheta = 90°$ 时，方程是奇异的，偏航角 ψ 是不确定的。此时，可采用四元数来表示导弹的姿态，并用四元数建立导弹绕质心转动的运动学方程。四元数法被经常用来研究导弹或航天器的大角度姿态运动，以及导航计算等。

5．补充几何关系模型

飞行器的力学分析和运动计算都是围绕不同的坐标系开展研究的，不同坐标系之间的关系是由 8 个角度参数 $\theta, \psi_V, \gamma_V, \vartheta, \psi, \gamma, \alpha, \beta$ 联系起来的，但是，这 8 个角度参数并不是完全独立的，只有 5 个角度参数是独立的，其余 3 个角度参数则可以由这 5 个独立的角度参数来表示，相应的 3 个表达式称为角度几何关系方程。这 3 个几何关系可以根据需要表

示成不同的形式，也就是说，角度几何关系方程并不是唯一的。下面给出一组常用的角度几何关系方程。

$$\sin\beta = \cos\theta[\cos\gamma\sin(\psi-\psi_V)+\sin\vartheta\sin\gamma\cos(\psi-\psi_V)]-\sin\theta\cos\vartheta\sin\gamma$$
$$\cos\alpha = [\cos\vartheta\cos\theta\cos(\psi-\psi_V)+\sin\vartheta\sin\theta]/\cos\beta \qquad (4\text{-}14)$$
$$\cos\gamma_V = [\cos\gamma\cos(\psi-\psi_V)-\sin\theta\sin\gamma\sin(\psi-\psi_V)]/\cos\beta$$

6. 质量方程

飞行器在飞行过程中，由于发动机不断消耗燃料，导弹的质量不断减小。因此在描述飞行器运动的方程组中，还需要有描述质量变化的微分方程，即

$$\frac{\mathrm{d}m}{\mathrm{d}t} = -m_s(t) \qquad (4\text{-}15)$$

式中，$\mathrm{d}m/\mathrm{d}t$ 为飞行器质量变化率，其值总为负；$m_s(t)$ 为飞行器在单位时间内的质量消耗量（燃料秒流量）。$m_s(t)$ 的大小主要取决于发动机的性能，通常认为 m_s 是已知的时间函数，它可能是常量，也可能是变量。在实际工作中，若飞行器采用固体火箭发动机作为动力来源，则常常通过对质量随时间的变化曲线进行插值来得到飞行器的质量。

7. 控制关系

如上所述，描绘导弹在空间运动的运动学方程和动力学方程共计 12 个，加上一个描述质量变化的方程和 3 个几何关系方程，共计 16 个方程。但是对可控导弹来说，未知数的个数已超过 16 个，即方程式个数和未知数个数不相等。若不加控制，即舵面锁住，发动机又不加调节，则方程式个数和未知数个数相等，方程组可解。对应于这组方程求出的弹道，相当于无控刚体在空中运动的轨迹。若不存在外界干扰，则它完全由起始条件决定，如炮弹在空中运动的情况。

对导弹来说，若给定初始条件，同时给出操纵机构随时间的变化规律，则运动方程组可解，而且确定了唯一一条弹道（若不考虑干扰）。在实际飞行中，操纵机构随时间变化的规律 $\delta_1(t)$，$\delta_2(t)$，$\delta_3(t)$，$\delta_4(t)$ 是由控制系统根据所执行的飞行任务给出的，所以要确定唯一一条飞行弹道，除上述导弹运动方程组外，必须再加进描述控制系统工作过程的方程，使方程式数目和未知数数目相等。这种描述控制系统工作过程的方程称为控制方程。加入控制方程后的导弹运动方程组称为可控弹道方程组。通过可控弹道方程组解出的弹道称为可控弹道。

上述 20 个方程就构成了典型的近程轴对称导弹的动力学模型。从模型中可以看出，飞行器的非线性模型结构复杂、输入/输出关系不明确以及非线性因素强，难以直接开展控制系统设计。因此，需要对其进行简化处理，得到飞行器的线性模型。

4.1.2 飞行器的小扰动线性化模型

在飞行力学中已经学过用飞行器刚体动力学模型来描述导弹的运动和姿态，然而根据动力学方程建立的非线性模型来设计飞行器的控制系统往往是不方便的。目前主要采用的方法是对该方程进行假设简化后获取线性模型，并开展控制系统设计，在控制系统后再返回原始的动力学非线性模型进行校验和调整。下面给出在建立飞行器线性模型时的假设条件和简化原则。

（1）采用固化原则，即取弹道上某一时刻 t，假设飞行速度 v 不变，飞行高度 H 不变，发动机推力 P 不变，飞行器的质量 m 和转动惯量 J 不变。

（2）飞行器采用轴对称布局形式。

（3）飞行器在受到控制或干扰作用时，飞行器的参数变化不太大。

（4）控制系统保证实现滚转角稳定，并保证良好的快速性。

采用上述简化条件后，就可得到无耦合的、常系数的飞行器刚体动力学简化数学模型。

飞行器空间运动通常由一组非线性微分方程组来描述，非线性问题往往是用一个近似的线性系统来代替，在分析导弹的动态特性时，经常采用基于泰勒级数的线性化方法。

根据泰勒级数线性化方法，各空气动力和力矩可线性化为

$$\begin{cases} \Delta X = X^V \Delta V + X^\alpha \Delta \alpha + X^y \Delta y \\ \Delta Y = Y^V \Delta V + Y^\alpha \Delta \alpha + Y^y \Delta y + Y^{\delta_z} \Delta \delta_z \\ \Delta Z = Z^V \Delta V + Z^\beta \Delta \beta + Z^y \Delta y + z^{\delta_y} \Delta \delta_y \\ \Delta M_x = M_x^V \Delta V + M_x^\alpha \Delta \alpha + M_x^\beta \Delta \beta + M_x^{\omega_x} \Delta \omega_x + \\ \quad M_x^{\omega_y} \Delta \omega_y + M_x^{\omega_z} \Delta \omega_z + M_x^y \Delta y + M_x^{\delta_x} \Delta \delta_x + M_x^{\delta_y} \Delta \delta_y \\ \Delta M_y = M_y^V \Delta V + M_y^\beta \Delta \beta + M_y^{\omega_x} \Delta \omega_x + M_y^{\omega_y} \Delta \omega_y + \\ \quad M_y^{\dot\beta} \Delta \dot\beta + M_y^y \Delta y + M_y^{\delta_y} \Delta \delta_y + M_y^{\dot\delta_y} \Delta \dot\delta_y + M_y^{\delta_x} \Delta \delta_x \\ \Delta M_z = M_z^V \Delta V + M_z^\alpha \Delta \alpha + M_z^{\omega_x} \Delta \omega_x + \\ \quad M_z^{\omega_z} \Delta \omega_z + M_z^{\dot\alpha} \Delta \dot\alpha + M_z^y \Delta y + M_z^{\delta_z} \Delta \delta_z + M_z^{\dot\delta_z} \Delta \dot\delta_z \end{cases} \qquad (4\text{-}16)$$

在进行了上述简化和近似的方法后，可以把纵向扰动运动和侧向扰动运动分开研究，并以两组相互独立的扰动运动方程组来描述，下面进行一定的条件假设。

（1）在无扰动飞行中，侧向运动参数 β，γ，γ_v，ω_z，ω_y 及舵偏角 δ_x，δ_y 都比较小，这样就可以令 $\cos\beta \approx \cos\gamma \approx \cos\gamma_v \approx 1$，且略去小量的乘积 $\sin\beta \sin\gamma_v$，$\omega_x \omega_y \cdots$，以及参数 β，δ_x，δ_y 对阻力 X 的影响。

（2）导弹基本在某个铅垂面内飞行，其弹道与铅垂面弹道差别不大，即 $\cos\psi_v = 1$。

（3）俯仰操纵机构的偏转仅取决于纵向运动参数，而偏航操纵机构的偏转仅取决于侧向运动参数。

下面分别针对飞行器俯仰、偏航和滚转三个通道，分析小扰动情况下的线性化运动方程组。

一、纵向扰动运动方程组

经过简化和引入动力学系数，飞行器的一种标准形式的纵向扰动运动模型为

$$\begin{cases} \Delta \dot V + a_{11} \Delta V + a_{14} \Delta \alpha + a_{13} \Delta \theta = F_{xd} \\ \Delta \ddot\vartheta + a_{21} \Delta V + a_{22} \Delta \dot\vartheta + a_{24} \Delta \alpha + a'_{24} \Delta \dot\alpha = -a_{25} \Delta \delta_z - a'_{25} \Delta \dot\delta_z + M_{zd} \\ \Delta \dot\theta + a_{31} \Delta V + a_{33} \Delta \theta - a_{34} \Delta \alpha = a_{35} \Delta \delta_z + F_{yd} \\ \Delta \vartheta = \Delta \theta + \Delta \alpha \end{cases} \qquad (4\text{-}17)$$

其中，系数 $a_{11}, a_{13}, \cdots, a_{35}$ 称为动力学系数，表征飞行器的动力学特性。

因为通过控制法向力而控制飞行，而控制法向力是通过改变攻角和侧滑角实现的，攻角实际上仅在短周期阶段内变化，所以为了简化控制系统的分析，主要研究飞行器在这一阶段内对操纵机构偏转的反应，即只讨论速度偏差量 ΔV 可以忽略的短周期扰动运动，即把速度看作时间的已知函数 $V(t) = V_0(t)$。同时忽略一些次要条件（如下洗延迟等），则可以得到纵向扰动运动的方程组简化形式为

$$\begin{cases} \Delta\ddot{\vartheta} + a_{22}\Delta\dot{\vartheta} + a_{24}\Delta\alpha + a'_{24}\Delta\dot{\alpha} = -a_{25}\Delta\delta_z \\ \Delta\dot{\theta} - a_{34}\Delta\alpha = a_{35}\Delta\delta_z \\ \Delta\vartheta = \Delta\theta + \Delta\alpha \end{cases} \qquad (4\text{-}18)$$

二、侧向扰动运动方程组

飞行器侧向扰动的线性化方程组一般形式为

$$\begin{cases} \Delta\dot{\omega}_x + b_{11}\Delta\omega_x + b_{14}\Delta\beta + b_{12}\Delta\omega_y = -b_{18}\Delta\delta_x - b_{17}\Delta\delta_y + M_{xd} \\ \Delta\dot{\omega}_y + b_{22}\Delta\omega_y + b_{24}\Delta\beta + b_{21}\Delta\omega_x + b'_{24}\Delta\dot{\beta} = -b_{27}\Delta\delta_y + M_{yd} \\ \Delta\dot{\beta} + b_{34}\Delta\beta + b_{36}\Delta\omega_y - \alpha\Delta\dot{\gamma} + b_{35}\Delta\gamma + a_{33}\Delta\beta = -b_{37}\Delta\delta_y + F_{zd} \\ \Delta\psi_V = \Delta\psi - b_{41}\Delta\beta + b_{41}\alpha\Delta\gamma \\ \Delta\dot{\gamma} = \Delta\omega_x + b_{56}\Delta\omega_y \\ \Delta\dot{\psi} = b_{61}\Delta\omega_y \\ \Delta\gamma_V = b_{71}\Delta\beta + b_{72}\Delta\gamma \\ \Delta\dot{z} = b_{81}\Delta\psi_V \end{cases} \qquad (4\text{-}19)$$

其中，系数 $b_{11}, b_{12}, \cdots, b_{81}$ 称为动力学系数，表征导弹的动力学特性。

飞行器在自动驾驶仪偏转副翼的作用下，具有良好的倾斜特性，能够使倾斜角很小，就可以略去重力的侧向分量。此时，侧向扰动运动方程组可以分为侧向扰动运动方程组和倾斜扰动运动方程。

侧向扰动运动方程组为

$$\begin{cases} \Delta\ddot{\psi} + b_{22}\Delta\dot{\psi} + b_{24}\Delta\beta + b'_{24}\Delta\dot{\beta} + b_{27}\Delta\delta_y = 0 \\ \Delta\dot{\psi}_V - b_{34}\Delta\beta = b_{37}\Delta\delta_y \\ \Delta\psi = \Delta\psi_V + \Delta\beta \end{cases} \qquad (4\text{-}20)$$

可见，侧向扰动运动方程组与纵向短周期运动方程组具有基本相同形式，因而具有基本相同形式的传递函数。只要把相应的动力系数代入即可。

三、倾斜扰动运动方程

倾斜扰动运动方程为

$$\Delta\ddot{\gamma} + b_{11}\Delta\dot{\gamma} + b_{18}\Delta\delta_x = 0 \qquad (4\text{-}21)$$

4.1.3　飞行器动力学系统的传递函数

在经典的自动控制理论中主要采用传递函数和频率特性来表征系统的动态特性。为了使弹体能作为一个环节进行动态特性分析，需要求出以操纵机构偏转（气动舵面偏转或推力矢量方向改变）为输入，姿态运动参数为输出的传递函数。这需要在前面对导弹运动模

型进行小扰动假定条件下的线性化和系数固化的基础上，将扰动运动方程进行拉普拉斯变换拉氏变换。由于我们这里所建立的扰动运动方程中没有考虑弹体的弹性特性，只考虑了弹体的刚体运动特性，因此求得的传递函数是刚体运动传递函数。

一、飞行器纵/侧向运动传递函数

对飞行器纵向运动动力学模型进行拉氏变换可得飞行器纵向运动的传递函数为

$$\frac{\dot{\vartheta}(s)}{\delta_z(s)} = \frac{-(a_{25} - a'_{24}a_{35})s + (a_{24}a_{35} - a_{25}a_{34})}{s^2 + (a_{22} + a'_{24} + a_{34})s + (a_{22}a_{34} + a_{24})} \tag{4-22}$$

$$\frac{\dot{\theta}(s)}{\delta_z(s)} = \frac{a_{35}s^2 + (a_{22} + a'_{24})a_{35}s + (a_{24}a_{35} - a_{25}a_{34})}{s^2 + (a_{22} + a'_{24} + a_{34})s + (a_{22}a_{34} + a_{24})} \tag{4-23}$$

$$\frac{\alpha(s)}{\delta_z(s)} = \frac{-a_{35}s - a_{22}a_{35} - a_{25}}{s^2 + (a_{22} + a'_{24} + a_{34})s + (a_{22}a_{34} + a_{24})} \tag{4-24}$$

若忽略 a'_{24} 和 a_{35} 的影响（对旋转弹翼式飞行器和快速响应飞行器而言，a_{35} 不能忽略），则有

（1）当 $a_{24} + a_{22}a_{34} > 0$ 时，飞行器纵向运动传递函数为

$$W^{\dot{\vartheta}}_{\delta_z}(s) = \frac{K_d(T_{ld}s + 1)}{T_d^2 s^2 + 2\xi_d T_d s + 1} \tag{4-25}$$

$$W^{\alpha}_{\delta_z}(s) = \frac{K_d T_{ld}}{T_d^2 s^2 + 2\xi_d T_d s + 1} \tag{4-26}$$

传递函数系数计算公式为

$$\begin{cases} T_d = \dfrac{1}{\sqrt{a_{24} + a_{22}a_{34}}} \\[3mm] K_d = -\dfrac{a_{25}a_{34}}{a_{24} + a_{22}a_{34}} \\[3mm] T_{ld} = \dfrac{1}{a_{34}} \\[3mm] \xi_d = \dfrac{a_{22} + a_{34}}{2\sqrt{a_{24} + a_{22}a_{34}}} \end{cases} \tag{4-27}$$

（2）当 $a_{24} + a_{22}a_{34} < 0$ 时，飞行器纵向运动传递函数为

$$W^{\dot{\vartheta}}_{\delta_z}(s) = \frac{K_d(T_{ld}s + 1)}{T_d^2 s^2 + 2\xi_d T_d s - 1} \tag{4-28}$$

$$W^{\dot{\vartheta}}_{\delta_z}(s) = \frac{K_d T_{ld}s}{T_d^2 s^2 + 2\xi_d T_d s - 1} \tag{4-29}$$

传递函数系数计算公式为

$$W^{\dot{\vartheta}}_{\delta_z}(s) = \frac{K_d(T_{ld}s + 1)}{T_d^2 s^2 + 2\xi_d T_d s + 1} \tag{4-30}$$

（3）当 $a_{24} + a_{22}a_{34} = 0$ 时，飞行器纵向运动传递函数为

$$W_{\delta_z}^{\dot{\vartheta}}(s) = \frac{K_d'(T_{ld}s+1)}{s(T_d's+1)} \tag{4-31}$$

$$W_{\delta_z}^{\alpha}(s) = \frac{K_d'T_{ld}}{s(T_d's+1)} \tag{4-32}$$

传递函数系数计算公式为

$$\begin{cases} T_d' = \dfrac{1}{a_{22}+a_{34}} \\[2mm] K_d' = \dfrac{a_{25}a_{34}}{a_{22}+a_{34}} \\[2mm] T_{ld} = \dfrac{1}{a_{34}} \end{cases} \tag{4-33}$$

轴对称飞行器侧向运动传递函数与纵向运动传递函数形式完全一样，此处不再赘述。

二、飞行器倾斜运动传递函数

对飞行器倾斜扰动方程进行拉普拉斯变换可得到导弹倾斜运动传递函数为

$$W_{\delta_x}^{\omega_x}(s) = \frac{K_{dx}}{T_{dx}s+1} \tag{4-34}$$

传递函数系数计算公式为

$$\begin{cases} K_{dx} = -b_{18}/b_{11} \\ T_{dx} = 1/b_{11} \end{cases} \tag{4-35}$$

在建立飞行器线性模型后，就可以基于经典控制理论或现代控制理论，开展飞行器控制系统设计。

4.2 飞行器控制系统的典型系统结构

飞行器的控制系统设计实质上就是自动驾驶仪的设计，其核心任务就是保证飞行器精确地跟踪输入指令，并保证良好的鲁棒性，使飞行器根据控制指令产生控制力矩和控制力来改变飞行器的姿态和速度，使得飞行器能够稳定飞行，达到设定的控制目标。目前，随着精确制导武器对于控制精度、任务多样的需求，对飞行器控制系统的设计也提出了诸多新的要求，如提供大攻角、高机动性、保证大范围飞行任务的鲁棒性等。通过对飞行器控制系统的设计，能够有效改善弹体等效阻尼，保持系统稳定性，并可提高弹体响应频率，提高系统的抗干扰能力，保证系统精确地跟踪输入指令。下面就简要回顾飞行器控制系统的典型系统结构。

4.2.1 飞行器控制系统的任务需求

通过对精确制导武器的动力学特性分析可知：目前，大多数现代导弹的快速扰动运动的衰减都很小，这是由于它们的舵面相对较小，而飞行高度相对较高引起的。在表征俯仰及偏航运动的导弹传递函数中，振荡环节的相对阻尼系数很少超过 0.1～0.15。在这种情况下，很难保证制导系统稳定性好和制导精度高。另外，由于飞行速度及高度的变化，因此导弹动力学特性不是恒定不变的，这对制导过程极为不利。随着导弹攻角增大，弹体空气动力特性的非线性也常常明显地影响制导系统的工作。因为以上这些原因使得在大多数情况下开环系统控制是不可能的。因此姿态控制系统的基本任务之一就是校正导弹动力学特性。

姿态控制系统的自由运动应该具有良好的阻尼，这对于制导回路（稳定回路是其组成元件）保持稳定是必需的。稳定系统自有振荡的阻尼程度应该这样选择：在急剧变化的制导指令（接近于阶跃指令）作用下，攻角超调量不太大，一般要求 σ<30%，这个需求是为了限制法向过载的超调。在某些情况下，是为了避免在大攻角时出现的非线性气动特性的影响。

为了提高制导精度，必须减小导弹飞行高度及速度对稳定系统动力学特性的影响。要求法向过载控制回路闭环传递系数的变化尽可能小。这是因为在不改变传递系数的情况下，为了保证必需的稳定裕度，只能减小制导回路开环传递系数，而这样会影响制导精度。

除校正导弹动力学特性这个任务外，姿态控制系统还必须解决一系列其他任务，主要有以下几点。

（1）系统具有的通频带宽不应小于给定值。通频带宽主要由制导系统的工作条件决定（有效制导信号及干扰信号的性质），同时也受到工程实现的限制。

（2）系统能有效地抑制作用在导弹上的外部干扰以及稳定系统设备本身的内部干扰。在某些制导系统中，这些干扰是影响制导精度的主要因素。因此，补偿干扰影响是系统的任务之一。

（3）姿态控制系统的附加任务是将最大过载限制在某个给定值，这种限制值决定于导弹及弹上设备结构元件的强度。对于大攻角飞行的导弹，还要限制其最大使用攻角，以确保其稳定性和其他性能。

目前，在工程上使用的姿态控制方式主要包括过载控制和姿态控制两种类型。其中，过载控制系统通常采用角速度陀螺和线加速度计作为测量器件，其中，线加速度计的测量过载作为主反馈，实现稳定法向过载与指令输入之间的比例关系；角速率陀螺反馈构成阻尼回路，用于改善系统的等效阻尼，常见类型包括两回路过载控制系统、三回路过载控制回路、伪攻角反馈三回路过载控制回路等。下面就介绍这些典型控制系统的组成。

4.2.2　典型过载控制系统结构组成

下面给出工程中几种常用的过载控制系统，包括其结构组成和系统传递函数等内容。

一、经典两回路过载控制系统结构

图 4-5 是经典两回路自动驾驶仪结构示意图，k_{ac}，k_{ACT} 分别为加速度计和舵机增益，K_A，k_g 为设计参数，K_{DC} 为闭环增益调节系数。

根据详细的推导，可以得到自动驾驶仪的开环传递函数为

$$HG(s) = \frac{M_2's^2 + M_1's + M_0'}{s^2/\omega_m^2 + 2\xi_m s/\omega_m + 1} \tag{4-36}$$

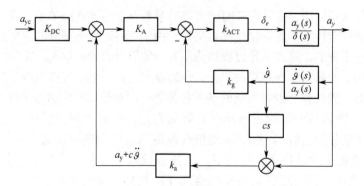

图 4-5　经典两回路自动驾驶仪结构示意图

其中

$$\begin{cases} M_2' = k_{ACT}k_{ac}k_{\vartheta}K_A(VA_2 + cT_\alpha) \\ M_1' = k_{ACT}k_{\vartheta}(k_{ac}K_AVA_1 + ck_{ac}K_A + k_gT_\alpha) \\ M_0' = k_{ACT}k_{\vartheta}(k_g + k_{ac}K_AV) \end{cases} \tag{4-37}$$

$$\begin{cases} T_m = \dfrac{1}{\sqrt{a_{24} + a_{22}a_{34}}} \\[2mm] \omega_m = \sqrt{a_{24} + a_{22}a_{34}} \\[2mm] \zeta_m = \dfrac{a_{22} + a_{34}}{2\sqrt{a_{24} + a_{22}a_{34}}} \\[2mm] A_1 = \dfrac{-a_{22}a_{35}}{a_{25}a_{34} - a_{24}a_{35}} \\[2mm] A_2 = \dfrac{-a_{35}}{a_{25}a_{34} - a_{24}a_{35}} \end{cases} \tag{4-38}$$

可以得到系统的闭环传递函数为

$$\frac{a_y(s)}{a_{yc}(s)} = \frac{k_{ACT}K_AVk_{\vartheta}(A_2s^2 + A_1s + 1)}{(s^2/\omega_m^2 + 2\xi_m s/\omega_m + 1) + M_2's^2 + M_1's + M_0'} \tag{4-39}$$

根据驾驶仪期望的特征方程要求，经过一系列推导，得到经典双回路自动驾驶仪的控制器参数的设计公式为

$$\begin{bmatrix} K_A \\ k_g \end{bmatrix} = \begin{bmatrix} k_{ac}(V - VA_2\omega^2 - cT_\alpha) & 1 \\ k_{ac}(2\xi V - VA_2\omega^2 - c\omega) & 2\xi - T_\alpha\omega \end{bmatrix}^{-1} \begin{bmatrix} (\omega^2/\omega_m^2 - 1)/k_{ACT}k_{\vartheta} \\ 2(\omega\xi_m/\omega_m - \xi)/k_{ACT}k_{\vartheta} \end{bmatrix} \tag{4-40}$$

由于两回路驾驶仪为零型系统，对加速度指令存在静差；更严重的是，导弹气动参数的变化对驾驶仪闭环增益影响很大，因此通常采用三回路来改善驾驶仪性能。

二、经典三回路过载控制系统结构

图 4-6 是经典三回路自动驾驶仪结构示意图。

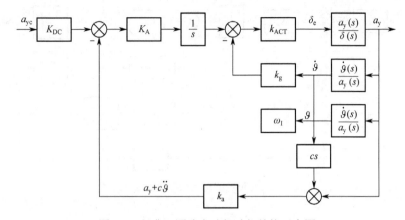

图 4-6　经典三回路自动驾驶仪结构示意图

经过推导，得到经典三回路自动驾驶仪的开环传递函数为

$$HG(s) = \frac{M_2 s^2 + M_1 s + M_0}{s(s^2/\omega_m^2 + 2\zeta_m s/\omega_m + 1)} \tag{4-41}$$

其中，

$$\begin{cases} M_2 = k_{ACT} k_{\dot{\vartheta}}(k_g T_\alpha + ck_{ac} K_A T_\alpha + k_{ac} K_A V A_2) \\ M_1 = k_{ACT} k_{\dot{\vartheta}}(k_g + ck_{ac} K_A + \omega_1 T_\alpha + k_{ac} K_A V A_1) \\ M_0 = k_{ACT} k_{\dot{\vartheta}}(\omega_1 + k_{ac} K_A V) \end{cases} \tag{4-42}$$

可以得到系统的闭环传递函数为

$$\frac{a_y(s)}{a_{yc}'(s)} = \frac{k_{ACT} k_{\dot{\vartheta}} K_A V(A_2 s^2 + A_1 s + 1)/K_0}{s(s^2/\omega_m^2 + 2\zeta_m s/\omega_m + 1) + M_2 s^2 + M_1 s + M_0} \tag{4-43}$$

经过一系列推导，得到经典三回路自动驾驶仪的控制器参数的设计公式为

$$\begin{cases} K_A = \dfrac{M_2 - M_1 T_\alpha + T_\alpha^2 M_0}{k_{ACT} k_{\dot{\vartheta}} k_{ac} V(A_2 + T_\alpha^2 - A_1 T_\alpha)} \\[3mm] \omega_1 = \dfrac{-M_2 + M_1 T_\alpha + (A_2 - A_1 T_\alpha) M_0}{k_{ACT} k_{\dot{\vartheta}}(A_2 + T_\alpha^2 - A_1 T_\alpha)} \\[3mm] k_g = \dfrac{(VT_\alpha - cVA_1)M_2 + (cT_\alpha + VA_2)M_1 - (VA_2 + cT_\alpha)T_\alpha M_0}{k_{ACT} k_{\dot{\vartheta}} V(A_2 + T_\alpha^2 - A_1 T_\alpha)} \end{cases} \tag{4-44}$$

三、伪攻角反馈过载控制系统结构

在工程应用中，由于不能通过直接测量得到攻角，因此需要由角速率陀螺和加速度计的测量信号计算得到近似攻角，将该近似攻角作为反馈信号，该过程被称为伪攻角反馈。图 4-7 是伪攻角反馈自动驾驶仪结构示意图。

经过推导，得到伪攻角反馈自动驾驶仪的开环传递函数为

$$HG(s) = \frac{M_2' s^2 + M_1' s + M_0'}{s(s^2/\omega_m^2 + 2\xi_m s/\omega_m + 1)} \tag{4-45}$$

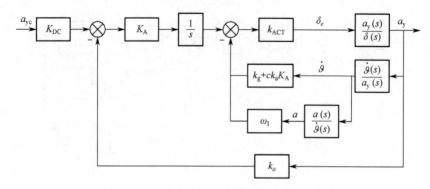

图 4-7　伪攻角反馈自动驾驶仪结构示意图

其中

$$\begin{cases} M_2' = k_{ACT}k_{\dot{\vartheta}}(k_g T_\alpha + ck_{ac}K_A T_\alpha + k_{ac}K_A V A_2) + k_{ACT}k_\alpha B_1 \omega_I \\ M_1' = k_{ACT}k_{\dot{\vartheta}}(k_g + ck_{ac}K_A + k_{ac}K_A V A_1) + k_{ACT}k_\alpha \omega_I \\ M_0' = k_{ACT}k_{\dot{\vartheta}}k_{ac}K_A V \end{cases} \tag{4-46}$$

可以得到系统的闭环传递函数为

$$\frac{a_y(s)}{a_{yc}(s)} = \frac{k_{ACT}k_{\dot{\vartheta}}K_A V(A_2 s^2 + A_1 s + 1)}{s(s^2/\omega_m^2 + 2\xi_m s/\omega_m + 1) + M_2' s^2 + M_1' s + M_0'} \tag{4-47}$$

经过一系列推导，得到伪攻角反馈自动驾驶仪的控制器参数的设计公式为

$$\begin{cases} K_A = \dfrac{M_0'}{k_{ACT}k_{\dot{\vartheta}}k_{ac}V} \\[3mm] \omega_1 = \dfrac{M_2' - M_1' T_\alpha + M_0'(A_1 T_\alpha - A_2)}{k_{ACT}k_\alpha(B_1 - T_\alpha)} \\[3mm] k_g = \dfrac{-M_2' + M_1' B_1 + M_0'(A_2 - A_1 B_1)}{k_{ACT}k_{\dot{\vartheta}}(B_1 - T_\alpha)} - \dfrac{cM_0'}{k_{ACT}k_{\dot{\vartheta}}V} \end{cases} \tag{4-48}$$

4.2.3　典型姿态控制系统结构组成

姿态控制系统的基本任务是保证飞行器在干扰的作用下，回路稳定可靠工作，姿态角的误差在规定的范围内，并按预定的要求跟踪姿态角指令的变化。对于诸如飞机之类的面对称飞行器，或诸如地空导弹初始发射转弯阶段等特殊飞行阶段，主要采用俯仰角/偏航角姿态角控制回路；而对于轴对称之类的精确制导武器，通常采用滚转角或滚转角速度作为滚转通道的控制方式。

一、经典姿态角控制系统结构

下面以给出一种典型姿态角控制系统结构图，如图 4-8 所示。

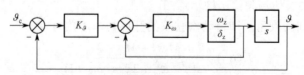

图 4-8　典型姿态角控制系统结构图

根据图 4-8，可给出俯仰角控制系统的闭环传递函数为

$$\frac{\vartheta}{\vartheta_{\mathrm{c}}}=\frac{K_{\vartheta}K_{\omega}K_{\mathrm{d}}(T_{\mathrm{ld}}s+1)}{T_{\mathrm{d}}^2 s^3+(2\xi_{\mathrm{d}}T_{\mathrm{d}}+K_{\omega}K_{\mathrm{d}}T_{\mathrm{ld}})s^2+(1+K_{\omega}K_{\mathrm{d}}+K_{\vartheta}K_{\omega}K_{\mathrm{d}}T_{\mathrm{ld}})s+K_{\vartheta}K_{\omega}K_{\mathrm{d}}} \tag{4-49}$$

二、经典姿态角积分控制系统结构

为了消除阶跃力矩干扰下的角度静差，在反馈回路引入积分环节，如图 4-9 所示。根据图 4-8，可给出带积分环节的姿态角控制系统闭环传递函数为

$$\frac{\vartheta}{\vartheta_{\mathrm{c}}}=\frac{K_{\omega}K_{\mathrm{d}}(T_{\mathrm{ld}}s+1)(K_{\vartheta}s+K_{\vartheta\mathrm{l}})}{T_{\mathrm{d}}^2 s^4+(2\xi_{\mathrm{d}}T_{\mathrm{d}}+K_{\omega}K_{\mathrm{d}}T_{\mathrm{ld}})s^3+(1+K_{\omega}K_{\mathrm{d}}+K_{\vartheta}K_{\omega}K_{\mathrm{d}}T_{\mathrm{ld}})s^2+(K_{\vartheta}K_{\omega}K_{\mathrm{d}}+K_{\vartheta\mathrm{l}}K_{\omega}K_{\mathrm{d}}T_{\mathrm{ld}})s+K_{\vartheta\mathrm{l}}K_{\omega}K_{\mathrm{d}}} \tag{4-50}$$

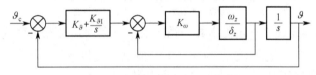

图 4-9　带积分环节的姿态角控制系统结构图

以上内容是简要地给出了飞行器典型的控制系统结构及其传递函数，关于飞行器控制系统的详细介绍和设计过程，读者可以参考相关专业书籍。

4.3　线性系统模型在 MATLAB 环境中的描述方法

在进行飞行器控制系统设计时，通常基于飞行器线性系统模型开展控制系统设计与分析。因此，基于 MATLAB 开展飞行器控制系统设计时，首先需要掌握线性系统模型在 MATLAB 语言中的描述方法，包括连续系统模型和离散时间系统模型两种类型。

4.3.1　线性连续系统模型在 MATLAB 中的描述方法

线性连续系统的描述方法很多，每种方法的适用场合和特点各不相同，常用的描述方法包括传递函数方法、零极点方法和状态空间方法，虽然各种方法的表现形式和数学公式不同，但这些方法都是同一系统的不同描述方式。其中，传递函数方法的描述形式主要适用于经典控制理论，重点在于系统的外部联系，主要用于单输入单输出的线性定常系统。而状态空间方法的描述形式是以状态空间理论为基础的，适用于现代控制理论，主要用于描述多输入多输出线性定常系统和非线性系统，重点在于系统的内部状态及其内部联系。

一、线性连续系统的传递函数描述形式

传递函数是在拉氏变换的基础上，通过系统本身的参数描述线性定常系统输入量与输出量的关系式，它表达了系统内在的固有特性，而与输入量或驱动函数无关。需要注意的是，由于不同的物理现象可以用相同的微分方程描述，导致许多物理性质不同的系统具有相同的传递函数，因此传递函数通常不能反映系统的物理特性和物理结构。

线性定常系统的传递函数的定义：在零初始条件下，系统响应函数的拉氏变换与系统

输入量的拉氏变换之比。

假设线性连续系统的常微分方程描述形式为

$$a_1 \frac{\mathrm{d}^n y(\mathrm{t})}{\mathrm{d}t^n} + a_2 \frac{\mathrm{d}^{n-1} y(\mathrm{t})}{\mathrm{d}t^{n-1}} + \cdots + a_n \frac{\mathrm{d}y(\mathrm{t})}{\mathrm{d}t} + a_{n+1} y(\mathrm{t})$$
$$= b_1 \frac{\mathrm{d}^m u(\mathrm{t})}{\mathrm{d}t^m} + b_2 \frac{\mathrm{d}^{m-1} u(\mathrm{t})}{\mathrm{d}t^{m-1}} + \cdots + b_m \frac{\mathrm{d}u(\mathrm{t})}{\mathrm{d}t} + b_{m+1} u(\mathrm{t}) \tag{4-51}$$

其中，系统的输入信号为 $u(t)$，系统的输出信号为 $y(t)$，系统的阶次为 n。零初始条件下，对其进行拉氏变换，将其映射为多项式；通过转换得到输出信号与输入信号的比值，即线性连续系统的传递函数为

$$G(\mathrm{s}) = \frac{b_0 s^m + b_1 s^{m-1} + \cdots + b_{m-1} s + b_m}{a_0 s^n + a_1 s^{n-1} + \cdots + a_{n-1} s + a_n} \tag{4-52}$$

其中，$b_i (i=0,\cdots,m)$ 与 $a_i (i=0,\cdots n)$ 为常数，系统的分母多项式又称为系统的特征多项式。对物理可实现系统来说，一定要满足 $m \leqslant n$，这种情况下又称系统为正则（Proper）系统。若 $m<n$，则称系统为严格正则。$n-m$ 又称为系统的相对阶次。

MATLAB 的控制系统工具箱中提供了 tf() 函数，使得用户非常方便快捷地定义一个以传递函数形式描述的线性连续系统。主要调用格式如下：

```
sys = tf(num,den) ;                    %    以传递函数的形式创建系统
sys = tf(num,den,'InputDelay',tao) ;   %    附加延迟的传递函数
```

在该函数中，输入参数 num 表示系统特征多项式的分子，den 表示系统特征多项式的分母，两者均是按 s 降幂表示的数值向量。输入量 InputDelay 为关键词参数，表示设置输入延迟；tao 表示系统延迟，描述的对象为 $G_d(s) = G(s)e^{-\tau s}$，tao 为系统延迟时间 τ 的数值大小。输出值 sys 表示所建立的系统。

MATLAB 提供了 tfdata() 函数用于从传递函数中提取系统的分子多项式和分母多项式，其调用格式如下：

```
[num,den] = tfdata(sys) ;              %    提取传递函数的多项式
```

注意，默认情况下得到的返回值 num 和 den 为元胞数组。对于单输入单输出系统，可以通过添加参数直接得到系统多项式的数值向量，其中，参数 v 用于设置得到的数值形式。

```
[num,den] = tfdata (sys,'v') ;         %    得到单输入单输出系统的多项式
```

二、线性连续系统的零极点描述形式

零极点形式实际上是传递函数描述形式的另外一种表现形式，其实质是分别对原系统的传递函数的分子多项式和分母多项式进行因式分解处理，获得系统的零点和极点的描述形式为

$$G(s) = K \frac{(s-z_1)(s-z_2)\cdots(s-z_m)}{(s-p_1)(s-p_2)\cdots(s-p_n)} \tag{4-53}$$

式中，K 称为系统的增益，z_i（$i=1,\cdots,m$）是分子多项式的根，称为系统的零点；p_j（$j=1,\cdots,n$）是分母多项式的根，称为系统的极点。系统的极点决定了所描述系统的自由运动模态，零点影响系统各模态在系统响应中所占的比重。

MATLAB 的控制系统工具箱中提供了 zpk() 函数，用于定义一个以零极点形式描述的

线性连续系统。主要的调用格式如下：

```
sys = zpk(z,p,k) ;                    %    以零极点形式创建系统传函
```

在该调用函数中，输入参数 z,p,k 分别为系统的零极点和增益向量。输出值 sys 表示所建立的系统。

MATLAB 提供了 zpkdata()函数，用于从传递函数模型中提取系统的零极点和增益，其调用格式如下：

```
[z,p,k] = zpkdata(sys) ;              %    提取系统的零极点
```

与函数 tfdata()类似，调用函数 zpkdata()得到的返回值 z,p,k 为元胞数组，分别表示系统的零极点和增益。对于单输入单输出系统，可以通过添加参数 v 直接得到系统零极点和增益的数值向量。

```
[z,p,k] = zpkdata(sys,'v') ;          %    得到单输入单输出系统的零极点向量
```

三、线性连续系统的非标准形式传递函数描述形式

在使用传递函数描述系统模型时，经常会遇到没有直接给出特征多项式或零极点的描述形式。此时，用户不能直接使用 tf()和 zpk()函数创建模型，需要对模型进行展开或因式分解。MATLAB 提供了一种特殊的传递函数输入方式，能够非常直观、非常快捷地实现非标准形式传递函数的创建。

通过 s=tf('s')指令定义一个传递函数算子，然后采用类似数学表达式的形式直接输入系统的传递函数模型。

四、线性连续系统的状态空间描述形式

随着控制理论的发展，传统的单输入单输出传递函数方法难以描述复杂的被控对象，这就推动了现代控制理论的逐步发展。状态方程是描述控制系统的一种重要方式，是一种基于系统的内部状态变量的描述方法，可以描述更广的一类控制系统模型，包括多输入多输出系统和非线性模型。

假设已知 p 路输入信号（$i=1,2,\cdots p$）与 q 路输出信号，（$i=1,2,\cdots,q$），且有 n 个状态，构成状态变量向量 $x = [x_1, x_2, \cdots x_n]^T$，则此动态系统的状态方程可以一般地表示为

$$\begin{cases} \dot{x}_i(t) = f_i(x_1,x_2,\cdots,x_n,u_1,u_2,\cdots,u_p), \ i=1,\cdots,n \\ y_i(t) = g_i(x_1,x_2,\cdots,x_n,u_1,u_2,\cdots,u_p), \ i=1,\cdots,q \end{cases} \quad (4\text{-}54)$$

式中，$f()$和 $g()$可以为任意的线性函数或非线性函数。对线性系统来说，其状态方程可以更简单地描述为

$$\begin{cases} \dot{x}(t) = A(t)x(t) + B(t)u(t) \\ y(t) = C(t)x(t) + D(t)u(t) \end{cases} \quad (4\text{-}55)$$

式中，$u(t)$与 $y(t)$分别为输入向量和输出向量，系数矩阵 $A(t)$、$B(t)$、$C(t)$和 $D(t)$为维数相容的矩阵。若系数矩阵均与时间无关，系统又称为线性时不变系统，则状态方程可以写成

$$\begin{cases} \dot{x}(t) = Ax(t) + Bu(t) \\ y(t) = Cx(t) + Du(t) \end{cases} \quad (4\text{-}56)$$

MATLAB 的控制系统工具箱中提供了 ss()函数，用于定义一个以状态空间形式描述的线性连续系统。其常用的调用格式如下：

```
sys = ss(A,B,C,D) ;                                    %    以状态空间形式创建系统
sys = ss(A,B,C,D,'InputDelay',Taoi,'OutputDelay',Taoo) ;  %    含延迟的状态
空间描述形式
```

在该调用函数中，输入参数 A、B、C、D 分别为系统的状态空间系数矩阵，输入量 Ts 表示系统延迟。输出值 sys 即表示所建立的系统。若各个矩阵的维数不兼容，则 MATLAB 会给出明确的错误信息。通过设置相关参数，可以描述带时间延迟的状态空间模型，其中，Taoi 为输入延迟，Taoo 为输出延迟，其描述的系统状态空间方程为

$$\begin{cases} \dot{x}(t) = Ax(t) + Bu(t-\tau_i) \\ z(t) = Cx(t) + Du(t-\tau_i), \quad y(t) = z(t-\tau_o) \end{cases} \tag{4-57}$$

同样 MATLAB 提供了 ssdata()函数，用于从系统模型中提取系统的状态空间矩阵，其调用格式如下：

```
[A,B,C,D] = ssdata(sys) ;                              %    提取系统的状态空间矩阵
```

五、利用 MATLAB 函数实现线性连续系统描述的实例

下面通过几个典型的应用实例来讲述 MATLAB 中线性连续系统模型的描述方法。

【例 4-2】通用航空飞机 Navion 是美国生产的一种单发、单螺旋的四座飞机，1946 年 4 月首飞，曾作为美国空军和海军的教练机。在海平面上以 Ma=0.158 进行匀速飞行，其纵向运动状态方程如下：

$$\begin{bmatrix} \Delta\dot{V} \\ \Delta\dot{\alpha} \\ \Delta\dot{q} \\ \Delta\dot{\theta} \end{bmatrix} = \begin{bmatrix} -0.045 & 1.93 & 0 & -9.8 \\ -0.007 & -2.02 & 1 & 0 \\ 0.0062 & -6.97 & -2.948 & 0 \\ 0 & 0 & 1 & 0 \end{bmatrix} \begin{bmatrix} \Delta V \\ \Delta\alpha \\ \Delta q \\ \Delta\theta \end{bmatrix} + \begin{bmatrix} \Delta V \\ \Delta\alpha \\ \Delta q \\ \Delta\theta \end{bmatrix} \Delta\delta_e$$

要求在 MATLAB 环境下建立其状态空间描述。

在 MATLAB 的命令行窗口中，输入如下代码：

```
A=[-0.045 1.93 0 -9.8;-0.007 -2.02 1 0; 0.0062 -6.97 2.948 0;0 0 1 0];
B=[0;-0.16;-11.87;0]; C= eye(4) ; D = [0;0;0;0];
sys = ss(A,B,C,D);                    %    建立纵向状态方程的状态空间描述
```

【例 4-3】已知某系统的传递函数 $G(s) = \dfrac{s^2 + 5s + 6}{s^4 + 2s^3 + 4s^2 + 5s + 9}$，求系统的零极点和状态空间方程。

在 MATLAB 的命令行窗口中，输入如下代码：

```
num=[1,5,6];                %    定义系统的分子特征多项式
den=[1,2,4,5,9];            %    定义系统的分母特征多项式
G=tf(num,den);             %    以传递函数的形式创建系统描述
[Z,P,K]=zpkdata(G,'v')     %    求取系统的零极点
[A,B,C,D]=ssdata(G)        %    求取系统的状态方程
```

下面给出 MATLAB 求解得到系统的零极点。

```
Z = [ -3.0000; -2.0000]; P = [    -1.3702+1.1970i    -1.3702-1.1970i
0.3702+1.6068i; 0.3702-1.6068i]; K = 1;
```

下面给出 MATLAB 求解得到系统的状态空间点。

```
A = [-2.0000,-1.0000,-1.2500,-2.2500;        4.0000,    0,    0,    0;
    0, 1.0000,    0,    0;    0,    0, 1.0000,    0];
```

```
B = [ 2; 0; 0; 0];C = [ 0, 0.1250, 0.6250, 0.7500];D = 0;
```

【例 4-4】已知某系统的传递函数为非标准形式，即 $G(s) = \dfrac{2(s+6)(4s^2+5s+9)}{3(2s^2+s+9)(s^3+8s+3)}$，

求取系统的分子分母多项式、零极点和状态空间方程。

在 MATLAB 的命令行窗口中，输入如下代码：

```
s =tf('s');                              %    定义传递函数的算子
G=(2*(s+6)*(4*s^2+5*s+9))/(3*(2*s^2+s+9)*(s^3+8*s)+3)
                                         %    以传递函数的形式创建系统描述
[num,den]=tfdata(G,'v')                  %    求取系统的分子分母多项式
[Z,P,K]=zpkdata(G,'v')                   %    求取系统的零极点
[A,B,C,D]=ssdata(G)                      %    求取系统的状态方程
```

下面给出 MATLAB 求解得到系统描述。

```
          8 s^3 + 58 s^2 + 78 s + 108
G =  ---------------------------------------------
      6 s^5 + 3 s^4 + 75 s^3 + 24 s^2 + 216 s + 3
 Continuous-time transfer function.
```

下面给出 MATLAB 求解得到系统的分子分母多项式。

```
num = [ 0    0    8    58    78    108]; den = [ 6    3    75    24    216    3];
```

下面给出 MATLAB 求解得到系统的零极点。

```
Z = [ -6.0000 + 0.0000i; -0.6250 + 1.3636i; -0.6250 - 1.3636i];
P = [ -0.0078 + 2.8254i; -0.0078 - 2.8254i; -0.2353 + 2.1089i;
      -0.2353 - 2.1089i; -0.0139 + 0.0000i];
K = 1.3333;
```

下面给出 MATLAB 求解得到系统的状态空间点。

```
A = [ -0.5000,   -3.1250,   -0.5000,   -2.2500,   -0.1250;
       4.0000,         0,         0,         0,         0;
            0,    2.0000,         0,         0,         0;
            0,         0,    2.0000,         0,         0;
            0,         0,         0,    0.2500,         0];
B = [ 2;    0;    0;    0;    0];
C = [ 0, 0.1667, 0.6042, 0.4063, 2.2500];D = 0;
```

4.3.2　线性离散时间模型在 MATLAB 中的描述方法

随着计算机技术的发展，离散系统控制理论和技术越来越得到重视，数字控制器在许多场合取代了模拟控制器。与连续系统相比，离散控制系统中通常包含连续系统和离散信号，在对其进行分析和设计时，离散控制系统通常采用的数学工具是 Z 变换。线性离散系统的数学模型主要包括时域中的差分方程和频域中的脉冲传递函数。

一般的单变量离散系统可以由下面的差分方程来表示：

$$a_1 y(kT) + a_2 y[(k-1)T] + \cdots a_n y[(k-(n-1))T] + a_{n+1} y[(k-n)T] =$$
$$b_0 u(kT) + b_1 u[(k-1)T] + \cdots b_{n-1} u[(k-(n-1))T] + b_n u[(k-n)T] \tag{4-58}$$

式中，T 为离散系统的采样周期。

一、线性离散系统的离散传递函数描述

对差分方程进行 Z 变换，可以得到系统的离散传递函数模型：

$$H(z) = \frac{b_0 z^n + b_1 z^{n-1} + \cdots + b_{n-1} z + b_n}{a_1 z^n + a_2 z^{n-1} + \cdots + a_n z + a_{n+1}} \tag{4-59}$$

MATLAB 同样提供了用于描述线性离散系统模型的函数，其函数名称与连续系统的描述函数一致，但需要输入其采样周期。常用的调用格式如下：

```
sysd = tf(num,den,Ts) ;                    %  以传递函数创建离散系统
sysd = zpk(z,p,k,Ts) ;                     %  以零极点形式创建离散系统
```

同样，MATLAB 提供的 tfdata() 和 zpkdata() 函数，用于求取线性离散的相关参数。常用调用格式如下：

```
[num,den,Ts] = tfdata(sysd) ;              %  提取离散系统的特征多项式
[z,p,k,Ts] = zpkdata(sysd) ;               %  提取离散系统的零极点
```

另外，对于较为复杂的离散系统描述形式，可以仿照连续系统传递函数的算子输入方法，定义算子 z=tf('z',T)，然后可以采用数学表达式的形式描述离散传递函数模型。

二、线性离散系统的离散状态空间描述

线性离散模型同样可以采用离散状态空间的方法进行描述，其描述公式为

$$\begin{cases} x[n+1] = Ax[n] + Bu[n] \\ y[n] = Cx[n] + Du[n] \end{cases} \tag{4-60}$$

带有时间延迟的离散系统状态方程模型为

$$\begin{cases} x[n+1] = Ax[n] + Bu[n-m] \\ y[n] = Cx[n] + Du[n-m] \end{cases} \tag{4-61}$$

两者在 MATLAB 中的描述方法同样采用 ss() 函数来实现，其常用的调用方式如下：

```
sysd = zpk(z,p,k,Ts) ;                     %  以零极点形式创建离散系统
sysd = ss(A,B,C,D,Ts) ;                    %  以状态空间形式创建离散系统
```

同样，MATLAB 提供了离散状态空间矩阵的提取函数 ssdata()，常用的调用格式如下：

```
[A,B,C,D,Ts]=ssdata(sysd)                  %  求取离散系统的状态方程
```

三、利用 MATLAB 函数实现线性离散系统描述的实例

下面通过几个典型的应用实例来讲述 MATLAB 中线性离散系统模型的描述方法。

【例 4-5】已知某离散系统的传递函数为 $H(z) = \dfrac{4z^2 - 0.5z + 3.2}{z^4 - 2z^3 + 0.8z^2 + 0.45z + 0.6}$，且已知系统的采样周期 T=0.1s，求取系统的零极点和状态空间方程。

在 MATLAB 的命令行窗口中，输入如下代码：

```
num=[4,-0.5,3.2];                %  定义系统的分子特征多项式
den=[1,2,4,5,9];                 %  定义系统的分母特征多项式
H=tf(num,den,'Ts',0.1)          %  以传递函数的形式创建系统描述
[Z,P,K,TS1]=zpkdata(H,'v')      %  求取系统的零极点
[A,B,C,D,TS2]=ssdata(H)         %  求取系统的状态方程
```

下面给出 MATLAB 求解得到系统描述。

```
        4 z^2 - 0.5 z + 3.2
H =  ----------------------------
    z^4 + 2 z^3 + 4 z^2 + 5 z + 9

 Sample time: 0.1 seconds Discrete-time transfer function..
```

下面给出 MATLAB 求解得到系统的零极点。

```
Z = [ 0.0625 + 0.8922i; 0.0625 - 0.8922i];
P = [ -1.3702 + 1.1970i; -1.3702 - 1.1970i; 0.3702 + 1.6068i; 0.3702 -
1.6068i];
K = 4;  TS1 = 0.1000;
```

下面给出 MATLAB 求解得到系统的状态空间点。

```
A = [-2.00, -1.00, -1.25, -2.25;  4.00, 0.00, 0.00,  0.00;
      0.00,  1.00, 0.00, 0.00; 0.00, 0.00, 1.00,  0.00];
B = [ 1.00;  0.00;  0.00;  0.00]; C = [ 0;  1.0000; -0.1250; 0.8000];
D = 0;  TS2 = 0.1000;
```

4.3.3　线性系统模型之间的相互转换

线性系统包括连续系统和离散系统两种主要类型，每种类型又包括多种描述形式。在具体使用中，经常需要在不同类型之间转换，或同一类型不同形式间的转换。本小节主要介绍 MATLAB 环境下如何进行模型之间的相互转换，主要包括线性连续系统不同描述形式之间的转换，以及线性连续系统与离散系统之间的转换。

一、线性连续系统不同描述形式之间的转换

线性时不变系统的主要描述形式包括传递函数形式、零极点增益形式和状态空间形式。在某些场合中，需要不同的模型描述形式，这就需要对其进行相互转换。MATLAB 提供了完备的函数指令，能够轻易地完成三类描述形式之间的相互转换。常用的调用格式如下：

```
[num,den] = ss2tf(A,B,C,D) ;            %   状态空间转换为传递函数
[z,p,k] = ss2zp(A,B,C,D) ;              %   状态空间转换为零极点形式
[num,den] = zp2tf(z,p,k) ;              %   零极点形式转换为传递函数
[A,B,C,D] = zp2ss(z,p,k) ;              %   零极点形式转换为状态空间
[z,p,k] = tf2zp(num,den) ;             %   传递函数转换为零极点形式
[A,B,C,D] = tf2ss(num,den) ;           %   传递函数转换为状态空间
```

【例 4-6】已知某系统的零极点模型为 $G(s) = \dfrac{5(s+3.2)}{(s+1)(s+2.8)(s+4.3)}$，求取系统的传递函数的分子分母多项式和状态空间方程的系数矩阵。

在 MATLAB 的命令行窗口中，输入如下代码：

```
z=[-3.2];                    %   定义系统的零点
p=[-1,-2.8,-4.3];            %   定义系统的极点
k=5;                         %   定义系统的增益
[num,den]=zp2tf(z,p,k)       %   求取系统传函描述形式分子分母多项式
[A,B,C,D]=zp2ss(z,p,k)       %   求取系统状态空间描述形式的系数矩阵
```

下面给出 MATLAB 求解的结果。

```
num = [ 0, 0, 5, 16];  den = [ 1.0000, 8.1000, 19.1400, 12.0400];
A = [ -1.0000, 0, 0; 2.2000, -7.1000, -3.4699; 0, 3.4699, 0];
B = [ 1; 1; 0];  C = [ 0, 0, 1.4410];  D = 0;
```

【例 4-7】对于例 4-2 中的通用飞机 Navion 的纵向状态空间，求系统传递函数的分子分母多项式和零极点状态。

在 MATLAB 的命令行窗口中，输入如下代码：

```
A=[-0.045 1.93 0 -9.8;-0.007 -2.02 1 0; 0.0062 -6.97 2.948 0;0 0 1 0];
B=[0;-0.16;-11.87;0]; C= eye(4) ; D = [0;0;0;0];
sys = ss(A,B,C,D);                  %    建立纵向状态方程的状态空间描述
[num,den] = ss2tf(A,B,C,D);         %    获取系统的传递函数形式
```

下面给出 MATLAB 求解的结果。

```
num =[  0  0 -0.3088 94.3272  224.0496;  0  -0.1600 -11.4055  -0.5129  -0.8240;
        0  -11.8700 -23.3964  -1.1911 0; 0  0  -11.8700  -23.3964  -1.1911]
den = [   1.0000   -0.8830   0.9868   0.0546   0.6009]
```

二、线性连续系统与离散系统之间的转换

MATLAB 提供了线性连续系统和离散系统之间的相互转换函数，能够非常方便地实现线性连续系统到离散系统、离散系统到线性连续系统，以及离散系统到离散系统之间的相互转换。

1．线性连续系统到离散系统的转换

MATLAB 提供了 c2d()函数指令，用于实现线性连续系统到离散系统的转换，并可以通过相关参数来设定转换条件。常用的调用格式如下：

```
sysd = c2d(sysc,Ts);                %    以指定采样完成线性连续系统到离散的转换
sysd = c2d(sysc,Ts,method);         %    指定转换的方法
```

在该函数中，输入量 sysc 表示线性连续系统；Ts 表示设定采样周期，单位为 s；method 是以字符串表示的控制参数，用于设定转换时选用的变换方法，具体如表 4-1 所示。输出量 sysd 表示转换后得到的离散系统。

表 4-1　线性连续系统到离散系统转换函数 c2d 中 method 的含义

method 值	转换方法	method 值	转换方法
'zoh'	对输入信号添加零阶保持器，默认	'foh'	对输入信号添加一阶保持器
'impulse'	脉冲不变变换方法	'tustin'	双线性（Tustin）变换方法
'matched'	零极点匹配变换方法		

关于线性连续系统到离散系统的各种转换方法的原理和详细公式，可以参见 MATLAB 帮助中的"Continuous-Discrete Conversion Methods"。

2．离散系统到线性连续系统的转换

MATLAB 提供了 d2c()函数指令，用于实现离散系统到线性连续系统的转换，并可设定离散的方法。常用的调用格式如下：

```
sysc = d2c(sysd);                   %    实现离散系统到线性连续系统的转换
sysd = d2c(sysd,method);            %    指定转换的方法
```

在该函数中，输入量 sysd 表示离散系统；线性 method 是以字符串表示的控制参数，用于设定转换时选用的变换方法，包括'zoh'、'foh'、'tustin'和'matched'四种方法。输出量 sysc

表示转换后得到的线性连续系统。

3. 离散系统到离散系统的转换

MATLAB 提供了 d2d() 函数指令，用于实现离散系统采样时间的重新设置，即调整变换一个离散系统的采样时间。常用的调用格式如下：

```
sysd2 = d2d(sysd1,Ts);            %    以指定采样完成离散系统到离散系统的转换
sysd2 = d2d(sysd1,Ts,method);     %    指定转换的方法
```

在该函数中，输入量 sysd1 表示原有的离散系统；Ts 表示重新设定的采样周期，单位为 s；method 是以字符串表示的控制参数，用于设定转换时选用的变换方法，包括'zoh'和'tustin'两种方法。输出量 sysd2 表示转换后得到的离散系统。

【例 4-8】：已知某线性连续系统的状态方程为 $\dot{x}(t) = \begin{bmatrix} 2 & 3 & 1 \\ 2.5 & -3 & 0.5 \\ -4 & -2.1 & 3 \end{bmatrix} x(t) + \begin{bmatrix} 1.5 & 2 \\ 3.6 & 0.8 \\ 2.9 & -0.7 \end{bmatrix} u(t)$，

$y(t) = \begin{bmatrix} 2 & -3 & 1 \\ -4 & 2 & -5 \end{bmatrix} x(t) + \begin{bmatrix} 1 & 2 \\ 3 & 4 \end{bmatrix} u(t)$，假设系统采样周期 T=0.05s，求其离散化的状态方程模型。

在 MATLAB 的命令行窗口中，输入如下代码：

```
A=[2,3,1;2.5,-3,0.5;-4,-2.1,3];     %    定义连续系统的状态空间系数矩阵
B=[1.5,2;3.6,0.8;2.9,-0.7];         %    定义连续系统的状态空间系数矩阵
C=[2,-3,1;-4,2,-5];                 %    定义连续系统的状态空间系数矩阵
D=[1,2;3,4];                        %    定义连续系统的状态空间系数矩阵
G=ss(A,B,C,D);                      %    创建连续系统模型
Ts=0.05;                            %    创建离散化采用时间
H=c2d(G,Ts);                        %    将线性连续系统转换为离散系统
 [A1 B1 C1 D1 Ts1]=ssdata(H)        %    定获取离散系统的状态空间系数
```

下面给出 MATLAB 求解的结果。

```
A1 = [ 1.1089, 0.1441, 0.0587; 0.1197, 0.8680, 0.0284; -0.2336, -0.1210,
1.1545]; B1 = [ 0.0961, 0.1072; 0.1741, 0.0428; 0.1374, -0.0511];
C1 = [ 2, -3, 1; -4, 2, -5]; D1 = [ 1, 2; 3, 4]; Ts1 = 0.0500;
```

【例 4-9】：已知某线性连续系统的描述函数为 $G(s) = \dfrac{s+3}{(s+2)(s^2+2s+2)}$，假设系统采样周期 T=0.05s，选用不同的离散化方法求取系统离散化模型，并对离散化后的模型再次进行连续化，对比其差异。

在 MATLAB 的命令行窗口中，输入如下代码：

```
s=tf('s');                      %    定义传递函数的算子
G=(s+3)/((s+2)*(s^2+2*s+2))     %    定义线性连续系统
H1=c2d(G,0.05);                 %    采用 zoh 方法进行离散化处理
H2=c2d(G,0.05,'tustin');        %    采用 tustin 方法进行离散化处理
H3=c2d(G,0.05,'foh');           %    采用 foh 方法进行离散化处理
H4=c2d(G,0.05,'matched');       %    采用 matched 方法进行离散化处理
G1=d2c(H1);                     %    对采用 zoh 离散的系统进行连续化处理
G2=d2c(H2,'tustin');            %    对采用 tustin 离散的系统进行连续化
```

下面给出 MATLAB 求解的结果，其中连续系统的传递函数为：

```
    s + 3
```

```
G = ---------------------
     s^3 + 4 s^2 + 6 s + 4
Continuous-time transfer function.
```

采用 zoh（对输入信号添加零阶保持器）的离散化处理方法得到的系统传递函数为：

```
     0.001229 z^2 + 0.0001508 z - 0.00104
H1 = ------------------------------------
     z^3 - 2.805 z^2 + 2.624 z - 0.8187
Sample time: 0.05 seconds; Discrete-time transfer function.
```

采用 tustin（双线性变换）的离散化处理方法得到的系统传递函数为：

```
     0.0006087 z^3 + 0.0006936 z^2 - 0.0004388 z - 0.0005238
H2 = ------------------------------------------------------
          z^3 - 2.805 z^2 + 2.624 z - 0.8187
Sample time: 0.05 seconds; Discrete-time transfer function.
```

采用 foh（对输入信号添加一阶保持器）的离散化处理方法得到的系统传递函数为：

```
      0.0004114 z^3 + 0.00127 z^2 - 0.000997 z - 0.0003453
 H3 = ---------------------------------------------------
            z^3 - 2.805 z^2 + 2.624 z - 0.8187
Sample time: 0.05 seconds; Discrete-time transfer function.
```

采用 matched（零极点匹配变换方法）的离散化处理方法得到的系统传递函数为：

```
     0.001219 z^2 + 0.0001697 z - 0.001049
H4 = -------------------------------------
     z^3 - 2.805 z^2 + 2.624 z - 0.8187
Sample time: 0.05 seconds; Discrete-time transfer function.
```

对采用 zoh 离散化处理得到的离散系统进行连续化得到的系统传递函数为：

```
      s + 3
G1 = ---------------------
     s^3 + 4 s^2 + 6 s + 4
```

对采用 tustin 离散化处理得到的离散系统进行连续化得到的系统传递函数为：

```
     -5.408e-20 s^3 - 1.804e-17 s^2 + s + 3
G2 = --------------------------------------
          s^3 + 4 s^2 + 6 s + 4
```

从结果可以看出，同一个连续系统，当采用不同的离散化方法时，得到的系统模型会有所差异。另外，通过将已线性的离散系统再次进行连续化处理，基本能够将其还原成原有的连续系统模型，但有些情况会引入一定误差，从 G2 和 G 的对比上可以看出，误差幅值极小，基本可以忽略不计。

4.3.4 线性系统模型的连接处理

在实际应用中，整个线性系统通常是由多个单一模型通过不同的连接方式组合而成的。例如，在进行飞行器控制系统设计过程中，整个控制系统闭环传递函数就是弹体传函、陀螺、加速度计、控制律、舵机等多个子系统通过不同连接关系组成的。常见的线性系统模型连接关系主要包括串联、并联、反馈等形式，MATLAB 提供了一系列函数，可以方便、快捷地实现多个模型之间的连接，进而得到整个系统的描述形式。

一、线性系统的串联处理

串联是线性系统中最基本的连接方式,若子系统 $G_1(s)$ 的输出量作为子系统 $G_2(s)$ 的输入量,则 $G_1(s)$ 与 $G_2(s)$ 称为串联连接,这两个系统会组成一个新的系统 $G(s) = G_1(s)G_2(s)$,其连接关系示意图如图 4-10 所示。

需要注意的是,两个子系统串联后,新系统的零点是原系统的联合零点,新系统的极点是原系统的联合极点,因此,两个子系统串联后,可能会出现零极点对消的问题和零极点重数增加的问题。

MATLAB 针对串联模型的连接提供了两种处理方法:一种是两个子系统的传递函数直接相乘;另外一种方法是通过调用 series()函数,直接求取串联后的传递函数模型。第一种方法的调用格式如下:

```
sys1 = tf(num1,den1);sys2 = tf(num2,den2);        %   创建两个子系统
sys =sys1*sys2;                                   %   求取串联后的系统
```

函数 series()的调用方法如下:

```
[num,den] =series(num1,den1,num2,den2);           %   直接求取串联后的多项式
sys =series(sys1,sys2);                           %   求取串联后的系统
```

对于连接关系简单的模型,采用两种方法的结果一致。但 series()函数还能够处理如图 4-11 所示的较为复杂的多输入多输出的串联连接系统。

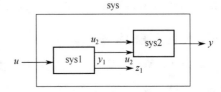

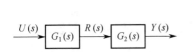

图 4-10　线性系统中的串联连接关系示意图　　　图 4-11　线性系统中较为复杂的多输入多输出
　　　　　　　　　　　　　　　　　　　　　　　　　　　　串联连接关系示意图

在如图 4-11 所示的系统中,sys1 的输出没有全部引入到 sys2 中,此时,就不能采用直接相乘的方法进行处理,只能通过调用 series()函数实现。具体调用格式如下:

```
sys = series(sys1,sys2,output1,intput2);          %   求取复杂连接后的系统
```

假设状态空间子系统 sys1 包含 5 个输入、4 个输出;状态空间子系统 sys2 包含 3 个输入、2 个输出。其中,子系统 sys1 的第 2 个输出端口和第 4 个输出端口,分别与子系统 sys2 的第 1 个输入端口和第 3 个输入端口相连。这种情况就可以通过如下代码求取串联后的系统:

```
sys=series(sys1,sys2,[2 4],[1 3]);                %   求取复杂连接的串联系统
```

二、线性系统的并联处理

若两个子系统 $G_1(s)$ 和 $G_2(s)$ 具有相同的输入量,而输出量等于两个方框输出量的代数和,则称 $G_1(s)$ 和 $G_2(s)$ 为并联连接,其示意图如图 4-12 所示。

在 MATLAB 中,并联的求取方法可以直接通过相加或相减进行求取,也可以通过 parallel()函数进行求取。

```
sys1 = tf(num1,den1);sys2 = tf(num2,den2); %    创建两个子系统
```

```
sys =sys1+sys2;                                    %    求取并联后的系统
```

与串联连接的处理方式类似，parallel()函数不仅能够求取简单系统的并联问题，还可以直接处理较为复杂的多输入多输出的并联问题（如图4-13所示）。

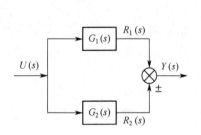

图4-12 线性系统中的并联连接关系示意图

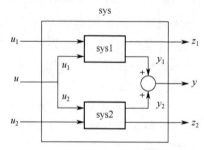

图4-13 控制系统中的较为复杂的多输入多输出并联连接关系示意图

其函数常用的调用格式如下：

```
sys =parallel (sys1,sys2);                         %    求取简单并联后的系统
sys =parallel(sys1,sys2,inp1,inp2,out1,out2);      %    求取复杂并联后的系统
```

在该函数中，sys1和sys2分别为子系统；inp1和inp2分别表示子系统sys1和sys2中具有相同输入的端口序列号向量，即图4-13中的u_1和u_2；out1和out2分别表示两个系统并联起来的端口序列号向量，即对应图4-13中的y_1和y_2。

三、线性系统的反馈处理

如图4-14所示，假设控制系统中若由两个子系统$G_1(s)$和$H_1(s)$反馈连接而成，则称两者构成反馈连接。其中，"＋"为正反馈，表示输入信号与反馈信号相加；"－"为负反馈，表示输入信号与反馈信号相减。闭环传递函数的零点是$G_1(s)$的零点，闭环传递函数的极点不同于$G_1(s)$和$H_1(s)$的极点。

根据自动控制原理的相关知识可知，闭环传递函数的计算公式为

$$G(s)=\frac{G_1(s)}{1+G_1(s)H_1(s)} \tag{4-62}$$

MATLAB的控制系统工具箱提供了用于建立反馈系统传递函数的feedback()函数，能够直接获取闭环系统传递函数，其常用的调用格式如下：

```
[num den] =feedback(numG,denG,,numH,denH,sign);  %  求取闭环传函的特征多项式
sys =feedback(sysG,sysH,sign);                    %  求取闭环反馈系统传递函数
sys =feedback(sysG,1,sign);                       %  求取单位反馈传递函数
sys =feedback(1,sysH,sign);                       %  求取仅包含反馈的传递函数
```

在该函数中，sysG表示前向传递函数$G_1(s)$，sysH表示反馈传递函数$H_1(s)$，当没有系统引入时，用1表示；sign为可选参数，用于表示反馈系统$H_1(s)$输出到前向系统$G_1(s)$的连接符号，输入为1时表示正反馈，输入为-1表示负反馈，默认情况下为负反馈。

对于如图4-15所示的复杂反馈连接关系，可以设置相关参数，然后通过feedback()函数来获取整个系统的闭环传递函数。

此时，函数的调用格式如下：

```
sys = feedback(sys1,sys2,feedin,feedout,sign);    %    求取复杂反馈的传递函数
```

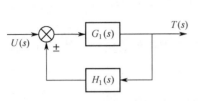

图 4-14　线性系统中的反馈连接关系示意图

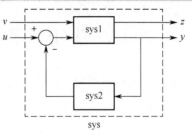

图 4-15　控制系统中较为复杂的多输入多输出
反馈连接关系示意图

参数 feedin 表示用于反馈的输入端口号向量；feedout 表示用于反馈的输出端口号向量。

四、利用 MATLAB 函数实现线性系统连接的实例

下面以一个例子来说明如何利用 MATLAB 函数来求取复杂系统的传递函数。

【例 4-10】已知某线性系统的连接关系图如图 4-16 所示。

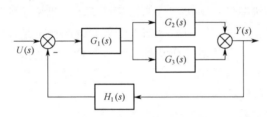

图 4-16　例 4-10 所示的线性系统的连接关系图

已知 $G_1(s) = \dfrac{s+3}{(s+2)(s^2+2s+2)}$ ，　$G_2(s) = \dfrac{s+2}{s^2+2s+4}$ ，　$G_3(s) = \dfrac{s+4}{(s+3)(s+2)}$ ，　$H_1(s) = \dfrac{5}{s^2+4s+4}$ ，求取系统的传递函数。

在 MATLAB 的命令行窗口中，输入如下代码：

```
s=tf('s');                                    %    定义传递函数的算子
G1=(s+3)/((s+2)*(s^2+2*s+2));                  %    定义系统 G1 的描述
G2=tf([1 2],[1 2 4]);                         %    定义系统 G2 的描述
G3=zpk(-4,[-3,-2],1);                         %    定义系统 G3 的描述
H1=tf([5],[1 4 4]);                           %    定义系统 H1 的描述
G=feedback(series(G1,parallel(G2,G3)),H1);    %    求取全系统传递函数
GG=feedback(G1*(G2+G3),H1);                   %    求取全系统传递函数
```

下面给出 MATLAB 求解的结果，其中连续系统的传递函数如下：

```
                    (s+2)^3 (s+3) (s^2 + 6s + 10)
G=GG=------------------------------------------------------------
    (s+3)(s+2)(s^2+5.6s+8.137)(s^2+0.3229s+1.597)(s^2+4.077s+6.309)
Continuous-time zero/pole/gain model.
```

4.4 利用 MATLAB 开展线性控制系统的特性分析

在建立系统模型后，需要开展模型特性的研究，分析系统的稳定性、状态可控性和状态可观性等内容。

4.4.1 基于 MATLAB 的线性控制系统的稳定性分析

在系统特性研究中，系统的稳定性是最重要的指标。若系统稳定，则可以进一步分析系统的其他性能；若系统不稳定，则系统不能直接应用，需要引入控制器来使得系统稳定。自动控制原理中给出的概念是：当系统在扰动消失后，由初始偏差状态恢复到原平衡状态的性能。

系统的稳定性分为外部稳定和内部稳定两种。外部稳定又称为输出稳定，即系统在干扰消失后，在一定时间内其输出会恢复到原来的稳态输出；内部稳定主要针对系统内部状态，反映的是系统内部状态受到干扰信号的影响情况下，当干扰信号消失后，若系统的内部状态在一定时间内恢复到原来的平衡状态，则称系统的状态是稳定的。

在经典控制理论中，研究的对象通常都是用高阶微分方程或传递函数描述的单输入单输出系统，反映的仅是输入与输出的关系，并不涉及系统的内部状态，因此，经典控制理论中只讨论系统的输出稳定问题。

若系统不是线性定常系统，则对于系统内部状态的稳定问题，经典控制理论中的相关方法就难以发挥作用，这就需要利用李雅普诺夫（Lyapunov）稳定性理论来评估系统的稳定性问题。

下面就介绍一下如何利用 MATLAB 语言开展线性系统的稳定性分析。

一、基于 MATLAB 中线性系统的输出稳定性分析方法

由自动控制原理的相关知识可知，线性连续系统稳定的充分必要条件是"闭环系统特征方程的所有根均具有负实部，即闭环传递函数的极点均严格的位于 s 的左半平面"；对于线性离散系统，要求系统状态矩阵的所有特征根的模均小于 1，即所有特征根在 z 平面均位于单位圆内。因此，线性系统的输出稳定性分析可以归结为求取系统闭环特征方程的求解问题。在控制理论发展初期，受计算机语言或其他工具手段的限制，难以直接求取高阶多项式的根，这就导致无法直接判定系统的稳定性。因此，出现了各种各样的间接判断方法，如控制理论中著名的针对连续系统稳定性的 Routh 判据和 Hurwitz 判据，以及针对离散系统稳定性的 Jury 判据。而随着计算机技术的迅猛发展，通过直接求取特征根来判断稳定性的方法成为可能。

通过前面的学习可知，MATLAB 语言能够比较容易地求解高阶多项式的特征根，通过对特征根的判定可以直接分析系统的稳定性。求取系统特征多项式根的方法有两种：一种方法是通过 roots() 函数求取系统特征多项式的根；另外一种方法是通过 eig() 函数直接求取矩阵的特征根。函数的常用调用格式如下：

```
r = roots(p);                          %    求取特征多项式的根
e = eig(A);                            %    求取系统的矩阵的特征向量
```

在该函数中，p 为系统传递函数的特征多项式，r 为多项式的根向量；A 为系统的传递函数，e 为系统的全部特征根。无论系统模型的描述形式是传递函数、状态方程还是零极点形式，无论系统是连续的还是离散的，都可以通过采用 eig()求取系统的全部特征根，这就使得系统的稳定性判断变得十分简单。

当已知系统数学模型 G(s)后，可以通过 pole()函数和 zero()函数直接求取系统的极点和零点，还可以通过调用 pzmap()函数，以图形的方式直接绘制出系统所有特征根在 s 复平面的位置。连续系统用户只需检查系统所有极点在 s 复平面是否位于虚轴左侧即可判断系统的稳定性，离散系统只需检查系统特征根是否均位于单位圆内。相关函数的调用格式如下：

```
p = pole(sys);                         %    求取系统的极点
z = zero(sys);                         %    求取系统的零点
[z gain] = zero(sys);                  %    求取系统的零点和增益
pzmap(sys);                            %    绘制系统的零极点图
[p,z] = pzmap(sys);                    %    求取系统的极点和零点
```

【例 4-11】已知系统的开环传递函数如下，分析系统在单位负反馈下的稳定性。

$$G(s) = \frac{2s^3 + 8s^2 + 3.4s - 3.8}{s^6 + 2.6s^5 - 8.2s^4 + 7.2s^3 + 0.8s^2 + 1.5s + 2}$$

在 MATLAB 的命令行窗口中，输入如下代码：

```
num1=[2,8,3.4,-3.8];                   %    定义前向系统的分子特征多项式
den1=[1,2.6,-8.2,7.2,0.8,1.5,2];       %    定义前向系统的分母特征多项式
G1=tf(num1,den1);                      %    创建前向系统的数学模型
G=feedback(G1,1);                      %    创建单位负反馈的系统闭环传递函数
denc=G.den;                            %    获取闭环传函的特征多项式胞元数组
den = cell2mat(denc);                  %    将胞元数组转换为数值向量
e =eig(G)                              %    求取闭环传递函数的特征向量
r = roots(den)                         %    求取特征多项式的根
p=pole(G)                              %    获取闭环传递函数的极点
[z k]=zero(G)                          %    获取闭环传递函数的零点和增益
pzmap(G);grid;                         %    绘制零极点图，并绘制网格
```

下面给出系统在单位负反馈下的闭环传递函数的计算结果为：

```
          2 s^3 + 8 s^2 + 3.4 s - 3.8
G =  -------------------------------------------------------------
     s^6 + 2.6 s^5 - 8.2 s^4 + 9.2 s^3 + 8.8 s^2 + 4.9 s - 1.8
```

函数 eig()求取的特征向量为：

```
e = [   -4.6915 + 0.0000i, 1.4035 + 1.1883i, 1.4035 - 1.1883i,
        -0.4785 + 0.4909i,-0.4785 - 0.4909i, 0.2414 + 0.0000i]
```

函数 roots()求取的特征向量为：

```
r = [   -4.6915 + 0.0000i, 1.4035 + 1.1883i, 1.4035 - 1.1883i,
        -0.4785 + 0.4909i,-0.4785 - 0.4909i, 0.2414 + 0.0000i]
```

函数 pole()和函数 zero()求取的系统的零极点和增益为：

```
p = [   -4.6915 + 0.0000i, 1.4035 + 1.1883i, 1.4035 - 1.1883i,
```

```
      -0.4785 + 0.4909i,-0.4785 - 0.4909i, 0.2414 + 0.0000i]
z = [ -3.3140, -1.1742, 0.4883]; k = 2;
```

绘制的连续系统零极点位置图如图 4-17 所示。

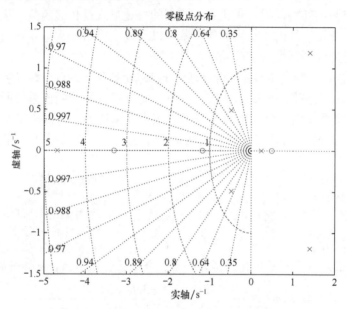

图 4-17   例 4-11 中连续系统的零极点位置图

从分析结果可以看出，闭环系统的特征值并没有全部含有负实部，因此，系统不是稳定的，并且图 4-17 给出的系统零极点位置也验证了这一点。

【例 4-12】已知离散系统的受控对象传递函数为 $G(z) = \dfrac{8z^2 + 3.4z + 2.8}{z^3 + 0.3z^2 - 2.5z - 0.82}$，采样周期为分 T=0.1 秒，已知控制器传递函数为 $G_c(z) = 0.1\dfrac{z+1.8}{z-0.8}$，分析单位负反馈下闭环系统的稳定性。

在 MATLAB 的命令行窗口中，输入如下代码：

```
num1=[8,3.4,2.8];              %  定义受控模型的分子特征多项式
den1=[3,0.3,-2.5,-0.82];       %  定义受控模型的分母特征多项式
G1=tf(num1,den1,0.1);          %  创建受控对象模型
zc=-1.8;                       %  定义控制器的零点
pc=-0.8;                       %  定义控制器的极点
kc=0.1;                        %  定义控制器的增益
Gc=zpk(zc,pc,kc,0.1);          %  创建控制器模型
G=feedback(G1*Gc,1);           %  创建单位负反馈的系统闭环传递函数
e =abs(eig(G))                 %  求取闭环传递函数的特征根的模
pzmap(G);grid;                 %  绘制零极点图，并绘制网格
```

下面给出系统在单位负反馈下的闭环传递函数的计算结果为：

```
        0.26667 (z+1.8) (z^2 + 0.425z + 0.35)
G = ---------------------------------------------
    (z-0.6704) (z+0.0814) (z^2 + 1.756z + 0.9285)
Sample time: 0.1 seconds
```

函数特征根的模为：

```
e = [   0.6704,  0.0814,  0.9636,  0.9636];
```

绘制的离散系统零极点位置图如图 4-18 所示。

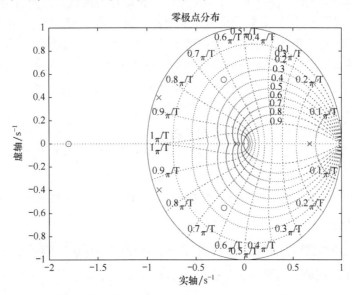

图 4-18　例 4-12 中离散系统的零极点位置图

从分析结果可以看出，闭环系统的特征根的模均小于 1，因此判定系统是稳定的，并且图 4-18 给出的系统零极点位置也验证了这一点。

从上述两个例子可以清楚地看出，MATLAB 提供的相关函数能够方便、快捷地完成系统的输出稳定性判断。由于采用的是直接判断特征根的方法，除能够获得稳定性的信息外，还能从零极点的分布上更加直观地了解系统的性能。例如，对于连续系统，若存在距离虚轴特别近的复极点，则可能使得系统具有很强的振荡；对于离散系统，若复极点距离单位圆较近，则也可能出现较强的振荡（如例 4-2）。而这样的分析结果是无法通过间接判断获得的，这也是直接法的优点之一。

二、基于 MATLAB 中线性系统的李雅普诺夫稳定性分析方法

若一个振动系统的能量会随时间衰减，则该系统迟早会达到平衡状态，但寻求描述实际系统的能量表达式是一个十分复杂而困难的问题。1892 年，李雅普诺夫提出一个可虚构的能量函数（后来被称为李雅普诺夫函数），该函数一般与系统状态 $x_1, \cdots, x_n$ 和时间 t 有关，记作 $V(x,t)$，若不含 t，则记为 $V(x)$，它是一个标量函数，考虑到能量总是大于零，故该函数为正定函数，而能量的衰减特性用 $\dot{V}(x,t)$ 或 $\dot{V}(x)$ 表示。

关于如何判断系统的稳定性问题，李雅普诺夫归纳出两种方法。第一种方法的基本思路和分析方法与经典控制理论是一致的，也是通过分析系统微分方程的显式解来分析系统的稳定性的，对于线性定常系统，可以直接通过求系统的特征根来分析，因此，第一种方法也被称为间接法；第二种方法是通过分析李雅普诺夫函数 $V(x,t)$ 或 $V(x)$ 的符号特征值，直接对系统平衡状态的稳定性做出判断，而不需要求解状态方程的解，因此也被称为直接法。

由现代控制理论的相关知识可知，对于连续系统 $\dot{x} = Ax$ 渐进稳定的充分必要条件是：给定一个正定实对称矩阵 Q，有唯一正定实对称矩阵 P，满足方程 $A^{\mathrm{T}}P + PA + Q = 0$，其中 $x^{\mathrm{T}}Px$ 被称为系统的一个李雅普诺夫函数。在进行稳定性判定时，首先给出正定矩阵 Q（以采用单位矩阵最简单），然后求解李雅普诺夫方程 $A^{\mathrm{T}}P + PA + Q = 0$，得出其解并判断其定号性。当 P 为正定时，系统为渐进稳定；当 P 为负定时，系统不稳定；当 P 为不定时，可判定系统为非渐进稳定。而对于离散系统 $x(k+1) = \Phi x(k)$ 而言，其渐进稳定的充分必要条件是：给出一正定实对称矩阵 Q，有唯一正定实对称矩阵 P 满足方程 $\Phi^{\mathrm{T}}P\Phi - P + Q = 0$，其中 $x^{\mathrm{T}}(k)Px(k)$ 被称为离散系统的一个李雅普诺夫函数。

在此，补充一下标量函数定号性的相关概念。

（1）正定性：标量函数 $V(x)$ 在域 S 中对于 $x \neq 0$ 有 $V(x) > 0$ 及 $V(0) = 0$，称 $V(x)$ 在域 S 内正定，如 $V(x) = x_1^2 + x_2^2$ 是正定的。

（2）负定性：标量函数 $V(x)$ 在域 S 中对于 $x \neq 0$ 有 $V(x) < 0$ 及 $V(0) = 0$，称 $V(x)$ 在域 S 内负定，如 $V(x) = -(x_1^2 + x_2^2)$ 是负定的。

（3）负（正）半定性：标量函数 $V(x)$ 在域 S 中对于 $x \neq 0$ 有 $V(x) \leq 0$（$V(x) \geq 0$）及 $V(0) = 0$，称 $V(x)$ 在域 S 内负（正）半定，如 $V(x) = -(x_1^2 + 2x_2^2)$ 是负半定的。

（4）不定性：标量函数 $V(x)$ 在域 S 中对于 $x \neq 0$ 可正可负，称 $V(x)$ 在域 S 内不定，如 $V(x) = x_1 x_2$ 是不定的。

关于李雅普诺夫稳定性的相关概念和方法等更加深入的知识，读者可以参考现代控制理论的相关书籍。

综上所述，采用李雅普诺夫方法分析系统的稳定性，其核心问题是求解李雅普诺夫方程中的解 P。在 MATLAB 控制工具箱中，提供了函数 lyap() 和函数 dlyap()，用于求解连续系统和离散系统的李雅普诺夫方程。函数的主要调用格式如下：

```
X = lyap(A,Q);                    %   求取连续系统的李雅普诺夫方程
X = dlyap(A,Q);                   %   求取离散系统的李雅普诺夫方程
```

在函数中，输入参数 A 为已知系统的状态矩阵，Q 为给定的正定对称矩阵，输出量 P 为李雅普诺夫方程 $AP + PA^{\mathrm{T}} + Q = 0$（连续系统）或 $\Phi P \Phi^{\mathrm{T}} - P + Q = 0$（离散系统）的解 P。需要注意的是，MATLAB 求解的方程和判断所用的方程表现形式不一致，在调用函数时需要对输入的状态矩阵进行转置后进行求解。

【例 4-13】试用李雅普诺夫方程判断下列系统的渐进稳定性：

$$\text{连续系统} \quad \dot{x} = \begin{bmatrix} 0 & 1 \\ 2 & -1 \end{bmatrix} x \ , \quad \text{离散系统} \quad x(k+1) = \begin{bmatrix} 0.8 & -0.4 \\ 1.2 & 0.2 \end{bmatrix} x(k)$$

在 MATLAB 的命令行窗口中，输入如下代码：

```
A1=[0,1;2,-1];                    %   定义连续系统的状态矩阵
A2=[0.8,-0.4;1.2,0.2];            %   定义离散系统的状态矩阵
Q=eye(2);                         %   创建一个单位矩阵
P1=lyap(A1',Q)                    %   求解连续系统的李雅普诺夫的解
P2=dlyap(A2',Q)                   %   求解离散系统的李雅普诺夫的解
```

计算结果为：

```
     P1 = [ -0.7500  -0.2500; -0.2500  0.2500]; P2 = [  6.0290  -1.0574; -1.0574
2.2227]
```

式中，P1 < 0，$\det(P1) = -0.25 < 0$，故 P1 不定，可判定连续系统为非渐进稳定；P2 > 0，$\det(P2) = 12.2828 > 0$，故 P2 为正定，可判定离散系统为渐进稳定。

4.4.2　基于 MATLAB 的线性控制系统的状态可控性和可观性分析

在现代控制理论中，线性系统的可控性（Controllability）和可观性（Observalibity）是基于状态方程的控制理论基础，其概念是由卡尔曼（R.E.Kalman）在 1960 年提出的，这些性质为状态反馈设计、观测器设计提供了理论依据。MATLAB 语言提供了一系列函数，用于辅助设计人员判定系统的可控性和可观性。

一、线性系统可控性的相关概念及准则

线性系统的可控性通常是指系统内部状态的可控性，它表示了系统内部状态 $X(t)$ 受系统输入量 $U(t)$ 控制的能力。

1．线性系统的可控性定义

设单输入 n 阶线性定常离散系统状态方程为 $X(k+1) = GX(k) + HU(k)$，其中 $X(k)$ 为 n 维状态向量；$U(k)$ 为 1 维输入向量；G 为 $n×n$ 系统矩阵；H 为 $n×1$ 输入矩阵。若存在有限步的控制信号序列 $U(k)$，$U(k+1),\cdots,U(N-1)$，则使得系统第 k 步的状态 $X(k)$ 是可控的；若第 k 步的所有状态都可控，则称系统在第 k 步是完全可控的；若系统的每一步都是可控的，则称系统是完全可控的，或称系统为可控系统。

设单输入 n 阶线性定常连续系统为 $\dot{X} = AX + BU$。若存在一个分段连续的控制函数 $U(t)$，能在有限的时间段 $[t_0, t_f]$ 内将系统从 t_0 时刻的初始状态 $X(t_0)$ 转移至任意指定的最终状态 $X(t_f)$，则称系统在 t_0 时刻的状态 $X(t_0)$ 是可控的；若系统每个状态 $X(t_0)$ 都可控，则称系统是状态完全可控的；反之只要有一个状态不可控，就称系统是不可控的。

对于线性定常连续系统，为简便起见，可假设 $t_0 = 0$，$X(t_f) = 0$，即 0 时刻的任意初始状态 $X(0)$ 在有限时间段内转移至零状态（原点）。

（2）线性系统的可控性判断依据

根据线性控制理论基础可知，单输入 n 阶离散系统可控的充分必要条件是：可控判别阵 $M = [h \quad Gh \quad \cdots \quad G^{n-1}h]_{n×n}$ 的秩等于 n，即 $\text{rank}(M) = \text{rank}[h \quad Gh \quad \cdots \quad G^{n-1}h] = n$，$n$ 阶连续系统可控的充分必要条件为可控判别阵 $M = [b \quad Ab \quad \cdots \quad A^{n-1}b]_{n×n}$ 的秩等于 n。

对于多输入 n 阶连续定常系统，则有

$$\dot{X} = AX + BU \tag{4-49}$$

其中，A 为 $n×n$ 阶矩阵，B 为 $n×n$ 阶矩阵，U 为 r 维输入。系统可控的充分必要条件为可控判别阵 $M = [B \quad AB \quad \cdots \quad A^{n-1}B]_{n×n}$ 的秩等于 n，即 $\text{rank}(M) = n$。

对于连续系统，则有

$$\begin{cases} \dot{X} = AX + BU \\ Y = CX + DU \end{cases} \tag{4-50}$$

其中，X 为 n 维状态向量，Y 为 m 维输出向量，U 为 r 维控制向量，A 为 $n×m$ 阶矩阵，B

为 $n \times n$ 阶矩阵，C 为 $m \times n$ 阶矩阵，D 为 $m \times r$ 阶矩阵。若 $m \times (n+1)r$ 阶矩阵 $[CB \quad CAB \quad CA^2B \quad \cdots \quad CA^{n-1}B \quad D]$ 的秩为 m，则系统是输出可控的。也就是说对任意给定输出初始量 $Y(t_0)$，总能找到一个分段连续的控制 $U(t)$，使系统输出能在有限的时间 $[t_0, t_f]$ 内，转移至任意指定的输出 $Y(t_f)$。

二、MATLAB 中用于系统可控性分析的相关函数

由可控性的定义和判断依据可知，判定一个线性系统是否可控，其主要问题是构造系统的可控性判定矩阵 T_C，然后判断矩阵 T_C 是否满秩即可。MATLAB 提供了 ctrb() 函数，能够方便快捷地建立系统的可控判定矩阵，该函数适用于连续系统和离散系统。另外，MATLAB 还提供了 rank() 函数，直接求取判定矩阵的秩，若矩阵的秩与系统状态变量相同，则系统完全可控；否则，矩阵的秩就是系统中可控状态的个数。这两个函数的常用调用格式如下：

```
Tc = ctrb(A,B);                     %    求取系统可控性判别矩阵
k =rank(Tc);                        %    求取矩阵的秩
```

在函数 ctrb() 中，输入变量 A 和 B 分别为系统的 $n \times n$ 维的状态空间矩阵和 $n \times m$ 维状态空间矩阵，输出结果 Tc 为系统可控性判别矩阵，即 $T_C = \begin{bmatrix} B & AB & A^2B & \cdots & A^{n-1}B \end{bmatrix}$，其维数为 $n \times mn$ 维。在函数 rank() 中，输入为矩阵，输出为矩阵的秩。

【例 4-14】：已知某线性系统的状态空间矩阵分别如下所示，分析系统是否完全可控。

系统 1：$A_1 = \begin{bmatrix} -2 & 3.4 & 1.8 & 2.3 \\ 0.8 & 4.2 & -2.2 & -3.2 \\ 2.9 & -3.1 & 1.3 & 4.4 \\ -0.3 & -2.9 & -3.2 & 2.6 \end{bmatrix}$，$B_1 = \begin{bmatrix} 1.2 & 3.4 \\ 0.3 & 2.3 \\ 2.3 & 2.6 \\ 3.1 & 1.2 \end{bmatrix}$，$C_1 = \begin{bmatrix} 1 & 0.4 & 2.5 & 1.6 \end{bmatrix}$

系统 2：$A_2 = \begin{bmatrix} 1 & 2 & -1 \\ 0 & 1 & 0 \\ 1 & -4 & 3 \end{bmatrix}$，$B_2 = \begin{bmatrix} 0 \\ 0 \\ 1 \end{bmatrix}$，$C_2 = \begin{bmatrix} 1 & -1 & 1 \end{bmatrix}$

在 MATLAB 的命令行窗口中，输入如下代码，判断两个系统是否完全可控。

```
A1=[-2,3.4,1.8,2.3;0.8,4.2,-2.2,-3.2;2.9,-3.1,1.3,4.4;-0.3,-2.9,-3.2,2.6];
B1=[1.2,3.4;0.3,2.3;2.3,2.6;3.1,1.2];C1=[1,0.4,2.5,1.6];  %  定义系统的
状态矩阵
Tc1 = ctrb(A1,B1)                   %   通过函数求取系统可控性判别矩阵
Tc11=[B1,A1*B1,A1^2*B1,A1^3*B1];    %   通过直接方法建立系统可控性判别矩阵
r1 =rank(Tc1)                       %   求取可控性判别矩阵的秩
A2=[1,2,-1;0,1,0;1,-4,3];B2=[0;0;1];C2=[1,-1,1];
Tc2=ctrb(A2,B2)                     %   通过函数求取系统可控性判别矩阵
r2 =rank(Tc2)                       %   求取可控性判别矩阵的秩
```

计算结果为：

$$\text{Tc1} = \text{Tc11} = \begin{bmatrix} 1.2 & 3.4 & 9.89 & 8.46 & -29.859 & -16.477 & -135.8329 & -81.2892 \\ 0.3 & 2.3 & -12.76 & 2.82 & -86.180 & 34.802 & -493.7946 & 448.6138 \\ 2.3 & 2.6 & 19.18 & 11.39 & 90.839 & -26.117 & 172.3028 & -544.6048 \\ 3.1 & 1.2 & -0.53 & -12.89 & -28.717 & -80.678 & -106.4693 & -222.1711 \end{bmatrix}$$

```
r1=4;  Tc2= [0,-1,-4; 0,0,0;1,3,8];r2=2;
```

从计算结果可以清楚地看出，系统 1 的可控性判别矩阵的秩为 4，与系统变量个数相同，故系统是完全可控的；而系统 2 的可控性判别矩阵的秩为 2，小于系统变量个数 3，故系统不是完全可控的。

三、线性系统可观性的相关概念及准则

线性系统的可观性是针对系统状态空间模型中的状态的可观测性，它表示了系统内部状态 $X(t)$ 可由系统输出量 $Y(t)$ 反映的能力。

1．线性系统的可观性定义

对于线性定常离散系统，则有

$$\begin{cases} X(k+1) = GX(k) + HU(k) \\ Y(kT) = CX(k) \end{cases} \tag{4-63}$$

其中，$X(k)$ 为 n 维状态向量；$U(k)$ 为 1 维输入向量；$Y(k)$ 为 1 维输出向量；G 为 $n \times n$ 系统矩阵；H 为 $n \times 1$ 输入矩阵；C 为 $1 \times n$ 输出矩阵。若根据第 i 步以及之后有限步的输出观测 $y(i), y(i+1), \cdots, y(N)$，则能唯一确定第 i 步的状态 $X(i)$，则称系统是可观的。

对于线性定常离散系统，线性系统可观性定义不失一般性。可设 $i=0$，即从第 0 步开始观测，确定 $X(0)$ 的值，并且由于 $U(k)$ 不影响系统的可观性，因此可令 $U(k)=0$，则系统表示为

$$\begin{cases} X(k+1) = GX(k) \\ Y(kT) = CX(k) \end{cases} \tag{4-64}$$

对于线性连续系统，表示为

$$\begin{cases} \dot{X} = AX + BU \\ Y = CX \end{cases} \tag{4-65}$$

若对任意给定的输入 $U(t)$，总能在有限的时间段 $[t_0, t_f]$ 内，根据系统的输入 $U(t)$ 及系统观测 $Y(t)$，唯一地确定 t_0 时刻的每个状态 $X(t_0)$，则称系统在 t_0 时刻是状态可观测的。若系统在所讨论时间段内每个时刻都可观测，则称系统是完全可观测的。

2．线性系统的可观性判断依据

对于离散系统，其完全可观的充分必要条件为可观判别阵 $N = [C \quad CG \quad \cdots \quad CG^{n-1}]'$ 的秩等于 n，即 $\text{rank}(N) = n$。而对于线性连续系统，完全可观的充分必要条件是可观判别阵 $N = [C \quad CA \quad \cdots \quad CA^{n-1}]'$ 的秩等于 n。

四、MATLAB 中用于系统可观性分析的相关函数

由可观性的定义和判断依据可知，判定一个线性系统是否可观，其主要问题同样是构造系统的可观性判定矩阵 T_G，然后判断矩阵 T_G 是否满秩即可。与可控性判断类似，MATLAB 提供了 obsv() 函数，用于求解系统可观性判别矩阵。其常用的调用格式如下：

```
Tg = obsv(A,C);                          %    求解系统可观性判别矩阵
```

在函数 obsv() 中，输入变量 A 和 C 分别为系统的 $n \times n$ 维的状态空间矩阵和 $p \times n$ 维状态空间矩阵，输出结果 Tg 为系统可观性判别矩阵，即 $\text{Tg} = \begin{bmatrix} C & CA & CA^2 & \cdots & CA^{p-1} \end{bmatrix}^T$，其维数为 $n \times p$ 维。该函数的使用方法与可控性判别函数 ctrb() 类似，在此就不再举例说明。

4.4.3　基于 MATLAB 的线性系统规范分解

通常情况下，一个不可控系统中含有可控、不可控两种状态变量；不可观系统中含有可观和不可观两种状态变量；不可控且不可观系统中含有可控可观、可控不可观，不可控可观和不可控不可观四种状态变量。由对象状态变量作为坐标轴构成的子状态空间也分为四种，这样就可以将系统分为四个子系统。系统按照可控性和可观性的结构进行分解被称为系统的规范分解，它能明显地揭示系统的内部结构特性和传递特性，与稳定性分析及反馈校正等密切相关。

研究规范分解的方法在于选取一种特殊的线性变换矩阵，使得原状态向量 x 变换成四种类型变量的组合，相应地使原有系统方程中的 A,B,C 变换成某种标准构造。

若一个系统既不完全可控又不完全可观，则系统中的状态变量可以根据其可控性和可观性分解为四个不同的状态变量，其规范分解的过程可以按照整个系统的可控性分解开始，将系统分解为可控子系统和不可控子系统；然后进一步对两个子系统进行可观性分解，便可分解得出可控可观、可控不可观，不可控可观和不可控不可观四个子系统。同样，整个系统的规范分解也可以从整个系统的可观性分解开始。

下面给出如何利用 MATLAB 实现线性系统的规范分解，关于规范分解的相关方法和证明，读者可以参考现代控制理论等相关书籍资料。

1．系统可控分解函数

当系统可控性矩阵的秩小于系统的维数 n 时，MATLAB 提供了 ctrbf()函数对线性系统进行规范分解，该函数的常用调用格式如下：

```
[Abar,Bbar,Cbar,T] = ctrbf(A,B,C);        % 对系统进行可控性规范分解
```

在函数 ctrbf()中，输入变量 A、B、C 分别为原系统的状态空间矩阵，Abar、Bbar、Cbar 分别为可控规范分解后的矩阵，T 为相似变换矩阵。

2．系统可观分解函数

当系统可观性矩阵的秩小于系统的维数 n 时，MATLAB 提供了 obsvf ()函数对线性系统进行规范分解，该函数的常用调用格式如下：

```
[Abar,Bbar,Cbar,T] = obsvf(A,B,C);        % 对系统进行可观性规范分解
```

在函数 obsvf()中，输入变量 A、B、C 分别为原系统的状态空间矩阵，Abar、Bbar、Cbar 分别为可观规范分解后的矩阵，T 为相似变换矩阵。

4.5　利用 MATLAB 开展线性控制系统的时域分析

时域分析法是以拉氏变换为工具，从传递函数出发，直接在时间域上通过分析系统对于输入信号的响应而研究控制系统性能的一种方法。这种方法的优点是对系统分析的结果直接而全面；缺点是分析过程的计算量较大。本节将介绍如何利用 MATLAB 辅助分析系统的时域特性。

4.5.1　线性控制系统的时域分析方法

时域分析的主要内容是分析系统在外部输入信号作用下的输出结果和时域指标。因此，要求读者了解并掌握时域分析中的典型输入和典型指标。

一、线性控制系统时域分析的典型输入信号

为了研究系统的时间响应，必须了解输入信号的解析表达式。一般情况下，控制系统的外加输入信号具有随机性而无法预先确定，进而给规定系统性能要求以及分析和设计工作带来了困难。为了便于设计人员分析和设计，同时也为了便于对各种控制系统的性能进行比较分析，常用一些规定的输入形式作为系统输入来检查系统的性能，这些输入就称为典型输入。控制系统通常使用的典型输入信号包括单位阶跃输入、单位脉冲输入、单位斜坡输入、单位加速度输入和正弦输入。

1．单位阶跃输入

单位阶跃输入的定义及拉氏变换为

$$r(t) = 1(t) = \begin{cases} 1, & t > 0 \\ 0, & t \leq 0 \end{cases}, \quad R(s) = L[1(t)] = \frac{1}{s} \tag{4-66}$$

在 $t=0$ 处的阶跃信号相当于将一个不变信号突然加到系统上。对于恒值系统，相当于给定值突然发生变化；对于随动系统，相当于将一个突变的给定位置信号加到系统上。

2．单位脉冲输入

单位脉冲输入定义为

$$r(t) = \delta(t) = \begin{cases} \infty, & t = 0 \\ 0, & t \neq 0 \end{cases}, \quad \text{其中} \int_{-\infty}^{+\infty} \delta(t) dt = 1 \tag{4-67}$$

其拉氏变换为

$$R(s) = L[\delta(t)] = 1 \tag{4-68}$$

单位脉冲函数的幅值为无穷大，持续时间为零。虽然该信号是纯属数学上的假设，但在实际工作中，常用系统受到单位脉冲输入作用后的输出来衡量系统暂态响应特性。根据系统的脉冲响应可以求出系统的传递函数，并且可以求出任意输入信号下的系统响应。

3．单位斜坡输入

单位斜坡输入的定义及拉氏变换为

$$r(t) = 1(t) = \begin{cases} t, & t > 0 \\ 0, & t \leq 0 \end{cases}, R(s) = L[r(t)] = \frac{1}{s^2} \tag{4-69}$$

单位斜坡输入对于随动系统，相当于加一个恒速变化的位置信号加到系统上。

4．单位加速度输入

单位加速度输入的定义及拉氏变换为

$$r(t) = 1(t) = \begin{cases} \frac{1}{2}t^2, & t > 0 \\ 0, & t \leq 0 \end{cases}, \quad R(s) = L[r(t)] = \frac{1}{s^3} \tag{4-70}$$

单位加速度输入对于随动系统相当于将一个恒加速度变化的位置信号加到系统上。

5．单位正弦输入

单位正弦输入的定义及拉氏变换为

$$r(t) = 1(t) = \begin{cases} \sin(t), & t > 0 \\ 0, & t \le 0 \end{cases}, \quad R(s) = L\big[r(t)\big] = \frac{1}{s^2 + 1} \qquad (4\text{-}71)$$

利用单位正弦输入可以求得系统对不同频率的稳态响应，由此可以间接判断系统性能。

在实际工作中，究竟选用哪种典型输入信号，取决于系统的主要状态。同时，在所有可能的输入信号中，往往选取最不利的信号作为典型输入信号。对于工作状态突然变化或突然受到恒定输入作用的系统，可以采用单位阶跃信号作为典型输入信号；对于输入信号随时间逐渐变化的系统，单位斜坡输入或加单位加速度输入比较适合；当控制系统的输入信号是冲击输入量时，采用单位脉冲输入函数最为适合；当系统的输入作用具有周期性变化时，可以选择正弦函数作为典型输入。同一个系统中，不同形式的输入信号所对应的输出响应是不同的，但对于线性控制系统而言，它们所表征的系统性能是一致的。在工程实践中，通常情况下以单位阶跃函数作为典型输入信号，可在一个统一的基础上对不同控制系统的特性进行比较和分析。

二、线性控制系统时域分析的典型指标

对于一个实际控制系统，其在典型输入信号的作用下，系统随时间的响应可以分为动态过程和稳态过程。动态过程又称为过渡过程或瞬态过程，是指系统在典型输入信号的作用下，输出量从初始状态到最终状态的响应过程。由于实际系统具有惯性、摩擦以及其他一些因素，系统的输出量不可能完全复现输入量的变化，会呈现衰减、发散或等幅振荡等多种形式。动态过程不仅能够提供稳定性的信息，还可以提供响应速度及阻尼情况等信息，这些信息可以通过动态性能指标来描述。

稳态过程是指系统在典型输入信号作用下，当时间趋于无穷时，系统输出量的表现形式。它表征了系统输出量最终复现输入量的程度，提供了系统有关稳态误差的信息，用稳态性能指标来描述。

1．动态性能指标

稳定是控制系统能够运行的首要条件，因此只有当动态过程收敛时，研究系统的动态性能才有意义。一般认为，阶跃输入对系统来说是最严峻的工作状态。若系统在阶跃函数作用下的动态性能满足要求，则系统在其他形式的信号激励作用下，其动态性能也是令人满意的。

描述稳定系统在单位阶跃函数作用下，动态过程随时间 t 的变化状况的指标称为动态性能指标。为了便于分析和比较，假定系统在单位阶跃输入信号作用前处于静止状态，而且输出量及其各阶导数均等于零。对于大多数控制系统来说，这种假设是符合实际情况的。单位阶跃响应 $h(t)$ 的典型动态性能指标特性通常如图 4-19 所示。

（1）延迟时间 t_d：指响应曲线第一次达到其终值一半所需的时间。

（2）上升时间 t_r：指响应从终值 10%上升到终值 90%所需的时间；对于有振荡的系统，也可定义为响应从零第一次上升到终值所需的时间。上升时间是系统响应速度的一种度量。上升时间越短，响应速度越快。

（3）峰值时间 t_p：指响应超过其终值到达第一个峰值所需的时间。

（4）调节时间 t_s：指响应到达并保持在终值±5%内所需的最短时间。

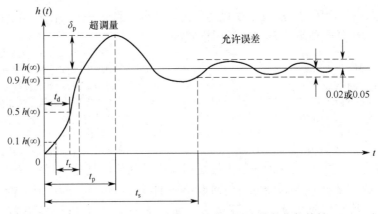

图 4-19 单位阶跃响应 $h(t)$ 的典型动态性能指标特性

（5）超调量 $\sigma\%$：指相应的最大偏离量 $h(t_p)$ 和终值 $h(\infty)$ 的差与终值 $h(\infty)$ 比的百分数，即

$$\sigma\% = \frac{h(t_p) - h(\infty)}{h(\infty)} \times 100\% \qquad （4\text{-}72）$$

若 $h(t_p) < h(\infty)$，则响应无超调。超调量也称为最大超调量或百分比超调量。

上述五个动态性能指标，基本上能够体现系统动态过程的特征。在实际应用中，常用的动态性能指标多为上升时间、调节时间和超调量。通常情况下，用 t_r 或 t_p 评价系统的响应速度；用 $\sigma\%$ 评价系统的阻尼程度；而 t_s 是同时反映响应速度和阻尼程度的综合性指标。应当指出，除简单的一、二阶系统外，要精确确定这些动态性能指标的解析表达式是很困难的。

2．稳态性能指标

稳态误差是描述系统稳态性能的一种性能指标，通常在阶跃函数、斜坡函数或加速度函数作用下进行测定或计算。若时间趋于无穷，系统的输出量不等于输入量或输入量的确定函数，则系统存在稳态误差。稳态误差是系统控制精度或抗扰动能力的一种度量。

关于一阶系统和二阶系统在各种输入条件下的时域响应分析，以及系统参数对于时域响应的影响分析，在此不做过多赘述。关于详细的时域分析内容和方法，读者可以参见自动控制原理等相关书籍。

4.5.2　MATLAB 在线性控制系统的时域分析中的应用

时域分析尤其是高阶系统的时域分析，其难点在于系统极点和零点的获取上，以及在已知响应的基础上，如何绘制响应波形曲线和求取性能指标等一系列问题，这些内容涉及大量的数值计算和图形绘制。MATLAB 为此提供了强有力的工具和系统函数。

一、MATLAB 中线性控制系统典型输入下的时域响应函数

MATLAB 提供了一系列函数，用于求取线性连续系统的响应函数，包括单位阶跃响应函数 step()，单位脉冲响应函数 impluse()、零输入响应函数 initial()以及任意输入响应函数 lsim()。

1．单位阶跃响应函数 step()

step()函数能够直接求取系统对于单位阶跃输入的响应曲线，能够绘制出由向量 num 和

den 表示或状态空间矩阵 **A**、**B**、**C**、**D** 描述的连续系统的阶跃响应 $g(t)$ 在指定时间范围内的波形图，并能求出其数值解。其主要调用格式如下：

```
step(sys);                        %    绘制系统 sys 的单位阶跃响应曲线
step(sys,Tfinal);                 %    绘制规定时间内的单位阶跃响应图
step(sys,t);                      %    绘制指定时间序列的单位阶跃响应
y = step(sys,t);                  %    求取指定时间序列的单位阶跃响应
[y,t] = step(sys);                %    求取指定时间序列的单位阶跃响应
[y,t] = step(sys,Tfinal);         %    求取规定时间内的单位阶跃响应
[y,t,x] = step(sys);              %    求取系统的单位阶跃响应
```

从常用格式可以看出，step() 函数根据是否输出返回值而划分为两种调用情况。当没有返回值时，MATLAB 只绘制系统的单位阶跃响应曲线；当包含返回值时，输出系统的响应结果向量而不会绘制响应曲线。在该函数中，输入量 sys 为被分析的系统模型，支持多项式描述和状态空间描述等多种描述形式；输入量 Tfinal 为设定的结束时间，单位为 s；输入量 t 为选定的仿真时间向量，一般可由 t=0:step:end 等步长地产生，当该参数为默认值时，仿真时间向量由 MATLAB 根据模型特性自动生成。输出结果中，返回值 y 为系统在仿真中所得输出组成的矩阵；当用户未指定仿真时间向量时，系统会输出自动生成的时间序列 t；返回值 x 为系统返回的状态轨迹。

线性系统的稳态值可以通过控制工具箱中的函数 dcgain() 来求得，主要调用格式如下：

```
dc=dcgain(sys);                   %    求取系统 sys 的稳态响应大小
dc=dcgain(num,den);               %    求取系统 sys 的稳态响应大小
dc=dcgain(A,B,C,D);               %    求取系统 sys 的稳态响应大小
```

2．单位脉冲响应函数 impulse()

impulse() 函数能够直接求取连续系统在指定时间范围内的脉冲响应 $h(t)$ 的时域波形图，并能求出指定范围内脉冲响应的数值解。其主要调用格式如下：

```
impulse (sys);                    %    绘制系统 sys 的单位脉冲响应曲线
y = impulse (sys,t);              %    求取指定时间序列的单位脉冲响应
[y,t] = impulse (sys);            %    求取系统的单位脉冲响应
```

该函数的调用格式和相关参数含义与 step() 函数的调用格式和相关参数基本一致。

3．零输入响应函数 initial()

MATLAB 的控制系统工具箱提供了求取连续系统零输入响应的函数 initial()，其常用的格式如下：

```
initial(sys,x0);                  %    绘制系统 sys 的零输入响应曲线
initial(sys,x0,Tfinal);           %    绘制规定时间内的零输入响应曲线
initial(sys,x0,t);                %    绘制指定时间序列的零输入响应图
[y,t,x] = initial(sys,x0);        %    求取系统 sys 的零输入响应
[y,t,x] = initial(sys,x0,Tfinal)  %    求取规定时间内的零输入响应
[y,t,x] = initial(sys,x0,t)       %    求取指定时间序列 s 的零输入响应
```

在该函数中，输入量 x0 为系统的初始状态。函数调用格式和其他输入/输出变量含义与 step() 函数的基本一致。

4．任意输入响应函数 lsim()

MATLAB 的控制系统工具箱提供了求取任意输入响应函数 lsim()，其常用的格式如下：

```
lsim(sys,u,t);                    %    绘制指定输入下的系统响应曲线
lsim(sys,u,t,x0);                 %    绘制指定输入和初值下的响应曲线
```

```
lsim(sys,u,t,x0,method);              %  绘制指定输入初值下的响应曲线
y = lsim(___);                        %  求取指定输入下的系统响应曲线
[y,t,x] = lsim(___);                  %  求取指定输入下的系统响应曲线
```

函数 lsim()的调用方式有两种：当不带输出变量引用函数时，lsim()函数在当前图形窗口中直接绘制出系统的指令输入响应曲线；当带有输出变量应用函数时，可得到系统指令输入响应的输出数据，而不直接绘制出曲线。在该函数调用中，输入参数 u 为设定的输入信号向量；x0 为初始条件；t 为与输入信号一致的等间隔时间向量；method 用于设置如何在采样之间插入输入值，包括 zoh（零阶保持器）和 foh（一阶保持器）。输出量 y 为相应的输出；t 为仿真的时间；x 为系统的状态变量。

另外，MATLAB 为 lsim()函数配套提供了一个信号生成函数 gensig()，该函数能够产生期望的方波、正弦或脉冲序列信号，其主要调用格式如下：

```
[u,t] = gensig(type,tau);             %  生成指定类型和周期的输入信号
[u,t] = gensig(type,tau,Tf,Ts);       %  生成指定类型、周期、时间的信号
```

在该函数的输入变量中，type 为字符串表示的信号类型，共支持三种形式，分别为 sin 正弦波，square 方波，pulse 脉冲序列；tau 为信号的周期，单位为 s；Tf 为信号持续时间，单位为 s；Ts 为采样周期，单位为 s。输出变量中，u 和 t 分别为生成的信号序列和其时间。

在早期的 MATLAB 版本中，只需要在连续系统对应函数前加"d"即可将其转换为离散系统，如 dstep，dimpulse 等，其调用格式与 step、impulse 类似。在最新的 MATLAB 版本中，step()函数等已经能够适用于连续系统和离散系统。

【例 4-15】已知某系统的状态空间描述如下：

$$\begin{bmatrix} \dot{x}_1 \\ \dot{x}_2 \end{bmatrix} = \begin{bmatrix} -0.5 & -0.78 \\ 0.78 & 0 \end{bmatrix} \begin{bmatrix} x_1 \\ x_2 \end{bmatrix} + \begin{bmatrix} 1 & -1 \\ 0 & 2 \end{bmatrix} \begin{bmatrix} u_1 \\ u_2 \end{bmatrix}, \quad y = \begin{bmatrix} 1.9 & 3.4 \end{bmatrix} \begin{bmatrix} x_1 \\ x_2 \end{bmatrix}$$

求系统在单位阶跃、单位脉冲、零输入状态（初值为[1 0.5]）的响应曲线。

在 MATLAB 中输入如下代码：

```
A=[-0.5,-0.78;0.78 0];                %  定义系统的状态空间系数矩阵
B=[1,-1;0,2];                         %  定义系统的状态空间系数矩阵
C=[1.9,3.4];                          %  定义系统的状态空间系数矩阵
D=[0,0];                             %  定义系统的状态空间系数矩阵
G=ss(A,B,C,D);                        %  以状态空间描述形式定义对象
figure(1);step(G);                   %  生成系统的阶跃响应曲线
figure(2);impulse(G);                %  生成系统的脉冲响应曲线
X0 = [1,0.5];                        %  定义系统的初值
figure(3);initial(G,X0);             %  生成系统的零输入响应曲线
```

计算结果如图 4-20 所示。

【例 4-16】已知某个系统的传递函数为 $G(s) = \dfrac{2s+3}{s^2+2s+4}$，求系统分到在方波信号（周期为 4s、幅值为 1、持续时间为 20s）、正弦信号（周期为 2，幅值为 1，持续时间为 20s）。脉冲序列（周期为 5s，持续时间为 20s）的响应曲线。

在 MATLAB 中输入如下代码：

```
G=tf([2 3],[1 2 4]);                 %  以状态空间描述形式定义对象
[U1 T1]= gensig('square',4,20);      %  产生方波输入信号
figure(1);lsim(G,U1,T1);             %  生成系统的方波响应曲线
[U2 T2]= gensig('sin',2,20);         %  产生正弦波输入信号
```

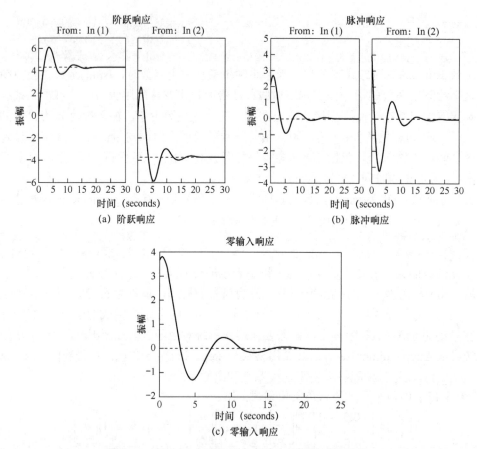

图 4-20　例 4-15 中系统对各种输入信号的响应曲线

```
figure(2);lsim(G,U2,T2);                    %    生成系统的正弦波响应曲线
[U3 T3]= gensig('pulse',5,20);              %    产生脉冲序列输入信号
figure(3);lsim(G,U3,T3);                    %    生成系统的脉冲序列响应曲线
```

计算结果如图 4-21 所示。

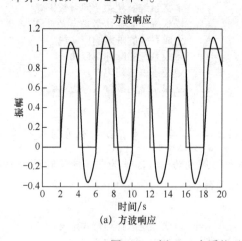

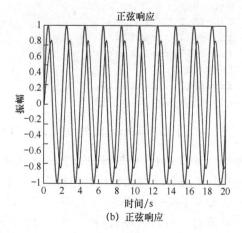

图 4-21　例 4-16 中系统对于各种输入信号的响应曲线

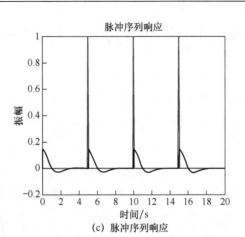

图 4-21　例 4-16 中系统对于各种输入信号的响应曲线（续）

二、MATLAB 中线性控制系统时域响应指标的求取

在 MATLAB 环境下，不仅可以快捷地计算出系统的时域响应，绘制指定输入的响应曲线，而且还能直接在响应曲线图上求取性能指标，或者通过简单的编程求取。

在响应曲线图上求取性能指标的方法主要包括：在求取时域响应的函数运行完毕后，左键单击时域响应曲线任意一点，系统会自动跳出一个小方框，小方框显示这一点的横坐标（时间）和纵坐标（幅值）。按住鼠标左键在曲线上移动，可找到曲线幅值最大的一点，即曲线最大峰值，此时小方框显示的时间就是此二阶系统的峰值时间，根据观测到的稳态值和峰值可计算出系统的超调量。系统的上升时间和稳态响应时间求取方法依此类推。

需要注意的是，由于显示精度和鼠标动作误差的原因，求取的性能指标可能与实际值有所偏差。另外，移动鼠标法不适合用于 plot() 命令画出的曲线，也就是说，该方法只能适用于利用非 plot 函数画出的曲线。因此，对于系统时域指标的精确求解，需要通过编程方法进行计算。

下面给出编程方法，通过对 step() 函数的输出结果进行计算，来获取系统的相关时域指标特性。在计算前，需要通过[y,t]=step(G)的调用格式，得到系统响应值 y 及相应的时间 t，通过对 y 和 t 进行计算获取相关时域指标。

1. 峰值时间

峰值时间是指响应超过其终值到达最大峰值所需的时间，可以通过如下代码获取。

```
[PeakVal,PeakIndex]=max(y);          %  求出 y 的峰值及相应的序号

Timetopeak=t(PeakIndex);             %  获得峰值时间
```

通过获取最大值函数 max() 求出响应 y 的峰值及相应的时间序号，并存于变量 PeakVal 和 PeakIndex 中。然后在时间变量 t 中取出峰值时间，并将它赋给变量 Timetopeak。

2. 超调量

超调量指相应的最大偏离量与终值的差与终值比的百分数，即可由以下代码获得。

```
C=dcgain(G);                         %  求取系统的终值
[Y,K]=max(y);                        %  求出 y 的峰值及相应的时间
percentovershoot=100*(Y-C)/C;        %  计算超调量
```

函数 dcgain()用于求取系统的终值，将终值赋给变量 C，然后根据超调量的定义，由 Y 和 C 计算出百分比的超调量。

3．上升时间

上升时间通常是指响应从终值 10%上升到终值 90%所需的时间，这需要利用 MATLAB 中的循环控制语句 while 编制 M 文件来获得，程序如下：

```
C=dcgain(G);                    %     求取系统的终值
n=1;                            %     创建一个循环变量，并将其初始化为 1
while y(n)<0.1*C                %     求取输出第一次到达终值 10%的时间序号
    n=n+1;                      %     当未到达终值的 10%时，继续累加
end
m=1;                            %     再创建一个循环变量，并将其初始化为 1
while y(m)<0.9*C                %     求取输出第一次到达终值 90%的时间序号
    m=m+1;                      %     当未到达终值的 90%时，继续累加
end
risetime=t(m)-t(n);            %     上述两个时间相减，即为上升时间
```

4．延迟时间

延迟时间通常是指响应曲线第一次达到其终值一半所需的时间，需要利用 MATLAB 中的循环控制语句 while 编制 M 文件来获得，参考的程序代码如下：

```
C=dcgain(G);                    %     求取系统的终值
n=1;                            %     创建一个循环变量，并初始化为 1
while y(n)<0.5*C                %     求取输出第一次到达终值 50%的时间序号
    n=n+1;                      %     当未到达终值的 50%时，继续累加
end
Delayttime=t(n);              %     获取系统的延迟时间
```

5．调节时间

调节时间通常是指响应到达并保持在终值±5%（或 2%）内所需的最短时间，利用 MATLAB 中的循环控制语句 while 编制 M 文件来获得，参考的程序代码如下：

```
C=dcgain(G)                     %     求取系统的终值
n=length(t)                     %     求取仿真时间 t 序列的长度
while (y(n)>0.95*C)&(y(n)<1.05*C)    %     通过循环求取输出在终值±5%内的时间
    n=n-1;                      %     当未满足停止条件时，从后向前继续搜索
end
Adjustmenttime =t(n);          %     获得调节时间
```

【例 4-17】：已知某系统的传递函数为 $G(s)=\dfrac{2s+3}{s^2+2s+4}$，求系统超调量、峰值时间、上升时间、延迟时间、调节时间。

在 MATLAB 中输入如下代码：

```
G=tf([2 3],[1 2 4]);           %     以状态空间描述形式定义对象
[y,t]=step(G,10);              %     获取系统阶跃响应的曲线数据
```

按照上述的代码求取系统的相关时域指标，在此不做过多赘述，计算结果如下：

```
峰值时间:Timetopeak = 1.1009; 超调量:percentovershoot = 41.1778;
上升时间:risetime = 0.3670; 延迟时间:Delayttime = 0.2752;
调节时间:Adjustmenttime = 3.2110;
```

4.6　利用 MATLAB 开展线性控制系统的根轨迹分析

由自动控制原理的相关知识可知，线性系统的稳定性完全由系统的闭环极点（特征根）决定，而系统的品质取决于其闭环极点和零点。因此，明确闭环极点在 s 平面内的移动规律，对系统分析和设计具有重大意义。

根轨迹法是一种通过分析系统根轨迹的变化趋势来分析和设计线性定常控制系统的图解方法。该方法使用简单，特别是在进行多回路系统的分析时，应用根轨迹法比其他方法更为方便，因此在工程实践中获得了广泛的应用。本节首先简要介绍根轨迹方法的相关概念和方法；然后介绍如何利用 MATLAB 快捷地完成系统的根轨迹分析；最后简要介绍MATLAB 提供的根轨迹分析工具箱。

4.6.1　线性控制系统的根轨迹分析方法

下面简要介绍根轨迹方法的定义和绘制准则。

一、线性控制系统的根轨迹法的定义

1948 年，伊凡斯（W.R.Evans）根据反馈系统开环传递函数和闭环传递函数之间的关系，提出了一种简单的方法来评价控制系统性能，由开环传递函数来直接寻找闭环特征根的轨迹的总体规律，进而无须求解高阶系统的特征根，这种方法称为根轨迹方法。根轨迹方法以图解的形式来表征特征方程的根与系统某个参数（通常是回路增益）之间的全部数值关系，该参数的某个特定值所对应的根位于上述关系图中。

二、线性控制系统的根轨迹绘制的基本准则

表 4-2 是线性控制系统根轨迹的绘制准则，关于准则的详细内容可以参考自动控制原理中的相关内容。

表 4-2　线性控制系统根轨迹的绘制准则

序号	内容	准则
1	根轨迹的起点和终点	根轨迹起于开环极点（包括无限极点），终于开环零点（包括无限零点）
2	根轨迹的分支数、对称性和连续性	根轨迹的分支数等于开环极点数 $n(n>m)$ 或开环零点数 $m(m>n)$。根轨迹关于实轴对称
3	根轨迹的渐近线	$n-m$ 条渐近线与实轴的交角和交点为 $$\varphi_\alpha=\frac{(2k+1)\pi}{n-m},\quad(k=0,1,\cdots,n-m-1),\quad\sigma_\alpha=\left(\sum_{i=1}^{n}p_i-\sum_{j=1}^{m}z_j\right)\Big/(n-m)$$
4	根轨迹在实轴上的分布	实轴上某个区域，若其右方开环实数零、极点个数之和为奇数，则该区域必是根轨迹
5	根轨迹的分离点和分离角	l 条根轨迹分支相遇，其分离点坐标由 $\sum_{j=1}^{m}\frac{1}{d-z_j}=\sum_{i=1}^{n}\frac{1}{d-p_i}$ 确定；分离角等于 $(2k+1)\pi/l$

（续表）

序号	内容	准则
6	根轨迹的起始角与终止角	起始角：$\theta_{p_i} = (2k+1)\pi + (\sum\limits_{j=1}^{m} \varphi_{z_j p_i} - \sum\limits_{\substack{j=1 \\ (j \neq i)}}^{n} \theta_{p_j p_i})$ 终止角：$\varphi_{z_i} = (2k+1)\pi - (\sum\limits_{j=1}^{m} \varphi_{z_j z_i} - \sum\limits_{\substack{j=1 \\ (j \neq i)}}^{n} \theta_{p_j z_i})$
7	根轨迹与虚轴的交点	根轨迹与虚轴交点的 K^* 值和 ω 值，可利用劳思判据确定
8	根之和	$\sum\limits_{i=1}^{n} s_i = \sum\limits_{i=1}^{n} p_i$

三、线性控制系统的根轨迹分析方法

在经典控制理论中，应用根轨迹方法可以快速确定系统在某个开环增益或某个参数值下的闭环零/极点位置，进而得到相应的闭环传递函数。因此，利用根轨迹方法，能够快速地了解并掌握系统零极点对于系统性能的影响。关于零极点对于系统性能的详细分析，读者可以参考自动控制原理等课程，在此，直接给出相关分析结论。

（1）稳定性：若闭环极点全部位于 s 左半平面，则系统一定是稳定的，即稳定性只与闭环极点位置有关，而与闭环零点位置无关。

（2）运动形式：若闭环系统无零点，且闭环极点均为实数极点，则时间响应一定是单调的；若闭环极点均为复数极点，则时间响应一般是振荡的。

（3）超调量：超调量主要取决于闭环复数主导极点的衰减率 $\sigma_1 / \omega_d = \zeta / \sqrt{1 - \zeta^2}$，并与其他闭环零/极点接近坐标原点的程度有关。

（4）调节时间：调节时间主要取决于最靠近虚轴的闭环复数极点的实部绝对值 $\sigma_1 = \zeta \omega_n$；若实数极点距虚轴最近，并且它附近没有实数零点，则调节时间主要取决于该实数极点的模值。

（5）实数零/极点影响：零点减小系统阻尼，峰值时间提前，超调量增大；极点增大系统阻尼，使峰值时间滞后，超调量减小。它们的作用效果随着其本身接近坐标原点的程度而加强。

（6）偶极子及其处理：若零/极点之间的距离比它们本身的模值小一个数量级，则它们就构成了偶极子。远离原点的偶极子，对系统的影响可以忽略；接近原点的偶极子，对系统的影响必须考虑。

（7）主导极点：在 s 平面上，最靠近虚轴而附近又无闭环零点的一些闭环极点，对系统的影响最大，称为主导极点。凡是比主导极点的实部大 6 倍以上的其他闭环零/极点，对系统的影响均可以忽略。

4.6.2　MATLAB 在线性控制系统的根轨迹绘制函数

MATLAB 提供了多个函数用于绘制和求解线性控制系统的根轨迹曲线和结果，除前面讲过的零极点绘制函数 pzmap()外，还包括根轨迹绘制函数 rlocus()和网格线绘制函数 sgrid()和 zgrid()。

1．根轨迹绘制函数 rlocus()

MATLAB 提供了 rlocus()函数用于计算并绘制单输入单输出（SISO）系统的根轨迹，

既适用连续时间系统，也适用于离散时间系统。其主要调用格式如下：

```
rlocus(sys);                     %    绘制 SISO 系统的根轨迹
rlocus(sys1,sys2,...);           %    绘制多个 SISO 系统的根轨迹
rlocus(sys,k);                   %    绘制增益为 k 时的闭环极点
[r,k] = rlocus(sys);             %    计算 SISO 系统的根轨迹矩阵
r = rlocus(sys,k);               %    计算增益为 k 时的闭环极点数值
```

函数 rlocus()的调用分为两种情况：当不带输出变量引用函数时，该函数 rlocus()可以直接绘制出输入系统的根轨迹变化曲线；当带有输出变量调用时，可得到系统的闭环极点，而不绘制出曲线。在该函数中，输入变量 sys 为 MATLAB 描述的系统，该系统可以是连续系统，也可是离散系统；输入变量 k 为设定的系统增益大小。输出值 r 是增益为 k 时的复根位置矩阵。

2．计算给定一组根的根轨迹增益函数 rlocfind()

函数 rlocfind()用于计算根轨迹上某个极点相对应的根轨迹增益，适用于连续时间系统和离散时间系统。其主要调用格式如下：

```
[K,Poles]= rlocfind(sys);        %    查找某点的根轨迹增益
[K,Poles]= rlocfind(sys,p);      %    计算指定根所对应的增益和根矢量
```

该函数根据是否包含参数 p 分为两种情况：当不包含参数 p 时，该函数需要与 rlocus()函数配合使用，调用该函数后，在根轨迹图形窗口上显示一个十字形光标，用户在根轨迹上选择一点，即可计算并输出该点的增益 K 及其所有的极点 Poles。当包含参数 p 时，直接得到系统在指定根 p 时所对应的增益 K 及其极点 Poles。

通过该函数可以直接获取根轨迹穿越虚轴时的增益大小，非常方便地获取系统的稳定增益。

3．在连续系统根轨迹图上加等阻尼线和等自然振荡角频率线的函数 sgrid()

MATLAB 提供了 sgrid()函数命令用于连续系统的根轨迹或零极点图上绘制出栅格线，栅格线由等阻尼系数与自然振荡角频率构成。阻尼线的间隔为 0.1，范围是 0~1，自然振荡角频率的间隔为 1rad/s，范围为 0~10rad/s。其主要调用格式如下：

```
sgrid( );                        %    绘制等阻尼线等自然振荡角频率线
sgrid(z, wn);                    %    绘制指定的阻尼线自然振荡角频率
```

在绘制栅格线前，当前窗口必须有连续时间系统的根轨迹或零极点图，或者该函数必须与函数 pzmap( )或函数 rlocus( )同时使用。输入变量中，z 为指定的系统阻尼，wn 为指定的自然振荡角频率。

4．在离散系统根轨迹图上加等阻尼线和等自然振荡角频率线的函数 zgrid()

同样，MATLAB 提供了 zgrid()函数，用于在离散系统的根轨迹或零极点图上绘制栅格线。阻尼线的间隔为 0.1，范围从 0 到 1，自然振荡角频率的间隔为 $\pi/10$(rad/s)，范围 0~π rad/s。其主要调用格式如下：

```
zgrid( );                        %    绘制等阻尼线等自然振荡角频率线
zgrid(z, wn);                    %    绘制指定的阻尼线自然振荡角频率
```

在绘制栅格线前，当前窗口必须有离散时间系统的根轨迹或零极点图。输入量 z 为指定的系统阻尼，wn 为指定的自然振荡角频率。

【例 4-18】已知某单位负反馈系统的开环传递函数为 $G(s) = \dfrac{K(s+1)}{s(s-1)(s+4)}$，绘制其根轨迹，并确定使得闭环系统稳定的增益值 K。

在 MATLAB 中输入如下代码：

```
num=[1,1];                              %   定义开环传函的分子多项式系数
den=conv([1,0],conv([1,-1],[1,4]));    %   定义开环传递函数的分母多项式系数
sys=tf(num,den);                        %   定义控制系统开环传递函数的模型对象
rlocus(sys);                            %   绘制系统的根轨迹曲线
grid on;                                %   显示网格线
```

得到系统的根轨迹如图 4-22 所示。

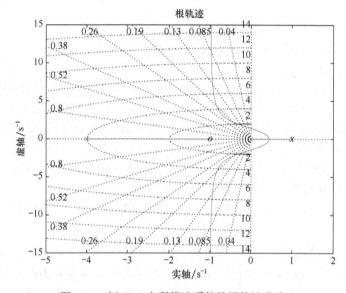

图 4-22　例 4-18 中所描述系统的根轨迹曲线

图 4-22 中，"x" 表示闭环系统的极点，"o" 表示闭环系统的零点，用鼠标单击图中的曲线，可以得到对应的系统增益、极点和频率。

对图 4-22 中根轨迹与虚轴交点附近进行放大，然后，调用 rlocfind() 函数来获取其增益大小，在 MATLAB 中输入如下代码：

```
[K,Poles]= rlocfind(sys)                %   插值图中指定根的增益和极点
```

然后，在图 4-22 中选择根轨迹与虚轴的交点，系统输出如下：

```
Select a point in the graphics window
selected_point = 0.0000 + 1.41421i
K = 6.0000; Poles = [ -3.0000 + 0.0000i;  0.0000 + 1.4142i; 0.0000 - 1.4142i];
```

因此，当增益 K 大于 6 时，闭环系统的极点都位于虚轴的左半部分，系统处于稳定状态。

4.7　利用 MATLAB 开展线性控制系统的频域分析

频域分析是线性系统分析设计中的重要组成内容。应用频率特性分析并研究线性系统性

能（如稳定性、快速性和准确性）的方法称为频域分析法。该方法的突出优点是可以通过试验直接求得频率特性来分析系统的品质，得出定性和定量的结论，并具有明显的物理含义。

在本节中，首先简要介绍频域分析的相关概念，然后介绍如何利用 MATLAB 开展线性系统的频域分析。

4.7.1　线性控制系统的频域分析概念及基本方法

频域分析法是根据频率特性曲线的形状及其特征量来分析研究系统的特性，而不是对系统模型进行求解，该方法是以传递函数为基础的一种图解方法，同根轨迹法一样广泛地应用在线性系统的分析和设计中。频域分析法有着重要的工程价值和理论价值，应用十分广泛，该方法与时域分析法作为控制系统分析中的两种重要方法，彼此相互补充，相互渗透。

一、线性控制系统频率特性的定义

频率特性是指系统在正弦信号作用下，稳态输出与稳态输入之比相对频率的关系特性。频率特性函数与传递函数有直接的关系，记为

$$G(\mathrm{j}\omega) = \frac{X_o(\mathrm{j}\omega)}{X_i(\mathrm{j}\omega)} = A(\omega)\mathrm{e}^{\mathrm{j}\varphi(\omega)} \tag{4-73}$$

在定义谐波输入下，输出响应中与输入同频率的谐波分量与谐波输入的幅值之比 $A(\omega) = X_o(\omega)/X_i(\omega)$ 为幅频特性；相位之差 $\varphi(\omega) = \varphi_o(\omega) - \varphi_i(\omega)$ 称为相频特性，并称其指数表达形式 $G(\mathrm{j}\omega) = A(\omega)\mathrm{e}^{\mathrm{j}\varphi(\omega)}$ 为系统的频率特性。

需要注意的是，当输入为非正弦的周期信号时，其输入可利用傅立叶级数展开成正弦信号的叠加，则其输出为相应的正弦波的叠加，此时系统的频率特性定义为系统输出量的傅立叶变换与输入量的傅立叶变换之比。

二、线性控制系统的频域性能指标

与时域响应中衡量系统性能采用时域性能指标类似，频率特性在数值上和曲线形状上的特点可用频域性能指标来衡量，该性能指标在很大程度上能够间接地表明系统动/静态特性。系统频率特性曲线如图 4-23 所示。

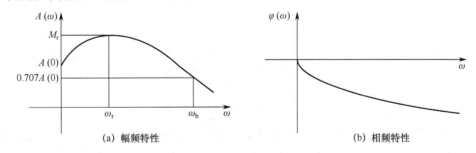

(a) 幅频特性　　　　　　　　　　(b) 相频特性

图 4-23　系统频率特性曲线

常见的频域性能指标主要包括以下四个。

（1）谐振频率 ω_r：表示幅频特性 $A(\omega)$ 出现最大值时所对应的频率。

（2）谐振峰值 M_r：表示幅频特性的最大值，若 M_r 值较大，则表明系统对频率的正弦信号反应强烈，即系统的平稳性差，阶跃响应的超调量大。

（3）频带 ω_b：表示幅频特性 $A(\omega)$ 的幅值衰减到起始值的 0.707 倍时所对应的频率。若 ω_b 较大，则表明系统复现快速变化信号的能力强，且失真小，即系统快速性好，阶跃响应上升时间短，调节时间短。

（4）零频 $A(0)$：表示频率 $\omega = 0$ 时的幅值。 $A(0)$ 表示系统阶跃响应的终值， $A(0)$ 与 1 之间的差反映了系统的稳态精度， $A(0)$ 越接近 1，系统的精度越高。

三、线性控制系统的频域特性曲线

在工程分析和设计时，通常把线性系统的频域特性表示成曲线，再采用图解法对系统进行分析。频率特性曲线包括三种常用形式：幅相频率特性曲线（又称为极坐标图、乃氏图或 Nyquist 图）、对数坐标图（又称为对数频率特性曲线或 Bode 图）、对数幅相曲线（又称为对数幅相频率特性曲线或 Nichols 图）。

1．幅相频率特性曲线（极坐标图、Nyquist 图）

已知系统的频率特性可表示为 $G(j\omega) = A(\omega)e^{j\varphi(\omega)}$，在复数平面内以向量的形式表示系统的频率特性的极坐标图称为幅相频率特性曲线，如图 4-24 所示。即用向量的长度 $A(\omega_i)$ 表征系统在设定频率 ω_i 下频率特性的幅值，用一个夹角 $\varphi(\omega_i)$ 表征系统在设定频率下频率特性的相位大小，$\varphi(\omega_i)$ 的正方向取为逆时针方向。选取极坐标与直角坐标重合，极点在坐标原点。由于幅频特性为 ω 的偶函数，相频特性为 ω 的奇函数，即频率 ω 从零变化至 $+\infty$ 和 ω 从零变化至 $-\infty$ 的幅相曲线关于实轴对称，因此，一般只绘制 ω 从零变化至 $+\infty$ 的幅相曲线。在系统的幅相曲线中，频率 ω 为参变量，一般用小箭头来表示 ω 增大时幅相曲线的变化方向。

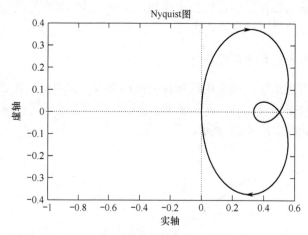

图 4-24　线性系统的幅相频率特性曲线

在极坐标图中，当 $\omega = \omega_i$ 时，在实轴上的投影即为实频特性 $p(\omega_i)$，在虚轴上的投影即为虚频特性。

2．对数频率特性曲线（Bode 图、波特图）

对数频率特性曲线由对数幅频特性曲线和对数相频特性曲线组成，是工程上广泛使用的一组曲线。其中，对数幅频特性是频率特性的对数值（$L(\omega) = 20\lg A(\omega)$）与频率 ω 的关系曲线；对数相频特性是频率特性的相角 $\varphi(\omega)$ 与频率 ω 的关系曲线。如图 4-25 所示。

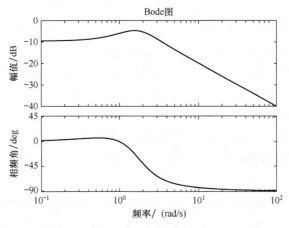

图 4-25　线性系统的 Bode 图

对数频率特性曲线的横坐标按 $\lg\omega$ 分度，即横轴上的 ω 取对数后为等分点，单位为 rad/s（弧度/秒）。对数幅频特性的纵轴为 $L(\omega) = 20\lg|G(\mathrm{j}\omega)| = 20\lg A(\omega)$，采用线性分度即 $A(\omega)$ 每增加 10 倍，$L(\omega)$ 增加 20dB，单位为 dB（分贝）；对数相频特性纵坐标按 $\varphi(\omega)$ 线性分度，单位为°（度）。

在对数频率特性曲线中，由于采用了 ω 的对数实现了横坐标的非线性压缩，因此能够在较大频率范围反映频率特性变化情况。并且对数幅频特性采用了 $20\lg A(\omega)$ 作为纵坐标刻度，从而将幅值的乘/除运算转换为加/减运算，以简化曲线绘制过程。

3．对数幅相曲线（Nichols 图、尼克尔斯图）

对数幅相曲线是将对数幅频特性和相频特性两张图在角频率为参变量的情况下合成一张图，其特点是纵轴表示频率特性的对数幅值，即为 $L(\omega) = 20\lg A(\omega)$，采用线性分度，单位为 dB（分贝）；横坐标表示频率特性的相位角，采用线性分度，单位为°（度）。对数幅相曲线以频率 ω 为参变量，用一条曲线完整地表征了系统的频率特性，如图 4-26 所示。

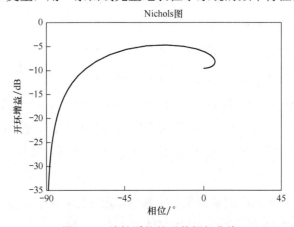

图 4-26　线性系统的对数幅相曲线

在对数幅相曲线对应的坐标系中，可以根据系统开环和闭环的关系，绘制关于闭环幅频特性的等 M 簇线和闭环相频特性的等 α 簇线，因此可以根据频域指标要求确定校正网络，简化系统的设计过程。

四、线性控制系统的稳定裕度

根据自动控制原理的相关知识，由 Nyquist 稳定判据可知，若系统开环传递函数没有右半平面的极点且闭环系统是稳定的，则开环系统的 Nyquist 曲线离(-1, j0)点越远，闭环系统的稳定性越好；开环系统的 Nyquist 曲线离(-1, j0)越近，闭环系统的稳定性越差，这就是通常所说的控制系统相对稳定性。

在频域中，系统的相对稳定性用幅值裕度和相角裕度来度量 Nyquist 相对点(-1, j0)的靠近程度来表示，由此判断系统的相对稳定性大小。

1．幅值裕度 h

幅值裕度用于表示 $|G(j\omega)H(j\omega)|$ 曲线在负实轴上相对于(-1, j0)点的靠近程度。

首先引入系统相位穿越频率（通常简称为穿越频率）的概念，当 $|G(j\omega)H(j\omega)|$ 曲线与负实轴交于 G 点时，G 点的频率 ω_x 称为相位穿越频率，此时 ω_x 处的相角为-180°，幅值为 $|G(j\omega)H(j\omega)|$。其公式为

$$\varphi(\omega_x) = \angle G(j\omega_x)H(j\omega_x) = (2k+1)\pi, \quad k = 0, \pm1, \cdots \tag{4-74}$$

定义系统的幅值裕度（或称为增益裕度）为开环频率特性幅值 $|G(j\omega)H(j\omega)|$ 的倒数，用 h 表示，即

$$h = \frac{1}{|G(j\omega_x)H(j\omega_x)|} \tag{4-75}$$

式中，ω_x 满足 $\angle G(j\omega)H(j\omega) = -180°$

幅值裕度 h 的含义是，对于闭环稳定系统，若系统开环幅频特性再增大 h 倍，则系统处于临界稳定状态，即表示系统处于临界状态时，系统增益所允许的最大倍数。

在具体应用中，通常在对数坐标系下，幅值裕度采用分贝数来表示，即

$$h = -20\lg|G(j\omega)H(j\omega)| \tag{4-76}$$

对于最小相位系统，则有

（1）当 $|G(j\omega_g)H(j\omega_g)| < 1$ 或 $20\lg|G(j\omega_g)H(j\omega_g)| < 0$ 时，闭环系统稳定；

（2）当 $|G(j\omega_g)H(j\omega_g)| > 1$ 或 $20\lg|G(j\omega_g)H(j\omega_g)| > 0$ 时，闭环系统不稳定；

（3）当 $|G(j\omega_g)H(j\omega_g)| = 1$ 或 $20\lg|G(j\omega_g)H(j\omega_g)| = 0$ 时，闭环系统处于临界状态。

临界状态下的开环系统不稳定。为使临界状态下的闭环系统稳定，$G(j\omega)H(j\omega)$ 曲线应包围（-1, j0）点，此时 $K_g = -20\lg|G(j\omega_g)H(j\omega_g)| < 0$，闭环系统稳定。

2．相角裕度 γ

控制理论中采用相角裕度的概念来表示系统相角变化对系统稳定性的影响。

首先引入截止频率 ω_c 的概念，$|G(j\omega)H(j\omega)|$ 与单位圆相交于 C 点，C 点处的频率为 ω_c，此时 $|G(j\omega)H(j\omega)| = 1$，则称 ω_c 为截止频率，其含义为

$$A(\omega_{\rm c}) = |G({\rm j}\omega)H({\rm j}\omega)| = 1 \qquad (4\text{-}77)$$

定义相角裕度为截止频率 $\omega_{\rm c}$ 处相角与 $-180°$ 线之间的距离。

$$\gamma = 180° + \psi(\omega_{\rm c}) = 180° + \angle G({\rm j}\omega)H({\rm j}\omega) \qquad (4\text{-}78)$$

相角裕度的含义是对于闭环稳定系统，若系统开环相频特性再滞后 γ 度，则系统处于临界状态，即使得系统达到临界稳定状态而尚可增加的滞后相角。

对于最小相位系统，则有

（1）当 $\gamma > 0$ 时，闭环系统稳定；

（2）当 $\gamma < 0$ 时，闭环系统不稳定。

增益裕度和相角裕度通常作为设计和分析控制系统的频域指标，但仅用其中之一是不足以说明系统相对稳定性的。

在利用相角裕度和幅值裕度对系统进行稳定性分析时，若采用幅相频率特性曲线，当 $|G({\rm j}\omega)H({\rm j}\omega)|$ 的开环增益发生变化时，曲线仅是做上/下简单平移，而对 $|G({\rm j}\omega)H({\rm j}\omega)|$ 增加一个恒定相角时，曲线会做水平平移，则这对分析系统稳定性与系统参数之间的相互影响是非常有利的。

这里仅介绍频域分析的基本概念、性能指标、特性曲线和稳定裕度，关于典型环节的频率特性、开环频率特性的性能分析和闭环频率特性的性能分析等内容，读者可以参考自动控制原理的相关内容，在此不做过多赘述。

4.7.2　MATLAB 在线性控制系统的频域分析中的应用

在频域分析方面，MATLAB 提供了多种函数，可以适用于绘制频率响应曲线和分析稳定裕度等问题。

一、MATLAB 中绘制频率响应曲线的相关函数

MATLAB 提供了多种求取并绘制频率响应曲线的函数，可以方便地绘制 Nyquist 图、Bode 图和 Nichols 图。

1．Nyquist 图绘制函数 nyquist()

MATLAB 提供了函数 nyquist()，用于直接计算和绘制系统 Nyquist 图。其主要用法如下：

```
nyquist(sys);                       %   绘制系统的 Nyquist 图
nyquist(sys,w);                     %   绘制指定角频率的系统 Nyquist 图
nyquist(sys1,sys2,...,sysN);        %   绘制多个系统的系统 Nyquist 图
[re,im,w] = nyquist(sys);           %   计算系统频率特性
[re,im] = nyquist(sys,w);           %   计算指定角频率的系统频率特性
```

与其他分析函数类似，函数 nyquist() 的调用分为两种情况：当不带输出变量引用函数时，函数 nyquist() 在当前绘制输入系统的 Nyquist 图；当带有输出变量调用时，可得到系统的频率特性，而不绘制曲线。输入变量 sys 可以是不同的系统描述形式，当输入是状态空间的形式时，得到系统的一组 Nyquist 图，每个图对应于连续状态空间系统[a,b,c,d]的输入/输出组合对，其中频率范围由函数自动选取，且在响应快速变化的位置会自动采用更多采样点；当输入是传递函数时，得到连续时间多项式传递函数表示的系统 Nyquist 图。输入量 w 为指定的角频率点。当带输出变量[re,im,w]引用函数时，可得到系统频率特性函数的

实部 re、虚部 im 以及角频率点 w 矢量（为正的部分）；此时，可以用 plot(re,im)绘制出 w 从负无穷到零变化的对应部分。

2．Bode 图绘制函数 bode()

MATLAB 提供了函数 bode()，用于直接计算和绘制系统的 Bode 图。其主要用法如下：

```
bode (sys);                          %   绘制系统的 Bode 图
bode (sys,w);                        %   绘制指定角频率的系统 Bode 图
bode(sys1,sys2,...,sysN);            %   绘制多个系统的系统 Bode 图
[mag,phase] = bode(sys,w);           %   计算指定角频率的系统频率特性
[mag,phase,w] = bode(sys);           %   计算系统频率特性
```

输入变量 sys 可以是不同的系统描述形式，当输入是状态空间的形式时，得到系统的一组 Bode 图，其中频率范围由函数自动选取，且在响应快速变化的位置会自动采用更多采样点；当输入是传递函数时，得到连续时间多项式传递函数表示的 Bode 图，输入量 w 为指定的角频率点。当带输出变量[mag,phase,w]或[mag,pha]调用函数时，可得到系统 Bode 图相应的幅值 mag，相角 pha 与角频率点 w 矢量，或只是返回幅值与相角。相角以度为单位，幅值单位可转换为分贝，即 mag(dB)=20×lg(mag)。

3．Nichols 图绘制函数 nichols()

MATLAB 提供了函数 nichols()，用于直接计算和绘制系统的 Nichols 图。其主要用法如下：

```
nichols(sys);                        %   绘制系统的 Nichols 图
nichols(sys,w);                      %   绘制指定角频率的系统 Nichols 图
nichols (sys1,sys2,...,sysN);        %   绘制多个系统的系统 Nichols 图
[mag,phase] = nichols (sys,w);       %   计算指定角频率的系统频率特性
[mag,phase,w] = nichols (sys);       %   计算系统频率特性
```

该函数的调用格式和参数含义与函数 bode()基本一致。

另外，MATLAB 提供了函数 ngrid()，用于在 Nichols 图中绘制相应的等 M 圆和等 N 圆，这两个圆均为虚线圆，该函数提供了有关的对数幅值和相位值。注意，该函数必须和函数 nichols()同时使用，能够从开环频率特性获得闭环频率特性。

【例 4-19】已知二阶环节传递函数为 $G(s) = \dfrac{\omega_n^2}{s^2 + 2\xi\omega_n s + \omega_n^2}$，其中 $\omega_n = 0.7$，分别绘制

ξ 为 0.5,1 和 2 时的 Nyquist 图、Bode 图和 Nichols 图。

在 MATLAB 中输入如下代码：

```
wn=0.7;                              %   定义相关系数
xi=[0.5,1,2];                        %   定义相关系数
for j =1:3                           %   进入循环，创建一个系统对象数组
    Sys(j)=tf([wn*wn],[1,2*xi(j)*wn,wn*wn])
end
figure(1)                            %   新建图 1
nyquist(Sys(1),'r');                 %   绘制 xi 为 0.5 时的 Nyquist 图
hold on                              %   允许图形叠加
grid on                              %   绘制网格
nyquist(Sys(2),'b');                 %   绘制 xi 为 1 时的 Nyquist 图
nyquist(Sys(3),'m');                 %   绘制 xi 为 2 时的 Nyquist 图
gtext('xi=0.5');                     %   图例曲线注释
```

```
gtext('xi=1.0');                        %    图例曲线注释
gtext('xi=2.0')                         %    图例曲线注释
figure(2)                               %    新建图 2
bode(Sys(1),'r-');                      %    绘制 xi 为 0.5 时的 Bode 图
hold on                                 %    允许图形叠加
grid on                                 %    绘制网格
bode(Sys(2),'b--');                     %    绘制 xi 为 1 时的 Bode 图
bode(Sys(3),'m-.');                     %    绘制 xi 为 2 时的 Bode 图
gtext('xi=0.5');                        %    图例曲线注释
gtext('xi=1.0');                        %    图例曲线注释
gtext('xi=2.0')                         %    图例曲线注释
figure(3)                               %    新建图 3
ngrid('new')                            %    绘制等 M 圆网格并允许叠加
nichols(Sys(1),'r');                    %    绘制 xi 为 0.5 时的 Nochols 图
nichols(Sys(2),'b');                    %    绘制 xi 为 1 时的 Nochols 图
nichols(Sys(3),'m');                    %    绘制 xi 为 2 时的 Nochols 图
gtext('xi=0.5');                        %    图例曲线注释
gtext('xi=1.0');                        %    图例曲线注释
gtext('xi=2.0')                         %    图例曲线注释
```

得到不同参数下的幅频特征曲线如图 4-27 所示。

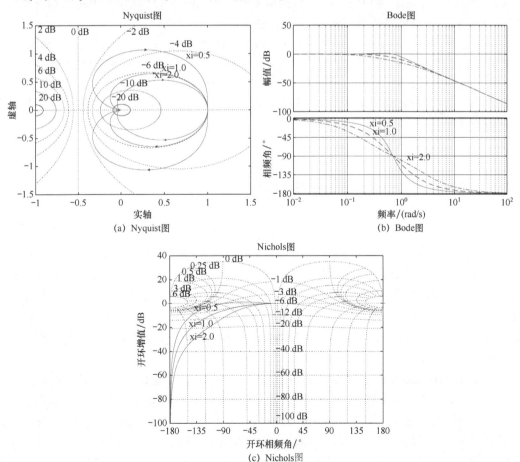

图 4-27　例 4-19 中系统在不同参数下的幅频特性曲线

二、MATLAB 中分析稳定裕度的相关函数

MATLAB 提供了用于计算系统稳定裕度的函数 margin()，它可以从频率响应数据中计算出幅值裕度、相角裕度以及对应的频率。幅值裕度和相角裕度是针对开环 SISO 系统而言的，它指出了系统在闭环时的相对稳定性。当不带输出变量引用时，函数 margin() 可在当前图形窗口中绘出带有稳定裕度及相应频率显示的 Bode 图，其中的幅值裕度以分贝为单位。

幅值裕度是在相角为−180°处使开环增益为 1dB 的增益量，如在−180°相频处的开环增益为 g，则幅值裕度为 $1/g$；或用分贝值表示幅值裕度，即−20lg10g。类似地，相角裕度是当开环增益为 1.0dB 时，相应的相角加上 180°。Margin()函数的常见调用法则如下：

```
margin(sys) ;                               %   绘制系统的 Bode 图
[Gm,Pm,Wgm,Wpm] = margin(sys);              %   计算系统的稳定裕度等指标
[Gm,Pm,Wgm,Wpm] = margin(mag,phase,w);      %   计算指定幅值相角的稳定裕度
```

当函数不带参数时，可以绘制系统的 Bode 图，其输入量 sys 可以是已建立好的系统对象，也可以是以分子、分母或状态空间等形式描述的系统。当函数包含参数时，可以计算系统的幅值裕度和相角裕度等参数，而不直接绘出 Bode 图，此时，输入量 mag 为幅值（不以 dB 为单位），phase 为相角，w 为角频率；输出量 Gm 为幅值裕度，Pm 为相角裕度，Wgm 为相应的相角交接频率，Wpm 为截止频率。

控制系统工具箱还提供了计算系统稳定裕度的函数 allmargin()，其调用法则如下：

```
s=allmargin(sys) ;                          %   求取系统稳定裕度
```

该函数用于计算幅值裕度、相角裕度以及对应的频率。幅值裕度和相角裕度是针对开环 SISO 系统而言的，输出 s 是一个结构体，它包括幅值裕度、相角裕度以及对应的频率和时滞增益裕度。

4.8 MATLAB 中线性定常系统分析工具

近些年来，用户与计算机之间的交互方式从命令行的方式转变到以图形用户界面（GUI）为主的交互方式。由于 GUI 给用户带来了操作和控制的方便性与灵活性，它已在人机交互方式中占了重要地位。在 GUI 环境下，不需要进行枯燥和重复性的各种计算操作，用户可以把更多的时间和精力投入到所得结果的分析中。从 MATLAB 5.2 版本开始，MATLAB 控制系统工具箱针对线性定常系统提供了分析工具——linearSystemAnalyzer，可用于分析 SISO（单输入单输出）或者 MIMO（多输入多输出）的 LTI（线性时不变）系统的各种响应。

linearSystemAnalyzer 工具采用图形用户界面,摒弃了以往在命令行方式下的操作方式,用户无须从键盘输入许多操作命令,在引入对象模型后,就可以方便地完成控制系统的分析，绘制出阶跃响应图、脉冲响应图、Bode 图、幅频特性图、Nyquist 图、Nichols 图、零极点分布图、奇异值响应（Sigma）图、任意输入响应（Lsim）图、零输入响应（Initial）图等 11 种响应图形，另外在响应图上可以显示出系统的特征参数，如峰值、上升时间、调

节时间、幅值裕量和相位裕量等。

4.8.1　线性定常系统分析工具箱简介

下面对线性系统分析工具箱的启动、界面组成和设置进行简要的介绍。

一、线性定常系统分析工具的启动

MATLAB 提供了 linearSystemAnalyzer()函数来完成线性定常系统分析工具的启动，其主要调用格式如下：

```
linearSystemAnalyzer;                          %  启动线性定常系统分析工具
linearSystemAnalyzer(sys1,sys2,...,sysn);      %  启动并分析某系统的阶跃响应
linearSystemAnalyzer(plottype,sys1,sys2,...,sysn);       %  启动并按照设置分
析某系统的响应
```

该函数能够以参数的形式对多个系统进行分析，在进行调用时，可以为每个系统设置其曲线颜色和曲线属性，例如，输入 linearSystemAnalyzer(sys1,'r-*',sys2,'m--');命令可以以红色实线和品红色虚线来分别显示系统 1 和系统 2 的阶跃响应；输入量 plottype 用于设置系统的输入类型，包括'step'（阶跃输入）、'impulse'（单位脉冲）、'lsim'（任意输入）、'initial'（零输入响应）、'bode'（波特图）、'bodemag'（幅频特性图）、'nyquist'（恩奎斯特图）、'nichols'(尼柯尔斯图)、'sigma'(奇异值响应图)、'pzmap'(零极点图)、'iopzmap'（IO 零/极点图），并且 MATLAB 允许同时对一个系统绘制多个曲线，例如，输入 linearSystemAnalyzer ({'step';'nyquist'},sys)命令就可以同时绘制出系统的阶跃响应和乃奎斯特图。另外，在进行函数调用时，根据 plottype 的不同，可以添加输入向量、终止时间、状态初值的相关参数。

在 MATLAB 2015 之前，线性定常系统分析工具的命令行调用格式为 ltiview()，其调用格式和参数与 linearSystemAnalyzer 的一致。另外，线性定常系统分析工具的启动还可以通过 MATLAB 工具栏来实现。在 MATLAB 工具栏中，选择"应用程序（APP）"选项页，从"应用程序"下拉选项菜单中，选择"Linear System Analyzer"选项即可完成工具的启动。

二、线性定常系统分析工具界面

在 MATLAB 命令行窗口中输入 linearSystemAnalyzer（或 ltiview），启动线性系统分析工具，其初始界面如图 4-28 所示。

线性定常系统分析工具的界面相对简洁，主要包括菜单栏、工具栏、绘图分析区域和状态栏。在菜单栏中，包含四个选项："File""Edit""Windows"和"Help"。其中，"File"项主要完成新建线性系统分析工具、导入和导出模型、工具箱设置和打印等功能；"Edit"项主要用于实现绘图设置、刷新系统、删除系统、曲线设置和线性系统分析工具属性等功能；"Window"项可用于切换 MATLAB 命令行窗口和线性系统分析工具窗口；"Help"项提供了相关的帮助和演示。工具栏中主要包括了新建、打印、放大、缩小和插入图例等常用功能。绘图分析区根据系统设置，可以显示多个响应曲线窗口。状态栏根据用户操作显示相应的信息。

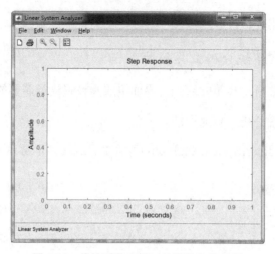

图 4-28　线性系统分析工具箱的初始界面

三、线性定常系统分析工具 linearSystemAnalyzer 设置

通过单击线性定常系统分析工具的菜单栏,可以完成分析工具相关属性和参数的设置,主要包括绘图设置、曲线设置、线性系统分析工具属性设置等内容。

1.绘图设置

单击线性定常系统分析工具的菜单栏"Edit"中的"Plot Configurations…"菜单,弹出如图 4-29 所示的绘图设置区域,可用于绘图窗口分布及内容设置。

通过该界面,可以将绘图设置区域分解为 1~6 个子窗口,并且可以设置每个窗口显示的曲线形式,包括阶跃、脉冲、Bode 图等 11 种形式,从而完成多图形窗口显示,实现对系统多种属性的分析功能。

2.曲线设置

单击线性定常系统分析工具的菜单栏"Edit"中的"Line Styles…"菜单,弹出如图 4-30 所示的曲线设置区域,当系统包含多个 LTI 模型或 MIMO 系统时,可以设置曲线的颜色、曲线属性和标记符号。

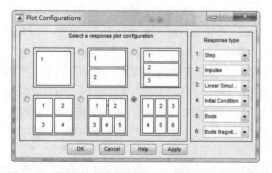

图 4-29　线性定常系统分析工具中的绘图设置区域

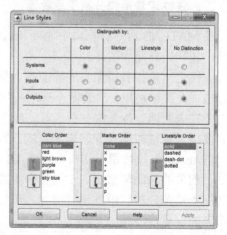

图 4-30　线性定常系统分析工具中的曲线设置区域

在曲线设置对话框中，其上方设置不同系统、不同输入、不同输出的曲线差别形式，包括曲线颜色、标记符号、曲线线型或无差别等四种模式。当设置完曲线差别形式后，在对话框下方设置曲线的顺序、标记符号顺序和属性的顺序。例如，当工具中包含三个 LTI 系统时，按照图 4-30 中的设置，三个系统的响应曲线分别采用深蓝色、红色和浅棕色来进行区别。当工具中仅包含一个系统时，曲线设置按照各个属性顺序的第一个进行绘制。

3．线性系统分析工具属性设置

单击线性定常系统分析工具的菜单栏"Edit"中的"Linear System Analyzer Preferences…"菜单，弹出如图 4-31 所示的分析属性设置，包括"Units""Style""Options"和"Parameters"四个属性设置页。

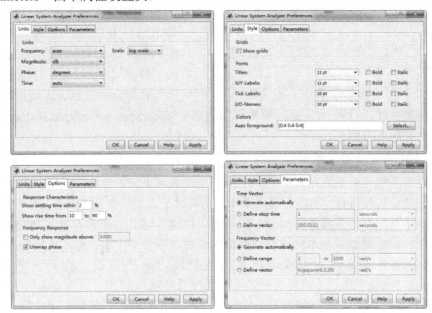

图 4-31　线性定常系统分析工具中的分析属性设置

"Units"属性设置页中用于设置频率的单位、坐标形式、幅值的单位、相位的单位和时间的单位等内容。"Style"属性设置页中用于设置是否显示网格，曲线图形中字体的大小、形式和颜色。"Options"属性设置页中用于更改上升时间和调节时间的定义，以及频率响应的相关设置。"Parameters"属性设置页中用于定义时间向量和频率向量。

4.8.2　线性定常系统分析工具箱的使用

下面介绍线性定常系统分析工具的基本使用方法，包括导入、分析和导出等相关操作。

一、线性定常系统分析工具中模型的导入

MATLAB 中模型的导入方式包括两种，分别是从工作空间中导入模型和从 Simulink 环境中导入模型。

1．从 MATLABWorkspace 中导入系统模型

在 MATLAB 中，较为简单的方法是从 MATLABWorkspace 中导入模型。用户首先在

MATLAB 的工作空间中建立 LTI 模型，对于传递函数模型、零极点增益模型、状态空间模型可直接在 MATLAB 工作空间中建立；对于 Simulink 的结构图模型，可先转化成状态空间模型，再在 MATLAB 工作空间建立。

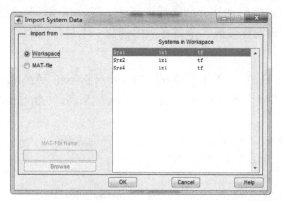

图 4-32　线性定常系统分析工具中的系统模型导入对话框

此时，导入线性定常系统分析工具的方式有两种，一种是通过界面的形式，在其 File 菜单中，选择 import 选项，在出现如图 4-32 所示的对话框中选择模型。对话框中支持从工作空间和 Mat 文件两种导入方式，并将当前工作空间/文件中所包含的所有模型对象全部列举出来，用户可以选择一个或多个模型，将其导入到线性定常系统分析工具的工作空间中，同时在线性定常系统分析工具窗口中按照默认设置绘制 LTI 模型的阶段响应曲线。另外一种是通过参数调用的形式 linearSystemAnalyzer(sys1,sys2,...,sysn) 来直接启动并导入模型。

2．从 Simulink 中导入系统模型

线性定常系统分析工具允许从 Simulink 环境中输入系统的结构图模型，此时，从系统建模到系统的分析和仿真，均为可视化操作，尤其对于大型控制系统而言，非常直观方便。

线性定常系统分析工具在 Simulink 模型中添加输入/输出点的操作流程如图 4-33 所示，首先通过 Simulink 建立控制系统结构图模型并存盘，在模型中添加输入点和输出点，方法是在模型中需要添加输入点或输出点的连接线上单击右键，在弹出的菜单中的"Linearization Points"选项下进行选择，可以选择开环输入/输出、常值输出等多种输入/输出方式。输入点和输出点是线性定常系统分析工具与 Simulink 系统结构图的接口，系统的仿真信息通过这两个元件在两界面之间传递，具体输入函数的类型和输出方式需要在线性定常系统分析工具仿真界面下设置。

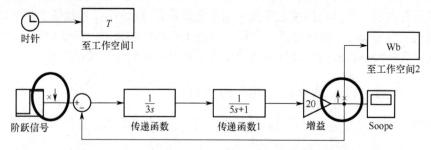

图 4-33　线性定常系统分析工具在 Simulink 模型中添加输入/输出点的操作流程

如图 4-34 所示，调出线性定常系统分析工具，进入线性定常系统分析工具中设置输入点和输出点。在 Simulink 的"Analysis"菜单中，选择"Control Design"下的"Linear Analysis"。在其左上角的"Analysis I/Os"中，选择"Create new Linearization I/Os"将弹出 edit:IOs1 对话框。

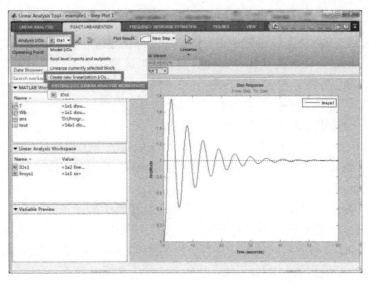

图 4-34　线性定常系统分析工具中创建新的线性分析输入输出点

弹出的 edit:IOs1 对话框如图 4-35 所示，选中 Simulink 框图中的添加的输入点或输出点，该对话框中会在"Currently Selected Signals"处出现选中的点，单击"Add"按钮可以将该输入点或输出点连接到"Linear Analysis Tool"中，在右边的界面中可以对该输入或输出点进行信号类型设置。添加完输入点或输出点后单击确定关闭该窗口，回到"Linear Analysis Tool"界面。至此就成功地将 Simulink 模型导入到了线性系统分析工具中。

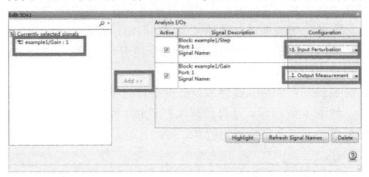

图 4-35　线性定常系统分析工具的 edit:IOs1 对话框

二、线性定常系统分析工具中模型的操作

将模型导入到图形窗口后，在窗口区域单击鼠标右键，弹出快捷菜单，用户可以通过相关菜单对系统进行各种辅助分析，并能求取相应响应曲线的特征值。需要注意的是，快捷菜单中会根据绘制图形的不同类型做出一定的变化和调整。如在零输入响应曲线图中，会增加初始条件的设置选项。另外，SISO 系统和 MIMO 系统以及 LTI 数组的快捷菜单存在一定差异。下面对主要的功能选项进行介绍。

（1）Plot Types：设置图形类型，通过该选项用户可以迅速完成阶跃响应、脉冲响应、Bode 图等图形类型的切换。

（2）Systems：当图形中包含多个系统模型时，通过该选项设置哪些系统对象的响应曲线予以显示。

（3）Characteristic：该选项设置是否在响应曲线标出显示相关特征值，其选项内容会根据图形类型的不同做出相应的变化。如阶跃响应可以选择是否显示表示系统特性的上升时间、调节时间、峰值响应、稳态值等内容；Bode 图可以选择是否显示峰值响应、最小穿越稳定裕度和全部穿越点稳定裕度等内容。

（4）Grid：设置响应曲线中是否显示网格。

（5）Properties…：启动属性设置对话框，用于编辑图形的标注（Labels，如横纵坐标的名称及图形标题）、坐标范围（Limits）、单位（Units）、风格（Style，包括字体、颜色等）和属性选项（Options）等。

（6）I/O Grouping：I/O Grouping 用于设置分析工具中的图形分组，它共有 4 个选项"None"（默认方式，即对窗口不进行分组）、"All"（将输出对输入的所有响应均绘制在一个窗口中）、"Inputs"（按照输入的响应进行分组）和"Outputs"（按照输出的响应进行分组）。例如，对于 3 输入 2 输出的 MIMO 系统，选择"None"选项时分析工具将包含 6 个图形子窗口，每个子窗口显示均每个输入/输出的响应；选择"All"选项时，分析工具中将包含 1 个图形窗口，窗口中包含 6 条响应曲线；选择"Inputs"选项时，分析工具中将包含 3 个图形子窗口，每个窗口中包含 2 条响应曲线；选择"Outputs"选项时，分析工具中将包含 2 个图形子窗口，每个窗口中包含 3 条响应曲线。

（7）I/O Selector…：用户单击"I/O Selector…"选项，弹出 IO 选择对话框，用于设置图形中显示哪些曲线。例如，一个 3 输入 3 输出的 MIMO 系统，对话框中共包含 9 个按钮。用户通过单击按钮（输入名或输出名）来设置显示哪条输入/输出响应曲线。若单击某个按钮，则仅显示该输入输出响应曲线，其他按钮自动取消；若单击某个输入名，则显示该输入对于所有输出的响应；若单击某个输出名，则显示所有输入对于该输出的响应；单击 All，将显示所有输入对输出的所有响应。

（8）Array Selector…：若导入线性系统分析工具的模型是 LTI 模型数组，则该选项出现在右键菜单中。如图 4-36 所示，选择该选项打开 LTI 模型数组选择对话框。用户通过该对话框设置维数的顺序，以及特征值的边界。

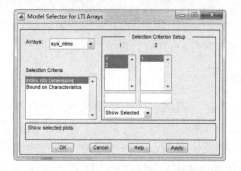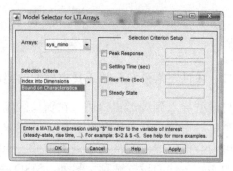

图 4-36　线性定常系统分析工具中的 LTI 模型数组选择对话框

三、线性定常系统分析工具中模型的导出、更新及删除

用户单击菜单栏"File"中的"Export…"选项，启动导出模型对象对话框（如图 4-37(a)所示）。导出窗口中列出了当前加载在线性系统分析仪响应所有的模型，用户可以导出模型

到 MATLAB 工作空间中或磁盘文件中。

单击菜单栏"Edit"中的"Refresh System"选项，可以随 MATLAB 工作空间中模型的改变而更新输入的模型。

单击菜单栏"Edit"中的"Delete System…"选项，启动删除模型对象对话框（如图 4-37(b)所示）。线性系统分析工具删除窗口中列出的当前加载在线性系统分析仪响应的所有模型。

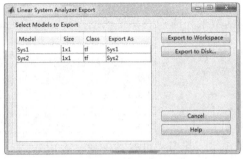
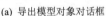

(a) 导出模型对象对话框

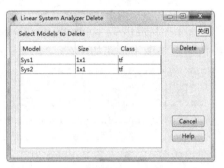

(b) 删除模型对象对话框

图 4-37　线性定常系统分析工具中的导出和删除模型对话框

线性定常系统分析工具可以方便地得到相关模型对象的响应曲线并求取系统的特征参数，强大的绘图功能使得分析结果更加清晰，有助于对系统特征参数概念的理解和设计方法的掌握。线性定常系统分析工具不仅可用于 SISO 系统的线性定常系统的特性分析，并且可以用于 MIMO 系统或 LTI 数组所表示的系统的分析。在分析和设计控制系统时，可灵活运用线性定常系统分析工具绘制系统的响应图，求出系统的特征参数，而把更多的时间和精力放在关键问题的思考上，具有重要的现实意义和工程应用价值。

4.9　MATLAB 中 SISO 控制系统辅助设计工具

在经典控制系统设计中，SISO 系统主要有两种基本设计方法：频率法和根轨迹法。在工程实践中，利用这两种方法设计经典控制系统的过程可以看成一种试凑和循环的过程，根据系统的性能指标要求，加入适当的控制器，反复调整控制器的参数，直到系统满足要求为止。在这个过程中，往往涉及各种方法的绘图和复杂的计算，而用传统的手工绘图方法，工作量很大，不仅费时、费力，而且结果常常达不到预期效果。后来人们逐渐利用计算机采用 Basic、FORTRAN、Pascal 和 C 高级语言编程进行控制系统计算机辅助设计，但编制与调试程序既花费很多的时间，又难以得到满意效果。从 MATLAB 6.0 开始，控制系统工具箱中提供了可视化设计工具 SISO，为经典控制系统的设计和分析提供了一个交互式的辅助设计工具。在 MATLAB 2015 中，该工具已经被 controlSystemDesignerl() 所取代。

4.9.1　SISO 控制系统辅助设计工具简介

SISO 控制系统辅助设计工具是 MATLAB 中提供的一个 GUI 的设计工具，用于分析和调整 SISO 反馈控制系统。它能用 Rlocus 图/Bode 图开展控制系统的设计。用户无须从键盘录入相关操作命令,通过鼠标操作导入系统各个环节模型后就能自动显示 Rlocus 图和 Bode 图。通过鼠标可以直接对屏幕上的对象进行操作,并且能够立刻显示出设计结果。这样读者就能根据闭环响应结果,不断调整控制器的增益、极点和零点,直到设计出满足要求的控制器为止,并可以将设计结果直接生成 Simulink 仿真模型。

一、SISO 控制系统辅助设计工具的启动

MATLAB 提供了 controlSystemDesigner()函数来完成控制系统辅助设计工具的启动,该函数的主要调用格式如下:

```
controlSystemDesigner;                      %   启动 SISO 控制系统辅助设计工具
controlSystemDesigner(plant);               %   启动辅助设计工具并载入对象模型
controlSystemDesigner(plant,comp);          %   启动辅助设计工具并载入对象模型
controlSystemDesigner(view);                %   启动辅助设计工具并显示指定图形
controlSystemDesigner(view,plant,comp);     %   启动工具、载入对象显示指定图形
```

在该函数中,输入参数 plant 为载入的对象模型,其形式可以是任意一个由 ts、ss、zpk 等形式描述的 SISO/LTI 系统模型;输入参数 comp 为补偿器,同样为一个 LTI 描述模型;输入参数 view 为启动时显示的结果图像,包括'rlocus'(根轨迹图)、'bode'(开环响应波特图)、'nichols'(Nichols 图)和'filter'(预过滤器 F 和闭环响应的波特图)。MATLAB 早期版本中,该工具调用格式为 sisotool(),其调用格式与 controlSystemDesignerl()函数相同。

另外,在 MATLAB 工具栏中,选择"应用程序(APP)"选项页,从应用程序中下拉选项菜单中,选择"Control System Designer"即可完成工具的启动。

二、SISO 控制系统辅助设计工具 SISO 控制系统辅助设计工具的界面

启动 SISO 控制系统辅助设计工具,其初始界面如图 4-38 所示。

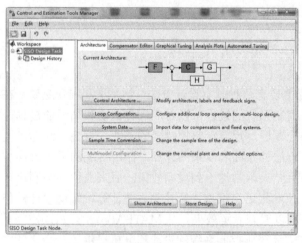

(a)控制系统辅助设计工具设置对话框

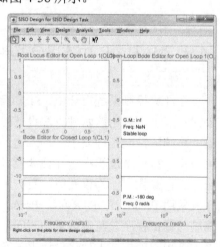

(b)控制系统辅助设计工具结果输出

图 4-38　SISO 控制系统辅助设计工具的初始界面

在辅助设计工具对话框的左侧,以列表形式显示当前工作空间中的设计任务;右边以设置页面的形式,用于完成控制器的不同操作,包括 Architecture(体系结构)、

Compensator Editor（补偿器编辑）、Graphical Tuning（图形调节）、Analysis Plots（分析图）、Automated Tuning（自动调节）等。结果输出对话框中包含了四种形式的输出结果，读者可以在每个图形中单击右键，弹出与图形相对应的快捷菜单，在菜单中完成相关图形的设置操作。

1. Architecture 属性设置页

用户可以在 Architecture 属性设置页中，完成整个系统的框架设计，通过单击不同的按钮，完成控制系统结构、闭环配置、系统数据、采样时间转换等操作，并且在设置页上方显示出当前系统的体系结构。图 4-39 给出了单击不同按钮时弹出的对话框。

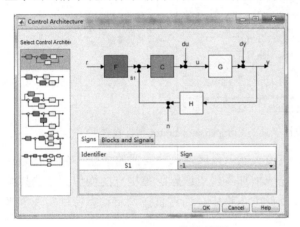
（a）Control Architecture 设置对话框

（b）Sample Time Conversion 设置

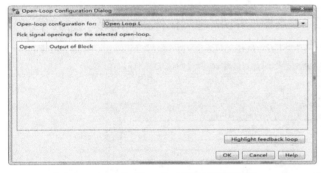
（c）Open-Loop Configuration Dialog 设置对话框

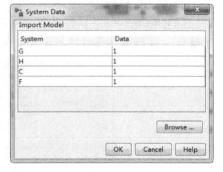
（d）System Data 设置对话框

图 4-39　SISO 控制系统辅助设计工具的 Architecture 属性设置页

四个对话框的功能如下。

（1）Control Architecture：主要用于设置反馈系统结构、反馈符号和模块与信号的名称。读者可以在左侧列表中选择控制系统的结构；在 Signs 属性表中设置反馈是正反馈还是负反馈；在 Block and Signals 属性表中设置模块的名称和信号的名称。

（2）Open-Loop Configuration Dialog：为多回路系统设计，用来配置附加的开环回路。

（3）System Data：为定点系统和补偿器导入数据。

（4）Sample Time Conversion：用于设置系统的采样时间，或者在为不同采样时间设计的补偿器之间进行切换。

2．Compensator Editor 属性设置页

如图 4-40 所示，用户可以在 Compensator Editor 属性设置页中增加或调整系统的增益、零点和极点。

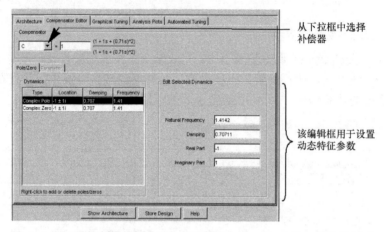

图 4-40　SISO 控制系统辅助设计工具的 Compensator Editor 属性设置页

在该属性设置页中，选择补偿器后，在输入框中直接录入补偿器的增益；在 Pole/Zero 中单击鼠标右键，在弹出的快捷菜单上，完成增加零极点或删除零极点的操作；当选择某行零极点后，可以在 Edit Selected Dynamics 的输入框中，通过直接调整动态特性实现零极点位置的修改。

3．Graphical Tuning 属性设置页

Graphical Tuning 属性设置页中用于设置图形界面，包括图像窗口配置、选择新回路用于优化，以及重新查看图形窗口。如图 4-41 所示。

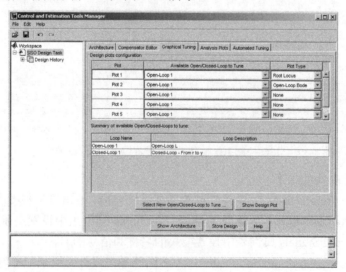

图 4-41　SISO 控制系统辅助设计工具的 Graphical Tuning 属性设置页

图形窗口设置与 SISO 设计任务动态关联，当用户在 SISO 设计任务或图形优化窗口中的任意一处改变补偿器的动态，在这两处的设计都将更新。

对于开环响应，可得到的图形类型有根轨迹图、Nichols 图、Bode 图。对于闭环响应，可得到的图形类型是 Bode 图。对于 LTI 模型的行数组或列数组，设计图形展示了对于默认数组中所有模型的特殊响应。

使用下拉菜单，通过指定输入/输出和想要优化的模块来选择需要调节的闭环。在对话框中，用户可以选择另外的封闭回路进行优化。用户指定的回路都在图形优化面板的"Summary of Available Loops to Tune"中显示出来，其列表也在相同面板中的"Design plots configuration"表格中。用户可以使用后者配置设计图形，并单击"Show Design Plot"选项改变图形调整窗口的显示内容。

4．Analysis Plots 属性设置页

用户可以在 Analysis Plots 属性设置页中分析图形，通过单击不同的按钮，自定义回路响应，增加新的响应图形，以及打开或改变 LTI Viewer 的焦点。图 4-42 是 SISO 控制系统辅助设计工具的 Analysis Plots 属性设置页。

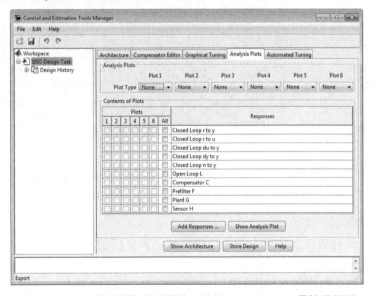

图 4-42　SISO 控制系统辅助设计工具的 Analysis Plots 属性设置页

用户可以在一个 LTI Viewer 中最多绘制 6 个图形。若要添加一个图形，则要首先从图形列表中选择"图 1"，然后从下拉菜单中选择一个新的图形类型。在 LTI Viewer 中，用户可以选择任何可用的图形。选择"None"来移除一个图形。用户一旦选择了一个图形类型，显示的图形可以包括几个开环和闭环传递函数响应。用户可以为系统的每个组件都绘制开环响应，包括补偿器（C）、设备（G）、前置滤波器（F）或传感器（H）。另外，各种闭环响应图形和灵敏度响应图形也是可用的。对于 LTI 模型的行数组或列数组，分析图形只在默认情况下展示典型的响应。若要更多的信息，则需要查看开始菜单中的回路响应分析图形。

用户单击"Add Responses"选项，打开一个有三个下拉菜单的窗口，用于在控制结构模型框图的各个输入/输出节点中选择开环响应和闭环响应。用户可以选择查看另外的响应，Response 列表自动更新以包括选择的响应。

用户单击"Show Analysis Plot"选项。打开一个新的带有用户选择的响应图形的 LTI Viewer 用于 SISO 设计。所有的图形都在 LTI Viewer 的一个实例中打开。

5．Automated Tuning 属性设置页

如图 4-43 所示，用户可以使用 Automated Tuning 属性设置页为设计的补偿器选择一种自动调优方法。自动调优方法帮助用户为 SISO 回路设计一个能满足用户设计规范的初始补偿器。Automated Tuning 属性设置页随着调优方法的不同而发生相应的变化。

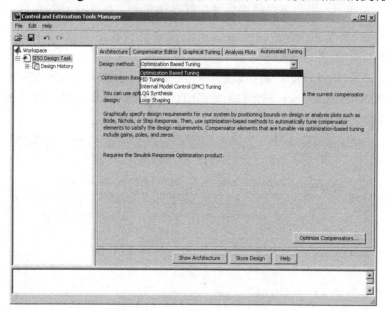

图 4-43　SISO 控制系统辅助设计工具的 Automated Tuning 属性设置页

用户可以选择以下 5 种调优方法。

（1）基于最优化方法的优化：利用在图形优化和分析图形中实现的设计需要，优化参数设计。

（2）PID 优化：使用鲁棒响应时间优化算法或者六种经典优化公式来优化 PID 控制器参数。

（3）内模控制（IMC）调优：使用 IMC 设计方法获得一个完整命令的稳定反馈控制器。

（4）LQG 综合：设计一个作为线性二次高斯跟踪器的完整命令的稳定反馈控制器。

（5）回路整形：寻找一个有需求的开环带宽或形状的完整命令的反馈控制器。

三、使用 SISO 控制系统辅助设计工具的注意事项

利用可视工具 sisotool 可以方便地设计出经典控制系统，但是控制器零极点的选择仍需要不断试凑，直到基本满足性能要求。因此在设计过程中，必须注意以下规律：① 有意识地在系统中加入适当的零点，以抵消对动态过程影响较大的不利极点，使系统的动态过程获得改善。② 要正确配置闭环主导极点的位置。把系统的设计要求表示成希望极点的区域，通过加入适当的零点和极点，使得系统的闭环主导极点落在希望的区域。③ 若要求系统快速性好，则闭环极点应远离虚轴；若要求系统平稳性好，则闭环复数极点应设置在与负实

轴夹角较小的等阻尼比 ξ 线上。

4.10　某型飞行器控制性能分析

下面以某型导弹为例，完成法向过载自动驾驶仪的设计与仿真分析，实现对法向过载指令的跟踪。导弹在飞行高度 H=2000m，速度 v=290m/s，所要设计的自动驾驶仪指标要求为：控制系统上升时间 $t_s < 0.8s$，超调量 $\sigma\% \leq 20\%$ 。

已知某型导弹的动力学系数：$a_{22} = 8.8762$、$a_{24} = 60.871$、$a_{25} = 300.787$、$a_{34} = 0.596$、$a_{35} = 0.2233$。忽略电动舵机和速率陀螺动态特性，内回路采用角速率反馈和角速率积分反馈，外回路采用法向过载反馈以实现对法向过载的控制。某型导弹法向过载自动驾驶仪结构框图如图 4-44 所示。

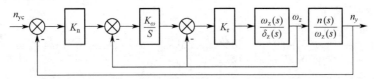

图 4-44　某型导弹法向过载自动驾驶仪结构框图

对采用线性化后的传递函数进行控制，忽略 a'_{24} 及 a_{35} 的影响，得导弹纵向传递函数为

$$\frac{\omega_z(s)}{\delta_z(s)} = -\frac{a_{25}s + a_{25}a_{34}}{s^2 + (a_{22} + a_{34})s + a_{22}a_{34} + a_{24}} \tag{4-79}$$

$$\frac{n_y(s)}{\delta_z(s)} = -\frac{a_{25}a_{34}V/g}{s^2 + (a_{22} + a_{34})s + a_{22}a_{34} + a_{24}} \tag{4-80}$$

基于极点配置方法完成控制系统参数设计，设定闭环理想极点 ξ_0 =0.4559，ω_0 =12.3369，T_0 =0.0356，自动驾驶仪控制器参数按照式（4-81）进行计算，具体推导过程参考导弹控制系统原理等专业书籍。

$$\begin{cases} K_r = -\dfrac{(2\omega_0\xi_0 T_0 + 1)/T_0 - a_{22} - a_{34}}{a_{25}} \\[3mm] K_w = -\dfrac{(2\omega_0\xi_0 + T_0\omega_0^2)/T_0 - a_{22}a_{34} - a_{24} + K_r a_{34}}{a_{25}K_r} \\[3mm] K_n = -g\dfrac{\omega_0^2/T_0 - K_r K_w a_{25}a_{34}}{K_r K_w V a_{25}} \end{cases} \tag{4-81}$$

MATLAB 程序如下：

```
close all;
clear all;
clc;

%　输入导弹动力学系数
a22=8.8762;a24=60.871;
a25=300.787;
```

```
a34=0.596;
a35=0.2233;
V=290;
g=9.8;

%    完成弹体传递函数的设置
G1=-tf([a25 a25*a34],[1 (a22+a34) (a22*a34+a24)]);
G2=-tf([a25*a34*V/g],[1 (a22+a34) (a22*a34+a24)]);
G3=tf([a25*a34*V/g],[a25 a25*a34]);

%    设置闭环理想极点
T0=0.0356;
omega0=12.3369;
ksi0=0.4559;

%    设置控制器参数
Kr=-((2*ksi0*omega0*T0+1)/T0-a22-a34)/a25;
Kw=-((2*ksi0*omega0+T0*omega0^2)/T0-a22*a34-a24+Kr*a34)/(a25*Kr);
Kn=-g*(omega0^2/T0+Kr*Kw*a25*a34)/(Kr*Kw*V*a25);
ess=-a25*a34*g*Kr*Kw/(- a25*a34*g*Kr*Kw - a25*a34*Kn*Kr*Kw*V);%    未校正
前闭环系统稳态误差
K0=1/(1-ess);                              %    对闭环系统稳态误差的校正增益

%    构建系统闭环传递函数
sys0=feedback(Kr*G1,1);                    %    角速率反馈内回路传递函数
G4=tf([Kw],[1 0]);                         %    角速率积分
sys1=feedback(G4*sys0,1);                  %    角速率积分反馈内回路传递函数
G0=Kn*sys1*G3;                             %    系统开环传递函数
sys2=K0*feedback(Kn*sys1*G3,1);            %    系统闭环传递函数

%    绘制系统阶跃响应
figure;
step(sys2);
grid on;

%    系统波开环特图
figure;
bode(G0);
grid on;

%    求取系统时域指标
[y t] = step(sys2);

[PeakVal,PeakIndex]=max(y);                %    求出 y 的峰值及相应的序号
Timetopeak=t(PeakIndex);                   %    获得峰值时间
C=dcgain(sys2);                            %    求取系统的终值
[Y,K]=max(y);                              %    求出 y 的峰值及相应的时间
```

```
percentovershoot=100*(Y-C)/C;        %    计算超调量

n=1;                                 %    创建一个循环变量，并初始化为1
while y(n)<0.1*C                      %    求取输出第一次到达终值10%时的时间序号
    n=n+1;                           %    当未到达终值的10%时，继续累加
end
m=1;                                 %    再创建一个循环变量，并初始化为1
while y(m)<0.9*C                      %    求取输出第一次到达终值90%时的时间序号
    m=m+1;                           %    当未到达终值的90%时，继续累加
end
risetime=t(m)-t(n);                  %    上述两个时间相减，即为上升时间

n=length(t)                          %    求取仿真时间 t 序列的长度
while  (y(n)>0.95*C)&(y(n)<1.05*C)    %    通过循环，求取输出在终值的±5%内的时间
    n=n-1;                           %    当未满足停止条件时，从后向前继续搜索
end
Adjustmenttime =t(n);                %    获得调节时间
```

其系统运行结果如图 4-45 所示。

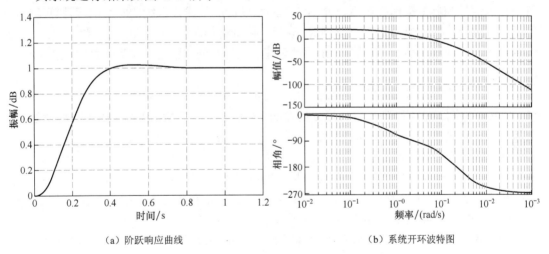

（a）阶跃响应曲线　　　　　　　　（b）系统开环波特图

图 4-45　某型导弹过载控制回路系统运行结果

时域指标为：峰值时间 Timetopeak = 0.5076s，超调量 percentovershoot = 2.4271dB，上升时间 risetime = 0.240s，调节时间 Adjustmenttime = 0.3463s。

4.11　本章要点小结

飞行器控制系统性能的优劣直接影响到飞行器的制导精度和战技指标。在进行飞行器控制系统设计时，通常采用小扰动线性化的方法，求取飞行器在指定特征点的线性模型；然后，基于线性控制系统设计原理，进行系统稳定性分析、控制系统结构设计、时域指标和频域指标分析等工作。在本章中，主要介绍了在 MATLAB 环境下，基于飞行器线性系统

模型，如何开展控制系统的设计与分析工作。

（1）首先，本章简要回顾了飞行器线性模型的建立过程，介绍了飞行器基于小扰动线性化后的运动方程组，推导得到不同通道的传递函数，然后，介绍了典型的自动驾驶仪结构框图和闭环传递函数，包括经典双回路过载控制、经典三回路过载控制、伪攻角反馈过载控制和姿态角控制系统。

（2）然后，介绍了线性系统的常用数学描述方法在 MATLAB 中的描述形式，包括连续系统的传递函数 tf()、零极点形式 zpk()、状态空间方程 ss()，离散系统的传递函数和状态空间等。然后，介绍了不同系统描述之间的转换函数，包括连续系统与连续系统、离散系统与离散系统、离散系统与连续系统之间的转换方法。最后，介绍了复杂线性系统的连接处理方式，包括串联、并联以及反馈的处理函数。

（3）介绍了利用 MATLAB 开展分析线性控制系统的特性方法。首先，对系统的稳定性进行分析，包括输出稳定性分析和李雅普诺夫稳定性分析；然后，介绍了系统的状态可控性和可观性的概念、分析方法以及实现函数；最后介绍了 MATLAB 环境下进行线性系统规范分解的函数方法。

（4）介绍了利用 MATLAB 开展线性系统的时域分析方法。首先简要给出了时域分析的典型输入信号和典型指标；然后，介绍了不同激励情况下线性系统的时域响应计算函数，包括单位阶跃响应函数 step()、单位脉冲响应函数 impulse()、零输入响应函数 initial()以及任意输入响应函数 lsim()。最后，给出了超调量、上升时间、稳定时间等典型时域指标分析的计算代码。

（5）介绍了利用 MATLAB 开展线性系统的根轨迹分析。首先简要介绍了根轨迹法的定义、根轨迹绘制的基本准则和根轨迹分析方法；然后，介绍了 MATLAB 中的根轨迹绘制函数，包括根轨迹绘制函数 rlocus()和网格线绘制函数 sgrid()和函数 zgrid()。

（6）介绍了利用 MATLAB 开展线性系统频域分析的方法。首先简要回顾了线性系统频域分析的基本概念，包括定义、性能指标、特征曲线和稳定裕度等内容；然后，介绍了 MATLAB 中线性系统频域分析方法，包括 Nyquist 图绘制函数 nyquist()、Bode 图绘制函数 bode()、Nichols 图绘制函数 nichols()和计算系统稳定裕度的函数 margin()。

（7）最后，简要介绍了 MATLAB 控制系统工具箱中提供的两个应用工具：线性定常系统分析工具和控制系统辅助设计工具，介绍了两者的启动方法、工具界面和简单操作方法。

MATLAB 的控制系统工具箱中为线性控制系统设计提供了功能丰富的函数和相关工具，这些函数和工具能够方便快捷地完成系统描述、组成，以及指标计算和曲线绘制。本章只是简要地介绍了这些函数和工具，关于这些函数背后的理论基础和专业知识，建议读者参考相关专业书籍。

5

第 5 章

基于飞行器非线性模型的控制系统仿真验证

控制系统设计人员基于飞行器线性模型完成控制系统设计后，需要将其代入到非线性模型中，考核并验证控制系统结构的合理性，评估并优化控制系统参数。在 MATLAB 环境下，飞行器的非线性模型主要是通过 Simulink 仿真环境来完成搭建的。

Simulink 是 MATLAB 最重要的组件之一，它提供了一个动态系统建模、仿真和综合分析环境，能够方便快捷地描述线性系统和非线性系统，支持单速率或多速率的仿真任务，可以实现连续系统、离散系统和混合系统的建模与仿真。用户基于 Simulink 工作环境，无须编写大量的程序代码，只需通过简单直观的鼠标操作，即可完成复杂的非线性模型的搭建工作。

Simulink 拥有丰富的、可扩充的预定义模块及交互式的图形编辑器，这些图形编辑器能够组合和管理直观的模块图。通过层次性的子系统对模型进行分割、组成，实现对复杂模型的管理。Simulink 能让用户在图形方式下以最小的成本来模拟真实的动态模型的运行，并提供了一系列功能丰富的系统模块，以及高效的积分算法和直观的图示化工具。Simulink 具有如下的特点。

1．动态系统的建模与仿真

Simulink 支持线性、非线性、连续、离散、多变量和混合式系统结构，能够轻松完成各类真实动态系统的建模与仿真分析工作。

2．直观化的建模方式

Simulink 采用的是可视化的建模方法，用户仅需要按照对象的模型框图和描述公式，拖拽连接相关模块即可完成模型的搭建工作。

3．开放式的模块来源

Simulink 提供了数以百计的各类基本模块，以满足用户不同类型的建模需求，并向用户定制模块和自研模块提供了相关接口方式，使这些模块能够引入到 Simulink Library 中。

4．丰富准确的计算方法

Simulink 提供了多种高效、准确的数值求解算法，能够满足连续、离散、混合等各类复杂模型的解算需求。

5．层次化的显示方式

对于大型的复杂模型，Simulink 采用层次化的结构来对模型进行归纳整理。通过自上而下或自下而上的建模方式，将不同功能的子模型封装为子系统，提高模型的可读性。

6．交互式的仿真分析

Simulink 提供了多种示波器和数据显示器，能够让用户在模型解算过程中直接查看仿真结果和信号的变化趋势。

在本章中，首先回顾了飞行器六自由度非线性模型的组成；然后详细介绍了 Simulink 的基本操作、常用模块的使用方法和 Simulink 的高级使用技巧；接下来对飞行器非线性模型搭建过程中常用的 Simulink 相关模块进行了简要介绍；最后结合编者自身经验，给出了在 Simulink 环境下完成非线性模型的搭建过程。

5.1　典型飞行器的动力学运动学非线性模型

飞行器在飞行过程中受到重力、气动力、发动机推力和气动力矩等因素的作用，其位置和姿态会发生相应的变化。为了详细描述其运动状态，需要考虑各种受力因素和非线性情况，建立相对完备的飞行器数学模型。对于制导控制系统设计，飞行器的非线性数学模型通常是一组动力学运动学方程。作为分析、计算或模拟飞行器运动的基础，飞行器运动方程组的推导理论主要以牛顿定理为主，同时涉及变质量力学、空气动力学、推进原理和自动控制理论等学科。

在对飞行器进行动力学运动学建模时，需要根据飞行器的弹道特点和仿真试验目的，建立不同精细程度的非线性数学模型。过于复杂的模型不仅没必要建立这些数学模型，反而会增加很多工作量；而若忽略过多因素，建模过于简单，则不能反映对象的特性。例如，在对近程空空导弹建模时，其模型可以相对简单。由于近程空空导弹的攻击距离短，高度变化不大，因此可以将地球视为水平，重力加速度视为常值。而对于远程地地导弹，由于攻击距离远，高度变化较大，因此这时需要建立地球模型，重力加速度随高度变化；当飞行距离更远时，重力加速度要设置为地球谐振模型，随时要考虑发射点的经纬高射向等因素。

在开始进行数学建模时，首先应选取合适的坐标系进行建模。坐标系的选取原则是：既能清楚正确地描绘出物体的运动，又能使描述物体运动的运动方程简单明了，并且清晰易懂。坐标系的建立方法有很多种，并且同一组模型中也会用到多个坐标系，因此，在建模时必须根据研究目标的运动特性和考虑因素进行坐标系的选择。在完成坐标系的建立后，即可对研究目标在飞行过程中所受到的力进行分析。导弹等制导武器在飞行过程中，主要受到重力、气动力和发动机推力等，同时还受到哥氏力、离心力等小量的影响，在进行受力分析时，需要根据具体对象进行具体分析。将研究对象受到的力在相应的坐标系进行投影分解，根据经典牛顿第二定律和动量矩定律，即可完成飞行器的六自由度模型的推导。

目前，飞行力学经过多年的发展，对于不同的飞行器已经形成了非常简单的动力学/运动学方程模型，包括近程战术导弹、远程弹道导弹、滚转反坦克导弹、卫星等。用户在进行动力学/运动学非线性建模时，根据对象特点和总体气动数据格式，选择合适的非线性数学模型即可开展仿真验证。下面就给出几种典型的飞行器六自由度非线性数学模型，读者可以根据对象特点直接选用。

5.1.1　近程飞行器六自由度模型

对于近程飞行器，其飞行距离较近，高度变化较小，即可以假设其大地为水平面，重力加速度为常值，忽略地球自转、附加哥氏力、离心力等因素的影响。在进行六自由度建模时，根据总体提供的气动力参数格式的不同，可以将飞行器质心动力学方程建立在弹道坐标系或弹体坐标系中。下面给出两种形式的近程飞行器六自由度数学模型。

一、弹道坐标系下的动力学/运动学方程

在 4.1.1 节中，将飞行器的各种受力情况投影到弹道坐标系中，得到了近程飞行器在弹道坐标系下的运动学方程，即

$$m\frac{\mathrm{d}V}{\mathrm{d}t} = P\cos\alpha\cos\beta - X - mg\sin\theta$$

$$mV\frac{\mathrm{d}\theta}{\mathrm{d}t} = P(\sin\alpha\cos\gamma_v + \cos\alpha\sin\beta\sin\gamma_v) + Y\cos\gamma_v - Z\sin\gamma_v - mg\cos\theta$$

$$-mV\cos\theta\frac{\mathrm{d}\psi_v}{\mathrm{d}t} = P(\sin\alpha\sin\gamma_v - \cos\alpha\sin\beta\cos\gamma_v) + Y\sin\gamma_v + Z\cos\gamma_v$$

$$J_x\frac{\mathrm{d}\omega_x}{\mathrm{d}t} = M_x - (J_z - J_y)\omega_y\omega_z$$

$$J_y\frac{\mathrm{d}\omega_y}{\mathrm{d}t} = M_y - (J_x - J_z)\omega_x\omega_z$$

$$J_z\frac{\mathrm{d}\omega_z}{\mathrm{d}t} = M_z - (J_y - J_x)\omega_x\omega_y$$

$$\frac{\mathrm{d}x}{\mathrm{d}t} = V\cos\theta\cos\psi_V$$

$$\frac{\mathrm{d}y}{\mathrm{d}t} = V\sin\theta \qquad\qquad\qquad (5\text{-}1)$$

$$\frac{\mathrm{d}z}{\mathrm{d}t} = -V\cos\theta\sin\psi_V$$

$$\frac{\mathrm{d}\vartheta}{\mathrm{d}t} = \omega_x\sin\gamma + \omega_z\cos\gamma$$

$$\frac{\mathrm{d}\psi}{\mathrm{d}t} = \frac{1}{\cos\vartheta}(\omega_y\cos\gamma - \omega_z\sin\gamma)$$

$$\frac{\mathrm{d}\gamma}{\mathrm{d}t} = \omega_x - \tan\vartheta(\omega_y\cos\gamma - \omega_z\sin\gamma)$$

$$\sin\beta = \cos\theta[\cos\gamma\sin(\psi - \psi_V) + \sin\vartheta\sin\gamma\cos(\psi - \psi_V)] - \sin\theta\cos\vartheta\sin\gamma$$

$$\sin\alpha = [(\cos\vartheta\cos\theta\cos(\psi - \psi_c) + \sin\vartheta\sin\theta)\sin\vartheta$$
$$-\sin\beta\cos\vartheta\sin\gamma - \sin\theta]/\cos\beta\cos\vartheta\cos\gamma$$

$$\sin\gamma_c = (\cos\alpha\sin\beta\sin\varphi - \sin\alpha\sin\beta\cos\gamma\cos\varphi + \cos\beta\sin\gamma\cos\varphi)/\cos\theta$$

式中，相关变量的含义参考 4.1 节。

二、弹体坐标系下的动力学/运动学方程

将质心运动的动力学方程组建立在弹体坐标系上，将各作用力变换为弹体坐标系内的分量。通常，推力分量沿弹体坐标系作用于飞行器上，因此，推力不必进行坐标变换。当总体提供的气动力系数是弹体坐标系时，推力可以直接使用；当总体提供的气动力系数是速度坐标系时，需要将其投影在弹体坐标系中。下面给出弹体坐标系下的六自由度方程，从公式可以看出，两者的差异主要表现在质心动力学上。

$$m\frac{dV_{x1}}{dt} = P_{x1} - X\cos\alpha\cos\beta + Y\sin\alpha - Z\cos\alpha\sin\beta - mg\sin\vartheta - \omega_y V_{z1} + \omega_z V_{y1}$$

$$m\frac{dV_{y1}}{dt} = P_{y1} + X\sin\alpha\cos\beta + Y\cos\alpha + Z\sin\alpha\sin\beta - mg\cos\vartheta\cos\gamma - \omega_z V_{x1} + \omega_x V_{z1}$$

$$m\frac{dV_{z1}}{dt} = P_{z1} - X\sin\beta + Z\cos\beta + mg\cos\vartheta\sin\gamma - \omega_x V_{y1} + \omega_y V_{x1}$$

$$J_x\frac{d\omega_x}{dt} = M_x - (J_z - J_y)\omega_y\omega_z$$

$$J_y\frac{d\omega_y}{dt} = M_y - (J_x - J_z)\omega_x\omega_z$$

$$J_z\frac{d\omega_z}{dt} = M_z - (J_y - J_x)\omega_x\omega_y$$

$$\frac{dx}{dt} = V_x = V_{x1}\cos\vartheta\cos\psi + V_{y1}(-\sin\vartheta\cos\psi\cos\gamma + \sin\psi\sin\gamma) + V_{z1}(\sin\vartheta\cos\psi\sin\gamma + \sin\psi\cos\gamma)$$

$$\frac{dy}{dt} = V_y = V_{x1}\sin\vartheta + V_{y1}\cos\vartheta\cos\gamma - V_{z1}\cos\vartheta\sin\gamma$$

$$\frac{dy}{dt} = V_z = -V_{x1}\cos\vartheta\sin\psi + V_{y1}(\sin\vartheta\sin\psi\cos\gamma + \cos\psi\sin\gamma) + V_{z1}(-\sin\vartheta\sin\psi\sin\gamma + \cos\psi\cos\gamma)$$

$$\frac{d\vartheta}{dt} = \omega_x\sin\gamma + \omega_z\cos\gamma$$

$$\frac{d\psi}{dt} = \frac{1}{\cos\vartheta}(\omega_y\cos\gamma - \omega_z\sin\gamma)$$

$$\frac{d\gamma}{dt} = \omega_x - \tan\vartheta(\omega_y\cos\gamma - \omega_z\sin\gamma)$$

$$V = \sqrt{V_{x1}^2 + V_{y1}^2 + V_{z1}^2}$$

$$\sin\beta = \frac{V_{z1}}{V}$$

$$\tan\alpha = -\frac{V_{z1}}{V_{x1}}$$

$$\text{tg}\,\theta = \frac{V_y}{\sqrt{V_x^2 + V_z^2}}$$

$$\text{tg}\,\psi_c = -\frac{V_z}{V_x}$$

$$\cos\gamma_V = [\cos\gamma\cos(\psi - \psi_V) - \sin\theta\sin\gamma\sin(\psi - \psi_V)]/\cos\beta$$

（5-2）

式中，相关变量的含义参考 4.1 节，其中，速度 V_{x1},V_{y1},V_{z1} 分别为飞行器速度在弹体坐标系下的投影；速度 V_x,V_y,V_z 分别为飞行器速度在地面坐标系下的投影；气动力 X、Y 和 Z 为速度系下的气动力分量。

5.1.2　滚转导弹六自由度模型

滚转导弹由于其特殊的运动形式，使其数学模型和控制方式与传统飞行器存在一定差异。根据相关专业书籍的内容，给出滚转导弹的六自由度数学模型。

低速滚转导弹是指在飞行过程中，绕其纵轴低速（每秒几转或几十转）自旋的一类导弹。滚转导弹的研制是从 19 世纪 50 年代开始的，最早被应用于反坦克导弹上；60 年代初，又被广泛地应用于小型防空导弹上。该类导弹通常采用斜置尾翼、弧形尾翼或起飞发动机喷管斜置等方式赋予导弹一定的滚转角速度。其主要特点是：实现单通道控制，控制系统简单，导弹只需一对操纵机构；利用其随纵轴旋转和操纵机构的换向，可获得俯仰和偏航方向的控制力，导弹可以在空间任意方向运动；滚转导弹在飞行过程中，将产生马格努斯效应和陀螺效应，使纵向运动和侧向运动相互交连，俯仰运动和偏航运动不可能分开研究；导弹滚转可以改善发动机推力偏心、质量偏心、导弹外形工艺误差等干扰所造成的影响，减小无控飞行段的散布。由于导弹始终处于滚转状态，因此根据弹体坐标系和速度坐标系之间关系所决定的攻角、侧滑角将随同弹体绕纵轴旋转而交变，这也导致了飞行器动力学模型的差异。

一、滚转导弹补充坐标系

由于弹体坐标系的 Oy_1 轴和速度坐标系的 Oy_3 轴都在导弹的纵向对称面内，当弹体滚转时，纵向对称面就跟着滚转，导致攻角 α 和侧滑角 β 也将随之产生周期性交变，给研究导弹的运动带来诸多不便。为此在建立滚转导弹运动方程组时，除要用到地面坐标系 $Axyz$、弹道坐标系 $Ox_2y_2z_2$、弹体坐标系 $Ox_1y_1z_1$ 和速度坐标系 $Ox_3y_3z_3$ 外，还要建立两个新的坐标系，即准弹体坐标系 $Ox_4y_4z_4$ 和准速度坐标系 $Ox_5y_5z_5$，同时重新定义准攻角和准侧滑角。若借助于所建立的滚转导弹运动方程组，则在研究、分析滚转导弹运动的特性和规律时，获得的准攻角和侧滑角的变化规律更为直观。

1．准弹体坐标系 $Ox_4y_4z_4$

坐标系的原点 O 在导弹的瞬时质心上；Ox_4 轴与弹体纵轴重合，指向头部为正；Oy_4 轴位于包含弹体纵轴的铅锤面内，且垂直于 Ox_4 轴，指向上为正；Oz_4 轴与其他两轴垂直并构成右手坐标系。

2．准速度坐标系 $Ox_5y_5z_5$

坐标系的原点 O 在导弹的瞬时质心上；Ox_5 轴与导弹质心的速度矢量重合；Oy_5 轴位于包含弹体纵轴的铅锤面内，且垂直于 Ox_5 轴，指向上为正；Oz_5 轴与其他两轴垂直并构成右手坐标系。

3．准攻角和准侧滑角

为了描述准速度坐标系和准弹体坐标系之间的相对关系，引入两个角度定义。准攻角 α^* 是指导弹质心的速度矢量 V（Ox_5 轴）在铅垂面 Ox_4y_4 上的投影与弹体纵轴 Ox_4 的夹角。

若 Ox_4 轴位于 V 的投影线的上方（即产生正升力），则 α^* 为正，反之为负。准侧滑角 β^* 是指速度矢量 V（Ox_5 轴）与铅垂面 Ox_4y_4 之间的夹角。沿飞行方向观测，若来流从右侧流向弹体（即产生负侧向力），则所对应的准侧滑角 β^* 为正，反之为负。

关于两个坐标系与其他坐标系之间的转换矩阵，读者可以参考飞行力学等相关文献。

二、滚转导弹的控制力和控制力矩

滚转导弹一般采用单通道控制，同时可以实现控制俯仰和偏航运动的任务。在滚转导弹设计过程中，广泛采用脉冲继电式操纵机构（例如摆帽、空气扰流片、燃气扰流片等）。下面以摆帽为例说明操纵力的产生。

假设控制系统在理想条件下工作，操纵机构是理想的继电式偏转，不存在时间延迟。设在导弹开始旋转时刻，弹体坐标系和准弹体坐标系相重合（$\gamma = 0$），操纵机构处于水平位置，操纵机构偏转轴（相当于铰链轴）平行于弹体的 Oy_1 轴，且规定产生的操纵力矩指向 Oz_1 轴的负向时，操纵机构的偏转角 $\delta > 0$；反之 $\delta < 0$。

由于弹体本身具有低通滤波性，因此只有已知脉冲调宽操纵机构产生的操纵力的周期平均值才能得到弹体的响应。弹体滚转时，操纵力 F_c 随弹体滚转。若控制信号的极性不变，即操纵机构的偏摆不换向时，则操纵力 F_c 随弹体滚转一周在准弹体坐标系 Oy_4 轴和 Oz_4 轴方向上的周期平均的操纵力为零（见图 5-1(b)）。若弹体滚转前半周期（$0 \le \dot{\gamma}t < \pi$）的控制信号使 $\delta > 0$，而后半周期（$\pi \le \dot{\gamma}t < 2\pi$）控制信号的极性改变，（$\delta < 0$ 时）则操纵力 F_c 随弹体滚转一周在 Oy_4 轴和 Oz_4 轴方向上的投影变化曲线，如图 5-1 (c)所示。

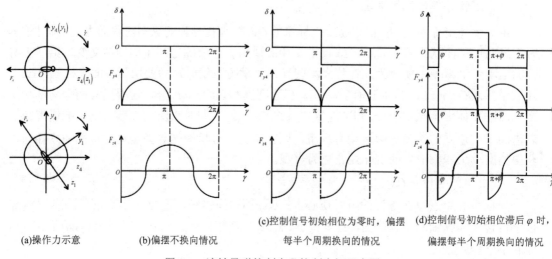

(a)操作力示意 (b)偏摆不换向情况 (c)控制信号初始相位为零时，偏摆每半个周期换向的情况 (d)控制信号初始相位滞后 φ 时，偏摆每半个周期换向的情况

图 5-1　滚转导弹控制力及控制力矩示意图

由图 5-1 可以看出：操纵力 F_c 在 Oy_4 轴方向的周期平均值 F_{y_4} 达到最大，而沿 Oz_4 轴方向的周期平均值 $F_{z_4} = 0$。这可由图 5-1 (c)中的曲线进行积分可以求得

$$F_{y_4} = \frac{1}{2\pi}\left(\int_0^\pi F_c \sin\gamma d\gamma - \int_\pi^{2\pi} F_c \sin\gamma d\gamma\right) = \frac{F_c}{2\pi}\left[(-\cos\gamma)\,|_0^\pi + (\cos\gamma)\,|_\pi^{2\pi}\right] = \frac{2F_c}{\pi}$$

$$F_{z_4} = -\frac{F_c}{2\pi}\left(\int_0^\pi \cos\gamma d\gamma - \int_\pi^{2\pi} \cos\gamma d\gamma\right) = 0$$

$$(5\text{-}3)$$

当控制信号的初始相位为零时，弹体每滚转半个周期，控制信号改变一次极性。于是作用在导弹上的周期平均操纵力 $F(\delta)$ 为

$$F(\delta) = F_{y_4} + F_{z_4} = F_{y_4} \tag{5-4}$$

即在上述条件下，周期平均操纵力总是与轴重合，则有

$$F(\delta) = F_{y_4} = \frac{2}{\pi} F_{\mathrm{c}} \tag{5-5}$$

若控制信号的初始相位超前（或滞后）某个 φ 角，则周期平均操纵力也将超前（或滞后）φ 角（见图 5-1 (d)）。这时，周期平均操纵力 $F(\delta)$ 在准弹体坐标系 Oy_4 轴和 Oz_4 轴方向上的投影分别为

$$\begin{aligned} F_{y_4} &= F(\delta)\cos\varphi \\ F_{z_4} &= F(\delta)\sin\varphi \end{aligned} \tag{5-6}$$

将式（5-6）两端分别除以 $F(\delta)$，并令

$$\begin{aligned} K_y &= \frac{F_{y_4}}{F(\delta)} = \frac{F(\delta)\cos\varphi}{F(\delta)} = \cos\varphi \\ K_z &= \frac{F_{z_4}}{F(\delta)} = \frac{F(\delta)\sin\varphi}{F(\delta)} = \sin\varphi \end{aligned} \tag{5-7}$$

式中 K_y、K_z 分别是俯仰指令系数和偏航指令系数。

将式（5-5）和式（5-7）代入（5-6）中，则有

$$\begin{aligned} F_{y_4} &= K_y \frac{2}{\pi} F_{\mathrm{c}} \\ F_{z_4} &= K_z \frac{2}{\pi} F_{\mathrm{c}} \end{aligned} \tag{5-8}$$

于是，F_{y_4} 和 F_{z_4} 分别相对于 Oy_4 轴和 Oz_4 轴的操纵力矩为

$$\begin{aligned} M_{cy_4} &= K_z \frac{2}{\pi} F_{\mathrm{c}} \left(x_{\mathrm{P}} - x_{\mathrm{G}} \right) \\ M_{cz_4} &= -K_y \frac{2}{\pi} F_{\mathrm{c}} \left(x_{\mathrm{P}} - x_{\mathrm{G}} \right) \end{aligned} \tag{5-9}$$

式中，x_{P} 和 x_{G} 分别为弹体顶点至操纵力 F_{c} 的作用点和导弹质心的距离。

三、滚转导弹的动力学运动学方程

根据牛顿第二定律和动量矩定理，并且考虑到滚转导弹的飞行特点，将飞行器受到的各种力投影到弹道坐标系中，建立其质心动力学方程；将飞行器受到的气动力矩和控制力矩，投影到准弹体坐标系，建立其绕质心转动的动力学方程；然后，建立质心运动学方程和绕质心转动的运动学方程，得到滚转导弹的动力学/运动学方程组，即

$$m\frac{\mathrm{d}V}{\mathrm{d}t} = P\cos\alpha^*\cos\beta^* - X - mg\sin\theta + \frac{2}{\pi}F_\mathrm{c}(K_z\sin\beta^* - K_y\sin\alpha^*\cos\beta^*)$$

$$mV\frac{\mathrm{d}\theta}{\mathrm{d}t} = P(\sin\alpha^*\cos\gamma_\mathrm{V}^* + \cos\alpha^*\cos\beta^*\sin\gamma_\mathrm{V}^*) + Y\cos\gamma_\mathrm{V}^* - Z\sin\gamma_\mathrm{V}^* - mg\cos\theta +$$

$$\frac{2}{\pi}F_\mathrm{c}\cdot[K_y(\cos\alpha^*\cos\gamma_\mathrm{V}^* - \sin\alpha^*\sin\beta^*\sin\gamma_\mathrm{V}^*) - K_z\sin\gamma_\mathrm{V}^*\cos\beta^*]$$

$$-mV\cos\theta\frac{\mathrm{d}\psi_\mathrm{V}}{\mathrm{d}t} = P(\sin\alpha^*\sin\gamma_\mathrm{V}^* - \cos\alpha^*\sin\beta^*\cos\gamma_\mathrm{V}^*) + Y\sin\gamma_\mathrm{V}^* + Z\cos\gamma_\mathrm{V}^* +$$

$$\frac{2}{\pi}F_\mathrm{c}\cdot[K_y(\sin\alpha^*\sin\beta^*\cos\gamma_\mathrm{V}^* + \cos\alpha^*\sin\gamma_\mathrm{V}^*) + K_z\cos\beta^*\cos\gamma_\mathrm{V}^*]$$

$$J_{x4}\frac{\mathrm{d}\omega_{x4}}{\mathrm{d}t} = M_{x4} + M_{cx4} - (J_{z4} - J_{y4})\omega_{z4}\omega_{y4}$$

$$J_{y4}\frac{\mathrm{d}\omega_{y4}}{\mathrm{d}t} = M_{y4} + M_{cy4} - (J_{x4} - J_{z4})\omega_{x4}\omega_{z4} - J_{x4}\omega_{x4}\dot{\gamma}$$

$$J_{z4}\frac{\mathrm{d}\omega_{z4}}{\mathrm{d}t} = M_{z4} + M_{cz4} - (J_{y4} - J_{x4})\omega_{x4}\omega_{y4} + J_{y4}\omega_{y4}\dot{\gamma}$$

$$\frac{\mathrm{d}x}{\mathrm{d}t} = V\cos\theta\cos\psi_\mathrm{V} \qquad\qquad (5\text{-}10)$$

$$\frac{\mathrm{d}y}{\mathrm{d}t} = V\sin\theta$$

$$\frac{\mathrm{d}z}{\mathrm{d}t} = -V\cos\theta\sin\psi_\mathrm{V}$$

$$\frac{\mathrm{d}\gamma}{\mathrm{d}t} = \omega_{x4} - \omega_{y4}\tan\vartheta$$

$$\frac{\mathrm{d}\psi}{\mathrm{d}t} = \frac{1}{\cos\vartheta}\omega_{y4}$$

$$\frac{\mathrm{d}\vartheta}{\mathrm{d}t} = \omega_{z4}$$

$$\frac{\mathrm{d}m}{\mathrm{d}t} = -m_\mathrm{c}$$

$$\beta^* = \arcsin[\cos\theta\sin(\psi - \psi_\mathrm{V})]$$

$$\alpha^* = \vartheta - \arcsin(\sin\theta / \cos\beta^*)$$

$$\gamma_\mathrm{V}^* = \arcsin(\tan\beta^*\tan\theta)$$

5.1.3 远程火箭六自由度模型

远程弹道导弹或火箭等飞行器在飞行过程中，其飞行距离远，飞行时间长，因此，一些短时间可以忽略的因素经过长时间的积累，就会对其飞行弹道产生影响。在对其进行非线性数学建模时，需要考虑地球重力差异、地球自转、附加哥氏力、离心力，以及发射点经纬度和射向等因素对于飞行弹道和落点的影响，这就使得远程导弹的六自由度模型相对复杂。

为了考虑地球自转、地球重力等因素的影响，需要引入若干新的坐标系，主要包括地球惯性坐标系、发射坐标系、地球平移坐标系和平移坐标系等。相关坐标系的定义可以参考《远程火箭弹道学》等专业书籍。

一、远程火箭的质心动力学方程组

下面给出飞行器在质心的动力学方程。选择地面发射坐标系为描述火箭运动的参考系，该坐标系是定义在将地球看成以角速度 ω_e 进行自转的两周旋转球体上的。首先用矢量描述飞行器质心动力学方程，然后将微分方程投影到地面发射坐标系的坐标系中进行求解。

$$m\begin{bmatrix} \dfrac{\mathrm{d}v_x}{\mathrm{d}t} \\[2mm] \dfrac{\mathrm{d}v_y}{\mathrm{d}t} \\[2mm] \dfrac{\mathrm{d}v_z}{\mathrm{d}t} \end{bmatrix} = \boldsymbol{G}_B \begin{bmatrix} P_{x1} \\ P_{y1} \\ P_{z1} \end{bmatrix} + \boldsymbol{G}_v \begin{bmatrix} -X_v \\ Y_v \\ Z_v \end{bmatrix} + \frac{mg_r'}{r}\begin{bmatrix} x+R_{ox} \\ y+R_{oy} \\ z+R_{oz} \end{bmatrix} + \frac{mg_{\omega_e}}{\omega_e}\begin{bmatrix} \omega_{ex} \\ \omega_{ey} \\ \omega_{ez} \end{bmatrix} - \tag{5-11}$$

$$m\begin{bmatrix} a_{11} & a_{12} & a_{13} \\ a_{21} & a_{22} & a_{23} \\ a_{31} & a_{32} & a_{33} \end{bmatrix}\begin{bmatrix} x+R_{ox} \\ y+R_{oy} \\ z+R_{oz} \end{bmatrix} - m\begin{bmatrix} b_{11} & b_{12} & b_{13} \\ b_{21} & b_{22} & b_{23} \\ b_{31} & b_{32} & b_{33} \end{bmatrix}\begin{bmatrix} \dot{x} \\ \dot{y} \\ \dot{z} \end{bmatrix}$$

式中，第一项为推力分量；第二项为气动力分量，第三项和第四项为地球引力分量，第五项为离心惯性力分量，第六项为附加哥氏力分量。

1. 推力分量

飞行器的推力分量在弹体坐标系中表示，将弹体坐标系的分量 P_{x1}, P_{y1}, P_{z1} 通过转换矩阵 $\boldsymbol{G}_B$ 投影到地面坐标系中，弹体坐标系到地面坐标系的转换用矩阵 $\boldsymbol{G}_B$ 为

$$\boldsymbol{G}_B = \begin{bmatrix} \cos\varphi\cos\psi & \cos\varphi\sin\psi\sin\gamma - \sin\varphi\cos\gamma & \cos\varphi\sin\psi\cos\gamma + \sin\varphi\sin\gamma \\ \sin\varphi\cos\psi & \sin\varphi\sin\psi\sin\gamma + \cos\varphi\cos\gamma & \sin\varphi\sin\psi\cos\gamma - \cos\varphi\sin\gamma \\ -\sin\psi & \cos\psi\sin\gamma & \cos\psi\cos\gamma \end{bmatrix} \tag{5-12}$$

2. 气动力分量

将总体提供的速度系下的气动力分量 X, Y, Z 通过转换矩阵 $\boldsymbol{G}_v$ 投影到地面坐标系中，速度坐标系到地面坐标系的转换矩阵 $\boldsymbol{G}_v$ 为

$$\boldsymbol{G}_v = \begin{bmatrix} \cos\theta\cos\psi_v & \sin\theta\cos\psi_v & -\sin\psi_v \\ \cos\theta\sin\psi_v\sin\gamma_v - \sin\theta\cos\gamma_v & \sin\theta\sin\psi_v\sin\gamma_v + \cos\theta\cos\gamma_v & \cos\theta\sin\gamma_v \\ \cos\theta\sin\psi_v\cos\gamma_v + \sin\theta\sin\gamma_v & \sin\theta\sin\psi_v\cos\gamma_v - \cos\theta\sin\gamma_v & \cos\theta\cos\gamma_v \end{bmatrix} \tag{5-13}$$

3. 地球引力分量

地球引力项 mg 可根据式（5-14）进行求解计算

$$mg = mg_r'r^0 + mg_{\omega_e}\omega_e^0 \tag{5-14}$$

其中

$$\begin{cases} g_r' = -\dfrac{fM}{r^2}\left[1 + J\left(\dfrac{a_e}{r}\right)^2(1 - 5\sin^2\phi)\right] \\[4mm] g_{\omega_e} = -2\dfrac{fM}{r^2}J\left(\dfrac{a_e}{r}\right)^2\sin\phi \end{cases} \tag{5-15}$$

其中，f 为万有引力系数，M 为地球质量，r 为弹道上任意一点到地心的距离，ϕ 为飞行

器星下点的地心纬度，J 为地球带谐系数，a_e 为地球平均半径。

由图 5-可知，任意一点地心矢径为

$$r = R_0 + \rho \tag{5-16}$$

其中，r 为弹道上任一点的地心矢径；R_0 为发射点地心矢径；ρ 为发射点到弹道上任意一点的矢径。发射坐标系上任意一点的地心矢径和发射点的地心矢径如图 5-2 所示。

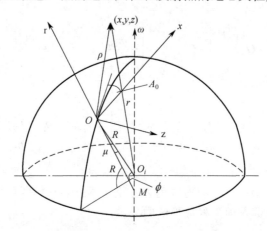

图 5-2　发射坐标系上任意一点的地心矢径和发射点的地心矢径

R_0 在发射坐标系上的三分量可由图 5-2 求得，即

$$\begin{bmatrix} R_{0x} \\ R_{0y} \\ R_{0z} \end{bmatrix} = \begin{bmatrix} -R_0 \sin \mu_0 \cos A_0 \\ R_0 \cos \mu_0 \\ R_0 \sin \mu_0 \sin A_0 \end{bmatrix} \tag{5-17}$$

式中，R_{0x}, R_{0y}, R_{0z} 为发射点的地心矢径在发射坐标系的分量，A_0 为发射方位角；μ_0 为发射点地理纬度与地心纬度之差，即 $\mu_0 = B_0 - \phi_0$。

由于假设地球为一个两轴旋转椭球体，故 R_0 的长度可由子午椭圆方程求取，即

$$R_0 = \frac{a_e b_e}{\sqrt{a_e^2 \sin^2 \phi_0 + b_e^2 \cos^2 \phi_0}} \tag{5-18}$$

式中，R_0 为发射点到地心的距离；a_e 为地球赤道半径；b_e 为地球极半径；ϕ_0 为发射点的地心纬度；

地球自转角速度分量 $\omega_{ex}, \omega_{ey}, \omega_{ez}$ 和 ω_e 之间关系为

$$\begin{bmatrix} \omega_{ex} \\ \omega_{ey} \\ \omega_{ez} \end{bmatrix} = \omega_e \begin{bmatrix} \cos B_0 \cos A_0 \\ \sin B_0 \\ -\cos B_0 \sin A_0 \end{bmatrix} \tag{5-19}$$

4．离心惯性力分量

离心惯性力在发射坐标系中的分量形式为

$$\begin{bmatrix} a_{ex} \\ a_{ey} \\ a_{ez} \end{bmatrix} = \begin{bmatrix} a_{11} & a_{12} & a_{13} \\ a_{21} & a_{22} & a_{23} \\ a_{31} & a_{32} & a_{33} \end{bmatrix} \begin{bmatrix} x + R_{0x} \\ y + R_{0y} \\ z + R_{0z} \end{bmatrix} \tag{5-20}$$

其中

$$
\begin{aligned}
a_{11} &= \omega_{ex}^2 - \omega_e^2 \\
a_{12} &= a_{21} = \omega_{ex}\omega_{ey} \\
a_{22} &= \omega_{ey}^2 - \omega_e^2 \\
a_{23} &= a_{32} = \omega_{ey}\omega_{ez} \\
a_{33} &= \omega_{ez}^2 - \omega_e^2 \\
a_{13} &= a_{31} = \omega_{ez}\omega_{ex}
\end{aligned}
\tag{5-21}
$$

5．附加哥氏力分量

下面给出附加哥氏力分量在发射坐标系中的分量形式为

$$
\begin{bmatrix} a_{kx} \\ a_{ky} \\ a_{kz} \end{bmatrix} = \begin{bmatrix} b_{11} & b_{12} & b_{13} \\ b_{21} & b_{22} & b_{23} \\ b_{31} & b_{32} & b_{33} \end{bmatrix} \begin{bmatrix} \dot{x} \\ \dot{y} \\ \dot{z} \end{bmatrix}
\tag{5-22}
$$

其中

$$
\begin{aligned}
b_{11} &= b_{22} = b_{33} = 0 \\
b_{12} &= -b_{21} = -2\omega_{ez} \\
b_{31} &= -b_{13} = -2\omega_{ey} \\
b_{23} &= -b_{32} = -2\omega_{ex}
\end{aligned}
\tag{5-23}
$$

二、远程火箭的绕质心转动动力学方程组

将飞行器受到的各种力矩在弹体系下进行分解，根据动量矩定理，得到绕质心转动的动力学方程为

$$
\begin{aligned}
J_x \frac{d\omega_{Tx1}}{dt} - (J_y - J_z)\omega_{Ty1}\omega_{Tz1} - J_{yz}(\omega_{Ty1}^2 - \omega_{Tz1}^2) - J_{xz}\left(\frac{d\omega_{Tz1}}{dt} + \omega_{Tx1}\omega_{Ty1}\right) - J_{xy}\left(\frac{d\omega_{Ty1}}{dt} - \omega_{Tx1}\omega_{Tz1}\right) &= \sum M_x \\
J_y \frac{d\omega_{Ty1}}{dt} - (J_z - J_x)\omega_{Tx1}\omega_{Tz1} - J_{xz}(\omega_{Tz1}^2 - \omega_{Tx1}^2) - J_{xy}\left(\frac{d\omega_{Tx1}}{dt} + \omega_{Ty1}\omega_{Tz1}\right) - J_{yz}\left(\frac{d\omega_{Tz1}}{dt} - \omega_{Tx1}\omega_{Ty1}\right) &= \sum M_y \\
J_z \frac{d\omega_{Tz1}}{dt} - (J_x - J_y)\omega_{Tx1}\omega_{Ty1} - J_{xy}(\omega_{Tx1}^2 - \omega_{Ty1}^2) - J_{yz}\left(\frac{d\omega_{Ty1}}{dt} + \omega_{Tx1}\omega_{Tz1}\right) - J_{xz}\left(\frac{d\omega_{Tx1}}{dt} - \omega_{Ty1}\omega_{Tz1}\right) &= \sum M_z
\end{aligned}
\tag{5-24}
$$

式中，ω_{Tx1}，ω_{Ty1}，ω_{Tz1} 分别为弹体相对平移系的转动角速度在弹体系三个轴的分量。

5.1.3.3 远程火箭的质心运动学方程组

飞行器在地面发射坐标系下的质心运动学方程为

$$
\begin{aligned}
\frac{dx}{dt} &= v_x \\
\frac{dy}{dt} &= v_y \\
\frac{dz}{dt} &= v_z
\end{aligned}
\tag{5-25}
$$

其中，x, y, z 表示飞行器在地面发射坐标系的位置。

5.1.4 远程火箭的绕质心转动的运动学方程组

飞行器绕平移坐标系转动角速度 ω_T 在弹体坐标系的分量为

$$
\begin{aligned}
\dot{\varphi}_T &= \frac{1}{\cos\psi_T}(\omega_{Ty_1}\sin\gamma_T + \omega_{Tz_1}\cos\gamma_T) \\
\dot{\psi} &= \omega_{Ty_1}\cos\gamma_T - \omega_{Tz_1}\sin\gamma_T \\
\dot{\gamma}_T &= \omega_{Tx_1} + tg\psi_T(\omega_{Ty_1}\sin\gamma_T + \omega_{Tz_1}\cos\gamma_T)
\end{aligned}
\tag{5-26}
$$

而弹体相对于地球的转动角速度 ω 与弹体相对于惯性（平移）坐标系的转动角速度 ω_T 以及地球自转角速度 ω_e 之间的关系

$$
\begin{bmatrix} \omega_{x_1} \\ \omega_{y_1} \\ \omega_{z_1} \end{bmatrix} = \begin{bmatrix} \omega_{Tx_1} \\ \omega_{Ty_1} \\ \omega_{Tz_1} \end{bmatrix} - \boldsymbol{B}_G \begin{bmatrix} \omega_{ex} \\ \omega_{ey} \\ \omega_{ez} \end{bmatrix}
\tag{5-27}
$$

其中，根据地面发射坐标系的定义，ω_e 在地面发射坐标系内的三个分量为

$$
\begin{bmatrix} \omega_{ex} \\ \omega_{ey} \\ \omega_{ez} \end{bmatrix} = \omega_e \begin{bmatrix} \cos\phi_0\cos A_0 \\ \sin\phi_0 \\ -\cos\phi_0\sin A_0 \end{bmatrix}
\tag{5-28}
$$

地球转动 $\varphi_T, \psi_T, \gamma_T$ 与 φ, ψ, γ 的联系方程为

$$
\begin{aligned}
\varphi &= \varphi_T - \omega_{ez}t \\
\psi &= \psi_T - \omega_{ey}t\cos\varphi + \omega_{ex}t\sin\varphi \\
\gamma &= \gamma_T - \omega_{ey}t\sin\varphi - \omega_{ex}t\cos\varphi
\end{aligned}
\tag{5-29}
$$

一、远程火箭的绕质心转动的补充方程

为了完成动力学/运动学方程组的闭合求解，需要补充相关方程，完成几何关系、速度、高度、地心纬度等参数的计算。

1. 弹道倾角和弹道偏角计算方程

速度倾角 θ 及航迹偏角 ψ_v 可由式（5-30）求解

$$
\begin{aligned}
\theta &= \arctan\frac{v_y}{v_x} \\
\psi\_v &= -\arcsin\frac{v_z}{v_x}
\end{aligned}
\tag{5-30}
$$

2. 几何关系计算方程

在弹体坐标系中，速度坐标系及地面发射坐标系中的 8 个欧拉角其中有 5 个已知，另外 3 个可由下面 3 个方向余弦关系得到

$$\sin \beta = \cos(\theta - \varphi)\cos\psi_{\_v} \sin\psi \cos\gamma + \sin(\varphi - \theta)\cos\psi_{\_v}\sin\gamma - \sin\psi_{\_v}\cos\psi\cos\gamma$$

$$-\sin\alpha\cos\beta = \cos(\theta-\varphi)\cos\psi_{\_v}\sin\psi\sin\gamma + \sin(\theta-\varphi)\cos\psi_{\_v}\cos\gamma - \sin\psi_{\_v}\cos\psi\sin\gamma \quad (5\text{-}31)$$

$$\sin\gamma_{\_v} = (\cos\alpha\cos\psi\sin\gamma - \sin\psi\sin\alpha)/\cos\psi_{\_v}$$

3．飞行速度计算方程

飞行速度计算方程为

$$v = \sqrt{v_x^2 + v_y^2 + v_z^2} \quad (5\text{-}32)$$

4．高度计算方程

在仿真过程中，需要计算轨道上任意一点距地面的高度 h。已知轨道上任意一点距地心的距离为

$$r = \sqrt{(x+R_{0x})^2 + (y+R_{0y})^2 + (z+R_{0z})^2} \quad (5\text{-}33)$$

若设地球为一个两轴旋转体，则地球表面上任意一点距地心的距离与该点的地心纬度 ϕ 有关。空间任意一点矢量 r 与赤道平面的夹角即为该点在地球上星下点所在的地心纬度角 ϕ，该角可由 r 与地球自转角速度矢量 ω_e 之间的关系求得，即

$$\sin\phi = \frac{(x+R_{0x})\omega_{ex} + (y+R_{0y})\omega_{ey} + (z+R_{0z})\omega_{ez}}{r\omega_e} \quad (5\text{-}34)$$

则对应于地心纬度 ϕ 的椭球表面距地心的距离为

$$R = \frac{a_e b_e}{\sqrt{a_e^2 \sin^2\phi + b_e^2 \cos^2\phi}} \quad (5\text{-}35)$$

在理论弹道中计算高度时，可忽略 μ 的影响，因此，空间任意一点距地球表面的距离为

$$h = r - R \quad (5\text{-}36)$$

5．地心纬度计算公式

由于地球模型为一个椭球体，因此发射点的地心纬度和地理纬度并不一直相等，除了两极地区，地心纬度要比地理纬度的数值大一些。下面给出由地理纬度求解地心纬度的计算公式。

$$\phi = \begin{cases} B & B = \pm 90^\circ \\ \arctan\left(\dfrac{b_e}{a_e}\tan(B)\right) & B \neq 90^\circ \end{cases} \quad (5\text{-}37)$$

从远程火箭六自由度方程可以看出，由于考虑了地球自转、地球重力谐振模型、惯性离心力和附加哥氏力等因素，其数学模型较为复杂，详细推导过程参考相关文献。

由于不同飞行器的弹道特征不同，在进行飞行器建模时考虑的影响因素会存在一定的差异，由此引入不同受力项在不同坐标系进行分解，使得不同飞行器的六自由度模型各有不同。但从各类飞行器六自由度模型的结果来看，各类飞行器的空间运动方程组均为一组非线性常微分方程，这组方程构成了典型飞行器的非线性模型。这些方程中包含由不同数目的未知变量，但这些未知变量均可以封闭求解。若不考虑外界干扰，则在给定各参数的

初始条件后，可用数值积分法求解方程组，得到相应的飞行器运动参数和姿态参数随时间的变化规律，从而获得飞行器飞行弹道的变化规律。

Simulink 作为 MATLAB 最重要的组件之一，它提供了一个动态系统建模、仿真和综合分析环境，能够方便快捷地描述线性系统和非线性系统。设计人员基于 Simulink 建模环境，利用 Simulink 提供相关模块，可以快速地完成上述非线性常微分方程组的搭建，通过设置 Simulink 的数值积分方法，完成飞行器非线性模型的求解计算，获取飞行器在不同状态下各个参数随时间的变化曲线，验证制导控制系统的方案和性能指标。

5.2　Simulink 建模环境的基本使用方法

Simulink 是 MATLAB 软件的重要组成，基于 Windows 的模型化图形交互界面，使得用户从烦琐的代码编写中解放出来，而将主要精力集中在模型的构建与调试中。利用 Simulink 建模环境开展系统仿真的步骤如下。

（1）启动 Simulink 环境，并创建空白的 Simulink 模型搭建窗口。

（2）在 Simulink 模型搭建窗口中，基于 Simulink Library 提供的各种模块，根据对象数学模型的组成，完成模型的搭建和模型参数的设置。

（3）设置仿真的参数，启动仿真计算。

（4）输出并查看仿真结果。

本节首先叙述 Simulink 的功能和特点，然后介绍 Simulink 的基本操作方法，最后介绍 Simulink 模型中的重要组成元素（模块、信号和子系统）。

5.2.1　Simulink 建模环境的基本操作

本小节主要介绍 Simulink 的基本操作方法，包括对 Simulink 的启动、工作环境、基本组成等内容。

一、Simulink 的启动

首先介绍 Simulink 的启动方法，包括启动 Simulink Library 和创建空白模型等操作。

1．启动 Simulink Library Browser

启动 Simulink Library Browser 有如下两种方法：① 通过命令行输入：在 MATLAB 的 Command Windows 中，输入 Simulink，按下 Enter 键，即可启动 Simulink Library Browser。② 通过工具栏启动：在 MATLAB 的工具栏中，单击 Simulink 库选项，如图 5-3 所示，即可启动 Simulink Library Browser。

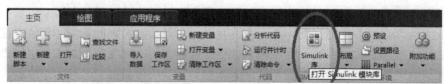

图 5-3　启动 Simulink Library browser

2．创建 Simulink 空白模型

创建 Simulink 空白模型的方法也有两种：① 在 MATLAB 工具栏中，单击新建按钮，在下拉菜单中选择 Simulink Model，即创建了一个新的模型，并启动该模型的建模窗口。②在 Simulink Library Browser 中，单击工具栏的 New Model 按钮，完成空白模型的创建，并启动该模型的建模窗口。

二、Simulink 的工作环境及基本组成

Simulink 仿真环境主要包括 Simulink 模块库和 Simulink 建模平台。下面介绍两者的操作界面。

1．Simulink Library Browser 模块库浏览器

Simulink Library Browser 的窗口界面如图 5-4 所示，主要由两个窗口组成，左侧为模块库列表，包括基础模块库和各种专业模块库，右侧为选中的模块库中的功能模块。

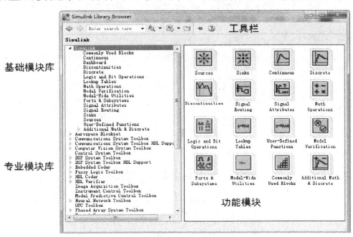

图 5-4　Simulink Library Browser 的窗口界面

其工具栏中各个按钮的含义如下。

- ⬅ ：　　　　　　　　　　　　返回上一页
- ➡ ：　　　　　　　　　　　　进入下一页
- Enter search term ▾ 🔍 ▾：　根据输入查找功能模块
- 🗋 ▾：　　　　　　　　　　　新建模型/模块库
- 🗀：　　　　　　　　　　　　打开已有的模型/模块
- 📌：　　　　　　　　　　　　将 Simulink Library Browser 固定在屏幕前段
- ❓：　　　　　　　　　　　　调用帮助

2．Simulink 建模平台

Simulink 建模平台的操作界面如图 5-5 所示，包括菜单栏、工具栏、浏览器栏、模型浏览器、侧工具栏、模型搭建窗口、状态栏。其中菜单栏、工具栏和侧工具栏包含了模型中的各项操作；浏览器栏用于指示当前模块在模型中的地址；模型浏览器显示了当前模型的层次和结构组成；状态栏用于指示当前模型的状态、算法等内容；模型搭建窗口是建模平台的主要操作区域，用户在该界面内完成仿真模型的搭建工作。

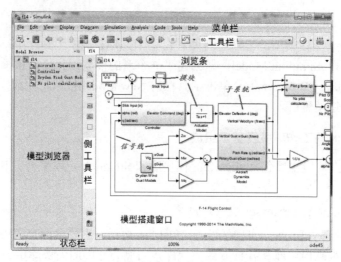

图 5-5　Simulink 建模平台的操作界面

工具栏中的各项操作含义如下。

- 　　：　　　　　　　新建模型/模块库
- 　　：　　　　　　　保存模型
- 　　：　　　　　　　返回前一页
- 　　：　　　　　　　进入后一页
- 　　：　　　　　　　返回上一层
- 　　：　　　　　　　启动 Simulink Library Browser
- 　　：　　　　　　　弹出模型设置对话框，设置模型的配置参数
- 　　：　　　　　　　弹出模型浏览器/基本工作空间/模型工作空间
- 　　：　　　　　　　使能快速重启功能
- 　　：　　　　　　　弹出对话框，设置单步运行参数
- 　　：　　　　　　　运行模型，开始进行仿真
- 　　：　　　　　　　单步运行
- 　　：　　　　　　　中止仿真
- 　　：　　　　　　　弹出仿真数据查看器
- 60　：　　　　　　　设置仿真总时长
- Normal　：　　　　　设置仿真模型的运算模式，如正常/加速/超速等
- 　　：　　　　　　　弹出模型建议对话框
- 　　：　　　　　　　编译模型

侧工具栏的各项操作如下。

- 　　：　　　隐藏或显示浏览条
- 　　：　　　放大

- ⊡：　　　满窗口显示
- ⇥：　　　设置仿真图例，包括时间、注释等
- Ａ≡：　　　注释，单击后在建模窗口的任意位置添加注释
- ▦：　　　插入图片
- ▢：　　　在模型中绘制区域
- ◙：　　　创建一个视图标记
- ▤：　　　打开视图标记，查看之前创建的视图标记
- ≪：　　　隐藏或显示模型浏览器

从模型搭建窗口中可以看出，一个典型的模型主要由三部分内容组成：模块，信号线和子系统。其中，模块是仿真模型的基础，用于提供数据或完成设定的任务功能；信号线用于连接各个模块，实现不同模块之间的信号传输；子系统可以提高模型界面的可读性和整洁性，并且可以实现触发、使能、状态判断的功能。关于模块、信号线和子系统的属性，在第 5.2.2、5.2.3 和 5.2.4 节中有较为详细的说明。

三、Simulink 的基本操作

Simulink 的基本操作内容主要包括模型的操作、模块的操作和信号线的操作。

1. 模型的操作

表 5-1 给出 Simulink 建模环境中的模型的基本操作方法，包括创建、打开、保存、运行、注释等操作。

表 5-1　Simulink 建模环境中的模型的基本操作方法

操作内容	操作目的	操作方法
创建模型	创建一个新的模型	方法 1：选择 MATLAB 菜单命令 Home→New→Simulink Model 方法 2：单击 Simulink 模块库浏览器窗口工具栏 New Model（新模型）
打开模型	打开一个已有的模型	方法 1：选择 MATLAB 菜单命令 Home→Open 方法 2：单击 Simulink 模块库浏览器 Open Model（打开模型）
保存模型	保存仿真平台中模型	方法 1：选择 Simulink 模型搭建窗口菜单命令 File→Save 或者 File→Save as 方法 2：单击 Simulink 模型搭建窗口 Save（保存）按钮
注释模型	使模型更易读懂	在模型窗口中任何想要加注释的位置上双击鼠标左键，进入注释文字编辑框，输入注释内容，在窗口任何其他位置单击鼠标退出
运行模型	启动仿真任务	方法 1：选择 Simulink 模型搭建窗口菜单命令 Simulation→Run 方法 2：单击 Simulink 模型搭建窗口 Run（运行）按钮

需要注意的是，当用户在保存模型时，模型文件的名称必须以英文字母开头，包括英文字母、数字或下画线，最多不能超过 63 个字符，并且不能与 MATLAB 命令同名。保存的格式为 slx（MATLAB 2012 之后才出现）或 mdl。

2. 模块的操作

模块是 Simulink 模型中的最基本元素，Simulink 建模环境中的模块的基本操作方法如表 5-2 所示。

表 5-2　Simulink 建模环境中的模块的基本操作方法

操作内容	操作目的	操作方法
选取模块	从模块浏览器中选取需要的模块，放入 Simulink 仿真平台窗口中	方法 1：在目标模块上按住鼠标左键，拖动目标模块进入 Simulink 仿真平台中，松开鼠标 方法 2：在目标模块上单击鼠标右键，弹出快捷菜单，选择 "Add to Untitled" 选项
删除模块	删除窗口中不需要的模块	选中模块，按下 Delete 键
调整模块大小	改善模型的外观，调整整个模型的布置	选中模块，模块四角将出现小方块。单击一个角上的小方块并按住鼠标左键，拖拽鼠标到合理大小位置
移动模块	将模块移动到合适位置，调整整个模型的布置	单击模块，拖拽模块到合适的位置，松开鼠标
旋转模块	适应实际系统的方向，调整整个模型的布置	方法 1：选中模块，选择菜单命令 Diagram→Rotate&Flip→Clockwise，模块顺时针旋转 90°；选择菜单命令 Diagram→Rotate&Flip→Flip Block，模块左右或上下翻转；选择菜单命令 Diagram→Rotate&Flip→Flip Block Name，模块左右或上下翻转模块名字 方法 2：右键单击目标模块，在弹出的快捷菜单中进行相关操作
复制内部模块	内部复制已经设置好的模块，而不用重新到模块库浏览器中选取	方法 1：先按住 Ctrl 键，再单击模块，拖拽模块到合适的位置，松开鼠标 方法 2：选中模块，使用 Edit→Copy 或 Edit→Paste 命令
模块参数调整	按照用户自己意愿调整模块的参数，满足仿真需求	方法 1：双击模块，弹出 "Block Parameter" 对话框，修改参数 方法 2：右键单击目标模块，在弹出的快捷菜单中的 "Parameter" 选项，弹出 "Block Parameter" 对话框
改变标签内容	按照用户意愿对模块进行命名，增强模块的可读性	在标签的任何位置上单击鼠标，进入模块标签的编辑状态，输入新的标签，在标签编辑框外的窗口中任何地方单击鼠标退出

3．信号线的操作

信号线是 Simulink 模型中的另一类基础元素，熟悉和正确使用信号线的操作方法创建模型的基础。Simulink 建模环境中的信号线的基本操作方法如表 5-3 所示。

表 5-3　Simulink 建模环境中的信号线的基本操作方法

操作内容	操作目的	操作方法
在模块间连线	在两个模块之间建立信号联系	在上级模块的输出端按住鼠标左键，拖拽至下级模块的输入端，松开鼠标
移动线段	调整线段的位置，改善模块的外观	选中目标线段，按住鼠标左键，拖拽到目标位置，松开鼠标
移动节点	改善折线的走向，改善模块的外观	选中目标节点，按住鼠标左键，拖拽到目标位置，松开鼠标
画分支信号线	从一个节点引出多条信号线，应用于不同目的	方法 1：先按住 Ctrl 键，再选中信号引出点，按住鼠标左键，拖拽到下级目标模块的信号输入端，松开鼠标左键 方法 2：先选中信号引出线，然后在信号引出点按住鼠标右键，拖拽到下级目标模块的信号输入端，松开鼠标
删除信号线	删除窗口中不需要的线段或模块间的连线	选中目标信号线，然后按 Delete 键
信号线标签	设定信号线的标签，增强模块的可读性	双击要标注的信号线，进入标签的编辑区，输入信号线标签内容，在标签编辑框外的窗口中单击后退出

四、Simulink 中的快捷操作方式

Simulink 环境中包括了非常多的快捷操作方式，熟悉这些操作方式可以有效地提高模型搭建的效率。

1．模块操作的快捷方式

- LMB（鼠标左键）：　　　　　　　　　　选择一个模块
- Shift + LMB：　　　　　　　　　　　　选择多个模块
- Tab：　　　　　　　　　　　　　　　　选择下一个模块
- Shift + Tab：　　　　　　　　　　　　选择以前的模块
- Drag block（拖动鼠标）：　　　　　　　从一个窗口中复制模块
- Ctrl + LMB 和 Drag；或 RMB 和 Drag：　复制一个模块
- Shift + Drag block：　　　　　　　　　连接模块
- Enter Return：　　　　　　　　　　　　打开选择的子系统
- Esc：　　　　　　　　　　　　　　　　返回当前子系统的上一层系统

2．信号线操作的快捷方式

- LMB：　　　　　　　　　　　　　　　　选择一条信号线
- Shift + LMB：　　　　　　　　　　　　选择多条信号线
- Ctrl + Drag line 或 RMB 和 Drag line：　绘制信号线的一条分支线
- Shift + Drag line：　　　　　　　　　　绘制一段信号线

3．信号标示的快捷方式

- 双击信号线：　　　　　　　　　　　　　进行相关信号标示的输入
- Ctrl + Drag label：　　　　　　　　　　复制信号标示
- Drag label：　　　　　　　　　　　　　移动信号标示
- 单击标示文本：　　　　　　　　　　　　对标示内容进行编辑
- Shift + 单击标示，然后按下 Delete：　　删除信号标示

4．模型注释的快捷方式

- 双击方框图的空白处：　　　　　　　　　输入模型注释
- Ctrl + Drag label：　　　　　　　　　　复制注释
- Drag label：　　　　　　　　　　　　　移动注释
- 单击注释文本：　　　　　　　　　　　　对注释内容进行编辑
- Shift + 单击注释，然后按下 Delete：　　删除模型注释

5.2.2　Simulink 建模环境中的模块

模块是构成 Simulink 模型的基本元素，不同的模块代表了不同的功能。用户在模型搭建窗口内，将各种模块通过信号线相连，完成相应的任务功能。因此，掌握和使用 Simulink 模块，是 Simulink 建模的基础。下面简要讲解模块的组成和通用属性设置。

一、Simulink 模块的组成和外观元素

1．Simulink 模块的组成

Simulink 模块作为模型的基本构成元素，主要包括以下三个方面的内容。

（1）模块端口：输入/输出端口表征了该模块的对外接口，是模块与其他模块连接的纽带。基础模块的输入/输出端口个数通常固定或通过参数对其进行修改；子系统模块的输入/输出端口个数由其内部结构决定。

（2）模块外观：一个模块均包含一定的外观属性，其形状通常是矩形或圆形；可以设置基础模块的大小、颜色、字体等属性，部分子系统模块可以通过封装参数设置其外观和显示内容。良好的模块外观便于用户在复杂的模型中快速掌握该模块的相关信息。

（3）模块参数设置：每个模块根据其功能和任务的特点，均包含一系列的属性和参数。双击模块后，Simulink 即弹出一个属性设置对话框。属性设置对话框中包含了功能描述、参数设置和帮助调用按钮等内容，用户可以通过鼠标操作，完成相应的属性设置。

2．Simulink 模块的外观参数设置

一个模块的外观具有一定的显示参数设置，通过相关操作，可以更改模块的外观设置，便于用户在复杂模型中迅速定位所需模块。模块的外观参数主要包括以下内容。

（1）模块大小：用户单击鼠标左键选择一个模块后，在该模块的四周出现会四个黑色的方块；通过拖拽方块的位置，即可改变模块的大小。

（2）旋转方向：在默认情况下，模块的左侧为输入端口，右侧为输出端口。用户选中模块后单击鼠标右键，在弹出的快捷菜单中选择"Format"子菜单，选择"Flip Block"操作项，将其进行翻转，即旋转 180°；或选择"Rotate Block"操作项，将其顺时针旋转 90°。

（3）字体设置：用户在快捷菜单的"Format"子菜单中，选择"Font…"操作项，在弹出的设置菜单上完成模块字体属性的设置。

（4）名称显示设置：在默认情况下，一个模块的名称在其模块的下方。单击名称区域，可直接对其进行修改，便于快速了解该模块的功能，需要注意同一层次模型内的名称不能相同。另外，用户可以单击鼠标右键，在弹出的快捷菜单中选择"Fomat"子菜单，执行"Flip Name"操作项，将模块名称进行翻转；执行"Hide Name"或"Show Name"操作项，将模块名称予以隐藏或显示。

（5）前景颜色：用户可以通过快捷菜单中的"Foreground Color"子菜单，设置模块的前景颜色；当设置完成后，该模块的边框颜色和信号线颜色会发生变化。该操作便于用户在复杂的模型中清晰、直观地掌握信号流向。

（6）背景颜色：用户可以通过快捷菜单中的"Background Color"子菜单，设置模块的背景颜色；当设置完成后，该模块的内部填充颜色会发生改变。

二、Simulink 模块的通用参数属性说明

对于不同的 Simulink 模块，由于其模块的功能任务不同，导致其参数内容差异较大。双击不同的 Simulink 模块，就会发现其参数设置对话框各不相同。但通过对比可以发现，Simulink 模块中还包含一些通用参数，包括数据类型、采样时间和存储间隔等。下面对部分通用参数进行简要说明。

1．数据类型 Data Type

在常值模块、四则运算模块、增益模块等模块中，通过"Output data type"下拉框中设置模块的输出类型，包括系统类型和用户自定义类型都会显示在下拉框中。根据模块的功能不同，下拉框中的选项也有所差异。Simulink 环境下支持的主要数据类型如下。

（1）Inherit form 'Constant value'：普通继承，输出数据直接使用所填写参数本身的数据类型。

（2）Inherit via back propagation：反向继承，使用输出端口后面连接着的模块的数据类型

（3）double：输出端口的数据类型为 double 双精度浮点数。

（4）single：输出端口的数据类型为 float 单精度浮点数。

（5）int8：输出端口的数据类型为有符号八位整型。

（6）uint8：输出端口的数据类型为无符号八位整型。

（7）int16：输出端口的数据类型为有符号十六位整型。

（8）uint16：输出端口的数据类型为无符号十六位整型。

（9）int32：输出端口的数据类型为有符号三十二位整型。

（10）uint32：输出端口的数据类型为无符号三十二位整型。

（11）boolean：输出端口的数据类型为布尔型变量。

（12）same as first input：输出端口的数据类型与第一个输入端口的数据类型相同。

注：在不同 MATLAB 版本和不同的模块中，该参数的内容会出现一定的差异。

2．采样时间 Sample time

Sample time 模块用于设置模块的采样时间，通过该参数设置该模块在当前仿真时间内是否执行运算。Simulink 为不同的模块和仿真需求提供了多种采样时间运行模式，主要包括以下几种。

（1）输入值为–1：表示模块继承输入信号的采样时间；若没有输入信号，继承父层模型采样时间；若模块没有输入并且置于顶层模型中，则继承系统解算器的步长。

（2）输入值为 0：表示模块的采样时间为连续采样时间。

（3）输入值大于 0：表示模块为离散的采样时间，其值的单位为秒；需要注意的是，当解算器仿真步长模式为定步长仿真时，该值的大小必须是仿真步长的整数倍。

（4）输入值为 Inf：表示模块为无穷大的采样时间，即不更新数据。

3．存储格式 Save format

在一些具备存储记录功能的模块中，需要通过"Format"下拉框设定记录数据的形式。Simulink 提供了四种类型的数据记录格式，分别为：Structure with time，Structure、Array 和 Timeseries。

（1）Structure with time：将本模块得到的信号存储在结构体中，该结构体包括三个成员变量，分别是存储时间序列的 time，存储对应采样时间点的采样数据及相关信息的结构体 signals 和存储模块全路径及名称的变量 blockName。

（2）Structure：该存储格式相对于 Structure with time 类型少了一个 time 这个时间序列，其他成员的存储方式相同。

（3）Array：Array 存储格式是通过列向量的方式存储仿真过程的采样时间和数据。

（4）Timeseries：该存储格式是一个时间序列数据，包括 Name、Time、TimeInfo、Data 和 DataInfo 共 5 个成员变量，其中 Time 中存储仿真时间向量，Data 中存储对应仿真采样时刻的信号量。

三、Simulink 模块中的虚拟性

为了提高模型的可读性，Simulink 将其基本模块按照仿真特性划分为两种类型：非虚拟模块和虚拟模块。两者的差别主要如下。

1．非虚拟模块

非虚拟模块在仿真过程中起到实际作用，对其进行编辑或者增加删除操作，会直接影响模型的运行状态并改变模型的计算结果。

2．虚拟模块

虚拟模块在仿真过程中不起实际作用，主要任务是改善视觉效果，明确模型结构的层次划分，以及保持模型图形界面的整洁性等。另外，还有一些模块在某些条件下为非虚拟模块，而在某些条件下又转换为虚拟模块，这些模块称为条件虚拟模块。

表 5-4 列出了 Simulink 建模中常用的虚拟模块和条件虚拟模块。

表 5-4　Simulink 建模环境中常见的虚拟模块和条件虚拟模块

模型名称	作为虚拟模块的条件
Bus Selector	虚拟模块
Demux	虚拟模块
Enable	当与 Outport 模块直接连接时转换为非虚拟模块
From	虚拟模块
Goto	虚拟模块
Gto Tag Visibility	虚拟模块
Ground	虚拟模块
Inport	当模块放置在条件执行子系统内，而且与输出端口模块直接连接时转换为非虚拟模块
Mux	虚拟模块
Outport	当模块放置在任何子系统模块（条件执行子系统或无条件执行子系统）内且不在最顶层时，才是虚拟模块
Selector	在矩阵模式下转换为非虚拟模块
Signal Specification	虚拟模块
Subsystem	当模块依条件执行，并且选择了模块的 Treat as Atomic Unit 选项时，该模块转换为虚拟模块
Terminator	虚拟模块
Trigger Port	当输出端口未出现时，转换为虚拟模块

5.2.3　Simulink 建模环境中的信号

在 Simulink 建模环境中，各个模块是通过信号线相互连接的，完成不同数据类型的传递与交互，实现设定的仿真任务功能。信号作为 Simulink 建模环境中的重要组成部分，以线（Line）的形式进行表示，在模型中将各个模块联系起来，它具有一定流向属性且不可逆向，表征了实际系统中的信号流向。

关于信号的基本操作，在第 5.2.1 节中已经予以简要的介绍，在此不再做过多的重复。本小节主要介绍 Simulink 中的信号分类和显示。

一、Simulink 建模环境中的信号类型

Simulink 环境中支持的信号主要包括 Scalar 信号、Vector 信号、Matrix 信号、Bus 信号、

控制信号及维度可变信号等。信号线并不是按照信号线内部传输的数据类型进行分类，而是按照所传递数据的维数、虚拟性和维数的可变性进行分类。

（1）Scalar 信号：该信号是 Simulink 环境中最常见的信号，它表示在每个采样仿真时刻均传输一个 1×1 的数据信号。

（2）Vector 信号：该信号是指在每个采样时刻均传输一个向量数据，通常是为了模型界面简洁，可以通过 Mux 模块将多个 Scalar 信号合并成一个 Vector 信号后并输出。

（3）Matrix 信号：该信号是指在每个采样时刻均传输一个矩阵数据。

（4）Bus 信号：该信号可以通过 Bus Creator 模块将多个输入的 Scalar 信号或非 Scalar 信号构建而成，根据虚拟性可以将 Bus 信号分为虚拟 Bus 信号和非虚拟 Bus 信号，两者在代码生成时存在一定的差异。

（5）控制信号：控制信号主要用于传输子系统调用时的控制类信号，如 If 子系统中，Switch 子系统模块等的控制输出信号，这些信号并非实际信号。详细内容可以参见第 5.3.2 节。

（6）维度可变信号：维度可变信号是指在 Simulink 仿真过程中每个维数的元素个数可以发生变化的信号，即仿真过程中信号所包含的元素个数和值都不是固定的。

二、Simulink 建模环境中的信号显示

在 Simulink 建模环境中，为了便于掌握信号的类型和维数，用户可以通过修改 Simulink 的设置，将不同数据类型的信号线通过不同形式的线形进行表示。只有当模型运行起来或运行后，不同类型的信号线才予以显示，在模型搭建阶段，所有的信号线均按照 Scalar 信号线进行显示。

1．信号线类型的显示

用户依次单击模型的菜单项"Display"→"Signals&Ports"，如图 5-6 所示。在弹出的快捷菜单上，勾选"Signal Dimensions"项，信号线中将显示信号的维数；勾选"Wide Nonscalar Lines"项，将信号类型中的非 Scalar 类型的信号线将加粗显示。

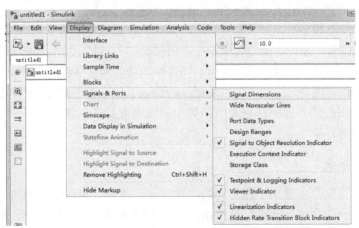

图 5-6　Simulink 建模环境中修改信号线显示的菜单项

表 5-5 给出了在勾选以上两个选项后，模型在运行过程中不同类型的信号线的显示形式。

表 5-5 Simulink 建模环境中不同类型信号线的显示

信号线类型	显示形式示例	备注
Scalar 信号	Scalar	细实线，维数不显示
Vector 信号	Vector	默认为细实线，加粗后显示为粗实线，显示当前向量的维数
Matrix 信号	Martrix	默认也为细实线，加粗后显示为粗实线，显示当前向量的维数
虚拟 Bus 信号		三条细实线并联表示
非虚拟 Bus 信号		上、下两条为细实线，中间为虚点线 Bus 信号的非虚拟性需要在 Bus Creator 模块中进行设置
维度可变信号		维度可变信号采用一条中间带白色圆点的黑粗线进行表示
未连接信号	Scalar4	当一个信号线没有同时连接到输入和输出时，该信号线为未连接状态。以红色虚线进行表示，并在运行时给出警告

5.2.4　Simulink 建模环境中的子系统设置

子系统将模块及其信号线组合成一个大的模块，将模型划分为外部和内部两个层次，这样可以屏蔽内部组成及结构，即仅提供输入、输出及参数等外接口，采用子系统对模型进行层次划分的优点如下。

（1）减少模型搭建窗口中显示的模块数目，使得模型界面清晰、直观，增强了模型的可读性。

（2）在简化界面的基础上，依然保持各个模块之间的拓扑关系结构，使特定功能模块拥有一些独立属性。

（3）可以封装建立一些自定义系统，提高了模型的复用率。

子系统的类型有很多种，并且各有特点，准确、合理地使用子系统，使用户从宏观上更好地进行概念的抽象、总体功能的勾画和主要信息流向的描述，并且能够实现某些特殊的任务功能。在进行飞行器仿真验证时，根据不同器件的功能和任务将其数学模型分解成若干个子系统，利用子系统模块分别实现各自功能，进而大大提高模型的可读性和模块的复用性。

根据子系统属性的不同将其分为不同类型，包括虚拟子系统、原子子系统、条件子系统和动作子系统等。

一、虚拟子系统

虚拟子系统在模型中提供了图形化的层次显示，能够使得界面清晰直观，并且不影响模型的执行和代码的生成。在运行过程中，系统会自动展开虚拟子系统，即子系统中的模块在执行过程中与上一级的系统模块统一排序，在一个仿真时间步长内，系统的执行可以多次进出同一个子系统。

二、原子子系统

原子子系统又称为非虚拟子系统，虚拟子系统与原子子系统的主要区别是在运行过程中，将整个子系统作为一个单元进行执行，并不会进行展开处理。因此，将一个子系统转换为原子子系统后，可能会对模型的执行顺序或结果产生一定的影响。用户可以单击虚拟子系统，在快捷菜单中选择"Block Parameter"选项，在弹出的参数设置对话框中勾选"Treat as atomic unit"项，即可完成虚拟子系统到原子子系统的转换。

三、条件子系统

在子系统中还有一系列的特殊模块，能够根据控制条件来实现模型是否运行，包括使能、触发、触发使能、函数调用等。合理利用这些模块能够实现一些特殊的时序控制。

（1）Enable Subsystem（使能子系统）：当控制信号大于零时，子系统运行。

（2）Triggered Subsystem（触发子系统）：仅在控制信号满足触发条件（如上升沿、下降沿）时才会运行。

（3）Enable and Triggered Subsystem（触发使能子系统）：当触发信号满足触发条件，并且使能信号大于零时，子系统才会运行。

（4）Function-Call Subsystem（函数调用子系统）：该子系统由函数调用生成器或 S 函数来执行函数调用。

四、动作子系统

动作子系统具有使能子系统和函数调用子系统的交叉特性，能够实现编程语言中的 if、while、for、switch-case 等流控制方法。

5.2.5　Simulink 建模环境中的仿真参数设置

Simulink 建模环境中包含了许多设置参数，用户可以通过 Configuration Parameters 对话框完成模型配置中各项参数的设置，主要包括解算器的选择、设置、数据的导入导出，以及其他影响仿真运行方式的参数。用户可以通过组合键 Ctrl+E，或者单击模型工具栏中的配置按钮，启动参数配置对话框，如图 5-7 所示。

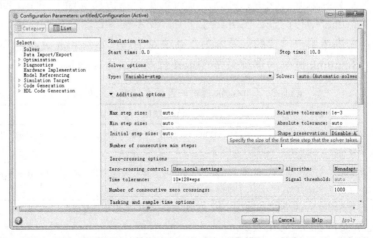

图 5-7　Simulink 环境中 Configuration Parameters 参数配置对话框

对话框包含 Category（类型）和 List（列表）两种显示形式，默认方式为 Category 显示方式。此时，左侧列表框显示了各种参数选项，单击某项选项后，对话框右侧面板会显示其具体参数。

一、解算器设置

解算器（Solver）设置是 Simulink 建模环境中的重要设置，Simulink 环境提供了一系列数值解算方法供用户选择并使用。每种解算器都能够对模型所表示的常微分方程组进行解算并计算下一个采样点时间，并根据模型设置的初始值和设置的误差容限计算出数值解。在 Configuration Parameters 对话框的 Solver 配置页面共有三组参数：Simulation time、Solver options 和 Tasking and sample time options，当选择变步长解算器时还会出现 Zero-crossing option 设置内容。

1．Simulation time 设置

Simulation time 设置中包括 Start time 和 Stop time 两个参数，用于设置开始时的仿真时间和结束时的仿真时间，要求 Stop time 必须大于 Start time。模型的仿真时间并非实际的运行时间（Realtime），其实际运算耗时取决于模型的复杂程度、仿真步长的大小和计算机性能等因素。由系统仿真的概念可知，若仿真时间大于实际计算耗时，则称为超实时仿真；若仿真时间小于实际计算耗时，则称为欠实时仿真；若仿真时间等于计算耗时，则称为实时仿真。

2．Solver options 设置

Solver options 用于设置模型所采用的解算方法。由计算方法知识可知，数学中包含众多的解算方法，适用于不同的数学模型和应用场景。在进行仿真算法设置时，需要根据模型的具体特性，选择合适的解算方法，这样才能达到事半功倍的效果。

仿真步长设置是 Solver options 的重要参数，它是指模型中前、后两个相邻采样点之间的时间间隔。Simulink 按照步长是否变化，将仿真步长分为变步长和定步长两类解算方法，用户在 Type 下拉框中进行选择，然后在 Solver 下拉框中选择相应的算法。当选择不同的算法后，其配置界面会发生相应的改变。

（1）变步长解算器设置。变步长解算器的仿真步长在仿真过程中并不是固定不变的，而是随着模型的状态进行动态调整。在仿真过程中，变步长解算器会自动检测局部误差以增大或减小仿真步长来满足用户设定的误差容限。系统对于连续系统和离散系统分别提供了不同的变步长算法。Simulink 提供的连续系统变步长算法如表 5-6 所示。

表 5-6　Simulink 提供的连续系统变步长算法

算法	算法说明
ode45	该算法是基于龙格-库塔（4、5）的 Dormand-Prince 算法，是一个单步显式算法，具有最好的普遍适用性以及较高的解算精度，但计算刚性问题性能较差
ode23	该算法是基于龙格-库塔（2、3）的 Bogacki-Shampine 算法，是一个单步显式算法，在误差要求不是特别严格或模型中存在轻微刚性时，比 ode45 的效率高
ode113	该算法是变阶的 Adams-Bashforth-Moulton PECE 算法，是一个多步显式算法，对于具有严格误差容限和计算密集型的问题，此方法比 ode45 有效

（续表）

算法	算法说明
ode15s	该算法是基于数值积分算法（NDF）的变阶算法，支持一阶到五阶的 NDF 公式，是一个多步隐式算法。阶数越高，算法精度越高、但会导致模型的稳定性下降。若是刚体模型，则可以把最高阶数设置为 2 阶来运行
ode23s	该算法是基于二阶 Rosenbrock 算法的一个改进算法，是一个单步隐式算法，在处理原始公差问题和刚性模型上比 ode15s 更有效
ode23t	该算法是一种自由内插方法的梯形积分法，适用于无数值衰减的中度刚性模型求解
ode23tb	该算法采用 TR-BDF2 实现，即第 1 阶段用龙格-库塔算法，第 2 阶段用二阶 Backward Differentiation Formulas（后向微分）算法，在粗差刚性模型仿真中比 ode15s 更有效

对于没有连续状态的模型，以及含有过零检测的连续信号和含有不同采样时间操作的离散模块的模型，可以采用 discrete 算法。

若选择变步长解算器，则其参数配置界面如图 5-8 所示。注意，不同算法下的配置界面略有不同。

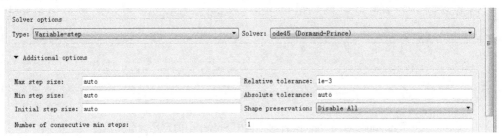

图 5-8　Configuration Parameters 配置对话框中 Solver 中的变步长解算器参数配置界面

图 5-8 中一些典型的参数含义如下。

- Max step size:　　　　　输入框　　设置解算器采用的最大仿真步长，用户可以手动设置，避免仿真步长过大而导致错误，单位为 s。
- Relative tolerance:　　　输入框　　设置模型中可接受的最大相对误差。
- Min step size:　　　　　输入框　　设置解算器采用的最小仿真步长，单位为 s。
- Absolute tolerance:　　　输入框　　设置模型中可接受的最大绝对误差。
- Initial step size:　　　　输入框　　设置解算器的初始步长。
- Shape preservation:　　　下拉框　　设置是否使用微分信息来提高积分的精确度。
- Number of consecutive min steps:　输入框　　若步长超过最大步长或最小步长则称为步长违例。该选项用于设置步长为例的报错门限，当连续出现步长违例的步数超过该值时，模型给出故障信息。

（2）定步长设置。定步长仿真是采用固定的仿真步长作为积分时间的，在仿真过程中，仿真步长保持不变。一般情况下，模型中两类仿真步长均可采用，并且由于变步长仿真会根据设定的精确度在各积分段内自适应的寻找最大步长进行积分，进而可以提高计算效率。但在进行飞行器制导控制仿真验证时，通常需要进行半实物仿真验证。由于半实物仿真将模型运行在嵌入式或其他实时系统中，模型的时钟源来自设备硬件晶振，无法进行变步长的计算，因此为保证前、后仿真的一致性，建议采用定步长作为飞行器数学模型的解算周期，典型的计算步长可以设置为 1ms。Simulink 提供的连续系统定步长算法如表 5-7 所示。

表 5-7　Simulink 提供的连续系统定步长算法

算法	算法说明
ode8	该算法是采用固定步长的 8 阶 Dormand-Prince 算法，是一个显式算法
ode5	该算法是采用固定步长的 5 阶 Dormand-Prince 算法，是一个显式算法
ode4	该算法是采用固定步长的 4 阶 Runge-Kutta 算法，是一个显式算法，该算法最为常用
ode3	该算法是采用固定步长的 3 阶 Bogacki-Shampine 算法，是一个显式算法
ode2	该算法是采用固定步长的 2 阶 Heun 算法，是一个显式算法
ode1	该算法是采用固定步长的 1 阶 Eular 算法，是一个显式算法
ode14s	该算法使用牛顿法和外推法计算下一时间步上的模型状态值，是一个隐式算法

同样，对于离散系统，系统提供定步长的 discrete 算法，如图 5-9 所示。

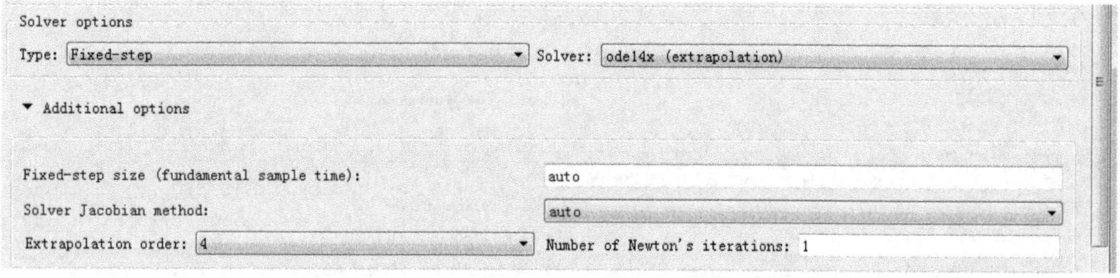

图 5-9　Configuration Parameters 配置对话框中 Solver 中的定步长解算器参数配置界面

图 5-9 中典型的参数含义如下。

- Fixed-step size: 　　　　　输入框　设置解算器采用的仿真步长，单位为 s。
- Solver Jacobian method: 　下拉框　设置 ode14s 算法选用的雅克比矩阵方法，系统提供了四种选型：Sparse、PerturbationFull、PerturbationSparse、AnalyticalFull analytical。
- Extrapolation order: 　　　下拉框　设置 ode14s 算法的外推阶数，阶数越高，精度越高。
- Number of Newton's iterations: 　输入框　设置 ode14s 算法的牛顿迭代算法的迭代次数，迭代次数越多，精度越高，但计算负荷也越大。

当 Type 算法类型选择 Fixed-step size 选项，而且 Periodic sample time constraint 参数选择 Unconstraint 选项时，Fixed-step size 选项才会出现，该选项默认为 auto，即由 Simulink 选择步长。若模型指定了一个或多个周期采样时间，则 Simulink 会选择指定采样时间的最小公分母作为模型的仿真步长，而这个基本采样时间可以确保仿真算法能够在模型定义的每个采样时刻上进行解算。若模型没有定义任何周期采样时间，则 Simulink 会把仿真时间除以 50 作为模型的仿真步长。

3．Zero-crossing options 设置

当用户选择变步长仿真模式后，在参数配置下会出现过零检测（Zero-crossing options）设置界面，如图 5-10 所示。

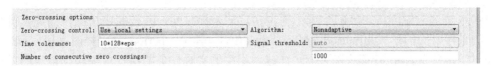

图 5-10　Configuration Parameters 配置对话框中 Solver 中的过零检测设置界面

图 5-10 中典型的参数含义如下。

- Zero-Crossing control：　　　下拉框　使能模型的过零检测功能，共有三个选型：UseLocalSettings（表示由模块自身的设置所决定）、EnableAll（全局开启）和 DisableAll（全局禁止）。

- Algorithm：　　　　　　　　下拉框　设置过零检测的算法，包括 Nonadaptive（非自适应算法）和 Adaptive（自适应算法）。

- Time tolerance：　　　　　　输入框　设置时间容限，规定过零检测要在容限相关的时间范围内检测连续性，用于控制过零检测发生的频度。

- Signal threshold：　　　　　下拉框　设置过零算法为 Nonadaptive 时的信号。

- Number of consecutive …：　输入框　设置连续过零检测的数目。

4．Tasking and sample time options 设置

在 Solver 的参数设置中，还包括一个 Tasking and sample time options（任务与采样时间）的设置选型，其参数设置界面如图 5-11 所示，主要包括下拉框 Periodic sample time constraint，下拉框 Tasking model for periodic sample time，勾选框 Automatically handle rate transition for data transfer 和勾选框 Higher priority value indicates higher task priority 四个参数，其中前两个参数仅在定步长时有效。

Periodic sample time constraint 下拉框用于设置模型在采样时间上的一些约束条件。在仿真过程中，Simulink 会对模型进行检测，以确保模型能够满足约束，若模型没有满足约束，则 Simulink 会显示错误消息。

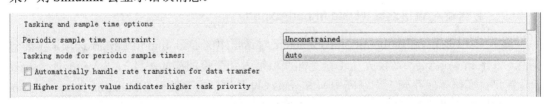

图 5-11　Configuration Parameters 配置对话框中 Solver 中的任务与采样时间设置界面

（1）Unconstraint：没有约束。此时允许在 Fixed-step size 选项设置定步长的大小。

（2）Ensure sample time independen：若选择该选项，则 Simulink 会对模型进行检查，以确保模型能够继续引用该模型的模型采样时间，而且不改变该模型的状态。此时不允许用户设置定步长的大小。

（3）Specified：若选择该选项，则 Simulink 会对模型进行检查，以确保模型在指定的一组有优先级别的周期采样时刻上正确执行。选择该选项后，Simulink 会显示 Sample time properties（采样时间属性）选项，用于指定并分配模型采样时间的优先级，可在这个文本

框内输入 $N \times 3$ 矩阵，矩阵的行表示模型指定的采样时间，并按照由快到慢的速率排列。每行的采样时间的形式为[period, offset, priority], 其中，period 是采样时间段，offset 是采样时间偏移量，priority 是与这个采样速率相关的实时任务的执行优先级，最快的采样速率具有最高的优先级。

Tasking model for periodic sample time 参数用于设置周期采样时间的任务模式。主要分为以下三种任务模式。

（1）MultiTasking：多任务仿真模式，这种模式允许系统中包含多个采样速率，创建一个有效的、执行并行任务的实时多任务系统。此时，系统会检测模型中是否包含不同采样速率操作的模块被直接连接起来的现象，由于不同采样速率模块直接连接时可能会导致异常，因此这种情况下就会发出一个错误消息。用户可以用 Rate Transition 模块消除模型中不同的传输速率。

（2）SingleTasking：单任务仿真模式，系统中只有一个采样速率，并且无法检测模块之间的采样传输速率是否正常。

（3）Auto：默认选项，允许 Simulink 自动选择仿真模式。若所有的模块都使用相同的速率，则 Simulink 会使用单任务模式；若模型中包含以不同速率操作的模块，则会使用多任务模式。

Automatically handle rate transition for data transfer 选项的作用是 Simulink 在进行数据传输时是否自动进行速率转换。勾选该选项后，当模块之间有速率转换时，Simulink 会在这些模块之间插入隐藏的 Rate Transition 模块，以确保在数据转换过程中的数据完整性。

Higher priority value indicates higher task priority 选项设置是否为实时系统分配高优先级任务和高优先级的数值。勾选该选项后，模型会为较高优先级值的任务分配较高的优先权，这样 Rate Transition 模块会按照由低到高的速率转换原则依次处理较低优先级值速率和较高优先级值速率之间的异步转换。若不选择该选项（默认设置），则模型会为较高优先级值的任务分配较低的优先权，这样 Rate Transition 模块会按照由高到低的速率转换原则依次处理较低优先级值速率和较高优先级值速率之间的异步转换。

二、数据输入/输出设置（Data Import/Export）

如图 5-12 所示，Configuration Parameters 对话框中的 Data Import/Export 选项，主要包括 Load from workspace（设置从工作空间获取输入和变量的初始参数）、Save to workspace（设置将仿真结果保存到工作空间中）、Signals（设置信号的存储）、Simulation Data Inspector（仿真数据检查设置）、Save options（设置存储选项）。

在此，仅对较为常用的 Load from workspace 和 Save to workspace 相关参数予以说明。

- Input: 输入格式为[t,u]，用于从工作空间读取数据，t 表示时间的列向量，u 表示对应时间点的数据列向量。
- Initial state: 用于设置是否读取状态变量的初始值，以及初始值的名称。
- Time: 用于设置是否保存模型的仿真时间，以及保存变量的名称。
- States: 用于设置是否保存模型的状态变量，以及保存变量的名称。
- Output: 用于设置是否保存模型的输出量，以及保存变量的名称。
- Final states: 用于设置是否保存模型最后一个采样时刻的状态量，以及保存变量名称。

- Format：设置保存时间、状态及输出量存储到工作空间时的存储数据格式，包括 Array、Structure、Structure with time、Dataset。
- Limit data points to last：设置是否只保存最后的 N 个数据，不勾选表示全部保存。
- Decimation：设置存储记录的间隔，即每 N 个数据保存一个数据。

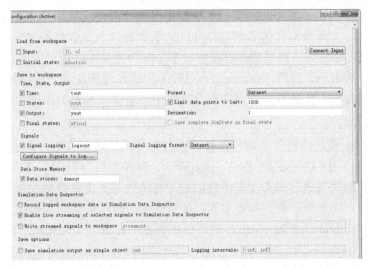

图 5-12　Configuration Parameters 对话框中的 Data Import/Export 参数配置界面

三、其他设置

Configuration Parameters 对话框中还包含了很多属性的参数设置，包括 Optimization 选项用来设置改善仿真性能和优化模型代码执行效率的相关参数；Diagnostics 选项用来设置 Simulink 在执行仿真时对模型进行的检测选项。这些设置参数对于模型仿真的准确性和仿真性能来说都起着非常重要的作用。另外，Hardware Implementation 选项用于指定用来执行模型系统时的硬件特性；Model Referencing 选项用来设置在用户模型中包含当前模型以及在当前模型中包含用户模型时的选项，同时还可以设置编译选项。Simulation Target 选项用于设置仿真目标机的属性。Code Generation 选项和 HDL Code Generation 选项用于设置 Simulink 模型进行代码编译时的相关参数。这些选项主要用于进行模型编译和代码生成设置。

在此，不再对这些参数做过多的叙述，详细内容可以参考 MATLAB 的 Help 内容。

5.2.6　Simulink 建模环境中的部分概念说明

在 Simulink 建模过程中，为了便于更加深刻地理解模型的运行过程，建议用户了解并掌握 Simulink 模型中的几个概念，主要包括过零检测、执行顺序、代数环问题等内容。

一、过零检测

在动态系统建模仿真中，一些状态的不连续变化常常表征了动态系统中的重要事件，因此，对不连续点进行精确仿真是非常重要的。

1．过零检测的含义与意义

变步长仿真的方法可以用来动态调整仿真步长的大小。当状态变量变化缓慢时需要增大步长，当状态变量变化快速时需要减小步长，进而保证不连续的状态点能够进行计算。这就需要能够定位不连续状态点的出现时刻或判断状态变量的变化趋势。

过零检测方法就是用来定位仿真过程中的不连续点的出现时刻，它在模型和求解器之间建立了一种通信机制。在 Simulink 模型中使用过零检测方法后，模块会在仿真开始时注册一组过零变量。在每步仿真结束后，Simulink 会检测这些变量是否发生符号变化等过零情况。若检测到过零情况，则系统会对发生过零现象的变量在前后、仿真步长内进行插值，以估算过零的准确时刻；然后，Simulink 再以较小的仿真步长从过零前时刻重新开始仿真，依次越过模块变量的不连续点，进而实现系统对于不连续状态点的精确仿真。

2．过零检测的启用与关闭

很多 Simulink 模块的设置中均包含过零检测选项，如 Abs、Delay、Backlash、Saturtion、Dead Zone、Sign、Hit Crossing、Step、Integrator、MinMax、Switch、Relation Operator 等模块，但不同模块触发的过零类型是不相同的，有的过零类型只是用来通知求解器的模式是否发生了改变，而另外一些过零类型则与信号有关，是用来驱动其他模块的。

在模型的 Configuration Parameters 对话框中的 Solver 选项中，当用户在 Solver Options 中选择 Type 为 Variable-Step 后，在下方会出现一个 Zero-crossing options 的设置区域，在 Zero-crossing Control 选项中可以选择 Use Local Setting（按照模型的选择，只对模型进行局部过零检测）、Enable All 和 Disable All。

3．过零检测使用的注意事项

在使用过零检测时，用户需要注意一些事项：① 启用过零检测对于事件的不连续状态点的仿真精度有较高的精度，但会在一定程度上减小仿真解算速度；② 对于离散系统及其产生的离散信号不需要进行过零检测，这是因为离散系统的求解器与连续变步长求解器均能很好地匹配离散信号的更新时刻；③ 对于一些特殊的动态系统，可能会在一个非常小的区间内出现连续多次过零点的情况，使得模型在同一时间内多次检测到信号的过零状态，导致 Simulink 运行异常，此时应该关闭过零检测功能。

二、执行顺序

当一个模型中包含多个模块或子系统时，Simulink 会按照一定的执行顺序依次完成各个模块的功能计算。了解并掌握模型中的执行顺序，对于提高用户对仿真模型的分析能力和故障情况下的纠错能力非常有益。

1．模型或子系统中的模块执行顺序

在模型或子系统中，与输入连接的非虚拟模块通常是第一个执行的；若子系统块存在多个输入端口，则按照输入端口的编号从小到大顺序执行，然后再依次更新输入模块所连接的模块；若一个模块存在多个输入端口，则需要其所有输入端口的数据均准备完毕后，才能计算多输入模块的状态量和输出量。

2．模块执行顺序的查看

用户可以在 Simulink 模型的菜单栏 Display 中，依次选择 "Block" → "Sorted Executed

Order"选项，将模块的执行顺序显示出来。图 5-13 给出了模型 F-14 的执行顺序显示。

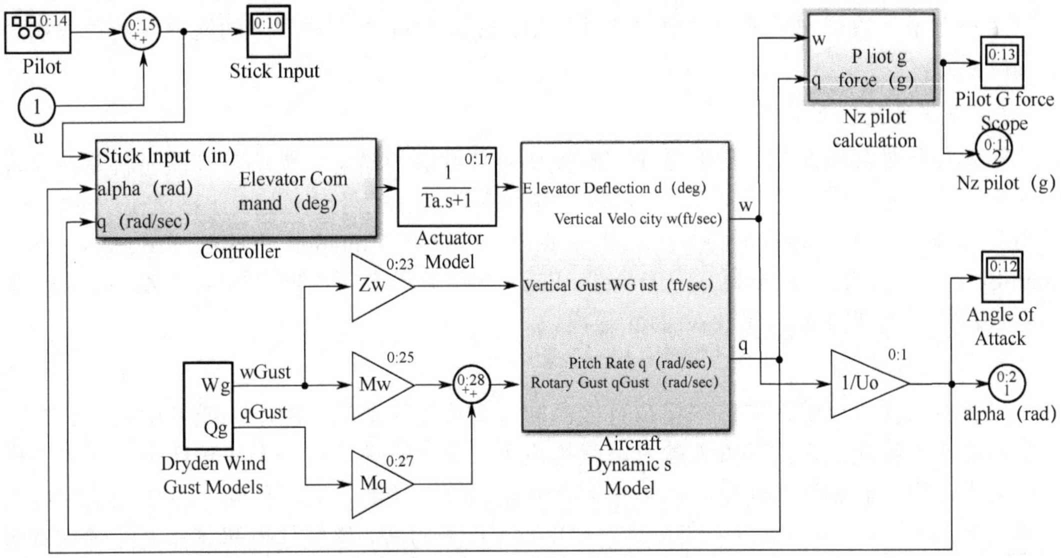

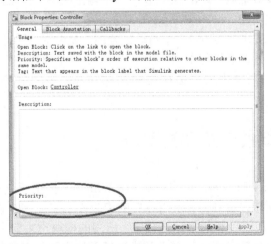

图 5-13　模型 F-14 中的执行顺序显示

从图 5-13 中可以看出，当显示执行顺序后，各个模块内会出现格式为 $m:n$ 的红色时序标注。其中，m 表示该模块在模型中执行的优先度；n 表示在同一个仿真步长内，模块所处的执行序号；两者均从 0 开始计算，0 表示优先级最高。

3．模块执行顺序的修改

在 Simulink 中，用户可以通过修改部分模块或子系统的优先级来实现执行顺序的修改。选择期望的模块或子系统，单击鼠标右键，在弹出的快捷菜单中选择"Properties…"选项，弹出如图 5-14 所示的对话框中，在"Priority"的输入框内输入正整数来设置模块的执行顺序。

图 5-14 修改模块执行顺序时的模块属性设置对话框

需要说明的是，若用户设定的模块执行顺序不符合 Simulink 中的运行顺序规范，则 Simulink 会忽略用户设定的参数，并将其放在执行顺序的合适位置中。

三、代数环问题

用户在搭建模型中经常会出现代数环（Algebraic Loop）问题。下面给出代数环的概念及其解决方法。

1．模块直接馈通的概念

在解释代数环概念前，需要首先理解模块直接馈通的概念。模块直接馈通就是指模块的输出直接依赖于模块的输入，即该模块的输入端口没有信号时，无法计算该模块的输出。在 Simulink 中具有直接馈通特性的模块主要包括：Math Function、Gain、Product、add、State-Space（其中矩阵 D 不为 0）、Transfer Fcn（分子分母多项式阶次相同）、Zero-Pole（零极点数目相同）、Compare To Constant 等模块。

2．代数环的概念

当具有直接馈通输入端口的模块直接由同一类型模块的输出驱动，或者由其他具有直接馈通端口的模块反馈到其输入端时，就构成了一个代数环。在一个代数环中，所有的模块都要求在同一时刻计算输出，由于它们之间是相互依赖的，因此任何一方均无法完成求解过程，这就使得解算器无法解算进而导致错误的产生。

图 5-15 就给出了一个典型的代数环，其中，Add 模块的一个输入端口依赖于自身输出，从而形成代数环。

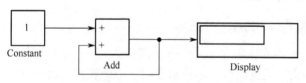

图 5-15　Simulink 中一个典型的代数环示例

3．代数环的消除或切断

MATLAB 在对模型进行计算展开时，会根据仿真设置对一些代数环进行自动处理。用户可以在模型的 Configuration Parameters 对话框中的 Model Referencing 面板选择 Minimize algebraic loop occurrences 选项，启动自动消除代数环功能。由于该功能与 Simulink 的条件输入分支的优化处理及 Real-Time Workshop 中的单输出/更新函数的优化不兼容，因此，该功能在默认情况下是关闭的。

但在某些情况下，部分代数环是无法自动消除的，要求用户通过手动修改模型的方式将其切断。常用的切断方法就是在代数环回路中加入 Memory 模块，但这样操作改变了系统的动态结构，并且不合理的初始估计值会导致系统运行异常，因此该操作应谨慎使用。

5.3　Simulink 建模环境的常用模块

在"Simulink Library Brower"中可以看到，Simulink 提供了众多模块库，用于满足用户在不同领域的建模需求，其中"Simulink"的模块库包含了用户在建模中最常用的基本模块。在进行飞行器非线性模型的搭建过程中，所用的模块也主要来源于该模块库。因此，熟悉并掌握这些模块的属性和用法，对于非线性模型的设计与搭建将有很大的帮助

本节将介绍 Simulink 中常用模块的用法（不同 MATLAB 版本中的模块内容有所差异），包括属性设置、参数含义及特性等内容。同时，编者结合以往科研工作的经验，对飞行器仿真建模过程中常用模块进行详细介绍。

5.3.1　信号源模块库

信号源模块库（Sources）包含了用于产生仿真中所需的各种信号的基础模块，各个模块的外形和功能如表 5-8 所示。

表 5-8　信号源模块库中的各个模块的外形和功能

模块名称及视图	功能	模块名称及视图	功能
Band-Limited White Noise	有限带宽噪声模块。主要用于服从正态分布的随机噪声信号	Chirp Signal	输出频率随时间线性变化的正弦信号，主要用于输出扫频信号的指令
Clock	**时钟模块** **输出当前仿真时间**	Constant	**常值模块** **输出设定常值信号**
Counter Free-Running	自动运行定时器	Counter Limited	受限定时器
Digital Clock	数字时钟模块 用于以固定速率输出当前仿真时间	Enumerated Constant	枚举常值
From File	**读取文件模块** **用于从 Mat 文件中读取数据**	From Workspace	**读取工作空间模块** **用于从工作空间中读取输入信号**
Ground	接地模块 用于连接不用的模块输入端口	In1	输入端口模块 用于子系统成员模块的输入
Pulse Generator	**脉冲信号发生器** **用于产生设定属性的脉冲信号**	Ramp	斜坡信号模块 用于产生斜坡信号
Random Number	**随机数模块** **用于产生服从正态分布是随机信号**	Repeating Sequence	周期序列模块 用于产生设定属性的周期信号
Repeating Sequence Interpolated	内插的周期信号	Repeating Sequence Stair	周期信号模块
Signal Builder	信号构造器	Signal Generator	**信号发生器** **用于产生设定的信号**
Sine Wave	**正弦信号模块** **用于产生设定属性的正弦信号**	Step	**阶跃信号模块** **用于产生设定属性的阶跃信号**
Uniform Random Number	均匀随机信号模块 用于产生均一的服从高斯分布的随机信号	Waveform Generator	波形产生器 用于生成设定的波形信号

下面将对经常使用的模块予以详细介绍（表 5-8 中字体加粗的模块）。

一、时钟模块

时钟（Clock）模块主要用于输出每步仿真的当前仿真时刻，为其他模块提供需要的仿真时间。其属性参数设置对话框如图 5-16 所示。

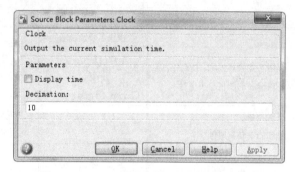

图 5-16　Clock 模块的属性参数设置对话框

图 5-16 中的参数含义如下。

- Display time:　　勾选框　用于设置是否在模块中显示当前的仿真时间。
- Decimation:　　输入框　通过一个正数设置时钟模块显示的更新频率，单位 ms。

二、常值模块

常值（Constant）模块主要用于产生一个不依赖于时间的实数或复数的常数值，一般作为定常输入信号。建立飞行器非线性模型时，通常通过该模块来设置弹体结构系数或积分初值等常值参数，如图 5-17 所示。

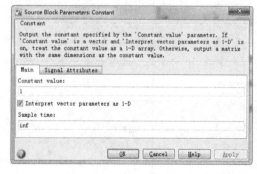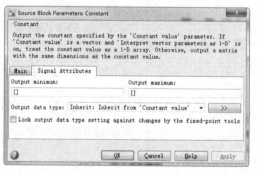

图 5-17　Constant 模块的属性参数设置对话框

图 5-17 中的参数含义如下。

- Constant value:　　　　　　输入框　用于设置模块的输出值，可以是数值或变量名。
- Interpret vector parameters as 1-D:　勾选框　勾选后，模块参数的行或列向量将转换为向量进行输出。
- Sample time:　　　　　　　输入框　用于设定模块的采样时间，即模块更新输出的时间间隔。默认值为无穷大，即不进行输出值更新变化。

- Output minimum：　　　　输入框　限定输出的最小值，默认为空即不对输出进行检测。
- Output maximum：　　　　输入框　限定输出的最大值，默认为空即不对输出进行检测。
- Output data type：　　　　下拉框　用于设定输出数据的数据类型。
- Lock Output data type setting…　　　勾选框　勾选后，锁定输出数据的数据类型，使模型在被 fixed-point 工具优化时不改变输出数据类型。

三、读取工作空间模块

读取工作空间模块（From Workspace）模块为用户提供了从工作空间中读取相关变量的功能，如图 5-18 所示。

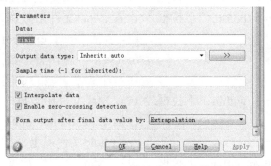

图 5-18　From Workspace 模块的属性参数设置对话框

图 5-18 中的参数含义如下。

- Data：　　　　　　　　输入框　导入模型的变量名，数据对象包括 Timeseries 对象、二维矩阵和结构体类型等。
- Output data type：　　　　下拉框　设置模块输出信号的数据类型。
- Sample time：　　　　　输入框　设定模块的采样时间。
- Interpolate data：　　　　勾选框　用于某些采样时刻没有采样数据的情况，勾选时通过先行插值获取，不勾选时沿用前一个采样时刻。
- From output after final data value by：　　　下拉框　用于设置仿真时间超出变量时间范围情况下的处理方式，包括 Extrapolation（外部插值）、Setting to zero（保持输出 0）、Holding final value（保持最后一个数值）和 Cyclic repetition（周期循环输出）等。

四、读取文件模块

读取文件（From File）模块为用户提供了从硬盘文件直接读取数据功能，能够从之前记录的 Mat 文件中读取相关变量，如图 5-19 所示。

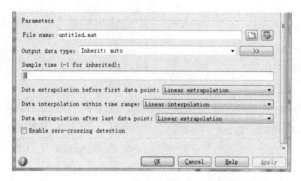

图 5-19 From File 模块的属性参数设置对话框

图 5-19 中的参数含义如下。

- File Name:　　　　　　　　输入框　设置模块读取数据文件的名称。
- Output data type:　　　　　下拉框　设置模块输出信号的数据类型。
- Data extrapolation before 　下拉框　设置 Mat 文件中数据时间范围之前的模块输
  first data point:　　　　　　　　　　出，包括 Linear extrapolation（线性外插）、Hold
  　　　　　　　　　　　　　　　　　　first value（输出首个数值）和 Ground value（使
  　　　　　　　　　　　　　　　　　　用对应数据类型的 0 值）。
- Data interpolation within 　下拉框　设置 Mat 文件中数据时间范围内的模块输出，
  time range:　　　　　　　　　　　　包括 Linear interpolation（线性内插）和 Zero
  　　　　　　　　　　　　　　　　　　order hold（使用上一拍的数值）。
- Data extrapolation after 　下拉框　设置 Mat 文件中数据时间范围之后的模块输
  last data point:　　　　　　　　　　出，包括 Linear extrapolation、Hold Last value
  　　　　　　　　　　　　　　　　　　（输出最后数值）和 Ground value。

五、正弦信号模块

正弦信号（Sine Wave）作为数学、物理等方面常见的信号，在通信、控制系统和电气等领域具有广泛的应用。Sine Wave 模块作为一个正弦信号产生模块，能够输出连续或离散的正弦曲线，其输出信号= Amplitude × sin（Frequency × time +Phase）+ Bias，如图 5-20 所示。

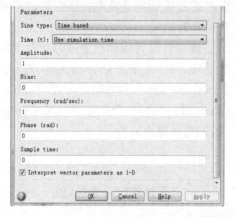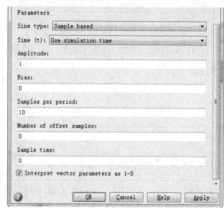

图 5-20 Sine Wave 模块的属性设置对话框

图 5-20 中的参数含义如下。

- Sine type: 　　　　　下拉框　设置正弦波形的类型：包含 Time based（基于时间）和 Sample based（基于采样）两种。相关参数会随着该选项出现变化。

- Time: 　　　　　　　下拉框　设置时间序列的来源，Use simulation time 表示使用系统仿真时间；Use external Signal 表示使用外部输入信号作为时间源，此时会增加一个输入端口。

- Amplitude: 　　　　　输入框　设置正弦波的幅值。
- Bias: 　　　　　　　输入框　设置正弦波信号的一个常值偏差。
- Frequency（rad/sec）: 　输入框　Time based 模式下设置正弦波的频率，单位是 rad/s。

- Phase（rad）: 　　　　输入框　Time based 模式下设置正弦波的相位差，单位是 rad。

- Samples per period: 　　输入框　Sample based 模式下设置正弦波每个周期的采样数。

- Number of offset samples: 　输入框　Sample based 模式下设置相位偏移的采样点数。
- Interpret vector parameters as 1-D: 　勾选框　是否将参数中的行/列向量转换为向量进行输出。

虽然 Sine Wave 模块仅有一个输出端口，但勾选 Interpret vector parameters as 1-D 后将可以输出多个波形的正弦信号。此时只需按照维数相同向量的方式填写 Amplitude、Bias、Frequency、Phase 的数值即可。

六、随机数模块

飞行器仿真时经常需要输入符合正态分布的随机数（Random Number），例如，在进行相关参数随机影响分析中，需要通过随机数模块产生噪声或偏差的随机影响。如图 5-21 所示，Random Number 为用户提供了产生正态分布的随机数功能。随机数序列会根据随机数种子的不同产生变化，即当模型包含多个随机数模块或进行多次仿真时，若模块的随机数种子相同，则产生的随机数序列就不会发生变化。

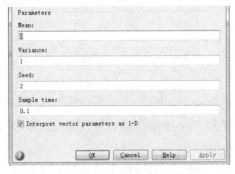

图 5-21　Random Number 模块的属性参数设置对话框

图 5-21 中的参数含义如下。

- Mean：   输入框   设置随机数的平均值。
- Variance：   输入框   设置随机数的方差。
- Seed：   输入框   设置随机数种子，该值必须是 0 或正整数。

六、阶跃信号模块

阶跃信号（Step）模块为用户提供阶跃信号功能，用户可以在指定的仿真时刻在两值之间产生一个跳变。即当仿真时间小于参数 Step time 时，模块输出参数 Initial value 的值；当仿真时间大于或等于参数 Step time 时，模块输出参数 Final value 的值。图 5-22 为 Step 模块属性参数设置对话框。

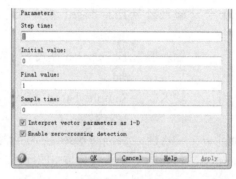

图 5-22　Step 模块的属性参数设置对话框

图 5-22 中的参数含义如下。

- Step time：   输入框   阶跃信号变化时刻，单位为 s。
- Initial value：   输入框   阶跃时刻之前的初值。
- Final value：   输入框   阶跃时刻之后的终值。

八、信号发生器模块

信号发生器（Signal Generator）模块能够根据设定产生多种波形。如图 5-23 所示。

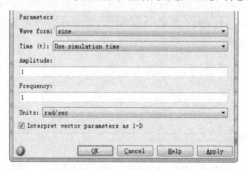

图 5-23　Signal Generator 模块的属性设置对话框

图 5-23 中的参数含义如下。

- Wave form：   下拉框   设置输出波形的形式包括 sine（正弦）、square（方波）、sawtooth（锯齿波）和 random（随机数）。

- Time（t）：　　　　　下拉框　　设置时间序列的来源，Use simulation time 表示使用系统仿真时间；Use external Signal 表示使用外部输入信号作为时间源，此时会增加一个输入端口。
- Amplitude：　　　　　输入框　　输出信号的幅值。
- Frequency：　　　　　输入框　　输出信号的频率。
- Units：　　　　　　　输入框　　输出信号的频率单位，包括 rad/s 和 Hz。

九、脉冲信号发生器模块

脉冲信号发生器（Pulse Generator）模块能够以一定的时间间隔产生标量、向量或矩阵形式的指定占空比脉冲信号。如图 5-24 所示。

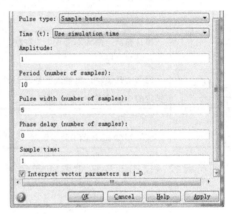

图 5-24　Pulse Generator 模块的属性参数设置对话框

图 5-24 中的参数含义如下。

- Pulse type：　　　　　下拉框　　设置脉冲类型：包含 Time based（基于时间）和 Sample based（基于采样）两种。相关参数会随着该选项的变化而变化。
- Time（t）：　　　　　下拉框　　设置时间序列的来源：Use simulation time 表示使用系统仿真时间；Use external Signal 表示使用外部输入信号作为时间源，此时会增加一个输入端口。
- Amplitude：　　　　　输入框　　输出信号的幅值
- Period（secs）：　　　输入框　　Time based 模式下的输出信号的周期，单位为 s
- Pulse Width（% of period）：　　输入框　　Time based 模式下的输出信号的脉冲占空比，即周期的百分数为幅值信号。
- Phase delay（secs）：　输入框　　Time based 模式下的输出信号的延迟，单位为 s。
- Period（number of samples）：　　　输入框　　Sample based 模式下输出信号的周期的采样个数。
- Phase width (number of samples):　　输入框　　Sample based 模式下输出信号的脉冲占空比，即几个采样个数时的输出为幅值信号。

- Phase delay (number of 　　输入框　　Sample based 模式下输出信号的延迟的采样
  samples):　　　　　　　　　　　　　个数。

5.3.2　信号输出模块库（Sinks）

信号输出模块库包含了用于常用的输出模块，各个模块的外形和功能如表 5-9 所示。

表 5-9　信号输出模块库中的相关模块外形和功能

模块名称及视图	功能	模块名称及视图	功能
Display	数值显示模块，以数值的形式显示当前信号大小（标量、向量或矩阵）	Out1	输出端口模块用于子系统成员模块的输出。
Floating Scope	悬浮信号示波器显示模型中的相关信号	Scope	**信号示波器，显示输入端的信号随时间的变化趋势**
Stop Simulation	**停止模块，当输入信号不为零时，停止模型运行**	Terminator	终端模块，连接不需要使用的模块输出端口，避免出现警告
untitled.mat To File	**写入文件模块，将输入信号写入到指定的 Mat 文件中**	simout To Workspace	**写入状态空间模块。将输入信号按照设定的变量名记录到工作空间中**
XY Graph	XY 示波器使用 MATLAB 图形显示数据		

下面将对经常使用的模块予以详细介绍（表 5-9 中的字体加粗的模块）。

一、示波器模块

示波器（Scope）模块能够显示模块输入端口的信号波形，使得用户可以在仿真过程中或结束后查看信号变化曲线和保存数据时间序列。双击 Scope 模块后，可以看到 Scope 模块的显示界面如图 5-25 所示。从图 5-25 中可以看出，Scope 模块显示界面主要包括菜单栏、工具栏、状态栏和波形显示区域。

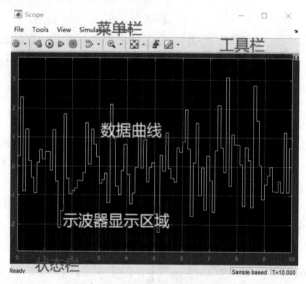

图 5-25　Scope 模块的显示界面

经过 MATLAB 多个版本的不断优化与改进，Scope 模块的功能和设置也越加丰富，不仅具备曲线显示的功能，还具备曲线处理、数据统计、测量、触发等诸多高级功能。

图 5-25 中的工具栏的操作任务如下所示。

- ⚙ / 🖾 / ▦ ：　　　　　　　弹出 Config 设置面板/Style 样式面板/Layout 布局面板。
- ◀ ：　　　　　　　　　　弹出对话框设置单步运行参数，与 Simulink 工具栏一致。
- ▶ ：　　　　　　　　　　运行模型，开始进行仿真，与 Simulink 工具栏一致。
- Ⅱ▶ ：　　　　　　　　　单步运行，与 Simulink 工具栏一致。
- ⊙ ：　　　　　　　　　　终止仿真，与 Simulink 工具栏一致。 
- 🗗 / 📷 ：　　　　　　　提供高亮模块显示功能/提供快照功能。 
- 🔍 / 🔍 / 🔍 / 🔍 / ✋ ：　提供放大/放大 X 轴/放大 Y 轴/缩小/移动等缩放工具。 
- ↕ / ↔ / ⛶ ：　　　　　提供上下、左右、全屏的缩放工具。 
- ⨍ ：　　　　　　　　　　弹出触发面板。 
- ✎ / 📈 / 📊 / 🅇 ：　　分别弹出示波器测量面板，包括 Cursor Measurements（光标测量）、Signal Statistics（信号统计）、Bilevel Measurements（双层测量）和 Peak Finder（峰值查找）。

Scope 模块的属性参数设置对话框如图 5-26 所示。

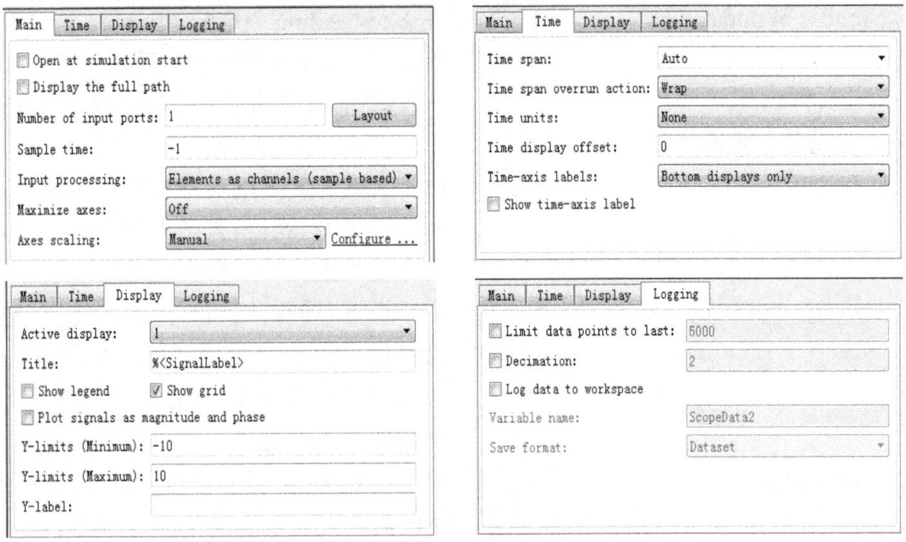

图 5-26　Scope 模块的属性设置对话框

从图 5-26 可以看出，目前，Scope 的功能参数已经比早期版本的设置丰富了许多，目前包含 Main、Time、Display 和 Logging 四个设置页面。

Main 设置页中的参数含义如下。

- Open at simulation start：　　勾选框　设置仿真运行时是否打开示波器。
- Display the full path：　　　勾选框　设置 Scope 的标题中是否显示模块完整路径。
- Number of input ports：　　输入框　设置示波器的输入信号的个数，默认为 1 个输入。更改设置后，示波器会产生对应个数的输入端口。

- Layout button：　　　　按钮　　　布局按钮，用于设置示波器内子窗口的布局。
- Sample time：　　　　　输入框　　设置示波器模块的采样时间。
- Input processing：　　　下拉框　　用于设置输入信号的处理方式。包括基于样本的元素信号（Elements as channels (sample based)）和基于帧的列信号（Columns as channels (frame based)）。
- Maximize axes：　　　　下拉框　　用于设置信号图像最大化，使信号图像能在显示区域完整显示。包括 Auto、On、Off 三个选项。
- Axes scaling：　　　　　下拉框　　设置坐标轴的缩放方式。可以设置为手动拖拽缩放（Manual），也可以设置为根据 Y 轴最大值或最小值缩放（Auto），还可以选择在指定的更新步数后进行缩放（After N Updates）。
- Do not allow Y-axis limits to shrink：　勾选框　在 Axes scaling 中选择 Auto 选项并单击 Configure 后将会出现此勾选框，用于设置是否允许 Y 轴自由缩放。
- Number of updates：　　输入框　　在 Axes scaling 中选择 After N Updates 选项并单击 Configure 后将会出现此勾选框，用于设置 Y 轴缩放前的更新步数，指定为整数。

Time 设置页中的参数含义如下。

- Time span：　　　　　　下拉框　　用于设置时间轴的显示长度。包括 Auto（显示从仿真开始到仿真结束）和 User defined（用户自己设置，小于仿真时长）。
- Time span overrun action：　下拉框　用于设置时间跨度运行操作。包括 Wrap（当绘制满屏时清空显示区域再绘制下一时段的数据图像），Scroll（从右向左循环更新绘制数据图像）两个选项。
- Time units：　　　　　　下拉框　　用于设置 X 轴时间单位选项。包括 Metric（基于时间跨度显示时间单位）、Seconds（时间单位为 s）和 None（不显示时间单位）三个选项。
- Time display offset：　　输入框　　用于设置时间轴的偏移量，可以为标量或实数向量。
- Time-axis labels：　　　下拉框　　用于指定 X 轴（时间）标签的显示方式。包括 All（在所有 Y 轴上显示 X 轴标签）、None（不显示 X 轴标签）和 Bottom Displays Only（只在 Y 轴的底部显示标签）三个选项。
- Show time-axis label　　勾选框　　用于设置是否显示 X 轴（时间）标签。

Display 设置页中的参数含义如下。

- Active display　　　　　下拉框　用于设置显示特定选项，指定为正整数。显示的数字与它的列位置标号相对应。包括 Show Grid（显示网格）、Show legend（显示图例）、Title（标题）、Plot signalsas magnitude and phase（绘图信号的幅值和相位）、Y-label（Y 轴）和 Y-Limits（Y 轴区间）等。
- Title　　　　　　　　　输入框　输入所要显示的标题，指定为字符向量。
- Show legend　　　　　　勾选框　设置是否显示信号图例。图例中列出的名称是模型中的信号名称。对于多通道信号，每个通道的名称都是信号名加上标号。
- Show grid　　　　　　　勾选框　设置是否显示垂直和水平网格线。
- Plot signals as magnitude and phase　　勾选框　设置是否拆分显示幅值和相位图。勾选时显示幅值和相位图。若信号是实数，绘制信号幅值的绝对值，则正值相位为 0 度，负值标准为 180 度。默认时显示信号图，若信号是复数，则在同一个 Y 轴上绘制实部和虚部。
- Y-limits (Minimum)　　输入框　设置 Y 轴的最小值，最小值为一个实数。
- Y-limits (Maximum)　　输入框　设置 Y 轴的最大值，最大值为一个实数。
- Y-label　　　　　　　　输入框　设置 Y 轴标签，为一个字符向量。

Logging 设置页面主要用于设置示波器中的存储参数，各项参数的含义如下。

- Limit data points to last　　勾选输入框　在勾选后可以输入一个正整数，用于设置 Scope 模块显示缓存中所能存储的数据个数。当仿真数据个数超出设置时，只显示最后一段设置个数的数据。
- Decimation　　　　　　勾选输入框　显示间隔，设置显示间隔。
- Log data to workspace　勾选框　设置是否存储输入数据到工作空间。勾选后，使能 Variable name 和 Save format。
- Variable name　　　　　输入框　用于设置存储到工作空间中的变量名称。
- Save format　　　　　　下拉框　用于设置存储到工作空间中的数据类型。包括 Structure with time、Structure 和 Array 等类型。

二、停止模块

在很多动态仿真过程中，仿真时间是无法在仿真开始前进行确定的，而是需要根据仿真模型中相关状态的变化来进行动态的设定。例如，对于一个自寻的导弹攻击过程的仿真中，每次的飞行时间随着导弹发射初始条件、弹目初始距离、目标机动方式等参数的变化而变化，因此，在仿真开始前无法设定一个具体的仿真停止时间。在实际仿真过程中，通常将模型的运行时间设置为一个较大的数值；在仿真模型中，根据弹目距离的变化来决定导弹是否击中目标并结束仿真；除此之外，还需要根据导弹真实的物理特性添加一些终止条件。例如，导弹落地导致飞行失败（除钻地弹等特殊导弹外）和过载或角速度超出结构限制（导致导弹解体）等情况。

在这种情况下，停止（Stop）模块用于在仿真过程中实现仿真的动态停止。将模型中的停止判断条件引入到 Stop 模块的输入端口，当该条件不等于零时，将触发模型的停止模式。若该模块的输入是向量，则任何非 0 的向量元素都会导致仿真停止。

三、写入文件模块

写入文件（To File）模块为用户提供了数据存储功能，能够将仿真过程中的数据直接存储到硬盘。To File 模块的属性参数设置对话框如图 5-27 所示。

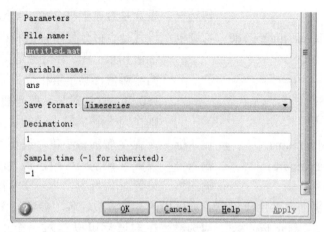

图 5-27 To File 模块的属性参数设置对话框

图 5-27 中的参数含义如下。

- File Name：　　　　　　输入框　设置模块存储数据文件的名称。
- Variable name：　　　　输入框　设置模块存储文件中的变量名称。
- Save format：　　　　　下拉框　设置模块存储文件的数据类型，支持 Timeseries 和 Array 两种类型。
- Decimation：　　　　　输入框　存储间隔因子，输入正整数有效。1 表示每个点都存储，N 表示间隔 N-1 个数据点进行存储。

需要注意的是，在某些仿真运行模式下并不支持 Timeseries 模式。当存储为 Array 模式时，模块会在存储时自动为仿真信号匹配上当前仿真时间数据。

四、写入工作空间模块

写入工作空间（To workspace）模块为用户提供了变量保存功能，能够在仿真结束后将仿真数据直接存储到 MATLAB 的工作空间中，便于用户后续对数据进行分析或处理。图 5-28 是 To Workspace 模块的属性参数设置对话框。

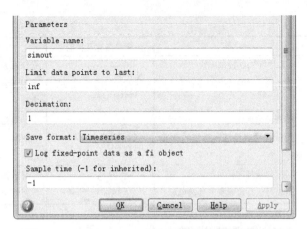

图 5-28 To Workspace 模块的属性参数设置对话框

图 5-28 中参数含义如下。

•	Variable name：	输入框	设置数据存储到工作空间中的变量名。
•	Limit data points to last：	输入框	设置记录限制，默认为 inf（不限制）。当输入正整数时，只记录最后的设定个数数据。
•	Decimation：	输入框	设置存储间隔因子，1 表示全部数据均记录。
•	Save format：	下拉框	设置存储格式，支持 Structure with time，Structure、Array 和 Timeseries 格式。
•	Log fixed-point data as a fi object：	勾选框	勾选后以固定点数据类型作为一个 fi 对象保存到 MATLAB 工作空间中，不勾选则以 double 类型保存。
•	Sample time（-1 for inherited）：	输入框	设定模块的采样时间，-1 为继承时间。

5.3.3 连续系统模块库

连续系统模块库（Continuous）包含了用于搭建线性连续系统的主要模块，通过该模块库中的各个模块，可以方便快捷地搭建不同描述形式的线性系统。各个模块的外形和功能如表 5-10 所示。

表 5-10 连续系统模块库中各个模块的外形及功能

模块名称及视图	功能	模块名称及视图	功能
Derivative	**微分模块** 对输入的连续信号做微分操作	Integrator	**积分模块** 对输入的连续信号进行做积分操作
Integrator, Second-Order	二阶积分模块 用于连续信号的二阶积分	Integrator, Second-Order Limited	受限的二阶积分模块 用于输出受限的连续信号的二阶积分
Integrator Limited	受限积分模块 用于输出受限的积分信号	PID Controller	**PID 控制器模块** 用于设置 PID 控制参数。

（续表）

模块名称及视图	功能	模块名称及视图	功能
Ref PID(s) PID Controller (2DOF)	**2 自由度 PID 控制模块** 用于完成 PID 参数设置	x' = Ax+Bu y = Cx+Du State-Space	**状态方程模块** 用于描述线性连续系统的状态方程
1/(s+1) Transfer Fcn	**传递函数模块** **用于描述线性连续系统的传递函数**	Transport Delay	**传输延迟模块** **对输入信号进行固定时间的延迟**
Variable Time Delay	可变传输延时模块 对信号进行可设置的传输延迟	Variable Transport Delay	可变传输延时模块 对信号进行可设置的传输延迟
(s-1)/(s(s+1)) Zero-Pole	**零极点模块** **用于描述线性系统的零极点方程。**		

下面将对经常使用的模块予以详细介绍（表 5-10 中加粗的模块）。

一、微分模块

微分（Derivative）模块近似地给出其输入信号的导数，其输出结果的精度取决于仿真步长的大小，仿真步长越小，微分模块输出的曲线越光滑，结果越精确。

该模块的设置参数只有一个"Coefficient c in the transfer function approximation s/(c*s + 1) used for linearization"，用于指定时间常数 c 近似线性化的系统。

二、积分模块

积分（Integrator）模块是 Simulink 中一个常用的连续模块，实现输入信号的连续时间积分，是飞行器动态系统仿真中的重要模块，从飞行器六自由度运动学模型可以看出，其模型主要是一系列常微分方程构成的，在搭建动力学和运动学等方程时，均需要使用 Integrator 积分模块。默认情况下，该模块仅有一个输入和一个输出，随着参数的设置不同，输入端口和输出端口的数目会出现相应的变化，如图 5-29 所示。

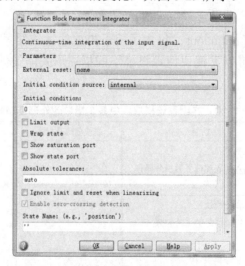

图 5-29　Integrator 模块的属性设置对话框

图 5-29 中的参数含义如下。

- External reset: 　　　下拉框　　设置模块是否包含积分重置功能，选择后模块会增加相应的输入端口。重置类型包括 None（无重置信号）、Rising（上升沿重置）、Falling（下降沿重置）、Either（上升沿/下降沿触发）、Level（非零重置或非零到零重置）和 level hold（非零信号重置）。

- Initial condition source: 下拉框　　设置积分初值的来源分为 internal（内部）和 external（外部），当初值来源设置为外部时，增加一个 x0 的积分初值输入端口。

- Initial condition: 　　　输入框　　设置积分初值来源为 internal 时的初值大小。

- Limit output: 　　　　勾选框　　设置是否对积分进行限幅，勾选后增加 Upper saturation limit 和 Lower saturation limit 两个参数，设置积分上限和积分下限。

- Wrap state: 　　　　勾选框　　设置折叠状态，勾选后增加 Wrapped state upper value 和 Wrapped state lower value 两个参数。勾选后会取消过零检测，并改善解算器的性能和准确度。

- Show saturation port: 勾选框　　设置是否显示积分饱和状态，勾选后增加一个端口输出饱和状态，输出 0 表示积分未饱和，1 表示达到积分上限，−1 表示达到积分下限。

- Show state port: 　　勾选框　　设置是否显示状态端口，勾选后会在模块顶端增加一个端口，用于输出模块状态。通常情况下，该值与输出端口值一致，当出现重置时，该模块输出未被重置下的积分结果。

- Absolute tolerance: 　输入框　　设置绝对误差容限。Auto 或−1 表示继承模型的设置。

- Ignore limit and reset when linearizing: 勾选框　　设置当对模型进行线性化时，是否忽略重置或限幅的功能。

- Enable zero-crossing detection: 勾选框　　设置是否启用过零检测。积分模块在重置、进入饱和或离开饱和时，触发过零检测。

- State Name: 　　　　输入框　　该参数可以用于为状态设置一个名称。

5.3.3.3　PID 控制器模块

PID 控制是飞行器控制系统中最为常用的控制算法，通过设置比例参数 P、积分参数 I 和微分参数 D 的数值来调整控制效果。MATLAB/Simulink 中提供了 PID 控制器（PID Controller）模块，用于实现控制系统中的连续或离散的 PID 控制器，该模块的输出是输入信号的比例、积分、微分信号的加权总和。在早期的 MATLAB 版本中，PID（Controller）模块的功能相对简单，随着 MATLAB 版本的不断升级，该模块的功能愈加丰富。在其属性设置对话框中，除控制器类型等参数外，还包括 Main、PID Advanced、Data Type 和 State Attribute 四个属性设置页，用于完成控制器的各项参数设置，其主要属性参数设置对话框如图 5-30 所示。

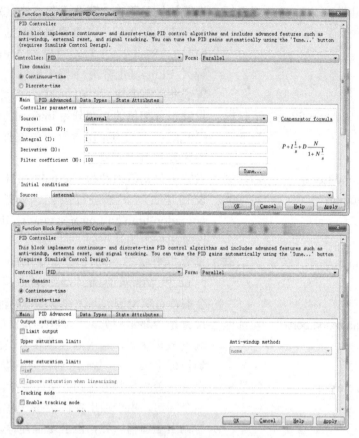

图 5-30　PID Controller 模块的属性参数设置对话框

图 5-30 中的参数含义如下。

- Controller：　　　　　下拉框　设置 PID 控制器的控制模式，选择后模块会增加相应的输入端口。包括 PID（比例-积分-微分）控制、PI（比例-积分）控制、PD（比例-微分）控制、P（比例）控制和 I（积分）控制。

- Form：　　　　　　　下拉框　设置控制器形式，选择后会改变控制器传递函数的形式。下拉框包含两种类型：Parallel（并行）和 Ideal（理想）。

- Time domain：　　　　选项栏　设置控制器时间信号。可以选择 Continuous-time（连续时间信号）和 Discrete-time（离散时间信号）

- Controller parameters：输入框　设置控制器参数。根据选择的控制器模式，会出现不同的参数输入框，以设置相应的控制器参数。

- Initial conditions：　　下拉框　设置积分器和过滤器初值的来源，分为 internal

（内部）和 external（外部），当初值来源设置为
外部时，增加一个 integrator 和 filter 的输入端
口。

- External reset:　　　　下拉框　　设置模块是否包含积分重置功能，选择后模块
会增加相应的输入端口。下拉框包含以下类型：
None（无重置信号）、Rising（上升沿重置）、
Falling（下降沿重置）、Either（上升沿或下降
沿触发）、Level（非零重置或非零到零重置）
和 level hold（非零信号重置）。

- Ignore limit and reset　勾选框　　当对模型进行线性化时，是否忽略重置或限幅
when linearizing:　　　　　　　　　的功能。

- Output saturation　　　勾选框　　设置控制信号是否需要进行限幅，若勾选限幅，
输入框　　则需要设置限幅范围。

5.3.3.4　状态方程模块

状态方程（State-Space）模块为用户提供了状态方程的描述模块，使得用户可以直接
输入相关参数来描述一个状态方程。该模块通过设置状态空间矩阵 A、B、C、D 创建一个
以状态空间描述的线性系统。图 5-31 是 State-Space 模块的属性参数设置对话框。

图 5-31　State-Space 模块的属性参数设置对话框

图 5-31 中的参数含义如下。

- A、B、C、D:　　　　输入框　　设置状态空间描述方程中参数矩阵的 A、B、
C、D

- Initial conditions:　　输入框　　设置状态空间描述方程中的初始状态向量。

- Absolute tolerance:　　输入框　　设置绝对误差容限，Auto 或–1 表示继承模型
的设置。

- State Name:　　　　　输入框　　该参数可以为状态设置一个名称。

五、传递函数模块

传递函数（Transfer Fcn）模块为用户提供了传递函数的线性系统描述功能，通过设置

分子和分母系数向量 num 和 den 创建一个以传递函数描述的线性系统。图 5-32 是 Transfer Fcn 模块的属性参数设置对话框。

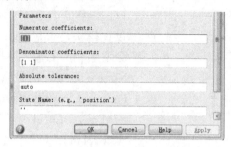

图 5-32　Transfer Fcn 模块的属性参数设置对话框

图 5-32 中的参数含义如下。

- Numerator coefficients：　　　输入框　以行向量形式设置传递函数的分子多项式。如 [1,2,3]或[1 2 3]。
- Denominator coefficients：　　输入框　以行向量形式设置传递函数的分母多项式。如 [1,2,3,4]或[1 2 3 4]。

六、零极点模块

零极点（Zero-Pole）模块为用户提供了用零极点和增益方式表示系统的功能，通过设置零极点向量 K、P、Z 的大小创建一个以零极点形式描述的线性系统。图 5-33 是 Zero-Pole 模块的属性参数设置对话框。

图 5-33　Zero-Pole 模块的属性参数设置对话框

图 5-33 中的参数含义如下。

- Zeros：　　　　　　　　　　　输入框　设置传递函数的零点。
- Poles：　　　　　　　　　　　输入框　设置传递函数的极点。
- Gain：　　　　　　　　　　　输入框　设置传递函数的增益。

5.3.3.7　传输延迟模块

传输延迟（Transport Delay）模块对输入信号延迟一段指定的时间，用来模拟线性系统的时间延迟特性。当仿真开始后，模块输出 Initial output 的数值，直到仿真时间超过 Time delay 的数值，整个系统延迟 Time delay 时间后开始输出。在仿真过程中，延迟数据存储在缓冲区内，当存储的数据点超过缓冲区大小后，系统会分配额外的内存并给出提示。需要注意的是，这样会极大降低仿真的运行速度。图 5-34 是 Transport Delay 模块的属性参数设置对话框。

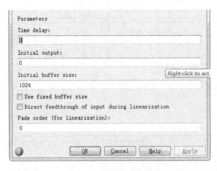

图 5-34　Transport Delay 模块的属性参数设置对话框

图 5-34 中的参数含义如下。

- Time delay：　　　　　　　输入框　　设置输入信号的延时时间，单位为 s，输入值不能为负值。
- Initial output：　　　　　　输入框　　设置仿真开始与延时时间的输出。
- Initial buffer size：　　　　输入框　　设置存储缓存数据的初始内存数据个数。
- Use fixed buffer size：　　勾选框　　采用固定内存大小存储缓存数据。
- Direct feedthrough of input during linearization：　勾选框　　当对模型进行线性化时，是否将输入设置为直通反馈。
- Pade order：　　　　　　　输入框　　线性近似的阶数，"零"表示线性化时只保存标量，没有动态状态。"正数"表示模块响应增加 n 个状态。

5.3.4　不连续系统模块库

不连续系统模块库（Discontinuities）包含了用于搭建各种非线性环节的模块，相关模块的外形和功能如表 5-11 所示。

表 5-11　不连续系统模块库中相关模块的外形和功能

模块名称及视图	功能	模块名称及视图	功能
Backlash	间隙特性模块，用于模拟间隙这种非连续特性	Coulomb & Viscous Friction	库伦黏滞特性模块，用于模拟库伦黏滞这种非连续特性
Dead Zone	**死区特性模块、用于模拟死区这种非连续特性**	Dead Zone Dynamic	动态死区特性模块，用于模拟动态死区这种非连续特性。
Hit Crossing	交叉穿越模块 用于模拟交叉这种非连续特性	Quantizer	**量化模块 用于模拟量化这种非连续特性**
Rate Limiter	速率限制模块、用于模拟速率限制这种非连续特性	Rate Limiter Dynamic	动态速率限制模块，用于模拟动态速率限制这种非连续特性

（续表）

模块名称及视图	功能	模块名称及视图	功能
Relay	继电器特性模块，用于模拟继电器这种非连续特性	Saturation	饱和特性模块，用于模拟信号饱和这种非连续特性
Saturation Dynamic	动态饱和特性模块，用于模拟信号动态饱和这种非连续特性	Wrap To Zero	限制到零模块，用于模拟限制到零这种非连续特性

下面将对经常使用的模块予以详细介绍（表 5-11 中加粗部分的模块）。

一、死区特性模块

死区特性（Dead Zone）模块用于模拟死区这种非连续系统特性，即输入信号在某一范围内输出为 0。在该模块中，死区特性的上限和下限是由参数 Start of dead zone（死区开始）和 End of dead zone（死区结束）决定的。当输入在死区范围内时，输出为零；当输入大于等于死区上限时，输出值为输入值减去死区上限；当输入小于等于死区下限时，输出值为输入值减去死区下限。

Dead Zone 模块是一种典型的非连续特征模块，存在于众多机械系统。在进行制导控制系统设计时，经常需要建立包含死区特性的舵机非线性模型。图 5-35 是 Dead Zone 模块的属性参数设置对话框。

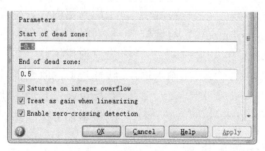

图 5-35 Dead Zone 模块的属性参数设置对话框

图 5-35 中的参数含义如下。

- Start of dead zone：　　　输入框　设置死区上限的大小。
- End of dead zone：　　　　输入框　设置死区下限的大小。
- Saturate on integer overflow：　勾选框　当模型积分可能出现数据溢出时，勾选该选项后在产生代码时会产生明确的饱和保护。
- Treat as gain when linearizing：　勾选框　勾选该选项后，在进行线性化时，将其视为状态空间中的一个增益。
- Enable zero-crossing detection：　勾选框　设置是否启用过零检测。Dead Zone 模块在进入死区或离开死区时，都会触发过零检测。

二、量化模块

量化（Quantizer）模块对输入信号进行量化，将输入信号传递给阶梯函数，使得输入轴上连续的一段区间映射为输出轴上的一点，能够将一个光滑的连续信号量化成阶跃的输出。输出时通过采用四舍五入的方法得到最邻近的点。该模块产生的结果是关于零点对称的，其输出按照公式 y= q×round(u/q)进行计算，其中，u 是输入，y 是输出，q 是量化因子。图 5-36 是 Quantizer 模块的属性参数设置对话框。

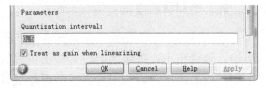

图 5-36　Quantizer 模块的属性参数设置对话框

图 5-36 中的参数含义如下。

- Quantization interval:　输入框　设置量化因子，即输出被量化的间隔。
- Treat as gain when linearizing:　勾选框　勾选该选项后，在进行线性化时，将其视为状态空间中的一个增益。

三、继电器特性模块

继电器特性（Relay）模块提供了继电器特性的模拟功能。该模块允许输出在两个给定值之间进行切换。当继电器开时，保持为开的状态，直到输入值比 Switch off point（切断点）参数的值低为止。当继电器关时，保持为关的状态。直到输入值超过 Switch on point（接通点）参数的值为止。继电器作为一个典型的电子元器件，在电子系统和机电一体化系统中广泛应用。图 5-37 是 Relay 模块的属性参数设置对话框。

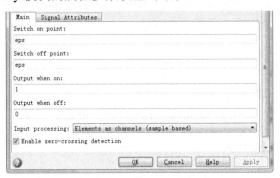

图 5-37　Relay 模块的属性参数设置对话框

该模块属性参数设置页包括 Main 和 Signal Attributes，其中 Signal Attributes 与 Constant 模块的相同，不做过多赘述。

图 5-37 中的参数含义如下。

- Switch on point:　输入框　设置继电器接通的大小。
- Switch off point:　输入框　设置继电器断开的大小。
- Output when on:　输入框　设置继电器接通时的输出。
- Output when off:　输入框　设置继电器断开时的输出。
- Input processing:　下拉框　设置输入信号的处理方式。包括 Elements as channels（sample based）：按照元素处理和 Columns as channels（frame based）：按照列处理。
- Enable zero-crossing detection:　勾选框　设置是否启用过零检测。当模块产生继电器特性跳变时，触发过零检测。

四、饱和特性模块

饱和特性（Saturation）模块提供了饱和特性的模拟功能，为输入信号设置上、下边界。当输入信号在上、下限之间时，输出信号等于输入信号；当输入信号超出范围时，输出被限制在边界范围内。在飞行器控制系统设计时，由于真实舵机的旋转角度是有限的，同时为了保证控制特性的平稳，常常采用该模块对舵机控制指令进行限幅。图 5-38 是 Saturation 模块的属性参数设置对话框。

图 5-38 中的参数含义如下。

- Upper limit: 　　　　输入框　设置上限的数值大小。
- Lower limit: 　　　　输入框　设置下限的数值大小。
- Treat as gain when linearizing: 　勾选框　勾选该选项后，在进行线性化时，将其视为状态空间中的一个增益。
- Enable zero-crossing detection: 　勾选框　设置是否启用过零检测。该模块达到饱和边界时，触发过零检测。

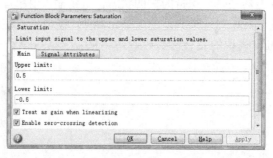

图 5-38　Saturation 模块的属性参数设置对话框

5.3.5　离散系统模块库

离散系统模块库（Discrete）包含了用于搭建各种线性离散系统的模块，相关模块的外形和功能如表 5-12 所示。

表 5-12　离散系统模块库中相关模块的外形和功能

模块名称及视图	功能	模块名称及视图	功能
z^{-2} Delay	离散系统的延迟模块。延迟输入，固定或变采样周期	$\dfrac{z-1}{z}$ Difference	离散差分模块
$\dfrac{K(z-1)}{Ts\ z}$ Discrete Derivative	离散微分模块 计算离散时间的微分	$\dfrac{1}{1+0.5z^{-1}}$ Discrete Filter	线性离散系统的滤波器
$\dfrac{0.5+0.5z^{-1}}{1}$ Discrete FIR Filter	离散 FIR 滤波器	PID(z) Discrete PID Controller	离散 PID 控制器
Ref PID(z) Discrete PID Controller (2DOF)	2 自由度离散 PID 控制器	x(n+1)=Ax(n)+Bu(n) y(n)=Cx(n)+Du(n) Discrete State-Space	离散系统状态空间模块，用于描述线性离散系统的状态方程
$\dfrac{K\,Ts}{z-1}$ Discrete-Time Integrator	离散时间积分器	$\dfrac{1}{z+0.5}$ Discrete Transfer Fcn	离散系统传递函数模块，用于描述线性离散系统的传递函数

（续表）

模块名称及视图	功能	模块名称及视图	功能
Discrete Zero-Pole $\frac{(z-1)}{z(z-0.5)}$	离散系统零极点模块，用于描述线性离散系统的零极点方程	Enabled Delay z^{-2}	使能延时模块
First-Order Hold	一阶保持器模块	Memory	**存储器模块** **用于输出上一拍的信号**
Resettable Delay z^{-1}	可重置的延迟模块	Tapped Delay（4 Delays）	陷阱延迟模块 N 步延迟并输出所有延迟
Transfer Fcn First Order $\frac{0.05z}{z-0.95}$	一阶传递函数模块	Transfer Fcn Lead or Lag $\frac{z-0.75}{z-0.95}$	滞后超前传递函数模块
Transfer Fcn Real Zero $\frac{z-0.75}{z}$	带零点的传递函数模块	Unit Delay $\frac{1}{z}$	单位延迟模块
Variable Integer Delay z^{-d}	可变延迟模块	Zero-Order Hold	**零阶保持器模块** **实现一个采样周期的零阶保持器**

下面将对经常使用的模块予以详细介绍（表 5-12 中加粗部分的模块）。

一、存储器模块

存储器（Memory）模块将自身前一个仿真步长的输入信号输出，并且对该输入信号使用一个仿真步长的采样和保持。若用户需要调用上一拍的数据时则，可以采用该模块。另外，可以通过该模块解决代数环问题。Memory 模块的属性参数设置对话框如图 5-39 所示。

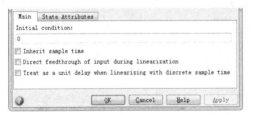

图 5-39　Memory 模块的属性参数设置对话框

图 5-39 中的参数含义如下。

- Initial condition：　　　　　　　输入框　初始积分步的输出。
- Inherit sample time　　　　　　　勾选框　勾选该选项后，采样时间从驱动模块继承。
- Direct feedthrough of input during linearization：　勾选框　勾选后，模型线性化时对输入进行直接馈通。
- Treat as a unit delay when …：　勾选框　当基于离散采样时间进行线性化时，将其视为一个单位延迟环节。
- State name：　　　　　　　　　　输入框　为模块状态设置一个名称。
- State name must resolve to Simulink signal object：　勾选框　将状态名称设置为信号对象。只有 State name 不为空时，才可以进行相关设置。
- Package：　　　　　　　　　　　下拉框　设置存储时的打包方式，包括 Simulink 和

mpt，不同的参数会导致后续参数有所差异。

- Code generation storage class： 下拉框 设置代码产生时的存储类型。

二、零阶保持器

零阶保持器（Zero-Order Hold）模块用于实现定速率的采样和保持功能。该模块能够用于一个或多个信号进行离散化或以另外的速率对信号进行重新采样，其输入信号和输出信号既可以是标量也可以是向量。在对飞行器进行控制系统仿真时，通常使用该模块对连续信号进行离散化处理。

5.3.6 逻辑与位操作模块库

逻辑与位操作模块库（Logic and Bit Operations）包含了用于各种逻辑操作模块及位处理操作模块，在飞行器仿真中，常常使用相关模块进行逻辑比较与判断。相关模块的外形和功能如表 5-13 所示。

表 5-13 逻辑与位操作模块库中相关模块的外形与功能

模块名称及视图	功能	模块名称及视图	功能
Bit Clear	位清除操作模块	Bit Set	位设置操作模块
Bitwise Operator	按位逻辑运算模块	Combinatorial Logic	组合逻辑模块
Compare To Constant	常值比较模块	Compare To Zero	与零比较模块
Detect Fall Negative	检测信号变为负的模块	Detect Fall Nonpositive	检测信号变为非正的模块
Detect Rise Nonnegative	检测信号变为非负的模块	Detect Rise Positive	检测信号变为正的模块
Detect Change	检测信号变化模块	Detect Decrease	检测信号减小的模块
Detect Increase	检测信号增加的模块	Extract Bits	选择部分位模块
Interval Test	静态间隔检测模块	Interval Test Dynamic	动态间隔检测模块
Logical Operator	**逻辑运算模块，用于处理输入信号的逻辑操作**	Relational Operator	**关系运算操作，用于完成输入信号的比较操作**
Shift Arithmetic	移位操作模块		

下面将对经常使用的模块予以详细介绍（表 5-13 中加粗部分的模块）。

一、逻辑运算模块

逻辑运算（Logical Operator）模块为用户提供了一系列逻辑运算操作功能。当所有输入均是标量时，输出也是标量；当输入是维数相同的向量时，输出是与输入维数相同的向量，并且每个元素都是两个输入向量对应元素比较的结果；若多个输入中包含一个标量，其余是维数相同的向量，则输出是与输入维数相同的向量，每个元素是标量输入与向量输入对应元素的比较结果。该模块的属性参数设置包括 Main 和 Data Type 两个页面，如图 5-40 所示。

图 5-40 中的参数含义如下。

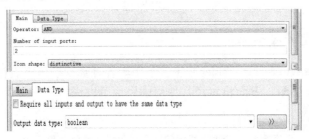

图 5-40　Logical Operator 模块的属性参数设置对话框

- Operator：　　　　　　输入框　　设置模块逻辑操作功能，包括 AND（与）、OR（或）、NAND（与非）、NOR（或非）、XOR（异或）、NOXR（异或非）、NOT（非）。

- Number of input ports：勾选框　　设置输入的端口，除 NOT 必须为 1 外，其余六种操作均能设置多个输入端口。

- Icon shape：　　　　　下拉框　　用于选择模块的形状，当选择 rectangular 时，模块形状依然为矩形；当选择 distinctive 时，模块会以 IEEE 图像符号标准所规定的形式展示图标。

- Require all inputs and out put to have the same …：勾选框　　勾选该选项时，要求所有输入端口的信号数据类型必须相同。

- Output data type：　　下拉框　　选择布尔型或对象定义的数据类型作为模块输出信号类型。

二、关系运算模块

关系运算（Relational Operator）模块为用户提供了一系列关系运算功能，对输入信号执行比较关系运算。模块的输入形式与 Logical Operator 模块类似，可以是标量、维数相同的向量等形式。该模块的属性参数设置包括 Main 和 Data Type 两个页面，如图 5-41 所示。

图 5-41　Relational Operator 模块的属性设置对话框

图 5-41 中的参数含义如下。

- Relational operator： 　输入框 　设置输入的大小关系运算功能。包括==（等于）、~=（不等于）、<（小于）、<=（小于等于）、>=（大于等于）、>（大于）、isInf（当输入为 Inf 时输出为 True）、isNan（当输入为 Nan 时输出为 True），isFinate（当输入为 Finite 时输出为 True）。

- Enable zero-crossing detection： 　勾选框 　设置是否启用过零检测。当判断条件满足时，触发过零检测。

5.3.7　查表运算模块库

查表运算模块库（Lookup Tables）包含了用于各种数据插值查表模块，相关模块的外形和功能如表 5-14 所示。下面将对经常使用的模块予以详细介绍（表 5-14 中字体加粗的模块）。

表 5-14　查表运算模块库中相关模块的外形和功能

模块名称及视图	功能	模块名称及视图	功能
1-D Lookup Table	**一维插值模块，用于一维数据的查表插值计算**	2-D Lookup Table	**二维插值模块，用于二维数据的查表插值计算**
Cosine	余弦插值模块，利用四分之一波长对称的查表方法实现余弦插值	Sine	正弦插值模块，利用四分之一波长对称的查表方法来实现正弦插值
Interpolation Using Prelookup	含预查找的插值模块，使用预先查表来加速插值 n 维函数	Lookup Table Dynamic	动态查表模块 用动态表插值一维数据
n-D Lookup Table	**n 维插值模块 用于 n 维数据的查表插值计算**	Direct Lookup Table (n-D)	表数据选择模块，n 维表的索引检索元素、列或二维矩阵。
Prelookup	预查找模块，通过提前查表获取输入信号的位置		

由飞行力学的相关知识可知，飞行器的气动力和气动力矩的大小由飞行器当前的飞行马赫数、姿态、舵偏角等参数决定。因此，在搭建气动力计算模块时，通常采用的方法是通过对风洞吹风或流场计算得到的相关数据进行插值计算，进而获取飞行器当前状态下受到的气动力或气动力矩的大小。

一、一维插值模块

一维插值（1-D Lookup Table）模块是最简单的插值模块，能够根据输入在一维表格中查找对应的输出。仿真时根据输入信号的值进行查表，按照设定的方式处理后将数值数据输出。在飞行器仿真验证时，通常提供如推力随时间的变化曲线或质量、惯量随时间的变化曲线，此时，通过该模块对飞行时间进行插值，获取相关数据在不同飞行时刻的大小。

该模块共包括三个属性参数设置页，Table and Breakpoints（见表 5-14）用于设置表的维数、每个维数的输入及数据表，Algorithm 用于设置插值算法，Data Types 用于设置数据格式，如图 5-42 所示。

图 5-42　1-D Lookup Table 模块的 Table and Breakpoints 属性设置界面

图 5-42 中的参数含义如下。

- Number of table dimensions:　输入框　设置查找表维数，默认的是 1 维插值，通过下拉框选择 1-4，或者直接输入 1-30 的维数，可以将模块转换为 2 维插值或 n 维插值。当参数更改后，在参数下方生成与维数相同的 BreakPoints 的编辑框，并且模块输入端口的个数与维数相同。

- Table data:　输入框　插值查找数据表格，数据维数必须与设置的维数相同。

- Breakpoints specification:　下拉框　设置插值点的格式，分为 Explicit values（明确的数值）和 Even Spacing（等间隔），其中 Explicit values 比较常用。

- Breakpoints1:　输入框　当格式为 Explicit values 时，用于输入插值点，其数值为一维向量，并且必须按照从小到大严格单调递增。

- Edit table and breakpoints…:　按钮　单击此按钮弹出表格编辑对话框，用于对插值数据和插值点进行直接编辑。

插值表格通常是由有限个离散点构成的，并不能与输入端口的数据一一对应，在这种情况下需要进行插值处理。当输入在插值点范围内时使用内插算法；当输入超出插值点范围时，使用外插算法。Algorithm 页面（见图 5-43）用于设置插值算法。

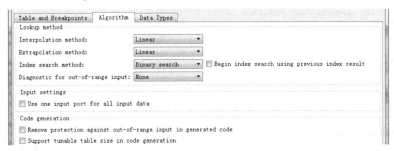

图 5-43　1-D Lookup Table 模块的 Algorithm 属性设置界面

图 5-43 中的参数含义如下。

- Interpolation method:　下拉框　设置内插算法，包括 Flat（使用输入值相邻的两个 Breakpoints 中较小的）、Linear（线性插值）和 Cubic spline（三次样条插值方法）。

- Extrapolation method: 下拉框 设置外插算法，包括 Clip（使用 breakpoint 端点值）、Linear（线性插值）和 Cubic spline（三次样条插值方法）。

- Index search method: 下拉框 设置索引检索方法，包括 Evenly spaced point（等间距点）、Linear search（线性查找）和 Binary search（对分查找）。

- Begin index search using previous index result: 勾选框 当索引检索方法为 Linear search 或 Binary search 时，该框使能。用于开始索引搜索使用以前的索引结果

- Diagnostic for out-of-range input: 下拉框 设置输入超出插值点范围时的诊断处理方式，分为 None（不处理）、Warning（警告）和 Error（出错）。

- Use one input port for all input data: 勾选框 勾选时，设置所有输入数据使用一个输入端口。

- Remove protection against out-of-range input in generated code: 勾选框 设置在生成代码时是否包含检查输入值超出范围断点的代码。勾选时，生成的代码不包括条件语句，检查输入超出范围断点。

- Support tunable table size in code generation 勾选框 设置在生成代码时是否支持动态大小的数据表。

Data Types（见图 5-44）用于设置数据格式，通常可以采用默认设置，具体可以参考 MATLAB 的 Help 中的内容。

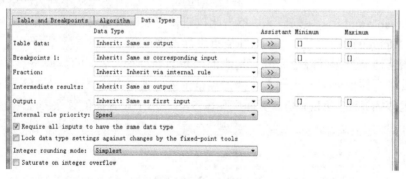

图 5-44　1-D Lookup Table 模块的 Data Types 属性设置界面

二、二维插值模块/n 维插值模块

1-D Lookup Table 模块中的 Number of table dimensions 参数设置为 2 或 N 时，就转换成二维插值（2-D Lookup Table）模块或 n 维插值（n-D Lookup Table）模块，其相关功能在此不再赘述。

5.3.8　数学运算模块库

数学运算模块库（Math Operations）包含了用于各种数学运算的基础模块，相关模

块的外形和功能如表 5-15 所示。

表 5-15　数学运算模块库中相关模块的外形和功能

模块名称及视图	功能	模块名称及视图	功能
Abs	绝对值模块,用于对输入信号取绝对值操作	Add	**加法模块** **对输入信号进行加减运算**
Algebraic Constraint	代数约束模块 对输入信号进行代数约束	Assignment	信号分配模块 分配值到指定信号元素
Bias	求和模块 对输入信号进行加减运算	Complex to Magnitude-Angle	复数至幅值相位模块 求解输入复数的幅值和相位
Complex to Real-Imag	复数至实部虚部模块,求解输入复数的实部和虚部	Divide	除法运算模块 对输入信号进行乘除运算
Dot Product	点乘模块 对输入信号进行点乘处理	Find Nonzero Elements	查找非零元素模块 查找输入信号中的非零元素
Gain	**增益模块** **将输入信号乘以设定的常数**	Magnitude-Angle to Complex	幅值相位至复数模块 将输入的幅值和相位转换为复数
Math Function	**数学函数模块,对输入信号执行设定的数学函数操作**	Matrix Concatenate	矩阵串联器模块,连接同一数据类型输入信号并创建连续输出信号
MinMax	极值模块 输出信号的最大值或最小值	MinMax Running Resettable	可重置的极值模块,输出信号的最大值或最小值,根据需求进行重置
Permute Dimensions	维数变换模块 重新排列多维阵列的维数	Polynomial	多项式计算模块 根据输入值执行多项式系数估算
Product	**乘法运算模块** **对输入信号进行乘除运算**	Product of Elements	元素相乘模块 对输入信号的元素进行乘积
Real-Imag to Complex	实部/虚部至复数模块,将输入的实部和虚部数据转换为复数	Reciprocal Sqrt	开方求倒函数模块 对输入信号先开方再求倒数
Reshape	维数转换模块 对输入信号进行维数转换	Rounding Function	**取整函数模块** **对输入信号进行取整操作**
Sign	符号函数模块,对输入信号进行符号判断,输出其正负号	Signed Sqrt	带符号的开方模块
Sine Wave Function	正弦波形模块,用外部信号作为时钟源生成正弦波形	Slider Gain	带滑动模块的增益模块
Sqrt	开方模块 对输入信号进行开根号处理	Squeeze	压缩模块 对输入的多维信号进行降维处理
Subtract	减法模块 对输入信号进行加减运算	Sum	加法模块 对输入信号进行加减运算
Sum of Elements	对元素求和模块	Trigonometric Function	**三角函数模块** **对输入信号进行三角和双曲预算**
Unary Minus	信号求负值模块 对输入信号取负	Vector Concatenate	向量连接模块,连接同一数据类型的输入信号,创建连续输出信号
Weighted Sample Time Math	加权采样时间运算模块		

数学运算模块大多数用法较简单，下面将对经常使用的模块予以详细介绍（表 5-15 中字体加粗部分的模块）。

一、加法/减法/求和运算模块

加法/减法/求和运算（Add/Sum/Subtract）模块为用户提供了多个信号的加、减运算功能，三个模块的配置界面相同。这三个模块可以将多个标量和向量进行加减运算，但向量输入的维数必须相同。其参数设置包括 Main 和 Signal Attributes 两个页面。Main 页面（见图 5-45）主要用于设置模块的主要功能。

图 5-45　Add/Subtract/Sum 模块的 Main 属性设置界面

图 5-45 中的参数含义如下。

- Icon shape:　　　　下拉框　设置模块外观，rectangular（矩形）和 round（圆形）。
- List of signs:　　　输入框　通过|（空白）、＋（加法）、－（减法）这 3 个符号进行输入端口的位置和运算的配置。模块的输入端口由填入的符号个数决定。当直接输入一个正整数 N 时，模块对这 N 个信号进行加法运算。

Signal Attributes 主要用于设置信号的属性，设置如图 5-46 所示。

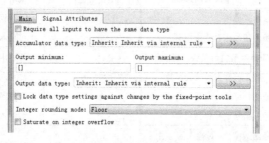

图 5-46　Add/Subtract/Sum 模块的 Signal Attributes 属性设置界面

图 5-46 中的参数含义如下。

- Require all inputs to have the same data type:　输入框　设置是否要求所有输入端口的数据类型保持一致。
- Accumulator data type:　下拉框　设置模块内部累加器的数据类型。
- Output minimum:　　　输入框　限定输出的最小值，默认为空即不对输入进行检测。
- Output maximum:　　　输入框　限定输出的最大值，默认为空即不对输入进行检测。
- Output data type:　　　下拉框　用于设定输出数据的数据类型。
- Lock data type settings…:　勾选框　勾选后，锁定输出数据的类型，使得模型在被 fixed-point 工具优化时不改变输出数据类型。

- Integer rounding mode:　　下拉框　设置对固定点数据的取整方式。
- Saturate on integer　　　勾选框　设置数据超出数据类型所表示的范围时，是否
  overflow:　　　　　　　　　　　保持该数据的上下限值。

二、乘法/除法运算模块

乘法/除法运算 Product/Divide 模块为用户提供了多个信号的乘、除运算功能，两个模块的配置界面相同。这两个模块可以将多个标量和向量进行乘除运算，但向量输入的维数必须相同。其参数设置包括 Main 和 Signal Attributes 两个页面。Main 页面（见图 5-47）主要用于设置模块的主要功能。

图 5-47　Product/Divide 模块的 Main 属性设置界面

图 5-47 中的参数含义如下。

- Number of inputs:　　　输入框　通过×（乘法）和÷（除法）这 2 个符号进行输入
  　　　　　　　　　　　　　　　　端口和运算功能的配置。模块的输入端口由填入
  　　　　　　　　　　　　　　　　的符号个数所决定。当直接输入一个正整数 N 时，
  　　　　　　　　　　　　　　　　模块对这 N 个输入信号进行乘法运算。
- Multiplication:　　　　　下拉框　设置运算的模式，Element-wise 表示对输入信号
  　　　　　　　　　　　　　　　　执行点乘（.*）运算，Matrix 表示矩阵乘法。

Signal Attributes 页面主要用于设置信号的属性，其设置界面与 Add/Sum/Subtract 运算模块的设置界面一致，在此不做过多赘述。

三、增益模块

增益（Gain）模块对其输入信号乘以一个指定增益后再进行输出。增益的类型可以是常值、变量或表达式，输入信号和增益信号类型可以是标量、向量或矩阵。其参数设置包括 Main、Signal Attributes 和 Parameter Attributes 三个页面。Main 页面（见图 5-48）主要用于设置模块的任务功能。

图 5-48　Gain 模块的 Main 属性设置界面

图 5-48 中的参数含义如下。

- Gain:　　　　　　　　　输入框　设置增益模块的增益。
- Multiplication:　　　　　下拉框　设置运算的模式，包括四种模式。

其中，Element-wise（K.*u）表示对输入信号执行点乘（.*）；Matrix（K*u）表示将增益作为左操作数对输入信号执行矩阵乘法；Matrix（u*K）表示将增益作为右操作数对输入信号执行矩阵乘法；Matrix（K*u）表示将增益作为左操作数对输入信号执行矩阵乘法，输入按

向量处理。需要注意的是，在处理矩阵时要确保各个信号的维数必须符合规范。

Signal Attribute 页面主要用于设置信号的属性，Parameter Attributes 页面主要设置参数的属性，包括增益的上限和下限，以及增益的数据类型等，在此不做过多赘述。

四、数学函数模块

数学函数（Math Function）模块为用户提供了一系列的数学函数处理模块，输入信号类型可以是标量、向量或矩阵。数学运算函数具体包括 exp（指数运算）、log（自然对数计算）、10^u（底数为 10 的指数运算）、log10（底数为 10 的对数运算）、magnitude^2（幅值和绝对值的平方）、square（平方计算）、pow（u 的 v 次方运算）、conj（复数共轭运算）、reciprocal（倒数运算）、hypot（直角三角形斜边长运算，即输入 u 和 v 的平方和后再开方）、rem（求余数运算）、mod（求模运算）、transpose（矩阵转置计算）和 hermitian（复数共轭转置运算）。该模块的参数设置包括 Main 和 Signal Attributes 两个页面。Main 页面（见图 5-49）主要用于设置模块的任务功能。

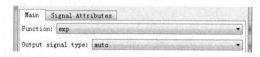

图 5-49　Math Function 模块的 Main 属性设置页

图 5-49 中的参数含义如下。

- Function:　　　　　　　　下拉框　　设置模块的数学运算功能。
- Output signal type:　　下拉框　　设置输出的信号类型，包括 auto、real 和 complex。

Signal Attributes 页面主要用于设置信号的属性，包括 Output maximum（输出上限）、Output minimum（输出下限）和 Saturate on integer overflow（数据溢出时是否限幅）。

五、三角函数模块

三角函数（Trigonometric Function）模块为用户提供了一系列的三角函数运算，输入信号类型可以是标量、向量或矩阵。三角函数运算具体包括：sin（正弦运算）、cos（余弦运算）、tan（正切运算）、asin（反正弦运算）、acos（反余弦运算）、atan（反正切运算）、sinh（双曲正弦运算）、cosh（双曲余弦运算）、tanh（双曲正切）、asinh（反双曲正弦运算）、acosh（反双曲余弦运算）和 atanh（反双曲正切运算）等。图 5-50 是 Trigonometric Function 模块的属性参数设置对话框。

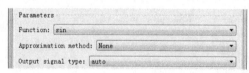

图 5-50　Trigonometric Function 模块的属性参数设置对话框

图 5-50 中的参数含义如下。

- Function:　　　　　　　　下拉框　　设置模块的三角函数运算功能。
- Approximation method:　下拉框　　设置近似处理方法，包括 None 和 CORDIC （Coordinate Rotation DIgital Computer）方法。

- Output signal type：　下拉框　设置输出的信号类型，包括 auto、real 和 complex。
需要注意的是，当该模块输入角度或输出角度时，其单位均为弧度。

六、取整函数模块

取整函数（Rounding Function）模块为用户提供了多种对信号求整的处理方法，输入
信号类型可以是标量、向量或矩阵。该模块提供了 floor()、ceil()、round() 和 fix() 共四种取
整处理方式，其中，floor() 函数向负无穷方向取整，ceil() 函数向正无穷方向取整，fix() 函数
向零方向取整，round() 函数四舍五入到最近的整数。

5.3.9　端口及子系统模块库

端口及子系统模块库（Ports & Subsystems）包含了各种子系统模块，包括使能触发子
系统模块，以及各种 Simulink 控制流模块，相关模块的外形和功能如表 5-16 所示。关于使
能触发子系统模块和 Simulink 控制流的使用，将在 5.4.3 节中介绍。

表 5-16　端口及子系统模块库中相关模块的外形和功能

模块名称及视图	功能	模块名称及视图	功能
Atomic Subsystem	原子子系统	CodeReuseSubsystem	代码复用子系统
Configurable Subsystem	可配置子系统	Enabled and Triggered Subsystem	**使能触发子系统**
Enabled Subsystem	**使能子系统**	For Each Subsystem	循环子系统
For Iterator Subsystem	**For 循环子系统**	Function-Call Feedback Latch	函数反馈断开模块，用于断开函数调用模块之间信号的反馈
Function-Call Generator	函数调用发生器模块	Function-Call Split	函数调用分离模块，为函数调用信号的分离提供结合点
Function-Call Subsystem	函数调用子系统	Subsystem	子系统
If	**If 条件子系统**	If Action Subsystem	**If 条件执行子系统**
Switch Case	**Switch Case 子系统**	Switch Case Action Subsystem	**Switch Case 执行子系统**
Triggered Subsystem	**触发子系统**	Resettable Subsystem	重置子系统
Variant Subsystem	多样子系统	While Iterator Subsystem	**While 循环子系统**
Enable	使能信号设置模块	Trigger	触发信号设置模块

5.3.10　信号属性模块库

信号属性模块库（Signal Attributes）中包含了各种用于设置和转换信号属性的模块，相关模块的外形和功能如表 5-17 所示。

表 5-17　信号属性模块库中相关模块的外形和功能

模块名称及视图	功能	模块名称及视图	功能
Bus to Vector	虚拟总线转换为向量模块	Data Type Conversion	**数据类型转换模块，将输入信号转换为指定的数据类型**
Data Type Conversion Inherited	类型继承转换模块，使用继承的数据类型和缩比进行数据转换	Data Type Duplicate	数据类型归一模块，将所有的输入信号转换为同一数据类型
Data Type Propagation	数据类型传播模块，根据参数设置数据类型和传播信号的缩比	Data Type Scaling Strip	数据类型缩比移除模块 移除缩比关系，并应映射至整型数据
IC	设置初值模块 设置一个信号的初值	Probe	信号属性模块，输出信号的属性（宽度维数采样时间等）
Rate Transition	**速率转换模块，用于两种计算速率之间的数据传输**	Signal Specification	信号属性设定模块，指定信号的维数、采样时间、数据类型等
Signal Conversion	信号转换模块，而不改变数值的情况下对信号进行数据类型转换	Weighted Sample Time	加权采样时间运算 支持设计采样时间的计算
Width	信号宽度模块 用于输出/输入向量的宽度		

下面将对经常使用的模块予以详细介绍（表 5-17 中加粗文字对应的模块）。

一、数据类型转换模块

Simulink 环境中支持整型、浮点数等多种数据类型，当两个连接模块的数据类型不匹配时，系统会给出报错处理，无法正常运行。此时，需要在信号线上添加一个数据类型转换（Data Type Conversion）模块，并通过相关设置完成信号数据类型的转换，其配置界面如图 5-51 所示。

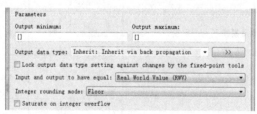

图 5-51　Data Type Conversion 模块的属性参数设置对话框

图 5-51 中的参数含义如下。

- Output minimum：　　　输入框　限定输出的最小值,默认为空即不对输入进行检测。
- Output maximum：　　　输入框　限定输出的最大值,默认为空即不对输入进行检测。
- Output data type：　　　下拉框　用于设定输出数据的数据类型。

• Lock output data type setting…	勾选框	勾选后，锁定输出数据的数据类型，使得模型在被 fixed-point 工具优化时不改变输出数据类型。
• Input and output to have equal：	下拉框	用于设置当输入数据是固定点数据类型时的模块处理方式。包括 Real World Value（RWV，按照实际值进行处理）和 Stored Integer（SI，按照存储值进行处理）两种处理方式。
• Integer rounding mode：	下拉框	设置对固定点数据的取整方式。
• Saturate on integer overflow：	勾选框	设置数据超出数据类型所表示的范围时，是否保持该数据的上、下限值。

通常情况下，用户只需设置 Output data type 参数，将输入信号转换为指定信号即可，其他参数可以按照默认设置进行处理。

二、速率转换模块

在飞行器仿真计算中，Simulink 环境可能包含不同仿真步长的功能模块，由于不同仿真步长的模块之间不能直接连接，需要在两个模块之间的信号线上添加一个速率转换（Rate Transition）模块，进而完成不同仿真速率模块之间的数据传输。图 5-52 是 Rate Conversion 模块的属性参数设置对话框。

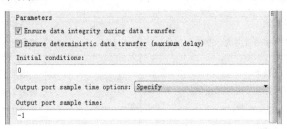

图 5-52　Rate Conversion 模块的属性参数设置对话框

图 5-52 中的参数含义如下。

• Ensure data integrity during data transfer：	勾选框	确保数据传输过程中的数据完整性。
• Ensure deterministic data transfer（maximum delay）：	勾选框	在保证数据传递的完整性基础上，确保数据传递的确定性。
• Initial conditions：	输入框	输入初始条件。
• Output port sample time options：	下拉框	输出端口采样时间选项。
• Output port sample time：	输入框	输入输出端口采样时间。

5.3.11　信号路由选择模块库

信号路由选择模块库（Signal Routing）中包含了各种多路信号进行挑选和处理的模块，相关模块的外形和功能如表 5-18 所示。

表 5-18　信号路由选择模块库中相关模块的外形和功能

模块名称及视图	功能	模块名称及视图	功能
Bus Assignment	总线信号分配模块，替换总线信号中的指定元素	Data Store Memory	数据存储内存模块，定义一个全局变量用于模型的不同层次间
Data Store Read	读取数据存储模块 读取一个全局变量	Data Store Write	写入数据存储模块 赋值一个全局变量
Bus Creator	总线信号生成模块 生成一个总线信号	Bus Selector	总线信号选择模块，从输入的总线信号中选择指定信号
Demux	**向量信号分解模块，提取并输出向量信号中的各个元素**	Mux	**向量信号混合模块，用于将多个输入信号转换为向量信号**
Environment Controller	环境控制器，在仿真或代码生成时创建模块分支对话框	Index Vector	索引向量模块，基于输入 1 的值来确定多个输入中的输出
Goto	**Goto 模块 从同名的 From 模块中读取信号**	From	**From 模块，将信号传递至指定名称的 Goto 模块**
Goto Tag Visibility	Goto 标志观测器模块 定义 Goto 模块标志的示波器	Manual Switch	手动选择模块，仿真过程中，两个输入信号间的手动切换
Merge	**合并模块 将多样信号合并为一个单一信号**	Selector	**信号选择模块，从向量、矩阵或多维信号中选择输出元素**
Vector Concatenate	向量连接模块，连接同一数据类型的输入信号，创建连续输出信号	Switch	**选择模块，根据输入 2 来决定输出输入 1 还是输入 3**
Multiport Switch	**多路选择模块 根据输入决定多路信号的输出**		

下面将对经常使用的模块予以详细介绍（表 5-18 中加粗文字对应的模块）。

一、向量信号分解模块/向量信号混合模块

向量信号混合（Mux）模块将多个输入信号组成为一个向量信号线，向量信号分解（Demux）模块将输入向量信号分解为若干个输出连线。合理利用 Mux 模块和 Demux 模块，能够在视觉上将多个信号合并成一个信号，有效地提高模型的整洁性和可读性，并且仿真结果不会发生任何改变。图 5-53 是 Mux 模块和 Demux 模块的属性参数设置对话框。

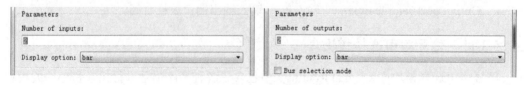

图 5-53　Mux 模块和 Demux 模块的属性参数设置对话框

图 5-53 中的参数含义如下。

- Number of inputs/outputs：　　输入框　设置 Mux 模块的输入端口或 Demux 模块输出口。
- Display option：　　　　　　下拉框　设置模块的显示类型，包括 bar、none、signals。
- Bus selection mode：　　　　勾选框　勾选后在支持 Bus 信号中抽取分离信号。

二、Goto 模块/From 模块

Goto 模块与 From 模块配合使用，实现在不使用信号线的情况下将信号从一个模块传递给另一个模块。一个 From 模块只能从一个 Goto 模块接收信号，而一个 Goto 模块可以传递信号给多个 From 模块。两者之间是通过使用 Goto 标记符相匹配的。

需要注意的是，Goto 模块标记符的可见性参数决定了信号的作用域，即 From 模块的可见性。当设置为 local（本地）模式时，Goto 模块和 From 模块必须在同一个子系统中，模块上标示符的名字用方括号表示；当设置为 scoped（范围）模式时，Goto 模块和 From 模块必须在同一个子系统中，或者在模型层次中的任何低于Goto Tag Visibility 模块的子系统中，模块上标示符的名字用花括号表示；当设置为 global（全局）模式时，Goto 模块和 From 模块在模型中的任意地方有效。图 5-54 是 Goto 模块的属性参数设置对话框。图 5-55 是 From 模块的属性参数设置对话框。

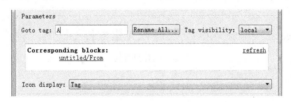

图 5-54　Goto 模块的属性参数设置对话框

图 5-54 中的参数含义如下。

- Goto tag：　　　　　　　　输入框　设置 Goto 的标示符。
- Tag visibility：　　　　　　下拉框　设置获取信号 From 模块位置是否受到限制，即 Goto 信号的作用域。
- Corresponding blocks：　　提示框　提示该模块的信号被传递给哪个 From 模块。
- Icon display：　　　　　　下拉框　设置模块的显示模式，分为 Signal name、Tag、和 Tag and signal name。

图 5-55　From 模块的属性参数设置对话框

图 5-55 中的参数含义如下。

- Goto tag：　　　　　　　　输入框　设置 From 数据来源的 Goto 模块的标示符。
- Goto source：　　　　　　指示框　指示该 From 模块中信号来源于哪个 Goto 模块。

三、合并模块

合并（Merge）模块可以将多个输入连线合并为单个的输出线，其任何时刻的输出值与其驱动模块的最近计算输出相同。通常可以将多个 If Action 等模块的输出经过该模块合成一个有效的输出信号。图 5-56 是 Merge 模块的属性参数设置对话框。

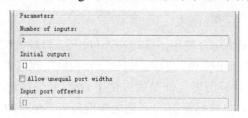

图 5-56　Merge 模块的属性参数设置对话框

图 5-56 中的参数含义如下。

- Number of inputs：　　输入框　设置要合并的输入端口的个数，可以是标量或向量。
- Initial output：　　　输入框　设置模块的初始输出值，若没有设定，则与驱动模块的初始输出相等。
- Allow unequal port widths：　勾选框　设置是否运行模块接收不同元素数目的输入。
- Input port offsets：　　输入框　当输入元素数目不同时，设置各个输入相对输出开始点的偏移。

四、选择模块

在进行仿真验证时，经常需要根据相关条件对信号进行选择输出。选择（Switch）模块就是一个选择开关，可以根据输入条件决定输出哪个信号。该模块共有三个输入端口，第二个为判断端口，根据其输入信号和模块参数中的判断条件来决定切换条件；当判断为真时，输出第一个输入端口的信号；否则输出第三个输入端口的信号。其参数设置包括 Main 和 Signal Attributes 两个页面。Main 页面（见图 5-57）主要用于设置模块的主要功能。

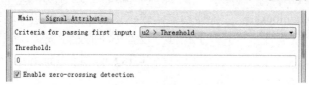

图 5-57　Switch 模块的 Main 属性设置界面

图 5-57 中的参数含义如下：

- Criteria for passing first input：　输入框　选择判断条件关系，共三种：u2>=Threshold（输入 2 大于等于设定）、u2>Threshold（输入 2 大于设定）和 u2～=0（输入 2 不等于 0）。
- Threshold：　　　　　输入框　设定的大小。

Signal Attributes 页面主要用于设置信号的属性，其设置界面与 Add/Sum/Subtract 模块的设置界面一致，不做过多赘述。

六、多路选择模块

除 Switch 模块外，Simulink 还提供了多路选择（Multiport Switch）模块，用于实现多个输入中选择一路信号进行输出。该模块有多个输入端口，其个数由参数设置，其中第一个输入为控制端口，其数值决定输出哪一个输入端口。该模块的参数设置包括 Main 和 Signal Attributes 两个页面。Main 页面主要用于设置模块的主要功能，如图 5-58 所示。

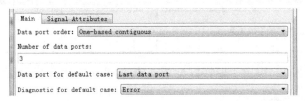

图 5-58　Multiport Switch 模块的 Main 属性设置界面

图 5-58 中的参数含义如下。

- Data port order:　　　下拉框　设置端口顺序的类型，包括 Zero-based contiguous（从 0 开始连续）、One-based contiguous（从 1 开始连续）和 Specify indices（指定目录）。
- Number of data ports:　输入框　设置端口的个数。
- Data port for default case:　下拉框　设置控制端口输入不在设定条件范围内时的数据输入端口，分为 Last data port（最后一个数据端口作为 otherwise 时的输入）和 Additional data port（增加一个端口作为 otherwise 时的输入）。
- Diagnostic for default case:　下拉框　设置控制端口输入不在设定条件范围内时的处理方式，分为 None、Warning 和 Error。

5.3.12　用户自定义函数模块库

采用图形化建模方式的 Simulink 环境非常便于用户进行模型的搭建。但 Simulink 提供的模块毕竟是有限的，不可能包含所有场合的应用，因此，Simulink 环境提供了一系列自定义模块，用户可以采用 MATLAB 内建函数、M 语言、C 语言等方式，构建自己期望的功能模块。用户自定义函数模块库（User-Defined Functions）中包含了各种用于用户调用相关函数的模块，相关模块的外形和功能如表 5-19 所示。

表 5-19　用户自定义函数库中相关模块的外形和功能

模块名称及视图	功能	模块名称及视图	功能
f(u) Fcn	函数表达式模块，对输入进行设定表达式的操作运算	caller u　f() y Function Caller	函数召集模块 调用 Simulink 或 Stateflow 函数
Interpreted MATLAB Fcn Interpreted MATLAB Function	MATLAB 函数解释模块 对输入执行 MATLAB 函数或表达式	matlabfile Level-2 MATLAB S-Function	二级 S 函数模块 在模型中使用二级 S 函数

（续表）

模块名称及视图	功能	模块名称及视图	功能
MATLAB Function	**MATLAB 函数模块，在模型中包含可生成 C 代码的内嵌式 M 函数**	MATLAB System	MATLAB 系统模块 在模型中包含系统对象
S-Function	**S 函数模块 在模型中使用 S 函数**	Simulink Function	Simulink 函数模块，通过 Stateflow 或函数召集模块来定义函数
S-Function Builder	**S 函数自动生成工具**		

下面将对经常使用的模块予以详细介绍（表 5-19 中加粗文字对应的模块）。

一、函数表达式模块

函数表达式（Fcn）模块提供了一个简要的函数输入，用户可以通过 MATLAB 内建的数学计算函数，对输入信号执行设定的数学运算函数后输出计算结果。

该模块中通过在配置界面 Expression 中输入运算表达式来实现对输入的自定义计算功能。运算表达式中支持的计算函数包括数字常量、算数运算符（+、-、*、/）、关系运算符（==、!=、>、<、>=、<=）、逻辑运算符（&&、||、!）、圆括号、数学函数（abs、ceil、exp、fabs、floor、ln、log、log10、pow、power、rem、sgn、sqrt 等）、三角函数（sin、cos、tan、asin、acos、atan 等），以及工作空间的变量，各个运算符和运算函数的计算顺序遵循 C 语言的计算标准。

函数表达式中的输入信号用 u 表示，对于多个输入参数的计算需求，可以通过 Mux 模块将多路信号按照顺序整合成为一个多维信号，各个信号按照 u1、u2、…的顺序进行表示。

二、MATLAB 函数模块

MATLAB 函数（MATLAB Function）模块使用 M 语言进行功能任务编写，并能够将 M 语言生成 C 代码，可以方便地在 Simulink 环境下使用 M 语言编写函数，并且支持代码的编写及嵌入式应用。

MATLAB Function 模块支持基本四则运算符、逻辑操作符和关系操作符，还可以调用 MATLAB 提供的各种内建函数，包括支持代码生成和不支持代码生成的函数。

双击该模块后，启动的不是一个参数设置对话框，而是一个 M 代码编辑对话框，并提供一个基本的代码样例。在代码的第一行中描述了该函数的名称、输入和输出等，更改代码后，模块的外观和输入、输出都会发生相应变化。多输入、多输出情况下的函数名称为 function [y1,y2] = MyFun2(u1,u2,u3)，表明函数名为 Myfun2，包含三个输入端口 u1、u2、u3，两个输出端口 y1、y2。

需要注意的是，MATLAB Function 模块中对于 M 语言编写有着严格的要求，如变量必须要给定初值及其维度、不支持变维度变量、不支持 Global 变量等限制，若使用了部分限制函数或语法，则在模型运行时无法执行并给出故障提示。

由于 MATLAB Function 模块存在无法使用 Global 变量等约束，使得模块在运行过程中无法保持内部变量不变（即同一个变量在上一拍仿真步长的计算值无法直接传递给当前仿真步长），如一个数据的内部累加。编者结合多年的工程经验，常用的解决方法有两种：一种是将自变量输出后经过 Memory 模块再作为输入引入到 MATLAB Function 模块中进行计算；另外一种方法是声明一个 persistent 变量，由该变量完成不同仿真步长之间的数据传递。

另外，MATLAB Function 模块支持在 M 编辑器内部定义子函数并调用，但不支持递归调用。该模块能够将 M 语言编写的代码编译成 C 代码；而对于不支持编译功能的函数，可以使用 extrinsic 命令将其声明为 Extrinsic 函数，使得该函数仅在仿真时执行，在进行代码编译时，MATLAB 自动忽略该函数代码。

三、S 函数模块

S 函数（S-Function）模块为用户提供了在 Simulink 环境中调用 S 函数的功能，使用户可以采用 M 语言或 C 语言描述一个模块特征和系统功能，实现自定义的算法和动作，为满足用户特殊需求提供了无限可能。图 5-59 是 S-Function 模块的 Main 属性设置界面。

图 5-59　S-Function 模块的 Main 属性设置界面

图 5-59 中的参数含义如下。

- S-function name:　　　　　输入框　设置模块使用的 S 函数名称。
- S-function parameters:　　 输入框　设置模块使用的 S 函数的附加参数，多个参数之间通过逗号进行分隔。
- S-function modules:　　　　输入框　设置模块使用的 S 函数的模式。

5.4　Simulink 建模环境的晋级使用技巧

在前面的几节内容中，介绍了建模环境的基本使用方法和常用的 Simulink 模块，下面介绍 Simulink 的一些晋级使用技巧。

5.4.1　Simulink 建模环境中查找与浏览功能

当模型复杂到一定程度后，模型的可读性会逐渐下降。此时，经常需要在模型中查找相关参数或相关模块，此时，需要利用 Simulink 提供的查找功能。

一、Simulink 的查找功能

在 Simulink 操作区域按下组合键 Ctrl+F，弹出查找对话框，如图 5-60 所示。

从对话框中可以看出，整个对话框包括五个区域。Filter options 设置滤波器参数，用于设置是否搜索 Simulink 对象和 Stateflow 对象；Look inside 设置是否进行内部查找，包括封装子系统、链接子系统和引用模型；Search criteria 用于设置查找内容和参数，在 Find what 输入框中设置查找的关键词，Serach block dialog parameters 设置是否搜索模块内部参数；

Match case 设置关键词匹配方式；Start in system 设置检索范围，即若用户打开多个模型或子系统，则需要在 Start in System 栏中选择一个系统作为查询对象。

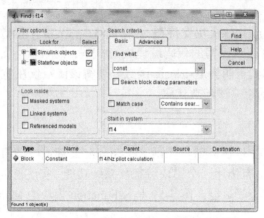

图 5-60　Simulink 的查找对话框

单击 Find 按钮后，在对话框下方会出现查找结果列表，包括类型、名称、路径、来源和目的地。在查询的结果栏中双击相应的对象，Simulink 将自动打开包含对象的模型或子系统，并将查询结果高亮显示。

二、Simulink 的模型浏览器

在 Simulink 的工具栏上单击 ▦ 按钮或按下组合键 Ctrl+H，启动模型浏览器，如图 5-61 所示。

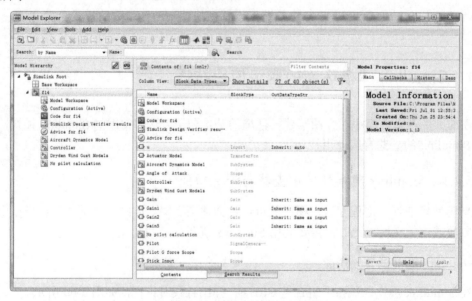

图 5-61　Simulink 模型的浏览器

Simulink 显示界面中从左向右分别为模型分层目录区域、参数内容显示区域和选中参数设置区域。模型的分层目录区域包括 Simulnk 的基础工作空间和当前模型的属性参数；属性参数包括模型自由工作空间、配置信息、代码、模型设计验证结果、模型的建议和模

型中各个子系统。

5.4.2 Simulink 建模环境中条件执行技术

条件执行子系统的执行受到控制信号的控制，根据控制信号对条件子系统的控制方式不同，可以将执行条件分为使能信号、触发信号和函数调用三种类型。

一、使能子系统

使能子系统（Enable Subsystem）在控制信号为正值时的采样周期内开始执行，其控制输入可以是标量或向量，当输入是向量信号，且向量中的任意一个分量大于 0 时子系统开始执行。使能子系统中可以包含任意的 Simulink 模块，包括连续模块和离散模块，但 Goto 模块只能与状态端口相连。使能子系统内的离散模块只有当子系统执行时，并且该模块的采样时间与仿真的采样时间同步时才会执行。注意，使能子系统与模型共用时钟。

1．使能子系统的工作原理

使能子系统包括两种工作时段，分别是使能时段和失能时段。

（1）使能时段：在控制信号由负向正穿越并持续为正的仿真时间区间内，子系统被使能计算。

（2）失能时段：在控制信号非正的仿真时间区间内，子系统的输入端口不接收信号，内部也不进行任何信号的计算处理。输出信号为重置数据或保持数据。

2．使能子系统的设置

在使能子系统中，用户通过设置 Enable 模块和子系统的 Out 模块的参数，完成使能子系统中的状态变量和输出信号在使能状态切换下的控制。两个模块的参数设置如图 5-62 所示。

图 5-62　使能子系统模块的 Enable 模块属性设置页

其中，使能模块属性中对子系统内部模块运行的影响较大的参数主要是 States when enabling，其设置包括 held 和 reset 两种模式。选择 held 选项表示当模型使能时，模型内部的状态模块输出保持为最近的值；选择 reset 选项表示当模型使能时，模型内部的状态变量发生重置，输出其初始值，如图 5-63 所示。

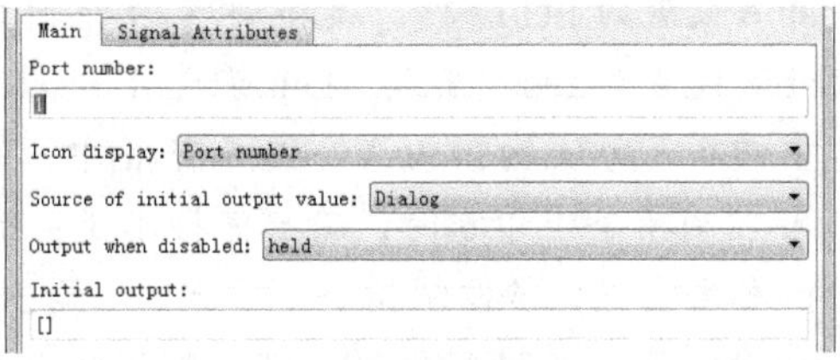

图 5-63　使能子系统模块中的 Out 模块属性设置页

其中，Out 模块属性中对子系统模块输出运行影响较大的参数是 Output when enabling，其设置包括 held 和 reset 两种模式。选择 held 模式表示当模型失能时，模块的输出保持为最近的值；选择 reset 效表示当模型失能时，模块输出系统设定的初始值。

3. 使能子系统例子

【例 5-1】分析使能子系统中不同参数对输出信号的影响。模型中共包含四个 Enable Subsystem，子系统的任务仅是对输入执行一个积分计算。四个模块的区别仅在于 Enable 模块的设置和 Out 模块的设置不同。要求仿真设置为 0.01s 的定步长解算。相关示例图如图 5-64 所示。

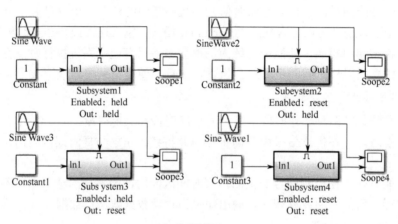

(a) 模型的框图

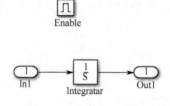

(b) 使能子系统内部

图 5-64　例 5-1 使能子系统的示例图

四个子系统中的设置如下。

（1）Subsystem1：Enable 设置为 held 模式，Out 设置为 held 模式。

（2）Subsystem2：Enable 设置为 reset 模式，Out 设置为 held 模式。

（3）Subsystem3：Enable 设置为 held 模式，Out 设置为 reset 模式，初始输出为 0。

（4）Subsystem4：Enable 设置为 reset 模式，Out 设置为 reset 模式，初始输出为 0。

图 5-65 给出图 5-64 中四个子系统输出曲线。图 5-65(a)中，当控制指令使能开始时，积分模块未被进行重置，当控制指令小于零时，输出保持不变；图 5-65(b)中，当控制指令使能开始时，积分模块输出发生重置，当控制指令小于零时，输出保持不变；图 5-65(c)中，当控制指令使能开始时，积分模块未被进行重置，当控制指令小于零时，输出重置为设置的初值；由图 5-65(b)可以看出，当控制指令使能开始时，积分模块输出发生重置，当控制

指令小于零时，输出重置为设置的初值。

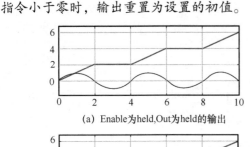

(a) Enable为held,Out为held的输出

(b) Enable为reset,Out为的输出

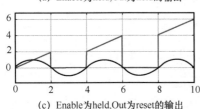

(c) Enable为held,Out为reset的输出

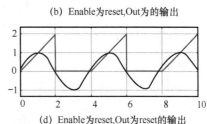

(d) Enable为reset,Out为reset的输出

图 5-65　图 5-63 中四个子系统输出曲线

二、触发子系统

触发子系统（Triggered Subsystem）只有在触发事件发生时才执行一次。该子系统通过一个触发控制端口，控制系统是否执行。Simulink 共提供了三种类型的触发事件，分别是上升沿触发（Rising）、下降沿触发（Falling）和双边沿触发（Either）。

1．触发子系统的采样时间及工作原理

用户通过设置 Trigger 模块的 Trigger type 参数设置触发事件类型。只有触发事件发生的那个时刻，触发子系统才被"执行"，即当触发子系统在下一个触发到来之前，总保持最近那个触发时刻的值；触发子系统内不能包含诸如积分模块等具备时间连续属性的模块。另外，由于触发子系统执行的是非周期形式（Aperiodic Fashion），因此子系统内所有模块的采样时间只能设置 Inherited（继承时间）的值为−1 或一个定采样周期 inf。

与使能子系统不同，触发子系统在两次触发事件之间一直保持输出为最终值，而且当触发事件发生时，触发子系统不能重新设置它们的状态，任何离散模块的状态在两次触发事件之间会一直保持下去。

2．触发子系统例子

【例 5-2】分析触发子系统中不同触发条件对于输出信号的影响。模型中共包含三个 Enable Subsystem，子系统中将输入直接输出。三个模块的区别仅仅在于 Trigger 模块设置的触发模式不同。已知仿真设置为 0.01s 的定步长解算。相关示例图如 5-66 所示。

图 5-67 给出图 5-66 中的子系统输出曲线，图中可以清晰地看出，各个触发子系统在触发时刻一步计算输出。

三、触发使能子系统

触发使能子系统（Enabled and Triggered Subsystem）是触发和使能两个子系统的集合，包含了触发控制端口和使能控制端口。在 Simulink 环境中，其执行顺序是模块等待触发事件。当触发事件产生时，判断使能控制信号是否有效，若控制信号大于零，则执行一次；

否则忽略本次触发事件。

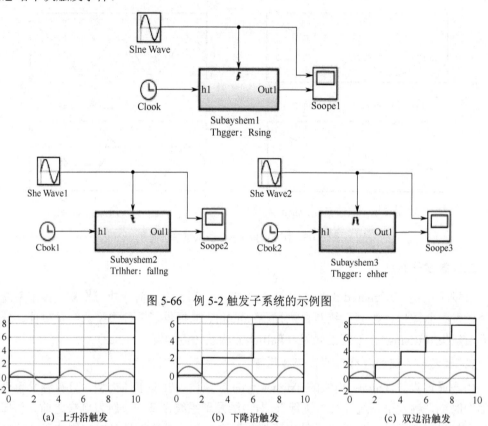

图 5-66　例 5-2 触发子系统的示例图

(a) 上升沿触发　　　　(b) 下降沿触发　　　　(c) 双边沿触发

图 5-67　图 5-66 中的子系统输出曲线

5.4.3　Simulink 建模环境中流控制技术

利用 Simulink 建模环境完成非线性建模时，经常会遇到根据某些信号变化特征来切换运行状态的情况。在 C 语言或 M 语言中，这些情况可以通过 If else、Switch Case 等语句轻松实现。在 Simulink 环境下，这些状态判断切换功能可以通过两种方法实现，一种是借助 MATLAB Function 模块完成 M 语言代码的编写；另一种方法是利用 Simulink 功能模块实现 If else、for、While 和 Switch case 功能。

一、If else 条件判断模块

Simulink 环境中的 If else 功能是通过 If 模块、If Action Subsystem 模块和 Merge 模块配合实现的。其中，If 模块完成条件判断功能，If Action 子系统完成判断后的任务执行，Merge 模块将所有的 Action 输出进行汇总，输出一个完整的逻辑输出。双击 If 模块，其参数对话框如图 5-68 所示。

图 5-68 中的参数含义如下。

- Number of inputs:　　　　输入框　　设置输入端口的个数。
- If expression:　　　　　　输入框　　设置 If 分支的判断条件。

- Elseif expressions:　　　　　输入框　　设置 If else 分支的判断条件，允许输入多个。
- Show else condition:　　　　勾选框　　设置是否显示 else 分支的 Action 信号。

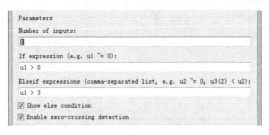

图 5-68　If 模块的属性参数设置对话框

If expression 和 Elseif expressions 中用于输入判断语句，其中，输入端口的变量用 u1、u2…uN（N 为设置的输入端口个数），判断语句中仅支持<, <=, ==, ～=, >, >=, &, |, ～, ( ) 等逻辑运算符，不支持数学运算符和位操作符。Elseif expressions 输入框支持多个判断语句和逻辑运算符同时输入，每个输入之间通过逗号隔开。

在设置完 If expression 和 Elseif expressions 的判断表达式后，系统会分析其中的判断条件，自动生成相应的控制流信号输出端口，并将输出端口引入 if Action Subsystem 子系统的控制端口。If 模块常常可以用于实现不同的条件下信号输出的切换。

【例 5-3】If-else 条件判断模块的使用方法。下面给出了如何利用 If-else 模块实现表示一个分段函数的功能，函数表达式如下。

$$y = \begin{cases} t+2, & 2 \le t < 4 \\ t+4, & 4 \le t < 7 \\ t-3, & 7 \le t \\ t, & \text{其他} \end{cases}$$

其模型搭建如图 5-69(a)所示，在 if 模块的 If expression 中，输入"u1 >= 7"；在 Elseif expressions 输入"u1 >= 4,u1 >=2"，四个功能模块完成相应的信号处理。

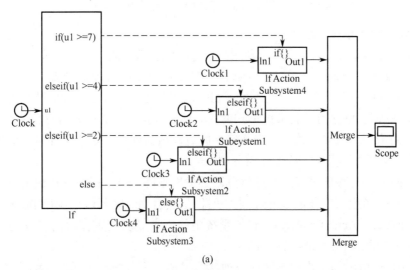

(a)

图 5-69　例 5-3 中 If-else 条件判断子系统的模型搭建及其输出结果

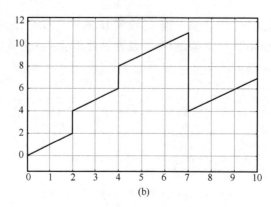

(b)

图 5-69　例 5-3 中 If-else 条件判断子系统的模型搭建及其输出结果（续）

二、分支处理模块

当系统中包含多个条件下的执行处理时，比较方便的方法是采用分支处理（Switch Case）模块处理运行分支。Simulink 环境中的 Switch 功能是通过 Switch Case 模块、Switch Case Action Subsystem 模块和 Merge 模块配合实现的。其中，Switch Case 模块完成判断处理功能，Switch Case Action Subsystem 子系统完成判断后的任务执行，Merge 模块将所有的 Action 输出进行汇总，输出一个完整的逻辑输出。从外观和使用方法上，Switch Case 控制模块都与 If-else 控制模块比较类似。双击 Switch Case 模块，其参数对话框如图 5-70 所示。

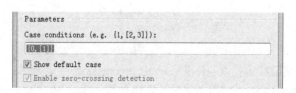

图 5-70　Switch Case 模块的属性参数设置对话框

图 5-70 中的参数含义如下。

- Case Conditions：　　　　　输入框　通过元胞数组的形式输入分支判断的值。
- Show default case：　　　　勾选框　设置是否显示 default 分支。

Case Conditions 输入框用于输入分支判断语句，要求必须使用元胞数组形式输入，每个分支的 case 值以单独的元胞数组形式输入，并且数据类型必须是 int32 或枚举型。每个分支均可以对应一个或多个数值。当系统中既有单值条件也有多值条件时，此参数最外层使用花括号{}，内部使用方括号[]作为分支。

与 If-else 模块是按照区间进行连续判断的情况不同，Switch Case 模块所判断的分支是离散的数据点。当输入信号是 double 类型时，模块自动对输入信号执行 floor 处理。并且所有 Switch Case Action Subsystem 子系统中的所有模块的采样时间必须与其驱动模块 Switch case 模块的采样时间保持一致。

【例 5-4】Switch-Case 条件判断模块的使用方法。下面给出了利用 Switch Case 模块实现切换函数的功能，函数表达式如下。

$$y = \begin{cases} t-3, & u=0 \\ t+2, & u=1 \\ t, & u=\text{其他} \end{cases}$$

其模型搭建如图 5-71 所示，首先利用 Rounding Function 模块对正弦信号进行量化，得到数值为[-1,0,1]的开关控制信号；在 Switch Case 模块的 Case Conditions 中，输入"{0,1}"；三个功能模块完成相应的信号处理。

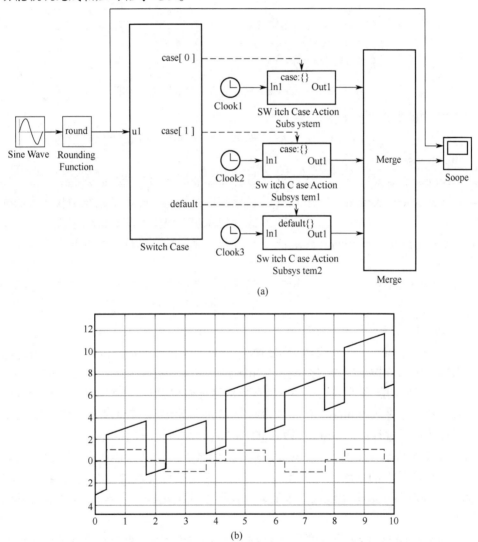

图 5-71　例 5-4 的 Switch Case 分支处理子系统的模型搭建及其输出结果

三、While 循环模块

当模型中出现未知循环次数的循环计算情况时，可以采用 While 循环模块进行处理。While Iterator Subsystem 子系统中在默认初始情况下包含一个 While Iterator 模块和可以配置的输入与输出模块。其中，While 系统的循环属性是通过设置 While Iterator 模块参数实现的。

1．While Iterator 模块参数

双击 While Iterator 模块，其参数设置对话框如图 5-72 所示。

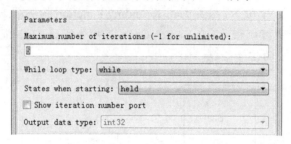

图 5-72　Switch Case 模块的属性参数设置对话框

图 5-72 中的参数含义如下。

- Maximum number of iterations：　输入框　设置满足循环条件的最大循环次数。
- While loop type：　下拉框　设置循环类型，while 和 do while。
- States when starting：　下拉框　设置模块开始运行时，子系统中状态量的处理方式分为 held（保持）和 reset（重置）。
- Show iteration number port：　勾选框　设置是否显示输出循环次数的输出端口。
- Output data type：　下拉框　当显示循环次数时，输出的数据类型包括 int32、int8、int16 和 double。

2．While 循环模块的工作模式

在参数 While loop type 中选择 while 循环模式时，while 子系统按照"先检测循环条件，再运行循环体中的各指令"的顺序执行。While 循环模块包括两个输入端口 cond 和 IC，cond 作为 while 循环的判断条件，只有当条件成立时才能触发循环；IC 为初始条件输入端口，输入信号为真时才进入 While 循环。当 cond 和 IC 均为有效时，且循环次数未超过最大限制时，循环才继续进行；当 cond 为假且 IC 为真时，仅进行一次循环。

当选择 do while 循环模式时，while 子系统按照"先计算循环体中各种指令，再检查循环条件是否满足"的顺序执行。此时，While 循环模块仅包含一个输入端口 cond。当 cond 为真，且循环次数未超过最大限制时，循环才继续进行；当 cond 为假时，进行一次循环计算。

当 States when starting 的选型为 reset 时，表示在每个主时点执行迭代前，系统内的各项状态变量都重置为初始状态；当选项为 held 时，表示在开始迭代计算时，各项状态变量的取值为"上一个主时点最后一次迭代的状态终值"。

3．While 循环模块的仿真时间

在 While 循环中，其内部迭代时的时间点不同于整个系统仿真主时点（Major Time Step）。在 while 循环执行期间，整个系统的仿真时间将停留在原先的时间点上不变。即在某个时间点进入 While 循环内，不管 While 循环执行多少次，也不管迭代消耗了多少真实

时间，都不会推动主仿真时间，其系统时间依然停留在原来的仿真时点上。

在 While 循环内的每个迭代中，均被处理为一个 Minor Time Step 子时点。Simulink 按子时点和编译顺序逐个调用各个模块的计算功能和输出算法。

【例 5-5】While 循环模块的使用方法。下面给出利用 While 循环用于计算一个求解"从 1 开始的正整数之和大于某规定值的第一个正整数"，函数表达式如下，其中，M 为 100、200、……900。

$$N_x = \underset{\forall n \in \{1,2,\cdots\}}{\arg\min} \left\{ \left(\sum_{k=1}^{n} k \right) > M \right\}, \ M \text{ 为规定值}$$

其模型搭建如图 5-73 所示。在根目录中，首先利用 Rounding Function 模块对时间进行量化，然后经过 100 增益系数得到规定的 M 值。在 While 循环系统中的 While Iterator 模块中，将最大循环次数设置为 1000，将 While loop type 设置为 do while 模式，将 States when starting 设置为 reset，并勾选 Show iteration number port 参数。将 Memroy 的仿真时间设置为−1。

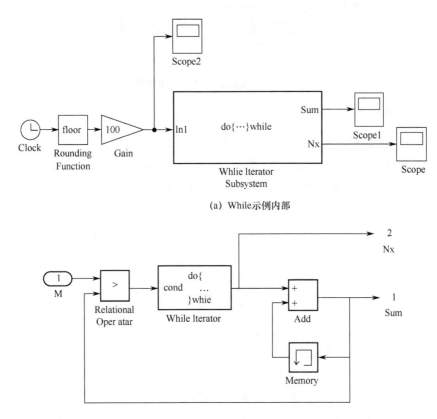

(a) While示例内部

(b) While循环模块内部

图 5-73　例 5-5 的 While 循环子系统的模型搭建

在 while 循环模块内，每次运行时都需要将 Memory 模块进行重置，其输出恢复为默认的 0；然后开始进行循环累加，当累加和大于等于输入 M 值时，循环终止。

图 5-74 给出例 5-5 的 While 循环子系统的输出曲线，分别是规定值 M、累加和小于规

定值的第一个整数 Nx 及累加和。

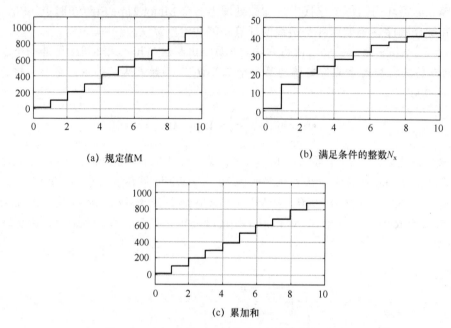

(a) 规定值M

(b) 满足条件的整数N_x

(c) 累加和

图 5-74　例 5-5 的 While 循环子系统的输出曲线

四、For 循环模块

当模型中包含明确循环次数的循环计算情况时，可以采用 For 循环模块进行处理。For Iterator Subsystem 中在默认初始情况下包含一个 For Iterator 模块和可以配置的输入与输出模块。其中，For 系统的循环属性是通过设置 For Iterator 模块参数实现的。

1．For Iterator 模块参数

双击 For Iterator 模块，其属性参数设置对话框如图 5-75 所示。

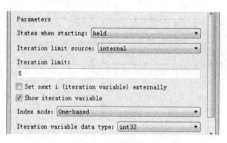

图 5-75　For Iterator 模块的属性参数设置对话框

图 5-75 中的参数含义如下。

- States when starting：　　下拉框　设置模块每次开始循环运行时，子系统中状态量的处理方式，分为 held（保持）和 reset（重置）。
- Iteration Limit source：　　下拉框　设置循环次数来源于 internal（内部）还是来源于 external（外部）。
- Iteration limit：　　　　输入框　当循环次数来源于内部时，设置循环次数。

- Set next i externally：　　　勾选框　　设置是否通过外部输入当前的循环变量值。
- Show iteration variable：　　勾选框　　设置是否显示输出循环次数的输出端口。
- Index mode：　　　　　　　下拉框　　设置循环变量的初始值是从 0 开始还是从 1 开始。
- Iteration variable data type：　下拉框　　循环变量输出时的数据类型，包括 int32、int8、int16 和 double。

2．For 循环模块的工作模式与仿真时间

For 循环模块的工作模式与 While 循环模块的工作模式类似。当 Iteration Limit source 的选型为 internal 时，for 循环的次数由内部参数 Iteration limit 决定；当选项为 external 时，循环次数由输入端口 N 决定。参数 States when starting 的选型与 While 模块的一致，在每个主时点执行迭代时，系统内的各项状态变量执行重置，或取值为"上一个主时点最后一次迭代的状态终值"。同样，For 循环内的迭代时点不是系统的仿真主时点。在 For 循环执行区间内，整个系统的仿真主时间将停留在原先的时间点保持不变；循环内的每个迭代点和各个模块按照一个子时点（Minor Time Step）进行计算处理。

【例 5-6】For 循环模块的使用方法。下面了利用 for 循环计算一个求解"从 1 开始的累加整数和"，函数表达式如下，其中，循环次数分别为 2、4、……20。

$$\text{Sum} = \sum_{k=1}^{n} k，n \text{ 为一系列的规定值}$$

其模型搭建如图 5-76 所示。在根目录中，首先利用 Rounding Function 模块对时间进行量化，然后经过 2 增益系数得到规定的循环次数。在 For 循环系统的 For Iterator 模块中，设置 Iteration Limit source 为 external，并将模块输入和循环子系统的输入 N 相连，将 States when starting 设置为 reset，同时勾选 Show iteration number port 参数。将 Mememroy 的仿真时间设置为-1。

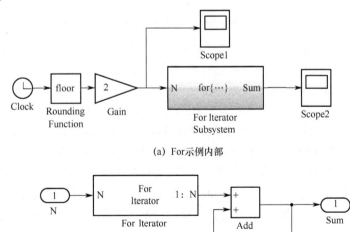

(a) For示例内部

(b) For循环模块内部

图 5-76　例 5-6 的 For 循环子系统的模型搭建

在 For 循环模块内，每次运行时 Memory 模块都会进行重置，其输出恢复为默认的 0；开始进行循环累加后，当循环次数等于输入 N 值时，循环终止。

图 5-77 给出例 5-6 中 For 循环子系统的输出曲线，包括循环次数和累加和。

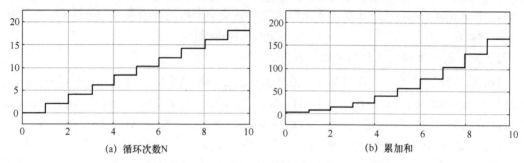

(a) 循环次数N   (b) 累加和

图 5-77　例 5-6 中 For 循环子系统的输出曲线

5.4.4　Simulink 建模环境中子模块的封装技术

用户在 Simulink 环境中积累了一定的建模经验和相关基础后，可以尝试着将常用模型进行封装，以提高模型的复用性。Simulink 模型的封装是用户构建一个以属性对话框为接口的交互界面，它将复杂的模型逻辑关系隐藏起来，封装后仅提供给用户一个属性对话框用于填写参数，完成模型功能和任务的设置。通过模块封装可以大幅简化图形，减少功能模块的个数，有利于模型的分层构建。

创建封装的方式主要有两种：一种是通过 Mask Editor 创建，通过一个图形化的操作界面快速地完成模块的简单封装；另外一种方法是编写 M 文件定制创建过程，通过编写 M 脚本函数自动完成协助封装过程，该方法适用于大型复杂模块。下面主要介绍 Mask Editor 方法。

对于一个子系统，封装的任务和内容主要包括以下五个方面。

（1）封装图标：生成用户自定义的图标替换子系统模块的标准图标，提高模块可读性。

（2）封装参数：允许用户为封装子系统定义一组用户可设置的参数。

（3）封装参数对话框：封装参数对话框代替子系统的标准参数对话框。

（4）封装初始化代码：通过初始化代码设置被封装子系统的封装参数的初始值。

（5）封装工作区：将 MATLAB 工作区与被封装子系统相关联，在工作区中储存子系统参数的当前值，以及由模块初始化代码所创建的任何变量和参数回调函数。

用户在模型中选择待封装的子系统，选择 Edit 菜单的 Create Mask 命令；或者单击鼠标右键，在快捷菜单中选择 Mask→Create Mask 选型；或者直接采用 Ctrl+M 的组合键。弹出 Mask Editor 对话框，通过相关设置完成封装属性的设置，主要包括 Icon & Ports、Parameters、Initialization 和 Documentation 设置页。

一、Icon & Ports 设置页

Mask Editor 对话框中的 Icon&Ports 选项页用来控制图标的外观，它可以创建包含文本说明、状态方程、图像和图形特征的模块图标。图 5-78 是 Simulink 封装编辑器的 Icon&Ports 设置界面。

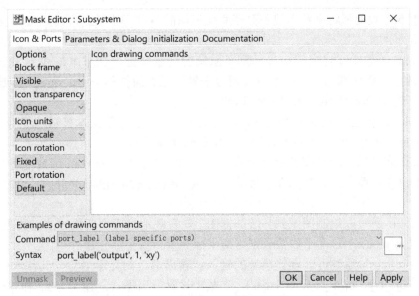

图 5-78　Simulink 封装编辑器的 Icon&Ports 设置界面

封装编辑器的 Icon&Ports 选项页包括 3 个选项区：Options、Icon Drawing commands、和 Examples of drawing commands.

1．Options 设置区域

这个选项区有五个下拉列表框：Block Frame、Icon Transparency、Icon Rotation 和 Icon Units 和 Port rotation，分别指定模块图标的不同属性。

（1）Block Frame：Simulink 中模块的默认边框都是矩形的，该选项用来设置模块图标和边框是否可见，分为两个选项：Visible（可见）和 Invisible（不可见）。

（2）Icon Transparency：设置模块图标的透明度，用以隐藏或显示图标下的内容，可以选择 Opaque（不透明）或 Transparent（透明）。

（3）Icon Rotation：设置模块图标是否旋转，包括 Fixed（固定）或 Rotates（旋转）。即当旋转或翻转模块时，Rotates 表示旋转或翻转图标，Fixed 表示图标固定不变。

（4）Icon Units：设置绘制命令中时使用的坐标系，适用于 plot 和 text 绘制命令，包括 Autoscale、Normalized 和 Pixels 三个选项。Autoscale 和 Normalized 均能自动缩放图标以适应图标边框，当模块大小改变时，图标大小也随之改变；其区别在于 Autoscale 设定的是绝对值，而 Normalized 设置的是相对值；Pixels 是指以像素为单位表达的 X 值和 Y 值绘制图标、它用于显示真实的图像尺寸，当模块大小改变时，该图标并不会自动改变尺寸。

（5）Port rotation：设置端口的旋转模式，包括 Default（默认）和 Physical（物理）两种。

2．Icon Drawing commands 设置区域

在 Icon Drawing commands 设置编辑区域中，用户可以通过输入 M 脚本语言，将文字、图片或者绘制线条等样式绘制在子系统的图标界面。常用的函数命令包括 disp、text、image、color 等。

（1）disp 函数能够将字符串显示到子系统框图的中央，其形式为 disp('Input texts ')，参数为需要显示的文本字符串。

（2）text 函数能够将字符串显示到子系统的任意位置，其基本形式为 text(x,y,'Input text')，前两个参数分别为文本起点位置相对于坐标原点的位移坐标，第三个参数为显示文本。此时，建议 Icon Units 选用 Normalized 模式。

（3）color 函数通常在 text 函数和 disp 函数之前调用，设置文本显示时所用的颜色，其形式为 color('color')，其参数为设置颜色，如 red、blue 等。

（4）image 函数用于设置显示一个图片，该函数通常配合 imread 函数使用，将图片读取到 MATLAB 环境中，其基本使用形式为 image(imread('MaskImage.jpg'))，其参数为图片名称。

（5）plot 函数可以绘制图像到封装的框图上，直观地将模型所描述的函数图形化表示，其基本形式为 plot(x,y)，两个参数分别为横坐标变量和纵坐标变量。

（6）port_label 函数可以设置模块的输入、输出端口的显示名称，其基本使用形式为 port_label('port_type',port_number,'label')，参数 1 设置端口模式，使用 input 和 output 表示；参数 2 指定端口的顺序，从 1 开始；参数 3 设置端口显示的文本。

此外，Simulink 还提供了 patch、droots、dpoly、fprintf 等函数，实现复杂的图标绘制。

3．Examples of drawing commands 设置区域

Examples of drawing commands 设置区域介绍了 Simulink 所支持的不同图标绘制命令的使用方法。为了确定命令的语法结构，可从 Commands 列表中选择命令，Simulink 会在列表框的底部显示所选命令的语法，并在列表框的右侧预览该命令生成的图标。

二、Parameters 设置页

若只是定义了图标，则模块还没有被真正封装，因为在双击图标时它始终显示的是模块内的内容，而且始终直接使用来自 MATLAB 工作空间中的参数。真正的封装是通过 Mask Editor 对话框的 Parameters 设置页来定义的。

用户可以在 Parameters 设置页创建和更改被封装子系统的参数，也就是定义被封装子系统行为的封装参数。从图 5-79 中可以看出，整个 Parameters 设置页包括 Controls、Dialog box 和 Property editor 三个区域。需要注意的是，不同的 MATLAB 版本其界面有较大的差异，其最新的版本中增加了很多新的属性，便于用户可以生成界面更加美观、功能更加丰富、操作更加便捷的属性设置对话框。

1．Controls 设置区域

Controls 列表区域包含了系统允许的各种控件类型，除常用的 Edit（编辑框）、Check box（勾选框）、Popup（下拉框）、Radio button（单选按钮）外，还新增了 DataTypeStr（数据）、Min、Max、Slider（滑动器）、Dial（刻度盘）等参数控件类型，同时还新增了用于显示的 Panel（面板）、Group box（编组框）、Text（文本）和 Image（图片）等内容。用户单击某个选型，即会增加一个参数，并在 Dialog box 中予以显示。

2．Dialog box 设置区域

在 Dialog box 中，以列表的形式显示模块的封装参数，每行显示一个封装参数。其中，

Type 用于指示该参数的类型和顺序；Prompt 用于表示封装参数的文本；Name 用于表示在
封装工作区中存储参数值的变量名称。

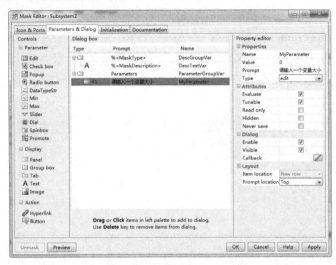

图 5-79　Simulink 封装编辑器的 Parameters 设置页

3．Property editor 设置区域

单击某个封装参数后，会在 Property editor 区域显示该参数的性质和详细属性信息，方
便用户进行设置和修改。用户可以在 Properties 区域直接修改该参数的属性，包括 Name（变
量名）、Value（初值）、Prompt（提示）和 Type（控件类型）。

在 Attribute 区域设置该参数的属性，其主要属性包括以下几个方面。

（1）Exaluate：设置是否对控件变量进行取值，若不勾选该项，则将界面输出作为字符
串的形式赋值给变量；

（2）Tunable：设置在仿真过程中封装参数的值是否允许发生变化。

（3）Read only：设置该封装参数是否仅为只读模式。

（4）Hidden：设置该封装参数是否隐藏。

（5）Never save：设置该封装参数是否一直不进行存储。

在 Dialog 设置区域用于设置部分参数的附加选项主要有以下三个。

（1）Enable：设置该封装参数是否允许进行编辑，未勾选时，禁止该参数并使其变灰。

（2）Visible：设置该参数是否显示在封装模块的参数对话框中。

（3）Callback：用户可通过编写回调函数对数据进行操作处理，需要注意的是，回调函
数只能创建或引用模块基本工作区的变量，若需要某个封装参数值，则可以通过 get_param
命令获取该封装参数值的大小。

三、Initialization 设置页

用户可以在 Initialization 设置页中输出用于初始化被封装子系统的 MATLAB 命令。当
用户执行封装型、仿真或更新模型、修改模型、复制同一个模型或不同模型等操作时，系
统会执行相关命令。设置页中包括 Dialog variables、Initialization commands 和 Allow library
block to modify its contents 三个参数，如图 5-80 所示。

1．Dialog variable 列表

Dialog variable 列表中显示与子系统封装参数相关的变量名称，即 Parameters 设置页中设置的变量名称。用户也可以直接在该列表中修改变量名。

2．Initialization commands 编辑框

Initialization commands 编辑框用于输入初始化命令，用户可以输入任何有效的MATLAB 表达式，包括 MATLAB 函数、操作符和在封装区域定义的变量，但不能读取MATLAB 工作空间中的变量。

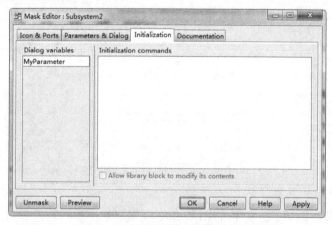

图 5-80　Simulink 封装编辑器的 Initialization 设置页

3．Allow library block to modify its contents 勾选框

Allow library block to modify its contents 勾选框只有当被封装子系统属于某个库时才被激活。勾选后，允许模块的初始化代码更改被封装子系统的内容，即允许代码增加或删除模块，同时可以设置这些模块的参数。

四、Documentation 设置页

Documentation 设置页用于定义或更改被封装模块的类型、说明和帮助文本。设置页中包括 Type、Description 和 Mask help 三个输入框。如图 5-81 所示。

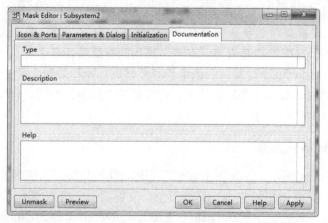

图 5-81　Simulink 封装编辑器的 Parameters 设置页

1．Type 输入框

Type（封装类型）输入框用于设置模块的分类说明，可以将其定义为任何名称，仅显示模块参数的顶端，并在类型名称后添加 "mask"，表明该模块是一个封装模块。

2．Description 输入框

Description（封装说明）输入框用于输入简要的文本信息，主要作用是对模块的作用、功能和参数的设置方式进行简要的说明。

3．Help 输入框

Help 输入框可以输入封装模块的帮助文本。当用户单击封装模块的 Help 按钮时，系统可以调取 MATLAB 的帮助窗口阅读帮助文本。帮助文本的类型包括 URL 的说明、Web 命令、静态文本等信息。编者建议采用 HTML 来编写图文并茂的帮助信息。

五、封装示例

下面给出在 MATLAB 2011b 环境下封装的一个硬件驱动模块，其外观、设置和帮助如图 5-82 所示，从图 5-82 中可以看出，封装后的模块具有较高的辨识度，能够有效地提高模型的可读性和模块的通用性。

（a）自定义模块外观

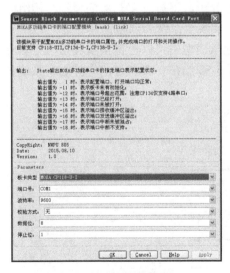

（b）自定义模块的设置　　　　　　（c）自定义模块的帮助说明

图 5-82　Simulink 环境下的自定义封装模块

5.5 基于 Simulink 的飞行器非线性模型的建立

下面结合相关型号的建模经验，给出在 Simulink 环境下建模的注意事项和建模步骤。

5.5.1 Simulink 环境下复杂模型的建模建议

通过本章的介绍可知，Simulink 基于图形化操作界面，用户只需用鼠标进行简单的拖拉操作，就可以构造出复杂的仿真模型，该操作界面操作简单，并提供了丰富的功能模块和多种解算器，特别适合对飞行器非线性方程这种微分方程组的搭建。但是由于搭建方式过于灵活，导致在构建复杂非线性模型时缺乏逻辑性和条理性，严重降低了模型的可读性和复用性，使得在调试和更改时造成诸多不便，特别是对于包含了数十个甚至上百个方程组的飞行器全系统数学模型，由于方程和子系统众多，模块需求和类型也多种多样，使得在 Simulink 环境下建立一个条理清晰、界面简洁的模型较为困难。特别是一些初学者在进行复杂动力学模型搭建时，所建模型条理不明、层次不清、连线混乱，使其他人无法读懂模型，也无法帮助其进行故障定位和错误更改。

在此，编者总结所在单位多年的建模经验和教训，对在 Simulink 环境下开展复杂非线性模型的搭建提出若干建议。遵循这些建议和规则，可以比较清晰地建立飞行器非线性模型，使其具有较高的可读性和通用性。

1．根据真实对象的结构组成进行层次划分

Simulink 采用提供了各种子系统模块，便于用户以层次化的形式进行建模。对于复杂系统的数学建模，应对其数学方程或系统模型进行分析，根据真实对象的系统结构组成，将其分割成不同的子系统，通过封装一系列模块，实现全系统的模型搭建。

以一个典型的寻的制导导弹为例，其全系统数学模型中可以根据隶属关系，将其分为目标模型、导弹模型和弹目相对运动关系模型。图 5-83 给出了典型寻的导弹的全系统仿真模型的层次结构图。

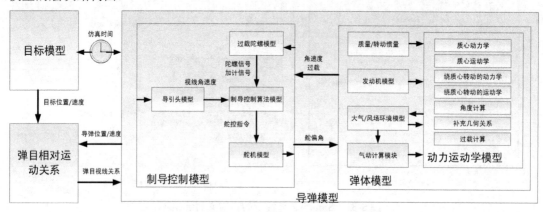

图 5-83 典型寻的导弹全系统仿真模型的层次结构图

从图 5-83 中可以较为清楚地看出全系统模型的结构层次划分，以及各个模块之间的信号流向。其中，目标模型用于描述目标的机动方式并计算其速度和方位大小，该模块可简可繁，具体功能和任务由仿真任务需求和被攻击对象的特点决定；弹目相对关系模型主要根据目标模型和导弹模型输出的位置和速度，计算得到弹目相对视线角和视线角速度；导弹模型为建模的主体，包括设计人员关注的诸多环节，其组成根据导弹的制导控制方式和结构决定，主要包括制导控制系统子系统和弹体环节子系统。制导控制模型包括导引头模型、制导控制算法模型、过载陀螺加速度计模型和舵机模型，其中，导引头模型根据弹目视线关系输出视线角速度，过载陀螺和加速度计模型根据弹体环节子系统计算得到的角速度和过载大小输出惯组测量信号。制导控制算法根据视线角速度和惯组信息计算得到舵控指令；舵机模型根据舵控指令和铰链力矩大小输出舵机实际偏角。

弹体环节子系统根据计算舵机偏转大小和仿真时间，计算弹体当前时刻的各项参数，主要包括气动计算、推力计算、结构变化、大气环境和六自由度动力学模型；其中，六自由度动力学模型即为本章开始时介绍的相关动力学方程，包括质心动力学、质心运动学、绕质心转动的动力学、绕质心转动的运动学、几何关系、过载计算等相关模块。

在对飞行器全系统这种较为复杂的模型进行模型搭建时，按照真实对象的结构和隶属关系对其进行划分，然后，按照自上向下或自下向上的方式，逐步完成各个模块的创建和封装。良好的层次划分能够有效地提高模型的可读性，便于其他人员依据真实系统的组成和连接关系理解和掌握模型中各个模块的隶属关系和信号流向，同时可以大幅提高模块的复用性，对于多个型号飞行器的仿真验证任务，能够直接使用功能相同的模块，大幅缩短建模时间。

2．模型的测试与检查

对于一个较为复杂的飞行器全系统模型，由于包含的功能模块和子系统模块众多，导致后期故障定位和分析较为困难。因此，在搭建各个子模型的过程中，要特别重视对模型的检查和测试工作。

在检查时，可以采用对比数学模型的方式，对每个模块的连接关系进行对比检查，并重点关注加/减/乘/除运算的符号、三角函数或数学函数的选择、三角函数的输入/输出信号的单位等内容。另外，可以通过一些测试样例对已经搭建完成的子系统模块进行测试，特别是一些逻辑判断策略，测试其逻辑操作及状态切换是否符合预期要求。

3．良好的注释和详细的说明文档

在对模型进行建模时，按照每个模块的功能和任务对模块或子系统进行命名，特别是子系统的输入/输出端口，便于相关人员掌握各个模块的动态和信号流向。在命名时，建议尽量使用英文名称，以便在进行半实物仿真或编译仿真时不需要修改。

在复杂模型中，还应当对模块和子系统添加一系列注释，说明模块的功能、计算公式、逻辑状态等内容，良好的注释可以显著提高模块的可读性，便于理解模型。另外，要重视模型说明文档的整理工作，说明文档中应给出模型任务、创建信息、对外接口、相关模块的数学公式等内容，并注意及时根据修改更新模型的版本信息。

5.5.2　Simulink 环境下飞行器模型的搭建步骤

下面结合相关型号模型搭建的工程经验，给出在 Simulink 环境下，展开飞行器模型的搭建步骤。

1．整理数学模型

首先，根据飞行器的飞行特点和仿真任务需求选择合适的坐标系、分析其受力情况及推导得到仿真对象的动力学运动学方程组；然后，收集并整理制导控制系统相关器件的数学模型，包括导引头、陀螺和加速度计、舵机等设备；最后，根据被攻击对象的特点，设计目标机动方式，最终建立全系统闭环的数学模型。

根据各个分系统的功能和隶属关系，完成复杂模型的分解和整理，得到全系统模型的层次结构。

2．子系统的搭建

在完成全系统的层次划分后，利用 Simulink 提供的各项功能模块逐个完成所有子系统模块的搭建任务。在单个子系统搭建前，首先分析该模块的具体功能，明确该子系统的输入与输出接口；然后，按照数学模型中给出的相互关系，完成各个功能模块的连接和子系统模型的搭建；最后，完成子系统模块的创建或封装，并对各个模块的连接方式及子系统的任务功能进行检查和测试。

单个子系统搭建后，按照上述流程，逐步完成各个子系统的搭建。

3．全系统测试

全系统搭建完成后，根据需求添加相关示波器和存储模块，完成数据的显示和记录。

全系统的测试和判断可以分为代码级和功能级两个阶段，其中，代码级检查可以保证模型能够正常运行，而功能级检查是保证模型运行结果的正确性。在进行检查时，代码级检查相对简单，而功能级检查比较困难，并且需要一定的专业知识背景。

在进行代码级检查时，单击仿真模型中的"运行"按钮，Simulink 会自动检查模型代码是否异常。当出现异常时，给出错误提示并定位故障位置，排除诸如信号不匹配、数据变量未定义及数据类型不符等低级错误，保证模型能够正确运行。

功能级检查主要是保证整个模型的函数运行正确。由于整个系统是一个闭环反馈回路，各个子系统的输出结果会相互影响，导致故障难以定位排查。因此，为了保证系统模型的正确性，在各个子系统搭建时就应该进行较为认真的检查和测试。在进行全系统功能检查时，可以根据飞行器模型特点将其化简分解进行测试；然后，结合相关案例、工程经验和物理常识，对系统模块功能的正确性进行分析判断。例如，对六自由度模型正确性进行判断时，若该飞行器具有静稳定特征，则无控下的弹道轨迹应该为一条抛物线弹道；由于燃料消耗等原因，飞行器的质量是随时间逐步减小的；飞行器在推力消失后，若高度未发生较大变化（未发生势能向动能的转移），则由于阻力的原因，速度呈现下降趋势。

5.5.3　Simulink 环境下六自由度仿真模型

图 5-84 给出某种型号飞行器在弹道坐标系下的六自由度数学模型。主要包括质心动力学、质心运动学、绕质心转动的动力学、绕质心转动的运动学、几何关系模块等。从图 5-84 中可以看出，整个六自由度模型根据飞行器当前受到的推力、气动力和力矩，以及当前飞行器的质量和转动惯量等属性，根据设定的积分状态初值，完成动力学模型的计算，得到飞行器的速度、位置和姿态等信息。从图 5-84 中可以看出，采用了按照属性进行分层的措施后，模型界面整洁，各个模块之间信号传递的过程清晰、明确。

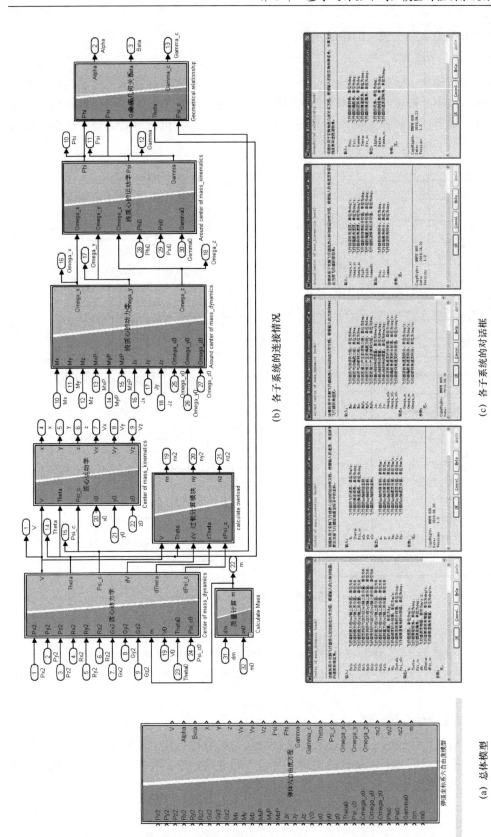

(b) 各子系统的连接情况

(c) 各子系统的对话框

(a) 总体模型

图 5-84　某种型号飞行器在弹道坐标系下的六自由度数学模型

下面给出各个子系统模块的搭建情况。

1. 质心动力学模块

质心动力学模块主要根据弹道坐标系质心动力方程组搭建，即根据飞行器当前的推力大小和气动力大小，按照攻角、侧滑角和速度倾斜角进行投影分解，继而计算得出飞行器当前的速度、弹道倾角和弹道偏角。为简化结果，将三个方程组再进行划分，该质心动力学模块分为三个子模块。如图 5-85 所示。

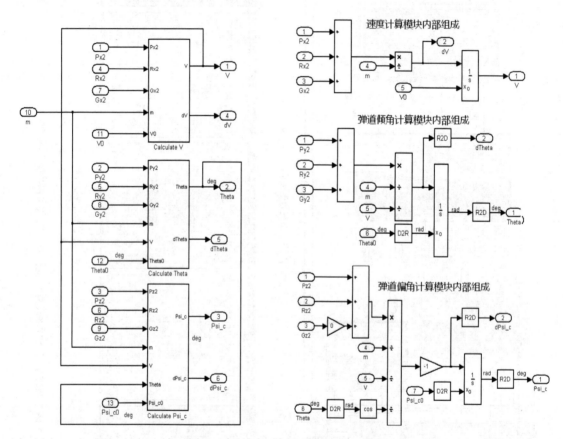

图 5-85　质心动力学模块及其内部组成

2. 质心运动学模块

质心运动学模块主要根据质心运动学方程组搭建，即根据飞行器当前的速度、弹道倾角和弹道偏角，将其投影到地面坐标系，计算得出飞行器当前的位置。如图 5-86 所示。

3. 绕质心转动动力学模块

绕质心转动动力学模块主要根据绕质心转动动力学方程搭建，即根据飞行器当前受到的气动力矩和推力力矩大小以及转动惯量，并结合动量矩定理，计算得出飞行当前的滚转角速度、偏航角速度和俯仰角速度。如图 5-87 所示。

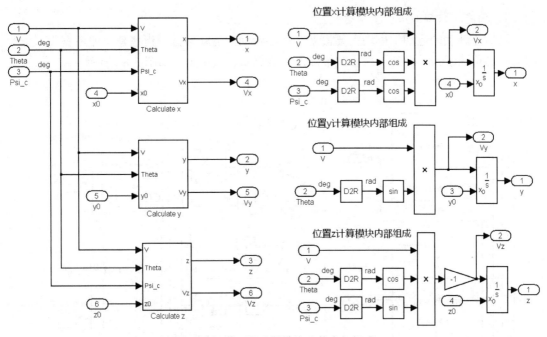

图 5-86　质心运动学模块及其内部组成

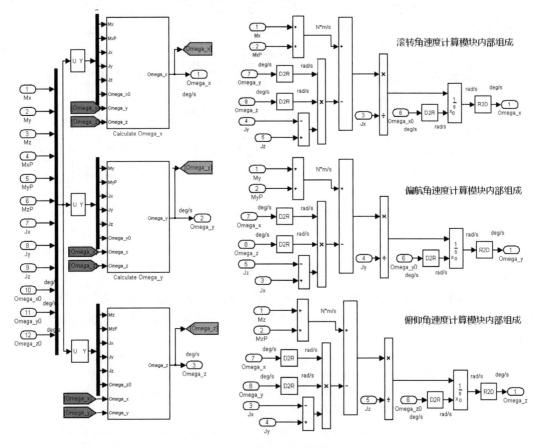

图 5-87　绕质心转动动力学模块及其内部组成

4．绕质心转动的运动学模块

绕质心转动的运动学模块主要根据绕质心转动的运动学方程组搭建，即根据飞行器当前的姿态角速度计算得到飞行器的俯仰角、偏航角和滚转角。如图 5-88 所示。

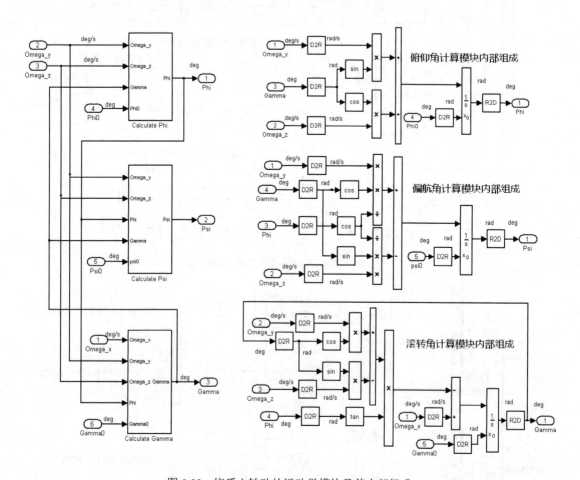

图 5-88　绕质心转动的运动学模块及其内部组成

5．几何关系模块

几何关系模块根据补充的几何关系方程组进行搭建，即根据前面求得的弹道倾角、弹道偏角、俯仰角、偏航角和滚转角，计算飞行器当前的攻角、侧滑角和速度倾斜角。如图 5-89 所示。

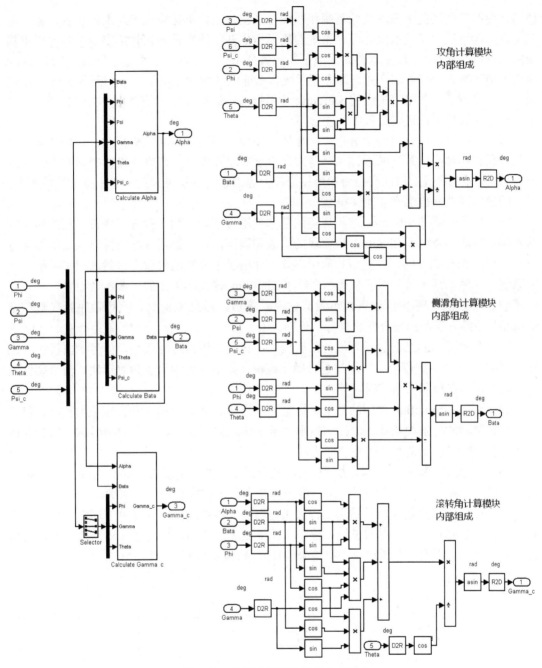

图 5-89　几何关系模块及其内部组成

5.6　本章要点小结

通过非线性模型进行对基于特征点线性模型设计的控制系统方案考核和验证。Simulink 作为 MATLAB 最重要的组件之一，提供了一个动态系统建模、仿真和综合分析的环境，能够方便快捷地描述线性系统和非线性系统，支持单速率或多速率的仿真任务，可以实现连续系统、离散系统和混合系统的建模与仿真，特别适合搭建主要由微分方程组构成的飞行器非线性模型。本章首先回顾了几种典型飞行器非线性模型；然后给出了 Simulink 建模环境的基本使用方法，并详细介绍了飞行器非线性数学建模中主要用到的 Simulink 模块，同时介绍了一些比较高级的 Simulink 使用技巧；最后，编者结合相关工作经验，列举了飞行器非线性模型搭建过程中的注意事项。

（1）针对不同飞行器的弹道特点，介绍了几种典型飞行器非线性模型，包括建立在弹道坐标系和弹体坐标系下的近程飞行器六自由度非线性模型；建立在发射坐标系下，考虑地球自转、重力变化、惯性离心力和附加哥氏力等因素的远程导弹的六自由度非线性模型；特殊的滚转弹的六自由度非线性模型。

（2）总体介绍了 Simulink 建模环境的基本使用方法。介绍了打开、修改、创建等一些基本操作方法；介绍了 Simulink 中模块的组成和属性，包括通用参数属性以及其虚拟性特点；介绍了 Simulink 的信号类型和显示形式；介绍了子系统的设置，包括虚拟子系统、原子系统、条件子系统和动作子系统；介绍了 Simulink 建模环境中的仿真参数设置，重点介绍了解算器和输入/输出的设置内容及其含义；最后，对过零检测、执行顺序和代数环等 Simulink 中经常遇到的部分概念进行了说明。

（3）介绍了 Simulink 建模环境的常用模块，包括常用信号源模块、信号输出模块、连续/非连续和离散系统模块、常用的逻辑操作模块、数学运算和查表运算模块、信号属性设置模块及路由选择和子系统模块等。

（4）为提高 Simulink 建模的效率，给出了一些 Simulink 中的一些晋级使用技巧，包括查找和浏览功能、条件执行、流控制技术及子系统的封装技术，合理的利用这些功能和模块，能够大幅提高复杂系统的建模能力。

（5）编者结合多年飞行器动力学模型的建模经验，给出若干 Simulink 环境下复杂模型的建模建议，并给出了建模步骤，最后给出一个六自由度模型的搭建实例。

Simulink 的特点使其非常适用于构建飞行器的非线性动力学常微分方程组，受篇幅所限，本章只简要介绍了常用的模块和技巧，关于更多模块的使用方法，还需要读者查阅帮助了解其功能和用途，并通过亲手搭建来理解并掌握各个模块的使用方法。

第 6 章
先进飞控算法在 MATLAB/Simulink 中的实现

20 世纪 50 年代末 60 年代初，由状态空间方法、极大值原理和卡尔曼滤波及动态规划方法所确定的现代控制理论，随着 30 多年来科学技术的进步，尤其是随着数字计算机技术的飞速发展而不断发展完善，至今该理论已成为控制理论的一个重要组成部分。现代控制理论以状态空间概念为基础来研究系统的运动规律，针对研究的不同问题，确定不同的性能指标，并以该指标达到最优为目标设计控制系统。在处理多输入、多输出、时变非线性及不确定性系统方面，现代控制理论表现出特有的优点。正因为如此，在经典控制理论基础上发展起来的现代控制理论一直受到人们的普遍重视，并且被不断深入地研究。

现代控制理论首先是由于航空航天技术的需要而发展起来的，现代控制理论的日趋完善和发展，又有力地促进了航空航天技术的发展。而当今的现代战争和空间环境，对航空航天技术提出了更高的要求。尤其是战争攻防技术的发展，要求飞行器战技指标不断提高，飞行器制导控制系统设计所要解决的问题日趋复杂。在解决飞行器在大空域飞行中参数在大范围内变化的情况，以及存在各种不确定因素情况下的高性能制导控制系统设计方面，自适应控制理论、神经网络技术、模糊控制技术、变结构控制技术以及预测控制技术等现代控制理论方法，都显示出了优越的控制性能。

MATLAB/Simulink 建模环境除能够将大量的基础模块用于飞行器非线性模型的构建与仿真外，还提供了多种先进的控制算法库，辅助设计人员开展飞行器控制系统的设计与验证。同时，由于 Simulink 具有良好的开放接口，因此设计人员可以通过网络获取世界各国科研人员最新的研究成果和辅助工具库，利用科学界最新的控制理论和方法来实现飞行器在各种复杂作战环境下的控制任务。

在本章中，首先介绍在 Simulink 环境中的一些高级使用方法，然后介绍 MATLAB 提供的航空航天模块库；最后介绍神经网络和模糊控制等先进控制方法在 MATLAB/Simulink 环境中的实现方法。

6.1 Simulink 环境中高级使用方法

在掌握 Simulink 基础知识和使用技巧的基础上，下面介绍 Simulink 的一些高级使用技巧，包括通过命令行对 Simulink 模块进行操作、回调函数的使用、S 函数的使用、模型线性化的处理方法及如何添加自定义或第三方的模型库。这些方法和技巧能够有效地提高制导控制系统的设计和研制效率。

6.1.1　Simulink 模型的 M 语言调用方法

Simulink 作为 MATLAB 中的一个重要的集成工具，不仅能够单独使用，而且可以与MATLAB 结合使用，通过 M 语言的代码编写完成模型的创建、修改、保存、参数设定和运行控制。与 Simulink 环境中图形界面的操作相比，通过 M 语言进行仿真调用能够实现自动地重复运行和在仿真过程中动态的调整参数等诸多优点。在后续介绍的飞行器的蒙特卡罗仿真中，就是利用 M 语言来完成 Simulink 模型的多次调用的。

一、利用 M 语言完成 Simulink 模型的操作

MATLAB 提供了一系列函数命令，用于完成模型的创建、打开、加载、保存和关闭等功能，所有关于模型的命令函数均以 XXX_system 的形式呈现。

1．新建模型函数 new_system

MATLAB 提供了 new_system()函数用于创建一个空系统模型。其主要调用格式如下：

```
new_system(sys);                          %  创建一个空模型
new_system(sys, 'Library');               %  创建一个空模块库
```

在该函数中，sys 表示新系统的名称，其长度不能超过 63 个字节，并且既不能与MATLAB 中的关键词重名，又不能与当前路径中已有模型名重名，并且名称中不能包含文件类型的扩展后缀名。调用 new_system()函数后，并不会打开系统模型窗口。

2．打开模型函数 open_system

MATLAB 提供了 open_system()函数用于打开一个已经存在的 Simulink 模型或模块。其主要调用格式如下：

```
open_system(obj);                         %  打开一个存在的模型/库/模块
open_system(blk,'mask');                  %  打开一个模块的对话框
open_system(blk,'force');                 %  打开一个封装的模块
open_system(blk,'OpenFcn');               %  运行模块的 OpenFcn 回调函数
```

在该函数中，obj 表示对象的路径名，当打开系统时，obj 可以是绝对路径名，也可以是相对路径名；当打开指定模块对话框时，blk 是模块路径的完整路径。

3．加载模型函数 load_system

MATLAB 提供了 load_system()函数用于加载一个已经存在的 Simulink 模型。其主要调用格式如下：

```
load_system(sys);                         %  加载一个存在的模型
```

在该函数中，sys 表示模型名称。调用该模块后，系统将模型加载到内存中，但并不在窗口中显示。

4．保存模型函数 save_system

MATLAB 提供了 save_system()函数用于打开一个已经存在的 Simulink 模型。其主要调用格式如下：

```
save_system;                                    %      保存当前的系统模型
save_system(sys);                               %      以当前系统名称保存指定模型
save_system(sys, newsysname);                   %      将指定系统模型以新名称进行保存
```

在该函数中，不带参试调用时保存当前顶层系统模型，若模型之前没有保存过，则该命令会在当前路径下创建一个新的文件来保存系统模型。若以当前系统模型名称保存指定模型，则参数 sys 必须是一个不带文件扩展后缀名的模型名称，并且在调用时，需要确保模型已经被打开或被载入，参数 newsysname 是一个新的名称。

5．关闭模型函数 close_system

MATLAB 提供了 close_system()函数用于关闭一个已经打开的 Simulink 模型。其主要调用格式如下：

```
close_system;                                   %      关闭当前模型窗口
close_system('sys');                            %      关闭指定系统、子系统或模块窗口
close_system('sys', saveflag);                  %      根据参数设置关闭系统的类型
close_system('sys', 'newname');                 %      用指定名称保存模型，并关闭模型
```

在该函数中，若不带参试调用，则关闭当前模型窗口，但若当前模型是顶层模型进行过修改后且尚未保存的，则会返回错误。参数 sys 为关闭系统的文件名或路径名。参数 saveflag 为保存标志，若其值为 1，则用当前名称保存指定顶层系统至文件，然后，关闭其窗口并从内存中移除；若值为 0，则不保存直接关闭系统。newname 为指定新文件名称。

6．查找模型函数 find_system

MATLAB 提供了 find_system()函数用于查找一个模型、模块、线和端口等。其主要调用格式如下：

```
find_system(sys, 'c1', cv1, 'c2', cv2,...'p1', v1, 'p2', v2,...); %   查
找模型/模块等
```

在进行查找模块时，需要确保模型已处于打开状态。参数 c1，c2 用来设置搜索项目，参数 cv1 和 cv2 为搜索项目的值。返回参数为 p1、p2 等为查找结果的对象句柄或路径，其值分别为 v1，v2 等。

二、利用 M 语言完成 Simulink 模块的操作

MATLAB 提供了一系列函数命令，用于完成模块的添加、替换和删除等功能。所有关于模块的命令函数均以 XXX_block 的形式呈现。

1．添加模块函数 add_block

MATLAB 提供了 add_block()函数用于向模型中添加一个模块。其主要调用格式如下：

```
add_block('src', 'dest');                       %      添加一个模块到指定路径
add_block('src', 'dest', 'param1', value1, ...); %      添加一个带参数模块到
指定路径
```

在该函数中，输入参数 src 为待复制模块的路径，通常是 Simulink 库中的相关模块；dest 为期望复制的模块路径，此时，复制后的模块与原始模块的参数值相同；输入参数 param1 为期望改变的参数名称，输入参数 value1 为期望改变的参数大小。需要注意的是，在添加该函数前，需要确保源模块所在的模块库或模型以及目标模块所在模型均处于打开状态。

2．替换模块函数 replace_block

MATLAB 提供了 replace_block()函数用于替换模型中的模块。其主要调用格式如下：

```
replace_block('sys', 'old_blk', 'new_blk');              %    替换模型中所
有的 old_blk 模块
replace_block('sys', 'parameter', 'value', ..., 'blk');    %    替换模型中所
有指定参数的模块
```

在该函数中，输入量 sys 为需要进行模块替换的模型名称，在进行操作时，必须确保模型处于已打开的状态；输入量 old_blk 为待替换模块，new_blk 为进行替换的模块，若该模块是 simulink 已有的模块，则只需给出模块名称即可；若该模块是另外一个系统的模块，则需要给出完整路径名，并确保该系统模型处于打开状态。

3．删除模块函数 delete_block

MATLAB 提供了 delete_block()函数用来删除一个模块。其主要调用格式如下：

```
delete_block('blk');                          %    删除指定路径的模块
```

在该函数中，输入参数 blk 为期望删除模块的完整路径名。

三、利用 M 语言完成 Simulink 连线的操作

MATLAB 提供了 add_line()函数和 delete_line()函数，用于完成连接线的添加和删除。其主要调用格式如下：

```
lineHandle = add_line('sys','oport','iport');          %    在指定输出和输入之间添
加连线
add_line('sys','oport','iport', 'autorouting','on'); %    在指定输出和输入之间添
加连线
delete_line('sys', 'outPort', 'inPort');             %    删除指定输出和输入之间
的连线
delete_line(lineHandle);                          %    删除指定句柄的连线
```

在该函数中，输入参数 sys 为期望操作的模型名称，注意模型必须处于打开或加载状态。输入参数 oport 和 iport 分别为输入端口和输出端口，其形式为 block/port，当端口为输入/输出时，port 可以用序号来表示，当端口为 Enable、Trigger 等功能端口时，port 可以用端口名称来表示，输入参数 autorouting 用于设置连线是否自动进行路线选择，默认为 off 状态。返回值 lineHandle 为连线的句柄。例如，指令 h=add_line('sys', 'Sine Wave/1', 'Mux/1')就是将 Sine Wave 模块的第一个输出端口添加连线至 Mux 模块的第一个输入端口，并得到连线句柄 h。

四、利用 M 语言完成 Simulink 中相关属性参数的操作

MATLAB 提供了 set_param()函数和 get_param()函数，用来完成模型系统或模块对象的参数设置或获取，提供了 add_param()函数和 delete_param()函数来添加或删除某项模型系统的参数，其主要调用格式如下：

```
set_param(Obj,ParamName,Val,...ParamNameN,ValN);      %    设置对象指定参数的大小
ParamValue = get_param(Obj,Parameter);              %    获取对象指定参数的大小
add_param('sys','param1',val1,'param2',val2,..);      %    为某个模型添加参数
delete_param('sys','parameter1','parameter2',...);    %    删除模型中的某个参数
```

通过 set_param()函数可以设置模型的解算器、回调函数等诸多属性，此时，Obj 为模型的名称；当 Obj 为模块对象的路径时，设置模型中某个模块的参数、大小、位置等属性。利用 get_param()函数可以方便地获取对象的参数值，Obj 既可以是单个对象的路径，又可以是多个对象组成的元胞数组，还可以是对象句柄。add_param()函数用于为指定系统添加指定参数，并初始化该参数。当添加的参数已经存在时，会给出错误提示。delete_param() 函数用于删除指定系统中的某项参数。

通过这一系列函数可以获取和设置一个模型中的各种属性，包括其解算器、仿真条件等内容，能够通过软件代码的形式，并且可以完成 5.2.5 节的仿真环境设置。在进行蒙特卡罗仿真、并行计算和混合编程时，能够方便快捷地完成模型属性和参数的精确修改和动态设置。

1．模型的参数

对一个模型而言，其属性参数包含很多个，甚至达到数百个，基本上覆盖了 5.2.5 节中所介绍的模型配置对话框中的各项设置参数。受篇幅限制在此不做过多展开，详细内容可以参考 MATLAB 联机帮助中的"Model Parameters"项目。在此，表 6-1 仅给出常用的属性参数。

表 6-1　Simulink 仿真模型常用的属性参数

属性名称	含义	数值
SolverType	解算器类型	string — {'Variable-step'}	'Fixed-step'
Solver	解算器	string —{'ode45'}	'ode23'	'ode113'	'ode15s'	'ode23s'	'ode23t'	'ode23tb'	FixedStepDiscrete |等等
SolverMode	解算器的运行模式	string — {'Auto'}	'SingleTasking'	'MultiTasking'
FixStep	定步长仿真的步长大小	
StartTime	仿真开始时间	string — {'0.0'}
StopTime	仿真结束时间	string — {'10.0'}
SaveState	是否保存状态到工作空间中	string — 'on'	{'off'}
StateSaveName	状态的保存变量名	string — {'xout'}
SaveTime	是否保存仿真时间到工作空间中	string — {'on'}	'off'
TimeSaveName	仿真时间的保存变量名	string— {'tout'}
SaveOutput	是否保存输出到工作空间中	string — {'on'}	'off'
OutputSaveName	输出的保存变量名	string — {'yout'}
SimulationMode	仿真运行模式	
SimulationCommand	仿真控制命令，控制模型运行、停止、暂停、继续或单步运行	string — 'start'	'stop'	'pause'	'continue'	'step'	等
SimulationTime	仿真模型当前的仿真时间	double — {0}
SimulationStatus	仿真模型当前的运行状态	string — {'stopped'}	'updating'	'initializing'	'running'	'paused'	等等

2．模块的参数

MATLAB 还提供了一系列参数用于设置一个模块的属性，其参数主要可以分为通用参数和专属参数。其中，通用参数基本覆盖了模块右键快捷菜单中所对应的内容；而专属参数基本覆盖了模块属性参数设置对话中的内容。由于不同模块的对话框中的属性参数各不相同，在此对于模块的专属参数不进行介绍，读者可以参考 MATLAB 联机帮助中的"Block Specific Parameters"项目。在此，表 6-2 仅给出模块通用参数中的常用参数，详细内容可参见 MATLAB 联机帮助中的"Common Block Properties"项目。

表 6-2　Simulink 仿真模块通用参数中的常用参数

属性名称	含义	数值
Name	模块在模型中的名称	string
BlockType	模块类型，如 Gain、Constant 只读	string
Handle	模块的句柄	real
SampleTime	对话框中模块的采样时间	string
Priority	模块优先级，表明执行的前后顺序	string {''}
ShowName	是否显示模块的名称	{'on'}	'off'
Position	模块的边框在当前的位置	一个以像素点表示的整数向量，其形式为[left top right bottom]
ForegroundColor	模块的前景颜色，即边框颜色	RGB 颜色名称或	RGB 数组 [r,g,b,a]
BackgroundColor	模块的背景颜色	RGB 颜色名称或	RGB 数组 [r,g,b,a]
FontName	字体名称	string
FontAngle	字体斜度	'normal'	'italic'	'oblique'	{'auto'}
FontSize	字体大小	real {'-1'}
FontWeight	字体粗度	'light'	'normal'	'demi'	'bold'	{'auto'}
InitFcn	模型初始化时模块执行的回调函数	MATLAB expression
StartFcn	仿真开始时模块执行的回调函数	MATLAB expression
PauseFcn	仿真暂停时模块执行的回调函数	MATLAB expression
StopFcn	仿真结束时模块执行的回调函数	MATLAB expression

五、利用 M 语言完成 Simulink 中路径的操作

MATLAB 提供了一系列函数用于获取模块的路径。其主要调用格式如下：

```
gcs;                                  %    返回当前系统的完整路径名
gcb;                                  %    当前系统中当前模块的完整路径名
gcbh    ;                             %    返回当前系统中当前模块的句柄
path    =getfullname(handle);         %    返回指定句柄所表示对象的路径名
```

需要注意的是，当前系统是指满足下面条件之一的系统：① 在编辑过程中，当前系统或子系统是最近单击过的；② 仿真系统中包含 S-Fun 的系统，当前系统或子系统包含最近执行过的 S-Fun；③ 在调用过程中，当前系统包含正在执行调回的模块；④ 计算封装初始化时，当前系统包含正在进行计算的封装模块。

另外，MATLAB 还提供了 bdroot()函数，用于返回当前模块的顶层系统名称的模型，主要调用格式如下：

```
bdroot;                               %    返回当前顶层模型的名称
bdroot(obj);                          %    返回包含指定对象的顶层模型名称
bdroot(handle);                       %    返回包含指定句柄的顶层模型名称
```

六、利用 M 语言完成 Simulink 模型的运行控制

MATLAB 提供了 sim()函数，对指定的系统模型按照给定的仿真参数和模型参数进行系统仿真。其主要调用方法如下：

```
simOut = sim('model', 'ParaName1',Val1,'ParamName2', Val2...);
simOut = sim('model', ParameterStruct);        % 按照设定参数/结构体启动仿真
simOut = sim('model', ConfigSet);              % 按照设定配置启动仿真
```

其中，模块中相关参数的名称和含义可以参考第四点中相关介绍，或者参考 MATLAB 的帮助文档。例如，sim('sys', 'SolverType', 'Fixed-step',' StopTime ', '10.0')就是将模型 sys 按照定步长进行计算的仿真时间为 10s。

【例 6-1】利用 MATLAB 中的 M 语言来创建模型。

在 MATLAB 中创建如下代码：

```
new_system('Example_6_1');              %       创建一个空模型 Example_6_1
%     下面添加相关模块
add_block('simulink/Sources/Sine Wave','Example_6_1/Sine Wave');
add_block('simulink/Sources/Constant','Example_6_1/Data','value','4');

add_block('simulink/Math Operations/Add','Example_6_1/Add');
add_block('simulink/Sinks/Scope','Example_6_1/Scope');
%     下面设置这些模块的位置
set_param('Example_6_1/Sine Wave','Position',[80 80 120 120]);
set_param('Example_6_1/Data','Position',[80 200 120 240]);
set_param('Example_6_1/Add', 'Position',[220 120 260 160]);
set_param('Example_6_1/Scope', 'Position',[350 120 390 160]);
%     下面添加连线
add_line('Example_6_1','Sine Wave/1', 'Add/1','autorouting','on');
add_line('Example_6_1','Data/1', 'Add/2','autorouting','on');
add_line('Example_6_1','Add/1', 'Scope/1');
save_system('Example_6_1');                    % 保存模型 Example_6_1
close_system('Example_6_1');                   % 关闭模型 Example_6_1
%     下面运行模型
sim('Example_6_1','SolverType','Fixed-step','StopTime','10.0'))
```

建立的模型和仿真的结果如图 6-1 所示。

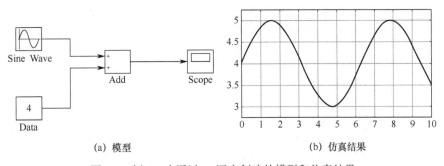

(a) 模型　　　　　　　　　　　(b) 仿真结果

图 6-1　例 6-1 中通过 M 语言创建的模型和仿真结果

6.1.2 Simulink 模型中的回调函数设置

为了使用户在数据初始化、模块拖拽和仿真结果绘图操作等过程中能够更加便利，且表现力更加丰富，Simulink 为用户提供了一系列的回调函数，使模型和模块的动作，甚至与模块端口相连接的信号动作都能够由用户自定义，用户可以建立使用便利、具有个性化的模型执行过程。编者在进行飞行器仿真验证时，通常利用模型的回调函数在仿真开始阶段，自动载入飞行器气动数据、弹体参数、控制参数、仿真初始条件等数据；在仿真结束后，通过调用编好的分析函数自动完成试验数据的计算、分析和存储。

一、回调函数的定义及跟踪设置

回调函数（Callback Functions）是因某种操作而触发对其调用的函数，如按下按钮或双击操作等。对模型来说，回调函数在 Simulink 的使用中起着举足轻重的作用，通过回调功能可执行一个 MATLAB 脚本或调用 MATLAB 函数。Simulink 中回调函数的触发可通过模块、端口或模块的参数设置来实现。通过回调函数可以实现仿真数据的自动加载、仿真参数的初始化设置、仿真结束后的自动分析、数据清理和资源释放等操作。

为了更好地查看和追踪模型中回调函数的调用过程，用户可以通过在 Preferences 对话框中选择"Callback tracing"选项，或者在命令行窗口中执行 set_param(0,'CallbackTracing','on')代码来启用回调函数跟踪功能。该功能启用后，当模型执行某个回调函数时，就会在 MATLAB 命令行窗口中给出相关提示信息。Simulink 中回调函数分为模型回调函数、模块回调函数、端口回调函数和参数回调函数。在此，主要介绍常用的模型回调函数和模块回调函数。

二、Simulink 中模型的回调函数设置

用户可以通过两种方法来设置 Simulink 模型的回调函数，即界面对话框操作和命令行操作两种方式。

1. 界面对话框操作完成模型的回调函数设置

用户在所选 Simulink 模型的菜单栏中，依次选择"File"→"Model Properties"→"Model Properties"，或者在模型中的空白处单击鼠标右键，在弹出的快捷菜单中选择"Model Properties"，即可打开模型的属性对话框。在模型的属性对话框中选择"Callbacks"设置页面（见图 6-2）就可以设置模型的相关回调函数。

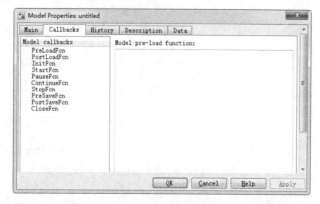

图 6-2 Simulink 模型属性设置对话框中的回调函数设置页

在"Callbacks"属性设置页的左侧 Model callbacks 区域中，显示了模型各个回调函数的名称，表征了被调用的时刻，从上到下按照时间先后进行排序。选中其中任意一个函数，设置页右侧则变为所选回调函数的内容编辑框，用户可以在编辑框中编写函数的相关内容，包含 M 语言代码或调用 MATLAB 提供和自编的函数文件。

2．命令行操作完成模型的回调函数设置

用户还可以调用 MATLAB 提供的 set_param()函数来完成模型回调函数的设置，这种方法调用比较灵活，但回调函数的代码编写就略显烦琐。其调用格式如下：

```
set_param('sys', 'callbackname', 'callbackCode');  %    设置模型的回调函数
```

在调用函数中，参数 sys 表示不含后缀名的模型名称；callbackname 为需要设置的回调函数名称，如 PreLoadFcn、InitFcn 等；参数 callbackCode 为回调函数的代码内容。需要注意的是，set_param 的参数均以字符串形式输入，所有的参数都需要通过单引号的形式进行引入，因此，当出现字符串中嵌套字符串的情况时，需要将最外层的字符串使用单引号括起来，内部的单引号全部改用双单引号。

表 6-3 简要介绍与 Simulink 模型相关的回调函数名称、功能和调用时刻。

表 6-3　与 Simulink 模型相关的回调函数名称、功能和调用时刻

回调函数名称	回调函数的功能和调用时刻
PreLoadFcn	在模型加载前调用，由于此时模型还没有加载完成，此时调用命令 get_param 不能返回模型中模块的参数值
PostLoadFcn	在模型加载后调用，由于模型已经加载完成，此时调用 get_param 可以获取模型中模块的参数值
IniFcn	在模型仿真时开始时调用
StartFcn	在仿真开始前调用
PauseFcn	在仿真暂停后调用
ContinueFcn	在仿真继续时调用（从暂停状态再度启动时）
StopFcn	在仿真结束后调用，若需要在 StopFcn 中编写代码，则对已被写入 Workspace 的变量或文件中的数据进行操作，或者进行绘图等动作
PreSaveFcn	在模型被保存前调用
PostSaveFcn	在模型被保存后调用
CloseFcn	在模型被关闭前调用，模型中任何模块的 ModelCloseFcn 和 DeleteFcn 回调函数都先于模型的 CloseFcn 调用。模型任何模块的 DestroyFcn 都在 CloseFcn 之后调用

需要注意的是，由于模块的回调函数操作的数据是 MATLAB 的 Workspace 中的相关数据，因此，当多个模型同时运行时，不同模型的函数调用可能会引起数据调用的冲突。例如，某个模型的回调函数中清空的工作空间，就可能会影响到同时运行的其他模型。

三、Simulink 模型的模块回调函数设置

设置 Simulink 模型的某个模块回调函数的方法同样分为两种方式：界面对话框操作和命令行操作。

1．界面对话框操作完成模型中某个模块的回调函数设置

在模型中选择期望进行设置的模块，单击鼠标右键，在弹出的快捷菜单中选择"Properties…"，即可打开模块的属性对话框。在模块的属性对话框中选择"Callbacks"设

置页面（见图 6-3），就可以设置模块的相关回调函数。

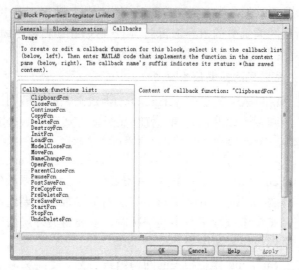

图 6-3　Simulink 模型中模块属性设置对话框中的回调函数设置页

在"Callbacks"属性设置页的左侧的"Callback function list："区域中，显示了该模块中各个回调函数的名称，其名称基本表征了从上到下按照时间的先后顺序进行排序。

2．命令行操作完成模型中某个模块的回调函数设置

MATLAB 提供的 set_param()函数来完成模型中某个模块的回调函数设置，其调用格式如下：

```
set_param(gcbh, 'callbackname', 'callbackCode');    %    设置模型的回调函数
```

在函数的输入参数中，gcbh 表示模块的完整路径，其他变量的含义和设置与模块的回调函数一致。

表 6-4 简要介绍 Simulink 模型中模块回调函数的名称功能和调用时刻。

表 6-4　Simulink 模型中模块回调函数的名称、功能和调用时刻

回调函数名称	回调函数的功能和调用时刻
ClipboardFcn	当模块被复制或剪切到系统剪切板时调用
CloseFcn	使用 close_system 命令关闭模块时调用。当手动关闭模型或手动关闭含有此模块的子系统或用 close_system 关闭含有此模块的子系统及模型时，CloseFcn 都不会被调用
ContinueFcn	在仿真继续前调用
CopyFcn	在模块被复制时调用。该回调函数对于子系统模块是递归的（也就是说，若复制一个子系统模块，而此子系统模块包含定义 CopyFcn 参数的模块，则此回调函数也会被调用） 用 add_block 命令复制模块时，回调函数也会被执行
DeleteChildFcn	当子系统中一个模块或信号线被删除后调用。若这个模块含有 DeleteFcn 或 DestroyFcn，则这些函数将在 DeleteChildFcn 之前调用。只有子系统模块含有 DeleteChildFcn 回调函数
DeleteFcn	在一个模块图标被删除后调用。例如，当删除模块图标后，模块调用 delete_block，或者关闭含有此模块的模型时调用此函数。当 DeleteFcn 被调用时，模块句柄仍然有效并可通过 get_param 获取参数信息。回调函数 DeleteFcn 对于子系统是递归的。若模块通过调用 delete_block 或关闭模型来删除所有模块图标，则在删除动作完成后模块在内存中销毁，此时模块的 DeleteFcn 被调用

（续表）

回调函数名称	回调函数的功能和调用时刻
DestroyFcn	当模块已经在内存中销毁时，如当模块或含有模块的子系统调用 delete_block 或者关闭含有模块的模型时会调用 DestroyFcn。若此前没有删除所有模块图标，则模块的 DeleteFcn 会在 DestroyFcn 之前被调用。调用 DestroyFcn 后，模块句柄就不再有效
InitFcn	在模块参数初始化时调用
ErrorFcn	当子系统出现错误时调用。只有子系统才含有 ErrorFcn 回调函数。回调函数应该符合以下形式：errorMsg=errorHandler(subsys,errorType)。其中，errorHandler 代表回调函数的名称；subsys 是发生错误的子系统的句柄；errorType 是 Simulink 字符串，表明错误的类型；errorMsg 是一个字符串，用来将详细错误信息展示给用户。以下命令设定了子系统 subsys 的参数 ErrorFcn 来调用 errorHandler 回调函数：Set_param(subsys,'ErrorFcn', ' errorHandler')。在调用 set_param 时不能含有回调函数的输入数据。Simulink 展示回调函数返回的错误信息 errorMsg
LoadFcn	在模块框图加载后调用。回调函数对子系统递归
ModelCloseFcn	在模型关闭之前调用。当模型关闭时，模块的 ModelCloseFcn 在 DeleteFcn 之前调用。此回调函数对子系统递归
MoveFcn	当模块被移动或改变大小时调用
NameChangeFcn	在模块的名称或/和路径改变后调用。当子系统模块的路径改变时，在调用完自己的 NameChangeFcn 后会递归的对其包含的所有模块调用此函数
OpenFcn	当模块被打开时调用。该参数通常在子系统模块中使用。双击模块或模块作为一个参数调用 opensystem 命令时，此函数被执行。OpenFcn 中可以定义与模块相关的动作，如显示模块的对话框或者打开子系统
ParentCloseFcn	在关闭一个含有模块的子系统前调用，或使用 new_sysytem 命令或模块编辑 Edit 菜单中的 Create Subsystem 项使模块成为新的子系统的一部分时才可调用。当关闭模型时，处于根模型级别的模块不调用 ParentCloseFcn
PostsaveFcn	在仿真暂停后调用
PreSaveFcn	在模型被保存后调用。该回调函数对子系统递归
PreCopyFcn	在模块被复制前调用。该回调函数对子系统模块是递归的（也就是说，若复制一个子系统模块，而此子系统模块包含定义 PreCopyFcn 参数的模块，则模块的 PreCopyFcn 回调函数此时也会被调用）。模块的 CopyFcn 在 PreCopyFcn 之后调用。若使用 add_block 命令来复制模块，则 PreCopyFcn 也会被调用
PreDeleteFcn	在模块删除图标前调用。例如，当用户删除模块或在模块上调用 delete_block 时调用此函数。当含有模块的模型被关闭时，PreSaveFcn 不会被调用。模块的 DeleteFcn 在 PreSaveFcn 之后调用
PreSaveFcn	模型被保存前调用。该回调函数对子系统递归
StartFcn	在模块编译开始前和仿真开始前调用。在 S-Function 模块中，StartFcn 在模块的 mdlProcessParameters 函数第一步执行前就立即执行
StopFcn	仿真终止时调用。在 S-Function 模块中，StopFcn 在模块的 mdlterminate 函数执行后执行
UndoDeleteFcn	当模块的删除动作被取消时调用

需要注意的是，若一个 Simulink 模块已经通过 MATLAB 函数或脚本内部加载，并执行编译或仿真，则不要在模型内回调函数或模块回调函数中调用 run 命令，有可能会出现错误的结果。

6.1.3 Simulink 中 S 函数的使用方法

S 函数是 Simulink 中支持模块仿真的系统函数，是用来描述一个模块特性及功能的函数，支持 M 语言和 C 语言等多种形式。当 Simulink 库提供的模块不足以满足用户需求时，用户可以通过 S 函数设计一个功能模块，实现自定义算法或期待的操作。S 函数作为 Simulink 的重要模块，为用户提供了无限扩展功能。当用户希望对算法进行加密，或者希望利用之前已有的程序算法时，就可以利用 S 函数达到这个目的。在本小节中，简要介绍 S 函数的概念和执行顺序，并给出如何利用 C 语言完成 S-Fun 的编写方法。

一、S 函数的组成和执行顺序

S 函数（S-Function）又称为系统函数（System Function），是一个具有特殊调用格式的函数文件。该函数文件既可以用 M 函数文件编制，又可以由 C、C++、FORTRAN 等源文件经编译而生产的 Mex 文件构成。S 函数一旦被正确地嵌入位于 Simulink 模型库中的 S-Function 模块（参见 5.3.12 节）中，可以像其他标准模块一样，与 Simulink 引擎进行交互，实现设定的任务功能。

尽管 S 函数的编译形式和类型多种多样，但其函数模块组成和执行顺序均大致相同。

1．S 函数的组成

一个 Simulink 模块包括一组输入（个数可以为 0）、一组输出（个数可以为 0）和模型内部的状态量（个数可以为 0），以及一个仿真时间量。

其中，时间量 t 是 Simulink 中当前时刻的仿真时间；输入量 u 作为整个模块的输入信号；状态量 x 为模块内部的计算量，根据其系统性质可以分为连续系统中的微分量和离散系统中的差分量，通过前后不同时刻的输入值计算得到；输出量 y 表示模块当前时刻的输出信号，可以与输入量或状态量相关，也可以无关。模块输入量和输出量之间的数学关系可以用式（6-1）进行表示：

$$\begin{cases} y = f_o\left(t,x,u\right) & , \text{模块输出（Outputs）} \\ \dot{x} = f_d\left(t,x,u\right) & , \text{连续导数（Derivatives）} \\ x_{d_{k+1}} = f_u\left(t,x_c,x_{d_k},u\right), & \text{离散更新（Update）} \end{cases} \quad (6\text{-}1)$$

2．S 函数的执行顺序

S 函数的执行主要可以分为两大阶段：模块的初始化阶段和仿真循环计算阶段。

初始化阶段：主要工作是完成模块的实例化，即明确输入/输出端口的个数、名称、端口信号维度、端口信号数据类型、模块的采样时间等属性参数，确定模块在模型中的执行顺序。S 函数的执行顺序如图 6-4 所示。

仿真循环计算阶段：在完成模块初始化后，即进入了循环计算模块。若是变步长仿真，则需要在每个采样时刻计算出下一个采样时刻；若是定步长仿真，则无须计算下一个采样时刻，直接计算模块输出 Outputs。然后，更新（Update）子方法的执行，完成离散状态量的更新。再接下来计算积分（Integration）环节，主要处理连续状态的计算和更新及非采样过零检测的执行。对于存在连续状态的 S 函数，Simulink 将会以小步长执行输出方法（Outputs）与微分计算方法（Derivative）。

二、C-Mex S 函数的特点和创建步骤

S 函数支持的编程语言中除 M 语言外，最常用的就是 C 语言，使用 C 语言编写的 S 函数被称为 C-Mex S 函数，相比解释性运行的 M 语言的 S 函数，由于 C-Mex S 函数是在运行前将 c 文件编译成 mex32 或 mex64 类型的执行文件，在仿真过程中不需要反复调用

MATLAB 解释器,运算速度和效率上具有明显优势,并且支持模型进行代码编译,生成实时代码。因此,利用 C 语言完成 S 函数的代码编写,具有更广泛的应用。

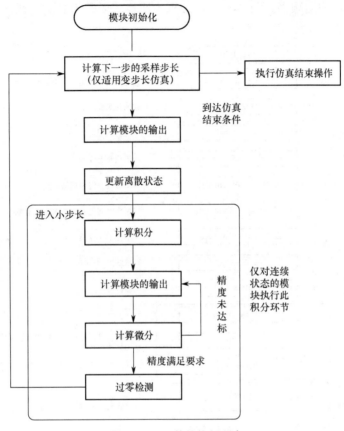

图 6-4　S 函数的执行顺序

C-Mex S 函数生成过程主要分为三个阶段:代码编写阶段、文件编译阶段和函数载入阶段。

(1)代码编写阶段:按照格式完成 C 语言文件的代码编写。在实际使用中,建议读者从 MATLAB 中找到 S 函数的 C 语言文件的实例程序(如 sfuntmpl_basic.c),将其复制到期望的文件夹内,在其基础上进行修改和重命名,进行任务代码的编写,这样能够大量节省编程时间,并减小代码编写出错概率。

(2)文件编译阶段:在 MATLAB 命令行窗口中,通过调用 mex 函数命令对代码进行编译链接,生成 mex32/mex64 等类型的执行文件。

(3)函数载入阶段:在 Simulink 模型搭建窗口中,引入 Simulink/User-Defined Functions/S-Function 模块,在模块中,输入 S 函数的函数名和函数参数,当设置无误后,即可完成 S 函数的调用。

三、C-Mex S 函数的代码编写

用户可以打开 MATLAB 提供的 C-Mex S 函数的模板文件 sfuntmpl_basic.c,从中可以清楚地看出其文件是由众多回调函数所组成的,用户只需根据任务需求,在响应的函数内

添加代码或进行修改，即可完成代码编写的工作。在 C-Mex S 函数中，流程控制更为精细和灵活，能够实现更加丰富的功能。图 6-5 就给出了在 C-Mex S 函数文件中，各个回调函数的名称、功能和调用顺序。图 6-5 中，边框为实线的函数为必需函数，边框为虚线的函数为可选用函数。

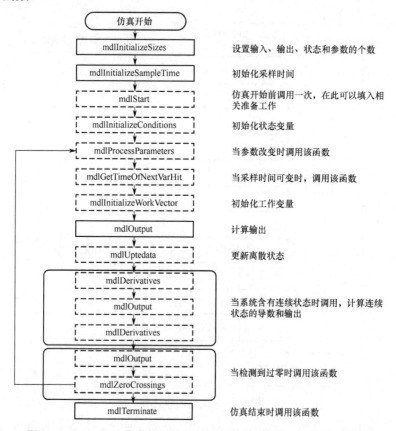

图 6-5　C-Mex S 函数文件中的各个回调函数的名称、功能调用顺序

下面介绍 C-Mex S 函数文件的主要组成内容。

1．文件表头说明

根据 C-Mex S 函数的文件编写规则，在每个 C-Mex S 函数文件的头部都必须包含如下宏定义和头文件引用声明。

```
#define S_FUNCTION_NAME sfunction_name
#define SFUNCTION_LEVEL 2
#include 'simstruct.h'
```

其中，第一行宏定义中的 sfunction_name 为 S 函数的名称，即 S-function 模块中输入的 S 函数名称，它必须与文件名相同；第二行宏定义用于说明函数的等级；第三行中用于完成 S 函数核心数据结构 simstruct 类型的声明。

用户可以在这三行代码后完成相关的代码添加。例如，根据需求引用其他头文件，如 C 标准运算库 math.h，固定点数据类型声明 fixedpoint.h，以及其他的所需的头文件声明。推荐用户在此完成相关参数、输入个数和输出个数等参数的宏定义，这样便于对文件的修改和管理，提高文件代码的可读性和可维护性。

2．初始化函数

在完成文件声明后，进入了相关函数的编写区域。首先需要进行修改的函数就是初始化函数 mdlInitializeSizes()，该函数是 S 函数中最重要的模块之一，具有一个输入变量（simstruct 数据结构体指针 S）。

在该函数内，通过调用相关 API 函数完成模块参数个数、输入/输出端口个数、输入/输出端口维数及输入端口是否直接馈入等参数属性的设置，同时，也可以根据任务需求添加自定义代码，完成相关模块的初始化功能（例如，在编写硬件板卡驱动的 S 函数文件时，将板卡的初始化和板卡打开等操作在这里完成）。

在该函数中，常用的设置 API 函数如表 6-5 所示，其中函数中的参数 S 表示仿真数据结构体的指针。

表 6-5　C-Mex S 函数文件中 mdlInitializeSizes()常用的设置 API 函数

宏函数调用格式	参数含义	功能描述
ssSetNumSFcnParams(S,numP)	numP 为参数个数	设置模块期望的参数个数
ssGetNumSFcnParams(S)		获取模块的参数个数
ssGetSFcnParamsCount(S)		获取模块实际的参数个数
ssSetNumInputPorts(S,numI)	numI 为模块的输入个数	设置模块的输入个数
ssSetInputPortWidth(S,indexI,SizeI)	indexI 为指定的端口号，从 0 开始；SizeI 为信号维数，DYNAMICALLY_SIZED 表示维数为动态	设置某个输入端口的信号维数
ssSetInputPortDataType(S,indexI,DataType)	indexI 为指定的端口号，从 0 开始；DataType 为数据类型，包括 SS_DOUBLE（默认）、SS_SINGLE、SS_INT8、SS_UINT8、SS_INT16、SS_UINT16、SS_INT32、SS_UINT32、SS_BOLLEAN	设置某个输入端口的数据类型
ssSetInputPortDirectFeedThrough(S,indexI,flag)	indexI 为指定的端口号，从 0 开始；flag 为设置标志，1 表示允许直接馈入，0 表示不允许	设置某个输入端口是否允许直接馈入
ssSetNumOutPorts(S,numO)	numO 表示模块的输出个数	设置 S 函数模块的输出个数
ssSetOutputPortWidth(S,indexO,SizeO)	indexO 为指定的端口号，从 0 开始；SizeO 为信号维数，DYNAMICALLY_SIZED 表示维数可变	设置某个输出端口的信号维数
ssSetOutputPortDataType(S,indexI,DataType)	indexO 为指定的端口号，从 0 开始；DataType 为数据类型，包括 SS_DOUBLE（默认）、SS_SINGLE、SS_INT8、SS_UINT8、SS_INT16、SS_UINT16、SS_INT32、SS_UINT32、SS_BOLLEAN	设置某个输出端口的数据类型
ssSetNumContStates(S, numC);	numC 为模块中连续状态个数	设置模块的连续状态的个数
ssSetNumDiscStates(S, numD);	numD 为模块中离散状态个数	设置模块的离散状态的个数
ssSetNumSampleTimes(S,numST)	numST 为模块的采样时间个数	设置模块的采样时间个数
ssSetNumRWork(S,numRW)	numRW 为实数工作向量维数	设置模块实数型工作向量维数
ssSetNumIWork(S,numIW)	numIW 为整数工作向量维数	设置模块整数型工作向量维数
ssSetNumPWork(S,numPW)	numPW 为复数工作向量维数	设置模块复数型工作向量维数
ssSetNumModes(S,numM)	numM 为模块的模式向量大小	设置模块的模式向量大小
ssSetNumNonsampledZCs(S,numNS)	numNS 为过零检测的个数	设置模块过零检测的变量个数

（续表）

宏函数调用格式	参数含义	功能描述
ssSetSimStateCompliance(S,setting)	setting 为操作类型，主要包括 SIM_STATE_COMPLIANCE_UNKNOWN、USE_DEFAULT_SIM_STATE、HAS_NO_SIM_STATE、DISALLOW_SIM_STATE、USE_CUSTOM_SIM_STATE	设置模块执行保存或重启时仿真状态的操作
ssSetOptions(S,opt)	opt 为模块属性	设置 S 函数的选项属性，包括允许各个端口采样时间为 inf，设置不抛出异常等操作，默认可以为 0.

3．开始函数

开始函数 mdlStart()在模型每次运行时均被调用一次，用户可以根据任务需求将一些数据初值设置等操作放置在该函数中。

4．输出函数和更新函数

在每个采样时刻中，输出函数 mdlOutputs()和更新函数 mdlUpdate()函数均被调用，用户可以将模块的功能任务放在这两个函数中，完成输入信号的读取、数据的运算、输出信号的赋值等。两者的区别是 mdlUpdate()函数在每个仿真步长内均只运行一次，而 mdlOutputs()函数可能根据解算方法会被调用多次。用户在进行代码编写时，根据任务需求完成相关设置。这两个函数中，常用的输入/输出操作 API 函数如表 6-6 所示，其中函数中的参数 S 表示仿真数据结构体的指针。

表 6-6　C-Mex S 函数文件中 mdlOutputs()/mdlUpdate()常用的输入/输出操作 API 函数

宏函数调用格式	参数含义	功能描述
ssGetInputPortSignal(S,indexI)	indexI 表示指定的输入端口	获取指向输入的指针
ssGetInputPortRealSignalPtrs(S,indexI)	indexI 表示指定的输入端口	获取指向输入 double 的指针
ssGetInputPortWidth(S,indexI)	indexI 表示指定的输入端口	获取指定输入端口的维度
ssGetInputPortOffsetTime(S,indexI)	indexI 表示指定的输入端口	获取指定输入端口的采样时间偏移量
ssGetInputPortSampleTime(S,indexI)	indexI 表示指定的输入端口	获取指定输入端口的采样时间
ssGetOutputPortSignal(S,indexO)	indexO 表示指定的输出端口	获取指向输出的指针
ssGetOutputPortWidth(S,indexO)	indexO 表示指定的输出端口	获取指定输出端口的维度
ssGetOutputPortOffsetTime(S,indexI)	indexO 表示指定的输出端口	获取指定输出端口的采样时间偏移量
ssGetOutputPortSampleTime(S,indexI)	indexO 表示指定的输出端口	获取指定输出端口的采样时间
ssGetSFcnParam(S,indexP)	indexP 表示指定的参数	获取指定参数的数据指针
ssGetSFcnParamsCount(S)		获取模块的参数个数

5．文件结尾说明

在函数文件的结尾，必须添加如下代码，用户通常情况下不需要对其进行修改。

```
#ifdef MATLAB_MEX_FILE
#include "Simulink.c"
#else
#include "cg_sfun.h"
#endif
```

在该函数中，MATLAB_MEX_FILE 这个预处理宏会在编译 c 文件时定义，表示当前 S

函数是否正在被编译为 mex 文件；simulink.c 中包含了 mex 文件需要的接口机制，以将此 S 函数的 c 文件编译为 mex 文件；当该 S 函数用于代码生成时，cg_sfun.c 必须被包含，用来产生独立可执行文件或实时可执行文件。

四、C-Mex S 函数的文件编译与载入

在完成代码编写后，需要将函数文件进行编译，把程序编译成机器语言文件（mexw32/mexw64 文件）；然后在 MATLAB 的模块中输入函数名及参数，即可完成 S 函数的使用。

1．MATLAB 环境中 C 语言编译器的设置

由于 C 语言是一种编译性语言，因此与直接解释性语言（M 语言）不同，需要通过编译器将其编译为可执行文件才能被 Simulink 执行。为了将 c 文件编译为 mex 文件，需要在计算机中安装编译器，并在 MATLAB 中完成编译器的设置。在 MATLAB 的 32 位版本中，程序自带 Lcc 编译器，无须安装其他编译器也可以完成编译工作；而在 64 位版本中，由于没有自带编译器，因此需要用户自行安装相关编译器，如 Microsoft Visual C++ 2012 等开发环境。

用户在 MATLAB 命令行窗口中录入 "mex–setup" 代码后，MATLAB 会弹出提示，询问用户是否进行编译器设置；用户输入 "y" 后，MATLAB 会将操作系统中的可以使用的编译器进行列举，供用户进行选择；用户输入期望的编译器序号后，MATLAB 会询问用户是否确认，此时再输入 "y"，完成编译器的选择设置。

2．S 函数文件的编译

当编译器设置完成后，可以在 MATLAB 命令行窗口中通过 mex 指令完成函数文件的编译，生成可执行代码 mexw32/mexw64 文件，分别对应 32 位操作系统和 64 位操作系统。mex 指令的主要调用形式如下：

```
mex filename                              %    完成函数文件的编译
```

其中，参数 filename 为 S 函数的名称。

3．S 函数的载入

Simulink 中的 S-Function 模块为用户提供了 Simulink 环境中调用 S 函数的功能，使得用户可以采用 M 语言或 C 语言描述一个模块特征和系统功能，实现自定义算法和动作，为满足用户的特殊需求。

用户将 Simulink/User-Defined Functions/S-Function 模块复制到模型中，并确保 S 函数的编译文件在当前的工作窗口中或在 MATLAB 的搜索路径中；然后，在 S-Function 模块中录入 S 函数的函数名和参数列表，MATLAB 检测名称和参数是否正确，当出现错误时会给出错误提示对话框；当确认无误后，模块的输入/输出个数和模块界面会发生改变，用户就以完成 S 函数的载入和调用。

五、C-Mex S 函数的自动生成工具 S-Function Builder

在创建 C-Mex S 函数时，除采用手动编写 C 文件的方法外，用户还可以通过借助 MATLAB 提供的 S-Function Builder 开发工具来实现 C-Mex S 函数自动生成。使用该工具

时，用户无须了解并掌握手动代码编写时所需的众多宏函数，通过在界面填入所需的信息和任务代码即可自动生成 C-Mex S 函数的源文件。

用户双击 Simulink\User-Defined Functions 模块库中的 S-Function Builder 模块，即可启动 S 函数自动生成工具，其对话框如图 6-6 所示。

图 6-6　S-Function Builder 设置对话框

从图 6-6 中可以看出，整个 S 函数自动生成工具主要包括以下四个区域。

（1）名称设置区域及创建按钮：该区域用于设置 S 函数的名称，当名称为空的情况下，创建按钮"Build"为禁止状态；当用户输入函数名称后，用户单击"Build"按钮即可生成 S 函数的源文件。

（2）参数设置区域：该区域用于显示和设置函数参数。当用户在函数功能设置区域中"Data Properties"设置页中增加函数参数后，该区域就会显示，用户即可完成参数的默认值设置。

（3）端口及参数列表：该区域用于指示当前函数中包含的输入、输出和参数信息。

（4）函数功能设置区域：该区域由一系列属性设置页构成，用户在该区域内完成函数的属性设置和任务代码的编写，主要包括 Initialization（初始化）、Data Properties（数据属性）、Libraries（库文件设置）、Outputs（输出）、Continuous Derivatices（连续导数）、Discrete Update（离散状态更新）和 Build Info（编译信息）等。

1．Initialization（初始化）设置页

该设置页主要用于设置仿真初始化的相关信息，包括离散状态的个数（Number of Discrete States）、离散状态的初值（Discrete States IC）、连续状态的个数（Number of Continuous States）和连续状态的初值（Continuous States IC）。另外，还可以通过 Sample mode 下拉框来设置采样模式，采样模式共包括三种：Inherited（继承输入端口的采样时间）、Continuous（连续采样时间，在每个采样步长内更新输出值）和 Discrete（离散采样时间）。在离散采样时，需要通过 Sample time value 设置采样时间。

2．Data Properties（数据属性）设置页

该设置页如图 6-7 所示，该设置页主要用于设置函数模块的相关数据信息，包括输入数据、输出数据、参数及其数据类型属性等。

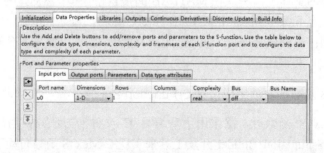

图 6-7　S-Function Builder 设置对话框中的 Data Properties 设置页

通过切换设置页实现不同数据内容的设置；通过单击左侧的四个按钮，分别实现数据的增加、删除、上移和下移的功能；在 Input ports、Output ports 和 Parameters 界面内，完成输入数据、输出数据和参数的属性设置，包括名称、维数、数据行列、数据实虚特性和总线类型等属性。在 Data Type Attribute 设置页面，完成输入/输出端口的数据类型的设定，包括内建类型和固定点类型。当选择固定点类型时，还可以对数据字长和小数位等属性进行设置。

3．Libraries（库文件设置）设置页

在 Libraries 设置页中主要设置函数所需要的库文件、头文件、外部源文件、用户自定义代码相关文件以及外部函数声明等。

该设置页中共包含三个区域，在 Library/Object/Source files 输入框中，输入 S 函数模块所需的外部库文件、目标文件和源文件的完整路径，当这些文件存放在当前目录时，只写入文件名即可；另外，用户还可以通过关键字 LIB_PATH、INC_PATH、SRC_PATH 添加搜索路径，其使用格式为在关键字之后经过一个空格给出一个文件名，同时，多个文件分行书写，并注意不要使用引号将文件引用起来。用户在 Includes 输入框中，完成 S 函数所需的头文件、函数声明、变量和宏定义等的输入。在 External function declarations 输入框中，完成外部函数的声明。

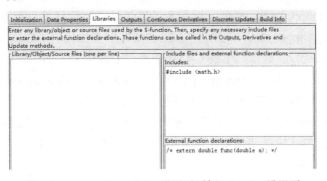

图 6-8　S-Function Builder 设置对话框 Libraries 设置页

4．任务功能设置页

任务功能设置页主要包括 Outputs、Continuous Derivatices 和 Discrete Update 三个设置页，分别对应 S 函数中的 mdlOutput、mdlDerivatices 和 mdlUpdate 三个函数。用户在设置页中输入相关功能代码即可添加这些函数，添加完成后，MATLAB 自动生成一个 sfunname_Outputs_wrapper/sfunname_Derivatives_wrapper/sfunname_Update_wrapper 函数文件，并在对应的 S 函数区域中调用这些函数。

需要说明的是，用户在任务功能设置区域中输入代码时，并不需要通过调用宏函数来获取输入/输出端口、参数、连续状态和离散状态的变量值，而是直接调用即可。其中，输入/输出端口名称和参数名称必须与 Data Properties 属性设置页中的设置相同；连续状态变量按照维数索引号，并用 xC[0]、xC[1]等描述，其数据类型为 double；离散状态变量使用 xD[0]、xD[1]调用；输入信号和输出信号的宽度用变量 u_width 和 y_width 表示。

5．Build Info（编译信息）设置页

如图 6-9 所示，该设置页主要用来设置相关选项，以及设置编译过程中的相关显示信息。

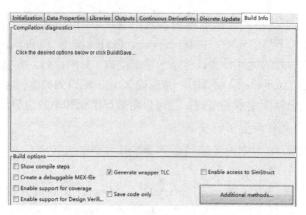

图 6-9　S-Function Builder 设置对话框 Build Info 设置页

各个属性框的功能如下。

（1）Show compile steps：用于设置是否在 Compilation diagnostics 区域显示每步的编译步骤信息。

（2）Create a debuggable MEX-File ：设置生成的 Mex 文件是否包含调试信息。

（3）Enable support for coverage：设置 S 函数是否兼容模型覆盖范围。

（4）Generate wrapper TLC：是否生成 TLC 文件以支持代码生成或加速仿真模式。

（5）Save code only：是否只生成 C-Mex S 函数的源代码，而不生成 Mex 文件。

（6）Enable access to SimStruct：是否允许 Ouputs、Continuous Derivatices 和 Discrete Update 中的任务代码可以使用 SimStruct 类提供的宏函数和变量。

（7）Additional methods：设置是否添加开始（Starts）和结束（Terminate）函数。

关于自动生成工具的详细使用，用户可以参考 MATLAB 帮助文件中的"S-Function Builder Dialog Box"项。

6.1.4　Simulink 模型的线性化处理及分析工具

Simulink 是动态系统仿真领域中最为著名的仿真集成环境之一，能够适用于线性系统和非线性系统的仿真验证。MATLAB 提供了多个函数，用于确定系统模型中不同模块的状态、平衡点及线性化处理；同时，MATLAB 还为 Simulink 提供了线性分析工具，能够完成 Simulink 的线性分析。

一、Simulink 模型的系统平衡点的求取

在大多数的系统设计中，设计人员需要对所设计的系统进行稳定性分析，往往希望系统在运行过程中按照某种方式收敛到指定的平衡点，即系统中所有状态变量的导数均为 0 的情况下，系统处于稳定的工作状态。

在使用 Simulink 进行动态系统设计与仿真验证时，可以通过调用 trim()函数对系统的稳定性与平衡点进行分析。其主要调用格式如下：

```
[x,u,y,dx] = trim('sys')                    %   求取系统平衡点
[x,u,y,dx] = trim('sys',x0,u0,y0)           %   求取指定输入初始条件下的系统平衡点
[x,u,y,dx] = trim('sys',x0,u0,y0,ix,iu,iy)  %   求取满足一定条件的系统平衡点
```

```
[x,u,y,dx] = trim('sys',x0,u0,y0,ix,iu,iy,dx0,idx) %    找到指定非平衡点
[x,u,y,dx,options] = trim('sys',x0,u0,y0,ix,iu,iy,dx0,idx,options)    %求取优
化下平衡点
```

该函数从初始点开始搜索，利用序列二次规划算法找到系统最近的平衡点，若找不到系统平衡点，则返回一个导数最接近零的点。在输入变量中，sys 为模型文件名；x0 为初始状态，u0 为初始输入，y0 为初始输出；ix、iu、iy 为指定的状态、输入和输出条件；dx0 为指定的非平衡点的导数值，idx 为该非平衡点所需要满足的条件，options 为优化参数。输出结果中，x、u、y、dx 分别为平衡点的状态、输入、输出和导数。

需要注意的是，使用 trim()函数找到的系统平衡点是局部最优平衡点，并非全局最优平衡点。在实际情况中，很多系统的平衡点数目并不唯一，因此若要求找到全局最优平衡点，则可使用多个初始状态尝试搜索。

二、Simulink 非线性模型的线性化处理

与非线性系统相比，由于线性系统的设计与分析基于系统的方法和理论，因此，基于线性系统可以比较方便地开展控制系统的设计与评估工作。但在实际情况中很少有纯粹的线性系统，绝大多数系统中都含有不同程度的非线性成分。而对于非线性系统的设计与分析，主要依赖于设计人员的设计经验。在这种情况下，经常需要对非线性系统进行某种线性近似处理，从而简化系统的分析与设计。MATLAB 提供了 linmod()函数、linmod2()函数和 dlinmod()函数来完成 Simulink 非线性模型的线性化处理。其主要调用格式如下：

```
argout = linmod('sys', x, u, para);      %  采用偏导数法对模型进行线性化处理
argout = linmod('sys', x, u, para);      %  对状态、输入实施摄动进行线性化
argout = dlinmod('sys',Ts, x, u, para); % 对离散、连续混合系统进行线性化
```

这些函数都是对 Simulink 模型中各个模块进行逐个线性化的，然后得到系统的线性描述形式。输入变量中，sys 为模型名称；x、u 为指定工作点的状态向量和输入，可以由 trim()函数求取平衡状态，在默认情况下，默认为零向量；para 为一个三元向量，para(1)用于指定扰动值，默认值为 10^{-5}，para(2)用于指定时间点，默认值为 0；para(3)用于设置线性化时的一个操作方式，当设置为 1 时，模型执行线性化操作时，会自动删除与那些系统输入/输出特性无关的模块状态，其默认值为 0。在 dlinmod()函数中，输入参数 Ts 用于设置近似线性模型中的采样周期，若要得到离散系统的近似连续模型，则可以将参数 Ts 设置为 0。三个函数的输出结果 argout 均可以采用三种描述形式：以[A,B,C,D]表示的状态空间描述形式；以[num,den]表示的传递函数描述形式；以及包含系统状态名称、输入和输出等属性的结构体描述。

通过这三个函数指令的调用能够求取非线性系统的线性化模型，也可以求取复杂线性系统的状态空间模型。其中，函数 linmod()和函数 linmod2()适用于求解一般连续系统的线性化结果，两者功能相似，但算法不同，函数 linmod()能够处理延迟环节的近似，而后者不能；函数 dlinmod()主要用于完成非线性、多速率混合系统（包含离散系统和连续系统）的线性化处理。

需要注意的是，大多数非线性系统的线性化处理只能在某个范围内有效。

6.2 MATLAB 中航空航天工具箱和模块库的使用

航空航天系统是 MATLAB 的一个重要应用领域，为了便于设计人员开展飞行器、航天器等系统的设计与分析，MATLAB 提供了一个工具箱 Aerospace Toolbox 和一个模块库 Aerospace Blockset 供设计人员使用，该工具箱和模块库集成了各种函数和模块，使得设计人员便于开展与航空航天相关的坐标转换、大气环境、动力学建模等工作。

6.2.1 MATLAB 中航空航天工具箱简介

航空航天工具箱（Aerospace Toolbox）提供了多个函数来完成空气动力学数据导入、环境参数计算及量纲转换等任务，为飞行器设计人员对制导控制系统的分析和设计提供帮助。

一、MATLAB 航空航天工具箱的任务功能

航空航天工具箱提供了一系列函数用于参考标准、环境模型和空气动力系数导入，能够执行先进的航空航天的设计与评估分析，并提供了可视化接口，能够与 FlightGear 飞行模拟器和 Simulink 3D Animation 软件相连接，在三维环境中可视化飞行数据。

1．环境模型

航空航天工具箱为大气、重力、大地水准面高度和磁场等环境参数的计算提供了多个标准的环境模型，便于用户在 M 语言环境下，完成飞行器环境参数的计算。

大气模型能够计算环境飞行条件，并规范飞行数据，包括 1976 年扩大标准大气委员会（COESA）、国际标准大气（ISA）模型、美国军事规格（MIL-HDBK-310 和 MIL-STD-210C）的非标准日模型、美国海军研究实验室质谱仪和不相干散射雷达超声模型（NRLMSISE）及 1986 年空间研究委员会（COSPAR）国际参考大气（CIRA）等，能够满足不同计算任务对于大气参数的计算需求。

重力、大地水准面高度和磁场模型功能可以用于分析数据并开发导航和大地测量应用的算法。重力模型基于 1984 年世界大地测量系统（WGS84）引力模型；大地水准面高度函数使用 1996 年地球位势模型（EGM96）来计算指定纬度和经度的大地水准面高度；磁场模型结合了世界磁性模型（WMM）的 2000 年和 2005 年版本，它们都使用国家图像和绘图机构（NIMA）标准来计算地球的全部强度、水平强度、偏角、倾角和向量磁场指定位置和时间。

2．单位转换和坐标系变换

航空航天工具箱提供了多个单位转换和坐标系变换函数。其中，单位转换工具用于相关物理参数在公制单位和英制单位之间的转换，如加速度，密度和温度等。坐标系变换函数创建方向余弦矩阵，完成不同欧拉角和四元数向量之间的转换任务。

3．参数计算及转换

航空航天工具箱实现多种飞行状态参数和时间参数之间的计算与转换。飞行参数函数

完成相对压力、密度温度比、等效空速、校准空速、马赫数、动压对于给定的地心纬度及行星半径等参数的计算；时间计算函数提供了 Julian 日期，十进制年份和闰年等参数的计算功能；四元素数学运算函数提供了共轭、除法、反相和模数等多种四元素处理方法。

4．Datcom 空气动力学系数的导入功能

航空航天工具箱提供了将气动计算软件 Datcom 计算输出的空气动力学数据导入 MATLAB 的功能。该函数能够获取文件中的气动系数，并将其作为结构单元阵列传输到 MATLAB 中，每个结构都包含有关 Digital Datcom 输出文件的相关信息。

5．可视化飞行数据

航空航天工具箱提供了三种可视化飞行数据的方式。FlightGear 可以在复杂 3D 仿真框架中实现飞行器的动态可视化，通过播放飞行数据和复现飞行弹道，直观地评估飞行器的行为异常。Simulink 3D 动画通过飞行数据来驱动虚拟现实场景中的飞行器位置和态度。MATLAB 动画对象可以在 MATLAB 环境中以动画的形式显示飞行器的六自由度运动。

二、MATLAB 航空航天工具箱的相关函数

航空航天工具箱提供了多个函数，在此给出航空航天工具箱的相关函数描述。关于函数的详细调用方法，请参考 MATLAB 帮助文档。

1．数据导入

Missile Datcom 软件的全称是 Missile Data Compendium，是由美国空军飞行力学实验室开发的一款气动力工程计算软件。由于其充分利用了美国空军几十年来的风洞试验数据，因此该软件具有较强的适应性和较高的精度，在飞行器方案设计和初步分析过程中应用非常广泛，基本成为美国飞行器总体设计部分必备的程序。该软件提供了一套在飞行器初期设计阶段进行气动力初步估算的工具，使得用户能够方便地完成方案评估分析。航空航天工具箱提供了气动系数文件 Datcom 的读取函数 datcomimport()，能够方便地加载其计算结果文件，其主要调用格式如下：

```
aero = datcomimport(file);                          %   读取 Datcom 输出文件
aero = datcomimport(file, usenan, verbose, filetype); %   根据参数读取 Datcom 输
出文件
```

在该函数中，file 为一个用字符串表示的 Datcom 输出的气动数据文件名；usenan 用于设置是否允许采用 NaN 或零代替不可用的数据点，默认状态为 true；verbose 用于设置读取文件时的状态显示，0 表示不显示，1 表示显示到命令行窗口，2 为显示一个等待栏，默认状态为 2；filetype 用于设置 Datcom 的版本类型。

2．坐标系系统

坐标系是航空航天系统的重要组成部分。航空航天工具箱提供了多个函数，完成不同坐标系之间的相互转换和各种参数的求取，包括坐标系转换、飞行参数及四元数运算两个子函数库。

坐标系转换子函数库主要包括方向余弦矩阵和四元数转换、欧拉角和四元数、地心惯性（ECI）坐标和方位角或大地测量纬度、经度、高度坐标之间的转换，大地测量纬度、经度和高度等参数的转换。如表 6-7 所示。

飞行参数及四元素运算子函数库主要用于完成动压、攻角、空速等参数的计算，以及

四元素的求逆和转换等运算功能，相关函数简介如表 6-8 所示。

表 6-7　航空航天工具箱中坐标系转换的函数简介

函数名	主要调用格式	函数功能
angle2dcm	dcm = angle2dcm(rotatAng1, rotatAng2, rotatAng3);	计算给定旋转角度的方向余弦矩阵
angle2quat	quaternion = angle2quat(rotatAng1,rotatAng2,rotatAng3);	将旋转角度转换为四元数
dcm2alphabeta	[a b] = dcm2alphabeta(n)	根据方向余弦矩阵求取攻角和侧滑角
dcm2angle	[r1 r2 r3] = dcm2angle(n); [r1 r2 r3] = dcm2angle(n, s);	根据方向余弦矩阵求取旋转角度
dcm2latlon	[lat lon] = dcm2latlon(n);	将方向余弦矩阵转换为大地纬度经度
dcm2quat	q = dcm2quat(n);	将方向余弦矩阵转换为四元数
dcmbody2wind	n = dcmbody2wind(a, b);	将攻角和侧滑角转换为方向余弦矩阵
dcmecef2ned	n = dcmecef2ned(lat, lon);	将大地纬度经度转换为方向余弦矩阵

dcmeci2ecef	dcm=dcmeci2ecef(reduction,utc);
	dcm=dcmeci2ecef(reduction,utc,deltaAT);
	dcm=dcmeci2ecef(reduction,utc,deltaAT,deltaUT1);
		将以地球为中心的惯性坐标系（ECI）转换为以地球为中心的地球固定坐标系（ECEF）

ecef2lla	lla = ecef2lla(p); lla = ecef2lla(p, f, Re);	将以地球为中心的地球固定（ECEF）坐标转换为大地坐标
eci2aer	aer = eci2aer(position,utc,lla0); aer = eci2aer(position,utc,lla0,reduction);	将基于地心的惯性（ECI）坐标转换为方位角、高程和倾斜范围（AER）坐标
eci2lla	lla = eci2lla(position,utc); lla = eci2lla(position,utc,reduction,deltaAT);	将以地球为中心的惯性（ECI）坐标转换为纬度、经度和高度的大地坐标
flat2lla	lla = flat2lla(flatearth_pos, llo, psio, href); lla = flat2lla(flatearth_pos, llo, psio, href, ellipsoidModel);	从平坦的地球位置转换为大地测量纬度、经度和高度坐标数组
geoc2geod	geodeticLatitude = geoc2geod(geocentricLatitude, radii);	将地心纬度转换为大地测量纬度
geod2geoc	gc = geod2geoc(gd, h);	将大地纬度转换为地心纬度
lla2ecef	p = lla2ecef(lla); p = lla2ecef(lla, f, Re);	将大地坐标转换为以地球为中心的地球固定（ECEF）坐标
lla2eci	flatearth_pos = lla2flat(lla, llo, psio, href); flatearth_pos = lla2flat(lla, llo, psio, href, ellipsoidModel);	将大地纬度、经度和高度坐标转换为以地球为中心的惯性（ECI）坐标
lla2flat	flatearth_pos = lla2flat(lla, llo, psio, href); flatearth_pos = lla2flat(lla, llo, psio, href, ellipsoidModel);	从大地测量纬度、经度和高度转换为平坦的地面位置
quat2angle	[r1 r2 r3] = quat2angle(q); [r1 r2 r3] = quat2angle(q, s);	将四元数转换为旋转角度
quat2dcm	n = quat2dcm(q);	将四元数转换为方向余弦矩阵

表 6-8　航空航天工具箱中飞行参数及四元素运算的函数简介

函数名	主要调用格式	函数功能
airspeed	airspeed = airspeed(velocities)	根据速度求取空速
alphabeta	[incidence sideslip] = alphabeta(velocities)	根据速度来求取攻角和侧滑角
correctairspeed	outputAirspeed=correctairspeed(inputAirspeed,speedOfSound, pressure0, inputAirspeedType, outputAirspeedType)	根据音速、静压、指定输入类型（等效、校正、真空）的空速到指定输出类型（等效、校正和真空）的空速
dpressure	q = dpressure(v, r)	使用速度和密度计算动压
geocradius	r = geocradius(lambda); r = geocradius(lambda, model);	估计指定地心纬度λ的半径。
machnumber	mach = machnumber(v, a)	使用速度和声速计算马赫数
rrdelta	d = rrdelta(p0, mach, g)	计算相对压力比

（续表）

函数名	主要调用格式	函数功能
Rrsigma	s = rrsigma(rho, mach, g)	计算相对密度比
rrtheta	th = rrtheta(t0, mach, g)	计算相对温度比
quatconj	n = quatconj(q)	计算四元数的共轭
quatdivide	n = quatdivide(q,r)	将四元数除以另一个四元数
quatinv	n = quatinv(q)	计算四元数的逆
quatmod	n = quatmod(q)	计算四元数的模数
quatmultiply	n = quatmultiply(q,r)	计算两个四元数的乘积
quatnorm	n = quatnorm(q)	计算四元数的范数
quatnormalize	n = quatnormalize(q)	归一化四元数
quatrotate	n = quatrotate(q,r)	用四元数旋转矢量

3．单位转换

航空航天工具箱提供了一系列函数，用于在公制和英制单位之间的物理属性单位转换和时间转换等，相关函数的简介如表 6-9 所示。

表 6-9　航空航天工具箱中单位转换的函数简介

函数名	主要调用格式	函数功能
convacc	convVal = convacc(valToConv,inAccUnits,outAccUnits);	完成加速度在不同单位下的转换
convang	convVal = convang(valToConv,inAngUnits,outAngUnits);	完成角度在不同单位下的转换
convangacc	convVal=convangacc(valToConv,inAAccUnits,outAAccUnits);	完成角加速度在不同单位下的转换
convangvel	convVal=convangvel(valToConv,inAVelUnits,outAVelUnits);	完成角速度在不同单位下的转换
convdensity	convVal=convdensity(valToConv, inDenUnits, outDenUnits);	完成密度在不同单位下的转换
convforce	convVal=convforce(valToConv,inForceUnits, outForceUnits);	完成力在不同单位下的转换
convlength	convVal=convlength(valToConv,inLengUnits, outLengUnits);	完成长度在不同单位下的转换
convmass	convVal=convmass(valToConv,inMassUnits,outMassUnits);	完成质量在不同单位下的转换
convpres	convVal=convpres(valToConv,inPresUnits,outPresUnits);	完成压力在不同单位下的转换
convtemp	convVal=convtemp(valToConv,inTempUnits,outTempUnits);	完成温度在不同单位下的转换
convvel	convVal=convvel(valToConv, inVelUnits,outVelUnits);	完成速度在不同单位下的转换
decyear	dy = decyear(v); dy = decyear(s,f);	将日期向量转换为十进制年
juliandate	jd = juliandate(v); jd = juliandate(s,f);	将日期向量转换为朱利安日期
leapyear	ly = leapyear(year);	确定闰年，返回值为 1 表示闰年
mjuliandate	mjd = mjuliandate(v); mjd = mjuliandate(s,f);	修改朱利安日期
tdbjuliandate	jdtdb = tdbjuliandate(terrestial_time);	从重心动态时间估计转换为朱利安日期

4．环境

航空航天工具箱提供了一系列函数，根据不同标准计算标准大气、重力和磁场分布，并使用星历数据计算天体的位置和速度。相关函数的简介如表 6-10 所示。

表 6-10　航空航天工具箱中环境的函数简介

函数名	主要调用格式	函数功能
atmoscira	[T altitude zonalWind] = atmoscira(latitude, ctype, coord, mtype, month, action)	使用 COSPAR 国际参考大气 1986 模型
atmoscoesa	[T, a, P, Rho] = atmoscoesa(height, action)	使用 1976 年 COESA 模型

（续表）

函数名	主要调用格式	函数功能
atmoshwm07	wind = atmoshwm07(latitude,longitude,altitude)	根据美国海军研究实验室水平窗 07 版模型求取水平风
atmosisa	[T, a, P, rho] = atmosisa(height)	使用国际标准大气模型
atmoslapse	[T, a, P, rho] = atmoslapse(height, g, heatRatio, characteristic GasConstant, lapseRate, heightTroposphere, heightTropopause, density0, pressure0, temperature0);	根据相关输入参数计算环境温度、压力、密度和输入位势高度的声速
atmosnonstd	[T, a, P, rho] = atmosnonstd(height, atmosphericType, extremeParameter, frequency, extremeAltitude, action, specification);	根据 MIL-STD-210 或 MIL-HDBK-310 模型求取大气参数
atmosnrlmsise00	[T rho] = atmosnrlmsise00(altitude, latitude, longitude, year, dayOfYear, UTseconds)	采用 2001 美国海军研究实验室质谱仪和不相干散射雷达超声波模型求取温度和密度
atmospalt	pressureAltitude = atmospalt(pressure, action)	根据环境压力计算压力高度
earthNutation	angles= earthNutation(ephemerisTime)	计算地球章动
moonLibration	angles= moonLibration(ephemerisTime)	由星历时间计算月球旋转角
planetEphemeris	position=planetEphemeris(ephemerisT,center,target)	由儒略日期星历时间计算目标相对于指定中心的位置
geoidegm96	N = geoidegm96(lat, long)	根据 EGM96 位势模型计算大地水准面高度
geoidheight	N = geoidheight(latitude, longitude, modelname)	计算大地水准面高度
gravitycentrifugal	[gx gy gz] = gravitycentrifugal(planet_coordinates);	计算行星重力离心效应
gravitysphericalharmonic	[gx gy gz] = gravitysphericalharmonic(planet_coord);	计算行星重力的球面谐波
gravitywgs84	g = gravitywgs84(h, lat)	根据 1984 年世界大地测量系统（WGS84）计算地球重力
gravityzonal	[graXcoord,graYcoord,graZcoord]=gravityzonal(planCoord);	计算行星重力的区域谐波
igrfmagm	[magFieldVector, horIntensity, declination,inclination, totalIntensity, magFieldSecVariation, secVariationHorizontal, secVariationDeclination, secVariationInclination, secVariation Total] = igrfmagm(height,latitude,longitude,decimalYear, generation	使用国际地磁参考场计算地球磁场和长期变化
wrldmagm	[xyz, h, dec, dip, f] = wrldmagm(height, lat, lon, dyear)	使用世界磁性模型

5. 空气动力学

航空航天工具箱提供了一系列函数，用于求取气体流动关系，相关函数简介如表 6-11 所示。

表 6-11 航空航天工具箱中空气动力学的函数简介

函数名	主要调用格式	函数功能
flowfanno	[mach, T, P, rho, velocity, P0, fanno] = flowfanno(gamma, fanno_flow, mtype);	Fanno 线流量关系
flowisentropic	[ma,T,P,rho,area]=flowisentropic(gamma,flow,mtype);	等熵流比
flownormalshock	[ma, T, P, rho, downstr_ma, P0, P1] = flownormalshock (gamma, normal_shock_relations, mtype);	正常的冲击关系
flowprandtlmeyer	[mach,nu,mu]=flowprandtlmeyer(gamma, prandtlmeyer_array, mtype);	计算膨胀波 Prandtl-Meyer 函数
flowrayleigh	[mach, T, P, rho, velocity, T0, P0] = flowrayleigh(gamma, rayleigh_flow, mtype);	瑞利线流量关系

6.2.2　MATLAB 中航空航天模块库简介

航空航天模块库（Areaspace Blockset）是建立在 Simulink 基础上的一个用于航空、航天器及其推进运载系统的建模、集成和仿真的模型库。它提供了大量的在 Simulink 环境中使用的航空航天模块，涵盖了用于对飞机、火箭、飞船、推进系统及无人驾驶飞行器建模与仿真等相关领域。航空航天模块库将航空航天领域的通用求解功能模块在 Simulink 环境进行了集成，使用户能够方便地完成航空航天飞行器的系统建模，在此基础上能够进行完整的系统开发和测试工作，完成航空航天系统的概念设计和优化改进。

一、航空航天模块库任务功能

航空航天模块库提供了大量的在 Simulink 环境中使用的航空航天模块，涵盖了航空航天飞行器设计中的主要应用模型。航空航天模型库具备如下一些主要任务功能。

1．模拟航空航天飞行器的部件

航空航天模块库为用户提供了多种传感器、控制器和执行机构的典型器件模型，便于用户在一个仿真模型中构建整个机体描述。使得设计人员在分析、理解各种环境条件和参数约束下的系统行为时，考核导航、制导和控制器件在全系统规范下对于飞行器性能的影响。

2．飞行动力建模和可视化

使用航空航天模块库可以快速构建飞行系统并进行动态仿真，以便掌握飞行器在不同条件下的运动行为。该模块库集成了三自由度和六自由度的动力学/运动学方程，能够进行固定质量和变质量的动力学计算；能够进行包括攻角、侧滑角、空速、马赫数、气压、相对速度及等效空速等参数的计算任务；包含了用于计算飞行动力学模型的空气动力和力矩的模块，并支持 DATCOM 气动数据导入功能；提供了 FlightGear 飞行模拟器界面，能够根据仿真结果对飞行弹道和姿态变化进行三维显示。

3．模型变换

航空航天模块库提供了量纲转换模块和变换坐标模块。主要包括典型飞行状态参数（如加速、密度和温度等）在公制和英制之间的量纲转换模块；提供了欧拉角和四元数的转换矩阵及不同坐标系之间的变换余弦矩阵；还提供了各种计算叉乘模块，能够满足坐标系矩阵运算和四元素运算的计算需求。

4．飞行环境

飞行环境集成了标准大气、重力、大地水准面高度及磁场和风等参数计算模块，便于用户在 Simulink 环境下，根据飞行器当前的位置、高度等信息，快速计算飞行器所在区域的密度、重力、风速、音速及磁场等环境参数。

二、航空航天模块库的模块简介

航空航天模块库包含了在 Simulink 环境下进行飞行器动力学建模及仿真计算时所需的诸多模块，熟练地掌握并使用这些模块能够大幅提高飞行器建模效率。下面就对主要模块进行简要介绍（见表 6-12），关于模块的具体使用方法和参数设置，用户可以参考 MATLAB 帮助文档。

表 6-12 航空航天模块库的子目录

目录名称及视图	功能	目录名称及视图	功能
Actuators	执行机构模块 包含二阶线性/非线性执行机构	Aerodynamics	空气动力模块 包含气动力和力矩、数字 DATCOM 力和力矩
Animation	动画模块。包含动画支持应用、飞行仿真界面和基于 MATLAB 动画	Environment	飞行环境模块 包含大气、重力和风场
Equations of Motion	运动方程模块 包括三自由度、六自由度和质点运动方程	Flight Parameters	飞行参数模块 包含飞行器飞行过程中的各种状态参数
GNC	GNC 模块 包括控制、制导和导航三个子目录	Mass Properties	质量特性模块 估计质心、惯量和转动力矩，以及对称的惯量
Propulsion	推进器模块 仅含涡轮风扇发动机系统	Utilities	工具模块 包含坐标系转换、数学操作和单位转换等工具

1．执行机构（Actuator）模块库

执行机构模块库通过输入驱动位置指令和设置对话框内系统定义参数，从而输出实际的执行机构位置信号，该模块库共包含两个模块，分别为二阶线性执行机构（Linear Second-Order Actuator）模块和二阶非线性执行机构（Nonlinear Second-Order Actuator）模块。其中，二阶线性执行机构模块通过设置固有频率、阻尼比、初始位置和初始速度等参数，建立一个二阶线性舵机模型；二阶非线性执行机构模块利用饱和度、速率限制和二阶积分器等参数，构建以逼真度较高的非线性舵机模型，进而建立一个驱动器模型。如图6-10(a)所示。

2．空气动力学（Aerodynamics）模块库

该模块库用于计算空气动力学参数，包含气动力和力矩（Aerodynamic Forces and Moments）模块和数字 DAT-COM 力和力矩（Digital DATCOM Forces and Moments）模块。气动力和力矩模块的主要任务是利用气动系数、动压、重心和压心来计算质心的气动力和力矩，默认情况下，输入和输出都表示在弹体坐标系。数字 DAT-COM 力和力矩模块利用从数字 DATCOM 空气动力系数计算关于重心的气动力和气动力矩。如图 6-10(b)所示。

3．质量属性（Mass properties）模块库

该模块库用于计算飞行器的重心和惯量参数，主要包含四个模块，分别为重心位置计算（Estimate Center of Gravity）模块、惯性张量计算（Estimate Inertia Tensor）模块、重心力矩计算（Moments About CG Due to Forces）模块和根据惯性矩和惯性的惯性张量计算模块（Symmetric Inertia Tensor）。如图 6-10(c)所示。

4．推进（Propulsion）模块库

推进模块库中目前仅包含一个模块，即涡轮风扇发动机系统模块。涡轮风扇发动机系

统模块用来计算涡轮风扇发动机的推力和燃料流量等发动机状态参数，该模块通过查表可得推力、推力比油耗（TSFC）和发动机的时间常数。如图 6-10(d)所示。

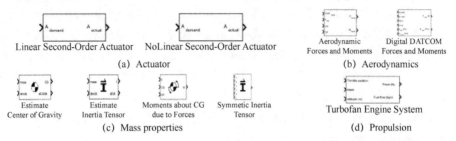

(a) Actuator　　　　　　　　　　　　　　　　(b) Aerodynamics

(c) Mass properties　　　　　　　　　　　　(d) Propulsion

图 6-10　Simulink/Aerospace Blockset 环境下执行机构、空气动力、质量属性和推进的相关模块

5．飞行环境（Environment）模块库

如图 6-11 所示，飞行环境模块库中提供了一系列模块，可以根据当前飞行器的相关参数，计算其所在位置的大气、风场和重力等环境参数，还提供了多个模块用于根据星历数据计算天体的位置和速度。该模块库主要包括一系列大气模块计算模块、风场模型计算模块、重力模型和天体现象模型。

（1）大气模型子库（Atmosphere）根据输入的高度，按照所选的大气模型，计算得出指定高度的绝对温度、压力、密度和声速等参数，目前共包含八个模块，基本涵盖了常用标准的大气模型。主要包括：ISA 大气模型（ISA Atmosphere Model）、COESA 大气模型（COESA Atmosphere Model）、CIRA-86 大气模型（CIRA-86 Atmosphere Model）、流失率模型（Lapse Rate Model）、MIL-STD-210C 气候数据模型（Non-Standard Day 210C）、MIL-HDBK-310 气候数据模型（Non-Standard Day 310）、美国海军研究实验室质谱仪和不相干散射雷达超声波的数学模型（NRLMSISE-00 Atmosphere Model）和根据环境压力计算压力高度模块（Pressure Altitude）。

（2）天体现象模型子库（Celestial Phenomena）用于计算天体的位置和速度，主要用于航天器中天体运动的参数计算。目前包括三个模块，分别是天文物体的位置和速度计算模块（Planetary Ephemeris）、地球章动计算模块（Earth Nutation）和月球图计算模块（Moon Libration）。

（3）重力模型子库（Gravity）提供了七种地球重力计算模型，根据输入的高度等参数，计算指定位置的重力大小、磁场大小等参数，主要包括：基于 1984 年世界大地测量系统（WGS84）模型的地球重力计算模块（WGS84 Gravity Model）、基于位势模型参数的大地水准面高度计算模块（Geoid Height）、基于行星重力势位的球谐行星重力模型的地球重力计算模块（Spherical Harmonic Gravity Model）、行星重力的纬向谐波计算模块（Zonal Harmonic Gravity Model）、行星重力离心效应计算模块（Centrifugal Effect Model）、基于第十二代国际地磁参考场模型的地球磁场和长期变化计算模块（International Geomagnetic Reference Field 12）及基于 World Magnetic Model 2015（WMM2015）模型的特定位置和时间的地球磁场计算模块（World Magnetic Model 2015）。

（4）风场模型子库（Wind）提供了多个风场模型，满足计算大气湍流、离散阵风、水平风场等任务需求。离散阵风生成模块（Discrete Wind Gust Model）生成一个"1-cosine"形状的阵风。该模块基于美军标 MIL-F-8785C 模型，可单独应用到每个轴，或者三个轴同时应用，能够指定阵风幅度、阵风持续时间和阵风开始时间。

由于大气总是处于湍流运动状态其基本特征就是风速在空间和时间分布的不规则性，因此影响飞行器的飞行性能。在飞行力学上，主要根据实测数据确定紊流运动的谱函数，常用的大气湍流模型有 Dryden 模型和 Von Karman 模型。基于 Dryden 速度谱的连续风湍流模块（Dryden Wind Turbulence Model，Continuous）是基于美军标 MIL-F-8785C 搭建的，根据设定参数产生 Dryden 速度谱湍流风场模型，作用在飞行器动力学和运动学模块上，考察飞行器在湍流环境下的工作性能。类似的模块还有基于 Dryden 速度谱离散风湍流模块（Dryden Wind Turbulence Model，Discrete）和基于 Von Karman 速度谱的连续风湍流模块（Von Karman Wind Turbulence Model，Continuous）。

根据相关地理知识可知，风是依靠风速大小和风向来描述的，风向被定义为风来临的方向，从地球 x 轴方向（北）顺时针旋转为正。在进行风速影响分析时，通常需要将风速大小投影到飞行器的弹体坐标系中，并与弹体速度进行叠加，得到飞行器的对空速度，从而得到风速引起的攻角和侧滑角的大小。因此，在求得风速大小和方向后，需要根据余弦转换矩阵，将风速投影到体轴上进行分析计算，体轴风速转换模块（Horizontal Wind Model）具有将风速投影到弹体坐标系的功能。对于一些大型飞行器，特别是大型运载火箭而言，剪切风对飞行器的运动参数重要影响，因此 MATLAB 基于美军标 MIL-F-8785C 构建了剪切风计算模块（Wind Shear Model），便于设计人员分析剪切风对飞行性能的影响。

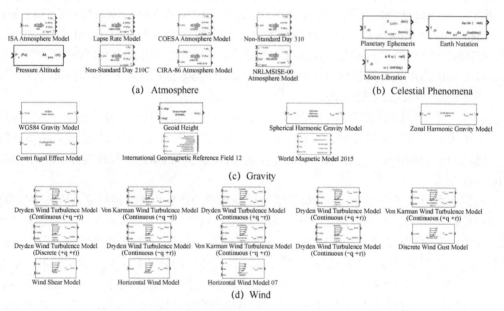

图 6-11　Simulink/Aerospace Blockset 中飞行环境模块库中的相关模块

6. 运动方程（Equations of Motion）模块库

如图 6-12 所示，运动方程模块库中提供了一系列模块，用来完成固定和可变质量的不同精细程度的动力学运动学方程的求解，满足不同仿真任务的需求。主要包括多个坐标系下的三自由度模型、六自由度模型和质点模型。

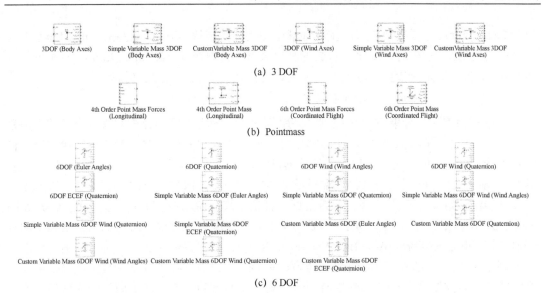

(a) 3 DOF

(b) Pointmass

(c) 6 DOF

图 6-12 Simulink/Aerospace Blockset 中运动方程模块库中的相关模块

（1）三自由度模型子库用于搭建实现固定质量或变质量的飞行器在体轴坐标系或风速坐标系下的三自由度运动方程，包括 3DOF（Body Axes）、3DOF（Wind Axes）、Custom Variable Mass 3DOF（Body Axes）、Custom Variable Mass 3DOF（Wind Axes）、Simple Variable Mass 3DOF（Body Axes）和 Simple Variable Mass 3DOF（Wind Axes）。

（2）六自由度模型子库用于搭建基于欧拉角或四元数法描述的不同坐标系下的飞行器六自由度运动方程，包括 6DOF（Euler Angles）、6DOF（Quaternion）、6DOF ECEF（Quaternion）、6DOF Wind（Quaternion）、6DOF Wind（Wind Angles）等多个模块。

（3）质点运动模型子库用于解算描述运动的点质量方程，包括根据受力求解四阶纵向质点运动状态的计算模块（4th Order Point Mass，Longitudinal）、根据四阶纵向质点运动状态求解受力大小的计算模块（4th Order Point Mass Forces，Longitudinal）、根据受力求解六阶质点运动状态的计算模块（6th Order Point Mass，Coordinated Flight）和根据六阶质点运动状态求解受力大小的计算模块（6th Order Point Mass Forces，Coordinated Flight）。

7．飞行参数（Flight Parameters）模块库

如图 6-13 所示，飞行参数模块库用于计算飞行器飞行过程中的状态参数，主要包括动压计算模块（Dynamic Pressure）、不同空速转换模块（Ideal Airspeed Correction）、根据纵向平面体轴速度分量求取攻角和总速度的计算模块（Incidence & Airspeed）、根据速度在体轴投影求取攻角侧滑角和总速度的计算模块（Incidence, Sideslip & Airspeed）、马赫数计算模

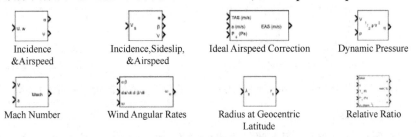

图 6-13 Simulink/Aerospace Blockset 中飞行参数模块库中的相关模块

块（Mach Number）、根据地心纬度求取地球半径的计算模块（Radius at Geocentric Latitude）、相对温度比/压力比/相对密度比等参数的相对大气比计算模块（Relative Ratio）及根据机体角速度/攻角/侧滑角等参数求取风角速率的计算模块（Wind Angular Rates）。

8．导航制导与控制（GNC）模块库

如图 6-14 所示，导航制导与控制模块库包含了一些飞行器制导控制系统设计的常用模块。其中，控制（Control）模块库能够完成一维、二维和三维增益调度的预定状态空间控制器设计、线性插值、观察器和自我调节器设计及一维、二维和三维矩阵插值等任务功能，具体包括基于一个调度参数实现一阶增益调度的状态空间控制器（1D Controller [A(v),B(v),C(v),D(v)]）、基于输出向量的线性插值实现一阶状态空间控制器（1D Controller Blend u=(1-L).K1.y+L.K2.y）、在观测表中基于一个调度参数实现一阶可调增益状态空间控制器（1D Observer Form [A(v),B(v),C(v),F(v),H(v)]）、自调节形式实现一阶可调增益状态空间控制器（1D Self-Conditioned [A(v),B(v),C(v),D(v)]）、基于两个调度参数实现二阶增益调度的状态空间控制器（2D Controller [A(v),B(v),C(v),D(v)]）、基于输出向量的线性插值实现二阶状态空间控制器（2D Controller Blend）、在观测表中基于 2 个调度参数实现二阶可调增益状态空间控制器（2D Observer Form [A(v),B(v),C(v),F(v),H(v)]）、自调节形式实现二阶可调增益状态空间控制器（2D Self-Conditioned [A(v),B(v),C(v),D(v)]）、基于三个调度参数实现一个三阶增益调度的状态空间控制器（3D Controller [A(v),B(v),C(v),D(v)]）、在观测表中基于三个调度参数实现三阶可调增益状态空间控制器（3D Observer Form [A(v),B(v),C(v),F(v),H(v)]）、自调节形式实现三阶可调增益状态空间控制器（3D Self-Conditioned [A(v),B(v),C(v),D(v)]）、利用增益整定系数实现一阶超前滞后环节的超前-滞后增益整定模块（Ain Scheduled Lead-Lag）、一维矩阵插值模块（Nterpolate Matrix(x)）、二维矩阵插值模块（Interpolate Matrix(x,y)）、三维矩阵插值模块（Interpolate Matrix(x,y,z)）和以自我调节的形式实现状态空间控制器（Self-Conditioned [A,B,C,D]）。制导（Guidance）模块库目前仅包含一个相对位置计算模块（Calculate Range），该模块根据输入的两个飞行器位置求取其相对距离。导航（Navigation）模块库用于实现加速度、角速率和惯性三轴测量，主要包括三轴加速度计模块（Three-Axis Accelerometer）、三轴陀螺模块（Three-Axis Gyroscope）和三轴惯性测量 IMU 模块（Three-Axis Inertial Measurement Unit）。

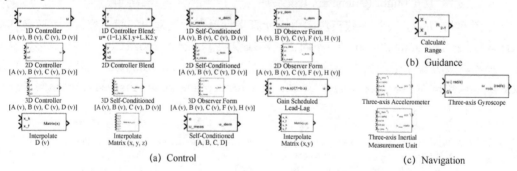

图 6-14　Simulink/Aerospace Blockset 中导航制导与控制模块库中的相关模块

9．通用（Utilities）模块库

如图 6-15 所示，通用模块库主要包含坐标变换（Axes Transformations）、数学运算（Math

Operations）和单位转换（Unit Conversions）三个子模块库，用于完成相关的通用计算任务。其中，坐标转换子模块库完成坐标系轴在不同类型之间的相互转换；数学运算子模块库用于完成一些数学操作和矩阵运算等任务；单位转换子模块库用于完成不同物理属性在不同量纲单位之间的相互转换。由于涉及过多模块，在此不做过多展开。

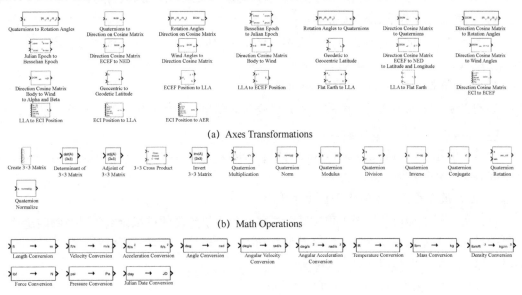

(a) Axes Transformations

(b) Math Operations

(c) Unit Conversions

图 6-15　Simulink/Aerospace Blockset 中的通用模块库中的相关模块

6.2.3　MATLAB 中航空航天工具箱和模块库中的相关例程

为了便于用户更好地掌握航空航天工具箱的相关函数和模块，MATLAB/Simulink 提供了多个例程用于介绍工具箱和模块库的相关任务功能。下面对例程的功能和模块进行简要介绍。

一、航空航天工具箱的例程简介

用户单击 MATLAB 的帮助文件，在产品列表中找到 Aerospace Toolbox 产品，单击右侧的 Examples，能够看到 MATLAB 提供了多个例程，便于用户更好地掌握和使用 Aerospace Toolbox 的相关函数和任务功能。

下面对相关例程的功能和模块进行简要介绍。

1. DATCOM 气动文件数据读取 astimportddatcom.m

该例程用于演示如何通过 datcomimport()等函数读取 DATCOM 气动文件到 MATLAB 中。为了便于程序调用，MATLAB 同时提供了该例程所需的 DATCOM 输入/输出文件 astdatcom.out 和 astdatcom.in。

2. 基于弹道数据创建飞行动画 astfganim.m

该例程演示如何使用 FlightGear 动画对象为轨迹创建飞行动画。在例程中，首先通过 dlmread() 函数读取弹道文件并将其时间序列化；然后通过相关参数实例化

FlightGearAnimation 变量；最后通过 GenerateRunScript 函数运行动画。

3．估算飞行器受到的合力 astgforce.m

该例程展示了如何通过一系列航空航天矩阵函数，并基于气动数据以及攻角、侧滑角、高度、角速度及空速等飞行变量，估算出飞行器在飞行过程中受到的合力。

4．计算最佳滑翔量 astglide.m

该例程以滑翔机"赛斯纳 172"为例，展示了如何利用航空航天的变量转换函数，求出飞行器最小阻力、最佳升阻比的相关变量曲线。

5．叠加模拟和实际飞行数据 astmlanim.m

该例程演示了如何通过动画的形式完成同时显示模拟数据和实际飞行数据的功能。

6．对比不同重力模型 astgravcomp.m

该例程演示了如何通过 gravityzonal()和 gravitywgs84()等函数，对比不同经度和纬度下的谐波和 WGS84 模型的引力差异。

7．通过虚拟现实动画制作可视化飞机起飞

该例程展示了如何使用虚拟现实动画对象进行飞机起飞的可视化制作以及跟随追逐直升机的过程。首先创建动画对象，接着设置动画对象属性，这里还可以对一些更具体的对象进行设置，最后可以播放设定的动画。

8．计算超音速风洞所需的压缩机功率 astsswt.m

此例程展示了如何完成超音速风洞中所需的压缩机功率的计算。

9．通过绝缘管道摩擦力分析流动 astfrictionflow.m

该例程展示了如何在绝缘的恒定区域内实现稳定的粘性流动分析。

10．确定冲压发动机燃烧室内的传热和质量流量 astheattransfer.m

该例程展示了如何使用航空航天工具箱中的相关函数来确定冲压发动机燃烧室中的传热和质量流量。通过该例可以看出向燃料−空气混合物中添加燃料会减小质量流量进而使推力反而减少，这意味着在燃烧室内有一定燃料的情况下，添加燃料反而会使效率降低。

11．解决超音速喷嘴的出口流动问题 astexpand.m

该例程展示了如何使用特征方法和 Prandtl-Meyer 流理论解决涉及超音速流膨胀的问题和超音速喷嘴出口流场下洗问题。

12．2015 年可视化世界磁力模型 astWMMContours.m

该例程展示了如何利用 2015 年可视化世界磁力模型（WMM-2015）可视化地球磁场计算值的等值图。

13．1996 年地球地理位置模型计算可视化的大地水准面高度 astvrViewGeoidHeight.m

该例程使用 1996 年的地球地理位置模型计算地球的大地水准面高度，并展示了如何使用等高线来使结果可视。

14．使用恒星位置进行海上导航 astCelestialNavigationExample.m

该例程使用行星星历表和以地心为中心的地球变化来完成海上船只的天体导航。

二、航空航天模块库的例程简介

用户单击 MATLAB 的帮助文件，在产品列表中找到 Aerospace Blockset 产品，单击右侧的 Examples，能够看到 MATLAB 提供了多个模块例程，主要包括飞行器建模（包含大气层和太空两类），飞行器器件建模和控制系统设计，便于用户更好地掌握和使用 Aerospace Blockset 的相关模块和任务功能。

下面对例程的功能和模块进行简要介绍。

1．带示波器的 1903 莱特兄弟飞行器模型 aeroblk_wf_3dof_noVR.slx

该模型展示了如何用 Simulink 相关模块对 1903 年莱特兄弟的飞行器进行建模，该模型能够通过模拟飞行员的俯仰指令进而模拟飞行器的纵向运动。

2．1903 莱特兄弟飞行器 3D 模型 aeroblk_wf_3dof.slx

该模型使用 Simulink 与 Simulink 3D Animation 中的相关模块，对 1903 莱特兄弟飞行器进行建模，该模型响应模拟飞行员的俯仰指令进而模拟飞行器的纵向运动。

3．DHC-2"海狸"飞机建模 asbdhc2.slx

该模型展示了 DHC-2 飞机的 Simulink 建模，还展示了如何使用操纵杆来驾驶这架飞机。

4．轻型飞机设计 asbSkyHogg.slx

该模型展示了如何利用控制系统设计工具箱、Simulink 控制设计、Simulink 设计优化等相关模块与工具箱来解决轻型飞机设计的技术和工艺难题。

5．多飞机协同控制 asbswarm.slx

该模型展示了多架飞机在编队飞行中的模拟。为了可以容易地更新任意数量的飞机，模型着重强调模型矢量化的必要性和优点。

6．带仪表模块的 HL-20 aeroblk_HL20_Gauges.slx

该模型展示如何利用 Simulink 对 NASA 的 HL-20 升力体飞行器及其控制器进行建模。该模型使用自动着陆控制器模拟接近和着陆飞行阶段。可视化子系统来自航空航天模块库中的飞行仪表子库的飞机专用仪表。

7．带仪表模块的 3D HL-20 aeroblk_HL20.slx

该模型展示使用了如何利用 Simulink 与 Simulink 3D 对 NASA 的 HL-20 升力体和控制器进行建模。该模型使用自动着陆控制器模拟接近和着陆飞行阶段。可视化子系统来自航空航天模块库飞行仪表库的飞机专用仪表。

8．带有 FlightGear 接口的 HL-20 项目 asbhl20Example.m

该模型展示了如何利用 Simulink、Stateflow 和航空航天模块库等相关模块，完成 HL-20 升力体的动力学建模。数学模型中包括空气动力学、控制逻辑、故障管理系统和发动机控制，以及外在环境的影响。

9．四元数估计 asbQuatEML.slx

该模型展示了如何利用 Simulink 与 MATLAB 功能模块完成飞行器中四元数的计算。

10．用真实空速算指示空速 aeroblk_indicated.slx

该模型展示了如何利用理想空速校正模块由真空速计算指示空速。

11．六自由度运动平台 aeroblk_six_dof.slx

该模型展示了如何调用 Simulink 航空航天模块库中的六自由度运动方程组。

12．具有进动参考框架的重力模型 asbGravWPrec.slx

该模型展示了如何利用航空航天模块库中的模块实现具有进动参考框架的各种重力模型。

13．用指示空速计算真实空速 aeroblk_calibrated.slx

该模型展示了如何利用理想空速校正模块从指示的空速计算真实空速。

14．用 Simulink 控制设计机身小扰动条件下线性化 asbguidance_trimlinearize.m

此模型展示了如何利用 Simulink 模型，并且基于小扰动线性化的飞行器俯仰方向动力学模型，开展经典控制系统设计。

15．自适应控制器比较 aeroblk_self_cond_cntr.slx

该模型展示了如何比较状态空间控制器与典型状态空间控制器的实现。

16．四轴飞行器项目 asbQuadcopterExample.m

此模型介绍了如何利用 Simulink 基于 PARRPT 系列迷你无人机对四轴飞行器的建模。

17．飞行模拟项目模版 asbFlightSimulationTemplateExample.m

该模板介绍了如何通过 SimulinkProjects 使用 FlightSimulation 项目模版。该模版为飞行模拟应用程序的协作开发提供了框架，项目结构可以根据特定应用而进行自定义。

从上述内容可以看出，航空航天领域作为 MATLAB/Simulink 的重要应用领域，MATLAB 提供了功能非常丰富的函数和模块，便于设计人员开展相关的数据导入、参数计算、量纲转换、大气环境、动力学分析和控制系统设计功能。合理、有效地掌握并使用这些函数和模块，能够大大简化飞行器制导控制系统设计工作中的建模难度和工作强度。

6.3　神经网络在 MATLAB/Simulink 中的使用方法

神经网络是 20 世纪 80 年代迅速发展起来的人工智能的一个重要分支，具有自组织、自学习、自适应、非线性动态处理及联想推理能力，能够解决许多用传统方法无法解决的问题。神经网络在很多领域中都有应用，包括商业及经济估算、自动检测和监视、计算机视觉、语音处理、机器人及自动控制、优化问题、航空航天、银行金融业、工业生产等领域。随着人工智能和机器学习等领域的迅猛发展，神经网络得到了更为广泛的应用。本节将介绍神经网络在 MATLAB 中的实现方法，包括神经网络的基本概念和神经网络工具箱的使用方法。

6.3.1　神经网络的基本概念

人工神经网络（Artificial Neural Networks）简称为神经网络（NNs）或称为连接模型（Connection Model），它是一种模仿动物神经网络行为特征进行分布式并行信息处理的算法数学模型。该网络依靠系统的复杂程度，通过调整内部大量节点之间相互连接的关系，从而达到处理信息的目的。具体而言，神经网络由大量的节点（或称神经元）之间相互连接构成，每个节点代表一种特定的输出函数，称为激励函数（Activation Function）；每两个节点间的连接都代表一个对于通过该连接信号的加权值，称之为权重，这相当于人工神经网络的记忆；神经网络的输出则根据神经网络的连接方式、权重值和激励函数的不同而不同；神经网络通常都是对自然界某种算法或者函数的逼近，也可能是对一种逻辑策略的表达。神经网络具有大规模并行、分布式存储和处理、自组织、自适应和自学习等特点，特别适合处理需要同时考虑多种因素和多种条件的、不精确的和模糊的信息处理问题。神经网络的发展与神经科学、数理科学、认知科学、计算机科学、人工智能、信息科学、控制论、机器人学、微电子学、心理学、光计算和分子生物学有关，是一门新兴的边缘交叉学科。

一、神经网络的基本特征

神经网络是由大量处理单元相互连接组成的非线性、自适应信息处理系统，是在现代神经科学研究成果的基础上提出的，试图通过模拟大脑神经网络处理、记忆信息的方式进行信息处理。神经网络具有以下四个基本特征。

（1）非线性：非线性关系是自然界的普遍特性。人工神经元处于激活或抑制二种不同的状态，这种行为在数学上表现为一种非线性关系，具有阈值的神经元构成的网络，其性能更好，可提高容错性和存储容量。

（2）非局限性：一个神经网络通常由多个神经元广泛连接而成，而一个系统的整体行为不仅取决于单个神经元的特征，而且可能主要由单元之间的相互作用、相互连接决定。通过单元之间的大量连接模拟大脑的非局限性。

（3）非常定性：神经网络具有自适应、自组织和自学习的能力，它不仅处理的信息可以有各种变化，而且在处理信息的同时，非线性动力系统本身也在不断变化。

（4）非凸性：非凸性是指这种函数有多个极值，使得系统具有多个较稳定的平衡态，这将导致系统演化的多样性。

二、神经网络的结构分类

神经网络是由大量人工神经元广泛互连而组成的，用来模拟脑神经系统的结构和功能。人工神经网络可以看成以人工神经元为节点，用有向加权弧连接起来的有向图。根据有向图的连接方式，神经网络可以分为前馈型网络和反馈型网络。如图 6-16 所示。

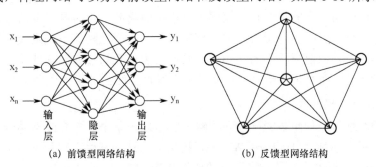

(a) 前馈型网络结构　　　　　　(b) 反馈型网络结构

图 6-16　神经网络的结构分类

1．前馈型网络结构

前馈神经网络是整个神经网络体系中最常见的一种网络，其网络中各个神经元接收前级的输入，并输出到下一级，网络中没有反馈。节点分为两类，即输入单元和计算单元，每个计算单元可以有任意一个输入，但只有一个输出（它可耦合到任意多个其他节点作为输入）。通常前馈网络可分为不同层，第 i 层的输入只与第 $i-1$ 层输出相连，输入节点和输出节点与外界相连，而其他中间层称为隐含层。前馈神经网络是一个静态非线性映射，通过简单非线性处理的复合映射即可获得复杂的非线性处理能力，并且结构简单、易于编程实现。

2．反馈型网络结构

反馈型神经网络又称为递归网络或回归网络。在反馈神经网络中，输入信号决定反馈系统的初始状态，然后系统经过一系列状态转化后，逐渐收敛于平衡状态，这样的平衡状态就是反馈网络经计算后输出的结果。由此可见，稳定性是反馈网络中最重要的问题。在反馈神经网络中，所有节点都是计算单元，同时也可接收输入，并向外界输出，进而构成一个无向图。

三、典型的神经网络模型

自 1957 年 F.Rosenblatt 在第一届人工智能会议上展示他构造的第一个人工神经网络模型以来，已有上百种神经网络问世。下面就简要介绍几种典型的神经网络模型。

1．MP 模型

MP 模型最初是由美国心理学家 McCulloch 和数学家 Pitts 在 1943 年共同提出的，它是由固定的结构和权组成的，它的权分为兴奋性突触权和抑制性突触权两类，若抑制性突触权被激活，则神经元被抑制，输出为零。能否激活兴奋性突触权，需要看它的累加值是否大于某个阈值，若大于则神经元表现为兴奋。

MP 模型的权值、输入和输出都是二维变量，这同由逻辑门组成的逻辑关系式的实现区别不大，又由于它的权值无法调节，因此现在该模型很少单独使用。但该模型是人工神经元模型的基础，也是神经网络理论的基础。

2．感知机

1957 年美国心理学家 Frank Rosenblan 及其合作者为了研究大脑的存储、学习和认知过程而提出了一类神经网络模型，并称其为感知机（Perceptron）。感知机较 MP 模型又进一步，它的输入可以是非离散量，它的权不仅可以是非离散量，而且可以通过调整学习而得到，被认为是最早提出的神经网络模型。感知机是一个线性阈值单元组成的网络，在结构和算法方面都成为其他前馈网络的基础，尤其他对隐单元的选取比其他非线性阈值单元组成的网络容易分析，而对感知机的讨论也可以对其他网络的分析提供依据。

3．自适应线性神经网络

线性神经网络是一种简单的神经元网络，它可以由单个或多个线性神经元构成。1962年由美国斯坦福大学教授 Berhard Widrow 提出的自适应线性元件网络（Adaptive Linear Element，Adaline）是线性神经网络最早的典型代表，它是一个由输入层和输出层构成的单层前馈型网络，它与感知机的不同之处在于其每个神经元的传输函数均为线性函数，因此自适应线性神经网络的输出可以取任意值，而感知机的输出只能是 1 或 0。自适应线性神经网络采用由 Berhard Widrow 和 Marcian Hoff 共同提出的一种新的学习规则来调整网络的权值和阈值。自适应线性神经网络学习算法比感知机学习算法的收敛速度和精度都有较大的提高。自适应线性神经网络主要用于函数逼近、信号预测、系统辨识、模式识别和控制等领域。

4．BP 神经网络

BP 神经网络是一种用于前向多层神经网络的误差反向传播学习算法，由 D.E.Rumelhart 和 J.L.McClelland 于 1985 年提出，系统地解决了多层网络中心含单元连接权的学习问题。若网络的输入节点数为 M，输出节点数为 L，则此神经网络可看成从 M 维欧氏空间到 L 维欧氏空间的映射，这种映射是高度非线性的。其基本思想是通过调整权值大小使得网络总误差最小，即采用梯度搜索的方法，以使得网络的实际输出值与期望输出值的误差均方值最小，其学习过程是一种边向后传播误差边修正权系数的过程。BP 神经网络主要用于模式识别与分类（如针对语言、文字、图像的识别，医学特征的分类和诊断等）、函数逼近（用于非线性控制系统的建模、机器人的轨迹控制及其他工业控制等）和数据压缩（编码压缩与恢复，图像数据的压缩和存储、图像特征的抽取等）。

5．径向神经网络

1985 年，Powell 提出了多变量插值的径向基函数（Radial Basis Function，RBF）方法，1988 年 Broomhead 和 Lowe 首先将 RBF 应用于神经网络设计，进而构成了径向（RBF）神经网络，它是一种局部逼近的神经网络。由于 BP 神经网络在用于函数逼近时，权值的调节是采用负梯度下降法，因此存在收敛速度慢和局部极小等缺点，而 RBF 神经网络无论在逼近能力、分类能力和学习速度等方面均优于 BP 神经网络。

RBF 神经网络的机构与多层前向神经网络类似，它是具有单隐层的一种两层前向网络，输入层由信号源节点组成，隐含层的单元数由所描述问题的需要决定，输出层对输入的作用做出响应。从输入空间到隐含层空间的变换是非线性的，而从隐含层空间到输出层空间的变换是线性的。隐含层单元的变换函数是 RBF，它是一种局部分布的中心点径向对称衰减的非负非线性函数。

6．自组织神经网络

自组织神经网络能够从输入信息中找出规律及关系，并且根据这些规律相应地调整均衡神经网络，使得以后的输出与之相适应。主要包括自组织竞争神经网络和自组织特征映射神经网络等类型。

自组织竞争神经网络（Self-Organizing NN）是一种以无教师施教的方式进行网络训练，具有自组织功能的神经网络，神经网络通过自身训练可以自动对输入模式进行分类。在网络结构上，通常是一个由输入层和竞争层构成的单层网络，两层之间各神经元实行双向连接，有时竞争层各神经元之间还存在着横向连接。该神经网络主要应用于模式分类等领域。自组织特征映射神经网络（Self-Organizing Feature Map，SOM）是由芬兰赫尔辛基大学神经网络专家 Kohonen 教授在 1981 年提出的，他认为一个神经网络接收外界输入模式时，将会分为不同的区域，各区域对输入模式具有不同的响应特征，同时这个过程是自动完成的。各神经元的连接权值具有一定的分布，最邻近的神经元互相刺激，而较远一些的神经元则具有较弱的刺激作用。这种神经网络模拟大脑神经系统自组织特征映射的功能，它是一种竞争式学习神经网络，能无监督地进行自组织学习。由于自组织特征映射神经网络中邻近的神经元能够识别输入空间中邻近的部分，因此不仅可以学习输入的分布，而且也可以学习进行训练输入量的拓扑结构。自适应特征映射网络应用广泛，可用于语言识别、图像压缩，机器人控制和优化问题等领域。

7．Hopfield 神经网络

Hopfield 神经网络是一种反馈神经网络，由 Hopfield 在 1982 年发明，是一种结合存储系统和二元系统的神经网络。Hopfield 神经网络采用反馈连接，考虑输入与输出在时间上的传输延迟，故表示的是一个动态过程，需要用差分方程式微分方程来描述，因此 Hopfield 神经网络是一种由非线性元件构成的反馈系统，其稳定状态的分析比 BP 神经网络要复杂得多。在神经网络的学习训练方面，Hopfield 神经网络采用由监督的 Hebb 规则（用输入模式作为目标模式）来设计连接权，且计算的收敛速度较快。该网络主要应用于联想记忆和优化计算等领域。

四、神经网络在控制系统中的应用

在控制领域中，利用神经网络主要是为了解决复杂的非线性、不确定、未知系统的控制问题。由于神经网络具有自学习能力和自适应性，使得神经网络控制能够对变化的环境具有一定的自适应性，并且基本不需要依赖模型。目前，神经网络在控制领域的各种模型中都有所应用，其核心就是利用神经网络的高度非线性来逼近各种复杂模型，再通过一定的校正手段达到控制系统的设计性能指标。目前常用的六种神经网络控制方法如下。

（1）PID 控制：利用神经网络进行 PID 控制，通过神经网络控制器和神经网络辨识器进行参数调整，能够起到智能控制的作用。

（2）直接逆动态控制：利用神经网络控制器与被控对象串联，神经网络控制器实现对象 P 的逆模型 P^{-1}。其优点是能够直接在线调整模型参数，实现设定值跟踪。

（3）间接自校正控制：利用神经网络辨识器对被控对象进行在线辨识，根据"确定性等价"原则设计控制器参数，以达到有效控制的目的。

（4）模型参考自适应控制：利用神经网络控制器和神经网络辨识器构造对象的参考模型，根据神经网络的自调整功能实现在线辨识和控制。

（5）前馈反馈控制：利用神经网络控制器构造前馈控制器，利用常规控制器来构造反馈控制器，可以有效抑制扰动的作用。

（6）预测控制：预制控制是一种基于模型的控制方法，其算法三要素分别是模型预测、滚动优化和反馈校正。利用神经网络良好的非线性函数逼近性能，可以实现非线性对象的预测模型，保证目标优化。

目前，人工神经网络特有的非线性、适应性和信息处理能力，克服了传统人工智能方法对于语音识别、非结构化信息处理等方面的缺陷，使之在神经专家系统、模式识别、智能控制、组合优化、预测等领域得到成功应用。人工神经网络与其他传统方法相结合，将推动人工智能和信息处理技术不断发展。近年来，人工神经网络正向模拟人类认知的道路上更加深入发展，与模糊系统、遗传算法和进化机制等结合形成计算智能，这成为人工智能的一个重要方向，并在实际应用中得到进一步发展。

6.3.2　MATLAB 神经网络工具箱的简介

MATLAB 神经网络工具箱（Neural Network Toolbox）提供了许多进行神经网络设计和分析的工具函数，能够实现神经网络的创建、训练、可视化和比较等功能，并可执行分类、回归、聚类、降维、时间序列预测和动态系统建模与控制等任务。神经网络工具箱对设计人员所选定网络进行计算，转变为对函数的调用和参数的选择，能够快速地实现对实际问题的建模求解。由于其编程简单，节省了设计人员大量的编程时间，使其能够将更多的精力投入到神经网络设计而不是具体程序实现上。其主要特征如下。

（1）使用卷积神经网络进行深度学习（用于分类和回归）和自动编码器（用于特征学习）。

（2）使用预先训练的卷积神经网络模型和来自 Caffe 模型动物园的模型进行转移学习。

（3）提供自组织图和竞争层的无监督学习算法。

（4）提供多种监督学习算法，包括多层次、径向基础、学习向量量化（LVQ）、时间延迟、非线性自回归（NARX）和循环神经网络（RNN）等。

（5）提供用于数据拟合、模式识别和集群的应用程序。

（6）能够进行神经网络的预处理、后处理和网络可视化，以提高培训效率和网络评估性能。

随着 MATLAB 软件版本的更新，其对应的神经网络工具箱的内容越来越丰富，按照 MATLAB 官方文档的分类，神经网络工具箱中的函数包括数据函数、距离函数、图形界面函数、层初始化函数、学习函数、线研究函数、网络输入函数、网络初始化函数、网络应用函数、新建网络函数、性能函数、绘图函数、处理函数、Simulink 支持函数、技术函数、训练函数、传输函数、权重和偏值初始化函数及权重函数等多个类别，总数超过 200 个，涵盖了多种经典神经网络算法和最新的科研成果。本节将对神经网络工具箱一些主要函数的功能、调用格式，以及使用方法做简要介绍。关于函数的详细使用方法和注意事项，以及函数使用的相关例程，读者可以参考 MATLAB 的函数帮助文档。

一、MATLAB 神经网络工具箱中的通用函数

MATLAB 神经网络工具箱中提供的函数主要分为两大部分：一部分是通用函数，这些函数几乎可以用于所有类型的神经网络；另一部分函数是特别针对某种类型的神经网络。下面简要介绍通用函数。

1．初始化神经网络函数 init()

利用初始化神经网络函数 init() 可以对一个已存在的神经网络进行初始化修正，该网络的权值和偏值是按照网络初始化函数进行修正的，其调用格式如下：

```
net=init (NET);                                    % 初始化神经网络
```

式中，NET 为初始化前的神经网络，net 为初始化后的神经网络。

2．神经网络某一层的初始化函数 initlay()

初始化函数 initlay() 特别适用于层–层结构神经网络的初始化，该网络的权值和偏值是按照网络初始化函数 W 进行修正的，其调用格式如下：

```
net= initlay(NET);                              %    初始化神经网络
```

式中，NET 为初始化前的神经网络，net 为初始化后的神经网络。

3．神经网络某层的权值和偏值初始化函数 initwb()

利用初始化函数 initwb()可以对一个已存在的神经网络 NET 的某层 i 的权值和偏值进行初始化修正，该网络每层的权位和偏值都是按照设定的每层的初始化函数进行修正的。其调用格式如下：

```
net=initwb (NET,i);                             %    对指定层的权值和偏值进行初始化
```

式中，NET 为初始化前的神经网络；i 为第 i 层；net 为第 i 层的权值和偏值修正后的神经网络。

4．神经网络训练函数 train()

利用函数 train()可以训练一个神经网络。神经网络训练函数是一种通用的学习函数，该函数重复地把一组输入向量应用到一个神经网络上，每次都更新神经网络，直到达到某种准则。停止的准则可能是最大的学习步数、最小的误差梯度或者是误差目标等。需要注意的是，调用 train()函数对网络进行训练前，需要通过设置 NET 中的 **trainFcn** 参数来设置期望的训练函数；当设置完成后，才可以调用函数对神经网络进行训练；当设置参数时，按照默认的训练方法对神经网络进行训练。其调用格式如下：

```
NET.trainFcn = 'TrainMethodFlag';               %    设置训练方法
[net,tr,Y,E,Xf,Af]= train(NET,X,T,Xi,Ai);       %    对神经网络进行训练
```

式中，输入参数 NET 为将要训练的神经网络；X 为神经网络输入；T 表示神经网络的目标输出，默认值为 0；Xi 表示初始输入延时，默认值为 0；Ai 表示初始的层延时，默认值为 0。在输出结果中，net 为训练后的神经网络；tr 为训练步数和性能；Y 为神经网络的输出；E 表示神经网络误差；Xf 表示最终输入延时；Af 表示最终层延时。可选参数 Xi，Ai，Xf 和 Af 只适用于存在输入延时和层延时的网络。式中，TrainMethodFlag 为表示训练方法，常用的训练方法如下。

（1）Trainlm：该函数利用 Levenberg Marquardt 算法训练神经网络，该算法学习速度较快，但占用内存大，适用于中等规模神经网络，该函数是 train()函数的默认训练方法。

（2）traingd：该函数用于实现基本的 BP 训练方法。

（3）traingdm：该函数用于在权值调整过程中考虑梯度方向。

（4）traingda：该函数用于实现学习步长可以根据神经网络误差性能函数进行自动调整。

（5）trainrp：该函数用于消除偏导数的大小对于权值的影响，只根据导数符号更新权值。

（6）traincgf：该函数利用 Fletcher-Reeves 共轭梯度算法实现神经网络训练。

（7）traincgp：该函数利用 Polak-Ribiers 共轭梯度算法实现神经网络训练，其收敛速度较快。

（8）traincgb：该函数利用 Rowell-Beale 共轭梯度算法实现神经网络训练，其收敛速度较快。

（9）trainscg：该函数利用成比例的共轭梯度算法实现神经网络训练，其收敛速度较快。

5．神经网络自适应训练函数 adapt()

另一种通用的训练函数是神经网络自适应函数 adapt()。自该函数在每一个加入时间阶段更新神经网络时仿真网络，并且在进行下个输入的仿真前完成，其调用格式如下：

```
[net, Y, E, Xf, Af, tr]=adapt(NET, X, T, Xi, Ai);     % 对神经网络进行自适应训练
```

式中，输入参数 NET 为将要训练的神经网络；X 为神经网络的输入；T 表示神经网络的目标输出，默认值为 0；Xi 表示初始输入延时，默认值为 0；Ai 表示初始层延时，默认值为 0。在输出结果中，net 为训练后的神经网络；Y 表示神经网络的输出；E 为神经网络的误差；Xf 表示最终输入延时；Af 表示最终层延时；tr 为训练步数和性能。其中，可选参数 Xi，Ai，Xf 和 Af 同样只适用于存在输入延时和层延时的神经网络；T 是可选参数，并且仅适用于必须指明神经网络目标的场合。

6．神经网络仿真函数 sim()

神经网络一旦训练完成，神经网络的权值和偏值就已经确定了，这时可以利用神经网络来解决实际问题了。利用 sim()函数可以仿真一个神经网络的性能。其调用格式如下：

```
[Y,Xf,Af,E,perf]=sim(net, X, Xi, Ai, T);     % 神经网络仿真函数
[Y,Xf,Af,E,perf]=sim(net, {Q Ts}, Xi, Ai);   % 没有输入信号的反馈神经网络
的仿真函数
```

式中，输入参数 net 为将要仿真的神经网络；X 为神经网络的输入；Xi 表示初始输入延时，默认值为 0；Ai 表示初始层延时，默认值为 0；T 为神经网络的目标输出，默认值为 0。在输出结果中，Y 表示神经网络的输出；Xf 表示最终输入延时；Af 表示最终层延时；E 表示神经网络的误差；porf 表示神经网络性能。其中，参数 Xi，Ai，xf 和 Af 是可选的，它们只适用于存在输入延时和层延时的神经网络；Q 表示批量；Ts 表示仿真时间。

7．神经网络输入处理函数 netsum()和 netprod()

神经网络中经常需要对某层的加权输入和偏值进行处理，然后作为该层的输入。神经网络工具箱提供了求和处理函数 netsum()和乘积处理函数 netprod()，其调用格式如下：

```
Z= netsum(Z1, Z2,…);     % 求取网络输入的和
Z= netprod(Z1, Z2,…);    % 求取网络输入的积
```

式中，输入参数 Z1 和 Z2 均为 $S \times Q$ 维矩阵。

8．结构一致函数 concur()

函数 concur()的作用在于使得本来不一致的权位向量和偏值向量的结构一致，以便于进行相加或相乘运算。其调用格式如下：

```
Z= concur(b, q);     % 对输入向量进行结构统一转换
```

式中，b 为 $N \times 1$ 维的权值向量；q 为要达到一致化所需的长度；Z 为一个已知一致化的矩阵。

二、MATLAB 神经网络工具箱中的感知机函数

MATLAB 神经网络工具箱提供了大量与感知机相关的函数，其函数简介如表 6-13 所示。

表 6-13　MATLAB 神经网络工具箱中的感知机相关函数简介

函数名	主要调用格式	函数功能	输入、输出
perceptron	Net = perceptron (hardlimitTF,percepLF)	感知机神经网络创建函数	输入参数 hardlimitTF 为硬极限传递函数，perceptronLF 为感知和学习规则
mae	perf = mae(E,Y,X,FP)	平均绝对误差性能函数 感知机的学习规则为调整神经网络的权值和偏值，使神经网络的平均绝对误差和最小，该函数用于求取平均绝对误差	E 为误差矩阵或向量（E=T−Y）；T 表示网络的目标向量；Y 表示网络的输出向量；X 为所有权值和偏值向量，可省略；FP 为配置参数，可省略；perf 表示平均绝对误差和
hardlim	a= hardlim(N);	硬限幅传输函数 该函数用于通过计算神经网络的输入得到该层的输出，判断其是否达到门限	在给定神经网络的输入向量矩阵 N 时，返回该层的输出向量矩阵 a。当 N 中的元素大于等于零时，返回值为 1，否则为 0
hardlims	A = hardlims(N,FP)	对称硬限幅传输函数，判断神经网络输出是否超限	若神经网络的输入达到门限，则对称硬限幅传输函数的输出为 1，否则为−1
plotpv	plotpv(X, T)	绘制样本点的函数 在坐标图中绘出输入样本点及其类别，不同的类别使用不同的符号	输入变量中，X 定义 n 个 2 维或 3 维的样本，它是一个 2×n 维或 3×n 维的矩阵；T 表示各样本点的类别，它是一个 n 维的向量
plotpc	plotpc(W,B)	绘制感知机的分类线函数 将输入空间用一条直线、用一个平面或用一个超平面分成两个区域	在输入变量中，W 为一个 $S×R$ 的权重矩阵，B 为一个 $S×1$ 的偏差向量
learnpn	[dW,LS]=learnpn(W,P, Z,N,A,T,E,gW,gA,D, LP,LS)	标准化感知机学习函数	W 为权重矩阵；P 为输入向量；Z 为权重输入向量；N 为神经网络输入向量；A 为输出向量；T 为层目标向量；E 为层误差向量；gW 为相对于性能的权重梯度；gA 为相对于性能的输入梯度；D 为神经元距离；LP 为学习参数；LS 为学习状态。在输出结果中，dw 为误差权重变化矩阵；LS 为新的学习状态

三、MATLAB 神经网络工具箱中的线性神经网络函数

MATLAB 神经网络工具箱提供了大量与线性神经网络相关的工具箱函数，其函数简介如表 6-14 所示。

表 6-14　MATLAB 神经网络工具箱中的线性神经网络相关函数简介

函数名	主要调用格式	函数功能	输入、输出
purelin	A = purelin(N,FP)	线性神经网络函数 线性神经网络的传输函数常由 Widrow-Hoff 或 BP 准则来训练，该函数得到线性传递函数	输入 N 为 $S×Q$ 的神经网络矩阵向量，FP 为参数结构体。输入 A 是与 N 维数相同的线性传递函数
sse	perf = sse(net,t,y,ew)	误差平方和性能函数 线性网络学习规则为调整网络的权值和偏值，使网络误差平方和最小，该函数用于求取误差平方和	net 为神经网络；t 表示网络的目标向量或矩阵；y 表示网络的输出向量或矩阵；ew 为错误权重；perf 为误差平方和

函数名	主要调用格式	函数功能	输入、输出
learnwh	[dW,LS]=learnwh(W,P, Z,N,A,T,E, gW,gA,D,LP,LS)	线性神经网络学习函数 该函数为 Widrow-Hoff 学习规则，也称为 delta 准则或最小方差准则学习函数	输入参数、输出结果与其他学习函数一致
newlind	net = newlind(P,T,Pi)	设计线性层。利用函数 newlind()设计出的线性神经网络已经训练好，可直接使用	在输入参数中，P 为输入向量；T 为目标类向量；Pi 为初始输入延迟状态；net 为生成的新线性神经网络

四、MATLAB 神经网络工具箱中的 BP 神经网络函数

BP 神经网络是目前最为常用的神经网络模型，该模型较为简单，且已被证明只要神经网络规模足够大，即神经网络中隐含层节点数目足够多，神经网络就能够以任意精度逼近任意连续函数。MATLAB 神经网络工具箱中提供了多个函数用于 BP 神经网络的学习、训练与绘图显示，其函数简介如表 6-15 所示。

表 6-15　MATLAB 神经网络工具箱中的 BP 神经网络相关函数简介

函数名	主要调用格式	函数功能	输入、输出
mse	perf=mse(net,t,y,ew);	均方误差性能函数 BP 神经网络学习规则为调整神经网络的权值和偏值，使神经网络的均方误差和性能最小。该函数用于求取均方误差	net 为神经网络；t 表示网络的目标向量或矩阵；y 表示网络的输出向量或矩阵；ew 为错误权重；perf 为均方误差
learngd	[dW,LS] = learngd(W,P,Z, N,A,T,E,gW,gA,D,LP,LS)	BP 神经网络学习函数 该函数用于实现梯度下降权值和学习规则	输入参数、输出结果与其他学习函数一致
learngdm	[dW,LS] = learngd(W,P,Z, N,A,T,E,gW,gA,D,LP,LS)	BP 神经网络学习函数 该函数用于实现带动量项的梯度下降权值和学习规则	输入参数与输出参数与其他学习函数一致
errsurf	errsurf(P,T,WV,BV,F)	计算误差曲面函数 利用误差曲面函数可以计算单输入神经元误差的平方和	在输入参数中，P 为输入向量；T 为目标向量；W 为权值矩阵；BV 为偏值向量；F 为传输函数。
plotes	plotes(W, B, Es, v)	绘制误差曲面图函数 利用该函数绘制误差曲面图	W 为权值矩阵；B 为偏值向量；Es 为误差曲面；v 为期望的视角，默认值为[−37.5 30]。
plotep	H= plotep(W, b, e)	误差曲面图上绘制权值和偏值的位置函数	W 为权位矩阵；b 为偏值向量；e 为神经元误差
ploterrhist	ploterrhist(e)	绘制误差的直方图函数	e 为误差向量

五、MATLAB 神经网络工具箱中的径向基神经网络函数

径向基神经网络是一种三层前馈神经网络，能够以任意精度逼近任意连续函数。径向基神经元和线性神经可以建立广义回归神经网络（Generalized Regression Neural Network，GRNN），由于该神经网络训练速度快，非线性映射能力强，因此常用于函数逼近。径向基

神经元和竞争神经元可以建立概率神经网络（Probilistic Neural Network，PNN），具有结构简单、训练速度快等特点，应用范围非常广泛，特别适用于模式分类问题的解决，其优势在于该神经网络可以利用线性学习算法来完成以往非线性算法所做的工作，同时又可以保持非线性算法高精度的特点。MATLAB 神经网络工具箱中提供了多个函数用于径向基神经网络的创建、学习和训练，其函数简介如表 6-16 所示。

表 6-16　MATLAB 神经网络工具箱中的径向基神经网络相关函数简介

函数名	主要调用格式	函数功能	输入、输出
newrb	net = newrb(P,T,goal, spread, MN,DF)	新建一个径向基神经网络。该神经网络可以不经过训练，直接使用	P 为输入向量；T 为目标向量；goal 为均方误差，默认为 0；spread 为径向基函数的扩散，该值越大，逼近过程越平滑，但逼近误差越大；MN 为神经元的最大数目；DF 为两次显示之间所添加的神经元数目。net 为生成的神经网络
newrbe	net = newrbe(P,T,spread)	新建一个精确的径向基神经网络，该神经网络也可以直接使用	P 为输入向量；T 为目标向量；spread 为径向基函数的扩散
newgrnn	net = newgrnn(P,T,spread)	新建一个广义回归径向基神经网络，该神经网络可直接使用	P 为输入向量；T 为目标向量；spread 为径向基函数的扩散
newpnn	net = newpnn(P,T,spread);	新建一个概率径向基神经网络，该神经网络可直接使用	P 为输入向量；T 为目标向量；spread 为径向基函数的扩散
dist	Z = dist(W,P,FP);	计算向量间的欧几里得距离	W 为权值矩阵；P 为输入矩阵；FP 为函数参数结构体。Z 为输出距离矩阵
dotprod	Z = dotprod(W,P,FP);	求取函数的权重点积	W 为权值矩阵；P 为输入矩阵；FP 为函数参数结构体。Z 为点积
normprod	Z = normprod(W,P,FP);	求取函数的规范点积权重	W 为权值矩阵；P 为输入矩阵；FP 为函数参数结构体。Z 为规范点积
radbas	A = radbas(N,FP)	实现径向基函数的传递	N 为输入向量矩阵，FP 为函数参数结构体。A 为神经网络输出矩阵

六、MATLAB 神经网络工具箱中的自组织神经网络函数

自组织神经网络是一种无教师监督学习，具有自组织功能的神经网络，其结构上属于层次型网络，有多种类型，与其他神经网络的共同特点是都具有竞争层。MATLAB 神经网络工具箱中提供了多个函数用于自组织神经网络的创建、学习和训练，其函数简介如表 6-17 所示。

表 6-17　MATLAB 神经网络工具箱中的自组织神经网络相关函数简介

函数名	主要调用格式	函数功能	输入、输出
selforgmap	selforgmap(dimsions, covSteps, initNeighbor, topologyFcn, distanceFcn);	创建一个自组织神经网络	在输入参数中，dimsions 为维数大小的行向量；covSteps 为初始覆盖输入空间的训练步骤数；initNeighbor 为初始邻域大小；topologyFcn 描述拓扑层功能；distanceFcn 描述神经元距离函数。

（续表）

函数名	主要调用格式	函数功能	输入、输出
compet	A = compet(N,FP);	竞争传输函数，将神经网络的输入进行转换，使最大的神经元输出为 1，其余输出均为 0	在输入参数中，N 为输入向量，FP 为函数参数结构体。Y 为输出向量矩阵。
learnsom	[dW,LS] = learnsom(W,P,Z,N, A,T,E,gW,gA,D,LP,LS);	该函数用于实现自组织特征神经网络的学习	相关参数与其他学习函数一致
plotsomhits	plotsomhits(net);	绘制自组织特征映射网络的样本点积函数。该函数绘制一个 SOM 层，每个神经元均显示其分类的输入向量的数量，并通过彩色斑块的大小显示每个神经元的相对载体数量	相关参数与其他学习函数一致
plotsomnc	plotsomnc(net);	绘制自组织特征映射网络的相邻连接关系函数，该函数绘制一个 SOM 层，显示神经元为灰蓝色斑块及其与红线的直接邻居关系	相关参数与其他学习函数一致
plotsomnd	plotsomnd(net);	绘制自组织特征映射网络的相邻距离函数，该函数绘制一个 SOM 层，显示神经元为灰蓝色斑块及其与红线的直接邻居关系。相邻的补丁从黑色到黄色，以显示每个神经元的权重向量与其邻居的距离	相关参数与其他学习函数一致
plotsompos	plotsompos(net);	绘制自组织特征映射网络的权重位置函数，该函数绘制一个 SOM 层，将输入向量绘制为绿色点，并通过为每个神经元的权重向量显示蓝灰色点并将相邻神经元与红线连接来对输入空间进行分类	相关参数与其他学习函数一致
plotsomtop	plotsomtop(net);	绘制自组织特征映射网络拓扑关系函数	相关参数与其他学习函数一致

6.3.3　MATLAB 神经网络工具箱中的应用工具

MATLAB 神经网络工具箱除提供相关函数外，还提供几种图形化应用工具，便于设计人员快速完成神经网络的设计，并根据任务不同开展相关任务求解。

一、MATLAB 神经网络工具箱中的神经网络编辑器工具

神经网络工具箱提供了大量的神经网络构造函数，可以在命令行窗口和 M 函数中进行调用并显示执行结果。但这需要设计人员牢记相关函数的名称和使用方式，当面对新的神经网络结果或任务需求时，还需要借助帮助文件进行查看。为了提高编程效率，MATLAB 神经网络工具箱提供了一个基于图形用户界面的神经网络编辑器工具（Neural Network/Data Manager），通过界面按钮操作的方式，完成建立网络、训练网络、仿真网络、数据导出和结构显示等功能，极大地方便了设计人员开展相关设计工作。

设计人员在 MATLAB 命令行窗口中输入"nntool"命令，启动神经网络编辑器，其元界面及相关对话框如图 6-17 所示。

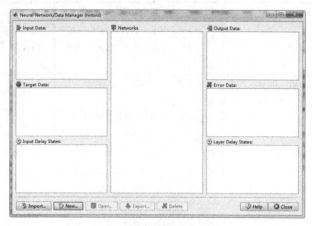

（a）神经网络编辑器主界面

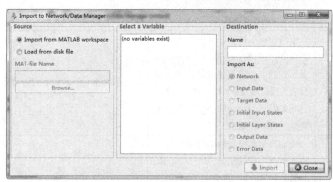

（b）Import 对话框   （c）New 对话框

图 6-17   神经网络编辑器元界面及相关对话框

1．神经网络编辑器工具界面

从图 6-17(a)可以看出，神经网络编辑器元界面共包含七个列表和七个按钮，列表中的功能如下。

（1）InputData 列表：显示指定的输入数据。

（2）Target Data 列表：显示指定的目标数据

（3）Input Delay States 列表：显示设置的输入延时状态。

（4）Networks 列表：显示设定的神经网络。

（5）Output Data 列表：显示神经网络对其输入的响应输出结果。

（6）Error Data 列表：显示目标和输出之间的差异。

（7）Layer Delay States 列表：显示具有层延迟的神经网络的层延迟状态。

按钮的功能分别为：Import…：单击该按钮，弹出数据导入对话框，从工作空间或文件导入数据和神经网络；New…：单击该按钮，显示新建神经网络对话框，在对话框内创建神经网络或数据；Open…：单击该按钮，打开选定的数据或神经网络进行查看和编辑；Export…：单击该按钮，将数据和神经网络导出到工作区或文件中；Delete：删除选定的数据或神经网络；Help：查看工具帮助；Close：关闭工具。

2．神经网络编辑器的简要步骤

若要开始一个新的问题，可需要按照如下的操作步骤：① 单击"Import"按钮从工作区导入输入和目标数据；② 使用[NEW]创建一个新的网络；③ 在神经网络列表中选择神经网络，然后单击"Open"按钮；④ 在"Networks"窗口中选择训练选项卡；⑤ 选择训练输入和目标数据，然后单击"Export"按钮。⑦ 执行其他任务，如网络仿真、权重编辑和初始化等操作。

二、MATLAB 神经网络工具箱中的神经网络应用工具

为了便于设计人员进行神经网络的设计，神经网络工具箱提供了神经网络应用工具系列，为利用神经网络进行系统应用和设计提供了可视化界面，它通过人机界面交互的形式，引导设计人员一步步地利用神经网络执行相关任务，避免了代码的编写过程，大大提高了系统应用效率。

设计人员在命令行窗口中输入"nnstart"命令，启动神经网络应用工具引导对话框，如图 6-18 所示。通过该界面可以根据任务需求启动相关工具箱，主要包括神经网络拟合工具、神经网络模式识别工具、神经网络聚合工具以及神经网络时间序列预测工具等。

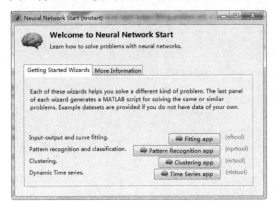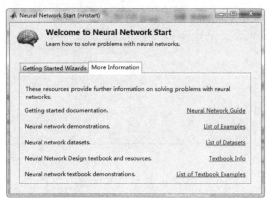

图 6-18　神经网络应用工具引导对话框

（1）神经网络拟合工具（Neural Network Fitting Tool）

神经网络能够在输入数据和一组数字目标之间进行映射，进而解决复杂条件下的数据拟合问题（例如，从税收率、学校的师生比例和犯罪率等输入变量 house_dataset 来估算房价；基于燃料消耗和速度的测量结果 engine_dataset 估计发动机排放水平等）。基于神经网络拟合工具进行数据选择、创建和训练神经网络，并使用均方误差和回归分析来评估其性能。设计人员可通过引导对话框或在命令行窗口中输入"nftool"命令启动该工具。工具界面如图 6-19 所示。

（2）神经网络模式识别工具（Neural Pattern Recognition Tool）

神经网络能够将对具有复杂关系的输入数据按照一定的规则对其进行分类，完成模式识别（例如，根据化学分析，即 wine_dataset，识别一瓶上等葡萄酒来自哪个葡萄园；根据细胞大小、团块厚度和有丝分裂 cancer_dataset 的均匀性将肿瘤分为良性肿瘤或恶性肿瘤）。基于神经网络模式识别工具进行数据选择、创建和训练神经网络，并使用交叉熵和混淆矩阵来评估其性能。通过引导对话框或在命令行窗口中输入"nprtool"命令，启动该工具。其界面如图 6-20 所示。

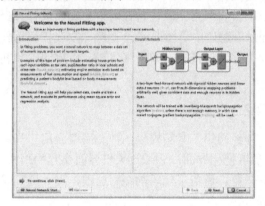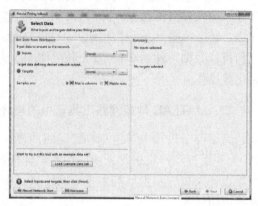

图 6-19　神经网络拟合工具界面

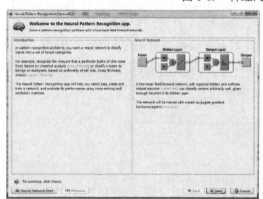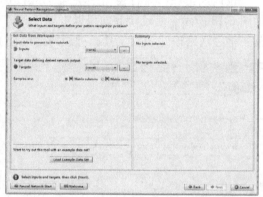

图 6-20　神经网络模式识别工具界面

（3）神经网络聚合工具（Neural Clustering Tool）

神经网络能够对复杂数据中具有相似性特征的数据进行分组，完成复杂条件下的数据聚合问题（例如，根据消费者购买模式对其进行分组来完成市场细分；数据挖掘可以通过将数据分成相关子集来完成；关于生物信息学分析，如分组基因与相关表达模式）。基于神经网络聚合工具进行选择数据、创建和训练神经网络，并使用各种可视化工具密码矩阵来评估其性能。设计人员可通过引导对话框或在命令行窗口中输入"nctool"命令，启动该工具，其界面如图 6-21 所示。

（4）神经网络时间序列预测工具（Neural Network Time Series Tool）

神经网络能够根据输入的时间数据序列进行预测，即使用一个或多个时间序列的过去值来预测未来值，该方法在众多领域得到广泛的应用。例如，金融分析预测经济的未来走向，工程师预测发动机即将发生的故障。另外，模型预测也可以用于动态模型，这些动态模型对于各种系统（包括制造系统、化学过程、机器人和航空航天系统）的分析、仿真、监测和控制有着重要的意义。设计人员可通过引导对话框或在命令行窗口中输入"ntstool"命令，启动该工具，其界面如图 6-22 所示。从该工具界面可以看出，该工具支持三种非线性时间序列问题，分别是具有外部输入的非线性自回归问题（Nonlinear

Autoregressive with External Input）、非线性自回归问题（Nonlinear Autoregressive）和非线性输入/输出问题（Nonlinear Input-Output）。

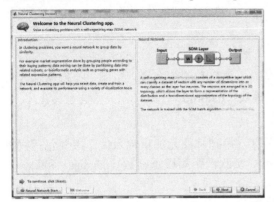

图 6-21　神经网络聚合工具界面

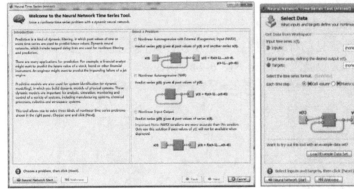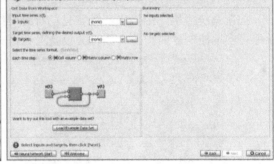

图 6-22　神经网络时间序列预测工具界面

6.3.4　MATLAB 神经网络工具箱中的 Simulink 模块库

MATLAB 神经网络工具箱除提供了一系列函数和应用工具用于完成神经网络的设计、分析和计算任务外，还在 Simulink Library 中提供了一系列模块，便于设计人员在 Simulink 环境下开展模型的建模与仿真。相关模块库位于 Simulink Library 中神经网络工具箱中。主要包括如图 6-23 所示的内容。

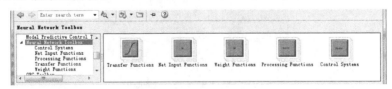

图 6-23　Simulink Library 中的神经网络工具模块库

1．传输函数（Transfer Functions）模块库

该模块库中包含了多种类型的传输函数，接收一个网络的输入向量，并相应地产生一个输出向量。包括竞争转移函数（compet）、艾略特 S 型传递函数（elliotsig）、硬极限传递函数（hardlim）、对称硬极限传递函数（hardlims）、对数 S 形传递函数（logsig）、净反向传

递函数（netinv）、正向线性传递函数（poslin）、线性传递函数（purelin）、径向基传递函数（radbas）、归一化径向基传递函数（radbasn）、饱和线性传递函数（satlin）、对称饱和线性传递函数（satlins）、软竞争转移函数（softmax）、对称乙状结构传递函数（tansig）和三角基传递函数（tribas）等。

2．网络输入函数（Net Input Functions）模块库

该模块库用于计算加权输入向量、加权层输出向量和偏值向量，返回一个网络输入向量。包括网络求和模块（netsum）和网络求积模块（netprod）。

3．权重函数（Weight Functions）模块库

该模块库将神经元权重向量与输入向量运算，得到神经元加权输入值。主要包括权重点积模块（dotprod）、欧氏距离权重函数（dist）、负欧氏距离权重函数（negdist）和归一化点积权重函数（normprod）。

4．处理函数（Processing Functions）模块库

该模块库提供了丰富的数据处理模块，便于实现神经网络中对各种数据的处理功能。

5．控制系统（Control System）模块库

控制系统模块库中提供三种常见的神经网络控制器，设计人员通过界面操作和参数设置即可实现控制器的构建。其相关设置对话框如下图 6-24 所示。

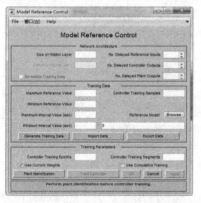

（a）Model Reference control　　　　（b）Plant Identification

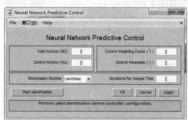

（c）Neural Net Predictive Control

图 6-24　控制系统模块库中的三个神经网络控制器参数设计对话框

6.3.5　MATLAB 中神经网络工具箱的相关例程

为了便于用户更好地掌握神经网络工具箱的相关函数和模块，MATLAB/Simulink 提供了若干例程和数据，便于设计人员理解相关函数的使用方法。用户单击 MATLAB 的帮助文

件，在产品列表中找到 Neural Network Toolbox 产品，单击右侧的 Examples，即可查看其帮助例程，主要例程如下。

1．房价估算 fit_house_demo.m

该例程说明了如何利用拟合神经网络的函数，基于附近人口统计估计某区域房价中值。在该例程中，首先输入包含已知房价中值的区域的十三列输入矩阵和以 1000 美元为单位的房价中值的单列目标矩阵，接着用种子随机创建一个神经网络，并用输入数据训练神经网络。例程中还分析了神经网络训练结果评定标准，以达到需求精度。最后，使用训练好的神经网络对某区域房价进行估计。

2．癌症检测 cancerdetectdemonnet.m

该例程展示了如何使用神经网络从蛋白质谱的质谱数据中检测癌症的过程。在该例程中，首先使用数据库数据创建了两个用以训练神经网络的矩阵，接着使用 patternnet()函数创建一个神经网络，使用 train()函数应用上述矩阵对其进行训练。最后使用未应用于神经网络训练的数据库数据对模型进行测试与验证。

3．文字识别 appcr1.m

该例程描述了如何训练一个能进行简单文字识别的神经网络。首先使用 prprob 函数定义一个对应 26 个英文字母的 26 列矩阵，每列含有 35 个 0 或 35 个 1 的值来定义一个 5×7 的矩阵，同时另一个 26×26 矩阵用以识别输入的 26 个输入向量。利用 plotchar()函数绘制数位字母，同时用 feedforwardnet()函数创建前馈神经网络，并使用上述两个矩阵由 train()函数完成对其进行训练。紧接着创建另一个由存在噪声矩阵创建的前馈神经网络，并对两个神经网络的识别结果进行比对。

4．磁悬浮列车动力系统建模 model_maglev_demo.m

该例程展示了一个根据外部输入非线性变化的自回归神经网络在磁悬浮列车动力系统建模的应用。首先由数据库获取输入/输出两个时序矩阵；下一步使用 narxnet()函数创建一个 NARX 神经网络，并填补神经网络前两步的空缺，最后使用 train()函数来训练神经网络，可以使用 plotperform()函数来查看神经网络训练情况。

5．线性预测设计

该例程描述了如何设计一个根据现有五步时序数据预测下一步数据的线性神经元网络。首先定义一个关于时间的信号，使用 con2seq()函数对该信号进行预处理；接着使用 newlind()函数建立由线性中间层的神经网络，并使用时序数据中前四个数据作为初始数据，其余数据作为目标数据来训练网络；最后对网络进行测试。

6.4　模糊控制在 MATLAB/Simulink 中的使用方法

模糊逻辑控制（Fuzzy Logic Control）简称模糊控制（Fuzzy Control），是以模糊集合论、模糊语言变量和模糊逻辑推理为基础的一种计算机数字控制技术。1965 年，美国的 L.A,Zadeh 创立了模糊集合论，并在 1973 年给出了模糊逻辑控制的定义和相关定理。1974

年，英国的 E.H.Mamdani 首次根据模糊控制语句组成模糊控制器，将其应用于锅炉和蒸汽机的控制中，并获得了实验的成功。这一开拓性的工作标志着模糊控制论的诞生。模糊控制在工业过程控制、机器人、交通运输等方面得到了广泛而卓有成效的应用。与 PDI 控制等传统控制方法相比，模糊控制利用人类专家控制经验，对于非线性、复杂对象的控制效果显示出鲁棒性好、控制性能高等优点。模糊逻辑控制的其他应用领域包括聚类分析、故障诊断、专家系统和图像识别等。

本节主要介绍 MATLAB 环境下模糊控制系统的设计与仿真。首先给出模糊控制的基本概念，然后介绍了 MATLAB 的模糊控制工具箱，该工具箱提供了一系列函数、应用工具和 Simulink 模块，用于辅助设计人员基于模糊逻辑进行控制系统的设计与仿真验证。

6.4.1 模糊控制的基本概念

模糊控制是以模糊集理论、模糊语言变量和模糊逻辑推理为基础的一种计算机控制方法，它是从行为上模仿人的模糊推理和决策过程的一种智能控制方法。该方法首先将操作人员或专家经验编写成模糊规则，然后将来自传感器的测量信号模糊化，并作为模糊规则的输入进行模糊推理，将推理后得到的输出量加到执行器上。模糊控制属于智能控制的范畴，目前已成为实现智能控制的一种重要而有效的形式，尤其是模糊控制和神经网络、预测控制、遗传算法和混沌理论等新学科的相结合，显示出巨大的应用潜力。

一、模糊控制器的组成

一个典型的模糊控制系统由模糊控制器和被控对象组成，其原理框图如图 6-25 所示。从图 6-25 中可以看出，模糊控制器主要包括四个部分，分别是模糊化、知识库、模糊推理和清晰化。

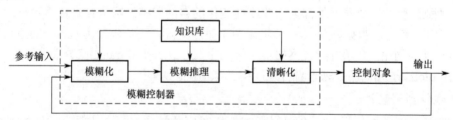

图 6-25 模糊控制器的原理框图

1．模糊化

模糊化的作用是将输入的精确量转换成模糊量。其中输入量包括外界的参考输入、系统的输出或状态等。模糊化的具体过程如下。

（1）首先对这些输入量进行处理，变成模糊控制器要求的输入量。例如，常见的情况是计算 $e = r - y$ 和 $\dot{e} = \mathrm{d}e / \mathrm{d}t$，其中 r 表示参考输入，y 表示系统输出，e 表示误差。有时为了减小噪声的影响，常常对 $\dot{e}$ 进行滤波后再使用，如可取 $\dot{e} = [s / (Ts + 1)]e$。

（2）将上述已经处理过的输入量进行尺度变换，使其变换到各自的论域范围。

（3）将已经变换到论域范围的输入量进行模糊处理，使原先精确的输入量变成模糊量，并用相应的模糊集合来表示。

2．知识库

知识库中包含了具体应用领域中的知识和要求的控制目标，通常由数据库和模糊控制规则库组成。

（1）数据库主要包括各个语言变量的隶属函数、尺度变换因子以及模糊空间的分级数等。

（2）规则库包括了用模糊语言变量表示的一系列控制规则。它们反映了控制专家的经验和知识。

3．模糊推理

模糊推理是模糊控制器的核心，它具有模拟人的基于模糊概念的推理能力。该推理过程是基于模糊逻辑中的蕴涵关系及推理规则来进行的。

4．清晰化

清晰化的作用是将模糊推理得到的控制量（模糊量）变换为实际用于控制的清晰量。清晰化包含两部分内容。

（1）将模糊的控制量经清晰化变换成表示在论域范围的清晰量。

（2）将表示在论域范围的清晰量经尺度变换成实际的控制量。

二、模糊控制器的相关概念和基本原理

下面就模糊控制的相关概念和基本原理进行介绍。

1．隶属函数

隶属函数要建立从论域 U 到[0,1]的映射，用来反映某个对象具有某种模糊性质或属于某个模糊概念的程度，其选取方法至今尚无统一的方法可循，主要依据实践经验来探求对应的法则。这种函数关系建立的正确与否，标准在于是否符合客观规律，这就是确定隶属函数的基本原则。应该承认，对于同一个模糊概念，由于不同人的认识水平不同，会建立不同的隶属函数。校验隶属函数建立的是否合适，应根据基本原则看其是否符合实际，具体方法是：初步确定粗略的隶属函数，再通过学习和校验逐步修正完善，使其达到主观与客观一致的程度。目前，确定隶属函数的方法包括主观经验法、模糊统计法和指派法。

主观经验法是指当论域离散时，根据个人主观经验，直接或间接给出元素隶属程度的具体值，由此确定隶属函数，典型代表包括：专家评分法、因素加权综合法和二元排序法等。模糊统计法是根据概率统计的基本原理，以调查统计试验结果所得出的经验曲线作为隶属函数曲线，根据曲线找出相应的函数表达式。指派法就是根据问题的性质套用现成的某些形式的模糊分布，然后根据测量数据确定分布中所含参数的大小。

2．模糊条件语句与模糊控制规则

在模糊控制中，所使用的控制规则是人们在实际工作中的经验，这些经验一般是用人们的模糊语言来归纳和描述的。要建立模糊控制器的控制规则，就是利用语言来归纳手动控制过程中所使用的控制策略。手动控制策略一般都可以用"if-then"形式的条件语句来加以描述。

3．模糊量的判决方法

模糊控制器的输出是一个模糊集，它包含控制量的各种信息，但被控对象仅能接收一个精确的控制量，这就需要把模糊量转化为精确量。把模糊量转换为精确量的过程称为清晰化，又称为去模糊化（Defuzzification）或模糊判决。模糊判决方法包括多种判决方法，如最大隶属法、中位数判决法和加权平均判决法等。每种判决方法都有各自的优缺点，需视具体问题的特征来选择。

三、模糊控制器的设计步骤

模糊控制器是模糊控制系统的核心，其设计过程主要包括以下几项内容：① 确定模糊控制器的输入变量和输出变量；② 归纳和总结模糊控制器的控制规则；③ 确定模糊化和去模糊化的方法；④ 选择论域并确定有关参数；⑤ 模糊控制器的软、硬件实现；⑥ 合理选择采样时间。

模糊控制器的结构设计就是要确定模糊控制器的输入变量和输出变量。在手动控制过程中，控制规则往往是根据手动控制的大量实践经验总结出来的。由于人们对误差、误差的变化以及误差变化的速率这三个信息的敏感程度是完全不同的，因此模糊控制器的输入变量通常选用误差、误差的变化和误差变化的速率这三项。而输出变量则一般选择为控制量的变化。

通常将模糊控制器输入变量的个数称为模糊控制的维数。从理论上讲，模糊控制器的维数越高，控制的效果也越好，但是维数高的模糊控制器实现起来相当复杂和困难。而维数低的模糊控制器，控制效果又不理想。因此，目前大都使用二维模糊控制器，其控制精度一般都可以满足要求。

基于以上这些步骤，在实际应用中，通常根据系统的动态特性和静态特性尽量简化算法，提高模糊控制器的实时性及自适应性，使模糊控制器的结构及其设计方法简化。

四、模糊控制器的特点

L.A.zadeh 教授提出的模糊集合论，其核心是对复杂的系统或过程建立一种语言分析的数学模式，使自然语言能直接转化为计算机所能接受的算法语言。模糊集合理论的诞生为推理客观世界中存在的一类模糊性问题提供了有力的工具，同时，也适应了自适应科学发展的迫切需要。以模仿人类手工控制特点而提出的模糊控制虽然带有一定的主观性和模糊性，但往往是简单易行且行之有效。

从以上背景可以看出，模糊控制具有如下特点。

（1）模糊控制是一种基于规则的控制，它直接采用语言型控制规则，出发点是现场操作人员的控制经验或相关专家的知识，在设计中不需要建立被控对象的精确的数学模型，因此使得控制机理和策略易于接受与理解，并且设计简单，便于应用。

（2）由工业过程的定性认识出发，比较容易建立语言控制规则，因此模糊控制对那些数学模型难以获取、动态特性不易掌握或变化非常显著的对象非常适用。

（3）基于模型的控制算法及系统设计方法，由于出发点和性能指标的不同，容易导致较大差异；但一个系统语言控制规则却具有相对的独立性，利用这些控制规律间的模糊连接，容易找到折中的选择，使控制效果优于常规控制器。

（4）模糊控制是基于启发性的知识及语言决策规则设计的，这有利于模拟人工控制的过程和方法，增强控制系统的适应能力，使其具有一定的智能水平。

（5）模糊控制系统的鲁棒性强，干扰和参数变化对控制效果的影响被大大减弱，尤其适合于非线性、时变及纯滞后系统的控制。

模糊控制具有以下缺点。

（1）目前，模糊控制的设计缺乏系统性，对复杂系统的控制是无效的，并且难以建立一套系统的模糊控制理论，以解决模糊控制的机理、稳定性分析、系统化设计方法等一系列问题。

（2）如何获得模糊规则及隶属函数（即系统）的设计办法，完全凭借经验进行，不同的专家经验其控制效果差异较大。

（3）信息简单的模糊处理将导致系统的控制精度降低和动态品质变差。若要提高控制精度就必然增加量化级数，导致规则搜索范围扩大，降低决策速度，甚至不能进行实时控制。

（4）如何保证模糊控制系统的稳定性和鲁棒性问题还有待解决。

6.4.2　MATLAB 模糊逻辑工具箱的简介

针对模糊逻辑尤其是模糊控制的迅速推广与应用，Mathworks 公司在其 MATLAB 版中添加了模糊逻辑工具箱（Fuzzy Logic Toolbox）。该工具箱由长期从事模糊逻辑和模糊控制研究与开发工作的有关专家和技术人员编制，MATLAB Fuzzy Logic Toolbox 以其强大的功能和方便、易用的特点得到了用户的广泛欢迎。模糊逻辑的创始人 Zadeh 教授称赞该工具箱"在各方面都给人以深刻的印象。使模糊逻辑成为智能系统的概念与设计的有效工具"。该工具箱提供了许多常用方法的功能，包括模糊聚类和自适应神经模糊学习，允许设计人员使用简单的逻辑规则对复杂系统行为进行建模，然后在模糊系统中实现这些规则。

本小节将对工具箱一些主要函数的功能、调用格式，以及使用方法做简要的介绍。关于函数的详细使用方法和注意事项，以及函数使用的相关例程，读者可以参考 MATLAB 的函数帮助文档。

一、MATLAB 模糊逻辑工具箱中的功能特点

MATLAB 模糊逻辑工具箱具备如下一些任务功能。

1．模糊逻辑系统的创建

模糊逻辑工具箱提供了建立和测试模糊逻辑系统的一整套功能函数，包括定义语言变量及其隶属函数、输入模糊推理规则、整个模糊推理系统的管理及交互式地观察模糊推理的过程和输出结果。

2．建立模糊推理系统

模糊推理是一种解释输入向量中的值的方法，并且根据用户定义的规则将值分配给输出向量。利用模糊逻辑工具箱可以构建规则集，定义成员函数，并分析模糊推理系统（FIS）的行为。利用模糊逻辑工具箱能够开发和分析模糊推理系统，开发自适应神经模糊推理系统，进行模式识别的模糊聚类技术。模糊工具箱的模糊推理方法，支持目前广泛采用的

Mamdani 和 Takagi-Sugeno 两种模糊系统类型。

3．集成的仿真和代码生成功能

模糊逻辑工具箱与 Simulink 进行无缝连接，支持在 Simulink 中完成模糊逻辑控制系统的建模和仿真，并可通过 Real-Time Workshop 生成 ANSIC 源代码，进而易于实现模糊系统的实时应用。

4．独立运行的模糊推理机

在用户完成模糊逻辑系统的设计后，可以将设计结果以 ASCII 码文件保存。利用模糊逻辑工具箱提供的模糊推理机，实现模糊逻辑系统的独立运行，或者作为其他应用的一部分运行。

二、MATLAB 中模糊控制系统的搭建过程

构造一个模糊逻辑系统，首先必须明确其主要组成部分。一个典型的模糊逻辑系统主要由如下几个部分组成：输入与输出语言变量（包括语言值及其隶属函数）、模糊规则、输入量的模糊化方法、输出变量的去模糊化方法及模糊推理算法。

针对模糊逻辑系统的主要构成，在 MATLAB 模糊逻辑工具箱中构造一个模糊系统，可按如下步骤进行。

（1）创建模糊系统对应的数据文件，其后缀为.fis，用于对该模糊系统进行存储、修改和管理。

（2）确定输入/输出语言变量及其语言值。

（3）确定各语言值的隶属函数，包括隶属函数的类型与参数。

（4）确定模糊规则。

（5）确定各种模糊运算方法，包括模糊推理方法、模糊化方法和去模糊化方法等。

按照上述步骤，利用 MATLAB 提供的相关函数可以方便地完成模糊控制系统的创建与调试。

三、MATLAB 模糊系统中创建、修改与存储管理的函数实现

从前文介绍可知，模糊系统包括由输入/输出语言变量及其隶属函数、模糊规则、模糊推理机和去模糊化方法等四部分。在 MATLAB 模糊逻辑工具箱中，把模糊系统的各部分作为一个整体，并以文件形式对模糊系统进行建立、修改和存储等管理功能。

1．创建新的模糊系统函数 newfis()

函数 newfis()可用于创建一个新的模糊系统，其特性可由函数的参数指定。该函数的调用格式如下：

```
fisMat=newfis('fisName','fisType',andMethod,orMethod,inpMethod,aggMethod,
defuzzMethod);
```

式中，输入参数 fisName 为模糊系统名称；fisType 为模糊系统类型（Mamdani 型或 Sugeno 型）；andMethod 为与运算操作符；orMethod 为或运算操作符；impMethod 为模糊蕴涵方法；aggMethod 为各条规则推理结果的综合方法；defuzzMethod 为去模糊化方法；返回值 fisMat 为模糊系统对应的矩阵名称，因为模糊系统在 MATLAB 内存中的数据是以矩阵形

式存储的。

2．从磁盘中加载模糊系统函数 readfis()

模糊逻辑工具箱提供了从硬盘加载模糊系统的函数 readfis()，该函数的调用格式如下：

```
fisMat=readfis('filename');                    %    加载 fis 模糊系统文件
```

式中，filename 为指定打开的模糊系统的数据文件名（.fis），并将其加载到当前的工作空间中，当未指定文件名时，MATLAB 将会打开一个文件对话窗口，提示用户指定某个.fis 文件；返回值 fisMat 为模糊系统对应的矩阵名称。

3．获得模糊系统的属性函数 getfis()

利用函数 getfis()可获取模糊系统的部分或全部特性。其调用格式如下：

```
getfis(fisMat);                                        %    获取系统全部属性
getfis(fisMat,'fispropname');                          %    获取系统指定属性
getfis(fisMat,'varType',varlndex,'varPropname');       %    获取指定语言变量的属性
getfis(fisMat,'varType',varindex,'mf',mfindex);        %    获取系统指定属性
getfis(fisMat,'vartype',varindex,'mf',mfindex,'mfPropname');   %    获取系统指定
属性
```

式中，fisMat 为模糊系统对应的矩阵名称；fispropname 为将要设置的 FIS 特性的字符串，可取 name、type、andMethod、orMethod、impMethod、aggMethod 和 defuzzMethod；varType 指定语言变量的类型（即输入语言变量为 input 或输出语言变量为 output）；varlndex 指定语言变量的编号；varPropname 为将要设置的变量域名的字符串，可取 name 或 range；mf 为隶属函数名称；mfIndex 为隶属函数的编号；mfPropname 为要设置的隶属函数域名的字符串，可取 name、type 或 params 等。

4．将模糊系统以矩阵形式保存在内存中的数据写入磁盘文件函数 writefis()

模糊系统在内存中的数据是以矩阵形式存储的，通过 writefis()函数将模糊系统的数据写入磁盘文件时。其调用格式如下：

```
writefis(fismat);                        %    弹出对话框，选择对话框，选择保存路径
writefis(fismat,'filename');             %    保存到指定路径
writefis(fismat,'filename','dialog') ;   %    弹出默认路径为 filename 的保存对话框
```

式中，fismat 为模糊系统对应的矩阵名称；filename 为指定存储的文件名。

5．以分行的形式显示模糊系统矩阵的所有属性函数 showfis()

模糊工具箱提供了显示模糊系统矩阵所有属性的函数 showfis()，该函数的调用格式如下：

```
showfis(fisMat);                         %    显示模糊系统矩阵的所有属性
```

式中，fisMat 为模糊系统对应的矩阵名称。

6．设置模糊系统的属性函数 setfis()

模糊工具箱提供了设置模糊系统属性的函数 setfis()，该函数的调用格式如下：

```
fisMat=setfis(fisMat,'fisPropname','newfisProp')     %    设置模糊系统的指定属性
fisMat=setfis(fisMat,'varType',varIndex,'varPropname','newvarProp')
fisMat=setfis(fisMat,'varType',varIndex,'mf',mfIndex,'mfPropname','newmf
Prop')
```

式中，fisMat 为模糊系统对应的矩阵名称；fisPropname 为要设置的 FIS 特性的字符串，

可取 name、type、andMethod、orMethod、impMethod、aggMethod 和 defuzzMethod 等；newfisProp 为要设置的 FIS 特性或方法的字符串；varType 指定语言变量的类型（即输入语言变量为 input 或输出语言变量为 output）；varIndex 指定语言变量的编号；varPropname 为要设置的变量域名的字符串，可取 name 或 range；newvarProp 当便令名为 name 时，这部分为要设置的变量名的字符串，当变量域名为 range 时，这部分为该变量范围的阵列；mf 为隶属函数名称；mfIndex 为隶属函数的编号；mfPropname 为要设置的隶属函数域名的字符串，可取 name，type 或 params；当函数域名为 name 或 type 时，newmfProp 为要设置的隶属函数域名或类型，当隶属函数域名为 params 时，该部分为参数范围的阵列。

7．绘图表示模糊系统的函数 plotfis()

模糊工具箱提供了模糊系统的绘图函数 plotfis()，该函数的调用格式如下：

```
plotfis(fisMat);                    %  绘制模糊系统
```

式中，fisMat 为模糊系统对应的矩阵名称。

8．将 Mamdani 型模糊系统转换成 Sugeno 型模糊系统的函数 mam2sug()

函数 mam2sug()可将 Mamdani 型模糊系统转换成零阶的 Sugeno 型模糊系统。该函数的调用格式如下：

```
sug_fisMat=mam2sug(mam_fisMat);      %  完成模糊系统的类型转换
```

式中，mam_fisMat 为 Mamdani 型模糊系统对应的矩阵名称；sug_fisMa 为变换后 Sugeno 型模糊系统对应的矩阵名称。

四、MATLAB 模糊系统中模糊语言变量的函数实现

在模糊系统中，专家的控制知识是以模糊规则形式表示的，为直接反映人类自然语言的模糊性特点，在模糊规则的前件和后件中引入语言变量和语言值的概念。语言变量分为输入语言变量和输出语言变量。输入语言变量是对模糊系统输入变量的模糊化描述，通常位于模糊规则的前件中；输出语言变量是对模糊系统输出变量的模糊化描述，通常位于模糊规则的后件中。语言变量具有多个语言值，每个语言值均对应一个隶属函数。语言变量的语言值构成了对输入和输出空间的模糊分割，模糊分割的个数（即语言值的个数）以及语言包对应的隶属函数决定了模糊分割的精细化程度。因此，在设计模糊系统时，需要注意在模糊分割的精细程度与控制规则的复杂性之间折中。在 MATLAB 模糊逻辑工具箱中，提供了向模糊系统中添加或删除模糊语言变量及其语言值的多个函数。

1．语言变量添加函数 addvar()

模糊工具箱提供了向模糊系统中添加语言变量函数 addvar()，该函数的调用格式如下：

```
fisMat2= addvar(fisMat1,'varType',varName,varBounds);      %  添加语言变量
```

式中，fisMat 为模糊系统的对应矩阵名称；varType 用于指定语言变量的类型（即 input 或 output）；varName 用于指定语言变量的名称；varBounds 用于指定语言变量的论域范围。对于添加到同一个模糊系统的语言变量，将按照添加的先后顺序分别赋予一个编号，输入与输出的不同语言变量分别独立地进行编号，编号均从 1 开始，逐渐递增。

2．语言变量删除函数 rmvar()

模糊工具箱提供了从模糊系统中删除语言变量函数 rmvar()，该函数的调用格式如下：

```
fisMat2=rmvar(fisMat1,'VarType',varIndex);      %  删除语言变量
```

式中，fisMat 为模糊系统的对应矩阵名称；varType 用于指定语言变量的类型；varIndex 为语言变量的编号。若一个模糊语言变量正在被当前的模糊规群集使用，则不能删除该变量。在一个模糊语言变量被删除后，模糊逻辑工具箱将会自动地对模糊规则集进行修改，以保证一致性。

五、MATLAB 模糊系统中模糊语言隶属关系的函数实现

每个模糊语言变量都具有多个模糊语言值。模糊语言值的名称通常具有一定的含义，如 NB（负大）、NM（负中）、NS（负小）、ZE（零）、PS（更小）、PM（正中）、PB（正大）等。每个语言值都对应一个隶属函数，隶属函数可有两种描述方式，即数值描述方式和函数描述方式。数值描述方式适用于语言变量的论域为离散的情形，此时隶属函数可用向量或表格的形式表示；函数描述方式适用于论域为连续的情况。

MATLAB 模糊逻辑工具箱中支持多种隶属函数，包括高斯型、三角型、梯型、钟型、Sigmoid 型、π 型和 Z 型等。隶属函数曲线的形状决定了对输入/输出空间的模糊分割，对模糊系统的性能有重要的影响。MATLAB 模糊逻辑工具箱中具有丰富的隶属函数类型，利用模糊逻辑工具箱的有关函数可以方便地对各类隶属函数进行建立、修改和删除等操作。

1．语言变量的隶属函数曲线绘制函数 plotmf()

模糊工具箱提供了绘制语言变量的隶属函数曲线的函数 plotmf()，该函数的调用格式如下：

```
plotmf(x,mf,'varType',varIndex);          %    绘制语言变量的隶属函数曲线
```

式中，x 为变量的论域范围；mf 为隶属函数的值；fisMat 为模糊系统的对应矩阵名称；varType 为语言变量的类型（即 input 或 output）；varIndex 为语言变量的编号。

2．向模糊系统的语言变量添加隶属函数 addmf()

函数 addmf() 只能给模糊系统中存在的某个语言变量添加隶属函数，而不能将其添加到一个不存在的语言变量中。某个语言变量的隶属函数（即语言值）按照添加的顺序加以编号，第一个添加的隶属函数被编为 1 号，此后依次递增。该函数调用格式如下：

```
fisMati=addmf(fisMat,'varType',varIndex,'mfName','mfType',mfParams)
```

式中，fisMat 为模糊系统对应的矩阵名称；varType 指定语言变量的类型（即输入语言变量为 input 或输出语言变量为 output）；varLndex 指定语言变量的编号；mfName 指定隶属函数的名称；mfType 和 mfParams 分别指定隶属函数的类型和参数向量。

3．从模糊系统中删除一个语言变量的某个隶属函数 rmmf()

模糊工具箱提供了隶属关系函数的删除功能，该函数的调用格式为：

```
fisMati=rmmf(fisMat1,'varType',varIndex,'mf',mfIndex);      %    删除隶属关系
```

式中，fisMati 为模糊系统的对应矩阵名称，varType 为语言变量的类型，varIndex 为语言变量的编号；mf 为隶属函数的名称；mfIndex 为隶属函数的编号。若隶属函数正在被当前模糊推理规则使用，则不能删除。

4．建立高斯型隶属关系函数 gaussmf()

模糊工具箱提供了高斯型隶属关系的建立函数 gaussmf()，该函数的调用格式为：

```
y = gaussmf(x,[sig c])                    %    建立高斯型隶属关系
```

式中，参数 x 用于指定变量的论域；c 决定了函数的中心点；sig 决定了函数曲线的宽度 σ，高斯型函数的形状由 sig 和 c 两个参数决定，高斯函数的表达式为

$$y = e^{-\frac{(x-c)^2}{\sigma^2}} \qquad (6\text{-}2)$$

5．建立双边高斯型隶属关系函数 gauss2mf()

模糊工具箱提供了双边高斯型隶属关系的建立函数 gauss2mf()，该函数的调用格式如下：

```
y = gauss2mf(x,[sig1 c1 sig2 c2]);           % 建立双边性高斯隶属关系
```

双边高斯型函数的曲线由两个中心点不相同的高斯型函数的左、右半边曲线组合而成，其表达式如式（6-3）所示。参数 sig1，c1，sig2，c2 分别对应左、右半边边高斯函数的宽度与中心点，且 c2>c1。

$$y = \begin{cases} e^{-\frac{(x-c_1)^2}{\sigma_1^2}}, & x < c_1 \\ e^{-\frac{(x-c_2)^2}{\sigma_2^2}}, & x \geq c_2 \end{cases} \qquad (6\text{-}3)$$

6．建立一般的钟型隶属关系函数 gbellmf()

模糊工具箱提供了一般的钟型隶属关系的建立函数 gbellmf ()，该函数的调用格式如下：

```
y=gbellmf(x,params);              % 建立钟型隶属关系
y=gbellmf(x,[a b c]);             % 建立钟型隶属关系
```

式中，参数 x 指定变量的论域范围，[a b c]指定钟型函数的形状，钟型函数的表达式为

$$y = \frac{1}{1 + \left| \dfrac{x-c}{a} \right|^{2b}} \qquad (6\text{-}4)$$

7．建立 π 型隶属关系函数 pimf()

π 型函数是一种基于样条的商数，由于其形状类似字母 π 而得名。其建立函数 pimf() 的调用格式如下：

```
y=pimf (x,[a b c d]);              % 建立π型隶属关系
```

式中，参数 x 指定函数的自变量范围；[a b c d]决定函数的形状，a 和 b 分别对应曲线下部的左、右两个拐点，b 和 c 分别对应曲线上部的左、右两个拐点。

8．建立 Sigmoid 型隶属函数 sigmf()

模糊工具箱提供了 Sigmoid 型隶属关系的建立函数 sigmf ()，该函数的调用格式如下：

```
y=sigmf(x,[a c]);                 % 建立Sigmoid 型隶属关系
```

式中，参数 x 用于指定变量的论域范围；[a c]决定了 Sigmoid 型函数的形状，其表达式为

$$y = \frac{1}{1 + e^{-a(x-c)}} \qquad (6\text{-}5)$$

由于 Sigmoid 型函数曲线具有半开的形状，因此适合作为"极大""极小"等语言值的隶属函数。

9．建立三角型隶属函数 trimf()

模糊工具箱提供了三角型隶属函数的建立函数 trimf ()，该函数的调用格式如下：

```
y=trimf (x,[a,b,c]);              % 建立三角型隶属关系
```

式中，参数 x 指定变量的论域范围；参数[a,b,c]指定三角型函数的形状。其表达式为

$$f(x,a,b,c) = \begin{cases} 0, & x < a \\ \dfrac{x-a}{b-a}, & a \le x \le b \\ \dfrac{c-x}{c-b}, & b \le x \le c \\ 0, & c < x \end{cases} \tag{6-6}$$

10．建立梯型隶属函数 trapmf()

模糊工具箱提供了梯型隶属函数的建立函数 trapmf()，该函数的调用格式如下：

```
y=trapmf (x,[a,b,c,d]);              % 建立梯形型隶属关系
```

式中，参数 x 指定变量的论域范围；参数[a,b,c,d]指定梯型隶属函数的形状，对应表达式为

$$f(x,a,b,c,d) = \begin{cases} 0, & x < a \\ \dfrac{x-a}{b-a}, & a \le x \le b \\ 1, & b < x < c \\ \dfrac{d-x}{d-c}, & c \le x \le d \\ 0, & d < x \end{cases} \tag{6-7}$$

11．建立 Z 型隶属函数 zmf()

模糊工具箱提供了 Z 型隶属函数的建立函数 zmf()，该函数的调用格式如下：

```
y=zmf (x,[a,b]);                     % 建立 Z 型隶属关系
```

Z 型函数是一种基于样条插值的函数，参数[a,b]分别定义样条插值的起点和终点；参数 x 指定变量的论域范围。

12．通过两个 Sigmoid 型函数的乘积来构造新的隶属函数 psigmf()

为了得到更符合人们习惯的隶属函数形状，可以利用两个 Sigmoid 型函数之和或乘积来构造新的隶属函数类型，模糊逻辑工具箱中提供了相应函数 psigmf()，该函数的调用格式如下：

```
y=psigmf (x,[a1 c1 a2 c2]);          % 根据 Sigmoid 型的乘积构造隶属关系
```

式中，参数 a1、c1 和 a2、c2 分别用于指定两个 Sigmoid 型函数的形状，参数 x 指定变量的使用范围，新的函数表达式为

$$y = \frac{1}{(1 + e^{-a_1(x-c_1)})(1 + e^{-a_2(x-c_2)})} \tag{6-8}$$

13．通过计算两个 Sigmoid 型函数之和来构造新的隶属函数 dsigmf()

模糊工具箱提供了利用两个 sigmoid 型函数之和来构造隶属关系函数 zmf()，该函数的调用格式如下：

```
y=dsigmf(x,[a1 c1 a2 c2]);           % 根据 Sigmoid 型的和构造隶属关系
```

该函数的用法与函数 psigmf()类似，参数 a1、c1 和 a2、c2 分别用于指定两个 Sigmoid 型函数的形状，构造得到的新的隶属函数，其函数表达式为

$$y = \frac{1}{1 + e^{-a_1(x-c_1)}} + \frac{1}{1 + e^{-a_2(x-c_2)}} \tag{6-9}$$

14．进行不同类型隶属函数之间的参数转换函数 mf2mf()

模糊工具箱提供了不同类型隶属函数之间的参数转换函数 mf2mf()，该函数的调用格式如下：

```
outParams=mf2mf(inParams,inType,outType);          % 进行不同类型隶属关系的转换
```

式中，inParams 为转换前的隶属函数的参数；outParams 为转换后的隶属函数的参数；inType 为转换前的隶属函数的类型；outType 为转换后的隶属函数的类型。

该函数将尽量保持两种类型的隶属函数曲线在形状上近似，特别是保持隶属度在等于 0.5 处的点的重合，但不可避免地会丢失一些信息。所以，当再次使用该函数进行反向转换时，将无法得到与原来函数相同的参数。注意，该函数只能转换 MATLAB 模糊系统内置的隶属函数，不能处理用户自定义函数。

15．隶属函数的计算函数 fuzarith()

模糊工具箱提供了隶属函数的计算函数 fuzarith()，该函数的调用格式如下：

```
C=fuzarith(x,A,B,'operator');                      % 计算隶属关系函数
```

式中，x 为要计算的隶属函数的论域；A、B 为隶属函数的值；operator 为模糊运算符，可以是 sum（加）、sub（减）、prod（乘）和 div（除）四种运算中的任意一种；C 为 A、B 模糊运算后的隶属函数值。

16．计算隶属函数值的计算函数 evalmf()

模糊工具箱提供了隶属函数值的计算函数 evalmf()，该函数的调用格式如下：

```
y=evalmf(x,myParams,'myType');                     % 计算隶属关系的值
```

式中，x 为要计算的隶属函数的论域；myParams 为隶属函数的参数值；myType 为隶属函数的类型；y 为隶属函数的值。

六、MATLAB 模糊系统中模糊规则设置的函数实现

在模糊推理系统中，模糊规则以模糊语言的形式描述人类的经验和知识，规则是否能正确地反映人类专家的经验和知识，以及是否能正确地反映对象的特性，都将直接决定模糊推理系统的性能。因此，模糊规则的建立是构造模糊推理系统的关键。在实际应用中，初步建立的模糊规则往往难以达到良好的效果，必须不断加以修正和试凑。在模糊规则的建立修正和试凑过程中，应尽量保证模糊规则的完备性和相容性。一般模糊规则可以由如下两种途径获得：请教相关领域的专家或采用基于测试数据的学习算法。MATLAB 提供了多个函数，用于添加或修改模糊规则。

1．模糊规则添加函数 addrule()

模糊工具箱提供了向模糊系统中添加模糊规则的函数 addrule()，该函数的调用格式如下：

```
fisMat2=addrule(fisMat1,rulelist);                 % 添加模糊规则
```

式中，参数 fisMat1、fisMat2 为添加规则前、后模糊系统对应的矩阵名称；rulelist 以向量的形式给出需要添加的模糊规则，该向量的格式有严格的要求，若模糊系统有 m 个输入语言变量和 n 个输出语言变量，则向量 rulelist 的列数必须为 $m+n+2$，而行数任意。在向量 rulelist 的每行中，前 m 个数字表示输入变量对应的隶属函数的编号，其后的 n 个数字表示输出变量对应的隶属函数的编号，第 $m+n+1$ 个数字是该规则适用的权重，权重的值在 0 到

1 之间，一般设定为 1；第 $m+n+2$ 个数字为 0 或 1 两个值之一，若为 1 则表示模糊规则前件的各语言变量之间是"与"的关系；若是 0 则表示模糊规则前件的各语言变量之间是"或"的关系。

2．解析模糊规则函数 parsrule()

模糊工具箱提供了 parsrule()函数用于对模糊语言规则进行解析并添加到模糊系统矩阵中。其调用格式如下：

```
fisMat2=parsrule (fisMat1,txtRulelist,ruleFormat,lang);    %    解析模糊规则
```

式中，fisMati 为模糊系统矩阵；txtRulelist 为模糊语言规则；ruleFormat 为规则的格式，包括语言型（'verbose'）、符号型（'symbolic'）和索引型（'indexed'）；lang 为规则使用的语言，可以是"English""Francais"和"Deusch"。lang 的默认值为 English，此时关键词为 if、then、is、and、or 和 not，ruleFormat 参数会自动设为语言型（'verbose'）。

3．模糊规则显示函数 showrule()

模糊工具箱提供了模糊规则的显示函数 showrule()，该函数的调用格式如下：

```
showrule(fisMat1,indexList,format,lang);                %    显示模糊规则
```

式中，fisMat1 为模糊系统矩阵；indexList 为规则编号；format 为规则的格式，与函数 parsrule()中的 ruleFormat 参数定义；lang 为规则使用的语言，与函数 parsrule()中的 lang 定义相同。

该函数用于显示指定的模糊系统的模糊规则，模糊规则可以按三种方式显示，即语言方式（Verbose）、符号方式（Symbolic）和隶属函数编号方式（Membership Function Index Referencing），第一个参数是模糊系统矩阵的名称，第二个参数是规则编号，第三个参数是规则显示方式。规则编号可以以向量形式指定多个规则。

七、MATLAB 模糊系统中模糊推理计算与去模糊化的函数实现

在完成模糊语言变量的建立及其隶属度值的设置，和模糊规则的构造后，就可以进行模糊推理计算了。模糊推理的执行结果与模糊蕴涵操作的定义、推理合成规则、模糊规则前件部分的连接词"and"的操作定义等有关，包含多种不同的算法。目前常用的模糊推理合成规则是"极大-极小"合成规则，设 R 表示规则，" x 为 $A \rightarrow y$ 为 B "表达的模糊关系，当 x 为 A' 时，按照"极大-极小"规则进行模糊推理的结论 B' 计算公式为

$$B' = A' \circ R = \int_Y \bigvee_{x \in X} (\mu_{A'}(x) \wedge \mu_R(x,y)) / y \tag{6-10}$$

MATLAB 提供了多个函数用于模糊推理的计算和实现。

1．执行模糊推理计算函数 evalfis()

该函数用于计算已知模糊系统在给定输入变量名的输出值。其调用格式如下：

```
output=evalsfis(input,fisMat);                    %    执行模糊推理计算函数
```

式中，input 为输入向量，它的每行均对应一组输入变量值；output 为输出向量，它的每行均对应一组输出变量值；fisMat 为模糊系统的对应矩阵名称。输入向量是 $M \times N$ 矩阵，其中 N 是输入语言变量个数；输出向量是 $M \times L$ 矩阵，其中 L 是输出语言变量个数。evalfis()有两种文件格式，即 M-文件和 MEX-文件，考虑到运算的速度，通常调用 MEX-文件执行模糊推理计算。

2. 执行输出去模糊化函数 defuzz()

模糊工具箱提供了执行输出去模糊化的函数 defuzz()，该函数的调用格式如下：

```
out=defuzz(x,mf,type);                    %    执行输出去模糊化函数
```

式中，参数 x 是变量的论域范围；mf 为待去模糊化的模糊集合；type 是去模糊化的方法，去模糊化的方法包括五种，即 centroid（面积中心法）、bisector（面积平分法）、mom（平均最大隶属度方法）、som（最大隶属度中的取最小值方法）和 lom（最大隶属度中的取最大值方法）。

3. 生成模糊系统的输出曲面并显示函数 gensurf()

模糊工具箱提供了生成模糊系统的输出曲面并显示函数 gensurf()，该函数的调用格式如下：

```
gensurf(fisMat);                          %    显示模糊系统输出结果
gensurf(fisMat,inputs,outputs);
gensurf(fisMat,inputs,outputs,grids,refinput);
```

式中，参数 fisMat 为模糊系统对应的矩阵；inputs 为模糊系统的一个或两个输入语言变量的编号；outputs 为模糊系统的输出语言变量的编号；grids 用于指定 x 和 y 坐标方向的网络数目；当系统输入变量多于两个时，参数 refinput 用到指定保持不变的输入变量。由于 gensurf()函数只能绘制二维平面图或三维曲面图，因此当系统的输入参数多于两个时，函数 gensurf(fisMat)（仅有一个参数 fisblat）生成由模糊系统的前两个输入和第一个输出构成的三维曲面，否则指明绘制哪两个输入和哪一个输出的三维曲面。

6.4.3 MATLAB 模糊逻辑工具箱的应用工具

MATLAB 模糊逻辑工具箱提供了大量有关构造模糊推理系统的函数，这些函数都是直接在 MATLAB 命令行窗口执行并显示结果的，为了便于设计人员开展工作，MATLAB 提供了多个模糊逻辑应用工具，使得设计人员通过界面操作，即可完成对模糊系统的创建、修改、仿真计算及输出等任务。主要包括以下几个方面。

（1）模糊推理系统编辑器。该编辑器用于建立模糊逻辑系统的整体框架，包括输入与输出数目及去模糊化方法等。

（2）隶属函数编辑器。用于通过可视化手段建立语言变量的隶属函数。

（3）模糊推理规则编辑器。

（4）系统输入输出特性曲面浏览器。

（5）模糊推理过程浏览器。

下面就对这些模糊逻辑应用工具进行简要的介绍。

一、MATLAB 模糊逻辑工具箱的模糊推理系统编辑器

模糊推理系统编辑器（FIS Editor）提供了模糊系统的高级属性进行编辑、修改等功能的图形化操作界面，这些属性包括输入/输出语言变量的个数和去模糊化方法等。其启动方法是在命令行窗口中输入"fuzzy"指令，即可启动编辑器。如图 6-26 所示。

从图 6-26 中可以看出，在窗口上半部分以图形框的形式列出了模糊推理系统的基本组成部分，即系统输入模糊变量（Input1）、模糊规则（Mandani 型或 Sugeno 型）和输出模糊

变量（Output1）。双击上述图形框，能够激活隶属关系编辑器和模糊规则编辑器等相应的编辑窗口。在窗口下半部分的右侧，列出了当前选定的模糊语言变量（Current Variable）的名称、类型及其论域范围。窗口的中部给出了模糊推理系统的名称（FIS Name）及其类型（FIS Type），窗口的下半部分的左侧列出了模糊推理系统的一些基本属性，包括"与"运算（And method）、"或"运算（Or methed）、蕴涵运算（Implication）、模糊规则的综合运算（Aggregation）以及去模糊化（Defuzzication）等。用户只需通过鼠标操作即可完成相应属性的设定。其中"与"运算可选择最小（min）、乘积（prod）或自定义（custom）运算；"或"运算可选择最大（max）、概率方法（probor）或自定义运算；蕴涵运算可选择最小、乘积或自定义运算，但不适用 Sugeno 型的模糊系统；模糊规则的综合运算可选择最大、求和（sum）、概率方法或自定义运算，但不适用于 Sugeno 型的模糊系统；去模糊化对于 Mamdani 型模糊系统，可选择区域重心法（centroid）、区域等分法（bisector）、极大平均法（mom）、极大最小法（som）、极大最大法（lom）或自定义、对于 Sugeno 型模糊系统，可选择加权平均（wtaver）或加权求和（wtsum）。窗口的最下面给出了当前系统的输入/输出量和模糊控制规则数。

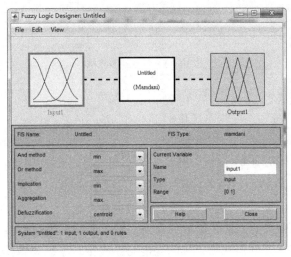

图 6-26　模糊推理系统编辑器的应用界面

从图 6-26 中可以看出，模糊系统的基本默认设定为："与"运算采用极小运算，"或"运算采用极大运算，蕴涵运算采用极小运算，模糊规则的综合运算采用极大运算，去模糊化采用重心法。

在模糊推理系统编辑器（FIS Editr）的菜单部分主要包括 File、Edit 和 View，其主要提供以下功能。

文件（File）菜单中的选项及其功能如下：New / Mamdani FIS：新建 Mamdani 型模糊推理系统；New / Sugeno FIS：新建 Sugeno 型模糊推理系统；Import / From Workspace：从工作空间加载一个模糊推理系统；Import / From File：从磁盘文件中加载一个模糊推理系统；Export / To Workspace：将当前的模糊推理系统保存到工作空间中；Export / To File：将当前的模糊推理系统保存到磁盘文件中；Print：打印模糊推理系统的信息；Close Window：关闭窗口。

编辑（Edit）菜单中的选项及其功能如下：Undot：撤销最近的操作；Add Variable / Input：添加输入语言变量；Add Variable / Output：添加输出语言变量；Remove Selected Variable：删除所选语言变量；Membership Functions：打开隶属函数编辑器（Mfedit）Rules：打开模糊规则编辑器（Ruleedit）。

视图（View）菜单中的选项及其功能如下：Rules：打开模糊规则浏览器（Ruleview）；Surface：打开模糊推理输入输出曲面浏览器（Surfview）。

二、MATLAB 模糊逻辑工具箱的隶属关系编辑器

在 MATLAB 命令窗口输入"mfedit"命令，或在模糊推理系统编辑器中选择编辑隶属函数菜单（Edit/Membership Functions），即可启动隶属函数编辑器（Membership Function Editor）。在该编辑器中，提供了对输入/输出语言变量各语言包的隶属函数类型、参数进行编辑、修改的图形界面工具，其界面如图 6-27(a)所示。

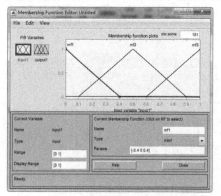
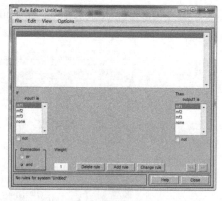

(a) Membership Function Editor   (b) Rule Editor

图 6-27 隶属关系编辑器和模糊规则编辑器的工具界面

在该图形界面中，窗口上半部分为隶属函数的图形显示，下半部分为隶属函数的参数设定界面，包括语言变量的名称、论域和隶属西数的名称、类型和参数。

在菜单部分，文件菜单和视图菜单的功能与模糊推理系统编辑器的文件功能类似。编辑菜单的功能包括添加隶属函数、添加定制的隶属函数及删除隶属函数等。

三、MATLAB 模糊逻辑工具箱的模糊规则编辑器

在 MATLAB 命令窗口输入"ruleedit"命令，或在模糊推理系统编辑器中选择编辑模糊规则菜单（Edit/Rules），均可激活模糊规则编辑器（Rule Editor）。在模糊规则编辑器中，提供了添加、修改和删除模糊规则的图形界面，其界面如图 6-27(b)所示。

在模糊规则编辑器中提供了一个文本编辑窗口，用于规则的输入和修改。模糊规则的形式包括三种，即语言型（Verbose）、符号型（Simbolic）以及索引型（Indexed）。在窗口的下部有一个下拉列表框，供用户选择某个规则类型。

为利用规则编辑器建立规则，首先应定义该编辑器使用的所有输入变量和输出变量（系统自动地将在该编辑器中定义的输入/输出变量显示在窗口的左下部），然后在窗口中选择相应的输入/输出变量和不同输入变量的连接关系（or 或 and）以及权重 weight 的值（默认值为 1），然后单击"Add rule"按钮，便可将此规则显示在编辑器的显示区域中。

模糊规则编辑器的菜单功能与前两种编辑器基本类似，在其视图菜单中能够启动其他的编辑器或窗口。

四、MATLAB 模糊逻辑工具箱的模糊规则浏览器

在 MATLAB 命令窗口输入"ruleview"，或在上述三种编辑器中选择相应菜单（View/Rules），即可启动模糊规则浏览器（Rule Viewer）。模糊规则浏览器以图形形式描述了模糊推理系统的推理过程，其界面如图 6-28 所示(a)。

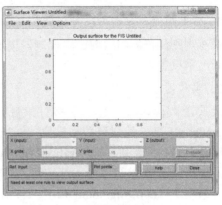

(a) Rule Viewer　　　　　　　　　　(b) Suface Viewer

图 6-28　模糊规则浏览器和输入/输出曲面浏览器的工具界面

五、MATLAB 模糊逻辑工具箱的模糊推理输入输出曲面浏览器

在 MATLAB 命令窗口输入"surfview"指令，或在各个编辑器窗口选择相应菜单（View/Surface），即可启动模糊推理输入输出曲面浏览器（Suface Viewer），它以图形的形式显示了模糊推理系统的输入/输出特性曲线，其界面如图 6-28(b)所示。

6.4.4　MATLAB 模糊逻辑工具箱的 Simulink 模块库

MATLAB 模糊逻辑工具箱提供了与 Simulink 的无缝连接功能。在模糊逻辑工具箱中建立模糊推理系统后，即可在 Simulink 仿真环境中对其进行调用和仿真计算。在 Simulink 中提供了模糊逻辑控制器方块图（Fuzzy Logic Block），将该模块复制到用户建立的 Simulink 仿真模型中，设置模糊逻辑控制器模块的模糊推理矩阵名称与用户在 MATLAB 工作空间（Workspace）建立的模糊推理系统名称相同，即可完成将模糊推理系统与 Simulink 的连接。相关模块库位于 Simulink Library 中的模糊逻辑工具箱中。主要包括如图 6-29 所示的内容。

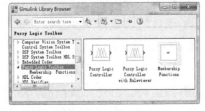

（a）Rule Viewer　　　　　　　　　　　（b）Membership Function

图 6-29　Simulink Library 中的模糊逻辑工具箱及其 Membership Function 子模块库

从图 6-29 中可以看出，在模糊逻辑工具箱模块库中包含了以下三种模块。

（1）模糊逻辑控制器（Fuzzy Logic Controller）；

（2）带有规则浏览器的模糊逻辑控制器（Fuzzy Logic Controller with Ruleviewer）；

（3）隶属函数模块库（Membership Functions）。

1．模糊逻辑控制器

Simulink 的模糊逻辑控制器模块是一个建立在 S 函数 sffis.mex 基础上的模块，通过设置指定 FIS 结构变量的名称，或者以引号指定包括后缀的文件名。

2．带有规则浏览器的模糊逻辑控制器

带有规则浏览器的模糊逻辑控制器模块与模糊逻辑控制器基本一致，其参数中包含一个更新速率设置。

3．隶属函数模块库

隶属函数模块库中包含了多种隶属函数模块。主要包括 Sigmoidal 隶属关系模块（Sigmoidal MF）、S 型隶属关系模块（S-Shaped MF）、Z 型隶属关系模块（Z-Shaped MF）、广义钟型隶属关系模块（Generalized Bell MF）、概率或值求取模块（Probabilistic OR）、对称高斯隶属关系模块（Gaussian MF）、双高斯隶属关系模块（Gaussian2 MF）、双 S 型差异隶属关系模块（Diff. Sigmodidal MF）、π 型隶属关系（Pi-shaped MF）、双 S 型乘积隶属关系（Prod. Sigmoidal MF）、概率规则聚合模块（Probabilistic Rule Agg）、三角隶属关系模块（Triangular MF）和梯形隶属关系模块（Trapezoidal MF）等类型。

6.4.5　MATLAB 模糊逻辑工具箱的相关例程

模糊逻辑工具箱为分析、设计以及模拟模糊逻辑该系统提供了一系列 MATLAB 函数、相关应用和模块，并且提供了若干例程，便于用户更好地掌握工具箱中相关函数的使用方法。用户单击 MATLAB 的帮助文件，在产品列表中找到 Fuzzy Logic Toolbox 产品，单击右侧的 Examples，就可查看其帮助例程，主要例程如下。

1．机械臂反向动力学 invkine_codepad.m

该例程展示了如何利用模糊系统为双轴机械臂运动逆推建模。首先使用 meshgrid()函数给定机械臂所有可能运动点的数据，接着建立自适应神经模糊推理系统，这里分别以节点位置与两只手臂各自角度为矩阵独立训练了两个神经网络分别用以预测两个轴的转角。最后，模拟了机械臂画椭圆的运动以测试并验证该建模性能。

2．使用减法聚类为交通流量建模 trips.m

该例程介绍了如何利用减法聚类根据区域的人口统计数据对区域中的交通流量进行建模。首先对人口统计数据和旅行次数之间的关系用 sublust()函数进行数据聚类建模。接着调用 genfis()函数来生成模糊推理系统，最后使用该系统进行数据探索。

3．预测燃油消耗 gasdemo.m

该例程展示了如何利用以往的观测数据来预测汽车的燃油消耗。首先将数据拆分成两组，一组用来训练网络，另外一组用来验证网络。接着调用 exhsrch()函数从数据中挑选出对燃料消耗影响最大的输入组。在找到几个对燃料消耗影响最大的输入量后，挑选出这些变量对自适应模糊推理神经网络进行训练。然后将该神经网络与普通的线性回归进行对比，并在最后针对其优缺点进行分析。

4．模糊 C 均值聚类 fcmdemo_codepad.m

该例程实现对二维数据执行模糊 C 均值聚类。使用 fcm()函数获取数据集和所需数量的聚类，并返回每个数据点的最佳聚类中心和等级。

5．鸢尾花数据的模糊 C 均值聚类 irisfcm.m

该例程用于实现对鸢尾花数据使用模糊 C 均值聚类。首先输入鸢尾花的数据，接着为 C 均值聚类设置参数，最后计算集群。

6．非线性系统辨识 drydemo.m

该例程用 ANFIS 命令实现非线性动态系统识别，同时需要系统辨识工具箱比较非线性 ANFIS 和线性 ARX 模型，并得到了 ARX 适用于快速且不要求高精度的建模而 ANFIS 适用于慢速且高精度建模的结论。

7．混沌时间序列预测 mgtsdemo.m

该例程利用 ANFIS 进行混沌时间预测。首先导入时序数据进行预处理，接着使用其中前一半数据用 genfis()函数生成并训练初始 FIS 矩阵，最后可以用未使用的数据测试该 ANFIS 的预测性能。

8．自适应噪声消除 noisedm.m

该例程利用 anfis 和 genfis1 命令消除自适应非线性噪声。首先给定一个信号，接着建立一个随机噪声 n1，并利用这个噪声以假定未知的非线性方程生成噪声 n2，然后使用 n1 和加入的 n2 噪声的信号训练 ANFIS 模型来识别 n1 和 n2 之间的非线性关系，最后展示噪声消除后的信号与原始无噪声信号的对比。

9．淋雨温控 fuzzyshowerdemo.m

该例程介绍了如何在一个 Simulink 模型中利用模糊逻辑推理系统。首先用 open_system 函数打开'shower' Simulink 模型，然后利用模拟控制器响应周期变动的水温流速设定。

10．水箱水位控制 fuzzytankdemo.m

该例程介绍了如何在一个 Simulink 模型中利用模糊逻辑推理系统。首先用 open_system 函数打开'sltankrule'Simulink 模型，然后利用模拟控制器响应定期改变的水位设定值。

11．利用 Simulink 中的 LookupTable 实现模糊 PID 控制器 fuzzypiddemo.m

该例程使用二维查表模块实现非线性模糊 PID 控制的模糊推理系统。例程中为 Simulink 设计了一个非线性模糊 PID 控制器。

12．去模糊方法 defuzzdm.m

该例程展示了工具箱中支持的五种去模糊化方法。在设定了问题初始条件后，采用 defuzz()函数中不同的关键词，用五种不同的方法去模糊化。

13．隶属函数库 mfdemo.m

该例程展示了如何完成模糊逻辑工具箱中的 11 个隶属函数的显示。

14．模糊逻辑图像处理 fuzzyedgedemo.m

该例程使用了模糊逻辑工具箱进行图像处理中的边缘识别。首先用 imread()函数读入待处理图片，然后使用 rgb2gray()函数转换为灰度图像，用 im2double 把灰度图转换为双精度数组，接着计算图像梯度，最后用 newfis()建立一个模糊推理系统，配合图像梯度数据计算出图像边缘。

6.5 本章要点小结

随着目标机动性的日益增强、作战环境及复杂空域下的作战需求愈加强烈，精确制导武器的战技指标要求的不断提高，使得制导控制系统的复杂性和战技指标之间的矛盾越来越突出，传统的基于单输入和单输出控制的设计思路已不能满足未来战争对导弹的战技指标的要求，因此基于现代控制理论的制导控制系统设计方法便应运而生。本章介绍一些先进的控制方法在 MATLAB 中的实现，主要包括 Simulink 环境中的一些高级使用技巧，航空航天工具箱的使用步骤，以及神经网络和模糊控制工具箱在 MATLAB 中的使用方法。

（1）MATLAB 提供了一系列利用 M 语言对 Simulink 模型的操作函数，能够通过代码编写的方式，完成模型的创建、打开、加载和保存；信号和模块的添加、设置、连线和删除；并提供了 sim()函数，用于运行仿真模型。通过 M 语言调用相关函数实现仿真模型的多次循环运行和动态修改。

（2）对模型来说，回调函数在 Simulink 的使用中起着举足轻重的作用，通过回调功能可用来执行一个 MATLAB 脚本或调用 MATLAB 函数。本章介绍了模型和模块的常用回调函数，借助这些函数能够实现数据在仿真过程中的自动加载，以及数据事后的自动处理等功能。

（3）当 Simulink 库提供的模块不足以满足用户需求时，用户可以通过 S 函数设计一个功能模块，实现自定义算法或期待的动作。本章介绍了基于 C 语言的 S 函数相关内容，包括其组成和执行顺序、创建步骤、代码组成及结构、代码文件的编译与载入等内容，最后介绍了 S 函数自动生成工具。

（4）MATLAB 提供了多个函数，用于确定系统模型中不同模块的状态、平衡点及线性化处理，便于求取由 Simulink 搭建的非线性系统的线性模型。主要包括平衡点求取函数 trim()和模型线性化函数 linmod()。

（5）航空航天领域是各种控制系统的重要应用领域之一，为了便于科研人员利用MATLAB 对飞行器/航天器进行设计与仿真验证，MATLAB 中提供了航空航天工具箱（Aerospace Toolbox）和航空航天模块库（Aerospace Blockset），包含了不同精细程度的动力学运动学模型、制导控制系统功能模块、不同坐标转换模块、多种飞行参数求取模块、各种物理量的单位换算模块等；并提供了包含多个标准的大气模型、重力模型和风场模型，满足设计人员的各种仿真任务需求。

（6）神经网络是 20 世纪 80 年代迅速发展起来的人工智能的一个重要分支，具有自组织、自学习、自适应、非线性动态处理以及联想推理的特点。目前，在飞行器自动驾驶仪设计、先进制导律设计、故障诊断、寿命分析、可靠性设计、攻击区计算、作战效能分析等方面有着诸多应用。本章简要回顾了神经网络的基本概念、包括基本特征、结构分类、常用模型等内容。介绍了 MATLAB 神经网络工具箱（Neural Network Toolbox）的特征；然后，详细给出了神经网络通用函数的使用方法，并介绍感知机、线性神经网络、BP 神经网络、径向基神经网络、自组织神经网络等类型所用的常用函数；介绍了神经网络工具箱提供的应用工具，主要包括神经网络编辑器工具（Neural Network/Data Manage），并介绍了神经网络拟合工具、神经网络模式识别工具、神经网络聚合工具以及神经网络时间序列预测工具等应用工具的基本情况。最后，介绍了 Simulink 环境下神经网络工具箱模块的使用方法。

（7）模糊逻辑控制是以模糊集合论、模糊语言变量和模糊逻辑推理为基础的一种智能控制技术，在自动驾驶仪设计和先进制导中得到了广泛的应用。本章首先给出了模糊控制的基本概念，包括系统组成、相关概念和基本原理、设计步骤及其特点。详细介绍了模糊工具箱（Fuzzy Logic Toolbox）的特点及其搭建过程，然后，对于模糊系统的搭建、修改和存储，模糊语言变量的设置，模糊语言隶属关系的设置，模糊规则的设置，模糊推理计算和去模糊化等应用需求，给出了工具箱中的常用函数及其适用方法。简要介绍了模糊工具箱提供的图形化应用工具，包括模糊推理系统编辑器、隶属函数编辑器、模糊推理规则编辑器、系统输入输出特性曲面浏览器和模糊推理过程浏览器。最后，简要介绍了 Simulink 浏览器中的模糊逻辑工具箱及其相关模型。

MATLAB 为先进控制领域提供了功能丰富的函数和相关工具，能够较好地解决制导控制系统研制中面临的一些问题。受篇幅限制，本章仅简要介绍了三种工具箱的使用方法。除航空航天工具箱、神经网络工具箱和模糊控制工具箱外，MATLAB 还提供了鲁棒控制工具箱（Robust Control Toolbox）、系统辨识工具箱（System Identification Toolbox）和模型预测控制工具箱（Model Predictive Control Toolbox）等，关于这些工具箱的详细说明及例程，以及本章介绍工具箱的专业应用方法，读者可以参考相关专业书籍及 MATLAB 帮助文档。

第 7 章

MATLAB 在飞行器制导系统设计分析中的应用

制导系统的基本任务是确定导弹与目标的相对位置，并且操纵导弹飞行，在一定的准确度下，导引导弹沿预定的弹道飞向目标。导弹命中目标的概率主要取决于制导系统的工作性能，所以制导系统在整个导弹系统中占有极重要的地位。随着科学技术的发展和对导弹武器命中精度要求的提高，制导系统在整个导弹系统中的地位越来越重要。由于精确制导武器制导系统的组成类型和探测方式多种多样，因此，制导技术是一项融合多个学科的综合性技术，涉及内容包括制导律设计、最优控制、信号处理、滤波估计、图像处理和射频信号处理等诸多知识内容。

本章简要介绍 MATLAB 在制导系统研制过程中的典型应用场合，包括制导律设计、信号滤波处理、图像识别和雷达信号处理等内容。

7.1 精确制导武器导引律的设计分析

制导系统通过对目标某种特性的测量，获取弹目相对运动关系，然后根据一定的制导规律规划出飞行弹道，从而控制飞行器的飞行目标。导引律就是将精确制导武器导向目标的运动规律，又称为制导律或导引方法，它根据双方的相对位置、速度和加速度等基本信息，考虑不同的约束条件，计算出过载指令或角度指令，导引飞行器接近目标实施攻击或沿特定的轨迹飞行，因此，导引律的选择对精确制导武器能否完成作战目标至关重要。在制导系统设计之初的一项重要工作，就是对各种可能的导引律进行比较分析，并在此基础上选择最能满足所提要求的导引律。因为导引律与飞行器弹道特征、运动学参数变化和需要的过载等因素密切相关，并且决定了制导控制回路所必须获取的信息内容，这也就决定了寻的制导控制回路所必须具备的基本功能要求和系统类型。本节简要回顾导引律的需求、类型及设计验证方法。

7.1.1 精确制导武器的各种导引律简介

导引律是根据制导武器和目标的相对运动信息，导引飞行器按一定的飞行轨迹攻击目标时所采用的一种策略方式，其解决的核心问题就是制导武器在攻击过程中的飞行弹道问题。导引律的设计是精确制导武器设计的重要内容之一，它必须根据制导武器战技指标的要求，利用飞行动力学、最优制导、微分对策和博弈论等理论，使飞行器攻击目标在一定意义上达到最优。

选择和设计导引律的依据主要包括目标的运动特征、环境和制导体制及设备性能的因素。由于不同类型制导武器的需求各不相同，因此导引律的选择和设计要结合具体情况进行分析。一般而言，精确制导武器对于导引律的基本要求如下。

（1）保证系统有足够的制导精度。

（2）所选择的导引律要有良好的弹道特性，即在规定的战技指标下，飞行路线比较平直，弹道需用过载较小且分布比较合理。

（3）保证对弹体参数和目标变化有足够的鲁棒性。

（4）能够满足制导控制系统的一些特殊需求，发挥系统的最佳性能。

（5）在满足武器系统战技指标的前提下，力求简单、可靠，制导信息易于提取。

下面简要介绍精确制导武器中常见的导引律形式及其特点。

7.1.1.1　经典导引律

经典导引律主要包括追踪法、三点法、前置角法、平行接近法和比例导引法等。以质点运动学研究为特征，不考虑导弹和目标的运动学特性，导引律的选取随着目标飞行特性和制导系统的组成不同而不同。

1．追踪法

追踪法是指导弹在攻击目标的导引过程中，导弹的速度矢量始终指向目标的一种导引方法。该导引方法的最大优点是在技术中较易实现，抗噪声能力强，是最早提出的一种导引方法；其缺点是导弹弹道较弯曲，法向加速度大，要求导弹具有很高的机动性，不能实现全向攻击，且导弹与目标的速度比也受到严格限制。因此，该方法主要应用在精确制导武器的早期发展阶段。

2．三点法

三点法主要用于遥控制导，该方法是指导弹在攻击目标的导引过程中，导弹、目标和制导站始终在一条直线上。该导引方法的最大优点在技术实施简单，抗干扰性能好。其缺点是当目标进行机动飞行时会产生较大的导引误差；弹道弯曲比较严重，制导末端所需的过载越来越大，容易引起导弹法向过载饱和从而导致脱靶；在攻击低空目标时，弹道容易产生"下沉"。

3．前置角法

前置角法也主要用于遥控制导，该方法是指导弹在整个导引过程中，导弹-制导站连线始终超前于目标-制导站连线，而这两条连线之间的夹角是按某种规律变化的。该导引方法的最大优点是在命中点处过载较小且不受目标机动的影响，弹道比较平直；缺点是所需的制导参数较多，使得制导系统结构复杂难以实现。

4．平行接近法

平行接近法是指导弹在整个导引过程中，目标瞄准线在空间保持平行移动的一种导引方法，即要求目标视线的转动角速率为零。与其他导引方法相比，平行接近法是比较理想的导引方法，导弹的飞行弹道比较平直，曲率比较小，且无论目标做何种机动飞行，导弹需要的法向过载总是小于目标机动时的法向过载。但是，平行接近法的实现需要精确测量导弹与目标的状态信息；任何时刻都必须严格准确地实现导引方程，对制导系统提出了特别严格的要求。因此，平行接近法在工程上实现难度较大。

5．比例导引法

比例导引法是指在导弹攻击目标的过程中，导弹速度矢量的旋转角速度正比于目标线的旋转角速度的一种导引方法。按照指令加速度参考作用方向不同，比例导引法主要分为三类：① 以导弹速度矢量为参考基准，如纯比例导引（PPN）；② 以导弹与目标之间的相对速度为参考基准，如理想比例导引（IPN）；③ 以导弹与目标之间的视线为参考基准，如真比例导引（TPN）、广义比例导引（GPN）等。比例导引法的优点是：在攻击非机动目标或小机动目标时具有很高的命中精度，同时由于比例导引法的工程实现简单，因而获得了广泛的研究和应用。目前，主要的寻的制导武器，大部分均采用了比例导引法及其变形形式。

二、现代导引律

随着导弹技术的不断进步与发展，来袭目标的机动性日益增强，传统导引律难以保证较高的制导精度，寻求新的制导律设计方法已成为一项迫切需要解决的工作。20 世纪 60 年代，随着现代控制理论的不断发展与完善，现代导引律应运而生。

1．最优导引律

最优导引律是基于最优控制理论设计的，一般是在简化数学模型的基础上，考虑目标机动、弹体惯性、目标惯性、重力、测量噪声等因素，设计某种二次型性能指标函数，通过极小值原理求取制导武器的指令加速度。在理论上，由于最优导引律能够获取最优制导精度，但其结构复杂，而且所需制导信号多，对剩余飞行时间估计误差灵敏度高，一旦误差较大会导致制导精度下降很快，因此这些问题在一定程度上限制了最优导引律的应用。

2．微分几何导引律

科研人员将古典微分几何的方法用于描述空间拦截的几何分析中，并在此基础上提出了基于微分几何的导引律。根据已知目标的运动信息，在拦截弹的制导曲率计算过程中对目标的机动进行补偿，因而可以降低整个运动过程中的过载，使拦截弹的飞行轨迹平滑，并且根据微分几何导引律的相对运动方程，可以使视线转率随着弹目相对距离的减小而逐渐降低至 0。但该导引律需要已知目标的运动信息，并且由于研究分析是在弧长域内开展的，所以需要转入时域后才能实用化，其制导曲率和挠率形式复杂。

3．滑模变结构导引律

滑模控制方法是一种简单使用的鲁棒控制方法，适用于具有大模型误差的强非线性系统。一些科研人员利用滑模变结构控制理论，设计出一系列导引律，以提高制导系统对目标机动等因素的鲁棒性。

4．模糊导引律

模糊逻辑控制器具有不依赖精确对象模型、能够对高度非线性对象进行映射的能力和良好的鲁棒性能，以模糊逻辑控制为基础的导引律大致分为基于模糊规则的导引律、自组织模糊导引律和与其他智能理论融合的模糊导引律等几种类型。

目前，在对导引律进行理论研究时，部分学者可以将制导问题看作一类控制问题并从控制理论角度予以阐述，借用许多先进控制理论方法去解决制导问题，由此衍生出一系列新型导引律形式。但在目前实际科研工作中，由于这些导引律均需要较多精确的目标特征信息和自身特征信息，极大限制了其应用范围和场合，因此，目前工程型号上采用的导引律还是以比例导引律及其改进型为主。关于各种导引律的详细推导过程请参考相关文献。

7.1.2　精确制导武器制导系统的设计与仿真验证

在对制导系统进行设计与仿真验证时，其设计方法与控制系统的设计方法类似，根据需求建立整个系统的制导控制系统模型，通过理论分析与仿真验证来完成相关方案的选择与验证。

一、制导系统仿真模型的组成

制导系统仿真模型是基于制导信号与信息处理的复杂模型，包括外部环境数学模型、导引头数学模型、数据链数据处理模型、导引律模型、自动驾驶仪模型、弹体数学模型、舵机数学模型、惯性测量元件数学模型、导航模型、目标运动数学模型、导弹运动与信息处理模型、外在环境干扰模型等。图 7-1 给出了典型雷达空空导弹制导模型的结构组成。

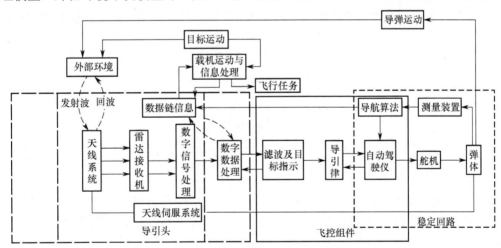

图 7-1　典型雷达空空导弹制导模型的组成结构

二、制导系统仿真验证时三自由度模型

在制导系统的方案设计和导引律选择阶段，通常是在平面中开展研究工作的，最初可以假设整个攻击过程位于平面内，例如，反坦克导弹在水平攻击目标过程中在垂直方向运动较小，那么攻击平面就可选择水平面。但是对于绝大多数导弹和目标都是在三维空间内飞行的，因此人们常常将导弹的三维运动分解到两个垂直平面内的运动，通常选取的平面是水平面和速度矢量所在的铅垂面。这样可以在水平面和铅垂面内分别开展导引律的设计。在完成导引律的初步设计后，需要将其代入到三自由度模型中进行考虑和分析，此时将飞行器视为质点的三自由度弹道数学模型开展相关研究，这样就可以不必等待控制系统完成设计后再开展相关工作。三自由度弹道数学模型通常考虑了测量器件参数、惯性器件参数、数据链参数及弹体响应特性等因素，该模型可以完成弹道攻击区、最大/最小发射距离、导弹机动性能、导引律类型及参数等总体性能的基本参数的估算与分析等诸多工作。待控制系统完成设计后，可以将控制系统作为内回路引入到仿真模型中，基于第 5 章介绍的六自由度数学模型，开展全系统的仿真验证工作。

下面介绍方案设计阶段和导引律论证阶段最常用的三自由度弹道模型的建立及其闭合过程。

1．飞行器动力学方程

$$\begin{cases} m\dfrac{\mathrm{d}v_m}{\mathrm{d}t} = P\cos\alpha\cos\beta - X - mg\sin\theta \\[2mm] mv_m\dfrac{\mathrm{d}\theta}{\mathrm{d}t} = P(\cos\gamma_v\sin\alpha + \sin\gamma_v\cos\alpha\sin\beta) + Y\cos\gamma_v - Z\sin\gamma_v - mg\cos\theta \\[2mm] -mv_m\cos\theta\dfrac{\mathrm{d}\psi_v}{\mathrm{d}t} = P(\sin\gamma_v\sin\alpha - \cos\gamma_v\cos\alpha\sin\beta) + Y\sin\gamma_v + Z\cos\gamma_v \end{cases} \tag{7-1}$$

式中，P 为推力、X 为阻力、Y 为升力、Z 为侧向力、α 为攻角、β 为侧滑角、m 为质量、γ_v 为速度倾斜角。通过该方程可以求解得出飞行器的速度 v_m、弹道倾角 θ、弹道偏角 ψ_v。

2．飞行器运动学方程

运动学方程一般在地面坐标系下建立，飞行器速度在地面坐标系下的投影计算公式为

$$\begin{cases} \dfrac{\mathrm{d}x_m}{\mathrm{d}t} = v_m\cos\theta\cos\psi_v \\[2mm] \dfrac{\mathrm{d}y_m}{\mathrm{d}t} = v_m\sin\theta \\[2mm] \dfrac{\mathrm{d}z_m}{\mathrm{d}t} = -v_m\cos\theta\sin\psi_v \end{cases} \tag{7-2}$$

对该方程进行积分，可得到飞行器质心相对于地面坐标系的位置 x_m、y_m、z_m。

3．目标动力学方程

由于难以获取目标的气动特性和参数，因此目标的动力学方程不能根据对其进行受力分解来建立，通常是根据设定的机动方式和速度大小，完成目标的位置和速度的求解，即

$$\begin{cases} \dfrac{\mathrm{d}\theta_T}{\mathrm{d}t} = n_{\theta T}g/v_T \\[2mm] \dfrac{\mathrm{d}\varphi_T}{\mathrm{d}t} = n_{\varphi T}g/(v_T\cos\theta_T) \\[2mm] n_T = \sqrt{n_{\theta T}^2 + n_{\varphi T}^2} \end{cases} \tag{7-3}$$

式中，$n_{\theta T}$ 和 $n_{\varphi T}$ 分别为目标的俯仰机动过载和方位机动过载；v_T 为目标的速度，通常可以假设其大小不变。通过对式（7-3）进行积分，可以得到目标俯仰角 θ_T 和方位角 φ_T。

4．目标运动学方程

目标运动学方程与飞行器的运动学方程类似，即

$$\begin{cases} \dfrac{\mathrm{d}x_\mathrm{T}}{\mathrm{d}t} = v_\mathrm{m}\cos\theta\cos\psi_\mathrm{v} \\[2mm] \dfrac{\mathrm{d}y_\mathrm{T}}{\mathrm{d}t} = v_\mathrm{m}\sin\theta \\[2mm] \dfrac{\mathrm{d}z_\mathrm{T}}{\mathrm{d}t} = -v_\mathrm{m}\cos\theta\sin\psi_\mathrm{v} \end{cases} \tag{7-4}$$

5．弹目相对运动关系方程

根据飞行器的速度信息和位置信息可以求出弹目相对运动信息、视线角度和角速度信息。弹目相对关系的计算公式为

$$\begin{cases} r = \sqrt{r_x^2 + r_y^2 + r_z^2} \\[2mm] q_y = \arctan(-r_z / r_x) \\[2mm] q_z = \arctan(r_y / \sqrt{r_x^2 + r_z^2}) \end{cases} \tag{7-5}$$

其中，$r_x = x_\mathrm{T} - x_\mathrm{m}$，$r_y = y_\mathrm{T} - y_\mathrm{m}$，$r_z = z_\mathrm{T} - z_\mathrm{m}$，$r$ 为弹目距离；q_y 为视线偏角；q_z 为视线倾角。

地面坐标系视线角速度的计算公式为

$$\begin{cases} \dot{r} = (r_x\dot{r}_x + r_y\dot{r}_y + r_z\dot{r}_z)/r \\[2mm] \dot{q}_y = (r_z\dot{r}_x - r_x\dot{r}_z)/(r_x^2 + r_z^2) \\[2mm] \dot{q}_z = (\dot{r}_y(r_x^2 + r_z^2) - r_y(r_x\dot{r}_x + r_z\dot{r}_z))/(\sqrt{r_x^2 + r_z^2}\,r^2) \end{cases} \tag{7-6}$$

其中，$\dot{r}_x = v_{\mathrm{T}x} - v_{\mathrm{m}x}$，$\dot{r}_y = v_{\mathrm{T}y} - v_{\mathrm{m}y}$，$\dot{r}_z = v_{\mathrm{T}z} - v_{\mathrm{m}z}$。

6．导引头模型

导引头用于测量弹目视线角度关系、输出目标视线角速度变化。在建模过程中，可以将根据弹目相对运动关系得到的地面坐标系的视线角速度，经过一个导引头模型 $G_\mathrm{Seeker}(S)$，得到导引头输出的视线角速度，即

$$\begin{cases} \dot{q}_{y1} = G_\mathrm{Seeker}(S)\dot{q}_y \\[2mm] \dot{q}_{z1} = G_\mathrm{Seeker}(S)\dot{q}_z \end{cases} \tag{7-7}$$

7．弹体过载指令计算

制导控制系统根据导引头测量得到的视线角速度，按照设定的导引律，计算得出弹道坐标系中的过载指令，下面以比例导引律为例，给出其过载指令计算过程。

首先，通过地面坐标系、弹道坐标系之间的转换关系，将地面坐标下的弹目视线角速度 $\dot{q}$ 转换为探测坐标系下弹目视线角速度 $\dot{q}_{yv}$ 和 $\dot{q}_{zv}$；弹道坐标系下的视线角速度表示为

$$\begin{cases} \dot{q}_{yv} = -\sin\theta\cos\psi_s\dot{q}_x + \cos\theta\dot{q}_y + \sin\theta\sin\psi_s\dot{q}_z \\[2mm] \dot{q}_{zv} = \sin\psi_s\dot{q}_x + \cos\psi_s\dot{q}_z \end{cases} \tag{7-8}$$

式中，$\dot{q}_{yv}$ 与 $\dot{q}_{zv}$ 为弹道坐标系下的弹目视线角速度，θ 为弹道倾角，ψ_s 为弹道偏角。

利用导引律给出导弹在弹道坐标系中的指令过载 n_{ym} 与 n_{zm}，即

$$\begin{cases} n_{ym} = \left(N|\dot{r}|\dot{q}_{zv} \right) / g + \cos\theta \\ n_{zm} = N|\dot{r}|\dot{q}_{yv} / g \end{cases} \tag{7-9}$$

其中，N 为导航比。

需要注意，在一定情况下不能省略过载限制，过载的限制算法是在弹体坐标系中实现的。弹体坐标系的 x 方向过载不能控制，一般对 y 方向和 z 方向过载进行控制。过载限制有多种形式，如"方"过载限制和"圆"过载限制等，对仰角的限制通常是通过转换成对应的过载限制来实现的。通过弹道坐标系、速度坐标系、弹体坐标系之间的转换，将弹道坐标系下的指令过载 n_{ym} 与 n_{zm} 转换为弹体坐标系下的指令过载 n_y 与 n_z，再进行限制。

弹体坐标系下的指令过载表示为

$$\begin{cases} n_y = \left(\cos\gamma_s \cos\alpha - \sin\gamma_s \sin\alpha \sin\beta \right) n_{yv} + \left(\sin\gamma_s \cos\alpha + \cos\gamma_s \sin\alpha \sin\beta \right) n_{zv} \\ n_z = -\sin\gamma_s \cos\beta \cdot n_{yv} + \cos\gamma_s \cos\beta \cdot n_{zv} \end{cases} \tag{7-10}$$

其中，"方"过载限制为

$$\begin{cases} n_y^* = \min\left(n_{ymax}, |n_y| \right) \cdot \text{sign}\left(n_y \right) \\ n_z^* = \min\left(n_{zmax}, |n_z| \right) \cdot \text{sign}\left(n_z \right) \end{cases} \tag{7-11}$$

式中，n_{ymax}、n_{zmax} 分别为弹体 y、z 方向的最大可用过载。

"圆"过载限制为

$$\begin{cases} n_y^* = \dfrac{\min\left(n_{max}, n \right)}{n} \cdot n_y \\ n_z^* = \dfrac{\min\left(n_{max}, n \right)}{n} \cdot n_z \end{cases}, \quad n = \sqrt{\left(n_y \right)^2 + \left(n_z \right)^2} \tag{7-12}$$

式中，n_{max} 为弹体横向最大可用过载。

8．弹体响应环节

在全系统模型中，过载指令输出后，需要经过自动驾驶仪环节，按照设定的飞行控制系统，计算输出舵控指令和驱动舵面偏转，以及改变飞行器受到气动力和气动力矩的大小，继而实现控制弹体过载的目的。在三自由度弹道模型中，可以对飞控环节、舵机环节及弹体响应环节进行简化处理。此阶段可把三个通道看成是解耦的，通常可用一阶惯性环节来近似表示加速度指令响应的动态特性为

$$G_A\left(s \right) = \frac{1}{\tau_A s + 1} \tag{7-13}$$

由于作为弹体二阶动态特性的时间常数与 $\sqrt{I_y/q}$ 成正比，τ_A 为

$$\tau_A = K\sqrt{I_y/q} \tag{7-14}$$

式中，K 为增益系数，I_y 为转动惯量，q 为当前高度飞行器的动压大小。

考虑过载限制和弹体时间延迟后的指令过载 n_y 与 n_z 为

$$\begin{cases} n_y = G_{\mathrm{A}}(s) \cdot n_y^* \\ n_z = G_{\mathrm{A}}(s) \cdot n_z^* \end{cases} \tag{7-15}$$

9．气动力计算方程

根据过载大小可以求出弹体受到的加速度大小，a_y 与 a_z 分别表示导弹加速度在速度系中 y 与 z 轴上的投影，则它们与速度系中升力和侧向力的关系是

$$\begin{cases} a_y = \dfrac{P}{m}\sin\alpha + \dfrac{Y}{m} \\ a_z = -\dfrac{P}{m}\cos\alpha\sin\beta + \dfrac{Z}{m} \end{cases} \tag{7-16}$$

由此可根据过载大小求出气动力 Y 和 Z。

10．平衡攻角计算方程

气动力 Y 和 Z 是动压、参考面积和升力系数的函数，升力系数是仰角（或侧滑角）、舵偏角和马赫数的函数，由于不引入弹体姿态运动，可以用平衡状态的升力系数来计算，平衡状态为

$$m_z(\alpha,\delta,\varphi,\mathrm{Ma}) = m_y(\beta,\delta,\varphi,\mathrm{Ma}) = 0 \tag{7-17}$$

式中，Ma 为马赫数，φ 为气动滚转角。

因此 α（或 β）对应一个确定的 δ，代入升力系数中得到平衡状态下的升力系数，对给定的 Ma 和 φ 而言，它只是 α（或 β）函数，即

$$\begin{cases} Y = C_y(\alpha,\varphi,\mathrm{Ma})qS \\ Z = C_z(\beta,\varphi,\mathrm{Ma})qS \end{cases} \tag{7-17}$$

式中，q 为动压，S 为导弹特征面积，C_y 与 C_z 分别为 y 和 z 向的升力系数。对给定的 Ma 和已知升力可用插值法求出 α 和 β，若升力系数对 α（或 β）的线性度比较好，则可直接解出

$$\begin{cases} \alpha = \dfrac{Y}{qSC_y^{\alpha}} \\ \beta = \dfrac{Z}{qSC_z^{\alpha}} \end{cases} \tag{7-18}$$

其中，$C_y^{\alpha} = \partial C_y / \partial \alpha$，$C_z^{\beta} = \partial C_z / \partial \beta$

下面计算飞行器受到的阻力大小，其计算公式为

$$X = qSC_x(\alpha_{\Sigma},\mathrm{Ma},H) \tag{7-19}$$

其中，C_x 为阻力系数，α_{Σ} 为总攻角，其计算公式为 $\alpha_{\Sigma} \approx \sqrt{\alpha^2 + \beta^2}$，$\varphi$ 为气动滚转角，其计算公式为 $\varphi = \arccos(\sin\alpha / \sin\alpha_{\Sigma})$。

11．发动机及质量方程

对于采用固体火箭发动机的飞行器，其推力大小和质量变化通常是由总体提供的气动数据进行插值得到的；而对于液体火箭发动机或涡喷发动机等，其推力大小通常与飞行器的高度、速度、姿态等信息相关，根据其关系建立推力大小变化模型，然后根据推力大小

和燃料消耗，建立其质量变化模型。

12．环境方程

环境模型通常包括大气密度模型和风场变化模型，可以采用国军标或标准大气模型来建立相关模块。

通过上述一系列方程可以得到三自由度弹道计算所需的全部方程。制导系统设计人员可以根据此方程组，在控制系统尚未进行设计之前，开展制导律设计与对比分析、导引头参数评估、目标机动能力影响及最大/最短射程评估等诸多研究工作。

7.2　制导控制系统中常用滤波处理在 MATLAB 的实现方法

在精确制导武器的导引律中，目前广泛使用比例导引律及其扩展方法，但随着航空航天技术的发展，目标的机动性和对抗手段大大加强，仅使用比例导引律往往难以满足拦截要求，进而科研人员发现了各种现代导引方法。为了获得较为理想的脱靶量，这些导引律在设计时，大多引入了更加丰富弹目相对运动信息，如弹目相对距离、相对速度、被拦截目标的加速度信息以及拦截弹的剩余飞行时间等信息。但现有的寻的制导体制仅能够测量弹目视线角、视线角速度和相对距离等信息，这就使得现代导引方法设计时所必需的部分信息常常很难通过测量元件直接获取，因而就需要对这些状态参数进行预估处理。所以，为了利于现代导引律的实现，有必要合理设计跟踪滤波器，对目标的运动学参数进行实时估计。

另外，作为制导控制系统中用于测量各种信息的陀螺仪、加速度计、卫星导航元件等设备，其输出信号中不可避免地包含了各种噪声信息。为了保证导航精度、制导精度和控制性能，在使用这些信号时，必须对其进行滤波处理，剔除信号中的噪声对结果的影响。

滤波是现代通信和控制工程中常用的信号处理方法之一。所谓滤波，就是通过对一系列带有误差的实际测量数据的处理来滤除信号中的干扰，从而尽可能地恢复一个被噪声干扰了的信息流。滤波理论就是在系统可观测信号进行测量的基础上，根据一定的滤波准则，采用某种统计最优的方法，对系统的状态及未知信息进行估计和推测的理论和方法。

本节简要介绍 MATLAB 中各种信号滤波器函数的使用方法，以及在精确制导武器目标信息估计和导航信号处理中被广泛应用的卡尔曼滤波方法。

7.2.1　MATLAB 中的常用的信号滤波处理方法

滤波是将信号中特定波段频率滤除的操作，是抑制和防止干扰的一项重要措施，是根据观察某个随机过程的结果，对另一个与其有关的随机过程进行估计的概率理论与方法。滤波的目的是抑制电气、电子设备传导电磁干扰，提高电气、电子设备抗扰度水平，同时保证设备整体或局部屏蔽效能。对含有噪声的信号进行滤波的基本原理是利用电路的频率特性，将信号频谱划分为有用的频率分量和干扰频率分量两个频段，借助相关手段来剔除干扰频率分量部分。信号滤波的主要作用包括选择信号和抑制干扰，主要借助于滤波器设计来实现。本小节就主要介绍 MATLAB 环境中常用的信号滤波方法的实现过程。

一、信号滤波的基本概念

通过信号处理等课程的学习可知，任何角频率为 ω 的输入信号 $S(t)$，都可以用傅立叶级数表示为

$$S(t) = a_0 + \sum_{k=1}^{\infty} a_k \cos(k\omega t) + \sum_{k=1}^{\infty} b_k \sin(k\omega t) \qquad （7\text{-}20）$$

滤波器用来让信号中特定的频率成分通过系统，并阻止其他频率成分。当这些信号通过具有频率选择特性的滤波器时，各次谐波分量的系数 a_k 和 b_k 被改变，有些分量基本上没有衰减，而有些分量被极大地衰减。

1．滤波器的分类

根据不同的分类原则可以将滤波器分为不同的类型。例如，按照所处理的信号类型分为模拟滤波器和数字滤波器；按照所采用的器件类型分为无源滤波器和有源滤波器。最为常用的是按照选频作用进行分类，即分为低通滤波器（LP）、高通滤波器（HP）、带通滤波器（BP）和带阻滤波器（BR），四种滤波器频率选择示意图如图 7-2 所示。

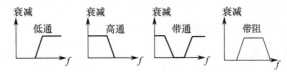

图 7-2　四种滤波器频率选择示意图

2．滤波器的常用指标

为了描述滤波器的滤波性能，在此给出一系列滤波器技术指标，体现实际滤波器与理想滤波器的近似程度，常用的包括截止频率 ω_c、通带带宽 B、中心频率 ω_0、带通波动 Δ 等。

（1）中心频率（Center Frequency）：滤波器通带的频率 f_0，一般取 $f_0=(f_1+f_2)/2$，f_1、f_2 分别为带通或带阻滤波器左、右相对下降 1dB 或 3dB 边频点。窄带滤波器以插损最小点为中心频率计算通带带宽。

（2）截止频率（Cutoff Frequency）：指低通滤波器的通带右边频点及高通滤波器的通带左边频点。通常以 1dB 或 3dB 相对损耗点来标准定义。相对损耗的参考基准为：低通以 DC 处插损为基准，高通则以未出现寄生阻带的高通带频率处插损为基准。

（3）通带带宽（BWxdB）：指需要通过的频谱宽度，BWxdB=f_2-f_1。f_1、f_2 为以中心频率 f_0 处插入损耗为基准，下降 x（dB）处对应的左、右边频点。通常用 x 为 3、1、0.5 即 BW3dB、BW1dB、BW0.5dB 表征滤波器通带带宽参数。

（4）插入损耗（Insertion Loss）：由于滤波器的引入对电路中原有信号带来的衰耗，因此用中心或截止频率处损耗表示。

（5）纹波（Ripple）：指 1dB 或 3dB 带宽（截止频率）范围内，插入损耗随频率在损耗均值曲线基础上波动的峰值。

（6）带内波动（Passband Ripple）：通带内插入损耗随频率的变化量。

（7）回波损耗（Return Loss）：端口信号输入功率与反射功率之比的分贝（dB）数，也等于 $|20\text{Log}10\,\rho|$，ρ 为电压反射系数。输入功率被端口全部吸收时回波损耗为无穷大。回波损耗又称为反射损耗，是电缆链路由于阻抗不匹配所产生的反射，是一对线自身的反射。

（8）阻带抑制度：衡量滤波器选择性能好坏的重要指标。该指标越高说明对带外干扰信号抑制的越好。通常有两种说法：一种是要求对某个给定带外频率 fs 抑制多少 dB，计算方法为 fs 处衰减量 As－IL；另一种是提出表征滤波器幅频响应与理想矩形接近程度的指标——矩形系数（KxdB<1），KxdB=BWxdB/BW3dB，（x 可为 40dB、30dB、20dB 等）。滤波器阶数越大其矩形度越高，即 K 越接近理想值 1，制作难度当然也就越大。

（9）延迟（Td）：指信号通过滤波器所需要的时间，数值上为传输相位函数对角频率的导数，即 Td=df/dv。

（10）带内相位线性度：该指标表征滤波器对通带内传输信号引入的相位失真大小。

关于信号滤波器的详细介绍及原理，读者可以参考信号处理等专业书籍，在此，仅给出常用信号滤波函数在 MATLAB 环境下的实现函数。

二、常用信号滤波器在 MATLAB 中的实现方法

经过信号处理学科多年的发展，目前已经出现了多种经典的滤波器形式，基本能够涵盖目前的工程应用范围。下面介绍几种实际工作中广泛应用的滤波器在 MATLAB 中的实现方法。

1．巴特沃斯滤波器（Butterworth Filter）

巴特沃斯滤波器拥有最平滑的频率响应，在截止频率以外，频率响应单调下降。巴特沃斯滤波器具有平滑、单调递减的频率响应，其过渡带的陡峭程度正比于滤波器的阶数。因此，高阶巴特沃斯滤波器的频率响应近似于理想低通滤波器。

在工程实践中，巴特沃斯滤波器主要应用于低频处理情况，其优点在于其提供了最大的通带幅度响应平坦度，具有良好的综合性能，其脉冲响应优于切比雪夫滤波器，衰减速度优于贝塞尔滤波器，但其阶跃响应存在一定的过冲及振荡。

MATLAB 信号处理工具箱提供了多个巴特沃斯滤波器的生成函数，分别是原型函数buttap()、截止频率设置函数 buttord() 和滤波器设计函数 butter()，其调用的格式如下：

```
[z,p,k] = buttap(n);                    %    巴特沃斯低通滤波器，返回其零极点形式
[n,Wn] = buttord(Wp,Ws,Rp,Rs);         %    根据相关参数获取滤波器阶次
[n,Wn] = buttord(Wp,Ws,Rp,Rs,'s');     %    相同参数条件下的模拟滤波器的调用格式
```

函数 buttap() 返回巴特沃斯低通滤波器的零极点描述形式，输入参数中，n 为期望的滤波器阶次。函数 buttord() 可以在给定滤波器性能的情况下（通带临界频率 Wp、阻带临界频率 Ws、通带内最大衰减 Rp 和阻带内最小衰减 Rs），给出巴特沃斯滤波器的阶数 n 和截止频率 Wn。

```
[b,a] = butter(n,Wn);                   %    指定阶次和截止频率的数字低通滤波器
[b,a] = butter(n,Wn,'ftype');          %    用于设计数字高通和数字带阻滤波器
[b,a] = butter(n,Wn,'s')               %    设置模拟滤波器
[b,a] = butter(n,Wn,'ftype','s');      %    用于设计模拟高通和数字带阻滤波器
```

函数 butter() 可以设计模拟或数字的低通、高通、带通和带阻巴特沃斯滤波器。输入参数中，n 为滤波器阶次；Wn 为截止频率，单位为 rad/s，当 Wn 为二元向量，即 Wn = [W1 W2] (W1<W2) 时，该函数返回一个 2n 阶数字带通滤波器，其通带为 W1<ω< W2；参数ftype 用于设计数字高通和数字带阻滤波器，即 ftype = high 时，返回截止频率为 Wn 的数字高通滤波器；ftype =stop 时，Wn = [W1 W2] (W1<W2)，返回阻带为 W1<ω< W2 的数字

带阻滤波器。"s"用于表示设计各种模拟巴特沃斯滤波器。输出参数中，b、a 分别为滤波器传递函数的分子和分母系数向量（降幂排列）。另外，函数 butter()也可以返回滤波器的零极点形式或状态空间形式。

2．切比雪夫滤波器（Chebyshev Filter）

巴特沃斯滤波器的频率特性在通带和阻带内部都是随频率单调变化的，若在通带的边缘能够满足指标，则在通带的内部会超过设计的指标要求，造成滤波器的阶次比较高。因此，有效地设计方法是将指标的精确度均匀地分布在整个通带内，或者均匀分布在整个阻带内，或者同时分布在两者之内，从而可用阶数较低的系统来满足指标要求。还可通过选择具有等波纹特性的逼近函数来实现。切比雪夫滤波器的振幅特性就具有这种等波纹特性。该滤波器有两种形式：振幅特性在通带内是等波纹的，且在阻带内是单调的该滤波器是切比雪夫 I 型滤波器；振幅特性在通带内是单调的、在阻带内是等波纹的，该滤波器是切比雪夫 II 型滤波器。在工程实践中，采用何种形式的切比雪夫滤波器取决于实际用途。

与巴特沃斯滤波器类似，MATLAB 信号处理工具箱也为切比雪夫滤波器提供了多种形式的实现方式。

```
[z,p,k] = cheb1ap(n,Rp);              %    切比雪夫 I 型模拟低通滤波器
[z,p,k] = cheb2ap(n,Rs);              %    切比雪夫 II 型模拟低通滤波器
[n,Wn] = cheb1ord(Wp,Ws,Rp,Rs);       %    根据相关参数获取 I 型滤波器阶次
[n,Wn] = cheb1ord(Wp,Ws,Rp,Rs,'s');   %    根据相关参数获取 I 型模拟滤波器阶次
[n,Wn] = cheb2ord(Wp,Ws,Rp,Rs);       %    根据相关参数获取 II 型滤波器阶次
[n,Wn] = cheb2ord(Wp,Ws,Rp,Rs,'s');   %    根据相关参数获取 II 型模拟滤波器阶次
```

通过函数 cheb1ap()和函数 cheb2ap()分别得到切比雪夫 I 型滤波器和 II 型滤波器，输入参数中，n 表示滤波器阶次；Rp 为通带波纹，单位为 dB；Rs 为阻带波纹，单位为 dB；输出结果中，z、p、k 分别表示滤波器的零点、极点和增益。函数 cheb1ord()和函数 cheb2ord()分别用于在给定滤波器性能的情况下（通带临界频率 Wp、阻带临界频率 Ws、通带内波纹 Rp 和阻带内衰减 Rs），获取切比雪夫 I 型和 II 型滤波器的最小阶数 n 和截止频率 Wn。

```
[b,a] = cheby1(n,Rp,Wp);              %    切比雪夫 I 型的数字低通滤波器
[b,a] = cheby1(n,Rp,Wn,'ftype');      %    用于设计 I 型数字高通和数字带阻滤波器
[b,a] = cheby1(n,Rp,Wn,'s');          %    设置 I 型模拟滤波器
[b,a] = cheby2(n,Rs,Wp);              %    切比雪夫 II 型的数字低通滤波器
[b,a] = cheby2(n,Rs,Wn,'ftype');      %    用于设计 II 型数字高通和数字带阻滤波器
[b,a] = cheby2(n,Rs,Wn,'s');          %    设置 II 型模拟滤波器
```

函数 cheby1()和函数 cheby2()得到返回截止频率为 Wn（单位为 rad/s）的 n 阶切比雪夫 I 型和 II 型数字低通滤波器，通带内波纹为 Rp，阻带波纹为 Rs；字符串参数 ftype 用于设置高通或带阻滤波器形式；标示"s"用于设置设计结果为模拟滤波器。与巴特沃斯滤波器设计函数类似，函数 cheby1()和函数 cheby2()也可以返回滤波器的零极点形式或状态空间形式，输出结果为滤波器传递函数分子分母向量或状态空间矩阵。

3．贝塞尔滤波器（Bessel Filter）

贝赛尔滤波器是具有最大平坦的群延迟（线性相位响应）的线性过滤器。它具有最平坦的幅度和相位响应。带通（通常为用户关注区域）的相位响应近乎呈线性关系。

MATLAB 信号处理工具箱为贝塞尔滤波器提供了多种调用形式，其调用形式如下：

```
[z,p,k] = besselap(n);                  %  贝塞尔模拟低通滤波器
[b,a] = besself(n,Wo);                   %  贝塞尔滤波器设计函数
```

函数 besself()设计了低通模拟贝塞尔滤波器，其特征是在整个通带中几乎恒定的群延迟，从而保持通带中滤波信号的波形。输入参数中，Wo 为滤波器的组延迟近似恒定的频率，n 为阶次。需要注意的是，besself 不支持数字贝塞尔滤波器的设计。

4．椭圆滤波器（Elliptic Flter）

椭圆滤波器又称考尔滤波器（Cauer filter），是在通带和阻带等波纹的一种滤波器。相比其他类型的滤波器，椭圆滤波器在阶数相同的条件下有着最小的通带和阻带波动。MATLAB 信号处理工具箱中的椭圆滤波器函数调用格式如下，其参数和使用方法与其他滤波器设计函数类似。

```
[z,p,k] = ellipap(n,Rp,Rs);            %  椭圆模拟低通滤波器
[n,Wp] = ellipord(Wp,Ws,Rp,Rs);       %  根据相关参数获取椭圆滤波器阶次
[b,a] = ellip(n,Rp,Rs,Wp);            %  椭圆滤波器设计函数
[b,a] = ellip(n,Rp,Rs,Wp,ftype)       %  椭圆滤波器设计函数
```

5．滤波器转换函数

MATLAB 不仅提供了多种产生低通滤波器的函数，而且也提供了将低通滤波器转换为高通、带通等滤波器的方法函数，能够将设计程序设定为基准的一个归一化截止频率为 1rad/s 的低通滤波器转换为不同截止频率的低通滤波器或高通、带通、带阻滤波器。具体包括低通滤波器到带通滤波器转换函数 lp2bp()，低通滤波器到带阻滤波器转换函数 lp2bs()，低通滤波器到高通滤波器转换函数 lp2hp()，修改低通滤波器截止频率的函数 lp2lp()。其调用格式如下：

```
[bt,at] = lp2bp(b,a,Wo,Bw);           %  低通滤波器转换带通滤波器
[At,Bt,Ct,Dt] = lp2bp(A,B,C,D,Wo,Bw); %  低通滤波器转换带通滤波器
[bt,at] = lp2bs(b,a,Wo,Bw);           %  低通滤波器转换带阻滤波器
[At,Bt,Ct,Dt] = lp2bs(A,B,C,D,Wo,Bw); %  低通滤波器转换带阻滤波器
```

输入参数中 Wo 是期望的带通/带阻滤波器的中间频率；Bw 是期望的带通/带阻滤波器的带宽；b、a 以及 A、B、C、D 分别为转换前的低通滤波器的描述系数。输出结果为转换后的带通/带阻滤波器描述。

```
[bt,at] = lp2hp(b,a,Wo);              %  低通滤波器转换高通滤波器
[At,Bt,Ct,Dt] = lp2hp(A,B,C,D,Wo);    %  低通滤波器转换高通滤波器
[bt,at] = lp2lp(b,a,Wo);              %  调整低通滤波器的截止频率转换函数
[At,Bt,Ct,Dt] = lp2lp(A,B,C,D,Wo);    %  调整低通滤波器的截止频率转换函数
```

输入参数中，Wo 为期望转换的高通滤波器截止频率，或期望调整后的低通滤波器截止频率。

6．系统频率响应函数

MATLAB 提供了多个函数用于求取系统的频率性能响应，设计人员可以通过这些函数，方便地观察滤波器设计结果和性能。主要包括如下函数。

```
freqs(b,a,w);                          %  绘制系统的频率响应图
h = freqs(b,a,w);                      %  计算指定频率点的系统频率响应数值
[h w] = freqs(b,a,n);                  %  计算 n 个点的系统频率响应
```

在该函数中，输入参数 b、a 分别为系统描述，w 为指定频率点的向量，n 为频率点个数；

输出结果中，h 为频率响应。当函数不带输出结果时，MATLAB 会绘制系统的幅度和响应曲线。另外，MATLAB 还提供了离散系统的频率响应函数 freqz()，两者的区别在于 freqs() 函数给出的是 s 参数系统函数，绘制幅频特性曲线，其参数是模拟系统用的，来源为 Laplace 变换；而 freqz() 函数给出的是 z 参数系统函数，绘制幅频特性曲线，其参数是数字系统用的，来源为 z 变换。

7．一维信号滤波函数

为了便于设计人员使用各种滤波器，MATLAB 提供了一维信号滤波函数 filter()，可以直接对含噪声的信号向量进行滤波。

```
y = filter(b,a,x);                    %    对输入信号进行滤波
```

输入参数中，b、a 分别为滤波器的传递函数系数，x 为待滤波的信号向量；输出结果 y 为被滤波后的数据向量。通过该函数可以方便地完成信号的滤波。

【例 7-1】已知采样频率为 1Hz，通带临界频率 fp =0.2Hz，通带内衰减小于 1dB（α_p =1）；阻带临界频率 fs=0.3Hz，阻带内衰减大于 25dB（α_s =25）。设计一个数字滤波器满足以上参数。

在 MATLAB 中输入如下命令代码：

```
[n1,Wn1]=buttord(0.2,0.3,1,25);      %    获取巴特沃斯滤波器的阶次和截止频率
[b1,a1]=butter(n1,Wn1);              %    设计巴特沃斯滤波器
[n2,Wn2]=cheb1ord(0.2,0.3,1,25);     %    获取切比雪夫滤波器阶次和截止频率
[b2,a2]=cheby1(n2,1,Wn2);            %    设计切比雪夫 I 型滤波器
figure(1);freqz(b1,a1,512,1);        %    绘制巴特沃斯滤波器频率响应
figure(2);freqz(b2,a2,512,1);        %    绘制切比雪夫 I 型滤波器频率响应
```

计算结果为：

```
n1 = 8,Wn1 = 0.2175
a1 = [1.0000,-4.5037,9.3614,-11.5644,9.2168,-4.8281,1.6174,-0.3159,0.0275]
b1 = [4.24e-05,3.39e-4,1.19e-3,2.38e-3,2.97e-3,2.38e-3,1.19e-3,3.39e-4,4.24e-05]
n2 = 5,Wn2 = 0.2000
a2 = [1.0000,-3.9634,6.6990,-5.9815,2.8111,-0.5558]
b2 = [2.92e-4,1.46e-3,2.92e-3,2.92e-3,1.46e-3,2.92e-4]
```

其响应曲线如图 7-3 所示。

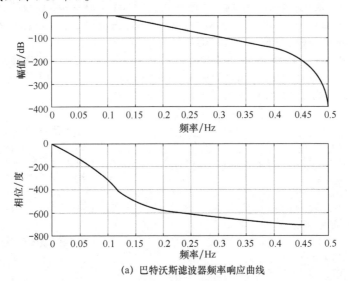

(a) 巴特沃斯滤波器频率响应曲线

图 7-3　例 7-1 中巴特沃斯滤波器和切比雪夫 I 型滤波器的响应曲线

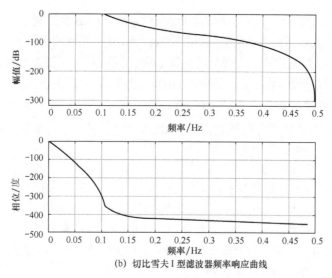

（b）切比雪夫 I 型滤波器频率响应曲线

图 7-3　例 7-1 中巴特沃斯滤波器和切比雪夫 I 型滤波器的响应曲线（续）

【例 7-2】下面对含有噪声的正弦信号和方波信号进行滤波处理。

首先在 MATLAB 中输入如下命令代码，创建原始信号和噪声信号。

```
Fs = 1000;                                    %    采样率
N = 1000;                                      %    采样点数
n = 0:N-1;
t = 0:1/Fs:1-1/Fs;                             %    时间序列
%    创建原始正弦信号 1
SignalOriginal1 = sin(2*pi*10*t)+sin(2*pi*15*t)+sin(2*pi*20*t);
%    创建噪声信号 1，前 500 点高斯分部白噪声，后 500 点均匀分布白噪声
NoiseWhite1 = [0.25*randn(1,500), rand(1,500)];
MixSignal1 = SignalOriginal1 + NoiseWhite1;    %    构造的包含噪声的混合信号 1
%    创建原始方波信号
SignalOriginal2=[zeros(1,100),15*ones(1,20),-4*ones(1,30),8*ones(1,80),-
2*ones(1,30),-8*ones(1,140),4*ones(1,40),3*ones(1,220),12*ones(1,100),-5*one
s(1,20),19*ones(1,30),7*ones(1,190)];
NoiseWhite2  = 0.5*randn(1,1000);              %    高斯白噪声
MixSignal2 = SignalOriginal2 + NoiseWhite2;    %    构造的包含噪声混合信号 2
```

下面创建滤波器，对含有噪声的信号进行滤波处理。

```
figure(1);
Wc=2*50/Fs;                                    %    截止频率 50Hz
[b,a]=butter(4,Wc);                            %    创建 4 阶巴特沃斯滤波器
SignalFilter1=filter(b,a,MixSignal1);          %    对噪声信号进行滤波处理
subplot(2,1,1);                                %    绘制噪声信号
plot(MixSignal1);
axis([0,1000,-4,4]);
title('原始信号 ');
subplot(2,1,2);                                %    绘制低通滤波后信号
plot(SignalFilter1);
axis([0,1000,-4,4]);
title('巴特沃斯低通滤波后信号');
```

```
figure(2)
Wc=2*100/Fs;                             %   截止频率 100Hz
[b,a]=butter(4,Wc);                      %   创建 4 阶巴特沃斯滤波器
SignalFilter2=filter(b,a,MixSignal2);    %   对噪声信号进行滤波处理
subplot(2,1,1);                          %   绘制噪声信号
plot(MixSignal2);
axis([0,1000,-10,30]);
title('原始信号 ');
subplot(2,1,2);                          %   绘制低通滤波后信号
plot(SignalFilter2);
axis([0,1000,-10,30]);
title('巴特沃斯低通滤波后信号');
```

其滤波结果如图 7-4 所示。

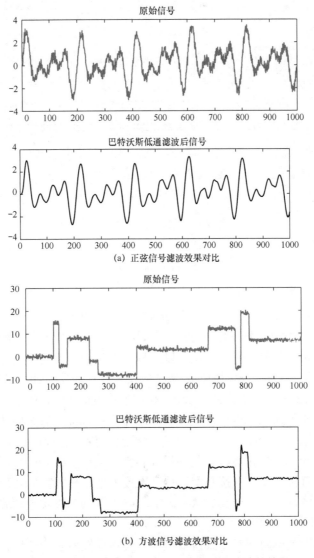

图 7-4　巴特沃斯滤波器对两组信号进行滤波的结果

三、MATLAB 滤波器设计工具简介

滤波器设计工具（Filter Design and Analysis Tool，FDATool）是 MATLAB 信号处理工具箱中提供的一种综合、简便的图形用户工具。通过该工具提供的先进可视化滤波器集成设计环境，用户基于 FIR 和 IIR 的各种设计方法，可以方便地设计各种常规滤波器。下面简要介绍 FDATool 的使用方法。

在 MATLAB 命令行窗口中输入"fdatool"命令，启动 FDATool，如图 7-5 所示。整个滤波器设计工具包括菜单栏、工具栏、左侧快捷工具栏、滤波器参数设置区域和滤波器属性显示区域。

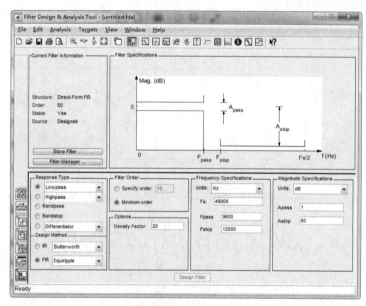

图 7-5　FDATool 启动界面

1．菜单栏/工具栏

菜单栏中包括 File、Edit、Analysis、Targets、View 等内容，下面介绍常用的菜单栏操作。

（1）"File"菜单主要用于滤波器的新建、保存、输出及打印等功能。其中，Export 选项用于导出或保存设计结果。导出时，可以选择导出是滤波器的系数向量还是整个滤波器对象（将设计结果导出为滤波器对象时，系统应安装有滤波器设计工具箱），可以选择保存导出结果为 MATLAB 工作空间中的变量、文本文件或.mat 文件。"Export to Simulink Model"选项可以将滤波器导入到 Simulink 模型中。使用与"Session"有关的选项，可以把整个设计保存为一个.fda 文件，或调入一个已有的设计文件，继续进行设计。

（2）"Edit"菜单用于实现滤波器的编辑和转换。其中，Conert 选项可转换当前滤波器的实现结构，包括直接 I 型、直接 II 型、转置直接 I 型、转置直接 II 型、状态空间模型和格形结构等形式。"Convert to Second -order Section"选项可以实现滤波器级联结构与直接型结构之间的转换。

（3）"Analysis"菜单用于对滤波器设计指标及各项性能进行分析。设计规格包括滤波器的阶次、通带频率、阻带频率、阻带、采样频率、通带衰减和阻带衰减等。滤波器性能

指标分析选项包括滤波器幅度响应、相位响应、群延迟响应、相位延迟、脉冲响应、阶跃响应和零极点图等。

（4）"Targets"菜单用于将设计的滤波器生成为不同的目标文件，包括 C 语言格式的头文件，滤波器的 XILINX 系数文件，或将滤波器输出到该代码生成集成开发环境，并可以下载到 DSP 芯片中。

（5）"View"菜单主要完成指定滤波器名称、图形放大和全屏显示等界面操作。

2．滤波器参数设置区域

滤波器参数设置区域位于工具界面的下方，用来设置滤波器的设计参数，包括 Response Type、Design Method、Filter Order、Frequency Specifications 和 Magnitude Specifications 等参数。

（1）Response Type 区域用于选择滤波器类型，包括低通、高通、带通、带阻、微分器、Hilbert 变换器、多带、任意频率响应、升余弦等类型。

（2）Design Method 区域用于选择设计 IIR 或 FIR 滤波器，不同类型的滤波器又可以选择不同的设计方法（例如，IIR 滤波器的设计方法包括巴特沃斯、切比雪夫、椭圆滤波器、最大扁平和最小 P 阶范数等；FIR 滤波器的设计方法包括等波纹、最小均方、窗函数、最大扁平和最小 P 阶范数等）。

（3）Filter Order 区域用于设置滤波器阶数，可以使用满足要求的最小滤波器阶数或直接指定滤波器的阶数。选择指定阶数时，在"Specify order"中填入所要设计的滤波器的阶数（n 阶滤波器，specify order＝n−1），若选择 Minimum order，则 MATLAB 根据所选择的滤波器类型自动使用最小阶数。

（4）根据前面两步中选择的设计方法，Options 区域中会显示与该方法对应的可调节参数。

（5）Frenquency Specifications 区域用于详细定义频带的各个参数，包括采样频率 Fs 和频带的截止频率等。

（6）Magnitude Specifications 区域用于定义幅值衰减的参数。

3．滤波器属性显示

滤波器属性显示位于工具界面的上方用来设置滤波器的相关性能属性，当设计人员单击菜单栏或工具栏的性能分析时，该区域界面会根据分析内容绘制不同的分析曲线。包括幅度响应、相位响应、群延迟响应、相位延迟、脉冲响应、阶跃响应和零极点图等。

4．左侧快捷工具栏

工具界面左下侧排列了一组工具按钮，主要包括滤波器转换（TransForm Filter）、量化参数设置（Set Quantization Parameters）、模型实现（Realize Model）、滤波器导入（Import Filter）、多速率滤波器（Multirate Filter）、零极点编辑器（Pole-zero Editor）和滤波器设计（Design Filter）等。单击不同的按钮，FDATool 会修改滤波器参数设置区域的显示内容，便于设计人员开展相关的操作。

设计人员在使用 FDATool 工具时，根据任务需求在 Design Filte 区域中设置滤波器的相关参数，然后单击"Design Filter"按钮，生成滤波器；然后，在工具栏中选择不同的分析内容，完成滤波器的性能分析；分析完成后，可以通过菜单栏将滤波器参数保存到工作空间中或.mat 文件中；也可以将其导入到 Simulink 模型中。

除此之外，设计人员也可以通过 Simulink 库浏览器，按步从 P System Toolbox/Filtering/ Filter Implementations/中，找到 Digital Filter Design 模块或 Analog Filter Design 模块，直接在 Simulink 模型中完成滤波器的设计工作。MATLAB 在 Simulink 库浏览器的 DSP System Toolbox/Filtering/中提供了多种滤波器模块，读者可以参考相关帮助文件。

四、MATLAB 信号分析工具简介

MATLAB 信号处理工具箱为用户提供了一个交互式的图形用户界面工具（SPTool），用来执行常见的信号处理任务。它是一个图形环境，为信号处理工具箱中的很多函数提供了易于使用的界面，只需要操纵鼠标就可以载入、观察、分析和打印数字信号，分析、实现和设计数字滤波器，以及进行谱分析等。

在 MATLAB 命令行窗口中输入"sptool"命令，启动 SPTool，如图 7-6 所示。由 SPTool 的主窗口可以看出，SPTool 有三个列表框，分别是"Signals"列表框、"Filters"列表框和"Spectra"列表框，用于实现 SPTool 工具中的五个主要功能模块。① 信号浏览器：观察、分析时域信号的信息；② 滤波器设计器：创建任意阶数的低通、高通、带通或带阻的 FIR 和 IIR 滤波器；③ 滤波器观察器：分析滤波器的特性，包括幅值响应、相位响应、群延迟和脉冲响应等；④ 频谱观察器：用各种信号处理方法得到的频域数据以图形的方式进行分析研究。

1．数据的载入过程

单击菜单栏中的"File/Import"选项，弹出如图 7-7 所示的数据载入界面。设计人员可以从工作空间中或硬盘文件中完成信号、示波器和频谱的载入。设计人员从左侧选择数据来源后，界面中侧列表中会显示可以载入的信号和变量名；在右侧选择载入类型，并根据不同的载入类型输入相关参数。

图 7-6　SPTool 启动界面

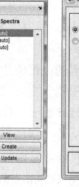

图 7-7　SPTool 的数据载入界面

2．信号查看浏览器

设计人员在 SPTool 主窗口的 Signals 列表中选择已经载入到 SPTool 中的信号，然后单击该列表框下相对应的"View"按钮，就可以进入该信号的查看浏览器界面，如图 7-8 所示。设计人员可以在该浏览器中对信号的时域波形进行观察、缩放、测量、比较、局部信号获取和打印等操作。

3．滤波器的设计

设计人员可以通过载入的形式加载前设计好的滤波器信号，也可以单击 SPTool 主窗口中"Filter"下方的"New"按钮，启动 FDATool 工具，根据任务要求完成滤波器的设计。

4．信号滤波

完成信号和滤波器的加载或设计后，就可以对期望信号进行滤波处理了。在 SPTool 主窗口中"Signal"栏选择期望的原始信号，然后在"Filter"栏中选择使用的滤波器；单击"Filter"下方的"Apply"按钮，弹出如图 7-9 所示的滤波设置对话框，修改输出信号名称、更改输入信号和滤波器；单击"OK"按钮，对信号进行滤波处理；处理完成后，在 SPTool 主窗口的"Signal"栏中显示滤波后的信号结果。

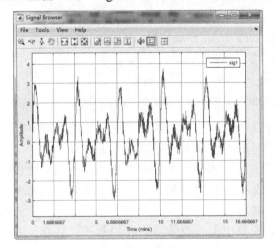

图 7-8　MATLAB 信号处理工具 SPTool 中的信号
查看浏览器界面

图 7-9　SPTool 中的信号
滤波设置对话框

5．频谱分析

设计人员可以在"Spectra"栏下方单击"Create"按钮，新建一个频谱分析对象；也可以选择系统提供的默认对象；然后，设计人员在"Signal"中选择期望进行频谱分析的信号，在"Spectra"栏的下方单击"View"按钮，启动如图 7-10 所示的频谱分析浏览器界面。设计人员在频谱浏览器中可进行查看和比较频谱图形，开展多种方法谱估计，修改频谱参数后再进行估计，以及输出、打印频谱数据等相关操作。

关于信号的滤波处理的方法还有很多，本小节只是介绍了最为基础的内容和工具，还有更加丰富的内容读者可以参考相关资料和帮助文档。

7.2.2　MATLAB 中实现卡尔曼滤波的常用方法

下面介绍在飞行器制导控制下，得到广泛应用的卡尔曼滤波方法及其在 MATLAB 中的实现。

1960 年，卡尔曼发表了用递归方法解决离散数据线性滤波问题的论文《A New Approach to Linear Filtering and Prediction Problems（线性滤波与预测问题的新方法）》，这篇文章提出了一种克服维纳滤波缺点的新方法，这就是卡尔曼滤波。卡尔曼滤波应用广泛且功能强大，即使并不知道模型的确切性质，该算法仍可以还原信号的过去状态和当前状态，甚至能估计将来的状态。

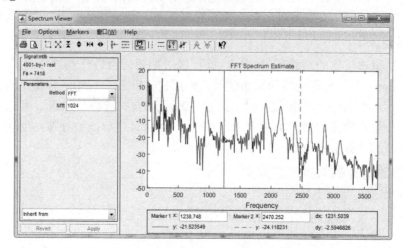

图 7-10　MATLAB 信号处理工具 SPTool 中的信号频谱分析浏览器界面

卡尔曼滤波的基本思想是以最小均方误差为最佳估计准则，采用信号与噪声的状态空间模型，利用前一时刻的估计值和当前时刻的观测值来更新对状态变量的估计，求出当前时刻的估计值。该算法根据建立的系统方程和观测方程对需要处理的信号做出满足最小均方误差的估计。卡尔曼滤波不要求保存过去的测量数据，当新的数据到来时，根据新的数据和前一时刻的储值的估计，借助系统本身的状态转移方程，按照一套递推公式，即可算出新的估计值。卡尔曼滤波大大减少了滤波装置的存储量和计算量，并且突破了平稳随机过程的限制，使卡尔曼滤波特别适用于对时变信号的实时处理，因此在工程上得到广泛的应用。

对于解决部分的实际问题，卡尔曼滤波是最优、效率最高甚至是最有致的算法。目前，卡尔曼滤波已广泛应用在导航、控制、传感器数据融合、雷达系统及导弹追踪等诸多领域。近年来更被应用于人脸识别、图像分割、图像边缘检测及语义识别等新兴学科。

在飞行器制导控制系统设计中，基于卡尔曼滤波能够从一组有限的、包含噪声的观察序列中预测和估计出目标的位移、速度、加速度等运动状态。广泛地应用在目标的估计处理、导航信号的滤波处理及信号故障诊断等诸多方面。本节简要介绍卡尔曼滤波的基本原理，及其在 MATLAB 环境中的实现方法。

一、卡尔曼滤波的基本原理

卡尔曼滤波在数学上是一种线性最小方差统计估算方法，它是通过处理一系列带有误差的实际测量数据而得到物理参数的最佳估算值的一种方法。其实质要解决的问题是寻找在最小均方误差下 $X(k)$ 的估计值 $\hat{X}(k)$。它的特点是可以用递推的方法计算 $X(k)$，其所需数据存储量较小，便于进行实时处理。具体来说，卡尔曼滤波就是用预测方程和测量方程对系统状态进行估计。

卡尔曼滤波有两组基本的方程，即状态运动方程和观测方程，两组方程需要预先给定

的，即

$$X(k) = A(k)X(k-1) + BU(k) + W(k)$$
$$Z(k) = H(k)X(k) + V(k)$$

(7-21)

式（7-21）中，$X(k)$ 是 k 时刻的系统状态，$U(k)$ 是 k 时刻系统的控制量。A 称为状态转移矩阵。可以看出状态运动方程反映了 $k-1$ 时刻目标的状态与 k 时刻目标状态之间的关系，所以称之为状态运动方程。$Z(k)$ 是 k 时刻的观测值，H 是观测矩阵，表示对于 k 时刻状态进行观测时，获取观测量的机制。$W(k)$ 和 $V(k)$ 分别表示状态方程和观测方程的噪声。

假设 W 和 V 为均值为零的高斯白噪声，其协方差阵分别是 Q 与 R，并且不随系统状态变化而变化；另外假设初始状态 $X(0)$ 不相关于 $W(k)$ 和 $V(k)$ 不相关，则有 $E[X(0)] = \mu_0$，$E[(X(0) - \mu_0)(X(0) - \mu_0)^{\mathrm{T}}] = P_0$。

下面给出卡尔曼滤波的过程。首先利用状态方程预测下一状态的系统。假设当前时刻为 k，根据系统的模型可以基于系统的上一状态预测出现在状态，即

$$X(k|k-1) = AX(k-1|k-1) + BU(k)$$

(7-22)

式中，$X(k|k-1)$ 是利用上一状态预测的结果，$X(k-1|k-1)$）是上一状态的最优结果，$U(k)$ 为现在状态的控制量，若没有控制量，则其值可以为 0。因为是利用状态方程对状态进行更新的，所以反映了状态随时间演化的规律，该方程又称为时间更新。

完成系统结果更新后，需要建立预测值相对于真实状态的误差方差阵更新公式：

$$P(k|k-1) = AP(k-1|k-1)A' + Q$$

(7-23)

式中，$P(k|k-1)$ 是 $X(k|k-1)$ 对应的协方差阵，$P(k-1|k-1)$ 是 $X(k-1|k-1)$ 对应的协方差阵，A' 表示 A 的转置矩阵，Q 是系统过程的协方差阵。这样就完成了系统的预测。

当第 k 时刻的观测值 $Z(k)$ 到达以后，利用它去修正第 k 个时刻的状态预测值，利用预测值中没有的信息去修正预测值。因此 $Z(k) - HX(k|k-1)$ 就是新的信息。结合预测值和测量值，可以得到现在状态的最优化估算值 $X(k|k)$：

$$X(k|k) = X(k|k-1) + Kg(k)(Z(k) - HX(k|k-1))$$

(7-24)

式中，Kg 为卡尔曼增益（Kalman Gain）。下面给出滤波增益矩阵计算公式，即

$$Kg(k) = P(k|k-1)H' / (HP(k|k-1)H' + R)$$

(7-25)

自此，就得到了 k 状态下最优的估计值 $X(k|k)$。但是为了使得卡尔曼滤波器不断地运行下去直到系统过程结束，还要更新 k 状态下 $X(k|k)$ 的协方差阵：

$$P(k|k) = (I - Kg(k)H)P(k|k-1)$$

(7-26)

其中，I 为单位矩阵，对于单模型单测量，$I = 1$。当系统进入 $k+1$ 状态时，$P(k|k)$ 就是式（7-23）中的 $P(k-1|k-1)$。这样，算法就可以自回归的运算下去。

以上是卡尔曼滤波的五个基本公式，只要给定初值 $X(0)$ 和 $P(0)$，根据 k 时刻的观测值 $Z(k)$，就可以递推计算得 k 时刻的状态估计 $\hat{X}(k)$。

在 MATLAB 中，可以通过 M 语言，完成上述方程的编写与实现。下面就给出一个采用卡尔曼滤波方法对测量信号进行处理的实例。

【例 7-3】假设一架无人机在进行匀速飞行，速度 220m/s，匀速误差为 0.5m/s，状态转移矩阵是常数 1。探测雷达对其目标位置进行测量，则观测矩阵也是 1，测量具有一定误差，

其误差为 10m/s。通过卡尔曼滤波对测量结果进行处理。

在 MATLAB 中输入如下命令代码：

```
%   首先完成参数设置
N = 100;    x(1) = 220; P = 0.5;    Q = 10; a = 1;  H = 1,y(1) = 220;
%   创建原始信号及测量信号
for k = 2:N
        x(k) = a*x(k-1) + sqrt(P)*randn;
        y(k) = H*x(k) + sqrt(Q)*randn;
end
%   对测量信号进行滤波处理
xfilter(1) = x(1);
pfilter(1) = 0.4;
for i = 2:N
        xpre(i) = a * xfilter(i-1);
        ppre(i) = a * pfilter(i-1)*a' + P;
        K(i) = ppre(i) * H' * inv(H * ppre(i) * H' +Q);
        xfilter(i) = xpre(i) + K(i) * (y(i) - H *xpre(i));
        pfilter(i) = (1 - K(i) * H) * ppre(i);
end
%   绘制曲线
    T = 1:N;
    figure(1);
    plot(T,xfilter,'r',T,y,'b--o',T,x,'k*-');
legend('滤波结果','测量值','实际值');
```

计算结果如图 7-11 所示。

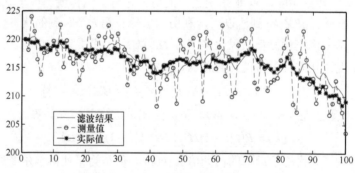

图 7-11　例 7-3 卡尔曼滤波的计算结果

二、扩展卡尔曼滤波

卡尔曼滤波能够在线性高斯模型的条件下，对目标的状态做出最优估计，得到较好的跟踪效果。但是，实际系统总是有不同程度的非线性关系，典型的非线性函数关系包括平方关系、对数关系、指数关系及三角函数关系等。虽然有些非线性系统可以近似看成线性系统，但为了精确估计系统的姿态，大多数系统则不能仅用线性微分方程描述，如飞机的飞行状态、导弹的制导系统及卫星导航系统等，其中的非线性因素不能忽略，必须建立适用于非线性系统的滤波算法。

对于非线性系统滤波问题，常用的处理方法是利用线性化方法将其转化为一个近似的线性滤波问题，其中应用最广泛的方法是扩展卡尔曼滤波（Extended Kalman Filter，EKF）。

扩展卡尔曼滤波建立在线性卡尔曼滤波的基础上，其核心思想是对一般的非线性系统，首先围绕滤波值 $\hat{X}_k$ 将非线性函数 $f(*)$ 和 $h(*)$ 展开成泰勒级数并略去二阶及以上项，得到一个近似的线性化模型，然后应用卡尔曼滤波完成对目标的滤波估计等处理。

离散非线性系统动态方程可以表示为

$$X(k+1) = f[k, X(k)] + G(k)W(k)$$
$$Z(k) = h[k, X(k)] + V(k) \tag{7-27}$$

当过程噪声 $W(k)$ 和观测噪声 $V(k)$ 恒为零时，系统模型的解为非线性模型的理论解，又称为"标称轨迹"或"标称状态"，而把非线性系统的真实解称为"真轨迹"或"真状态"。

由系统状态方程，将非线性函数 f 围绕滤波值 $\hat{X}(k)$ 做一阶泰勒展开，得到

$$X(k+1) = \boldsymbol{\Phi}(k+1|k)X(k) + G(k)W(k) + \phi(k) \tag{7-28}$$

由系统观测方程，将非线性函数 h 围绕滤波值 $\hat{X}(k)$ 做一阶泰勒展开，得到

$$Z(k) = H(k)X(k) + y(k) + V(k) \tag{7-29}$$

扩展卡尔曼滤波递推方程为

$$\begin{cases}
\hat{X}(k+1|k) = f(\hat{X}(k|k)) \\
P(k+1|k) = \boldsymbol{\Phi}(k+1|k)P(k|k)\boldsymbol{\Phi}^{\mathrm{T}}(k+1|k) + Q(k+1) \\
K(k+1) = P(k+1|k)H(k+1)^{T}[H(k+1)P(k+1|k)H^{\mathrm{T}}(k+1) + R(k+1)]^{-1} \\
\hat{X}(k+1|k+1) = \hat{X}(k+1|k) + K(k+1)[Z(k+1) - h(\hat{X}(k+1|k))] \\
P(k+1) = [I - K(k+1)H(k+1)]P(k+1|k)
\end{cases} \tag{7-30}$$

式中，滤波初值和滤波误差方差矩阵的初值分别为

$$X(0) = E[X(0)], \ P(0) = \mathrm{var}[X(0)] \tag{7-31}$$

三、扩展卡尔曼滤波在纯方位寻的导弹制导中的应用

下面以一个例子的形式给出利用扩展卡尔曼滤波在目标方位滤波的应用方法。

1．问题描述及推导过程

考虑一个在三维平面 x-y-z 内运动的质点 M，其在时刻 k 的位置、速度和加速度可以用矢量表示为

$$X(k) = \begin{bmatrix} r_x(k) & r_y(k) & r_z(k) & v_x(k) & v_y(k) & v_z(k) & a_x(k) & a_y(k) & a_z(k) \end{bmatrix} \tag{7-32}$$

质点 M 可以在三维空间内做任意运动，同时假设三个运动方向上具有加性系统噪声 $W(k)$，则在笛卡尔坐标系下该质点的运动状态方程为

$$X(k+1) = f_k(X(k), W(k)) \tag{7-33}$$

通常情况下，方程（7-33）为线性的，即能表示为以下方式。

$$X(k+1) = \boldsymbol{\varphi}X(k) + \boldsymbol{\Gamma}U(k) + W(k) \tag{7-34}$$

式中

$$\boldsymbol{\varphi} = \begin{bmatrix} I_3 & \Delta t I_3 & \left(\mathrm{e}^{-\lambda\Delta t} + \lambda\Delta t - 1\right)I_3/\lambda^2 \\ 0_3 & I_3 & \left(1 - \mathrm{e}^{-\lambda\Delta t}\right)I_3/\lambda \\ 0_3 & 0_3 & \mathrm{e}^{-\lambda\Delta t}I_3 \end{bmatrix}, \quad \boldsymbol{\Gamma} = \begin{bmatrix} -\left(\Delta t^2/2\right)I_3 \\ -\Delta t I_3 \\ 0_3 \end{bmatrix}$$

Δt 为采样时间间隔。高斯白噪声序列 $\boldsymbol{W}(k)$ 为

$$\boldsymbol{W}(k)=\begin{bmatrix} 0 & 0 & 0 & 0 & 0 & 0 & \omega_x(k) & \omega_y(k) & \omega_z(k) \end{bmatrix} \tag{7-35}$$

且 $E\big[\boldsymbol{W}(k)\big]=0_{9\times1}$，$E\big[\boldsymbol{W}(k)\boldsymbol{W}^{\mathrm{T}}(k)\big]=\boldsymbol{Q}_1=\begin{bmatrix} 0_6 & 0_{6\times3} \\ 0_{3\times6} & \sigma^2 I_3 \end{bmatrix}$

考虑一个带有观测器的飞行导弹，假设其为质点 M，对移动目标进行观测，导弹与目标的相对位置依然可用 x-y-z 表示。

导弹对目标采用纯方位角观测，观测量为俯仰角和偏航角，实际测量中雷达具有加性测量噪声 $\boldsymbol{V}(k)$，在笛卡尔坐标系下，观测方程为

$$\boldsymbol{Z}(k) = h\big[\boldsymbol{X}(k)\big] + \boldsymbol{V}(k) \tag{7-36}$$

式中

$$h\big[\boldsymbol{X}(k)\big] = \left[\arctan \frac{r_y(k)}{\sqrt{r_x^2(k)+r_z^2(k)}}, \arctan \frac{-r_z(k)}{r_x(k)} \right]^{\mathrm{T}} \tag{7-37}$$

$\boldsymbol{V}(k)$ 为测量噪声，为高斯型白色随机向量序列，且

$$E\big[\boldsymbol{V}(k)\boldsymbol{V}^T(k)\big] = \boldsymbol{R}_1 = \boldsymbol{D}^{-1}(k)x\boldsymbol{D}^{-\mathrm{T}}(k) \tag{7-38}$$

式中，$x = 0.1I_2$。

$$\boldsymbol{D}(k) = \begin{bmatrix} \sqrt{r_x^2(k)+r_y^2(k)+r_z^2(k)} & 0 \\ 0 & \sqrt{r_x^2(k)+r_y^2(k)+r_z^2(k)} \end{bmatrix} \tag{7-39}$$

在笛卡尔坐标系下，该运动模型观测方程是非线性的。

对于系统状态方程和观测方程，有定义

$$\boldsymbol{f}_k^x = \left.\frac{\partial \boldsymbol{f}_k(X_k)}{\partial \boldsymbol{X}}\right|_{X_k=\hat{X}_{k|k-1}}$$

$$\boldsymbol{h}_k^x = \left.\frac{\partial \boldsymbol{h}_k(X_k)}{\partial \boldsymbol{X}}\right|_{X_k=\hat{X}_{k|k-1}} \tag{7-40}$$

系统状态方程为线性的，所以 $\boldsymbol{f}_k^x = \boldsymbol{F}_k$，观测方程为非线性的，其对 x_k 求偏导，得

$$
\begin{aligned}
\boldsymbol{H} &= \frac{\partial \boldsymbol{h}(x(k))}{\partial x} \\
&= \left[\begin{array}{cc}
\dfrac{-r_x(k)r_y(k)}{\left(r_x^2(k)+r_y^2(k)+r_z^2(k)\right)\sqrt{r_x^2(k)+r_z^2(k)}} & \dfrac{\sqrt{r_x^2(k)+r_z^2(k)}}{r_x^2(k)+r_y^2(k)+r_z^2(k)} \\
\dfrac{r_z(k)}{r_x^2(k)+r_z^2(k)} & 0
\end{array} \right.
\end{aligned}
$$

$$
\left. \begin{array}{ccccccc}
\dfrac{-r_y(k)r_z(k)}{\left(r_x^2(k)+r_y^2(k)+r_z^2(k)\right)\sqrt{r_x^2(k)+r_z^2(k)}} & 0 & 0 & 0 & 0 & 0 & 0 \\
-\dfrac{r_x(k)}{r_x^2(k)+r_z^2(k)} & 0 & 0 & 0 & 0 & 0 & 0
\end{array} \right] \tag{7-41}
$$

2．仿真条件设置

参数初始化设置如下。

（1）设定采样时间 $\Delta t = 0.01\text{s}$ ，仿真时长 $t = 3.7\text{s}$ 。

（2）设定导弹初始状态 $\boldsymbol{x}(0) = [3500, 1500, 1000, -1100, -150, -50, 10, 10, 10]^{\text{T}}$ 。

（3）设定卡尔曼滤波估计初始化状态 $\boldsymbol{ex}(0) = [3000, 1200, 960, -800, -100, -100, 0, 0, 0]^{\text{T}}$ 。

（4）设定过程噪声方差 $\sigma^2 = 0.1$ ， $\boldsymbol{Q} = [0_{6\times 6}, 0_{3\times 6}; 0_{6\times 3}, \sigma^2 \times I_{3\times 3}]$ 。

（5）初始化卡尔曼滤波估计的状态协方差矩阵 $\boldsymbol{P}_0 = [10^4 \times I_6, 0_{6\times 3}; 0_{3\times 6}, 10^2 \times I_3]$ 。

3．程序代码

寻的制导 MATLAB 程序如下，首先给出程序运行的 M 脚本文件。

```
%程序说明：目标跟踪程序，实现运动弹头对运动物体的三维跟踪
delta_t=0.01;                                    %    测量采样周期
longa=10000;                                     %    机动时间常数的倒数，机动频率
tf=3.7;
T=tf/delta_t;
N=3;                                             %    导航比
%    状态转移矩阵
F=[eye(3),delta_t*eye(3),(exp(-1*longa*delta_t)+longa*delta_t-1)/longa^2
*eye(3);...
    zeros(3),eye(3),(1-exp(-1*longa*delta_t))/longa*eye(3);...
    zeros(3),zeros(3),exp(-1*longa*delta_t)*eye(3)];
%    控制量驱动矩阵
G=[-1*0.5*delta_t^2*eye(3);-1*delta_t*eye(3);zeros(3)];

for i=1:50                                       %       50次蒙特卡罗仿真
    x=zeros(9,T);
    x(:,1)=[3500,1500,1000,-1100,-150,-50,0,0,0]';  %    初始状态X(0)
    ex=zeros(9,T);
    ex(:,1)=[3000,1200,960,-800,-100,-100,0,0,0]';  %    滤波器状态Xekf(0)
    sigma=sqrt(0.1);
    w=[zeros(6,T);sigma*randn(3,T)];             %       过程噪声
    Q=[zeros(6),zeros(6,3);zeros(3,6),sigma^2*eye(3)];
    z=zeros(2,T);                                %       观测值
    z(:,1)=[atan(x(2,1)/sqrt(x(1,1)^2+x(3,1)^2)),atan(-1*x(3,1)/x(1,1))]';
    v=zeros(2,T);                                %       观测噪声
    for k=2:T-3
        tgo=tf-k*0.01+10^-8;
        c1=N/tgo^2;
        c2=N/tgo;
        c3=N*(exp(-longa*tgo)+longa*tgo-1)/(longa*tgo)^2;
        u(1,k-1)=[c1,c2,c3]*[x(1,k-1),x(4,k-1),x(7,k-1)]';  %    导弹三个方向
加速度
        u(2,k-1)=[c1,c2,c3]*[x(2,k-1),x(5,k-1),x(8,k-1)]';
        u(3,k-1)=[c1,c2,c3]*[x(3,k-1),x(6,k-1),x(9,k-1)]';
        x(:,k)=F*x(:,k-1)+G*u(:,k-1)+w(:,k-1);              %    目标状态方程
```

```
          d=sqrt(x(1,k)^2+x(2,k)^2+x(3,k)^2);
          D=[d,0;0,d];
          R=inv(D)*0.1*eye(2)*inv(D)';                    %  观测噪声方差
          v(:,k)=sqrtm(R)*randn(2,1);                     %  模拟观测噪声
          z(:,k)=[atan(x(2,k)/sqrt(x(1,k)^2+x(3,k)^2)),atan(-1*x(3,k)/x(1,
k)))]'+v(:,k);
      end


      %   下面根据观测值开始滤波
      P0=[10^4*eye(6),zeros(6,3);zeros(3,6),10^2*eye(3)];
      eP0=P0;
      for k=2:T-3
          dd=sqrt(ex(1,k-1)^2+ex(2,k-1)^2+ex(3,k-1)^2);
          DD=[dd,0;0,dd];
          RR=0.1*eye(2)/(DD*DD');
          tgo=tf-k*0.01+10^-8;
          c1=N/tgo^2;
          c2=N/tgo;
          c3=N*(exp(-longa*tgo)+longa*tgo-1)/(longa*tgo)^2;
          u(1,k-1)=[c1,c2,c3]*[ex(1,k-1),ex(4,k-1),ex(7,k-1)]';       %  导
弹三个方向加速度
          u(2,k-1)=[c1,c2,c3]*[ex(2,k-1),ex(5,k-1),ex(8,k-1)]';
          u(3,k-1)=[c1,c2,c3]*[ex(3,k-1),ex(6,k-1),ex(9,k-1)]';
          [ex(:,k),eP0]=ekf(F,G,Q,RR,eP0,u(:,k-1),z(:,k),ex(:,k-1));  %  用
扩展卡尔曼滤波函数
      end
      for t=1:T-3                                         %  求每个时间点误差平方
          Ep_ekfx(i,t)=sqrt((ex(1,t)-x(1,t))^2);
          Ep_ekfy(i,t)=sqrt((ex(2,t)-x(2,t))^2);
          Ep_ekfz(i,t)=sqrt((ex(3,t)-x(3,t))^2);

Ep_ekf(i,t)=sqrt((ex(1,t)-x(1,t))^2+(ex(2,t)-x(2,t))^2+(ex(3,t)-x(3,t))^2);

Ev_ekf(i,t)=sqrt((ex(4,t)-x(4,t))^2+(ex(5,t)-x(5,t))^2+(ex(6,t)-x(6,t))^2);

Ea_ekf(i,t)=sqrt((ex(7,t)-x(7,t))^2+(ex(8,t)-x(8,t))^2+(ex(9,t)-x(9,t))^2);
      end
      for t=1:T-3                                         %  求误差的均值
          error_x(t)=mean(Ep_ekfx(:,t));
          error_y(t)=mean(Ep_ekfy(:,t));
          error_z(t)=mean(Ep_ekfz(:,t));
          error_r(t)=mean(Ep_ekf(:,t));
          error_v(t)=mean(Ev_ekf(:,t));
          error_a(t)=mean(Ea_ekf(:,t));
      end
   end
```

```
%    绘制结果曲线
t=0.01:0.01:3.67;
figure(1)                                                %    轨迹图
hold on;box on;grid on;
plot3(x(1,:),x(2,:),x(3,:),'-k.');
plot3(ex(1,:),ex(2,:),ex(3,:),'-r*','MarkerFace','r');
legend('真实值','EKF 滤波值');
view(3); xlabel('x/m'); ylabel('y/m'); zlabel('z/m');
figure(2)                                                %    位置偏差图
hold on;box on;grid on;
plot(t,error_r,'-b.');
xlabel('飞行时间(s)'); ylabel('相对位置估计偏差(m)');
figure(3)                                                %    速度偏差图
hold on;box on;grid on;
plot(t,error_v,'-b.');
xlabel('飞行时间(s)'); ylabel('速度估计偏差(m/s)');
figure(4)                                                %    加速度偏差图
hold on;box on;grid on;
plot(t,error_a,'-b.');
xlabel('飞行时间(s)'); ylabel('加速度估计偏差(m^2/s)');
```

下面给出滤波算法函数。

```
%函数说明：扩展卡尔曼滤波算法
%函数参数：ex 为扩展卡尔曼滤波估计得到的状态
function[ex,P0]=ekf(F,G,Q,R,P0,u,z,ex)
%状态预测
Xn=F*ex+G*u;
%观测预测
Zn=[atan(Xn(2)/sqrt(Xn(1)^2+Xn(3)^2)),atan(-Xn(3)/Xn(1))]';
%协方差阵预测
P=F*P0*F'+Q;
%计算线性化 H 矩阵
dh1_dx=-1*Xn(1)*Xn(2)/(Xn(1)^2+Xn(2)^2+Xn(3)^2)/sqrt(Xn(1)^2+Xn(3)^2);
dh1_dy=sqrt(Xn(1)^2+Xn(3)^2)/(Xn(1)^2+Xn(2)^2+Xn(3)^2);
dh1_dz=-1*Xn(2)*Xn(3)/(Xn(1)^2+Xn(2)^2+Xn(3)^2)/sqrt(Xn(1)^2+Xn(3)^2);
dh2_dx=Xn(3)/(Xn(1)^2+Xn(3)^2);
dh2_dy=0;
dh2_dz=-Xn(1)/(Xn(1)^2+Xn(3)^2);
H=[dh1_dx,dh1_dy,dh1_dz,0,0,0,0,0,0;dh2_dx,dh2_dy,dh2_dz,0,0,0,0,0,0];
%卡尔曼增益
K=P*H'/(H*P*H'+R);
%状态更新
ex=Xn+K*(z-Zn);
%协方差更新
P0=(eye(9)-K*H)*P;
end
```

（4）运行结果

图 7-12 给出利用卡尔曼滤波算法进行目标方位的滤波结果曲线。

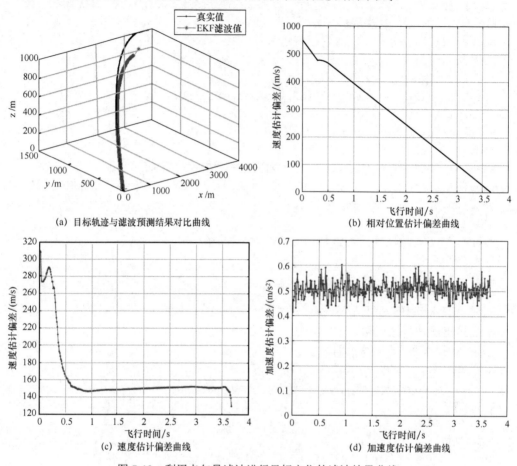

图 7-12 利用卡尔曼滤波进行目标方位的滤波结果曲线

四、MATLAB 中的卡尔曼滤波函数及其模块

MATLAB 为用户提供了卡尔曼滤波函数和卡尔曼滤波模块，包含一些典型的卡尔曼滤波方法，便于用户方便快捷地利用卡尔曼滤波完成信号估计、噪声抑制等任务。

1．卡尔曼滤波函数

MATLAB 控制系统工具箱提供了 kalman() 命令用于实现卡尔曼滤波器或状态观测器的设计，调用格式如下：

```
[kest,L,P] = kalman(sys,Qn,Rn,Nn);                    %    卡尔曼滤波器设计
[kest,L,P] = kalman(sys,Qn,Rn,Nn,sensors,known);      %    卡尔曼滤波器设计
```

在该函数中，输入参数 sys 表示系统状态方程；Qn、Rn 分别是 Q 矩阵和 R 矩阵；Nn 是观测噪声和系统噪声的协方差。输出结果中，kest 包含了卡尔曼滤波器的输入 $[u;y]$ 和输出 $[\hat{y};\hat{x}]$；L 为卡尔曼增益，P 为稳态误差协方差矩阵。

2．卡尔曼滤波模块

在 Simulink 库的浏览器中，MATLAB 同样提供了卡尔曼滤波模块，便于设计人员在

Simulink 环境下开展卡尔曼滤波或状态估计。其位置位于 Control System Toolbox、DSP System Toolbox/Filtering/Adaptive Filters 中。其设置对话框如图 7-13 所示，可以通过对话框设置滤波器类型、来源、相关参数等内容。详细用法可以参考相关帮助文档。

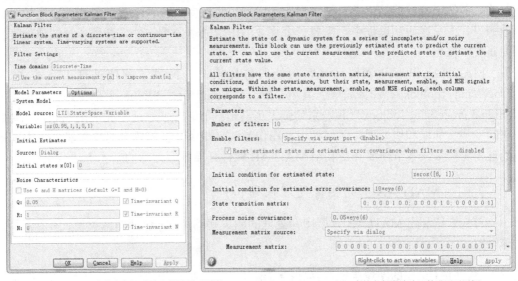

（a）Control System Toolbox 中的卡尔漫滤波函数设置对话框　　（b）DSP System Toolbox 中的卡尔漫滤波函数设置对话框

图 7-13　两种卡尔曼滤波函数模块的设置对话框

7.3　图像寻的制导研究中的 MATLAB 应用方法

图像寻的制导是目前战术武器主要采用的一种制导方式，主要包括红外图像制导和电视制导。其中，电视制导是利用电视摄像机捕获和跟踪目标的制导技术；红外图像制导是利用红外成像导引头接收目标的红外辐射能量，完成红外成像处理，实现对目标的识别、跟踪和打击的制导技术。两者都是一种被动制导方式，即导弹本身没有安装任何可以辐射能量的探测器，发射导弹的载机/平台也没有发射任何信号去指挥导弹，完全由导弹引导头搜索目标辐射的能量，引导导弹拦截目标。图像寻的制导具有高分辨率、高帧频、抗干扰能力强、可自动识别目标甚至目标的要害部位等特点，目前，被广泛地应用在格斗空空导弹、反坦克导弹、部分防空导弹等诸多精确制导武器中。典型红外制导控制器如图 7-14 所示。

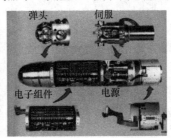

（a）运输机红外图像　　　　　　（b）AIM-9R的引导头组件　　　　　　（c）IRIS-T导弹的引导头

图 7-14　典型红外制导探测器

在图像寻的制导武器的设计过程中，其中一项重要的工作就是完成探测图像的处理任务，包括图像增强、图像复原、目标识别和目标跟踪等诸多任务，随着现代战争中信息对抗手段的不断提升，以及战场环境的日益复杂多变，精确制导武器的抗干扰能力显得尤为重要，而抗干扰性能的优劣，很大程度上由导引头图像处理算法决定。因此，图像寻的制导的设计人员在研制过程中，需要一个高效的图像处理分析软件，开展各种图像处理算法的研究工作。

MATLAB 作为一个具有强大功能的仿真软件，提供了图像处理工具箱（Image Processing Toolbox）、图像获取工具箱（Image Acquisition Toolbox）以及信号处理工具箱（Signal Processing Toolbox）等一系列强大工具箱；能够方便快捷地完成图像导入、合成、空间变换、邻域和块处理、区域处理、图像滤波、图像分析和恢复等诸多操作。由于图像处理内容较多，本节简要介绍利用 MATLAB 软件开展图像处理的基本方法。

7.3.1 MATLAB 中的图像处理基础

首先介绍利用 MATLAB 开展图像处理的相关基础知识，包括图像类型、图像读取方法等内容。

一、MATLAB 的图像类型及其转换方法

MATLAB 支持多种常用的图像文件格式，包括 PCX、BMP、HDF、JPEG、TIFF、XWD等，便于设计人员选择合适的数据文件。在 MATLAB 中，一幅图像可以以数据矩阵的形式存在，也可以以颜色映射矩阵的形式存在，因此，需要首先理解并掌握图像在 MATLAB 中的描述形式。MATLAB 中的图像类型格式有以下四种。

（1）索引图像格式：索引图像格式由数值矩阵 X 和颜色映射矩阵 Map 组成。其中，数值矩阵可以是 unit8、uint16 或 double 类型；而 Map 是一个包含三列和若干行的 double 矩阵，其数值位于[0, 1]之间，其每行分别表示红色、绿色和蓝色的颜色值。在 MATLAB 中，索引图像是从像素值到颜色映射表值的直接映射。像素颜色由数据矩阵作为索引指向矩阵 Map 进行索引。

（2）灰度图像格式：灰度图像格式在 MATLAB 中由一个数值矩阵来表示，该数值矩阵中的元素分别代表了图像中的像素，其值为颜色的灰度值。矩阵中的元素可以是 unit8、uint16 或 double 类型。

（3）RGB 图像格式：RTB 图像格式在 MATLAB 中以一个 $m \times n \times 3$ 的数据矩阵来表示，数组元素中定义了图像中每个像素的红、绿、蓝的颜色值，此时，图像中每个像素的色彩都由像素位置对应矩阵中的红、绿、蓝的数值组合来确定。

（4）二值图像格式：二值图像格式也是以一个数值矩阵来描述的，每个像素的数值大小只能为 0 或 1。

在 MATLAB 中进行图像处理时，经常需要在不同图像类型之间进行转换。例如，对一幅以索引格式描述图像进行滤波时，需要将其转换为 RGB 格式，对 RGB 格式中的亮度值进行滤波。若直接对索引图像进行滤波，则结果没有任何意义。表 7-1 给出了常用的图像类型转换函数及其功能。

表 7-1　常用的图像类型转换函数及其功能

函数名	调用格式	函数功能
dither	X=dither(RGB,map);	采用颜色抖动的方法将灰度图转换为二值格式，或将 RGB 转换为索引格式
gray2ind	[X,map]=gray2ind(I,n); [X,map]=gray2ind(BW,n);	将灰度格式或二值格式转换为索引格式
grayslice	X=grayslice(I,n);	根据给定的灰度，将灰度格转换为索引格式
im2bw	BW=im2bw(I,level); BW=im2bw(X,map,level); BW=im2bw(RGB,level);	根据设定的灰度，将 RGB、灰度、索引格式转换为二值格式
ind2gray	I=ind2gray(X,map);	将索引格式转换为灰度格式
rgb2gray	I=rgb2gray(RGB);	将 RGB 格式转换为灰度格式
ind2rgb	RGB=ind2rgb(X,map)	将索引格式转换为 RGB 格式
rgb2ind	X=rgb2ind(RGB,map);	将 RGB 格式转换为索引格式

二、MATLAB 的色彩模型及其转换形式

在图像处理和显示过程中，为了能够正确使用颜色，需要建立色彩模型。色彩模型是三维颜色空间中的一个可见光子集，它包含某个颜色域的所有颜色。常用的色彩模型包括 RGB、HSV、YCbCr 和 NTSC 等。

（1）RGB 模型是面向诸如彩色显示器或打印机之类的硬件设备的常用色彩模型，该模型基于笛卡尔坐标系，以红、绿、蓝为三个坐标轴来描述图像颜色。

（2）HSV 模型是一种面向用户的复合主观感觉的色彩模型，其中 H（Hue）表示色调，S（Saturation）表示饱和度，V（Value）表示亮度。

（3）YCbCr 模型是视频图像和数字图像中常用的色彩模型，其中 Y 表示亮度，Cb 和 Cr 分别为蓝色分量和红色分量相对于参考值的坐标，两者共同描述图像的色调。

（4）NTSC 模型是一种用于电视图像的色彩模型，基于 YIQ 色彩坐标系，其中 Y 为灰度信息，I 为色调，Q 为饱和度，两者共同表示颜色信息。

表 7-2 给出色彩模型的转换函数及其功能。

表 7-2　色彩模型的转换函数及其功能

函数名	调用格式	函数功能
hsv2rgb	RGB=hsv2rgb(HSV);	将 HSV 色彩模型换换为 RGB 色彩模型
rgb2hsv	HSV=rgb2hsv(RGB);	将 RGB 色彩模型换换为 HSV 色彩模型
ntsc2rgb	RGB=ntsc2rgb(YIQ);	将 NTSC 色彩模型换换为 RGB 色彩模型
rgb2ntsc	YIQ=rgb2ntsc(RGB);	将 RGB 色彩模型换换为 NTSC 色彩模型
ycbcr2rgb	RGB=ycbcr2rgb(Ycbcr);	将 YCbCr 色彩模型换换为 RGB 色彩模型
rgb2ycbcr	YCBCR=rgb2ycbcr(RGB)	将 RGB 色彩模型换换为 YCbCr 色彩模型

三、MATLAB 的图像文件的基本操作

为了在 MATLAB 环境中进行图像操作，需要掌握一些对图像的基本操作函数，包括图像读入、图像写入、图像显示以及一些其他函数。

1. 图像读取

MATLAB 图像处理工具箱提供了 imread()函数，用于图像数据的读取，其调用格式如下：

```
A = imread(filename);                    %    直接读取灰度图像或彩色图像文件
[X,map] = imread(filename);              %    直接读取索引图像文件
A = imread(filename,fmt);                %    读取设定文件格式的灰度图像或彩色图像
[X,map] = imread(filename,fmt);          %    读取设定格式的索引图像
```

在该函数中，输入参数 filename 为字符串形式，表示文件名。若图像文件不在当前路径或 MATLAB 搜索路径中，则要求在文件名中包含完整路径；fmt 为文件格式类型。输出参数中，A 为图像数据，若读取灰度图，则 A 为二维数组；若读取彩色图像，则返回 RGB 格式；若读取索引图像，则 X 用于存储索引色图数据，map 用于存储颜色映射表。

2. 图像显示

通常情况下，MATLAB 通过 imread()函数读入标准格式图像文件后，可以通过 image()函数完成图像绘制并显示，并通过 axis()和 colormap()等命令来设置坐标轴比例和色彩表。其调用格式如下：

```
image(C);                       %    显示图像文件
colorbar('vert');               %    在当前图像垂直轴旁边显示一个颜色等级条
colorbar('hotiz');              %    在当前图像水平轴旁边显示一个颜色等级条
```

其中，函数的输入参数为 imread()函数读取得到的数值矩阵。

另外，MATLAB 还提供了 imshow()函数用于满足一些较为复杂的图像显示需求。该函数能够自动设置图像窗口、坐标轴以及图像特征，以优化显示结果。其调用格式如下：

```
imshow(I,n);                    %    显示灰度图像
imshow(I,[low high]);           %    显示指定图像值域的灰度图像
imshow(BW);                     %    显示二值图像
imshow(X,map);                  %    显示索引图像
imshow(RGB);                    %    显示 RGB 图像
imshow(filename);               %    显示图形文件中的图像
```

另外，在制导控制系统分析时，通常需要对多帧连续图像进行处理与显示，完成目标识别、跟踪等操作。MATLAB 支持 HDF 和 TIFF 两种类型的多帧图像格式，该图像帧经过imread()函数读取后，变为一个四维数据矩阵，其中第 4 维来表示帧数。对于多帧图像数据中的显示，可以通过 image()显示单独的图像帧，使用 montage()函数同时显示所有的图像帧，使用 immovie()函数将多帧图像帧转换为电影动画的形式，并通过 movie()函数进行显示。相关函数的调用格式如下：

```
montage(filenames);             %    显示多帧图像文件的全部帧图
montage(I);                     %    显示多帧灰度格式的全部帧图
montage(X, map);                %    显示多帧索引格式的全部帧图
mov=immovie(X,map);             %    将索引格式的多帧图像转换 ewing 动画形式
mov=immovie(RGB);               %    将 RGB 格式的多帧图像转换 ewing 动画形式
movie(mov);                     %    在默认时间内播放索引图像的所有帧
moive(mov,n);                   %    在指定时间内播放索引图像的所有帧
movie(mov,n,fps);               %    以指定每秒播放帧数的形式播放图像
```

在该函数中，n 为规定的时间，单位为 s；fps 为帧速，默认值为 12m/s。movie()函数只能用于索引图像。

【例 7-4】在 MATLAB 中读取图形文件，并予以显示。

在 MATLAB 中输入如下命令代码：

```
I=imread('trees.tif');                      %    读取绘图图像
[X,map]=imread('trees.tif');                %    读取索引图像
figure(1);imshow(I);                        %    显示灰度图
figure(2);imshow(I,[30,50]);                %    显示指定值域的灰度图
figure(3);imshow(X,map);                    %    显示索引图像
```

显示结果如图 7-15 所示。

（a）灰度图　　　　　　　　　（b）指定值域的灰度图　　　　　　　　（c）索引图

图 7-15　例 7-4 的图像显示结果

【例 7-5】在 MATLAB 中读取多帧连续图像。已知一个连续多帧图像包含 27 帧数据，要求单独显示第 7 帧，而且要显示全部帧数，并将其转换为动画形式进行显示。

在 MATLAB 中输入如下命令代码：

```
MriImage = uint8(zeros(128,128,1,27));               %    创建数据变量
for frame = 1:27                                     %    读取多帧图像数据文件
[MriImage(:,:,:,frame),map] =imread('mri.tif',frame);
end
figure(1);imshow(MriImage(:,:,:,7),map);;            %    显示第 7 帧图像数据
figure(2);montage(MriImage,map);                     %    显示所有帧数
figure(3);
mov = immovie(MriImage,map);movie(mov);              %    转换文件并进行显示
```

输出结果如图 7-16 所示。

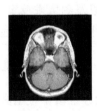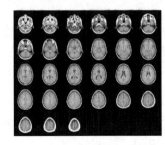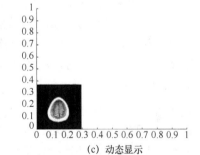

（a）第7帧图像　　　　　　　（b）全部图像　　　　　　　　　（c）动态显示

图 7-16　例 7-5 的输出结果

3．图像存储

MATLAB 利用 imwrite()函数来实现图像文件的写入操作。其调用格式如下：

```
imwrite(A,filename,fmt);              %    将图像数据写入到指定格式的文件中
```

```
imwrite(X,map,filename,fmt);              %  将索引图像数据写入到指定格式的文件中
```

函数 imwrite() 的默认存储格式为 uint8 的数据格式。

7.3.2　MATLAB 中的图像增强处理方法

在精确制动武器制导控制系统进行目标识别时，由于探测器噪声、光学回路等诸多原因，获取得到的目标图像中通常都含有各种各样的噪声和畸变，严重影响图像的质量。因此，在对图像进行分析前，必须先对图像质量进行改善。通常，采用图像增强或图像复原的方法对图像进行改善，便于开展目标识别、连续跟踪等后续处理工作。

图像增强不会考虑引起图像质量下降的原因，只将图像中感兴趣的特征有选择地突出，并衰减不需要的特征。图像增强的主要目的有两个：一个是改善图像的视觉效果，提高图像成分的清晰度；二是使图像变得更有利于计算机处理。例如，通过锐化处理突出图像边缘轮廓线，便于计算机实现跟踪和各种特征分析。目前，图像增强方法根据作用域的不同分为空域增强方法和频域增强方法两大类。其中，空域增强方法直接在图像所在的空间中进行处理，也就是在像素组成的空间里直接对像素进行操作；而频域增强方法将图像空间中的图像以某种形式转换到频域空间中，然后利用频域空间的特有性质进行图像处理，最后在转换回原来的图像空间中，从而得到处理后的图像。

本节简要介绍图像增强的原理和在 MATLAB 中的实现方法。

一、MATLAB 中进行图像空域灰度变换的增强方法

在对图像进行增强处理时，若每次处理都是针对每个像素操作的，并与其他像素无关，则这种处理方式称为点变换或灰度变换。常用的方法包括灰度变换、灰度校正和直方图修改等。

1. 灰度变换方法

在对图像进行获取过程中，由于扫描系统或光电转换系统等多方面原因，常常出现图像不均匀、对比度不足的情况。灰度变换就是在图像采集系统中对图像像素进行修正，使整幅图像成像均匀。灰度变换使得图像动态范围加大，图像对比度扩展、图像清晰、特征明显，该方法是图像增强的重要手段。

常用的灰度变换方法包括线性变换、分段线性变换、非线性变换以及图像求反等操作。在进行操作时，可以通过前面介绍的矩阵运算函数直接对灰度数值矩阵进行线性变换或非线性变换，以完成对图像的增强处理。

2. 灰度校正方法

在 MATLAB 图像工具箱中，提供了图像调整函数 imadjust()，能够直接调整图像的灰度范围或颜色图。其调用格式如下：

```
J = imadjust(I);                                        %  增强图像对比图
J = imadjust(I,[lowIn; highIn],[lowOut; highOut]); %  调整图像灰度范围
J = imadjust(I,[lowIn; highIn],[lowOut; highOut],gamma);  %  调整图像灰度
范围
newmap=imadjust(map,[lowIn;highIn],[lowOut;highOut],gamma);  %  调整索引图像
的色彩
```

在该函数中，I 是输入的原始图像；J 是返回的调整后图像，该函数把灰度值和色彩值在[lowIn;highIn]的像素调整到[lowOut; highOut]，低于 lowIn 的值映射为 lowOut，高于 highIn 的值映射为 highOut；gamma 为校正系数，用于描述输入图像和输出图像之间的映射曲线的形状；当 gamma<1 时，曲线中像素值高的权重会大一些；gamma>1 时，曲线中像素值低的权重会大一些；gamma=1 时，输入和输出映射关系为直线。

3．直方图修正方法

图像直方图是图像的重要统计特征，可以认为是图像灰度分布密度函数的近似。图像灰度分布密度函数与像素所在的位置有关。设图像在点 (x, y) 处的灰度分布密度函数为 $p(z;x,y)$，图像的灰度密度函数为

$$p(z) = \frac{1}{S} \iint_D p(z;x,y)dxdy \qquad (7\text{-}42)$$

式中，D 是图像的定义域，S 是区域 D 的面积。一般来讲，要精确得到图像的灰度分布密度函数比较困难，所以实际中用图像的直方图来代替。灰度直方图是一个离散函数，它表示数字图像每个灰度级与该灰度级出现频率的对应关系。

直方图修正是指增加图像像素值直方图分布来对图像进行增强处理，经过直方图修正后，图像像素值在各个级别上都有分布，图像像素值间的差距拉大，更容易表现图像细节。常用的一种直方图修正方法是直方图均衡化技术，把一幅已知灰度概率分布的图像，经过一种变化，使之转换变为一幅具有均匀灰度概率分布的新图像。经过直方图均衡化处理的图像，其图像灰度级出现的相对概率相同，此时图像的熵最大，图像所包含的信息量也最大。

MATLAB 图形工具箱提供了 imhist()函数和 histeq()函数，用于获取图像的直方图数据，以及对图像进行直方图均衡化处理，其调用格式如下：

```
imhist(I);              %    绘制图像的直方图信息
imhist(I,n);            %    绘制指定灰度等级的直方图信息
J = histeq(I);          %    对图像进行直方图均衡化处理
J = histeq(I,n);        %    按照指定灰度等级对图像进行直方图均衡化
```

在该函数中，I 为原始图像；J 为处理后的图像；n 为设定的灰度等级，其值在 imhist()函数中，默认值为 256，在 histeq()函数中，默认值为 64。

【例 7-6】使用直方图均衡化增强灰度图像对比度。

在 MATLAB 中输入如下命令代码：

```
I = imread('tire.tif');             %    读取图像文件
J= histeq(I);                       %    对图像进行直方图均衡化处理
figure(1);                          %    显示处理前后的图像
subplot(1,2,1);imshow(I);           %    显示原图
subplot(1,2,2);imshow(J);           %    显示处理结果图
figure(2);                          %    显示处理前、后的直方图信息
subplot(1,2,1); imhist(I,128);      %    显示原图的直方图信息
subplot(1,2,2); imhist(J,128);      %    显示处理结果图的直方图信息
```

输出结果如图 7-17 所示。

(a) 图像处理前后对比结果

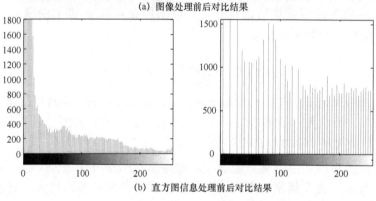

(b) 直方图信息处理前后对比结果

图 7-17　例 7-6 的输出结果

从图 7-17 中可以看出，图像经均衡化处理后的对比度提高，直方图更接近均匀分布。

4．强度描述图

MATLAB 图像处理工具箱中提供了 improfile()函数用于得到图像中一条线段或多条线段强度（灰度）值，并绘制其图形。其主要调用格式如下：

```
c = improfile(I, xi, yi);              %  绘制图像的强度描述图
```

其中，I 为输入图像；xi 和 yi 是两个向量，用来指定线段的端点；c 是线段上各点的灰度或颜色。若不指定 xi 和 yi 参数，则会进入交互式的处理模式。对于单独的线段，improfile()函数将会在二维视图中绘制点的灰度值；对于多条线段，improfile()函数将会在三维视图中绘制灰度值。

5．图像轮廓图

在 MATLAB 图像处理工具箱中提供了 imcontour()函数，用来显示灰度图像中数据的轮廓图。imcontour()函数能够自动设置坐标轴，使输出图像在其方向和纵横比上能够与显示的图像吻合。其主要调用格式如下：

```
imcontour(I);                         %  提取灰度图像的轮廓图
imcontour(I, n);                      %  根据设置 n 条的灰度图像轮廓图
imcontour(…, LineSpec);              %  设置灰度图像的轮廓图的颜色
```

利用轮廓处理函数可以比较方便地获取图像数据的轮廓形状，同时大大降低图像处理的数据量，便于后续开展目标识别及其他操作。

二、MATLAB 中进行图像空域滤波的增强方法

滤波也是图像空域增强的一种常用方法，通过对图像进行滤波处理，增强一些主要特

征而去除一些次要特征，以便实现对图像的光滑、锐化和边缘检测等目的。与基于像素点操作的灰度变换不同，空域滤波是一种邻域操作，也称为模板操作，其输出图像的像素值是在对输入对象相应像素的邻域值进行一定处理而得到的。

在对图像进行空域滤波处理时，即可以直接对图像数据执行卷积等相关数据处理方式来实现，也可以调用相关滤波函数来达到目的。下面主要介绍 MATLAB 图形工具箱提供的一些图像滤波函数，包括图像噪声添加函数和多种图像滤波处理方法。

1．图像噪声添加函数

滤波的一个重要功能是提出图像中的噪声影响。噪声可能来自图像采集、量化等过程，也可能产生于图像的传送过程中具有离散性和随机性等特点。根据分布函数对其噪声进行分类，可分为以下三种。

（1）高斯噪声（Gaussian white noise）：最普通的噪声，噪声信号随机分布，没有规律。

（2）Poisson 噪声：在照度非常小时出现或在高倍电子放大线路中出现，噪声信号分布为 Poisson 分布。

（3）颗粒噪声：是一个白噪声的过程，图像中显示明显的颗粒。

在 MATLAB 中提供了 imnoise()函数用于创建噪声。其调用格式如下：

```
J = imnoise(I,type);                    % 按照指定类型添加图像噪声给图像
J = imnoise(I,type,parameters);         % 根据指定参数和类型添加噪声
```

在该函数中，I 为原始图像。type 为噪声类型，以字符串形式描述不同的噪声，gaussian 表示高斯白噪声，其均值和方差为常数；localvar 表示均值为 0 的高斯白噪声，方差取决于亮度；poisson 表示 Possion 噪声；salt & pepper 表示椒盐噪声；speckle 表示乘法噪声。parameters 表示参数类型，其数值和内容与噪声形式相关。

2．图像线性滤波函数

MATLAB 提供了 imfilter()函数用于完成图像的线性滤波，其主要调用格式如下：

```
B = imfilter(A,h);                      % 对图像数据进行线性滤波
B = imfilter(A,h,options,…);            % 根据相关参数对图像数据进行线性滤波
```

在该函数中，A 为原始图像；h 为多维滤波器，options 是一系列可选参数，包括边界选项、输出大小选项以及滤波方式选项等。B 为滤波后输出结果，与 A 具有相同的数据类型和维数。

3．图像预定义模板滤波

MATLAB 图像处理工具箱中提供了 fspecial()函数来创建预定义的滤波器模板，并提供了 filter2()函数利用指定的滤波器模板对图像进行均值滤波运算。fspecial 函数的调用格式如下：

```
h=fspecial(type);                       % 生成二维滤波器模板
h=fspecial(type,parameters);            % 生成指定参数的二维滤波器模板
```

其中，type 为二维滤波器类型；parameters 为滤波器参数，其内容与滤波器形式相关，下面列出常用的滤波器的调用格式：

```
h=fspecial('gaussian',n,sigma);         % 高斯低通滤波器
h=fspecial('sobel');                    % sobel 水平边缘增强滤波器
h=fspecial('prewitt');                  % prewitt 水平边缘增强滤波器
```

```
h=fspecial('laplacian',alpha);          %   近似二维拉普拉斯运算滤波器
h=fspecial('log',n,sigma);              %   高斯–拉普拉斯（LOG）运算滤波器
h=fspecial('average',n);                %   均值滤波器
h=fspecial('unsharp',n);                %   模糊对比增强滤波器
```

函数 filter2()基于指定的滤波器模板，对指定图像进行二维线性滤波操作。其调用格式如下：

```
Y=filter2(h,X);                         %   对图像数据进行滤波处理
```

其中，h 为指定的滤波器模板；X 为原始图像；Y 为滤波后的图像。

三、MATLAB 中进行图像频域变换增强方法

频域增强方法是将图像从空间域变换到频率域，在图像的频域空间对图像进行滤波处理，然后再转换回空间域的一种图像增强方法。根据信号分析理论，傅立叶变换和卷积理论是频域滤波技术的基础。

假定 $g(i,j)$ 表示函数 $f(i,j)$ 与线性移不变算子 $h(i,j)$ 进行卷积运算的结果，即

$$g(i,j) = f(i,j) \otimes h(i,j) \tag{7-43}$$

因此，可得

$$G(u,v) = F(u,v)H(u,v) \tag{7-44}$$

其中，G、F、H 分别是函数 $g(i,j)$、$f(i,j)$、$h(i,j)$ 的傅立叶变换，$H(u,v)$ 称为滤波器函数，也可以称为传递函数。在图像增强中，由于待增强的图像函数 $f(i,j)$ 是已知的，因此，$F(u,v)$ 可由图像的傅立叶变换得到。

在实际应用中，首先需要确定 $H(u,v)$，然后就可以求得 $G(u,v)$，再对 $G(u,v)$ 进行傅立叶逆变换，即可得到增强的图像 $g(i,j)$。$g(i,j)$ 可以突出 $f(i,j)$ 的某方面的特征信息，若通过 $H(u,v)$ 增强 $F(u,v)$ 的高频信息（如增强图像的边缘信息等），则为高频滤波；若增强 $F(u,v)$ 的低频信息（如对图像进行平滑等操作），则为低通滤波。频域滤波方法的基本流程如图 7-18 所示，其滤波处理过程可以分为以下三个步骤：① 对原始图像 $f(i,j)$ 进行傅立叶变换得到 $F(u,v)$；② 将 $F(u,v)$ 与滤波器函数 $H(u,v)$ 进行卷积运算得到 $G(u,v)$；③ 对 $G(u,v)$ 进行傅立叶逆变换，即可求出增强图像 $g(i,j)$。

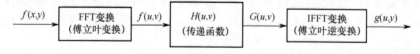

图 7-18   频域滤波方法的基本流程图

与信号处理中的滤波方法类似，图像中的滤波器也分为低通滤波器、高通滤波器和同态滤波器等类型。常用的滤波器类型包括巴特沃斯、指数低通等滤波器。同时，MATLAB 还提供了二维有限冲击响应滤波器（FIR），可以方便地完成图像的频域增强处理。

1. 傅立叶变换的基本概念

从频域增强的过程可知，对图像进行频域处理的主要工作之一就是进行傅立叶变换和逆变换。下面简要介绍傅立叶的一些基本概念。

傅立叶变换是图像处理中的一种常用变换手段，可以将图像的信号从空域转换到频域，进而进行相关处理，傅立叶变换被广泛地应用在图像特征提取、空间频域滤波、图像恢复

等工作中。下面仅给出二维离散傅立叶变换的基本原理。关于更多其他傅立叶变换的推导过程可参考相关专业书籍。

在二维离散傅立叶变换时，对于 $M×N$ 图像，若假设 $f(x,y)$ 为实变量，并且 $F(u,v)$ 可积，则存在以下傅立叶变换，其中，u、v 为频率变量。

$$F(u,v) = \frac{1}{MN} \sum_{x=0}^{M-1} \sum_{y=0}^{N-1} f(x,y) \exp(-j2\pi(\frac{ux}{M} + \frac{vy}{N})) \tag{7-45}$$

$$f(x,y) = \sum_{u=0}^{M-1} \sum_{v=0}^{N-1} F(u.v) \exp(j2\pi(\frac{ux}{M} + \frac{vy}{N})) \tag{7-46}$$

对于 $N×N$ 图像，若假设 $f(x,y)$ 为实变量，并且 $F(u,v)$ 可积，则存在以下傅立叶变换对，其中 u、v 为频率变量。

$$F(u,v) = \frac{1}{N^2} \sum_{x=0}^{N-1} \sum_{y=0}^{N-1} f(x,y) \exp(-j2\pi \frac{ux+vy}{N}) \tag{7-47}$$

$$f(x,y) = \sum_{u=0}^{N-1} \sum_{v=0}^{N-1} F(u.v) \exp(j2\pi \frac{ux+vy}{N}) \tag{7-48}$$

2．MATLAB 中的傅立叶变换实现函数

下面简要给出 MATLAB 中对图像的傅立叶变换方法和逆变换法方法。MATLAB 中提供了 fft()函数、fft2()函数、fftn()函数，分别用于一维 DFT、二维 DFT 和 N 维 DFT 的快速傅立叶变换。还提供了 ifft2()、iff2()、ifftn()函数，用于快速傅立叶逆变换。

在图像处理中一般使用 fft2()函数和 iff2()函数进行二维 DFT 变换和逆变换，其调用格式如下：

```
Y= fft2(X);                    %   对空域矩阵 X 进行二维快速傅立叶变换
Y= fft2(X,m,n);                %   对空域矩阵 X 进行剪切或补零后进行二维 DFT
Y= ifft2(X);                   %   对频域矩阵 X 进行二维快速傅立叶逆变换
Y= ifft2(X,m,n);              %   对频域矩阵 X 进行剪切或补零后进行逆变换
```

该函数对二维矩阵做两次一维傅立叶变换或逆变换。其中，输入参数 X 为要进行傅立叶变换或逆变换的二维矩阵，m、n 是要返回的变换结果的行数和列数，当 m、n 的值与 X 的大小不一致时，则对 X 进行剪切或补零后进行变换。

另外，MATLAB 提供了频谱平移函数 fftshift()，能够将变换后的图像频谱中心从矩阵原点移到矩阵的中心，以便于频谱观察。其调用格式如下：

```
Y= fftshift(X);                %   对傅立叶变换结果进行平移
```

对于一维 DFT 的结果，该函数将 X 的左右元素进行互换；对于二维 DFT 结果，该函数将 X 的对角元素进行互换；对于更高维数的 DFT 结果，该函数将各个维数的两半进行互换。

3．利用频域的巴特沃斯低通滤波器进行图像频域滤波增强

巴特沃斯低通滤波器是一种典型的低通滤波器，下面就对包含椒盐噪声的图像进行频域滤波处理。

【例 7-7】利用巴特沃斯低通滤波器进行图像频域增强。

在 MATLAB 中输入如下命令代码：

```
I=imread('Plane1.jpg');                        %    读取原始图像
```

```
figure(1);imshow(I);                           %    显示原始图像
I2=imnoise(I,'salt & pepper',0.05);            %    生成含椒盐噪声的图像
figure(2); imshow(I2);                         %   显示含噪声图像
f=double(I2);
k=fft2(f,768,1024);                            %   进行傅立叶变换
g=fftshift(k);                                 %   进行频谱平移
[N1,N2]=size(g);n=2;d0=2000;                   %   设置参数
u0=round(N1/2);
v0=round(N2/2);
for i=1:N1                                      %   循环进行低通滤波
    for j=1:N2
        d=sqrt((i-u0)^2+(i-v0)^2);
        h=1/(1+0.414*d/d0)^(2*n);
        y(i,j)=h*g(i,j);
    end
end
y=ifftshift(y);                                 %   频谱平移
e1=ifft2(y,768,1024);                           %   傅立叶逆变换
e2=uint8(real(e1));
figure(3);imshow(e2);
```

处理结果如图 7-19 所示。

(a) 原始图像　　　　　　　　(b) 噪声图像　　　　　　(c) 巴特沃斯低通频域滤波结果

图 7-19　例 7-7 的处理结果

7.3.3　MATLAB 中的图像复原处理方法

制导控制系统设计中，在对图像进行处理时，经常会遇到图像退化的现象，导致图像十分模糊，使得我们难以得到想要的信息。图像的复原基础就是消除图像的模糊，产生一幅质量清晰的图像。本节简要介绍图像退化的机理、图像复原的方法，以及 MATLAB 中提供的应用函数。

一、图像退化的原因及数学模型

图像退化是指在图像的获取传输过程中，由于成像系统、传输介质方面的原因，造成图像质量下降，典型的表现为图像模糊、失真、含有噪声等。

1．图像退化原因

图像退化产生的原因有很多，常见的原因包括如下内容。

（1）目标或拍摄装置的移动造成的运动模糊、长时间曝光引起的模糊等。

（2）焦点没有对准、广角引起的模糊、大气扰动引起的模糊、曝光时间太短引起拍摄装置捕获的光子太少引起的模糊等。

（3）散焦引起的图像扭曲。

（4）图像在成像、数字化、采集和处理过程中引入的噪声。

2．制导控制系统中的图像退化现象

对于制导控制系统中的图像处理，经常会遇到图像退化现象，一个典型情况就是气动光学效应。

超音速精确制导武器在稠密大气层内高速飞行时，其红外成像探测系统的光学头罩与外部气流之间发生剧烈的相互作用，形成激波、膨胀波、强湍流边界层等多种复杂的流场结构。当目标的红外辐射通过复杂流场时，受到混合层气体密度梯度的变化和气动加热的影响，使得光束产生波面畸变和偏折，造成红外探测系统接收到畸变退化的目标图像，这种效应称为气动光学效应。气动光学效应对成像探测系统产生气动热、热辐射和图像传输干扰等影响，引起目标图像的偏移、抖动、模糊和能量衰减，使得探测系统的信噪比降低，大幅缩短目标的探测距离，降低目标的探测识别概率，削弱抵抗诱饵和干扰的能力，已成为制约超音速精确制导武器探测精度的瓶颈问题。另外，高速飞行的飞行器在利用星敏感器进行导航时，由于大气云层、湍流及飞行平台的抖动等原因，也会导致获取到的星空图像出现退化现象。

因此，在图像寻的制导武器系统中，必须对各种因素引起的退化图像进行复原处理，以提高后续复杂条件下图像目标的识别能力，保证精确制导武器系统对目标的探测精度。

3．图像退化的数学模型

图像复原的关键是建立图像的退化模型，一幅清晰的图像通过一个退化系统 H，然后引入加性噪声能够生成一幅退化图像，图像的退化模型可以用图 7-20 描述。

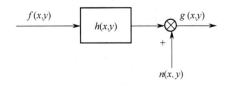

图 7-20　图像的退化模型

对于如图 7-20 所示的模型，可以用下面的数学表达式表述：

$$g(x,y) = h(x,y) * f(x,y) + n(x,y) \tag{7-49}$$

其中，$g(x,y)$ 是退化的图像，$h(x,y)$ 是失真函数，$f(x,y)$ 为原图像，$n(x,y)$ 为加性噪声，*代表卷积运算。

由于数字图像都是离散形式的，因此在实际应用中，图像的退化模型可以写成如式（7-50）的离散形式，即

$$g(x,y) = \sum_{m=0}^{M-1} \sum_{n=0}^{N-1} f(m,n)h(x-m,y-n) + n(x,y) \tag{7-50}$$

若图像中不含噪声，即 $n(x,y) = 0$，则数学表达式可以简化为

$$g(x,y) = \sum_{m=0}^{M-1}\sum_{n=0}^{N-1} f(m,n)h(x-m,y-n) \tag{7-51}$$

图像的退化模型通常近似为线性、空间不变系统，因为当图像退化不是很严重时，应用线性不变系统来复原图像会有比较好的效果，而使用非线性系统会增加模型的难度和计算耗时较长，同时使用线性系统可以应用线性系统中的许多现有理论来解决图像的复原问题，从而使运算方法较为简捷和快速。

在空间域中，卷积运算对应于频域的相乘，故图 7-20 中的模型可以用空间域的模型表示为

$$G(u,v) = H(u,v)F(u,v) + N(u,v) \tag{7-52}$$

其中，$G(u,v)$、$H(u,v)$、$F(u,v)$、$N(u,v)$ 分别用 $g(u,v)$、$h(u,v)$、$f(u,v)$、$n(u,v)$ 的频域表示。

上面的退化模型可以简写为

$$g = Hf + n \tag{7-53}$$

其中，g 是质量退化的图像，H 是失真函数，即点扩散函数（Point Sperad Function），点扩散函数描述的是一个光学系统对真实图像的模糊程度，f 是指真实图像，n 是指加性噪声。

从该模型中可以看出，图像去模糊的主要任务是用点扩散函数反卷积模糊的图像。在 MATLAB 中，可以对清晰的图像通过卷积一个特殊的点扩散函数来产生模糊的图像。

二、图像复原的模型及方法分类

图像复原是图像退化的逆过程，它尽可能地恢复退化图像的本来面目。一般来说，图像复原是指在建立系统退化模型的基础上，以退化图像为依据，运用某些先验知识，将退化了的图像以最大的保真度复原图像。因此，图像复原的关键取决于对图像退化过程的先验知识掌握的程度和建立的退化模型是否合适。

1. 图像复原模型

图像复原模型可以用图 7-21 来描述。

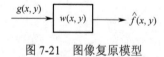

图 7-21　图像复原模型

其中，$g(x,y)$ 是退化的图像，$w(x,y)$ 是图像复原滤波器，$\hat{f}(x,y)$ 是恢复的图像。

广义上讲，图像复原是一个求逆问题，逆问题经常不存在唯一解，甚至不存在解，因此图像复原一般比较困难。在工程实践中，为了得到一个有用解，图像复原往往需要一个评价标准，即衡量其接近真实图像的程度，或者说对退化图像的估计是否得到了某种准则下的最优。这就需要有先验知识及对解的附加约束条件。

由于引起图像质量退化的原因有很多，因此为了消除图像质量的退化而采取的图像复原方法有很多种，而恢复的质量标准也不尽相同，故图像复原是一个复杂的数学过程，其方法技术也各不相同。在给定图像退化模型的情况下，图像复原可以分为无约束和有约束两大类。

2．无约束复原方法

由前面介绍的退化模型可知，退化模型可以简写为

$$n = g - Hf \tag{7-54}$$

在未知噪声的情况下，我们希望噪声项尽可能小，也就是说，希望找到一个 $\hat{f}$，希望 $H\hat{f}$ 在最小二乘方情况下近似为 g，也就是说，希望找到一个图像复原滤波器 $\hat{f}$，使得式（7-55）最小。

$$\|n\|^2 = \left\|g - H\hat{f}\right\|^2 \tag{7-55}$$

因此上述问题可以转化为一个无约束的优化问题，即

$$\min\left\|g - H\hat{f}\right\|^2 \tag{7-56}$$

应用求无约束优化问题的方法，可以求得这种情况下的解为

$$\hat{f} = H^{-1}(H^T)^{-1}H^T g \tag{7-57}$$

若 H 为方阵，并且 H 的逆矩阵存在，则上述的解可以简化为

$$\hat{f} = H^{-1}(H^T)^{-1}H^T g = H^{-1}g \tag{7-58}$$

3．有约束复原方法

在无约束复原方法的基础上，为了使用更多地先验信息，常常附加约束条件来提高图像复原的精度，如可以令 L 为 f 的线性算子，那么最小二乘复原问题可以转化为使形式为 $\|Lf\|^2$ 的函数服从约束条件 $\|g - Hf\|^2 = \|n\|^2$ 的最小值问题。这个最小值问题可以使用拉格朗日乘子来求解。即寻求一个 $\hat{f}$，使得下面的函数值最小。

$$\min\left\|Q\hat{f}\right\|^2 + \lambda(\left\|g - H\hat{f}\right\|^2 - \|n\|)^2 \tag{7-59}$$

可以使用微分法求解，得到式

$$\hat{f} = (H^T H + \frac{1}{\lambda}Q^T Q)^{-1}H^T g \tag{7-60}$$

三、MATLAB 中常用的图像复原方法及其实现

MATLAB 图像处理工具箱中提供了四种图像复原函数，分别利用维纳滤波（Wiener）复原、规则化滤波（Regularized）复原、Lucy-Richardson 滤波复原和盲反卷积复原。

1．维纳滤波

在已知清晰图像和噪声频率特性的情况下，维纳滤波被看成一种有效的图像复原技术。若没有加噪声，则维纳滤波就退化为倒滤波方法。维纳滤波的频域形式为

$$F(u,v) = \frac{H^*(u,v)G(u,v)}{\left|H(u,v)\right|^2 + S_{nn}(u,v)/S_{ff}(u,v)} \tag{7-61}$$

其中，$F(u,v)$、$H(u,v)$、$G(u,v)$ 分别是未失真图像、失真函数和退化图像的二维离散傅立叶变换。

在 MATLAB 图像处理工具箱中，使用 deconvwnr()函数利用维纳滤波对图像复原。常见调用方法如下：

```
J=deconvwnr(I, PSF);                          %    按照给定的点扩散函数 PSF 进行复原
J=deconvwnr(I, PSF, NSR);                     %    根据相关参数对图像进行复原
J=deconvwnr(I, PSF, NCORR, ICORR);            %    根据相关参数对图像进行复原
```

该函数求得的是最小二乘解。其中，输出参数 I 值退化的图像，PSF 为退化图像的点扩散函数；NSR 是噪声信号功率比，可以为一个标量，也可以为与 I 同样大小的矩阵，默认值为 0；NCORR 和 ICORR 分别是信号和原图像的自相关函数。输出参数 J 是返回的复原图像。

2．规则化滤波

规则化滤波器是在已知噪声信息的情况下有效的反卷积方法，在 MATLAB 中利用规则化滤波的函数是 deconvreg()。常用调用方法如下：

```
J=deconvreg(I, PSF);                                    %    按照给定的点扩散函数
PSF 进行复原
J=deconvreg(I, PSF, NOISEPOWER, LRANGE, REGOP);        %    根据相关参数对图像进
行复原
[J, LAGRA]=deconvreg(I, PSF, NOISEPOWER, LRANGE, REGOP);  %    根据相关参数
对图像进行复原
```

该函数得到的是一种约束最小二乘解，在使用此函数时若提供一些关于噪声的参数可以减少去模糊过程中噪声的放大作用。其中，I 是退化的图像；PSF 是指点扩散函数；NOISEPOWER 是加性噪声的能量，默认值为 0；LRANGE 是函数优化过程中拉格朗日算子的范围，默认值为[1e−9,1e9]；REGOP 是约束优化中的规则化操作，默认值为 Laplacian 操作。输出参数 J 是去模糊后返回的图像；LAGRA 是返回的拉格朗日算子。

3．Lucy-Richardson 滤波

Lucy-Richardson 滤波假设噪声服从泊松分布，基于贝叶斯理论使产生图像的似然性达到最大。在 MATLAB 图像处理工具中，利用 Lucy-Richardson 滤波复原图像的函数是 deconvlucy()。该函数在最初的 Lucy-Richardson 方法的基础上减小/放大噪声的影响，并对图像质量不均匀的像素进行修正。这些改进加快了图像复原的速度和复原的效果。在前面介绍的方法中，噪声放大是一个很严重的问题。尤其对光滑的图像来说，一些斑点会使图像的质量变差。为了抑制噪声放大，deconvlucy()函数使用了衰减因子 dampar，这个参数限制了恢复图像与原始图像之间的差异，若小于这个参数则进行衰减；若大于这个参数则迭代就被抑制。

Deconvlucy()函数的使用方法如下：

```
J=deconvlucy(I,PSF);                                    %    按照给定的点扩散函数
PSF 进行复原
J=deconvlucy(I,PSF,NUMIT,DAMPAR,WEIGHT,READOUT,SUBSMPL);  %    根据相关参数
对图像进行复原
```

该函数使用的是一种快速抑制的 Lucy-Richardson 方法，经过多次迭代，采用优化技术和泊松统计准则,不需要函数提供模糊图像中关于噪声的额外参数。其中，可选参数 NUMIT 是迭代次数，默认值为 10；DAMPAR 规定了原图像和恢复图像之间的偏差；WEIGHT 是一个权重矩阵，它规定了图像 I 中的坏像素的权值为 0，其他像素权值为 1，默认值为与 I 相同维数的全 1 矩阵；READOUT 是与噪声和读出设备有关的参数，默认值为 0；SUBSMPL

是指二次抽样频率，默认值为 1。

4．盲反卷积

盲反卷积是在 Lucy-Richardson 算法的基础上改进的方法，该方法适用于未知模糊和噪声信息的情况。在 MATLAB 图像处理工具箱中，使用盲反卷积进行图像复原的函数为 deconvblind()，其常见调用方法如下：

```
[J, PSF]=deconvblind(I ,INITPSF);          %    按照给定的点扩散函数 PSF 进行复原
[J, PSF]=deconvblind(I,INITPSF,NUMIT,DAMPAR,WEIGHT,READOUT);  % 根据相
关参数对图像进行复原
```

该函数在使用时，不需要知道真实的点扩散函数 PSF，使用时只需设置一个初始 PSF 函数，该函数除返回恢复出的图像外，还返回最后迭代的点扩散函数 PSF。其中，I 是指要恢复的模糊图像；INITPSF 是初始的 PSF 函数；可选参数 NUMIT 是指迭代的次数，默认值为 10；DAMPAR 规定了原图像和恢复图像之间的偏差；WEIGHT 是一个权重矩阵，它规定了图像 I 中的坏像素的权值为 0，其他像素的权值为 1，默认值为与 I 相同维数的全 1 矩阵；READOUT 是与噪声和读出设备有关的参数，默认值为 0。J 是反卷积后恢复出来的图像；PSF 是最后反卷积后得到的点扩散函数。

【例 7-8】利用多种图像复原方法完成图像的复原工作。

在 MATLAB 中输入如下命令代码：

```
I=checkerboard(8);                          %    产生一个 8×8 的跳棋盘图像
PSF = fspecial('motion',3,3);               %    产生一个运动模糊的滤波器
Blurred = imfilter(I,PSF);                  %    生成运动模糊图像
BluNoise=imnoise(Blurred,'gaussian',0,0.1); %    为运动模糊图像添加一个白噪声
J1 = deconvwnr(BluNoise,PSF);               %    进行维纳滤波复原
J2 = deconvreg(BluNoise,PSF);               %    进行规则化滤波复原
J3 = deconvlucy(BluNoise,PSF);              %    进行 Lucy-Richardson 滤波复原
J4 = deconvblind(BluNoise,PSF);             %    进行盲卷积复原
figure(1);imshow(I);                        %    显示原始图像
figure(2);imshow(BluNoise);                 %    显示噪声退化图像
figure(3);imshow(J1);                       %    显示维纳复原结果
figure(4);imshow(J2);                       %    显示规则化复原结果
figure(5);imshow(J3);                       %    显示 Lucy-Richardson 复原结果
figure(6);imshow(J4);                       %    显示盲卷积复原结果
```

复原结果如图 7-22 所示。

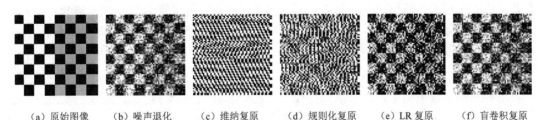

　（a）原始图像　　（b）噪声退化　　（c）维纳复原　　（d）规则化复原　　（e）LR 复原　　（f）盲卷积复原

图 7-22　例 7-8 的复原结果

7.3.4　MATLAB 中的图像分割及跟踪处理方法

在精确制导武器的图像制导中，在完成图像增强和复原后，需要对图像进行处理完成

目标识别和跟踪等工作，这其中就需要利用图像分割及跟踪处理等技术。在对图像的研究和应用中，人们往往仅对图像的某些部分感兴趣，通常把这部分称为目标或前景（其他部分称为背景），它们一般对应图像中特定的、具有独特性质的区域。这里的独特性质可以是像素的灰度值，物体轮廓曲线、颜色、纹理等。为了识别和分析图像中的目标，需要将它们从图像中分离提取出来，在此基础上才有可能进一步对目标进行测量和对图像进行利用。图像分割就是指图像分成各具特性的区域并提取出感兴趣目标的技术和过程。图像处理的一般过程如图 7-23 所示。

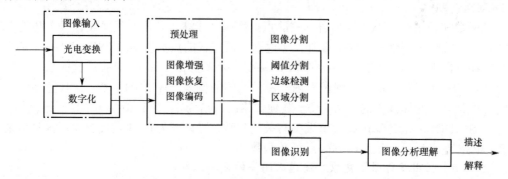

图 7-23　图像处理的一般过程

从图 7-23 中可以看出，图像分割是从图像预处理到图像识别和分析理解的关键步骤，在图像处理中占据重要的位置。一方面它是目标表达的基础，对特征测量有重要的影响；另一方面，图像分割以及基于分割的目标表达、特征提取和参数测量等将原始图像转化为更为抽象、更为紧凑的形式，使得更高层的图像识别、分析和理解成为可能。

下面介绍在图像处理过程中，常用的图像分割方法、边缘检测方法和直线提取方法，及其在 MATLAB 中的实现。

一、MATLAB 中基于阈值的图像分割方法

图像分割也可以理解为图像中有意义的特征区域或将需要的特征区域提取出来，这些特征区域可以是像素的灰度值、物体轮廓曲线、纹理特性等，也可以是空间频域或直方图特征等。

阈值分割是一种简单有效的图像分割法。它对物体与背景有较强对比的图像分割特别有效，所有灰度大于或等于零的像素为属于物体，其灰度值设置为 255 表示前景，否则将这些像素点排除在物体区域以外，灰度值为 0 表示背景。在此只考虑单阈值分割的情形，给出几种常用的基于图形的分割方法。

1．双峰法

双峰法的原理很简单，该方法认为图像由前景和背景两部分组成，图像的灰度分布曲线近似为由两个正态分布函数叠加而成，图像的直方图将会出现两个分离的峰值，双峰之间的波谷处就是图像的所在位置。

2．大津法

大津法又称为最大类间方差法，是日本学者大津于 1979 年提出的一种自适应的阈值确定方法。该方法按照图像的灰度特性，将图像分为背景和目标两个部分。其基本思想是：

目标和背景之间的类间方差越大，说明构成图像的两部分差别越大。当部分目标或背景划分错误时，导致两部分差别变小，因此按照方差最大进行分割意味着错分概率最小。

在 MATLAB 中，提供了 graythresh() 函数，利用大津法或取全局图像的灰度值，其调用格式如下：

```
level= graythresh(I);                    %    利用大津法求取图像的
```

在该函数中，输入 I 为灰度图像；输出 level 为用于分割图像的归一化灰度值，其范围在[0,1]。

3．分水岭法

分水岭法是一种借鉴形态学的分割算法。在该方法中，将一幅图像看成一个拓扑地形图，其中灰度值 $f(x,y)$ 对应地形高度图。高灰度值对应着山峰，低灰度值对应着山谷。根据水从分水岭流下时，朝不同的吸水盆地流去的可能性是相等的思想，将其应用于图像分割，就是要在灰度图像中找出不同的吸水盆地和分水岭，由这些不同的吸水盆地和分水岭组成的区域即为要分割的目标，该方法称为分水岭法。

Marlab 图像处理工具箱提供了 watershed() 函数用于实现分水岭算法。其调用格式为：

```
L = watetshed(A);                        %    利用分水岭法求取图像的
L = watershed(A,conn);                   %    指定算法中元素的连通方式
```

在该函数中，输入参数 A 为待分割的图像；参数 conn 指定算法中使用的元素的连通方式。输出参数 L 是与 A 维数相同的非负整数矩阵，标记分割结果，矩阵元素值为对应位置上像素点所属的区域编号，0 元素表示该对应像素点是分水岭，不属于任何一个区域。

二、MATLAB 图像边缘检测方法

数字图像的边缘检测是图像分割、目标区域识别、区域形状提取等图像分析领域的基础，也是图像识别中提取图像特征的一个重要属性。在进行图像理解和分析时，第一步往往就是边缘检测。目前边缘检测已成为机器视觉研究领域最活跃的课题之一，在工程应用中占有十分重要的地位。

物体边缘是以图像的局部特征不连续的形式出现的，即指图像局部亮度变化最显著的部分，例如，灰度值的突变、颜色的突变、纹理结构的突变等，同时物体的边缘也是不同区域的分界处。图像边缘具有方向和幅度两个特性，通常沿边缘的走向灰度变化平缓，垂直于边缘走向的像素灰度变换剧烈，根据灰度变化的特点，可分为阶跃型、房顶型和凸缘型。利用边缘检测来分割图像，其基本思想是先检测图像中的边缘点，再按照某种策略将边沿点连接成轮廓，从而构成分割区域。由于边缘是所要提取目标和背景的分界线，提取出边缘才能将目标和背景分开，因此，边缘检测技术对于数字图像十分重要。

图像中某个物体边界上的领域通常是一个灰度级变化带，衡量这种变化最有效的两个特征值就是灰度的变化率和变化方向，它们分别以梯度向量的幅位和方向来表示。对于连续图像 $f(x,y)$ 其方向导数在边缘（法线）方向上有局部最大值，因此，边缘检测就是求 $f(x.y)$ 梯度的局部最大值和方向。

已知 $f(x,y)$ 在 θ 方向沿 r 的梯度定义为

$$\frac{\partial f}{\partial r} = \frac{\partial f}{\partial x} \times \frac{\partial x}{\partial r} + \frac{\partial f}{\partial y} \times \frac{\partial y}{\partial r} = f_x \cos\theta + f_y \sin\theta \tag{7-62}$$

可以求得梯度的最大值为 $g = \left(\partial f / \partial r \right)_{max} = \sqrt{f_x^2 + f_y^2}$，一般称为梯度模。梯度模算子具有位移不变性和各向同性的性质，适用于边缘检测；而灰度变化的方向，即边界的方向可由 $\theta_g = \mathrm{ac\,tan} \left(f_y / f_x \right)$ 得到。在实际工作中，一般将算子以微分算子的形式表示；然后采用快速卷积函数求实现。

在 MATLAB 图形工具箱中，提供了 edge() 函数，通过设置不同的参数，实现不同算子的边缘检测工作。

1．罗伯特（Roberts）边缘算子

罗伯特边缘算子是一种斜向偏差分的梯度计算方法，梯度的大小代表边缘的强度，梯度的方向与边缘走向互相垂直。罗伯特边缘算子定位精度高，在水平和垂直方向效果好，但对噪声敏感。其调用格式如下：

```
BW=edge(I,'roberts');                    %    利用罗伯特算子进行边缘检测
BW=edge(I,'roberts',thresh);             %    利用罗伯特算子进行边缘检测
```

其中，输入 I 为待检测的灰度图像；thresh 为敏感度，进行检测时，将忽略所有小于 1 的边缘。输出结果 BW 为返回与 I 同维的二值图像，BW 中像素为 1 表示是原图的边缘。

2．索贝尔（Sobel）边缘算子

索贝尔边缘算子是一组方向算子，从不同的方向检测边缘，不再是简单的求平均再差分，而是加大中心像素上、下、左、右四个方向像素的权重。该算子适用于灰度渐变和噪声较多的图像处理。其调用格式如下：

```
BW=edge(I,'sobel');                      %    利用索贝尔算子进行边缘检测
BW=edge(I,'sobel',thresh);               %    按照阈值利用索贝尔算子进行边缘检测
BW=edge(I,'sobel',thresh,direction);     %    根据设定方向利用索贝尔算子进行检测
```

在该函数中，输入参数 direction 为指定进行边缘检测的方向，可以设置为 horizontal（水平方向）、vertical（垂直方向）或 both（两个方向）。

（3）Prewitt 边缘算子

Prewitt 边缘算子是一种边缘样板算子，利用像素点上、下、左、右邻点灰度差，在边缘处达到极值检测边缘，对噪声具有平滑作用。由于边缘点像素的灰度值与其邻域点像素的灰度值有显著不同，因此在实际应用中，通常采用微分算子和模板匹配方法检测图像的边缘。该算子不仅能够检测边缘点，而且能够抑制噪声的影响，因此，对灰度和噪声较多的图像处理的比较好。其调用格式如下：

```
BW=edge(I,'prewitt');                    %    利用 Prewitte 算子进行边缘检测
BW=edge(I,'prewitt',thresh);             %    利用 Prewitte 算子进行边缘检测
BW=edge(I,'prewitt',thresh,direction);   %    根据设定方向利用 Prewitte 算子进行检测
```

4．LoG 边缘算子

拉普拉斯（LoG）算子是一个二阶导数算子，与前面提到的三种一阶导数算子不同，该算子是一个与方向无关的各向同性的边缘检测算子。由于该算子为二阶差分，其方向信息丢失，常产生双像素，对噪声有双倍加强作用，因此很少直接用于边缘检测。因此，Marr 和 Hildreth 将高斯滤波和拉普拉斯边缘检测结合起来，形成了 LoG 边缘算子。该算子既具备高斯算子的平滑特点又具备了拉普拉斯算子的锐化特点。通过平滑和积分先滤掉图像噪

声后再进行边缘检测（锐化和微分），因此具有较好的效果。dege()函数的调用格式如下：

```
BW=edge(I,'log);                        %    利用 LoG 算子进行边缘检测
BW=edge(I,'log,thresh);                 %    利用 LoG 算子进行边缘检测
BW=edge(I,'log,thresh,sigma);           %    根据设定参数利用 LoG 算子进行检测
```

其中，参数 sigma 为指定 LoG 滤波标准偏差，默认为 2。滤波器的大小 $n×n$，n 为 ceil(sigma*3)*2+1。

5．Canny 边缘算子

Canny 边缘算子边缘检测的基本原理是采用二维高斯函数在任意方向上的一阶方向导数为噪声滤波器，通过利用图像函数卷积进行滤波，对滤波后的图像寻找图像梯度的局部最大值，以确定图像边缘。其调用格式如下：

```
BW=edge(I,'canny',thresh,sigma);        %    利用 Canny 算子进行边缘检测
```

6．零交叉法

零交叉法是先用指定的滤波器对图像进行滤波，然后寻找零交叉点作为边缘。

```
BW=edge(I,'zerocross',thresh,h);        %    利用预定滤波器方法进行边缘检测
```

其中，参数 h 为预先生成的滤波器。

【例 7-9】利用多种边缘检测方法完成图像的边缘检测工作。

在 MATLAB 中输入如下命令代码：

```
I=imread('circuit.tif');                %    读取原始图像
BW1 = edge(I,'roberts');                %    利用 Roberts 算子进行边缘检测
BW2 = edge(I,'sobel');                  %    利用 Sobel 算子进行边缘检测
BW3 = edge(I,'prewitt');                %    利用 Prewitt 算子进行边缘检测
BW4 = edge(I,'log');                    %    利用 LoG 算子进行边缘检测
BW5 = edge(I,'canny');                  %    利用 Canny 算子进行边缘检测
figure(1);imshow(I);                    %    显示原始图像
figure(2);imshow(BW1);                  %    显示检测结果
figure(3);imshow(BW2);                  %    显示检测结果
figure(4);imshow(BW3);                  %    显示检测结果
figure(5);imshow(BW4);                  %    显示检测结果
figure(6);imshow(BW5);                  %    显示检测结果
```

处理结果如图 7-24 所示：

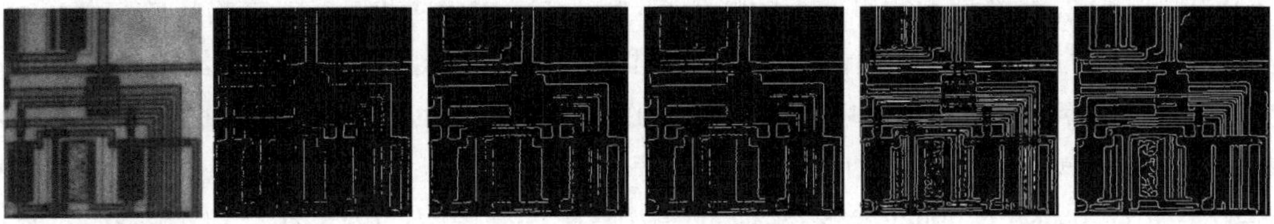

（a）原始图像　　（b）Roberts　　（c）Sobel　　（d）prewitt　　（e）LoG　　（f）Canny

图 7-24　例 7-9 的处理结果

下面给出各种算子的优缺点。

（1）Roberts 算子利用局部差分算子寻找边缘，边缘定位精度较高，但容易丢失二部分边缘，且由于图像没有经过平滑处理，因此不具备抑制噪声能力。该算子适用于具有陡峭边缘且噪声低的图像。

（2）Sobel 算子和 Prewitt 算子这两种算子都是对图像先作加权再做平滑处理，然后再做微分运算，不同平滑部分的权值有所差异，因此对噪声具有一定的抑制能力，但不能完全排除检测结果中出现的虚假边缘。虽然这两个算子边缘定位效果不错，但是检测的边缘容易出现多像素宽度。

（3）LoG 算子克服了 Laplacian 算子抗噪声能力比较差的缺点，但在抑制噪声的同时也可能将原有的比较尖锐的边缘平滑，造成这些尖锐边缘无法被检测到。

（4）Canny 算子虽然是基于最优化思想推导出来的边缘检测算子，但实际效果并不一定最优，原因在于理论和实际有许多不一致的地方。该算子同样采用高斯函数对图像做平滑处理，因此具有较强的抑制噪声能力，同样该算子也会将一些高频边缘平滑掉，造成边缘丢失。Canny 算子采用双算法检测和连接边缘，采用的多尺度检测和方向搜索比 LoG 算子好。

三、MATLAB 中直线提取的方法

由于直线通常对应重要的边缘信息，因此直线提取一直是计算机视觉中一项重要内容，例如，车辆自动驾驶技术中，道路的提取识别会需要有效地提取到笔直的道路边缘，桥梁，跑道舰船等精确制导武器的典型攻击目标均具有显著的直线特征。因此，单独研究直线提取具有重要意义。

Hough 变换是最常用的直线提取方法，它的基本思想是将直线上每个数据点都变换为参数平面中的一条直线或曲线，利用共线的数据点对应的参数曲线相交于参数空间中一点的关系，使得直线的提取问题转换为计数问题。Hough 变换提取直线的主要优点是受直线中的间隙和噪声影响较小。在 MATLAB 图像处理工具箱中，提供了三个与 Hough 变换有关的函数，分别是 Hough 变换函数 hough()、峰值求取函数 houghpeaks()及直线提取函数 houghlines()。其主要调用格式如下：

```
[H,theta,rho] = hough(BW);                    %    对图像进行 Hough 变换
peaks =houghpeaks(H,numpeaks);                %    求取 Hough 变换后的峰值点
lines = houghlines(BW,theta,rho,peaks);       %    提取参数平面上的峰值点对应的直线
```

函数 hough()用于对二值图像进行 Hough 变换，其输入值 BW 为二值图像；输出结果中 H 为 Hough 变换矩阵，theta 为变换轴间，；rho 为元素个数间的间隔。函数 houghpeaks()用来提取 Hough 变换后参数平面上的峰值点；输入参数中，H 为 hough 变换矩阵。numpeaks 为指定要提取的峰值数目，默认值为 1；输出值 peaks 为一个 numpeaks×2 维的峰值位置矩阵，其第 q 行分别存储第 q 个峰值的行和列坐标。函数 houghlines()用于在图像中提取参数平面上的峰值点所对应的直线；其输入参数中，BW 为原始的二值图像，theta 和 rho 为 hough()函数的输出，peaks 为 houghpeaks()函数的输出；输出结果中，lines 为一个结构数组，数组长度为提取出的直线的数目，结构数组的每一个元素存储一条直线的相关信息。

【例 7-10】利用 Hough 变氏换完成图像中的直线检测工作。

在 MATLAB 中输入如下命令代码：

```
I=imread('circuit.tif');                      %    读取原始图像
rotI=imrotate(I,35,'crop');                   %    图像逆时针旋转 35°
figure(1);imshow(rotI);                       %    显示原始图像
BW=edge(rotI,'canny');                        %    利用Canny算子提取图像中的边缘
```

```
[H,T,R]=hough(BW);                           %    对图像进行 Hough 变换
figure(2);                                   %    绘制峰值提取结果
imshow(H,[],'XData',T,'YData',R,'InitialMagnification','fit');
xlabel('\theta'),ylabel('\rho');
axis on,axis normal,hold on;

%    寻找参数平面上的极值点
P=houghpeaks(H,5,'threshold',ceil(0.3*max(H(:))));
x=T(P(:,2));y=R(P(:,1));
plot(x,y,'s','color','white');
%    找出对应的直线边缘
lines=houghlines(BW,T,R,P,'FillGap',5,'MinLength',7);
figure,imshow(rotI),hold on;
max_len=0;
for k=1:length(lines)
    xy=[lines(k).point1;lines(k).point2];
    plot(xy(:,1),xy(:,2),'LineWidth',2,'Color','green');
    %    标记直线边缘对应的起点
    plot(xy(1,1),xy(1,2),'x','LineWidth',2,'Color','yellow');
    plot(xy(2,1),xy(2,2),'x','LineWidth',2,'Color','red');
    %    计算直线边缘长度
    len=norm(lines(k).point1-lines(k).point2);
    if(len>max_len)
        max_len=len;
        xy_long=xy;
    end
end
%    以红色线重画最长的直边缘
plot(xy_long(:,1),xy_long(:,2),'LineWidth',2,'Color','r');
```

处理结果如图 7-25 所示。

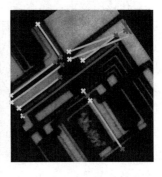

(a) 原始图像　　　　　　　　(b) 峰值提取结果　　　　　　　(c) 直线标记结果

图 7-25　例 7-10 中的处理结果

四、MATLAB 中边界跟踪方法

在图像寻的制导武器的目标识别工作中，一项重要内容就是找到目标特定的图像区域，

并在多帧图像中进行连续跟踪。目前，边界跟踪技术是重要的图像分割方法，它主要包括区域跟踪和曲线跟踪两类方法。

曲线跟踪的基本思路是从当前的一个边缘点（现在点）出发，用跟踪准则检查现在点的邻点。满足跟踪准则的像素点被接受为新的现在点并做上标记。在跟踪过程中可能出现以下几种情况：现在点是曲线的分支点或几条曲线的交点，取满足跟踪准则中的各邻点中一个作为新的现在点，继续进行跟踪，而将其余满足跟踪准则的点存储起来，以便继续跟踪用。若跟踪过程中的现在点的邻点都不满足跟踪准则，则该分支曲线跟踪结束。当全部分支点处的全部待跟踪的点均已跟踪完毕后，该次跟踪过程结束。跟踪准则除可能使用灰度值、梯度模值外，还可能使用平滑性的相关要求。另外，起始点的选择和搜索准则的确定对曲线跟踪的结果影响很大。

区域跟踪也称为区域生长，它的基本思路是在图像中寻找满足某种检测准则（如灰度门限）的点，对任意一个这样的点，检查它的全部邻点，把满足跟踪准则的任何邻点和已检测的、满足检测准则的点合并，从而产生小块目标区域，然后再检查该区域的全部邻点，并把满足跟踪准则的邻点加入这个目标区域中，不断重复上述步骤，直到没有邻点满足跟踪准则为止，此时此块区域生长结束。然后用检测准则继续寻找，当找到满足检测准则且不属于任何已生成的区域的像素点后，开始下一个区域的生长，直到没有满足检测准则的像素点为止。

MATLAB 中提供了两个边界跟踪函数，分别为曲线跟踪函数 bwtraceboundary() 和区域跟踪函数 bwboundaries()，下面对这两个函数分别进行介绍。

1. 曲线跟踪函数 bwtraceboundary()

函数 bwtraceboundary() 采用基于曲线跟踪的策略，需要给定搜索起始点和搜索方向，返回该起始点的一条边界。其调用格式如下：

```
B = bwtraceboundary(BW,P,fstep);            %  进行曲线跟踪处理
B = bwtraceboundary(BW,P,fstep,conn);       %  进行曲线跟踪处理
B = bwtraceboundary(BW,P,fstep,conn,n,dir); %  进行曲线跟踪处理
```

在该函数中，输入参数 BW 为图像矩阵；P 为搜索起始点信息，是一个二元向量，对应起始点的行坐标和列坐标；字符串参数 fstep 为指定的起始搜索方向，取值包括 NW（左上）、N（上）、NE（右上）、W（左）、E（右）、SW（左下）、S（下）、SE（右下）；conn 用于指定搜索算法所使用的连通方式；字符串参数 dir 用于指定搜索边界方向。输出结果 B 为一个 $Q×2$ 维矩阵，用于存储边界像素的行坐标和列坐标，其中 Q 为提取的边界长度（即像素个数）。

2. 区域跟踪函数 bwboundaries()

函数 bwboundaries() 属于区域跟踪算法，给出二值图像中所有物体的外边界和内边界。调用格式如下：

```
B = bwboundaries(BW);               %  进行区域跟踪处理
B = bwboundaries(BW,conn);          %  进行区域跟踪处理
B = bwboundaries(BW,conn,options);  %  进行区域跟踪处理
```

在该函数中，输入参数 options 为一个字符串变量，当取值为 holes（默认选项）时，用于设置算法同时搜索内外边界；当取值为 noholes 时，设置算法只搜索内边界。

7.3.5　MATLAB 中开展图像处理的例程

下面给出两个 MATLAB 中利用图像处理工具箱，开展图像识别与处理的例程。

一、基于 MATLAB 图像处理的交通车辆识别系统

首先基于 MATLAB 中提供的视频文件，对视频中浅色车辆进行识别和标示。在本例中，会用到一些新的函数，主要包括视频文件的读取、播放，图像函数的阈值处理，形态学处理函数。

1．读取视频文件并显示

MATLAB 中提供了视频文件的读取函数 VideoReader()，能够从多媒体文件中读取视频文件并构建一个多媒体数据对象。在 MATLAB 2012 之前，该函数为 mmreader()。载入视频后，可以通过 implay() 函数进行播放。

2．车辆识别

在处理视频文件时，通常的做法是选择视频中比较有代表性的帧文件，并基于该帧文件来设计自己的算法。对于本例，要求对视频中的浅色车辆进行识别，因此，需要对图像进行简化处理，将图像中非浅色车辆剔除，在此使用 imextendemax() 函数来处理该模板，它根据设定条件对原始图像进行处理，返回一个二值图像，若像素值超过其值，则显示为白色；若未超过，则为黑色。在剔除非浅色车辆后，还需要对图像中的诸如车道标记等不规则图像进行剔除。在此，使用形态学处理中的开函数 imopen() 来实现，该函数首先对一幅图像进行膨胀，然后再使用相同的结构元素进行腐蚀操作，该方法能够从一个二值图像中剔除较小的物体并保持较大的对象。

3．整个视频的车辆识别

在处理整个视频文件时，通常需要设置一个循环，在循环内按照设定的算法逐帧进行处理，从而达到处理整个视频的目的。在循环中，首先完成图像的简化，剔除非浅色车辆的数据；然后获取在该帧的其余的每个对象的面积和重心，其中最大面积的对象是浅色的汽车；最后，创建一个原始帧的副本并将浅色车的重心像素为标记为红色。

下面给出整个过程的代码。

```
TrafficObj = VideoReader('traffic.mj2');              %    读取视频文件
implay('traffic.mj2');                                %    显示原始视频文件
nframes = get(TrafficObj, 'NumberOfFrames');          %    获取视频文件的帧数
I = read(TrafficObj, 1);                              %    创建视频中的一帧文件
taggedCars = zeros([size(I,1) size(I,2) 3 nframes], class(I));    %    创
建目标图像
DarkCarVal = 50;                                      %    定义黑车的阈值
sedisk = strel('disk',2);                             %    创建形态学元素用于表
示道路
for k = 1 : nframes                                   %    进入帧循环中
    singleFrame = read(TrafficObj, k);               %    获取视频中的每一帧图像
    I = rgb2gray(singleFrame);                       %    将其转换成灰度图像
    noDarkCars = imextendedmax(I, DarkCarVal);       %    去除深色车辆
```

```
    noSmallStructures = imopen(noDarkCars, sedisk);        %    去除车辆标识线
    noSmallStructures = bwareaopen(noSmallStructures, 150);    %    接着剔
除小结构物体
    taggedCars(:,:,:,k) = singleFrame;                     %    创建原始帧图像的副本
    stats = regionprops(noSmallStructures, {'Centroid','Area'});  %    获
取处理后图像的区域信息
    if ~isempty([stats.Area])
        areaArray = [stats.Area];
        [junk,idx] = max(areaArray);                %    获取识别车辆区域
        c = stats(idx).Centroid;                    %    获取识别出的车辆重心
        c = floor(fliplr(c));                       %    获取识别出的车辆重心
        width = 2;
        row = c(1)-width:c(1)+width;                %    设置车辆重心像素大小
        col = c(2)-width:c(2)+width;                %    设置车辆重心像素大小
        taggedCars(row,col,1,k) = 255;              %    将车辆重心像素设置为红色
        taggedCars(row,col,2,k) = 0;
        taggedCars(row,col,3,k) = 0;
    end
end
frameRate = get(trafficObj,'FrameRate');            %    获取原有视频文件的帧频
implay(taggedCars,frameRate);                       %    以原有帧频播放表示文件
```

4. 运行结果

图 7-26 给出利用 MATLAB 图像处理函数进行交通车辆识别的结果。

（a）浅色车辆识别前的一帧图像

（b）浅色车辆识别后的一帧图像

图 7-26   利用 MATLAB 图像处理函数进行交通车辆识别的结果

二、基于 MATLAB 图像处理的大型航拍图像处理

下面给出 MATLAB 中一个利用相关处理函数，对大型航拍数据进行处理的例程。首先，在基于块处理函数 blockproc()进行图形分块处理的基础上，统计整体图像的信息；然后，将这些信息更加准确地应用到处理分块图像中。

1．块处理函数

由于航拍图像较大，因此需要利用块处理函数 blockproc()对其进行分割处理，其调用格式如下：

```
B = blockproc(A,blockSize,fun);                    %    对图像进行分块处理
```

该函数通过对 A 的每个不同块应用函数 fun 进行处理，并将结果连接成 B 作为输出。其中，参数 blockSize 是一个双元素向量[rows cols]，用于指定块的大小；fun 是处理函数句柄，其函数输入为块结构。

2．航拍文件读取

由于本次处理的航拍文件是一个以 Erdas LAN 格式存储的陆地图形文件，而块处理函数 blockproc()只能读取 TIFF 文件或 JPEG2000 格式的文件。因此，需要用户自行编写图像适配接口函数来完成读取。在此，首先利用 MATLAB 编写的 LanAdapter()函数来完成读取工作，详细内容可以参见帮助文档。读取航拍数据后，根据可见光的红、绿、蓝光谱的宽度，利用 blockproc()将可见光光谱分解并形成 RGB 图像。

3．直方图累加类

当处理一个足够大的图像时，不能简单地调用 imhist()创建一个图像的直方图。图 7-27(b)给出了直接对直方图进行增强的处理结果，可以看出，航拍图呈现显著的块状割裂，复原效果较差。一个正确的处理方式是逐步建立直方图，使用 blockprochan()函数将每块图像直方图累计起来。该 HistogramAccumulate 类能够将直方图进行简单的封装，允许将数据添加到一个直方图中。

4．对图像数据进行分析

利用 HistogramAccumulate 类与 blockproc()函数，能够建立航拍图像中特定光谱的直方图。通过定义一个函数句柄来对每个数据块调用 addToHistogram 方法，得到红、绿、蓝三色光谱的直方图，通过分析可知，其数据可用的动态范围集中在一个小范围内，这就是导致原有复合真彩图像沉闷的原因之一。

5．通过对比拉伸增强图像

在每个块中，可以通过 imajust()函数调整图像的直方图分布，从而达到增强图像的目的。

下面给出整个过程的代码。

```
%    首先读取航拍文件
input_adapter = LanAdapter('rio.lan');             %    生成 rio.lan 的
LanAdapter 对象
input_adapter.SelectedBands = [3 2 1];             %    选择红、绿和蓝光谱
identityFcn = @(block_struct) block_struct.data;   %    生成分块函数来返回未
改动的分块数据
truecolor=blockproc(input_adapter,[100 100],identityFcn); %    生成刚开始的
真彩图像
figure(1);imshow(truecolor);                       %    显示未改动的图像
%    采用直接增强的方法，首先定义图像处理函数，然后通过块处理函数执行
adjustFcn = @(block_struct) imadjust(block_struct.data,stretchlim(block_
struct.data));
```

```
truecolor_enhanced = blockproc(input_adapter,[100 100],adjustFcn);
figure(2);imshow(truecolor_enhanced);
%    通过对不同光谱进行单独拉伸来修正其直方图分布，实现对图像的增强
%    计算红色光谱直方图
hist_obj = HistogramAccumulator();              %    生成HistogramAccumulator类
%    设置blockproc函数句柄
addToHistFcn = @(block_struct) hist_obj.addToHistogram(block_struct.data);
%    计算Histogram的红色谱
input_adapter.SelectedBands = 3;
blockproc(input_adapter,[100 100],addToHistFcn);
red_hist = hist_obj.Histogram;
%    计算绿色光谱直方图
hist_obj = HistogramAccumulator();              %    生成HistogramAccumulator类
%    设置blockproc函数句柄
addToHistFcn = @(block_struct) hist_obj.addToHistogram(block_struct.data);
%    计算Histogram的绿色谱
input_adapter.SelectedBands = 2;
blockproc(input_adapter,[100 100],addToHistFcn);
green_hist = hist_obj.Histogram;
%    计算蓝色光谱直方图
hist_obj = HistogramAccumulator();              %    生成HistogramAccumulator类
%    设置blockproc函数句柄
addToHistFcn = @(block_struct) hist_obj.addToHistogram(block_struct.data);
%    计算Histogram的蓝色谱
input_adapter.SelectedBands = 1;
blockproc(input_adapter,[100 100],addToHistFcn);
blue_hist = hist_obj.Histogram;
%    对图像进行循环修正拉伸，计算修正系数
computeCDF = @(histogram) cumsum(histogram) / sum(histogram);
findLowerLimit = @(cdf) find(cdf > 0.01, 1, 'first');
findUpperLimit = @(cdf) find(cdf >= 0.99, 1, 'first');
%    进行红色光谱修正
red_cdf = computeCDF(red_hist);
red_limits(1) = findLowerLimit(red_cdf);
red_limits(2) = findUpperLimit(red_cdf);
%    进行红色光谱修正
green_cdf = computeCDF(green_hist);
green_limits(1) = findLowerLimit(green_cdf);
green_limits(2) = findUpperLimit(green_cdf);
%    进行红色光谱修正
blue_cdf = computeCDF(blue_hist);
blue_limits(1) = findLowerLimit(blue_cdf);
blue_limits(2) = findUpperLimit(blue_cdf);
%    设置修正参数
rgb_limits = [red_limits' green_limits' blue_limits'];
rgb_limits = (rgb_limits - 1) / (255);           %    投影到[0,1]范围
```

```
%    生成一个新的适应函数，用于将全局拉伸限制应用到真彩图像中。
adjustFcn = @(block_struct) imadjust(block_struct.data,rgb_limits);
%    选择全RGB数据
input_adapter.SelectedBands = [3 2 1];
truecolor_enhanced = blockproc(input_adapter,[100 100],adjustFcn);
figure(3);imshow(truecolor_enhanced);
```

图 7-27(c)给出利用 MATLAB 图像处理函数航拍图像增强的结果，从图中可以看出，图像质量大大改善。

（a）原始图像　　　　　　　（b）直接增强图像　　　　　（c）拉伸光谱分布后图像

图 7-27　大型航拍图像处理例程中的频率滤波的处理结果

7.4　雷达寻的制导研究中的 MATLAB 应用方法

雷达制导系统的原理是接收目标表面反射的雷达回波信号，经放大、调变、分析后，获取目标的方位角及距离，然后把这些数据传送到弹载计算机，按照设定的制导律和控制律，计算得到舵偏控制指令。目前，先进导弹能把地表或海面反射的背景杂波与目标反射波区别开来，对干扰和电子对抗措施也有很强的抵抗能力，被广泛的应用在远程空空导弹、防空导弹和反舰导弹等精确制导武器中。图 7-28 是典型雷达寻的制导武器及其导引头。

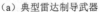 

（a）典型雷达制导武器　　　　　　　　　　　　（b）雷达导引头

图 7-28　典型雷达寻的制导武器及其导引头

雷达系统主要包括天线、发射机和接收机等设备组成。根据照射目标的雷达信号来源位置的不同，即发射机的位置不同对雷达制导系统进行划分为半主动雷达寻的制导和主动雷达寻的制导。半主动寻的制导系统是在导弹上不装照射源只装设接收装置，由其他载体对目标照射，而导弹接收目标反射的辐射进行制导。设这种制导方式的优点是导弹上设备相对简单，并且载体的照射功率大、作用处离远；其主要缺点是制导站必须全程照射目标，制导站容易暴露。主动寻的制导系统的特点是在导弹上装有照射源照射目标，并由弹上接收系统接收目标反射的回波信号产生控制指令。这种制导方式的制导站不必全程照射目标，常用于主动雷达制导的远程空对空导弹和反舰导弹中。图 7-29 是不同雷达寻的制导方式对比。

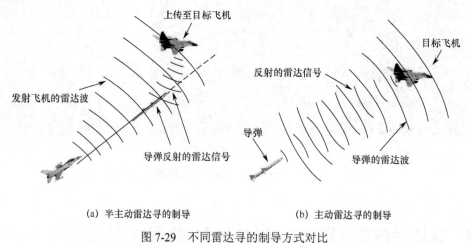

(a) 半主动雷达寻的制导   (b) 主动雷达寻的制导

图 7-29   不同雷达寻的制导方式对比

随着电子技术的迅猛发展，现代雷达系统的组成和设计工作也变得日益复杂，计算机仿真技术在系统研制中也越来越大重要。利用计算机仿真技术进行雷达制导系统的建模与仿真，可以高效地完成系统的方案论证和性能评估，将雷达制导系统设计人员从繁重的设计工作中解脱出来，使雷达制导系统的设计更加方便、高效和优化，能够大大提高设计的可靠性、缩短研制周期、降低开发成本。在雷达制导信号处理系统中，系统级的仿真占有极其重要地位，经过系统级的仿真，能够保证产品的高层次上的设计正确。MATLAB 提供了强大的仿真平台，可以为大多数雷达制导系统的设计与仿真提供快捷的运算工具。本节中，简要介绍雷达制导系统的相关技术，并且 MATLAB 提供了两个重要的工具箱。

7.4.1　雷达制导系统的相关基础知识

下面简要介绍雷达制导的相关基础知识。

一、雷达寻的制导系统探测目标的基本原理

雷达是 Radar（Radio Detection And Ranging）的音译词，意为"无线电检测和测距"，即利用无线电波来检测目标并测定目标的位置，这也是雷达设备在最初阶段的功能。典型的雷达探测系统的组成示意图如图 7-30 所示，主要由天线、发射机、接收机、信号处理、定时控制和显示输出等设备组成。利用雷达可以获知目标的有无、目标斜距、目标角位置、目标相对速度等。现代雷达扩展了原始雷达概念，使其具备了运动目标和区域表明的成像和识别能力，其应用范围越来越广泛，性能指标也越来越好。

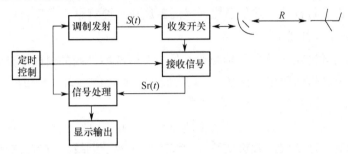

图 7-30　曲型的雷达探测系统的组成示意图

在进行目标探测时，雷达发射机产生足够的电磁能量，经过收发转换开关传递给天线；天线将这些电磁能量辐射至大气中，集中在某个很窄的方向上形成波束，向前传播；电磁波遇到波束内的目标后，将沿着各个方向产生反射，其中的一部分电磁能量反射回雷达的方向，被雷达天线获取；天线获取的能量经过收发转换送到接收机，形成雷达回波信号；通过放大、整形、滤波等操作，获取目标的距离、方向和速度等信息。

为了测定目标距离，雷达可以准确测量从电磁波发射时刻到接收到回波时刻的延迟时间，这个延迟时间是电磁波从发射机到目标，再从目标返回雷达接收机的传播时间，根据电磁波的传播速度可以确定目标与雷达的相对距离。雷达测定目标的方向是利用天线的方向性来实现的。测速原理是通过多普勒原理实现的，即当目标和雷达之间存在相对运动时，目标回波的频率就会发生改变，通过测量该频率改变量，就可以确定目标的相对径向速度。

二、雷达寻的制导系统的信号处理相关技术

由雷达寻的制导系统的介绍可知，雷达系统的主要工作就是完成各种射频信号处理任务。现代雷达信号处理需要面对各种应用需求和复杂电磁工作环境，为提高雷达从回波信号中提取目标信息的能力，需要开展各种先进射频信号处理计算研究，研究内容主要包括杂波和干扰抑制技术、脉冲信号相参积累技术、阵列信号处理技术、目标检测技术、目标特征信息提取和识别技术等。

1．信号检测和信号积累

早期雷达的主要功能是发现目标和测定目标的空间位置，所以信号处理功能相对简单，在噪声背景下检测目标回波是其主要任务。为提高雷达在噪声背景下发现目标的能力，信号积累和恒虚警（CFAR）检测技术得到了快速的发展。通过信号积累可以提高目标回波的信号噪声比（SNR），并且提高雷达在噪声背景下对目标的发现能力；通过恒虚警检测可以使雷达在保持较高发现目标能力的同时，发生虚警的概率大为降低。

2．相参信号的杂波抑制技术

由于地杂波、海杂波、气象杂波和箔条干扰等信号比目标回波信号强，会对目标回波检测造成严重干扰。因此抑制雷达杂波，提高目标信号的信杂比（SCR）成为雷达信号处理的又一项重要任务。

20 世纪 70 年代以来，随着雷达接收相参技术和全相参雷达技术的发展，雷达的动目

标显示（MTI）、雷达的动目标检测（MTD）和自适应动目标显示（AMTI）等技术得到了迅速发展。利用目标回波和杂波间的多普勒频率差异，通过多普勒滤波技术滤除（或抑制）各种杂波，从而提高目标雷达的信杂比，提高雷达在杂波背景下发现目标的能力。

3．雷达脉冲压缩技术

雷达通过发射脉冲信号测量目标回波信号与发射脉冲之间的时间顺延迟，进而测量目标之间的距离。发射的脉冲宽度越窄，雷达区分两个目标的能力（即距离分辨率）就越强。

4．脉冲多普勒（PD）和空时二维信号处理

机载雷达下视探测目标时，由机载雷达通常采用超低副瓣天线和高性能的脉冲多普勒信号处理技术抑制强地杂波。若机载雷达天线阵元（或子天线）对信号的接收是通过多路接收机接收的，则可能对多路接收信号进行空间和时间二维信号处理，进一步提高机载雷达下视时，在强地杂波中检测目标的能力，这项技术就是空时二维自适应信号处理技术（STAP）。

5．阵列信号处理技术

常规雷达的天线是由照射源和反射面构成的，称为反射面天线，包括如抛物面、抛物柱面、赋形反射面和卡赛格伦等类型，这些天线空间扫描一般通过天线本身的机械转动来实现。20 世纪 80 年代出现了相控阵天线，通过对天线阵元信号相位的控制，可以实现天线波束的扫描，因为该天线不用机械转动，也称为电子扫描（简称电扫）天线，在相控阵天线中，信号相位的控制是通过移相器来完成的，这大大提高了雷达的能力。

6．雷达成像技术

当机载雷达从空中对地观测时，通过距离高分辨和高分辨技术，可以得到地球表面的二维高分辨像，其距离分辨率的大小主要取决于雷达发射信号的带宽，并通过脉冲压缩技术来实现。方位分辨率的大小与天线口径有关。通常天线的口径不可能做得太大，但是通过载机在空中的飞机和定时发射信号，将接收信号储存起来后按某种算法进行处理，就可以得到分辨率很高的等效天线孔径，因为这种等效天线孔径是通过信号处理合成产生的，所以称为合成孔径，并将具有这种功能的雷达称为合成孔径雷达（SAR）。合成孔径雷达可以得到地面的二维像（距离-方位）。若采用双天线接收技术或双极化接收技术，则可以得到地面的三维像（距离-方位-高度）。

7．雷达目标的识别和分类

雷达目标的识别和分类主要通过信号处理来实现，其方法是多种多样的，既可以利用目标回波串的特性，又可以利用目标的高分辨图像，提取目标特性和进行属性判断。

8．雷达抗电子干扰技术

在现代战争中，电磁环境愈加复杂，各种电子干扰作为一种重要的干扰手段，严重影响了雷达系统的相关性能。电子干扰一般分为无源干扰和有源干扰两种。无源干扰是指人为撒在空中的箔条。箔条是指表面涂覆金属的玻璃纤维和塑料条。大量的箔条在空中形成大片的箔条云，并在空中随风飘荡，当受到雷达天线波束照射时会形成很浅的反射信号，从而干扰雷达对目标的检测。无源干扰的反射信号类似于气象杂波信号，一般可以用抑制气象杂波的方法来对其进行抑制。有源干扰是敌方故意施放的电磁干扰信号，可分为噪声干扰和欺骗干扰两种。噪声干扰的功率大，会造成雷达接收机饱和或干扰雷达信号的检测；

欺骗干扰则通过辐射虚假的雷达回波（假目标）干扰雷达探测和雷达跟踪。抗有源干扰的主要方法是采用自适应频率捷变（AFT）、自适应波形捷变、自适应天线副瓣逆影（SLB）和自适应天线副瓣相消等方法。

从前面的介绍可知，研制雷达制导系统的主要任务是对信号进行各种处理操作。MATLAB 信号处理工具箱中提供了各种类型的信号处理方法，并为雷达射频信号处理提供了射频工具箱和相控阵工具箱，下面就对这两种专用工具箱进行简要介绍。关于如何利用 MATLAB 开展雷达信号处理，读者可以参考 Bassem R. Mahafza Atef Z. Elsherbeni 编著的《雷达系统设计 MATLAB 仿真》一书或其他相关资料。

7.4.2　MATLAB 射频工具箱简介

射频工具箱（RF Toolbox）提供了多个用于设计、建模、分析和可视化的函数、对象及应用程序，可以用于无线通信、雷达和信号分析等领域。利用射频工具箱可以方便地建立滤波器、传输线路、放大器和射频器等射频组件网络，并开展多种射频数据可视化的工作。

一、MATLAB 射频工具箱的任务功能

MATLAB 射频工具箱具备以下主要任务功能。

1．定义射频组件

射频工具箱利用多种网络参数来表示射频组件，可以直接或间接通过物理属性指定射频滤波器、传输线路、放大器和混合器，确定其小信号的响应过程。其中，射频网络参数可以在 MATLAB 内生成或从外部数据读取，也可以读/写如 Touchstone 格式的行业标准级别数据文件。利用射频工具箱可分析组件配置到网络时发生的阻抗差和反射效应，确定任何包含射频组件配置的网络参数和小信号响应。

借助射频工具箱，可以通过以下方式定义组件。

（1）使用 Touchstone .snp、.ynp、.znp 和.hnp 文件的常规电路元件数据。

（2）使用标称值的 RLC 元件。

（3）使用线路的几何和电子属性的传输线路。

2．使用 S 参数

射频工具箱提供了多种用于变换和操作 S 参数数据的函数，可以去除内嵌在测量的 2N 端口 S 参数数据中的测试装置和访问结构的影响。同时提供测量数据转换功能，实现单端测量到差分等格式的转换。

使用射频工具箱，可以通过在 S、Y、Z、ABCD、h、g 和 T 网络参数格式之间进行转换，用户可以选择合适的格式。例如，选择 Y 参数计算 RLC 电路的网络参数，选择 T 参数分析级联元素，选择 S 参数使频率响应可视化。此外还可以将 S 参数转换为不同的基准阻抗参数。

3．设计射频网络

射频工具箱除可以计算射频组件网络的小信号频率响应外，还可以计算级联组件的输入和输出反射系数、稳定性因素、噪声系数和三阶截点（IP3）等参数。

另外,利用 RF Budget Analyzer 应用程序,可以针对电路包络仿真自动生成 RF Blockset 模型和测试平台。并能方便地完成无线应用中的射频发射器和接收器的数学建模,通过比较、分析预测结果来验证不同操作条件下的仿真结果。

4. 利用有理函数进行建模

利用射频工具箱可以通过等效拉普拉斯传递函数拟合频率域中定义的数据（如 S 参数）。采用有理函数对单端和差分高速传输线路进行建模,这类模型在信号完整性工程学中的作用很大,其目标是使用诸如背板和印刷电路板实现高速半导体器件的可靠连接。

二、MATLAB 射频工具箱的相关函数

MATLAB 射频工具箱提供了一系列函数,用于完成数据读取、网络参数转换、射频网络构造和射频分析等诸多内容。在此给出射频工具箱的相关函数描述,关于函数的详细调用方法,请参考 MATLAB 帮助文档。

1. 数据读取

数据读取包含对各种数据的读取、参数对象的创建等功能,包括一系列的函数和类,相关函数简介如表 7-3 所示。

表 7-3　射频工具箱中数据读取的相关函数简介

函数名	主要调用格式	函数功能
read	h = read(h); h = read(rfckt.datafile,filename);	从文件读取 RF 数据到数据对象
restore	h = restore(h);	将数据恢复到原始频率
sparameters	obj = sparameters(filename); obj = sparameters(data,freq);	创建一个 S 参数对象
yparameters	hy = yparameters(filename); hy = yparameters(data,freq);	创建一个 Y 参数对象
zparameters	hz = zparameters(filename); hz = zparameters(data,freq)	创建一个 Z 参数对象
gparameters	g = gparameters(filename); hg = gparameters(data,freq);	创建 hybrid-g 参数对象
hparameters	hh = hparameters(filename); hh = hparameters(data,freq);	创建混合参数对象
tparameters	tobj=tparameters(filename);tobj=tparameters(tobj_old,z0);	创建 T 参数对象

另外,射频工具箱还提供了多个类用于完成相关类变量的描述和构建,其构造函数分为不含参数和含有参数两种。例如,rfckt.amplifier 为一个射频放大器的类描述,其构造格式为 h=rfckt.amplifier 和 h=rfckt.amplifier('Pro1',val1,'Pro2',val2,...),Pro 为属性描述,val 为该属性参数大小。表 7-4 给出相关类简介。

表 7-4　射频工具箱中数据读取的相关类简介

类名	类的含义	类名	类的含义
rfckt.amplifier	射频放大器	rfckt.datafile	来源与文件数据的组件或网络类
rfckt.mixer	混频器及其本地振荡器的双端口表示	rfdata.power	存储放大器/或混频器的输出功率和相位信息
rfdata.data	存储电路对象分析结果	rfdata.ip3	存储频率依赖,三阶截点
rfdata.mixerspur	从互调表存储数据	rfdata.network	存储频率相关的网络参数
rfdata.nf	存储用于放大器或混频器的频率依赖噪声系数数据	rfdata.noise	存储放大器或混频器的频率相关点噪声数据
rfckt.passive	被动组件或网络		

2．网络参数转换

网络参数转换主要用于网络参数在不同类型之间的转换，表 7-5 给出相关函数简介。

表 7-5　射频工具箱中网络参数转换的相关函数简介

函数名	主要调用格式	函数功能
newref	h = read(h); h = read(rfckt.datafile,filename);	改变 S 参数的参考阻抗
abcd2h	h_params = abcd2h(abcd_params);	将 ABCD 参数转换为混合 h 参数
abcd2s	s_params = abcd2s(abcd_params,z0);	将 ABCD 参数转换为 S 参数
abcd2y	y_params = abcd2y(abcd_params);	将 ABCD 参数转换为 Y 参数
abcd2z	z_params = abcd2z(abcd_params);	将 ABCD 参数转换为 Z 参数
g2h	h_params = g2h(g_params);	将混合 g 参数转换为混合 h 参数
h2abcd	abcd_params = h2abcd(h_params);	将混合 h 参数转换为 ABCD 参数
h2g	g_params = h2g(h_params);	将混合 h 参数转换为混合 g 参数
h2s	s_params = h2s(h_params,z0);	将混合 h 参数转换为 S 参数
h2y	y_params = h2y(h_params);	将混合 h 参数转换为 Y 参数
h2z	z_params = h2z(h_params);	将混合 h 参数转换为 Z 参数
rlgc2s	s_params = rlgc2s(R,L,G,C,length,freq,z0);	将 RLGC 传输线参数转换为 S 参数
s2abcd	abcd_params = s2abcd(s_params,z0);	将 S 参数转换为 ABCD 参数
s2h	h_params = s2h(s_params,z0);	将 S 参数转换为混合 h 参数
s2s	s_params_new = s2s(s_params,z0);	将 S 参数转换为不同阻抗的 S 参数
s2rlgc	rlgc_params = s2rlgc(s_params,length,freq,z0);	将 S 参数转换为 RLGC 传输线参数
s2t	t_params = s2t(s_params);	将 S 参数转换为 T 参数
s2y	y_params = s2y(s_params,z0);	将 S 参数转换为 Y 参数
s2z	z_params = s2z(s_params,z0);	将 S 参数转换为 Z 参数
t2s	s_params = t2s(t_params);	将 T 参数转换为 S 参数
y2abcd	abcd_params = y2abcd(y_params);	将 Y 参数转换为 ABCD 参数
y2h	h_params = y2h(y_params);	将 Y 参数转换为混合 h 参数
y2s	s_params = y2s(y_params,z0);	将 Y 参数转换为 S 参数
y2z	z_params = y2z(y_params);	将 Y 参数转换为 Z 参数
z2abcd	abcd_params = z2abcd(z_params);	将 Z 参数转换为 ABCD 参数
z2h	h_params = z2h(z_params);	将 Z 参数转换为混合 h 参数
z2s	s_params = z2s(z_params,z0);	将 Z 参数转换为 S 参数
z2y	y_params = z2y(z_params);	将 Z 参数转换为 Y 参数

3．射频网络构造

射频网络构造用于完成射频网络的构造与创建，包括一系列的函数和类。其相关函数简介如表 7-6 所示。

表 7-6　MATLAB 中 RFToolBox 中射频网络构造的函数简介

函数名	主要调用格式	函数功能
copy	h2 = copy(h);	复制电路或数据对象
cascadesparams	s_params = cascadesparams(s1_para,s2_para,...,sk_para); hs = cascadesparams(hs1,hs2,...,hsk);	组合 S 参数形成级联网络

（续表）

函数名	主要调用格式	函数功能
addMixer	addMixer(hif,imt,rfcf,rfbw,injection,newIFBW);	在射频网络中添加混频器或转换器
getSpurData	spurs = getSpurData(hif);	在多频转换器或接收器频率空间中查找激励
add	add(cktobj,cktnodes,elem);	将电路元件或电路对象插入电路中
setports	setports(cktobj,nodepair_1,......,nodepair_n);	设置电路对象的端口
setterminals	setterminals(cktobj,cktnodes);	设置电路对象的端子
clone	outelem = clone(inelem); outckt = clone(inckt);	创建现有电路元件或对象的副本

另外，还给出多个类用于描述器件、滤波器、传输线等网络器件，表 7-7 给出射频网络构造类的简介。

表 7-7　射频工具箱中射频网络构造类的简介

类名	类的含义	类名	类的含义
capacitor	电容对象	inductor	电感对象
resistor	电阻对象	circuit	电路对象
nport	创建线性 n 端口电路元件	lcladder	LC 梯形物件
amplifier	放大器对象	modulator	调制器对象
rfelement	通用 RF 元件对象	rfckt.amplifier	级联网络
rfckt.datafile	级联网络	rfckt.mixer	级联网络
rfckt.passive	级联网络	rfckt.cascade	级联网络
rfckt.parallel	并联网络	rfckt.series	串联网络
rfckt.seriesrlc	系列 RLC 组件	rfckt.shuntrlc	分流 RLC 组件
rfckt.hybrid	混合连接网络	rfckt.hybridg	逆混合网络
rfckt.lcbandpasspi	带通 pi 滤波器	rfckt.lcbandpasstee	带通三通过滤器
rfckt.lcbandstoppi	Bandstop pi 滤波器	rfckt.lcbandstoptee	带通三通过滤器
rfckt.lchighpasspi	高通 pi 滤波器	rfckt.lchighpasstee	高通滤波器
rfckt.lclowpasspi	低通 pi 滤波器	rfckt.lclowpasstee	低通三通过滤器
rfckt.coaxial	同轴传输线	rfckt.cpw	共面波导传输线
rfckt.delay	延迟线	rfckt.microstrip	微带传输线
rfckt.parallelplate	平行板传动线	rfckt.rlcgline	RLCG 传输线
rfckt.twowire	双线传输线	rfckt.txline	一般传输线

4．射频分析

射频分析用于分析射频网络中的各项特征参数，包括一系列的函数和类。其相关函数简介如表 7-8 所示。

表 7-8　射频工具箱中射频分析的相关函数简介

函数名	主要调用格式	函数功能
gamma2z	z = gamma2z(gamma); z = gamma2z(gamma,z0);	将反射系数转换为阻抗
gammain	coeff= gammain(s_params,z0,zl); coeff = gammain(hs,zl);	双端口网络的输入反射系数
gammaml	coeff = gammaml(s_params); coeff = gammaml(hs);	双端口网络负载反射系数
gammaout	coeff=gammaout(s_para,z0,zs); coeff= gammaout(hs,zs);	双端口网络的输出反射系数

（续表）

函数名	主要调用格式	函数功能
gammams	coeff = gammams(s_params); coeff = gammams(hs);	双端口网络的源反射系数
z2gamma	gamma = z2gamma(z); gamma = z2gamma(z,z0);	将阻抗转换为反射系数
deembedsparams	s2_para = deembedsparams(s_para,s1_para,s3_para); hs2 = deembedsparams(hs,hs1,hs3)	去嵌入 2N 端口 S 参数
s2tf	tf = s2tf(s_params); tf = s2tf(s_params,z0,zs,zl); tf = s2tf(hs); tf = s2tf(hs,zs,zl)	将双端口网络的 S 参数转换为电压或功率波传输功能
powergain	g = powergain(s_params,z0,zs,zl,'Gt');	双端口网络的功率增益
rationalfit	fit = rationalfit(freq,data); fit = rationalfit(freq,data,tol);	使用稳定理性函数对象的近似数据
freqresp	[resp,outfreq] = freqresp(h,infreq);	理性函数对象的频率响应
impulse	[resp,t] = impulse(h,ts,n)	理性函数对象的脉冲响应
stepresp	[yout,tout] = stepresp(h, ts, n, trise);	理性函数对象的阶跃信号响应
timeresp	[y,t] = timeresp(h,u,ts);	理性函数对象的时间响应
vswr	ratio = vswr(gamma);	给定反射系数 Γ 的 VSWR
groupdelay	gd = groupdelay(sparamobj);gd = groupdelay(rfobj,freq);	群组延迟 s 参数对象或网络对象
stabilityk	[k,b1,b2,delta] = stabilityk(s_params);	双端口网络的稳定系数 K
stabilitymu	[mu,muprime] = stabilitymu(s_params);	双端口网络的稳定因子 μ
ispassive	[result, idx_nonpassive]=ispassive(sparams);	检查 N 端口 S 参数的被动性
makepassive	sparams_passive = makepassive(sparams);	使 N 端口 S 参数被动
analyze	analyze(h,freq); analyze(h,freq,zl,zs,zo,aperture);	频域分析电路对象
rfinterp1	hnet2 = rfinterp1(hnet,freq);	在新的频率插值网络参数数据
calculate	[data,params,freq]=calculate(h,'par1',...,'parN', 'format');	计算电路对象的指定参数
extract	[outmatrix, freq] = extract(h,outtype,z0);	从数据对象中提取网络参数数组

5．射频数据可视化及数据输出

射频工具箱为射频数据的分析提供了多个专用可视化函数和结果输出函数。其相关函数简介如表 7-9 所示。

表 7-9　射频工具箱中射频数据可视化及输出的相关函数简介

函数名	主要调用格式	函数功能
smithchart	hsm = smithchart; [lineseries,hsm] = smithchart(gamma);	在史密斯圆图上绘制反射系数的复矢量
smith	smith(hnet,i,j); hsm = smith(hnet,i,j);	在史密斯圆图上绘制指定电路对象参数
circle	[hlines,hsm]=circle(h,freq,type1,val1,...,typen,valn, hsm);	在史密斯图上画圆
loglog	lineseries = loglog(h,parameter)	使用对数标度绘制指定的电路对象参数
plot	lineseries = plot(h,parameter)	在 X-Y 平面上绘制指定的电路对象参数
plotyy	[ax,hlines1,hlines2] = plotyy(h,parameter)	在左右两侧用 y 轴绘制指定的对象参数
polar	lineseries = polar(h,'parameter1',...,'parametern')	在极坐标上绘制指定的电路对象参数
semilogx	lineseries = semilogx(h,parameter)	用 x 轴对数标度绘制指定电路对象参数
semilogy	lineseries = semilogy(h,parameter)	用 y 轴对数标度绘制指定电路对象参数
getop	getop(h)	显示操作条件
getz0	z0 = getz0(h)	传输线对象的特性阻抗

（续表）

函数名	主要调用格式	函数功能
listformat	list = listformat(h,'parameter')	列出指定电路对象参数的有效格式
listparam	list = listparam(h)	列出指定电路对象的有效参数
setop	setop(h); setop(h,'Condition1');	设置操作条件
table	table(h,param1,format1,..., paramn,formatn);	在变量编辑器中显示指定的 RF 对象参数
rfparam	n_ij = rfparam(hnet,i,j);	提取网络参数向量
rfplot	rfplot(s_obj); rfplot(s_obj,i,j);	绘制 S 参数数据
rfwrite	rfwrite(data,freq,filename); rfwrite(netobj,filename);	将 RF 网络数据写入 Touchstone 文件
report	report(hif)	汇总多频段发射机或接收机的相关信息
show	show(hif)	为多频段发射机或接收机生成支线图
getdata	hd = getdata(h)	包含指定电路对象分析结果的数据对象
write	sta=write(data,file,dataform,funit,printform,freqformat);	将 RF 数据从电路或数据对象写入文件
writeva	status=writeva(h,filename,innets,outnets,.printformat,discipline,files toinclude);	编写 Verilog-A 函数对象的描述

三、MATLAB 射频工具箱快速入门

下面基于 MATLAB 的帮助文件介绍射频工具箱的快速入门，包括如何使用射频对象导入测量数据并分析数据，如何提取 S 参数、级联射频网络的创建与分析等内容。

1．从 Touchstone 数据文件读取和分析射频数据

下面给出从 Touchstone 数据文件读取和分析射频数据的过程。MATLAB 提供了一个 Touchstone 数据文件 passive.s2p，该文件包含频率范围从 315 kHz 到 6 GHz 的 50 欧姆 S 参数。下面给出示例代码。

```
data = read(rfdata.data,'passive.s2p');    %  创建对象数据，并将文件中的数据
存储在对象的属性中
freq = data.Freq;                          %  获取数据频率
s_params = extract(data,'S_PARAMETERS',75);%  提取参数，并将其保存在变量
y_params 中
y_params = extract(data,'Y_PARAMETERS');;  %  提取 Y 参数，并将其保存在变量
y_params 中
s11 = s_params(1,1,:);                      %  获取参数 S11
smithchart(s11(:));                        %  在史密斯图表命令绘制史密斯图上
的 75 欧姆 S11 参数
f = freq(end);                             %  获取在 6GHz 频率
s = s_params(:,:,end);                     %  显示四个 75 欧姆 S 参数值
y = y_params(:,:,end);                     %  显示四个 Y 参数值
```

计算结果为：f = 6.0000e+009；s = [−0.0764−0.5401i   0.6087−0.3018i; 0.6094−0.3020i −0.1211−0.5223i]；y = [0.0210+0.0252i   −0.0215−0.0184i; −0.0215-0.0185i   0.0224+0.0266i]。其史密斯如图 7-31 所示。

2．从文件中读取射频网络并提取 S 参数

MATLAB 提供了 Touchstone 数据文件 samplebjt2.s2p，其中包含从测试夹具双极晶体

管（见图 7-32）收集的 S 参数数据。夹具的输入具有连接到接合端口的接合线，输出具有连接到接合线的接合端口。下面给出示例代码。

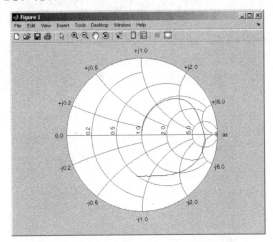

图 7-31　绘制 passive.s2p 文件的 75 欧姆
S11 参数的史密斯图

图 7-32　samplebjt2.s2p 中包含的被测器件
（DUT）的双极晶体管和器件的配置

```
%    创建一个数据对象；再创建两个电路对象，用于输入端口和输出端口。
measuredata = read(rfdata.data,'samplebjt2.s2p');              %   读取文件
inputpad = rfckt.cascade('Ckts',{rfckt.seriesrlc('L',1e-9),rfckt.shuntrlc
('C',100e-15)});        % L=1nH,C=100 fF
outputpad = rfckt.cascade('Ckts', {rfckt.shuntrlc('C',100e-15),.rfckt.
seriesrlc('L',1e-9)}); % L=1 nH, C=100 fF
%    测量 S 参数，并分析输入端和输出端电路对象。
freq = measuredata.Freq;
analyze(inputpad,freq);
analyze(outputpad,freq);
%    通过去除输入端和输出端的影响，从测量的 S 参数中提取 DUT 的 S 参数
z0 = measuredata.Z0;
inputpadSParam = extract(inputpad.AnalyzedResult,'S_Parameters',z0);
outputpadSParam = extract(outputpad.AnalyzedResult,'S_Parameters',z0);
deEmbedSParam = deembedsparams(measuredata.S_Parameters,inputpadSParam,
outputpadSParam);
%    为提取的 S 参数创建一个数据对象
deEmbeddedData = rfdata.data('Z0',z0, 'S_Parameters',de_embedded_sparams,
'Freq',freq);
%    在 Z 史密斯图上绘制测量值和提取的 S11 参数
hold off;    h = smith(measured_data,'S11'); set(h, 'Color', [1 0 0]); hold on;
i = smith(de_embedded_data,'S11'); set(i,'Color', [0 0 1],'LineStyle',':');
l = legend; legend('Measured S_{11}', 'De-embedded S_{11}'); legend show;
%    绘制测量和提取的 S22 参数。
figure; hold off; h = smith(measured_data,'S22'); set(h, 'Color', [1 0 0]);
hold on;   i = smith(de_embedded_data,'S22');  set(i,'Color', [0 0
1],'LineStyle',':');
```

```
l = legend; legend('Measured S_{22}', 'De-embedded S_{22}'); legend show;
%    以 X-Y 平面绘制测量值和提取的 S21 参数
Figure; hold off; h = plot(measured_data,'S21', 'db'); set(h, 'Color', [1
0 0]);
    hold on; i = plot(de_embedded_data,'S21','db'); set(i,'Color', [0 0
1],'LineStyle',':');
    l = legend; legend('Measured S_{21}', 'De-embedded S_{21}'); legend show;
hold off;
```

绘制结果如图 7-33 所示。

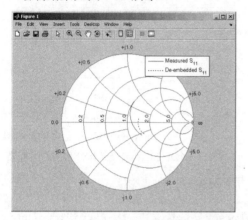

（a）S11 参数   （b）S22 参数

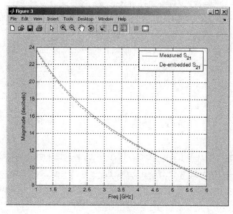

（c）S21 参数

图 7-33　samplebjt2.s2p 文件中的 S 参数曲线

四、MATLAB 射频工具箱的射频设计分析工具

为了便于设计人员开展雷达制导系统的设计与分析，MATLAB 射频工具箱提供了射频设计与分析应用工具，为创建和分析射频组件和网络提供可视化界面。设计人员通过界面操作，完成相关信号的设计与分析，而不必通过命令行代码实现相关功能。射频设计和分析应用工具能够完成电路的创建和导入、电路参数的设置、电路分析、网络参数图形的显示分析以及数据输出等操作。设计人员可以通过在命令行中输入"rftool"命令启动该应用工具，其界面如图 7-34 所示。详细使用方法可以参考 MATLAB 帮助文档。

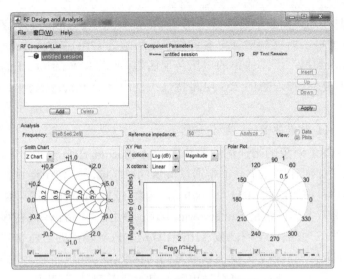

图 7-34　射频设计分析工具界面

五、MATLAB 射频工具箱的相关例程

为了便于用户更好地掌握航空航天工具箱的相关函数和模块，MATLAB/Simulink 提供了多个例程用于介绍工具箱和模块库的相关任务功能。下面对例程的功能和模块进行简要介绍。

1．射频 Budget 分析

（1）应用 Budget Analyzer 的超外差式接收器 SuperheterodyneReceiverExample.m

该例程展示了如何创建一个超外差式接收器，并利用 Budget Analyzer 应用分析该接收器 RF budget 的增益、噪声指数和 IP3。

（2）计算增益、噪声系数和 IP3 CascadedAnalysisExample.m

该例程展示了如何计算增益、噪声系数和 IP3。首先通过定义一个增益、噪声系数和 OIP3 来确定一个系统；然后用一个函数 rfchain()表示这个级联系统；用函数 addstage()增加额外的级；用函数 setstage()去改变或者更新任意一级；用函数 plot()和函数 worksheet()查看计算出来的增益、噪声系数和 IP3。

2．RLC 网络分析

（1）带通滤波器响应 rf_bdfDemo.m

该例程展示了如何计算一个简单带通滤波器的时域响应。使用经典图像参数设计方法选择电感和电容值；使用具有函数 add()的电路，电容器和电感器以编程方式构建 Butterworth 电路；用函数 setports()定义一个双端口网络电路；通过 sparameters()函数在一个较宽的频率范围内提取双端口网络的 S 参数；使用函数 s2tf()计算从输入到输出的电压传递函数；使用函数 rationalfit()可以生成合理的拟合，从而以非常高的精度获得理想的 RC 电路；创建噪声输入电压波形；使用函数 timeresp()计算对噪声输入电压波形的瞬态响应。

（2）MOS 管互连和串扰 rf_interconnectDemo.m

该例程显示了如何使用射频工具箱构建和模拟 RC 树形电路。使用电路、电阻和电容与 add()函数以编程方式构建电路；使用函数 clone()、函数 setports()和函数 sparameters()为宽频率范围内的每个所需输出计算 S 参数；使用函数 s2tf()在 Zsource = 0 和 Zload = Inf 条件下计算从输入到每个所需输出的电压传递函数；使用函数 rationalfit()产生合理函数近似，以非常高的精度获得理想的 RC 电路特性；使用函数 timeresp()计算输入电压波形的瞬态响应。

3．使用 RFCKT 对象的 RLC 网络分析

（1）使用 RFCKT 对象的带通滤波器响应 rf_bdfDemo_rfckt.m

该例程展示了如何计算一个简单带通滤波器的时域响应。使用经典图像参数设计方法选择电感和电容值；使用函数 rfckt.seriesrlc()，函数 rfckt.shuntrlc()和函数 rfckt.cascade()以编程方式构建作为双端口网络的 Butterworth 电路；使用函数 analyze()在很宽的频率范围内提取双端口网络的 S 参数；使用函数 s2tf()计算从输入到输出的电压传递函数；使用函数 rationalfit()可以生成合理的拟合，从而以非常高的精度获得理想的 RC 电路；创建噪声输入电压波形；使用函数 timeresp()计算对噪声输入电压波形的瞬态响应。

（2）应用 RFCKT 对象的 MOS 管互连和串扰

该例程展示了如何使用射频工具箱构建和模拟 RC 树形电路。使用函数 rfckt.seriesrlc()、函数 rfckt.shuntrlc()、函数 rfckt.series()和函数 rfckt.cascade()以编程方式将电路构建为两个不同的网络，具体取决于所需的输出；使用函数 analyze()在很宽的频率范围内提取每个双端口网络的 S 参数；使用函数 s2tf()在 Zsource = 0 以及 Zload = Inf 条件下计算从输入到每个所需输出的电压传递函数；使用函数 rationalfit()产生合理函数近似，以非常高的精度获得理想的 RC 电路特性；使用函数 timeresp()计算对输入电压波形的瞬态响应。

4．信号完整性应用 Signal Integrity Applications

高速背板建模（检测 16 端口 S 参数到 4 端口 S 参数）nport_network.m。该例程展示了如何使用射频工具箱导入代表高速背板通道的 N 端口 S 参数，并将 16 端口 S 参数转换为 4 端口 S 参数，以模拟通道和通道之间的串扰。

5．使用 rationalfit

（1）在 rationalfit 中使用 NPoles 参数 RationalfitNPolesExample.m

该例程展示了如何使用 NPoles 参数提高 rationalfit 输出的质量。首先，读入文件 npoles_bandpass_example.s2p 中包含的带通滤波器数据，并绘制 S21 数据。 接下来，使用函数 rationalfit()将有理函数与 S21 数据拟合，将'NPoles'参数设置为其默认值，并将结果与原始数据进行比较。再次使用 rationalfit，这次指定更多的极点，并查看结果是否有所改善。

（2）在 rationalfit 中使用 Weight 参数 RationalfitWeightExample.m

该例程展示了如何使用 Weight 参数提高 rationalfit 输出的质量。首先，读入文件 sawfilter.s2p 中包含的锯齿滤波器数据，并绘制 S21 数据。接下来，使用函数 rationalfit()将有理函数与 S21 数据拟合，将 Weight 参数设置为其默认值，并在视觉上将结果与原始数据进行比较。最后，再次使用 rationalfit，这次将 Weight 参数指定为 1./abs(S21)，并查看结果是否有所改善。

（3）在 rationalfit 中使用 DelayFactor 参数 RationalfitDelayFactorExample.m

该例程展示了如何使用 DelayFactor 参数来提高 rationalfit 输出的质量。首先，从 4 端

口背板 S 参数创建差分传递函数数据。接下来，尝试使用函数 rationalfit()的默认设置来拟合数据。最后，使用 DelayFactor 参数提高 rationalfit 输出的准确性。

6．S 参数数据的统计分析

射频滤波器 S 参数的数据分析 SparameterStatisticalAnalysis.m。该例程展示了如何对一组 S 参数数据文件执行统计分析。首先，将表示 12 个射频滤波器的 12 个 S 参数文件读入 MATLAB 工作空间中并绘制它们。接下来，绘制并分析这些滤波器的通带响应，以确保符合统计规范。

7．频域分析和射频数据可视化

（1）编写 Touchstone®文件　write_s2p_file.m

该例程展示了如何将用户在 MATLAB®工作空间中创建的 rfckt 对象中的数据写入行业标准数据文件：Touchstone®。展示了如何创建和分析 RLCG 传输线对象。然后介绍如何将分析结果写入 Touchstone 文件中，再重新读入，并将文件数据与原始结果进行比较。

（2）可视化混合器杂散 mixer_spurs.m

该例程展示了如何创建 rfckt.mixer 对象并绘制该对象的混合器杂散。

（3）去嵌入 S 参数 de_embed_sparams.m

该例程展示了如何使用 deembedsparams 函数提取被测设备（DUT）的 S 参数。

（4）平分级联探针的 S 参数　BisectSParametersExample.m

该例程展示了如何分离级联连接的两个相同的被动对称探针的 S 参数。

8．阻抗匹配

（1）设计匹配网络（第 1 部分：具有 LNA 和集中元素的网络）lna_match.m

该例程展示了如何通过绘制其增益和噪声来验证低噪声放大器（LNA）的输入和输出匹配网络的设计。

（2）设计匹配网络（第 2 部分：单个存根传输线）imped_match.m

该例程展示了如何使用射频工具箱确定输入和输出匹配网络，并且以最大化 50 欧姆负载和系统的功率。

（3）设计宽带匹配网络（第 1 部分：天线）broadband_match_antenna.m

该例程说明了如何使用直接搜索方法优化设计电阻源和感性负载之间的宽带匹配网络。

（4）设计宽带匹配网络（第 2 部分：放大器）broadband_match_amplifier.m

该例程展示了如何为低噪声放大器（LNA）设计宽带匹配网络。

9．射频对象

（1）射频电路对象　ctk_obj.m

该例程展示了如何创建和使用射频工具箱中的电路对象。在此例程中，用户将创建三个电路（rfckt）对象：两条传输线和一个放大器。用户可以使用射频工具箱功能显示放大器数据，并将从文件读取的频率数据检索到放大器 rfckt 对象中。然后，用户可以在不同的频率范围内分析放大器并查看结果。接下来，用户将三个电路级联以创建级联的 rfckt 对象。再分析级联网络并在放大器的原始频率范围内显示其 S 参数。最后，绘制 S11、S22 和 S21 参数以及级联网络的噪声系数。

（2）射频数据对象　data_obj.m

该例程展示了如何使用 rfdata 对象直接操作射频数据。首先，通过读取存储在 Touchstone®格式数据文件 passive.s2p 中的双端口被动网络的 S 参数来创建 rfdata.data 对象。接下来，创建一个电路对象 rfckt.amplifier，并使用三个数据对象更新此对象的属性。

7.4.3　MATLAB 相控阵系统工具箱简介

相控阵雷达是一种通过改变雷达波相位来改变波束方向的雷达，它利用大量单独控制的小型天线元件排列成天线阵面，每个天线单元都由独立的开关控制，基于惠更斯原理通过控制各天线元件发射的时间差，合成不同相位（指向）的主波束，而且在两个轴向上均可进行相位变化，可以分为无源相控阵雷达（PESA）与有源相控阵雷达（AESA）两种类型。相比传统机械扫描雷达，其反应速度、目标更新速率、多目标追踪能力、分辨率、多功能性、电子反对抗能力等都远优于传统雷达，因此，近年来得到快速发展。

作为精确制导武器探测体制的一个新领域，相控阵雷达导引头打破了以往机械扫描雷达导引头固定波束形状、固定波束驻留时间、固定扫描方式、固定发射功率和固定数据率的限制，具有灵活的波束指向及驻留时间、可控的空间功率分配及时间资源分配等特点，从而可扩展相控阵雷达导引头的信息获取量，提升导引头的攻击能力和攻击精度，提高导引头的使用效率，增强对抗目标实施的自卫干扰能力。因此，相控阵雷达制导体制是未来射频精确制导武器发展的重要方向和技术难点。

2012 年，MATLAB 推出了相控阵系统工具箱（Phased Array System Toolbox），用于完成复杂的相控阵系统的建模、仿真和分析等任务。该工具箱中配备了一系列 MATLAB 函数和 MATLAB 系统对象，用于波形生成、波束形成、到达方向估算、目标检测和空时自适应处理等工作，能够协助设计人员构建可扩展、可重复使用的系统模型和信号处理算法，从而减少建模、仿真和实现雷达系统所需的时间。下面简要介绍该工具箱的功能和相关函数。

一、MATLAB 相控阵系统工具箱的任务及功能

相控阵系统工具箱为雷达、声呐、无线通信和医疗成像应用中传感器阵列系统的设计、仿真和分析提供了算法和应用，该工具箱中包括用于波束成形、匹配滤波、到达方向（DOA）估计和目标检测的脉冲和连续波形和信号处理算法，以及发射器和接收器、传播、目标、干扰器和杂波的模型。基于相控阵工具箱能够实现移动目标和平台的地面、机载或船载多功能雷达系统的动力学建模、设计端到端相控阵系统，并分析它们在使用合成或获取数据的不同情况下的性能。同时，可以探索传感器阵列和波形的特征，并进行链路预算分析。

MATLAB 相控阵系统工具箱具备如下一些主要任务功能。

1．波束形成和到达方向（DOA）估计

相控阵系统工具箱提供窄带和宽带数字波束成形算法，允许抑制干扰并避免自适应波束形成器的自归零，并且可以使用 STAP 技术去除杂乱和干扰。

2．波形设计与分析

相控阵系统工具箱提供了有源传感器阵列系统中使用的常用波形，可以定义恒定频率（PCW）、调频连续波（FMCW）和多个频移键控（MFSK）连续波形的参数，并且允许指定脉冲重复频率（PRF）、脉冲持续时间和线性频率调制（LFM）及阶梯式 FM 和相位编码

脉冲波形的带宽。另外，利用相控阵系统工具箱可以分析光谱属性、范围分辨率、多普勒分辨率以及范围和多普勒之间的耦合等内容。

3．相控阵设计与分析

相控阵系统工具箱能够模拟和分析具有任意几何形状的主动或被动电子扫描阵列（AESA 或 PESA）的行为，包括均匀线性阵列（ULA）、均匀圆阵列（UCA）和均匀矩阵（URA）。通过指定 3D 空间中每个元素的位置和方向来定义需要的数组几何，可以模拟常见的天线和麦克风元件，其辐射图可以通过分析功能描述或由频率相关测量数据定义，并且允许对数组扰动和元素之间的相互耦合进行建模，同时允许指定极化、定义子数组以及使用多个元素模式建模异构数组。

4．检测范围和多普勒估计

相控阵系统工具箱提供匹配的滤波和拉伸处理脉冲压缩、相干和非相干脉冲积分、范围和多普勒估计，以及恒定误报率（CFAR）检测等多种算法，用于计算和可视化各种信噪比（SNR）级别或假警报概率的接收机工作特性曲线（ROC）。

5．场景系统

相控阵系统工具箱提供了由雷达横截面（RCS）定义的偏振点目标反射器的型号类型，为复杂的分布式目标创建分布式点反射器的场景集合。

二、MATLAB 相控阵系统工具箱的相关函数

MATLAB 相控阵系统工具箱提供了一系列函数，用于完成相控阵设计与分析、波形设计与分析、波束形成和波达方向估计、检测范围和多普勒估计及目标和环境等诸多内容，在此给出相控阵工具箱中的相关函数简介（见表 7-10）。关于函数的详细调用方法，请参考MATLAB 帮助文档。

表 7-10　相控阵系统工具箱中相控阵设计与分析函数简介

函数名	主要调用格式	函数功能
aperture2gain	G = aperture2gain(A,lambda);	转换有效孔径为增益
gain2aperture	A = gain2aperture(G,lambda);	转换增益为有效孔径
uv2azel	AzEl = uv2azel(UV);	将 u/v 坐标转换为与方位/俯仰角度
azel2uv	UV = azel2uv(AzEl);	将方位/俯仰角度转换为与 u/v 坐标
phitheta2azel	pat_azel=phitheta2azelpat(pat_phitheta,phi,theta);	从 Phi/Theta 形式转换为方位/仰角形式
azel2phitheta	pat_phitheta = azel2phithetapat(pat_azel,az,el);	从方位/仰角形式转换为 Phi/Theta 形式
uv2phitheta	pat_phitheta = uv2phithetapat(pat_uv,u,v);	将 u/v 坐标转换为 Phi/Theta 角
phitheta2uvpat	pat_uv = phitheta2uvpat(pat_phitheta,phi,theta);	将 Phi/Theta 角转换为 u/v 坐标
uv2azelpat	pat_azel = uv2azelpat(pat_uv,u,v);	从 u/v 形式的辐射模式转换为方位/仰角形式
azel2uvpat	pat_uv = azel2uvpat(pat_azel,az,el);	从方位/仰角形式的辐射模式转换为 u/v 形式
phitheta2azelpat	AzEl = phitheta2azel(PhiTheta);	从 Phi/Theta 形式辐射模式转换为方位/仰角
azel2phithetapat	PhiTheta = azel2phitheta(AzEl);	从方位/仰角形式辐射模式转换为 Phi/Theta
uv2phithetapat	PhiTheta = uv2phitheta(UV);	从 u/v 形式的辐射模式转换为 Phi/Theta 形式
phitheta2uvpat	UV = phitheta2uv(PhiTheta);	从 Phi/Theta 形式的辐射模式转换为 u/v 形式
polellip	tau = polellip(fv); [tau,epsilon] = polellip(fv);	由极场化矢量的尖端追踪的椭圆参数

（续表）

函数名	主要调用格式	函数功能
polratio	p = polratio(fv);	场的垂直与水平线偏振分量的比率
pol2circpol	cfv = pol2circpol(fv);	将场的线性分量表示转换为圆形分量表示
circpol2pol	fv = circpol2pol(cfv);	将场的圆形分量表示转换为线性分量表示
stokes	G = stokes(fv);	极化场的斯托克斯参数
polloss	rho = polloss(fv_tr,fv_rcv);	极化损耗
polsignature	resp = polsignature(rcsmat);	极化和交叉极化特征
az2broadside	BSang = az2broadside(az,el);	将方位角和仰角转换为侧视角
broadside2az	az = broadside2az(BSang,el);	将侧视角转换为方位角
pilotcalib	estpos = pilotcalib(nompos,x,pilotang);	使用导频源进行阵列校准
sensorsig	x = sensorsig(pos,ns,ang);	模拟在传感器阵列接收的信号
sensorcov	xcov = sensorcov(pos,ang);	传感器空间协方差矩阵
noisepow	NPOWER = noisepow(NBW,NF,REFTEMP);	接收机噪声功率
systemp	STEMP = systemp(NF);	接收机系统噪声温度
delayseq	shifted_data = delayseq(data,DELAY);	延迟或提前序列

1．相控阵的设计与分析

相控阵的设计与分析主要用于天线、麦克风、声呐等不同类型的相控阵设计、阵列的几何构型及分析、信号辐射和集合等，为此提供了一系列函数和系统对象。

用于描述天线、麦克风和声呐的系统对象包括：phased.CrossedDipoleAntennaElement（交叉偶极子天线单元）、phased.CustomAntennaElement（自定义天线单元）、phased.Isotropic AntennaElement（各向同性天线单元）、phased.ShortDipoleAntennaElement（短偶极子天线单元）、 phased.CustomMicrophoneElement （自定义麦克风）、 phased.Omnidirectional MicrophoneElement（全向麦克风）、phased.IsotropicHydrophone（各向同性的水听器）和 phased.IsotropicProjector（各向同性的投影仪）等。用于描述阵列的几何构型的系统对象包括：phased.ULA（均匀直线阵）、phased.URA（均匀的矩形阵列）、phased.UCA（均匀圆阵）、phased.ConformalArray（共形阵列）、phased.HeterogeneousConformalArray（异构共形阵列）、phased.HeterogeneousULA（异构均匀直线阵）、phased.HeterogeneousURA（异构均匀矩形阵列）phased.SteeringVector（传感器阵列导向矢量）、phased.ArrayGain（传感器阵列增益）、phased.ArrayResponse（传感器阵列响应）。用于描述信号辐射和集合的系统对象包括：phased.Collector（窄带信号采集器）、phased.Radiator（窄带信号散热器）和 phased.Wideband Collector（宽带信号采集器）。用于描述发射机和接收机的系统对象包括：phased.Transmitter（变送器）和 phased.ReceiverPreamp（接收机前置放大器）。

2．波形设计与分析

相控阵系统工具箱为天线、麦克风和射频阵列等提供了波形设计与分析功能，包括脉冲和连续类型的窄带信号波形设计，波形类型包括矩形、调频连续、相位编码和阶跃频率信号等，并且提供通过匹配滤波器算法执行相关处理和绘图模糊功能。其相关函数简介如表 7-11 所示。

表 7-11　相控阵系统工具箱中波形设计与分析函数简介

函数名	主要调用格式	函数功能
ambgfun	[afmag,delay,doppler] = ambgfun(x,Fs,PRF);	歧义和交叉歧义函数
pambgfun	Grid = unigrid(StartValue,Step,EndValue);	周期性模糊函数
spectrogram	s = spectrogram(x); s = spectrogram(x,window);	使用短时傅立叶变换得到信号的频谱图
range2bw	bw = range2bw(r); bw = range2bw(r,c);	将范围分辨率转换为所需带宽
range2time	t = range2time(r); t = range2time(r,c);	将传播距离转换为传播时间
time2range	r = time2range(t); r = time2range(t,c);	将传播时间转换为传播距离

同时，相控阵系统工具箱为脉冲波形设计提供了多个系统对象，包括：phased.LinearFMWaveform（线性调频脉冲波形）、phased.PhaseCodedWaveform（相位编码脉冲波形）、phased.Rectangular Waveform（脉冲波形）等；适用于连续波形设计的系统对象：phased.FMCWWaveform（频连续波波形）和 phased.MFSKWaveform（MFSK 波形），以及用于描述匹配滤波器的系统对象 phased.MatchedFilter。

3．波束形成和到达方向估计

波束形成和到达方向估计提供了多种窄带和宽带数字波束成形算法，涵盖了基于光谱和协方差的技术方法，可以模拟多种类型的波束形成器，并且提供了多种到达方向估计方法。其主要函数简介如表 7-12 所示：

表 7-12　相控阵系统工具箱中波束形成和到达方向估计函数简介

函数名	主要调用格式	函数功能
cbfweights	wt = cbfweights(pos,ang);	常规波束形成器权重
lcmvweights	wt = lcmvweights(constr,resp,cov);	窄带线性约束最小方差波束形成权重
mvdrweights	wt = mvdrweights(pos,ang,cov);	最小方差失真响应 MVDR 波束形成器权重
steervec	sv = steervec(pos,ang);	导向矢量
aictest	nsig = aictest(X);	求取信号子空间的维度
espritdoa	ang = espritdoa(R,nsig);	使用 TLS ESPRIT 来求取波达方向
gccphat	tau = gccphat(sig,refsig);	用于求取波达方向的广义互相关
mdltest	nsig = mdltest(X);	求取信号子空间的维度
rootmusicdoa	ang = rootmusicdoa(R,nsig);	使用 Root MUSIC 来求取到达方向
spsmooth	RSM = spsmooth(R,L);	空间平滑
dopsteeringvec	DSTV = dopsteeringvec(dopplerfreq,numpulses)	用于空时自适应处理的多普勒导向矢量
val2ind	Ind = val2ind(Value,Delta)	用于空时自适应处理的均匀网格索引

同时，相控阵系统工具箱提供了多个系统对象用于波束形成，包括 phased.LCMVBeamformer（窄带 LCMV 波束形成器）、phased.MVDRBeamformer（窄带 MVDR 波束形成器）、 phased.PhaseShiftBeamformer（窄带相移波束形成器）、phased.SteeringVector（传感器阵列导向矢量）、phased.FrostBeamformer（弗罗斯特波束形成器）和 phased.GSCBeamformer（广义边带消除器）等。该工具箱还提供了用于求取波形到达方向的系统对象，包括 phased.BeamscanEstimator（用于 ULA 的波束扫描空间谱估计器）、phased.BeamspaceESPRITEstimator（用于 ULA 的波束空间 ESPRIT 到达方向估计器）、

phased.ESPRITEstimator（用于 ULA 的 ESPRIT 到达方向估计器）等；以及适用于空间自适应处理的系统对象比如 phased.STAPSMIBeamformer（样本矩阵反演波束形成器）、phased.DPCACanceller（相位中心位移阵列脉冲对消器）、phased.ADPCACanceller（自适应 DPCA 脉冲消除器）和 phased.AngleDopplerResponse（角度-多普勒响应）等。

4．检测、范围与多普勒的估计

对信号的检测是雷达系统的重要组成部分。为了提高检测能力，相控阵系统工具箱提供了多个用于执行匹配滤波和拉伸处理脉冲压缩、相干和非相干脉冲积分、范围和多普勒估计和恒定误报率（CFAR）检测的系统对象，并提供了多种算法用于计算和显示各种信噪比（SNR）级别或误报概率的接收机工作特性曲线，以及提供了最大目标检测范围的设置功能。其主要函数简介如表 7-13 所示。

表 7-13　相控阵系统工具箱中检测、范围与多普勒的估计函数简介

函数名	主要调用格式	函数功能
npwgnthresh	snrthresh = npwgnthresh(pfa,numpulses)	高斯白噪声中信号的检测信噪比阈值
pulsint	Y = pulsint(X);	脉冲一体化
rocpfa	[Pd,SNR] = rocpfa(Pfa,Name,Value)	根据虚警概率求取接收机工作特征曲线
rocsnr	[Pd,Pfa] = rocsnr(SNRdB)	根据信噪比求取接收机工作特征曲线
albersheim	SNR= albersheim(prob_Detection,prob_FalseAlarm);	求取使用 Albersheim's 方程所需的信噪比
shnidman	SNR = shnidman(Prob_Detect,Prob_FA,N);	求取使用 Shnidman's 方程所需的信噪比
physconst	Const = physconst(Name)	求取与 SI 单位对应的字符串名称的常数
radareqpow	Pt = radareqpow(lambda,tgtrng,SNR,Tau)	雷达方程的峰值功率估计
radareqrng	maxrng = radareqrng(lambda,SNR,Pt,Tau)	最大的理论范围估计
radareqsnr	SNR = radareqsnr(lambda,tgtrng,Pt,tau)	雷达方程的信噪比估计
radarvcd	[vcp,vcpangles] = radarvcd(freq,rfs,anht)	计算窄带雷达天线的垂直覆盖范围
blakechart	blakechart(vcp,vcpangles,rmax,hmax)	窄带雷达天线创建一个范围高度图
stretchfreq2rng	R = stretchfreq2rng(FREQ,SLOPE,REFRNG)	将频率偏移转换为范围
dechirp	y = dechirp(x,xref)	对 FMCW 信号执行去串行操作
beat2range	r = beat2range(fb,slope)	将节拍频率转换为范围
range2beat	fb = range2beat(r,slope)	将范围转换为节拍频
rdcoupling	dr = rdcoupling(fd,slope)	求取信号中由于多普勒频移引起范围偏移

相控阵工具箱中用于描述检测的系统对象包括 phased.CFARDetector（恒定误报率（CFAR）检测器）、phased.MatchedFilter（匹配滤波器）、phased.StretchProcessor（线性调频波形拉伸处理器）和 phased.TimeVaryingGain（时变增益控制）等，用于范围与多普勒的评估的系统对象包括 phased.RangeDopplerResponse（范围多普勒响应）。

5．目标与环境

雷达系统的仿真与计算需要建立波传播、杂波和干扰、阵列和目标运动等模型，相控阵系统工具箱提供了多个函数，能够对单稳态或双稳态下自由空间信号传播进行建模，可描述范围相关的时间延迟、相移、多普勒频移和丢失等参数，并且提供了一系列函数，用于运动建模和坐标转换等，满足目标与环境建模时的各种需求。其主要函数简介如表 7-14 所示。

表 7-14　相控阵系统工具箱中目标与环境的估计函数简介

函数名	主要调用格式	函数功能
billingsleyicm	P = billingsleyicm(fd,fc,wspeed);	建立比林斯利的内在杂波运动（ICM）模型
depressionang	depAng = depressionang(H,R,MODEL);	求取相对目标平面的抑制角
grazingang	grazAng = grazingang(H,R);	求取相对目标平面的掠角
horizonrange	Rh = horizonrange(H);	返回雷达系统的视野范围
surfacegamma	G = surfacegamma(TerrainType);	返回指定地形的 γ 值
surfclutterrcs	RCS = surfclutterrcs(NRCS,R,az,el,graz,tau);	根据参数求取目标雷达散射截面 （RCS）
effearthradius	Re = effearthradius(RGradient);	求取地球有效半径
fspl	L = fspl(R,lambda);	求取信号在自由空间传播的路径损耗
dop2speed	radvel = dop2speed(Doppler_shift,wavelength);	将多普勒频移转换为速度
speed2dop	Doppler_shift = speed2dop(radvel,lambda);	将速度转换为多普勒频移
radialspeed	Rspeed = radialspeed(Pos,V);	求取目标相对于雷达的径向速度
rangeangle	[rng,ang] = rangeangle(pos);	求取目标的传播路径长度和路径方向。
global2localcoord	lclCoord = global2localcoord(gCoord, OPTION);	将全局坐标转换为当地坐标
local2globalcoord	gCoord = local2globalcoord(lclCoord,OPTION);	将当地坐标转换为全局坐标
rotx	R = rotx(ang);	绕 x 轴旋转的旋转矩阵
roty	R = roty(ang);	绕 y 轴旋转的旋转矩阵
rotz	R = rotz(ang);	绕 z 轴旋转的旋转矩阵
cart2sphvec	vs = cart2sphvec(vr,az,el);	将矢量从笛卡尔分量转换为球面坐标系
sph2cartvec	vr = sph2cartvec(vs,az,el);	将矢量从球形坐标系转换为笛卡尔分量
azelaxes	A = azelaxes(az,el);	3×3 矩阵形式的球面基矢量

相控阵系统工具箱中用于描述目标的系统对象包括：phased.RadarTarget（雷达目）、phased.BarrageJammer（弹幕干扰）和 phased.ConstantGammaClutter（恒 γ 杂波仿真）等，用于描述环境和信号属性的系统对象包括：phased.FreeSpace（自由空间环境）、phased.WidebandFreeSpace（宽带自由空间传播）和 phased.TwoRayChannel（两射线传输信道）以及用于描述目标运动的系统对象 phased.Platform（模型平台运动）。

四、MATLAB 相控阵系统工具箱的 Simulink 模块库

MATLAB 相控阵系统工具箱除提供了多个函数和系统对象用于完成相控阵的设计、分析和计算任务外，还在 Simulink Library 中提供了一系列模块，便于设计人员在 Simulink 环境下开展模型的建模与仿真，主要对应于相控阵工具箱中的相控阵设计与信号分析等功能。相关模块库位于 Simulink Library 中的相控阵系统工具箱。主要包括如图 7-35 内所示容。

1．Beamforming 波束成形

该子模块库主要用于完成设定的波束形状，包括以下模块。

（1）Phased Shift Beamformer：执行窄带延迟和相加波束成形，使用时域中的相应相移近似延迟。

（2）MVDR Beamformer：执行窄带最小方差无失真响应（MVDR）波束成形，该模块在给定方向保留信号功率，同时抑制来自其他方向的干扰和噪声。

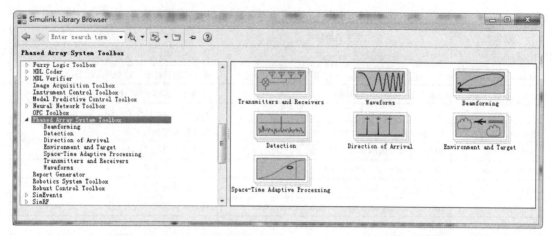

图 7-35 Simulink Library 中的 Phased Array System Toobox 模块库

（3）LCMV Beamformer：执行窄带线性约束最小方差（LCMV）波束成形。

（4）Subband Phase Shift Beamformer：在频域中执行延迟和相加波束成形。

（5）Subband MVDR Beamformer：在频域执行 MVDR 波束成形。

（6）Time Delay Beamformer：在时域中执行延迟和和波束成形，通过将信号划分为子带并在每个子带中都应用相应的相移来近似该时间的延迟。

（7）Frost Beamformer：执行冰冻波束成形。Frost 波束形成可以被认为是时域 MVDR 波束形成器和一组 FIR 滤波器。

（8）Time Delay LCMV Beamformer：在时域中执行线性约束最小方差（LCMV）波束成形，波束形成器首先将光束朝向给定方向转向，然后通过一组 FIR 滤波器施加约束。

2．Detection 检测

该子模块库主要用于相控阵中的信号检测，包括以下模块。

（1）Matched Filter：执行匹配过滤。匹配滤波器是 FIR 滤波器，其系数是发射信号的时间反转，滤波器可以用于在检测之前提高 SNR。

（2）Time Varying Gain：对信号施加增益以补偿每个范围门的范围损失。

（3）Stretch Processor：对给定范围跨度的线性 FM 脉冲应用去线性处理。

（4）CFAR Detector：执行恒定的误报率（CFAR）检测，即用被测单元周围的噪声功率估计来执行检测。

（5）Range Doppler Response：计算输入信号的范围-多普勒图。

（6）Dechirp Mixer：将输入信号与参考信号混合。

（7）Pulse Integrator：相干或非相干地集成连续的脉冲。

3．Direction of Arrival 到达方向

该子模块库中主要用于完成信号到达方向的计算，包括以下模块。

（1）ULA Beamscan Spectrum：利用窄带常规波束形成器对均匀线性阵列扫描宽边角区域估计进入窄带信号的空间谱。

（2）Beamscan Spectrum：利用窄带常规波束形成器扫描方位角和仰角范围估计进入的

窄带信号的空间频谱。

（3）ULA MVDR Spectrum：利用窄带 MVDR 波束形成器对均匀线性阵列扫描宽边角区域估计进入的窄带信号的空间谱。

（4）MVDR Spectrum：利用 MVDR 常规波束形成器扫描方位角和仰角的范围估计进入的窄带信号的空间频谱。

（5）ESPRIT DOA：利用 ESPRIT 算法估计入射在均匀线性阵列上的指定数量的窄带信号的到达方向。

（6）Beamspace ESPRIT DOA：利用波束空间中的 ESPRIT 算法估计入射在均匀线性阵列上的指定数量的窄带信号的到达方向。

（7）Root MUSIC DOA：利用 Root MUSIC 算法估计入射在统一线性阵列上指定数量的窄带信号到达方向。

（8）Root WSF DOA：利用 Root（加权子空间拟合）WSF 算法估计入射在统一线性阵列上的指定数量的窄带信号的到达方向。

（9）ULA Sum and Difference Monopulse：利用和差单脉冲算法的初始值估计窄带信号的到达方向。

（10）GCC DOA and TOA：估计入射到阵列的信号的到达方向和到达时间。

4．Enviroment and Target 环境和目标

该子模块库中主要设置环境及目标等参数，主要包括以下模块。

（1）Free Space：将信号从空间中的一个点传播到多个点或从多个点返回到一个点。

（2）Wideband Free Space：将信号从空间中的一个点传播到多个点或从多个点返回到一个点。

（3）Two-Ray Channel：通过直接路径和地面反射路径，将窄带信号从空间中的一个点传播到多个点或从多个点返回到一个点。

（4）Radar Target：根据指定的雷达横截面（RCS）或散射矩阵（当启用极化时）计算信号回波。

（5）Constant Gamma Clutter：产生从均匀地形反射的恒定伽马杂波，用于将窄带信号发送到自由空间的单稳态雷达。

（6）GPU Constant Gamma Clutter：利用 GPU 生成从均匀地形反射的恒定伽马杂波，用于将窄带信号发送到自由空间的单稳态雷达。

（7）Barrage Jammer：产生堰塞干扰信号，拦截干扰器是宽带噪声干扰器。

（8）Motion Platform：模拟飞机或地面车辆等平台的运动。

（9）Range Angle Calculator：计算相对于参考的几个位置的范围或方位角和仰角。

（10）Azimuth Broadside Converter：方位角和宽角之间的转换。

5．Space-Time Adaptive Processing 时空自适应处理

该子模块库中主要用于信号的时空转换及自适应处理，主要包括以下模块。

（1）DPCA Canceller：滤波器利用位移相位中心阵列（DPCA）脉冲消除器进行杂波。

（2）ADPCA Canceller：自适应位移相位中心阵列（ADPCA）脉冲消除器。

（3）SMI Beamformer：样本矩阵反演（SMI）STAP 波束形成器。

（4）Angle Doppler Response：计算输入信号的角度-多普勒响应。

（5）Cube Slicer：沿着指定的尺寸切割数据立方体。

6．Transmitters and Receivers 转换器和接收器

该子模块库中用于设置转换器和接收器，主要包括以下模块。

（1）Narrowband Transmit Array：通过传感器阵列元件发射窄带平面波，使用远场近似组合辐射信号。

（2）Wideband Transmit Array：通过传感器阵列元件发射宽带平面波，使用远场近似组合辐射信号。

（3）Transmitter：放大并传输信号，发射机可以保持脉冲之间的相干或插入相位噪声。

（4）Narrowband Receive Array：接收入射到传感器阵列元件上的窄带平面波，使用时域中的相应相移近似每个元件处的延迟。

（5）Wideband Receive Array：接收传感器阵列元件上的平面波。

（6）Receiver Preamp：放大并增加信号的热噪声，可以从输入端口添加相位噪声。

7．Waveforms 波形

该子系统模块用于生成指定属性的各种波形，主要包括以下模块。

（1）Rectangular Waveform：生成具有指定脉冲宽度和 PRF 的矩形脉冲波形。

（2）Linear FM Waveform：生成具有指定脉冲宽度、PRF 和扫描带宽的线性 FM 脉冲波形。

（3）Stepped FM Waveform：生成具有指定脉冲宽度、PRF 和频率步长的阶梯式 FM 脉冲波形。

（4）FMCW Waveform：生成具有指定扫描时间和扫描带宽的 FMCW 波形。

（5）Phased-Coded Waveform：生成具有指定芯片宽度、PRF 和代码的相位编码脉冲波形的采样。

（6）MFSK Waveform：生成具有指定扫描时间、频率步长和扫描带宽的 MFSK 波形。

四、MATLAB 相控阵系统工具箱的应用工具

为了便于设计人员开展相控阵的设计与分析，MATLAB 相控阵系统工具箱还提供了三个应用工具，用于完成传感器阵列的设计、雷达信号波形的分析以及雷达相关参数的计算等工作。

1．传感器阵列分析仪

传感器阵列分析仪（Sensor Array Analyzer）应用工具可以构建期望的传感器阵列配置，可以用于配置从一维到三维的天线阵列或麦克风阵列。在应用工具界面中设置相关参数，能够直接显示该阵列的一些基本性能特征，如阵列方向行和数组维度等。该工具支持多种数组的方向类型，如均匀线性阵列（ULA）、均匀矩形阵列（URA）、均匀圆阵、均匀六角阵列、圆形平面阵列、同心阵、球形阵列、圆柱阵列和任意几何图形等。设计人员可以通过在命令行中输入"sensorArrayAnalyzer"命令，来启动该应用工具，其界面如图 7-36 所示。

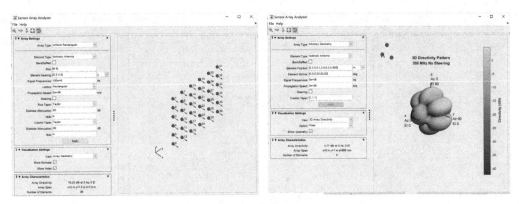

图 7-36　不同设置下的传感阵列分析仪界面

2．雷达波形分析仪

雷达波形分析仪（Radar Waveform Analyzer）应用工具能够分析雷达和声呐系统中常用信号的特性，并生成图像来可视化波形。设计人员可以通过界面操作快速修改每个波形的参数，如脉冲重复频率（PRF）、采样率、脉冲持续时间和带宽等，还可以通过设置传播速度来表示电磁波、空气或水中的声波。配置参数后，应用程序会显示基本波形特征，如范围分辨率、多普勒分辨率和最大范围等。该工具提供了多种波形图像显示功能，包括实部和虚部、幅度和相位、光谱、模糊函数（AF）和自相关函数等。设计人员通过在命令行中输入"radarWaveformAnalyzer"命令启动该应用工具，其界面如图 7-37 所示。

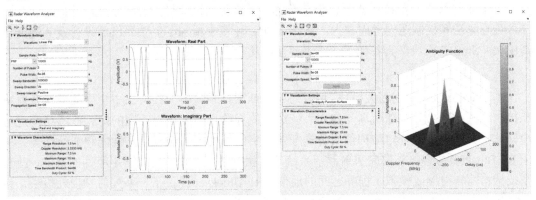

图 7-37　不同设置下的雷达波形分析仪界面

3．雷达方程计算器

雷达方程计算器（Radar Equation Calculator）可用于计算单稳态或双基地雷达系统的基本雷达方程，涉及目标范围、发射功率和接收信号 SNR 等参数，通过该应用工具，并且根据雷达的发射功率和规定的接收信噪比求解最大目标范围，也可根据已知的目标范围和指定的接收到的 SNR 计算所需的发射功率，或基于已知范围和发射功率计算接收到的 SNR 值。设计人员可以通过在命令行中输入"radarEquationCalculator"命令启动该应用工具，其界面如图 7-38 所示。

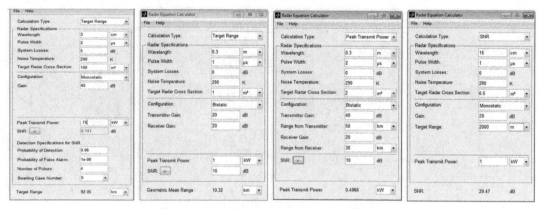

图 7-38　不同设置下的雷达方程计算器界面

7.4.4　Simulink 中 SimRF 模块库简介

MATLAB 为设计人员在 Simulink 环境下提供了一个用于设计射频系统的组件库 SimRF，包括了用于设计通信和雷达系统中无线发射机和接收机的体系结构的放大器、混频器、S 参数模块和其他模块。设计人员可以快速地进行射频前端部分的系统级行为以及标准信号、数字信号处理算法和控制逻辑等仿真任务。

一、Simulink 中 SimRF 模块库的任务功能

SimRF 模块库将阻抗不匹配、频谱增生、干扰和闭锁信号的影响以及标准信号、数字信号处理算法和控制逻辑考虑在内，在 Simulink 环境中增加了射频系统的设计及其性能仿真模块。SimRF 模块库具备如下一些主要任务功能。

1．无线系统仿真

基于 RF Blockset 的相关模块，可以对雷达或通信系统等无线应用中使用的射频发射机和接收机进行建模并快速仿真，建立系统级可执行的规范并针对不同的射频前端结构进行检验分析，以及针对特定结构使用仿真开发数字信号处理算法以提升性能和消除损失。基于 RF Blockset 模型，能够完善射频子系统的可执行规范，评估现有商用组件的性能，改善系统架构师和射频或模拟工程师之间的通信。RF Blockset 提供了一系列射频损耗模块，包括热噪声、局部振子相位噪声和有色分布噪声、杂散、干扰和闭锁信号、相位偏移、可变组延迟和时间延迟等因素，便于设计人员考核各种噪声和干扰影响下的射频系统性能。

2．射频仿真技术

RF Blockset 模型库提供了两个用于描述不同抽象级别的射频系统的子建模库。电路包络库用于完善收发器的架构，使其具有较高的模型逼真度；等效基带库用来评估射频现象对系统整体性能的影响。

3．射频组件建模

RF Blockset 模型库提供了放大器、混频器、阻抗、传输线路、滤波器以及其他射频组件的模块，能够基于参数数据表任意搭建射频网络，并按照从上而下的方法定义系统规范，能够用于评估阻抗失配、反射、有限隔离、泄漏的影响。利用可变增益放大器、衰减器和移相器等可调谐的组件，搭建由时变 Simulink 信号直接控制特征的自适应射频系统，设

计人员在射频前端的仿真中嵌入控制逻辑和信号处理算法，开发自适应阻抗调谐、增益控制、混合波束形成或数字预失真等系统。

二、Simulink 中 SimRF 的模块简介

下面简要介绍 SimRF 的主要模块。启动"Simulink Library Browser"界面，单击"SimRF"模块库，包括三个子模型库，分别是 Circuit Envelope、Equivalent Baseband 和 Idealized Baseband。

1．电路包络（Circuit Envelope）

电路包络子模块库是属于较低的抽象级别，使用电路包络库中的模块，可以构建任意拓扑结构的模型、检查射频系统的正交架构，并且跟踪整个模型中射频损耗的影响。此时，模型中的信号由电压和电流来表示，可以考虑阻抗失配、反射和有限隔离等诸多影响因素。如图 7-39 所示，该子模块库主要由四个子类组成：Elements（元素）、Junctions（连接器）、Sources（源）和 Utilities（工具）。

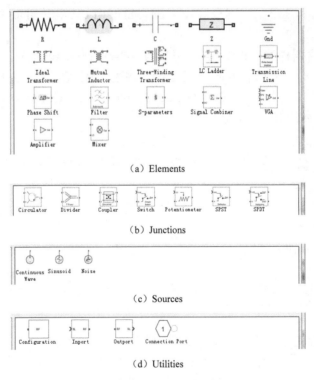

（a）Elements

（b）Junctions

（c）Sources

（d）Utilities

图 7-39　Circuit Envelope 的相关模块

Elements 包含了用于电路搭建的各种功能模块，包括 R（线性电阻）、L（线性电感）、C（线性电容）、Z（复阻抗）、Gnd（电气参考端口）、Ideal Transformer（理想变压器）、Mutual Inductor（互感器）、Three Winding Transformer（三绕组变压器）、LC Ladder（LC 梯形滤波器）、Transmission Line（传输线）、Phase Shift（相移器）、Filter（RF 滤波器）、S-parameters（基于 S 参数描述的 RF 组件模块）、Signal Combiner（两个电压信号合并在一起）、VGA（可变增益放大器）、Amplifer（放大器）和 Mixer（混频器）。

Junctions 主要包含各种桥接功能模块，包括 Circulator（具有 S 参数的理想循环器）、Divider（具有 S 参数的理想分频器）、Coupler（具有 S 参数的理想耦合器）、Switch（Simulink 控制的两个终端开关）、Potentiometer（Simulink 控制的电位器）、SPST（单极单掷开关）和 SPDT（单极双掷开关）。

Sources 包含 Continuous Wave（连续波形电源）、Sinusoid（正弦电压或电流源）和 Noise（由功率谱密度大小定义的电压或电流噪声源）三种类型电源模块。

Utilities 提供一系列工具模块，包括 Cofiguration（定义系统仿真设置）、Inport（将 Simulink 信号转换为 SimRF 电压或电流）、Outport（将 SimRF 电压或电流转换为 Simulink 信号）和 Connection Port（物理建模连接子系统的端口块）。

2. 等效基带（Equivalent Baseband）

Equivalent Baseband 是一种较高抽象级别的模块库，通过某些物理属性或通过导入测量数据来模拟物理和电气组件。如图 7-40 所示，该子模块库由七个子类组成：Amplifiers（放大器）、Black Box Elements（黑箱元素）、Input/Output Ports（输入/输出端口）、Ladder Filters（梯形滤波器）、Mixers（混合器）、Series/Shunt RLC（串联/并联 RLC）、Transmission Lines（传输线）。

Amplifiers 包含四种类型的放大器，分别为 S-Parameters Amplifier（根据 S 参数描述的 RF 放大器）、Y-Parameters Amplifier（根据 Y 参数描述的 RF 放大器）、Z-Parameters Amplifier（根据 Z 参数描述的 RF 放大器）以及 General Amplifier（由 RFDATA 对象或来自文件的数据组成的数据源描述的 RF 放大器）。

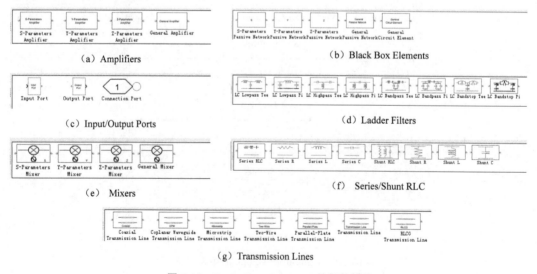

图 7-40　Equivalent Baseband 的相关模块

Black Box Elements 包含各种类型的双端口无源网络，分别为 S-Parameters Passive Network（由 S 参数描述）、Y-Parameters Passive Network（由 Y 参数描述）、Z-Parameters Passive Network（由 Z 参数描述）、General Passive Network（由 RFDATA 对象或来自文件的数据描述的双端口无源网络）和 General Circuit Element（由 RFCKT 对象描述的双端口网络）。

Input/Output Ports 包含三种连接模块，分别为 Input Port（从 Simulink 到 RF 模块库物

理模块的连接模块）、Output Port（从 RF 模块库物理模块到 Simulink 的连接模块）和 Connection Port（物理建模连接子系统的端口模块）。

Ladder Filters 包含各种梯形滤波器，分别为 LC Lowpass Tee（LC 低通三通网络）、LC Lowpass Pi（LC 低通 Pi 型网络）、LC Highpass Tee（LC 高通三通网络）、LC Highpass Pi（LC 高通 Pi 型网络）、LC Bandpass Tee（LC 带通三通网络）、LC Bandpass Pi（LC 带通 Pi 型网络）、LC Bandstop Tee（LC 带阻三通网络）和 LC Bandstop Pi（LC 带阻 Pi 型网络）。

Mixers 包含多种混频器，分别是由 S 参数、Y 参数和 Z 参数决定三种混频器，即 S-Parameters Mixer、Y-Parameters Mixer 和 Z-Parameters Mixer，以及由 RFDATA 对象或来自文件的数据组成的数据源描述的 RF 混频器（General Mixer）。

Series/Shunt RLC 包含多种串/并联的 RLC 元件模块，分别是 Series RLC（电阻，电感和电容元件的串联组合）、Series R（串联电阻）、Series L（串联电感）、Series C（串联电容）、Shunt RLC（电阻电感和电容元件的并联组合）、Shunt R（并联电阻）、Shunt L（并联电感）和 Shunt C（并联电容）。

Transmission Lines 包含各种传输线形式，分别为 Coaxial Transmission Line（同轴传输线）、Coplanar Waveguide Transmission Line（共面波导传输线）、MicrostripTransmission Line（微带传输线）、Two-wireTransmission Line（双线传输线）、Parallel-plateTransmission Line（平行板传输线）、Transmission Line（传输线）和 RLCG Transmission Line（RLCG 传输线）。

3．理想基带（Idealized Baseband）

Idealized Baseband 包含放大器、混频器和滤波器块的数学表示，为设计人员完成基带等效的复杂形式提供了可能，主要包括 Amplifier（具有噪声的放大器的复杂基带模型）、Mixer（具有相位噪声的混频器的复杂基带模型）、Bandpass RF Filter（以基带等效复杂形式描述的带通滤波器）、Bandstop RF Filter（以基带等效复杂形式描述的带阻滤波器）、Lowpass RF Filter（以基带等效复杂形式描述的低通滤波器）及 Highpass RF Filter（以基带等效复杂形式描述的高通滤波器）。Idealized Baseband 的相关模块如图 7-41 所示。

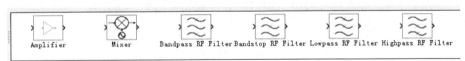

图 7-41　Idealized Baseband 的相关模块

三、利用 SimRF 进行舰船雷达系统的仿真

MATLAB 提供了一个舰船雷达系统的仿真例程，舰载雷达通信系统结构框图如图 7-42 所示。由图 7-42 可知，雷达系统主要分为发射部分和接收部分。雷达系统首先发射信号至观测物体，物体反射该信号后返回雷达，雷达接收部分将该信号进行增益和滤波等操作后，将表征观测物体信息的数据显示出来。

将下面对雷达系统中的主要模型分别予以介绍。

1．发射信号

发射机发射的单个脉冲信号可以表示为

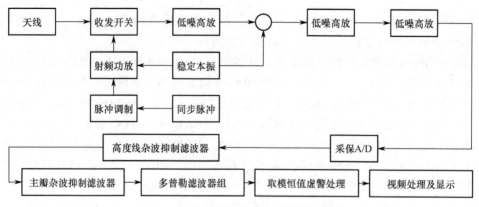

图 7-42　舰载雷达通信系统结构框图

$$P(t) = \sqrt{2P_t}\, A(t)\cos[2\pi f_c t + \theta(t)], \ |t| \le \frac{T_p}{2} \tag{7-63}$$

式中，P_t 表示发射机的峰值功率；f_c 为雷达发射机载频；T_p 为脉冲宽度；$A(t)$ 为脉冲幅度。

2．目标反射信号

雷达的作用距离是目标横截面积的函数，在计算雷达作用距离时，往往按给定的横截面积进行计算，但实际雷达目标在空中由于受多种因素的影响，使其等效横截面积不是一个常量，而是一个随机变量，称之为目标的起伏，这种目标称为起伏目标。若目标起伏的很小到可忽略，则称之为非起伏目标。

若要准确估计目标横截面积的起伏，必须知道概率密度函数。由于目标是千差万别的，因此想要得到完整的数据比较困难。但从目标起伏特性的研究可知，利用一些模型对各类目标的起伏统计特性进行逼近是合理的。通常用功率信噪比 S 来研究雷达横截面。当前，采用的模型可分为两大类：经典的目标模型和现代的目标模型。前者主要包括恒指的马克姆（Marcum）模型和斯威林（Swerling）起伏模型。现代模型主要包括 χ^2 模型、莱斯模型和对数-正态模型等。经典目标模型与许多实际目标非常接近，但具有一定的局限性，而现代模型具有更好的一般性。

一个匀速运动的起伏点目标反射信号可表示为

$$S(t) = \mathrm{Re}[\tilde{S}(t)\mathrm{e}^{j2\pi f_c t}], \ \left| t - \frac{2R}{c} \right| \le \frac{T_p}{2} \tag{7-64}$$

式中，$\tilde{S}(t) = \tilde{K}\tilde{b}\tilde{p}\left(t - \dfrac{2R}{c}\right)\mathrm{e}^{j2\pi f_c t}$，其中 $\tilde{K} = \sqrt{\dfrac{P_t L_s}{(4\pi)^3}\dfrac{\tilde{G}_t \tilde{G}_r \lambda}{R^2}}$ 为雷达距离方程常数，L_s 为系统总损耗因子，且 $0 < L_s < 1$，$\tilde{G}_t$ 为发射天线的复电压增益，$\tilde{G}_r$ 为接收天线的复电压增益，R 为目标斜距；$\lambda = \dfrac{c}{f_c}$ 为雷达工作波长，$f_c = \dfrac{2v}{\lambda}$ 为目标多普勒模型，v 为目标的径向速度；$b = \left|\tilde{b}\right|\exp(j\beta)$ 为目标散射参量，$\left|\tilde{b}\right| = \sigma$ 为目标的雷达横截面积，β 为目标的散射相位，在 $[0, 2\pi]$ 是均匀分布的。

3．接收机噪声

将雷达接收机噪声看成一个高斯过程的采样函数。带通噪声信号可表示为

$$n(t) = \text{Re}[\tilde{n}(t)\text{e}^{j2\pi f_c t}] \tag{7-65}$$

式中，$\tilde{n}(t) = n_{\text{d}}(t) - jn_{\text{p}}(t)$，$n_{\text{d}}(t)$ 和 $n_{\text{p}}(t)$ 是均值为零、方差为 σ_N^2 的独立高斯随机过程。

噪声方差是由接收机噪声系数 N_{F} 和接收机带宽 B_{R} 计算的，即

$$\sigma_N^2 = kT_0 N_{\text{F}} B_{\text{R}} \tag{7-66}$$

式中，$k = 1.38 \times 10^{-23}$ 焦耳 / 度为波尔兹曼常数；T_0 为接收机等效温度（290K）；B_{R} 为接收机带宽。

4．杂波反射信号

一般情况下认为旁瓣很低（可以忽略），这里只考虑主瓣杂波。杂波单元的反射信号可表示成复数形式，即

$$C(t) = \text{Re}[\tilde{C}(t)\text{e}^{j2\pi f_c t}] \tag{7-67}$$

式中，$\tilde{C}(t) = \tilde{K}\tilde{g}_{\text{n}}\tilde{P}\left(t - \dfrac{2R_c}{c}\right)$，其中 $\tilde{K} = \sqrt{\dfrac{P_t L_s}{(4\pi)^3}\dfrac{\tilde{G}_t \tilde{G}_r \lambda}{R_c^2}}$，$\tilde{G}_t$ 为杂波单元中心方向上发射天线的复电压增益，$\tilde{G}_r$ 为杂波单元中心方向上接收天线的复电压增益，R_c 为到杂波单元的斜距，$\tilde{g}_{\text{n}}$ 为杂波复散射参量。通常 $\tilde{g}_{\text{n}}$ 由一个固定分量加一个复高斯分量组成一个复散射参量，对地杂波来说，复高斯过程脉冲到脉冲的采样是相关的，它是构造具有各种统计特性杂波的基础。

用户可以在 MATLAB 命令行中输入 radar_system 命令，即可启动该模块，依照介绍的雷达系统框图建立其 Simulink 仿真框图如图 7-43 所示。由图 7-43 可知，该系统主要包括脉冲信号生成器、发射端射频前端、观测对象、接收端射频前端和信号处理单元等模块。

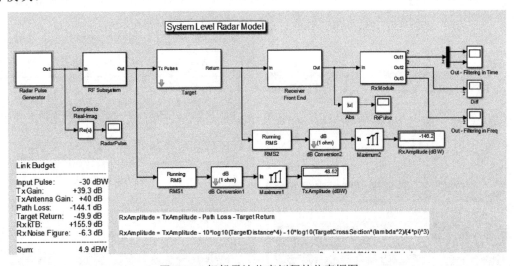

图 7-43　舰船雷达仿真例程的仿真框图

图 7-44 给出雷达系统中的各个主要模块的组成。

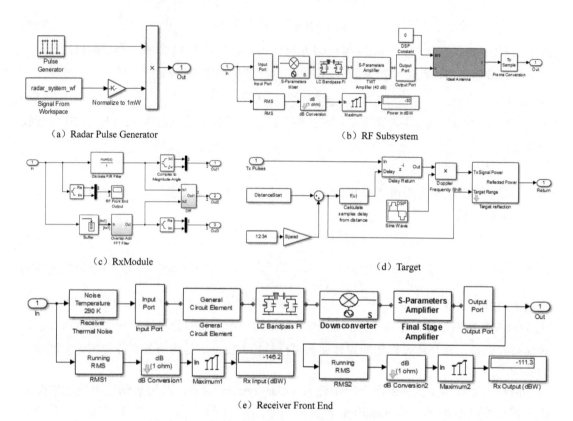

（a）Radar Pulse Generator　　　　　　　　（b）RF Subsystem

（c）RxModule　　　　　　　　　　　　　（d）Target

（e）Receiver Front End

图 7-44　雷达系统中各个主要模块的组成

其仿真结果如图 7-45 所示。由图 7-45 可知，雷达系统经过发射信号至观测物体，然后再返回雷达，通过相关处理能够辨识信号，说明整个系统的有效性。

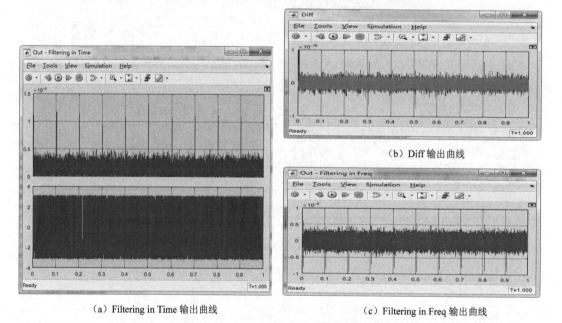

（a）Filtering in Time 输出曲线　　　　　　（b）Diff 输出曲线

　　　　　　　　　　　　　　　　　　　　　（c）Filtering in Freq 输出曲线

图 7-45　舰船雷达仿真例程的仿真结果

　　"雷达原理及其制导方式"这门课程理论复杂，涉及多门学科和大量专业知识。本书仅对 MATLAB 提供的相关工具箱进行了简要的设计，详细使用方法可以参考其帮助文档。

7.5　本章要点小结

　　由于精确制导武器制导系统的组成类型和探测方式多种多样，因此制导技术是一门融合多门学科的综合性技术，涉及内容包括制导律设计、信号处理、滤波估计、图像处理和射频信号等诸多知识内容。本章针对制导系统设计中的若干关键问题，重点介绍了 MATLAB 在相关领域的应用。

　　（1）导引律是指精确制导武器导向目标的运动规律，其选择和设计对精确制导武器能否精确打击目标至关重要。本章将导引律分为经典导引律和现代导引律两种类型，介绍了典型代表及其特点。导引律的设计与仿真验证工作与控制系统设计类似，本章给出了导引律设计中常用的三自由度质点弹道模型，便于设计人员开展导引律的设计与选型。

　　（2）在制导系统设计中，需要多种滤波处理形式，一方面用于完成噪声的抑制；另一方面用于完成目标特征信息的估计与提取。本章首先介绍了 MATLAB 中常用的信号处理方式，包括信号滤波的基本概念、类型、指标参数等；然后介绍了常用的信号滤波器的实现函数和设置函数，如巴特沃斯滤波器函数 buttap()、buttord()和 butter()，切比雪夫滤波器函数 cheb1ap()、cheb2ap()、cheb1ord()、cheb2ord()、cheby1()和 cheby2()，贝赛尔滤波器函数 besself()、besself()，并给出了不同滤波器之间进行转换的实现函数；最后，介绍 MATLAB 信号处理工具箱中提供的滤波器设计工具（FDATool）和信号分析工具（SPTool）。

　　（3）简要回顾了卡尔曼滤波和扩展卡尔曼滤波的基本概念和原理；结合具体例程和代码，介绍了扩展卡尔曼滤波在进行飞行器制导中的应用；最后，简要介绍了 MATLAB/Simulink 提供的卡尔曼滤波函数 kalman()和 Kalman Filter 模块。

　　（4）图像制导是目前战术武器主要采用的一种制导方式，主要包括红外图像制导和电视制导，通过对导引头图像信号进行处理，完成目标识别、锁定和跟踪功能，涉及内容包括图像信号处理、图像增强、图像复原、图像分割及跟踪诸多内容。本章围绕制导图像处理中的相关关键技术，介绍了 MATLAB 的相关应用。首先介绍了基础操作，包括类型、色彩和文件读取等内容；然后介绍了如何利用 MATLAB 开展空域灰度变换、空域滤波和频域变换等常用的图像增强手段；对于图像退化，介绍了其形成原因和常用的复原方法；最后，对于图像分割和跟踪处理等需求，介绍了如何利用 MATLAB 中的相关函数和工具，完成基于图像分割、图像边缘检测、直线提取和边界跟踪等内容。

　　（5）射频制导作为一种重要的制导探测方式，涉及大量信号处理的内容。本章简要回顾雷达制导系统中的相关基础知识；然后，介绍了 MATLAB 中用于射频信号处理的 RF Toolbox、Phased Array System Toolbox 和 SimRF 等相关内容，包括其任务功能、相关函数和应用工具等。

　　MATLAB 在信号处理、图像处理和射频处理等方面提供了功能丰富的函数和相关工具，能够较好地完成制导系统研制中面临的一些问题。本章只是简要介绍了这些工具和方法，关于更加专业的应用，读者可以参考相关专业书籍。

8

第 8 章
MATLAB 在飞行器制导控制系统
仿真验证中的应用

在完成飞行器制导控制系统初步设计后，需要对设计结果进行大量的仿真验证，目的是为了考核制导控制系统在各种干扰或误差因素下的指标性能。目前，对制导控制系统的仿真验证主要分为两个阶段：一是通过数学仿真进行大量的蒙特卡罗随机仿真，考核各项误差和随机干扰对制导控制系统算法的影响大小；二是进行半实物仿真试验，考核在真实的产品实物影响下的制导控制系统性能。

在本章中，主要介绍的内容包括如何利用 MATLAB 开展蒙特卡罗仿真试验，利用 MATLAB 开展并行计算来提高仿真效率，以及 MATLAB 在半实物仿真中的应用方法等。

8.1 利用 MATLAB 开展蒙特卡罗数学仿真验证

飞行器在研制设计及制造生产中，由于气动计算能力和加工工艺等因素的影响，导致设计系统时所采用的数学模型参数和真实对象会出现一定差异；同时，在实际飞行过程中，飞行器还会受到各种各样的环境干扰和目标机动影响。这些偏差和干扰在一定程度上会导致飞行器实际控制效果和制导精度与设计结果存在差异。因此，研究飞行器制导控制系统在各种偏差和干扰因素作用下的飞行性能，是评估制导控制系统设计结果的重要内容，它为飞行器的飞行性能分析、飞行包线设计、发射条件分析、分系统指标考核、工艺设计规范等工作提供了分析设计依据。

目前，设计人员利用计算机的高速计算能力，针对飞行器制造工艺误差、器件性能下降、环境干扰和目标机动等影响，开展大量的蒙特卡罗随机仿真，全面分析飞行器在接近真实情况和各种恶劣情况下的飞行性能，评判制导控制系统的设计结果已经成为在制导控制系统的工程研制中一项必不可少的工作内容。由于制导控制系统是一个在多种随机信号作用下的复杂非线性时变系统，因此对于各种干扰条件下的性能考核分析，目前普遍采用的是蒙特卡罗方法。下面介绍如何在 MATLAB 环境下开展制导控制系统的蒙特卡罗仿真试验。

8.1.1　蒙特卡罗仿真的概念

蒙特卡罗（Monte-Carlo）方法也称为随机模拟方法或统计试验方法，是一种通过随机变量的统计试验或随机模拟，以求得的统计特征值（如均值、方差、概率等）作为待解决问题的数值解，用于求解数学、物理和工程技术问题近似解的数值方法。具体而言，就是当系统中各个参数的特征分布已知，但系统特征过于复杂，难以建立性能预计的精确数学模型，或者模型过于复杂导致应用不便时，可以利用随机模拟法近似计算出系统性能的预计值，并且随着模拟次数的增多，其预计精度也逐渐增高。蒙特卡罗这个名称是二战时期美国物理学家 Metropolis 执行曼哈顿计划的过程中提出的。随着计算机技术的迅猛发展，该方法广泛地应用在武器系统研制、复杂系统设计和金融风险评估等诸多领域。

一、蒙特卡罗方法的基本思想

蒙特卡罗模拟方法的原理是当问题或对象本身具有概率特征时，可以用计算机模拟的方法产生抽样结果，并且根据抽样结果计算统计量或者参数的值；随着模拟次数的增多，可以通过对各个统计量或参数的估计值求平均的方法得到稳定结论。通俗地说，蒙特卡罗方法是用随机试验的方法计算积分，即将所要计算的积分看成服从某种分布密度函数 $f(r)$ 的随机变量 $g(r)$ 的数学期望，即

$$\langle g \rangle = \int_0^\infty g(r) f(r) \mathrm{d}r \tag{8-1}$$

通过某种试验，得到 N 个观察值 $r_1, r_2, \cdots, r_N$（即从分布密度函数 $f(r)$ 中抽取 N 个子样 $r_1, r_2, \cdots, r_N$），将相应的 N 个随机变量的值以 $g(r_1), g(r_2), \cdots, g(r_N)$ 的算术平均值：

$$\bar{g}_N = \frac{1}{N} \sum_{i=1}^{N} g(r_i) \tag{8-2}$$

作为积分的估计值（近似值）。

为了得到具有一定精确度的近似解，所需试验的次数很多，通过人工方法完成大量的试验相当困难，甚至是不可能的。因此，蒙特卡罗方法的基本思想虽然早已被人们提出，但是很少被使用。19 世纪 40 年代以来，由于电子计算机的出现，使得人们可以通过电子计算机来模拟随机试验过程，把巨大数目的随机试验交由计算机完成，使得蒙特卡罗方法得到广泛地应用，在现代化的科学技术中发挥应有的作用。

二、蒙特卡罗方法的数学原理

蒙特卡罗方法是针对待求问题，根据物理现象本身的统计规律，或人为构造一个合适的依赖随机变量的概率模型，使得某些随机变量的统计量为待求问题的解，进行大统计量（$N \to \infty$）的统计试验方法或计算机随机模拟方法。其理论依据概括起来主要包括以下两个方面。

> ➢ 大数定理：均匀分布的算术平均收敛于真值。
> ➢ 中心极限定理：置信水平下的统计误差。

（1）收敛性：大数定理

由前面的介绍可知，蒙特卡罗方法是由随机变量 X 的简单子样 $X_1, X_2, \cdots, X_N$ 的算术平均值

$$\bar{X}_N = \frac{1}{N} \sum_{i=1}^{N} X_i \tag{8-3}$$

作为所求解的近似值。由大数定理可知，若 $X_1, X_2, \cdots, X_N$ 独立同分布，且具有有限期望值，即 $E(X) < \infty$，即

$$P\left(\lim_{N \to \infty} \bar{X}_N = E(X) \right) = 1 \tag{8-4}$$

则随机变量 X 的简单子样的算术平均值 $\bar{X}_N$，当子样数 N 充分大时，以概率 1 收敛于它的期望值 $E(X)$。

（2）中心极限定理：统计误差

由大数定理知，当蒙特卡罗方法的子样足够大时，可用子样试验结果的均值作为试验结果的数学期望。而子样均值与数学期望的误差问题，概率论的中心极限定理给出了答案。该定理指出，若随机变量序列 $X_1, X_2, \cdots, X_N$ 独立同分布，且具有有限非零的方差 σ^2（方差已知），则

$$0 \neq \sigma^2 = \int (x - E(X))^2 f(x) \mathrm{d}x < \infty \tag{8-5}$$

$f(x)$ 是 X 的分布密度函数。当 N 充分大时，有近似式

$$P\left(\left| \bar{X}_N - E(X) \right| < \frac{\lambda_\alpha \sigma}{\sqrt{N}} \right) \approx \frac{2}{\sqrt{2\pi}} \int_0^{\lambda_\alpha} \mathrm{e}^{-t^2/2} \mathrm{d}t = 1 - \alpha \tag{8-6}$$

其中，α 称为置信度；$1 - \alpha$ 称为置信水平。这表明不等式

$$\left| \bar{X}_N - E(X) \right| < \frac{\lambda_\alpha \sigma}{\sqrt{N}} \tag{8-7}$$

近似地以概率 $1 - \alpha$ 成立，且误差收敛速度的阶为 $O(N^{-1/2})$。

通常，蒙特卡罗方法的误差 ε 定义为

$$\varepsilon = \frac{\lambda_\alpha \sigma}{\sqrt{N}} \tag{8-8}$$

式中，λ_α 与置信度 α 是一一对应的，根据问题的要求确定出置信水平后，查标准正态分布表，就可以确定出 λ_α。表 8-1 给出了置信度 α 及其对应分位数 λ_α 的值

表 8-1　置信度 α 及其对应分位数 λ_α 的值

α	0.5	0.05	0.03
λ_α	0.6745	1.96	3

（1）蒙特卡罗方法的误差为概率误差，这与其他数值计算方法是有区别的。

（2）若未知误差中的均方差 σ，则必须使用其估值来代替，此时误差估计需要构建 t 检验统计量。

显然，在给定置信度 α 后，误差 ε 由 σ 和 N 决定。减小误差有下述方法。

（1）增大试验次数 N。在 σ 固定的情况下，要把精度提高一个数量级，试验次数 N 需增加两个数量级。因此，单纯增大 N 不是一个有效的办法。

（2）减小估计的方差 σ，如若降低一半，则误差减小一半，这相当于 N 增大 4 倍的效果。

三、蒙特卡罗方法的典型步骤

利用蒙特卡罗方法求解工程技术问题时，可以将其分为确定性问题和随机性问题。大致解题步骤如下。

（1）根据提出的问题构造一个简单、适用的概率模型或随机模型，使问题的解对应于该模型中随机变量的某些特征（如概率、均值和方差等），所构造的模型在主要特征参量方面要与实际问题或系统一致。

（2）根据模型中各个随机变量的分布，在计算机上产生随机数，确定一次模拟过程所需的足够数量的随机数。通常先产生均匀分布的随机数，然后生成服从某一分布的随机数，方可进行随机模拟试验。

（3）根据概率模型的特点和随机变量的分布特性，设计和选取合适的抽样方法，并对每个随机变量进行抽样（包括直接抽样、分层抽样、相关抽样、重要抽样等）。

（4）按照所建立的模型进行仿真试验、计算，求出问题的随机解。

（5）统计分析模拟试验结果，给出问题的概率解以及解的精度估计。

在系统性能分析和设计中，利用蒙特卡罗模拟法可以确定复杂随机变量的概率分布和数字特征，也可以通过随机模拟估算系统和零件的相关性能及要求，还可以模拟随机过程、寻求系统最优参数等。

四、蒙特卡罗方法的特点和适用范围

蒙特卡罗方法的优点包括：能够比较逼真地描述具有随机性质的事物的特点及物理实验过程、受几何条件限制小、收敛速度与问题的维数无关、误差容易确定，同时程序结构简单，易于实现。其缺点包括收敛速度慢，误差具有概率性，并且进行仿真模拟的前提是各输入变量是相互独立的。蒙特卡罗方法可以解决解析模型和确定性模型无法真实描述或处理的问题，军事领域常用来模拟复杂的战斗态势和战场环境，例如，模拟武器的射击过程，获得射击命中概率和毁伤概率；模拟防御战斗过程，获得成功拦截的概率；模拟复杂的战斗过程，获得作战双方的损耗和毁伤情况；各种随机因素作用下的制导精度等研究工作。

8.1.2　制导控制系统研制中蒙特卡罗仿真验证

在完成制导控制系统设计后，需要在已建立的非线性数学模型上进行大量仿真验证，考查制导控制系统在各种偏差、扰动和噪声等因素影响下的控制性能。

一、影响制导控制系统的随机因素

结合相关工程型号的研制经验，给出典型飞行器在进行蒙特卡罗仿真试验时设置的主要随机偏差因素或干扰因素。主要包括参数偏差因素、环境干扰因素、目标机动/目标干扰因素、信号测量误差因素和初始条件偏差因素等内容。

1. 参数偏差因素

由于气动计算和加工工艺等因素的影响，搭建的飞行器非线性数学模型和实际飞行器

存在一定偏差，主要包括气动系数偏差、弹体参数偏差和发动机参数偏差等因素。

（1）气动系数偏差：弹体动力学模型使用的空气动力系数来源于气动理论计算或风洞吹风数据，而在理论计算或气动力吹风过程中，不可避免地会给数据带来影响，并且降低气动数据的置信度。因此，有必要对使用的气动系数进行拉偏，然后考查在气动参数存在偏差下的控制性能。气动参数偏差的大小和概率分布类型通常由飞行器总体提供，在使用时可以采用概率分布或极值拉偏的形式引入到仿真模型。

（2）弹体参数偏差：弹体参数偏差是指在制造过程中产生的各项弹体参数偏差，由于加工工艺或装配等原因，导致模型参数和具体参数存在差异，主要包括弹体的质量、转动惯量及质心安装位置等。

（3）发动机参数偏差：发动机参数偏差主要包括发动机的安装角、推力作用点位置、点火时间延迟及推力大小偏差等。

2．环境干扰因素

由于在飞行器飞行过程中环境因素是一个复杂变化的动态过程，其大气密度、风速等参数在不同的经纬度和季节都存在显著变化，因此在仿真中必须考虑各种大气环境下制导控制系统的控制性能。

（1）大气密度偏差：在制导控制系统设计时，通常采用标准大气模型计算飞行器所在位置的大气密度数值，而这个数值通常与实际大气密度存在一定差异。通过对多个地区不同季节大气密度变化的对比分析，大气密度与标准大气的差异在不同季节或海拔不同最高可达 10%~15%。而密度偏差直接改变飞行器气动力和气动力矩的大小，影响飞行器的控制性能和战技指标。因此，需要通过对大气密度的数值进行拉偏，然后考查不同密度条件下的制导控制系统性能。

（2）大气风场影响：在进行制导控制系统设计时，通常假设大气为静止状态，即忽略大气风速对飞行器运动特征的影响。但真实世界的大气始终处于复杂的运动状态，对飞行器的气动力和气动力矩产生影响，因此，在进行仿真验证时必须考查各种风场条件下的控制性能。根据大气风速的运动类型，可以将其分为由大气环流引起的稳态常值风、大气紊流引起的湍流和阵风等模式。其中，常值风场会影响飞行器的气动参数大小，继而影响其飞行轨迹和射程范围；而湍流、阵风等瞬态风场会对飞行器姿态控制性能产生影响。在进行仿真验证时，可以根据任务需求添加指定地区和季节的、随海拔高度变化的稳态常值风场，或者添加指定幅值的阵风影响，再考查飞行器在不同大气风场影响下的制导控制性能或相关战技指标。

（3）海浪影响：一些反舰导弹在飞行过程中，通过无线电高度表测量导弹距海面的高度，然后送入惯导回路，计算得到组合高度，与装订高度进行比较，再根据高度控制方程进行高度控制。由此可见，当海面波动时，无线电高度表的测量高度会因测量面的变化而变化，从而对导弹的高度控制产生影响，特别是在较大风浪时，导弹有可能因触浪而导致反舰导弹入海，因此必须对海浪进行模拟。在工程上，一般把海浪看成一种具有各态历经性的平稳正态随机过程，利用频谱方法进行研究。

3．目标机动/目标干扰因素

在现代战争中，敌我双方作战单元在被攻击时均会采用逃逸机动或诱饵干扰等对抗形式，以便提高自身生存概率。因此，在仿真中需要对目标机动或诱饵干扰进行仿真，分析目标机动/目标干扰影响下的制导精度和脱靶量变化。

（1）目标机动：在分析目标机动影响时，可以根据目标类型设置不同的机动方式、机动过载大小及机动时刻等因素，考查制导控制系统在各种目标机动影响下的平均脱靶量。

（2）目标干扰：根据精确制导武器不同的制导方式和目标类型，设置多种干扰方式和干扰释放时间，考查制导控制系统的抗干扰性能。

4．信号测量误差因素

在飞行器的实际飞行过程中，制导控制系统通过导引头、陀螺、加速度计等部件，获取飞行器及目标的相关信息，按照设定的制导控制方案形成控制指令。这些产品部件作为一个传感器件，均包含不同形式的测量噪声，这些噪声会对制导控制系统的性能产生影响。在进行制导控制系统的蒙特卡罗仿真时，通常考虑测量器件的实际工作特性，引入相关形式的测量噪声或随机误差。

5．初始条件偏差

在分析制导控制系统性能时，需要考核不同发射条件下的弹道特点和落点散布，包括发射时的方向角、发射点的经纬高、发射时的速度、姿态等参数。

需要注意的是，上述列举的相关因素是飞行器制导控制进行蒙特卡罗仿真考查时需要考虑的典型参数，在具体工程研制中，应根据仿真目的和对象特征等因素合理地选择相关影响因素，设置相关随机变量的参数概率分布和大小。

二、制导控制系统蒙特卡罗仿真的基本流程

蒙特卡罗仿真借助概率化的数学模型和被研究实际问题的物理过程的统计特征计算，完成相关问题的求解。通过对建立的数学模型进行多次试验，并以此为基础对试验数据进行统计处理，得到被研究过程的特征，作为过程参数的统计估计值。根据这些参数的散布量，能够从概率意义上确定解决问题的近似程度。在进行制导控制蒙特卡罗仿真试验时，基本流程主要包括三个阶段：数学模型建立阶段、蒙特卡罗仿真阶段和试验数据统计分析阶段。

1．数学模型建立阶段

在数学模型建立阶段，首先要根据飞行器的任务特点和仿真目的，建立描述飞行器实际飞行的非线性数学模型（在 MATLAB 环境下，通常是建立一个 Simulink 仿真模型）；根据制导控制系统的设计结果，完成数学模型的调试任务；根据仿真目的和对象特点，确定影响制导控制系统的各项因素；收集、整理并确认各项随机因素的概率模型类型和参数大小；修改数学模型，将各项随机因素的影响引入到仿真模型中；最后的准备工作就是要完成随机仿真试验的设计工作，包括伪随机数的产生方式、不同随机因素的组合方式，以及保证在给定精度下的仿真试验次数的确定等内容。

2．蒙特卡罗仿真阶段

在完成数学模型的搭建后，就可以开展蒙特卡罗仿真软件的设计、调试和运行。在 MATLAB 环境下，蒙特卡罗仿真通常是通过编写 M 脚本文件来实现的。具体步骤包括：① 加载仿真模型的相关参数；② 为了提高运行速度，根据仿真试验次数和仿真目的，完成

相关统计变量的创建；③ 进入 For 循环；④ 完成随机变量的抽样选取；⑤ 调用前搭建的 Simulink 仿真模型，计算在当前随机因素作用下的弹道飞行情况和制导精度；⑥ 完成统计变量的赋值；⑦ 判断是否到达循环结束，若没有，则进入到第④步继续进行仿真计算。

3. 试验数据统计分析阶段

在仿真试验完成后，需要对试验数据进行分析处理，主要包括静态特征和动态性能等方面，包括均方差计算、置信区间估算和相容性检验等分析内容；最后，根据分析结果评判制导控制设计方案是否满足需求。

三、MATLAB 环境下实现蒙特卡罗仿真的方法

下面通过一段 M 脚本文件，举例说明如何在 MATLAB 环境下实现制导控制系统的蒙特卡罗仿真。根据仿真任务需求，建立制导控制系统模型为 SixFreedomModel.slx，基于仿真目的和模型特点，将参数拉偏、目标机动和测量噪声作为主要考虑因素，仿真弹道为 5000 次。其中，气动参数拉偏、质量偏差、转动惯量偏差按照极值拉偏进行排列组合。目标机动考虑机动时刻和机动方式，机动时刻假设为命中前 10s 内的均匀分布，机动方式为设置的五种方式之一，测量噪声考虑导引头测量噪声。主要分析统计结果中的脱靶量、全程最大过载需求等参数。

另外，在 M 文件中完成 Simulink 模型调用的相关函数，相关内容可以参考第 6.1.1 节。

```
Clc;clear;                              %    清除工作空间中的相关变量
load ModelParam.mat;                    %    加载仿真模型所需的相关参数

MissDitanceArray = zeros(5000,1);       %    预先申请用于分析脱靶量的数组
MaxNyArray  = zeros(5000,1);            %    预先申请用于分析最大过载 Ny 的数组
MaxNzArray  = zeros(5000,1);            %    预先申请用于分析最大过载 Nz 的数组

for i=1:5000                            %    进入循环体
Cx_Deviation = Cx_DevVal*sign(rand-0.5);     %    设置气动阻力系数为极值拉偏
Cy_Deviation = Cy_DevVal*sign(rand-0.5);     %    设置气动升力系数为极值拉偏
Cz_Deviation = Cz_DevVal*sign(rand-0.5);     %    设置气动侧力系数为极值拉偏
m_Deviation = m_DevVal*sign(rand-0.5);       %    设置质量为极值拉偏
Ix_Deviation = Ix_DevVal*sign(rand-0.5);     %    设置转动惯量为极值拉偏
Iy_Deviation = Iy_DevVal*sign(rand-0.5);     %    设置转动惯量为极值拉偏
Iz_Deviation = Iz_DevVal*sign(rand-0.5);     %    设置转动惯量为极值拉偏
TargetPTMoveType = floor(rand*3+3);     %   设置目标机动方式，为 1～5 之间的均匀
随机整数
TargetPTMoveTime = rand*10;             %   设置目标机动时刻，为 0～10 之间的均
匀随机值
QyNoise = randn*QyNoiseMaxVal;          %   设置导引头噪声为正态分布
QzNoise = randn*QzNoiseMaxVal;          %   设置导引头噪声为正态分布

screen_output = sprintf('正在进行%d 条弹道',i)    %   给出系统提示，提示用户当前
的循环进度

sim('SixFreedomModel');                 %   调用仿真模型进行解算
```

```
    MissDitanceArray (i,1) = min(Distance);        %   获取本次脱靶量大小，Distance
为存储弹目距离
    MaxNyArray (i,1) =max(fabs(Ny));               %   获取本次最大过载 Ny，Ny 为存储
的法向过载
    MaxNzArray (i,1) =max(fabs(Nz));               %   获取本次最大过载 Nz，Nz 为存储
的侧向过载
    save SimuResult.mat MissDitanceArray MaxNyArray MaxNzArray ; %    存储结果
    end
```

8.2　常用的 MATLAB 模型解算速度提升方法

随着国防工业的发展，对精确制导武器的研制周期有较高的要求，要求研制部门能够快速地完成制导控制系统的验证与测试。由于 Simulink 是一种解释性语言，并且解算速度不高，因此在进行大量的仿真计算时，就会导致解算耗时过长，影响系统的研制进度。本节简要介绍常用的提升模型解算速度的方法，并重点介绍如何在 MATLAB 环境下开展并行计算以提高运行效率的方法。

8.2.1　制导控制系统仿真计算中对模型运行速度的需求分析

通过 8.1 节的内容介绍可知，蒙特卡罗法通用性强，由于采用直接模拟方法，其结果的精度可以预测和控制，特别适用于一些复杂而且用解析法难以解决或根本无法解决的问题。因此，该方法广泛地应用在制导控制系统的性能评估上。在误差源及误差水平范围已经确定的情况下，蒙特卡罗法通常将所有的误差源纳入精度分配仿真中，这就需要进行大量批次的弹道仿真才能保证后期的统计结果精度，增加了很多仿真试验的工作量。

以典型的精确制导武器性能评估为例，需要考虑的典型随机因素包括阻力系数、升力系数、侧向力系数、俯仰力矩系数、偏航力矩系数、滚转力矩系数、俯仰阻尼力矩系数、偏航阻尼力矩系数、滚转阻尼力矩系数、质量、转动惯量 I_x、转动惯量 I_y、转动惯量 I_z、质心位置 x、质心位置 y、质心位置 z、推力大小偏差、两个推力方向偏差、大气密度、风场因素、目标机动时刻、目标机动大小、目标机动方式、导引头输出视线角速度 dqy 误差、导引头输出视线角速度 dqz 误差、陀螺测量误差、加速度测量误差等 28 项偏差因素，其中，弹体参数偏差项约 19 项，若这些弹体参数采用正交组合的方式进行，则需要进行的试验次数为 2^19=524288，设每次仿真耗时 20s，则完成所有试验的时间为 121.36 天。即使只进行 10000 条仿真弹道，也需要 2.3 天，显然这个仿真周期是难以让人接受的。目前，随着国防事业的蓬勃发展，精确制导武器和飞行器的更新换代日益加快，要求制导控制系统在具有良好性能的同时，能够迅速定型投入生产，这就对制导控制系统验证中的模型解算速度提出了较为苛刻的要求。

8.2.2 提升 Simulink 模型运行速度的常用方法

下面给出编者常用的几种提升模型解算速度的方法，包括优化仿真模型、修改仿真运行模式和并行计算等方法。

一、优化仿真模型来

用户在搭建 Simulink 仿真模型时，需要了解影响仿真模型计算速度的常见因素，然后制定一系列建模规范来提高模型的运行速度。下面给出 Simulink 环境下，常见的影响仿真速度的原因及其应对措施。

1．仿真步长

仿真步长的大小直接影响了模型的解算速度，在设置时应根据对象特征和仿真目的设置仿真步长的大小。当设置为变步长仿真时，应注意最小步长大小（Maximum step Size）的设置。在该参数设置为"Auto"时，仿真模型会在一些特殊点执行过小的仿真步长，这严重影响仿真模型的解算速度。在精度制导武器的仿真计算中，应根据仿真对象的动态特征等参数，选择合适的仿真步长。

2．误差容限

在仿真时，误差容限如果设置得过小也会影响模型解算精度，特别是对于变步长仿真。通常情况下，默认相对容差（0.1% 精度）通常就足够了。但对于状态趋于零的模型，若绝对容差参数太小，则仿真可能在近零状态值附近采用过多步长。注意，所有要输入的容差值都是绝对值，默认相对容差值设置为 1e-3 时，意味着相对容差是 0.001，或者 0.1%（采用百分比形式）。

3．代数环

当模型中包含可以解算的代数环时，模型会在每个仿真步长进行迭代计算，从而导致仿真运行速度变慢。当搭建模型遇到代数环警告时，应分析其原因，并尽量减少代数环的数目。

4．Interpreted MATLAB Function / MATLABFcn

当模型中包含 Interpreted MATLAB Function 或 MATLABFcn 模块时，这些模块在每个仿真步长都会调用 MATLAB 解释器，大大降低模型的运行速度。建议在构建模型时应尽量使用内置基础模块进行建模。

5．M 语言编写的 S 函数模块

M 语言编写的 S 函数模块在每个仿真步长内也会调用 MATLAB 解释器，从而拖慢仿真运行速度，并且，在一些需要进行加速/编译的场合，Simulink 不支持 M 语言的 S 函数。因此，建议使用由 C 语言编写的 S 函数或由内置基础模块来代替。

6．积分模块前的随机噪声

当模型中使用一个 Random Number block 模块作为积分器 Integrator 模块的输入时，会导致仿真变慢。因此，在连续系统模型中，应使用 Band-Limited White Noise 模块与积分器相连。

7．数据显示记录模块

如果模型非常复杂（涉及大量模型引用和子系统）且包含大量数据显示记录，仿真速度也会受到影响，所以禁用数据记录功能也能提高仿真速度。另外，类似 *X-Y* 图的实时刷新绘图的模块也会影响仿真速度。

此外，从 MATLAB 2012b 以后的版本开始，Simulink 自带了 Simulink Performance Advisor 工具，可以帮助用户发现影响仿真速度的瓶颈，并提出相应的建议。不过该工具无法理解用户搭建模型的意图，所以还需要用户在搭建模式时就按照前面几条建议进行一些必要的修改。

二、修改仿真模式

为了提高 Simulink 仿真模型的解算速度，MATLAB 为 Simulink 提供了几种仿真模式：Normal、Accelerator 和 Rapid Accelerator，Simulink 根据仿真模式决定以解释性的方式运行还是以编译 C 代码的形式来运行模型。

（1）Normal（标准，默认设置）：以解释的方式对模型进行仿真，因为 Simulink 采用的是一种解释性的语言，Normal 模式就可以理解为：MATLAB 解释一句，操作系统执行一句，模型的解算速度大大受限。

（2）Accelerator（加速器）：通过创建和执行已编译的目标代码提高仿真性能，而且在仿真过程中依然能够灵活地更改模型参数。这种模式可以理解 Simulink 把一部分共享模块编译为库文件进行调用，既有解释-执行，又有直接调用，从而大大提高运行速度。

（3）Rapid Accelerator（快速加速器）：该方式创建了在 Simulink 外部的第二个处理内核上运行的可执行程序，因此能够比 Accelerator（加速器）模式更快地进行模型仿真。可以理解为把整个模型编译为操作系统下独立运行的程序，少了 Simulink 解释给操作系统的工作，自然运行速度快，代价是需要一定的时间来编译模型。

需要注意的是，由于 Rapid Accelerator 模式是将仿真模型编译成可执行文件来运行的，在编译过程中包含了相关参数，导致在进行蒙特卡罗方法循环计算时无法对模型参数进行修改。因此，需要通过相关设置，提前生成相关的仿真参数，并将其分配给各个程序中。

当模拟执行时间超过代码生成所需的时间时，Accelerator 和 Rapid Accelerator 模式相比正常模式提供了最佳的速度改进。因此，当模拟执行时间为几分钟或更长时，Accelerator 和 Rapid Accelerator 模式通常比 Nomal 模式性能更好。

三、并行计算

目前在科学研究中，工程师和科学家们面临着用较少的时间建立复杂系统模型的需求，为此他们使用分布式和并行计算来解决高性能计算的问题。并行执行就是在多核 CPU 的计算机上，打开多个任务，然后自动或者手动分配进行并行处理；分布式执行则是多台计算机使用高速网络互联之后分别处理。

在 MATLAB 2009 版本以后，MATLAB 推出了用于单机多核环境的并行计算工具箱（Parallel Computing Toolbox，PCT），以及在多机集群环境下实现并行计算的分布式计算服务器（MATLAB Distributed Computing Server，MDCS），为用户实现程序化并行计算提供了不同层面的支持。用户利用 PCT 或 MDCS 可以实现基于多核平台、多处理器平台和集群平台的多种并行计算任务，无须关心多核、多处理器以及集群之间的底层数据通信，将主要精力专注于模型的搭建和算法的设计上，仅需要对以前算法进行少量修改，即可高效、快捷地完成并行计算任务。

1. MATLAB 两种并行方式的关系及对比

并行计算工具箱允许用户在多核或多处理器的机器上利用 MATLAB 和 Simulink 解决计算复杂和数据密集型问题，它需要安装在编写应用程序的机器上。分布式计算服务器 MDCS 可以让用户在机群环境下，利用基于 MATLAB 和 Simulink 的应用程序解决计算复杂问题，它需要安装在机群中执行计算的每个节点机上，一旦安装完成，用户可以通过分布式计算服务器实现在机群环境下的并行。并行计算工具箱 PCT 保证用户利用 MATLAB 进行应用程序编写并与 MATLAB 进行交互，它给用户提供一个工作平台，而分布式计算服务器只要保证了正确安装，那么在使用过程中用户不需要再对其进行任何操作，这对用户是透明的，它可以看成是在后台为机群中的机子提供一种连接通信支持。两者的关系如图 8-1 所示。

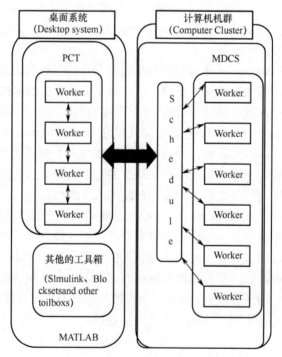

图 8-1　MATLAB 中两种并行模式的关系图

图 8-1 的左边部分，代表一台安装并行计算工具箱的机器，称为 Client 机，用户可以在 Client 机上启动本地并行计算程序 Worker，做本地并行计算。右边部分代表每台机器都安装了分布式计算服务器的机群，图中每个 Worker 都相当于机群中的一个节点机。中间双向箭头表示用户通过 MDCS 用户可以把本地并行程序扩展到机群环境下，双向的箭头体现出 Client 机把工作分配给机群中的节点机来处理，节点机最终又会将计算结果返回给 Client 机。图中 Schedule 是一种调度，可以指定机群中任意一台机器作为调度，Schedule 是连接 Client 机与执行任务的机群中 Worker 机间的桥梁。Schedule 与 Worker 之间的双向箭头表

明，调度把工作分配给 Worker，Worker 把运行结果返回给调度。各个 Worker 之间的双向箭头表明 Worker 之间可以相互通信和相互传送数据。

四、MATLAB 不同模式的计算效率对比

表 8-2 给出不同仿真模式的计算耗时。其中，计算机的配置为 Inter i5 3470@3.2GHz、4 核、内存为 4g，操作系统为 Windows 7、64 位。仿真模型运行 500 次。

表 8-2　不同仿真模式下的计算耗时

仿真模式	循环顺序执行的耗时/s	单机 4 核并行计算的耗时/s
Normal	11510	3059
Accelerator	2531	702
Rapid Accelerator	493	175

从表 8-2 中可以看出，采用加速模式和并行计算，能够大幅提升计算速度，极大地缩短仿真计算耗时，有力保障工程研制进度。需要说明的是，效率的提升程度与模型的复杂程度、计算机硬件配置和仿真次数等因素均有关系。相关工程经验表明：对于同一模型和计算机硬件配置，当仿真次数的数目较大时，通过并行计算能够较好地提高仿真计算速度。

8.2.3　MATLAB 环境下单机多核并行计算实现方法

并行计算（Parallel Computing）是指在并行计算机上，将一个应用分解成多个子任务，分配给不同的处理器，各个处理器之间相互协同，并行地执行子任务，从而达到加快求解速度，或者扩大求解应用问题规模的目的。MATLAB 的并行计算工具箱（Parallel Computing Toolbox，PCT）针对不同的并行计算任务需求，提供了多种高级编程结构，为常用的并行计算问题提供了相对快捷和简单的解决方案。常用的并行计算途径包括利用 parfor 对 for 循环进行并行处理，利用单程序多数据（Single Program Multiple Data，SPMD）对单个程序多个数组的情况进行并行处理。用户在分析仿真对象的并行计算问题时，应根据问题的复杂程度来选择不同的并行计算方法。若并行计算问题比较简单，则可以直接采用 parfor 或 SPMD 进行处理，若面临的并行计算问题比较复杂，则可以采用功能更加强大的解决方案（如创建 parallel job 或 distributed job），或者可以创建 mex 文件采用多线程和 OpenMP 并行计算进行开发，但这些方法均需要一定的编程技巧和工程经验，对用户能力有一定的要求。在本节中，主要介绍如何利用 parfor 实现单机多核并行计算方法，该方法能够基本满足对于典型的制导控制系统蒙特卡罗随机仿真对于并行计算的需求。关于其他并行计算方法，读者可以参考相关文献或帮助资料。

一、利用 parfor 实现并行循环的基本原理

通过对制导控制系统蒙特卡罗仿真的介绍可知，该方法的主要过程是根据仿真精度和目的设置循环次数；在每次循环中生成随机变量，然后调用仿真模型；等待循环结束后通过统计分析来评价制导控制系统在各项偏差和干扰影响下的控制性能。由于 MATLAB 环境下 for 循环结构耗费的计算时间较多，因此，如果能够并行实现 for 循环，那么就可以在很

大程度上提高 MATLAB 程序的执行效率。而利用 parfor 函数可以将整个循环拆分为多个子循环，方便快捷地实现并行计算，大大缩短了模型的解算耗时。

1．client 和 worker

在学习 parfor 函数前，需要掌握 client 和 worker 两个逻辑概念。MATLAB 在并行执行 parfor 循环时，采用 client 和 worker 模式。其中 client 指编写和启动并行代码的 MATLAB 端，worker 指并行运行代码的 MATLAB 端。用户在 client 端编写并行代码，启动并行计算；然后 client 端就会根据设置将相关任务分配给 worker 进行执行。注意，每次并行计算时，worker 的数目需要通过 parpool 函数配置并行计算池来实现，并且最大数目不能超过计算机的 CPU 数目×核数，否则在运行过程中会引发生异常。

2．利用 parfor 实现并行循环的基本原理

在利用 parfor 实现并行循环时，MATLAB 会将 for 循环划为若干部分，每个部分交由不同的 worker 执行。假设 worker 的数目为 n，循环次数为 m。若 m 是 n 的整数倍，则整个循环将被均匀划分，即每个 worker 执行 m/n 次循环；若 m 和 n 不是整数倍时，则循环会被非均匀划分，其中某些 worker 会执行较多的循环次数。

需要注意的是，for 循环代码能够并行运行的一个基本前提是该循环能够被分解为互不相关的分段，即各个分段执行时，执行顺序的变化不会影响最终的计算结果。

需要说明的是，并行效率与循环的长度、数据量大小等因素密切相关，即 parfor 循环被分解到 n 个 worker 后，其执行时间并不会缩短为原有串行执行时间的 $1/n$。

二、利用 parfor 实现并行循环的基本步骤

在 MATLAB 环境下，利用 parfor 函数实现 for 循环的并行计算的步骤非常简单。对于原有的 for 循环函数，只需要简单的三个步骤：① 增加启动并行计算池命令；② 替换循环标志字；③ 增加关闭并行计算池命令。

1．增加启动并行计算池命令

在默认的情况下，MATLAB 启动后只有一个进程，即只有一个 worker 工作。此时，即使启动了并行计算，但是只有一个 worker 进行，程序依然按照串行顺序进行执行。为了实现并行计算，必须在原有代码之前增加 parpool()函数来启动和设置并行计算池。在 MATLAB 2015 版本之前，该函数为 MATLABpool()。

在启动 MATLAB 并行计算池的过程中，首先通过获取当前任务池中 worker 个数来判断当前任务中是否已经启动任务池，若 worker 个数为 0，则表明没有启动任务池；若 worker 个数不为零，则需要首先将任务池关闭。下面分别给出利用 parpool()命令和 MATLABpool()命令创建 worker 的代码。

首先给出 MATLAB 2015 及以后版本中利用 parpool 函数创建并行计算线程池的示意代码。

```
CoreNum=4;                    % 根据计算机 CPU 配置设置 worker 个数，当前为 4 核
poolobj = gcp('nocreate');   % 获取线程池变量，如果没创建则不会创建新的
if isempty(poolobj)          % 检查变量是否为空，若为空则表示 worker 个数为 0
  CurNum = 0;
else
```

```
    CurNum = poolobj.NumWorkers;        %     获取 worker 个数
 else
 If CurNum <=0;                         %     如果当前 worker 不大于零，表示未启动并行池
  parpool('local',CoreNum);            %     若尚未启动，则启动并行环境
 else
  poolobj = gcp;                       %     获取并行计算池句柄
  delete(poolobj);                     %     关闭并行计算池
  parpool ('local',CoreNum);           %     然后启动并行环境
 end
```

然后给出 MATLAB 2015 前版本中利用 MATLABpool 函数创建并行计算线程池的代码示意。

```
 CoreNum=4;                            %    根据计算机 CPU 配置设置 worker 个数，当前为 4 核
 CurNum = MATLABpool('size');         %    获取当前并行任务池中 worker 个数
 If CurNum <=0;                        %    若当前 worker 不大于零，则表示未启动并行池
  MATLABpool('open','local' ,CoreNum);    %   若尚未启动，则启动并行环境
 else
  MATLABpool('close');                     %     若已经启动，则首先关闭并行环境
  MATLABpool('open','local' ,CoreNum);     %     然后启动并行环境
 end
```

当启动完成后，MATLAB 的命令行窗口给出如下提示：

```
Starting parallel pool (parpool) using the 'local' profile ... connected to
4 workers.
```

2．替换循环标志字

完成启动并行计算池的代码增加后，需要对原有代码进行修改。在进行修改时，只需将循环体中关键字 for 替换为关键字 parfor，通过 MATLAB 程序解释器将循环交由并行计算池中多个 worker 进行并行执行。

一般情况下，循环体内的代码基本不需要进行修改。但是由于并行计算的循环体是在多个处理器/内核中运行的，因此需要对其中的变量类型有所约束。在 for 循环中，MATLAB 的变量基本没有约束，而在 parfor 循环中，MATLAB 支持五种类型的变量，分别是循环变量（Loop Variable）、分段变量（Sliced Variable）、广播变量（Broadcast Variable）、简约变量（Reduction Variable）和临时变量（Temporary Variable）。若在 parfor 循环中出现不是上述类型时，则 MATLAB 在代码编译过程会给出错误的提示。因此，理解和掌握这些变量类型的含义，是循环体能够并行运算的关键。

（1）循环变量：表示循环体执行的次数，一般位于 parfor/for 关键字后面，是一个递增的整型。循环变量通常采用"："操作符赋值，作为循环体阵列的索引。该变量具有输入属性，即在循环体内不能对其进行赋值操作。对于 for 循环，循环体按照循环变量依次执行循环体内的代码；而对于 parfor 循环，循环体的执行顺序与循环变量的变化顺序无关。

（2）分段变量：在执行 parfor 循环程序时，可按照一定方式将 MATLAB 变量分段传输至各个处理单元中，该变量是 parfor 循环中最重要的变量，也是原有 for 循环串行计算代码修改中的主要内容。该变量可以同时具备输入属性和输出属性，可以在 client 和 worker 之间进行双向传递，即在循环体外和循环体内均可对其进行赋值操作。为了便于 MATLAB 解释器识别，分段变量的命名和使用包含一定规则，如分段变量首层索引形式只能是()和{}

类型，其他层的索引可以是任意类型的索引方式；其索引形式必须是固定的，在循环过程中不能发生变化；索引表达式中只能出现循环变量或简单变量，对于多维数值矩阵，循环变量只能出现在某一维的索引中，并且在循环体中，不能改变分段变量的各维大小，即变量的维度不能发生改变。

（3）广播变量：若某个变量在 parfor 循环体外赋值，在循环体内不做任何赋值操作，则称该变量为广播变量。在并行代码启动时，将 client 中的广播变量发送给所有 worker。需要注意的是，若该变量数据量较大，则会导致数据传输的时间较长，影响并行计算的效率。

（4）简约变量：在 parfor 循环中用于简约操作的对象被称为简约变量。简约操作是指一类特殊的操作，其对应的循环体并不独立，但循环的执行结果与执行顺序无关。简约变量在循环体内进行初始化操作，在循环体内仅进行简约操作，在循环结束后，各个 worker 的计算结果返回至 client 后合并得到最终结果。关于简约变量和简约操作的详细说明，读者可以参考相关文献和帮助文档。

（5）临时变量：若一个变量在循环体内赋值，并且其索引与循环变量无关，则该变量为临时变量。该变量仅存在 worker 中，并不会传递给 client，并且不会对循环体外的同名变量产生任何影响。

结合相关工程型号的经验，在对精确制导武器进行蒙特卡罗随机仿真并行处理时，通常将仿真模型的气动数据、质量结构、控制系统等参数作为广播变量处理，在循环体外进行赋值操作；将随机影响因素作为输入分段变量处理，在循环体外生成随机数组数据，在循环体内根据循环变量进行索引操作；将统计数据作为输出分段变量处理，在循环体外事先创建一个零变量数组，当循环体内的仿真模型完成解算后再对其进行赋值。

3．增加关闭并行计算池命令

在完成并行计算后，需要关闭计算池，释放相关内存和计算进程，以防下次需要开启不同数量 worker 时产生冲突。需要注意的是，MATLAB 2015 版本前后的关闭代码有所不同。

在 MATLAB 2015 及以后版本中关闭并行计算池的代码如下：

```
poolobj = gcp;                          %  获取并行计算池句柄
delete(poolobj);                        %  关闭并行计算池
```

在 MATLAB 2015 之前的关闭函数是通过 matlatpool()命令实现的。

```
MATLABpool('close');                    %  关闭并行计算池
```

另外，在 parfor 循环计算中，还有一些代码编写规范需要设计人员注意以下几点。

（1）parfor 循环体不可以使嵌套函数。

（2）parfor 循环不可以包含另一个 parfor 循环。

（3）parfor 循环体不可以包含 break 和 return 语句。

（4）parfor 循环不可包含 global 变量声明和 persistent 变量声明。

关于精确制导武器蒙特卡罗随机仿真对于运行速度的要求，只需按照上述三个简单步骤对原有代码进行修改，就可完成仿真模型从串行计算到并行计算的转换。多个工程应用案例表明，对于每组高达数千次数万次循环的蒙特卡罗仿真试验，采用 parfor 方法的并行计算，在不改变仿真结果的前提下，大大提高了运行速度，保证型号研制进度。

8.2.4　MATLAB 环境下机群分布式并行计算实现方法

机群是一组独立的计算机（节点）的集合体，节点间通过高性能的互联网络连接。各节点除可以作为一个单一的计算资源供交互式用户使用外，还可以协同工作表现为一个单一的、集中的计算资源供并行计算任务使用。机群是一种造价低廉、易于构筑并且具有较好可扩展性的并行机体系结构。由于 parfor 循环主要应用于单机多核的并行计算，因此对于某些规模更大、结构更为复杂的并行计算需求时就显得力不从心。此时，就可以借助 MATLAB 提供的分布式计算服务器（MATLAB Distributed Computing Server，MDCS），将一个超大规模的工作分解成若干小任务让不同的计算机去处理，最后完成结果收集整理，达到提高效率的目的。

在 MATLAB 并行机群系统中，主要包括三个角色，分别是 MDCS、JobManager 和 Worker。分布式计算服务器会在应用程序运行时在基于用户配置文件的集群上动态启用所需的许可证；JobManager 负责对计算机资源的管理，接收用户发过来的并行计算任务；Worker 用于执行并行计算任务。

一、MATLAB 并行机群的搭建

MATLAB 并行机群的搭建主要包括安装分布式计算引擎（MATLAB Distributed Computing Engine，MDCE）、配置 JobManager、启动 JobManager 和 Worker、测试连接状态四个阶段。下面给出 MATLAB 2011b 环境下的搭建过程。

1．安装 MDCE

MDCE 是 MATLAB 分布式计算引擎，它和分布式计算工具箱一起为用户提供通过本地或远程方式配置、通信、启动并监控与 JobManager 运行情况和 Worker 执行情况，还能在用户配置出错及网络出现问题时提供解决方法，其可执行文件在 MATLABroot \ toolbox \ distcomp \ bin 文件夹内。MDCE 的安装及其他操作是通过 mdce 命令函数来实现的，其函数使用方法如下：

```
mdce install          %  在 Windows 服务管理器安装 MDCE 服务
mdce uninstall        %  在 Windows 服务管理器卸载 MDCE 服务
mdce start            %  启动 MDCE 服务并创建日志和检查目录
mdce stop             %  停止 MDCE 服务并关闭 JobManager
mdce restart          %  关闭 MDCE 服务，然后重新启动
```

MDCE 在 Windows 下的安装步骤如下。

（1）在任务开始菜单中，以管理员权限启动 cmd.exe。

（2）修改当前目录到 MATLAB 的安装路径，即 cd %MATLABROOT%toolbox/distcomp/bin。

（3）输入命令：mdce install，安装完成后，每次计算机开机后 MDCE 会自动启动。

（4）输入命令：mdce start，启动 MATLAB Distributed Computing Server。

（5）查看 MDCE 是否启动：输入 nodestatus 命令，查看本地主机上 mdce 进程的基本信息。

（6）运行 addMATLABToWindowsFirewall.bat，配置防火墙，开放 MDCE 服务，若机群中依然无法连接，则关闭防火墙。

2．配置 JobManager

在安装 MDCE 服务后，需要在 MATLAB 配置中完成 JobManager 的配置。其方法是启动 MATLAB 软件，在菜单栏中选择 Paraller→Manage Configurations，弹出配置对话框；在配置对话框的菜单栏中依次选择：File→new→jobmanager，进入 JobManager 对话框；在 Scheduler 选项页中的 LookupURL 处填写所用的计算机名称，如 HostName；Name 处填写创建的 JobManager 的名称，如 MyJMName。在 Jobs 选项页中，Number of Workers 处填写运行并行程序时需求的 Worker 数目，以及该 JobManager 可拥有的最大 Worker 数目。

3．启动 JobManager 和 Worker

JobManager 的启动和停止可以通过系统命令行或 MATLAB 界面操作的形式来实现。

采用系统命令行配置 JobManager 的方式是在 Windows 命令行中通过执行相关命令来实现，主要使用的命令包括 startjobmanager、startworker、stopjobmanager 和 stopworker。

（1）startjobmanager：在 MDCE 服务下启动一个 JobManager 并进行维护，要求 MDCE 服务必须已在指定的计算机上运行。其典型调用格式包括：在本地计算机启动一个名字为 MyJMName 的 JobManagerv 即 startjobmanager -name MyJMName；在远程计算机 HostName 中启动一个名字为 MyRemoteJMName 的 JobManager，即 startjobmanager -name MyRemoteJMName-remotehost HostName。

（2）stopjobmanager：停止在 MDCE 服务下运行的 JobManager。其典型调用格式与 startjobmanager 的调用格式类似。

（3）startworker：在 MDCE 服务下创建一个 Worker，并向指定的 JobManager 注册。它将从中获得用于并行计算的任务，要求 MDCE 服务必须已在指定的计算机上运行。其典型调用格式包括：在本地计算机创建一个名字为 MyWorkerName 的 Worker，并向名为 MyJMName 的 JobManager 注册，即 startworker -name MyWorkerName –jobmanager MyJMName；在远程计算机 HostName 中创建一个名字为 MyWorkerName 的 Worker，并向名为 MyRemoteJMName 的 JobManager 注册：startworker -name MyWorkerName –jobmanager My Remote JM Name- remotehost HostName。

（4）stopworker：关闭 MDCE 服务的 Worker。其典型调用格式与 startworker 的调用格式类似。

需要注意的是，一个 JobManager 中可以启动多个不同名字的 Worker。

4．测试连接状态

配置 JobManager 完成后，可以通过 nodestatus 命令测试各个节点的连接状态。其步骤如下。

（1）在任务开始菜单中以管理员权限启动 cmd.exe。

（2）执行 nodestatus 命令，查看节点状态（默认为本机状态）。

（3）配合使用参数-remotehost nodename（节点名称），可以查看各个节点的工作状态。

（4）若返回结果中 worker 显示的状态为 connected，则表示连接正常。

二、MATLAB 环境下机群分布式并行计算实现

MATLAB 环境下机群分布式并行计算的运行过程主要包括六个阶段，用户在不同阶段

通过借助相关任务命令完成机群分布式并行计算任务。

1．资源查找

MATLAB 提供了 findResource 命令完成资源的查找，并创建对象。其典型调用格式如下：

```
jm=findResuource('scheduler','type','jobmanager','name','MyJMName','Look
upURL','LoaclNodeName')
```

该命令用于查找 LocalNodeName 的节点中名为 *MyJMName* 的 JobManager，返回对象变量。

2．创建工作

MATLAB 通过 createJob 命令完成工作的创建，其典型调用格式如下：

```
job1 = createJob(job);            %    创建工作
```

若需要将该工作所需的数据和程序发给各自 Worker 时，可以通过以下代码实现：

```
set(job1,'FileDependencies','XX.m','XX.m','XXData.mat','XXData.mat');
```

3．创建任务

MATLAB 通过 createTask 命令完成并行计算任务的创建，其典型调用格式如下：

```
createTask(job1,FunHandle,ReturnArray,{c1,c2…});  %    创建任务
```

该函数中，FunHandle 参数为并行计算代码函数的句柄或句柄组；ReturnArray 为从执行任务函数返回的输出参数的数量，该参数是双精度数组或双精度数组；{c1,c2…}指定要传递给函数 F 的输入参数的行 Cell 数组，Cell 数组中的每个元素将作为单独的输入参数传递。

4．下发工作

MATLAB 通过 submit 命令完成工作任务的下发，将创建的工作任务下达给各个 Worker，其调用格式如下：

```
submit(job1);                           %    下发任务，job1 为工作对象变量
```

5．等待完成

下发工作后，通过 waitForState 命令等待任务完成，其调用格式如下：

```
waitForState(job1,'finished');          %    等待任务完成
```

6．返回结果

通过 getAllOutputArguments 命令返回计算任务结果，其调用格式如下：

```
result=getAllOutputArguments (job1);    %    完成计算结果的收集整理
```

随着 MATLAB 版本的不断升级，MATLAB 对并行计算的相关函数进行了修改，详细情况可以参考 MATLAB 帮助文件中的 Parallel Computing Toolbox Release Notes。

下面以一个例子给出如何实现机群环境下的并行计算。

【例 8-1】：*圆周率 π 的大小可以通过积分求解面积的形式进行获得，下面给出串行和集群并行的两种模式的实现代码。已知积分公式为*

$$\int_0^1 \frac{4}{1+x^2}\mathrm{d}x = 4\times\arctan\left(x\right)\Big|_0^1 = 4\times\left(\arctan\left(1\right)-\arctan\left(0\right)\right)=\pi$$

令 $f(x)=4/(1+x^2)$，作 $f(x)$的图像，利用切割求面积的方法，可以得到 π 的大小。

$$\pi \approx \sum_{i=1}^{N} f\left(\frac{2\times i-1}{2\times N}\right)\times\frac{1}{N}\,。$$

下面给出任务代码，主要包括任务代码 Calculate_Pi.m 和执行代码 RunSerialAndParallel.m：

```
Calculate_Pi.m
function [pi_result]=Calculate_Pi(num,number)
  N=90000; %number of triais
  format long
  w=1.0/N
  for i=number: num: N
    local(i)=(i-0.5)*w;
    temp(i)=4.0/(1+local(i)*local(i));
    end
  pi_result=sum(temp)/N;
end


RunSerialAndParallel.m


clear;alc;
display('没有使用并行工具箱')
n=2;                               %    把任务分为两份，n 在实验中可更改
tic
for i=1:n
  Calculate_Pi (n,i);
End
toc                                %    串行所用时间
jm=findResource('schedule','type','jobmanager','name','MyJMName',
'lookupURL','LoacalHostName');
job1=createJob(jm);
set(job1,'FileDependencies',{'Calculate_Pi.m'})
display('使用了并行工具箱计算')
tic
for j=1:n
  createTask(job1,@ Calculate_Pi,1,{n,j});
end
submit(job1);
waitForState(job1,'finished');
toc                                %    并行所用时间
result=getAllOutputArguments(job1)
sum(cell2mat(result))              %    查看计算结果
```

8.3 MATLAB 在制导控制系统半实物仿真中的应用

半实物仿真作为检验系统能力和评估系统性能的重要手段，是制导控制系统研制过程中的重要环节。在系统设计过程中，通过半实物仿真实验检查制导控制系统中各个分系统的性能，同时能够对制导控制系统的开、闭环特性进行测试，验证制导控制系统各个器件之间工作的协调性和正确性，研究分析控制作用的能力和系统的抗干扰能力，评估系统设计参数、系统稳定性及各种交叉耦合的影响等，以达到优化系统设计，提高系统可靠性的

目的，为飞行器或精确制导武器的研制试验奠定成功基础。

在本节中，简要介绍半实物仿真的概念，然后对 MATLAB 在半实物仿真中的应用方法予以说明。

8.3.1　半实物仿真试验相关概念

半实物仿真是将数字仿真与物理仿真结合起来的一种仿真技术，其英文名称为 Hardware in the loop simulation，从英文字面理解就是"硬件在回路仿真"。在半实物仿真过程中，部分数学模型精度较高的部分或者难以用实物代替的部分，利用数学模型在计算机上运行；部分实物或物理模型直接引入到仿真回路中。

对制导控制系统而言，半实物仿真试验的目的就是在实验室环境下，针对制导控制系统建模困难或不精确情况下，通过模拟实际的飞行试验环境，考核对制导系统动态特性和制导精度有直接影响的实际部件或子系统的性能，为精确制导武器或飞行器的性能评定提供部分依据。

一、半实物仿真试验的任务

对于精确制导武器的制导控制系统研制而言，半实物仿真试验的任务贯穿武器系统研制的全过程，在不同研制阶段，半实物仿真系统的主要任务包括以下几部分。

1．方案设计阶段

（1）半实物仿真为制导控制系统设计方案的可行性、优化设计和系统的可靠性评估提供仿真依据。

（2）通过仿真测试、确定各个子部件性能对于控制性能的影响，为总体进行器件选型提供判断依据。

2．系统研制阶段

（1）将部分实物引进到仿真回路中，进行制导控制系统的性能仿真，以检查各子系统是否满足设计指标，为控制系统的参数设计、总体误差分配提供条件。

（2）利用半实物仿真校验数学模型的正确性和数字仿真结果的准确性，并通过仿真试验更加精确地建立和完善描述系统本质的数学模型，为研究复杂部件及其交联影响的数学模型提供充分的试验数据。

（3）检验全系统状态下，各个子系统的软硬件的正确性、适配性和通信接口等内容。

3．型号定型阶段

（1）将半实物仿真试验和实弹靶试相结合，可在小子样系统试验的条件下，以较高置信度进行系统的性能评估。

（2）通过仿真与靶场试验的结合，设计最佳靶场试验方案，提高经济效益。

（3）进行各种状态下的飞行试验仿真以及结果分析，进行故障复现查找出现故障的原因，为系统改进提供依据。

二、半实物仿真系统的组成

精确制导武器的半实物仿真系统主要围绕仿真对象和参试产品的结构和特性进行展

开，通常包含多个仿真设备和子系统，是一个典型的分布式系统。根据设备任务的不同，可以将其组成分为如下类型。

1．参试对象

参试对象是指引入到仿真回路的真实产品部件，具体的产品类型主要由仿真对象和仿真试验目的决定。对于典型的精确制导武器半实物仿真系统，参试设备主要包括飞控计算机、惯性测量组件、舵机、导引头、卫星导航设备等。随着参试对象的不同，精确制导武器半实物仿真系统的系统组成、设备规模、研制经费会呈现较大差异。

2．综合控制子系统

由于半实物仿真系统通常包含多个仿真设备和参试产品，各个设备之间需要协同运行和控制，因此，需要一个仿真设备完成仿真系统的调度与管理。综合控制子系统的主要任务就是完成仿真试验状态的控制，包括仿真系统的准备、开始、应急中止和结束，并且为整个仿真系统提供时钟信号和同步信号。在仿真过程中，监控各个节点的运行状态，一旦某个节点出现异常，则应及时中止仿真任务，保证试验人员、参试产品和仿真设备的安全。

3．实时仿真计算机

在制导控制系统半实物仿真中，由于飞行器的弹体运动、气动计算无法用实物代替，必须通过实时仿真计算机来完成质心动力学、运动学、气动计算、质量惯量计算以及弹目运动关系的计算，求解出当前的姿态、位置、过载以及铰链力矩等各项信息，为其他仿真设备提供输入信号。

4．专用物理效应仿真设备

为了实现参试产品的引入，需要根据相关设备的工作原理，在实验室环境下为其构造虚拟的物理效应环境。专用物理效应仿真设备包含的类型较多。例如，用于模拟飞行器姿态变化的飞行转台，用于复现舵机在空中飞行时力矩工作环境的气动负载模拟器，用于模拟飞行过程中卫星导航信号变化的卫星信号模拟器，为红外导引头提供虚拟的战场目标红外图像的红外目标模拟器等。在精确制导武器半实物仿真系统中，专用物理效应仿真设备的类型需求及其性能指标由参试产品所决定，这就使得不同类型的精确制导武器或飞行器的半实物仿真系统组成呈现不同的组成模式。

5．通信接口设备

对于一个分布式仿真系统，各个子系统之间以及参试产品与仿真设备，存在的大量的信号通信和数据传输，因此，需要一些的通信接口设备完成相关信息的传输与转换。在半实物仿真系统中，典型的通信接口设备主要包括两种类型：一种是用于各个子系统之间进行数据传输的实时通信网络，其典型代表是反射内存光纤网；另一种是用于参试产品和仿真设备之间的电气传输接口，其类型应根据实际产品的真实电气接口所决定，常见类型包括：模拟信号输出（DA）、模拟信号采集（AD）、离散数字信号（DI/DO）、串行通信总线（RS232/RS422）和航空总线协议 1553B 等。

6．支持仿真设备

一个典型的半实物仿真系统通常还需要一系列仿真设备支持，如数据记录、视景仿真、视频监控及通话系统等，用于支撑仿真试验的顺利进行。

三、典型红外精确制导武器半实物仿真系统

对一个典型红外精确制导武器而言，参与半实物仿真的弹上部件通常包括红外导引头、飞控计算机、惯组、舵机等。为了将这些制导控制系统组件引入到仿真回路中，需要引入三轴转台、红外目标模拟器、五轴转台、气动负载模拟台、实时仿真机等专用物理效应仿真设备。其半实物仿真系统组成如图 8-2 所示。

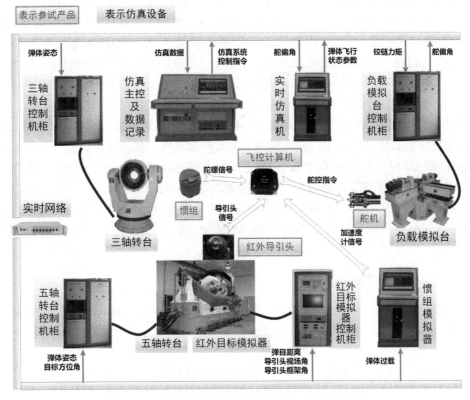

图 8-2　典型红外精确制导武器半实物仿真系统组成

8.3.2　MATLAB 在半实物仿真系统中的应用

通过对半实物仿真系统的介绍可知，仿真系统需要一台仿真计算机用于数学模型的实时解算。对于制导控制系统的半实物仿真而言，就是需要根据舵偏角或舵控指令，完成气动力和气动力矩的计算，然后进行质心动力学、运动学、绕质心动力学和绕质心运动学等动力学微分方程组的实时解算，得到飞行器/精确制导武器的位置、姿态等状态信息，并为其他仿真设备提供数据来源。

作为半实物仿真系统的一个重要仿真设备，早期的实时仿真计算机主要采用大型专用仿真计算机，如美国 ADI 公司研制的 AD10 和 AD100 专用仿真计算机，国防科技大学研制的"银河仿真 I 型计算机（YH-F1）"和"银河仿真 II 型机（YH-F2）"，在 20 世纪末广泛地应用在航空、航天、兵器等领域，为导弹、火箭、无人机的研制以及核电站控制系统的设计等方面做出了巨大的贡献。进入到 21 世纪后，随着微电子技术和通用计算机技术的迅猛发展，计算机运算速度、存储容量、并行能力和性价比等均有了较大的提升。目前，

通用计算机的硬件能力已经基本能够胜任飞行器或精确制导武器的半实物仿真对于数学模型实时解算的能力需求了。

实时仿真计算机除对计算机的硬件和计算能力提出了要求外，还对仿真软件提出了相应要求，其中最为重要的内容就是完成飞行器动力学微分方程组的实时解算。目前飞行器或精确制导武器常用的动力学建模软件主要包括两种类型：即以 C 语言为代表的代码编程建模和以 MATLAB/Simulink 为代表的图形化建模工具。两者相比，以 C 语言为代表的代码编程建模进行实时解算时，其优点是能够控制仿真步长，并具有良好的外部接口；缺点是需要自建大量的数学库，用于求解积分、插值等计算，数据处理相对不便。而以 MATLAB/Simulink 为代表的图形化建模，具有简单直观、拥有大量的数学库、控制算法库等优点，同时还具有大气模块、地球模块、风场模块等的支持，查看结果方便快捷；但其缺点是无法直接进行实时仿真，需要借助一些第三方软件工具来完成模型的转换。

通过本书前面的介绍可知，由于 MATLAB/Simulink 仅通过鼠标的单击、拖拽、连线和配置就能实现复杂的仿真功能，并且提供了丰富的算法库、模型库，因此在许多科研院所中，制导控制系统设计与仿真验证所搭建的数字仿真模型均采用 Simulink 建立，通过 MATLAB/Simulink 来建立仿真模型已渐渐成为事实上的标准。

下面介绍几种常用的基于 MATLAB 的实时仿真机系统，包括 MATLAB 自带的 xPC 系统，德国 dSPACE 公司推出的 dSPACE 仿真系统和加拿大 OPAL 公司推出的 RT-LAB 实时仿真系统。

一、xPC-Target 实时仿真机

xPC-Target 是 MathWorkshop 提供一种用于产品原型开发、测试和配置实时系统的 PC 解决途径，它可将 x86 计算机或 PC 兼容机转变为一个实时系统，并且支持许多类型的 I/O 设备板。

xPC-Target 采用了宿主机-目标机的技术途径，两机通过网卡连接，以 TCP/IP 协议进行通信。

宿主机安装 MATLAB/Simulink 及 xPC 工具箱，用 Simulink 建立模型，进行仿真前的参数配置，然后用 RTW 和编译器将模型编译为一个可执行文件下载到目标机。

目标机不需要安装 DOS、Windows、Linux 或任何一种操作系统，用户只需要特殊的启动软件盘启动目标机 xPC-Target 实时内核（BIOS 是 xPC-Target 实时内核所需的唯一软件），运行从宿主机下载的 RTW 生成的目标应用程序，通过 I/O 通道与外部实物进行数据交换，最终实现仿真模型的实时解算。

在 xPC 目标环境下，可以从 MATLAB 中使用命令行或 xPC-Target 的图形交互界面对程序的执行进行控制。在程序执行期间，可以交互在线调整模型参数，信号绘图功能能够动态地观察信号波形，实现数据可视化和信号跟踪。若目标机有监视器，则可以使用 xPC 目标的目标管理功能在目标机上直接观察信号和目标机的各种状态信息。

xPC-Target 的主要特点有：成本低，只需普通的 PC 和必要的接口卡就可以对相应的硬件进行实时仿真；支持任何 PC 系统，如 TargetBox、PC/104、PC/104+、CompactPCI 嵌入式 PC 或其他任何兼容 PC；C 语言和 COM API 让用户可以编程开发用户图形界面来获取或控制实时应用程序；在扩展的设备驱动库中，支持超过 300 种商业 I/O 板卡；开放的硬

件驱动环境，支持系统集成方和硬件生产方提供的第三方驱动。

二、RT-LAB 实时仿真系统

RT-LAB 是加拿大 OPAL-RT 公司开发的一套基于模型的仿真系统平台软件包，主要用于分布式仿真、快速控制系统原型、半实物仿真的软件和系统测试等。RT-LAB 可以让设计者将基于 MATLAB/Simulink 以及 MATRIXx /SystemBuild 等图形化建模工具所搭建的动力学系统和数学模型，通过上位机和多处理器目标机的模式，在实时仿真平台上运行，并可通过 Windows 窗口对目标机的整个运行过程进行实时监控，并且提供在线修改参数的功能，从而方便地实现复杂仿真、快速原型，以及半实物系统仿真的工作。RT-LAB 已广泛应用于航空航天、汽车、电力、机械设计等各种领域。

RT-LAB 的一个显著优点就是使用方便，能够快速地完成以 Simulink 仿真模型到半实物仿真的转换，其使用步骤主要包括仿真模型的调试、模型的编译与链接和模型的运行。下面简要介绍 RT-LAB 的组成、模型修改步骤、编译和操作过程等。

1．RT-LAB 系统组成

RT-LAB 采用开放的体系结构，仿真模式采用 H/T 结构，包括一台控制台和若干台目标机，在进行系统设计时，可以根据具体任务，选择不同数目的目标机。RT-LAB 软件安装在主控台计算机，运行在 Windows NT/2000/XP 操作系统下；目标机可以采用标准工控机，运行 QNX 或者 RedHawk 等实时操作系统；控制台和目标机之间通过以太网连接，完成模型加载、状态监控、数据回传等操作。各目标机之间采用 FireWire 总线连接，保证节点间的实时通信。RT-LAB 实时仿真系统硬件组成如图 8-3 所示。

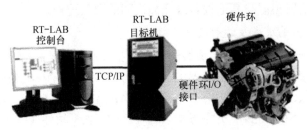

图 8-3　RT-LAB 实时仿真系统硬件组成

2．Simulink 仿真模型的搭建修改

RT-LAB 可以与 Simulink 等工具进行无缝连接，可以快速地将一个复杂的 Simulink 模型应用于半实物仿真系统中。大部分 Simulink 模型都可以在 RT-LAB 上运行，只需要进行一些修改就能够完成数学仿真模型到实时仿真模型的转换。

（1）仿真模型搭建要求

首先在 MATLAB/Simulink 环境下搭建纯数字仿真的仿真模型，完成模型的搭建、调试和修改。需要注意的是，建立的仿真模型必须与 Real-Time Workshop（RTW）相兼容。模型中不能包含任何中文字符，并且不支持 M 函数模块的应用，同时也不支持由 M 语言编写的 S 函数，此外仿真模型需要使用定步长解算器。

（2）分割仿真模型

当仿真模型搭建完成后，即可将其按照仿真任务的需求对模型进行分割。RT-LAB 可以在不改变模型特征的情况下，将一个复杂模型拆分成多个子任务后进行并行仿真。RT-LAB 要求模型按照上位机和目标机的个数划分为控制台子系统、主计算子系统以及辅助计算子系统等顶层子系统。所有的顶层子系统的名称中必须都含有一个前缀以区分它们的功能。

控制台子系统的命名前缀为"SC_"，是运行在上位机上的子系统，包含所有与获取和监视数据有关的仿真模块（示波器、手动开关、到工作空间、打印等）。主计算子系统的命名前缀为"SM_"，运行在某台目标机上，包含模型的计算节点。辅助计算子系统的命名前缀为"SS_"，运行在目标机中。控制台和其他子系统的数据交换是通过以太网传输的，并且其数据交换为异步运行；主计算子系统与辅助计算子系统的数据交换是通过 Firewire 进行传输的，其数据交换为同步运行。一个仿真模型中只能有一个控制台子系统、一个主计算子系统，以及多个辅助计算子系统。但辅助计算子系统的个数受到目标机及其 CPU 个数的限制，即计算子系统的总个数必须小于等于目标机中的 CPU 总数。

（3）添加辅助模块

在对模型进行分割和划分后，在每个子系统的信号输入端，需要添加 OpComm 模块，即所有到顶层子系统的输入必须首先通过 OpComm 后才能使用。其主要功能是将每个子系统的输入量进行同步。此外，模型中存在的代数环会造成系统的死锁，导致系统不能实时运行。这就需要有目的的添加 Delay 或者 Memory 模块，使得模型能够避免代数环和最大化并行运行。

（4）添加硬件通信模块

最后，根据仿真系统与产品部件或其他节点的硬件连接关系，在模型中添加相应的硬件通信接口，完成实时模型与其他设备或产品之间的通信连接。

2．实时仿真模型的编译及运行控制

在 MATLAB/Simulink 环境下完成数学模型的搭建和修改后，需要将其进行编译、链接，转换为半实物仿真模型。作为一款成熟的实时运行框架软件，RT-LAB 提供了非常友好的用户界面。对于一般的要求而言，用户操控 RT-LAB 主控台的界面，只需简单的几个操作步骤，即可将仿真模型应用到半实物仿真系统中。RT-LAB 软件（版本 8.1.4）主控台界面如图 8-4 所示。

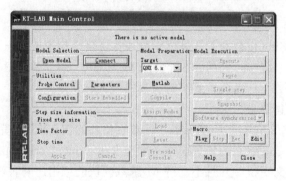

图 8-4　RT-LAB 软件主控台界面

（1）打开模型（Open Model）

首先，需要将仿真模型和 RT-LAB 软件关联起来。在软件界面上单击"打开模型"按钮，选择准备运行的仿真模型，将其与 RT-LAB 主控台关联起来。

（2）编译模型（Compile）

RT_LAB 软件通过调用 MATLAB 环境的 RTW 模块产生仿真模型的 C 代码，将 C 代码通过以太网放置指定目标机中，在目标机中将 C 代码编译、链接，生成可实时执行的文件。编译完成后，通过以太网将可执行文件回传给上位机。

（3）分配节点（Assign Nodes）

RT-LAB 控制台在网络上搜寻出可用的物理节点（目标机），并连同本次任务的子任务一起列在对话框中，供设计者进行选择分配。设计者可根据任务需求将相关子任务分配到对应目标节点中。

（4）加载模型（Load）

主控机通过以太网向目标机加载子任务的执行代码，完成模型初始化、通信和同步等操作，并进行板卡的初始化，以保证整个仿真在多个分布的目标节点上运行时能严格同步。

（5）模型运行（Execute）及暂停（Pause）

当模型加载到目标机后，设计者只需单击"Execute"按钮，即可启动整个仿真。模型的数据可以传递给一个控制台界面，用户可以从中观察到生成的信号，并且在线改变仿真的参数。单击"Pause"按钮，可以暂停仿真运行。

（6）重置模型（Reset）

当模型运行到 RT-LAB 界面中设定的终止时间后，模型会发生重置，将目标机中执行代码和数据回传给上位机。当设定的终止时间为 INF 时，需要手动将模型重置，否则下位机中该模型的执行代码依然存在，导致该模型将不能重新加载。若在 Simulink 模型中设有 STOP 模块，则模型执行到结束条件后，停止仿真运行并自动将模型进行重置。

（7）断开模型（Disconnect）

仿真结束后，单击"Disconnect"按钮，将仿真模型与 RT-LAB 软件断开关联。

通过上述简单操作就可以借助 RT-LAB 仿真软件，完成精确制导武器/飞行器的半实物仿真模型的实时解算和硬件信号的实时传输。

三、dSPACE 实时仿真系统

dSPACE 实时仿真系统是由德国 dSPACE 公司开发的一套基于 MATLAB/Simulink 的控制系统在实时环境下的开发及测试工作平台。dSPACE 具有强大的功能，可以很好地完成控制算法的设计、测试和实现。

dSPACE 实时系统由两大部分组成：一是硬件系统；二是软件环境。其中，硬件系统的主要特点是具有高速计算能力，包括处理器和 I/O 接口等；软件环境可以方便地实现代码生成/下载和试验调试等工作。

1．dSPACE 硬件系统组成

dSPACE 硬件可分为单板系统和组件系统。单板系统将 CPU 与常用 I/O 接口集成于一块电路板，单板系统的特点是高度集成，可以让用户通过单一板实施快速控制原型设计。组件系统是将实时处理器和用户接口完全分开，包括处理器板和多种型号的标准 I/O 板，以实现处理器能力和 I/O 能力的自由扩展，处理器和 I/O 之间的通信由 PHS（Peripheral

High-Speed）总线实现。

2．dSPACE 软件系统组成

dSPACE 的软件环境主要由两大部分组成：一部分是实时代码的生成和下载软件 RTI（Real-Time Interface），它是连接 dSPACE 实时系统与 MATLAB/Simulink 的纽带，通过对 RTW（Real-Time Workshop）进行扩展，可以实现从 Simulink 模型到 dSPACE 实时硬件代码的自动下载；另一部分为测试软件，其中包含了综合实验与测试环境 ControlDesk、自动试验及参数调整软件 MLIB/MTRACE、PC 与实时处理器通信软件 CLIB 以及实时动画软件 RealMotion 等。

3．dSPACE 的开发思路

dSPACE 的开发思路是将系统或产品开发等功能与过程的集成和一体化，即从一个产品的概念设计到数学分析和仿真，从实时仿真试验的实现到试验结果的监控和调节都可以集成到一套平台中来完成。dSPACE 实时仿真系统开发流程图如图 8-5 所示。

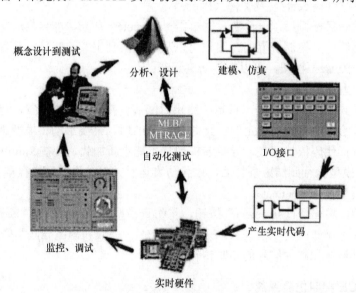

图 8-5　dSPACE 实时仿真系统开发流程图

基于 dSPACE 的控制系统开发步骤包括以下几点。

（1）MATLAB/Simulink 模型建立及离线仿真。利用 MATLAB/Simulink 建立仿真对象的数学模型，设计控制方案，并对系统进行离线仿真。

（2）输入/输出口（I/O）的接入。在 MATLAB/Simulink 中保留需要下载到 dSPACE 中的模块，从 RTI 库中拖拽实时测试所需的 I/O，替换原来的逻辑连接关系，并对 I/O 参数进行配置。

（3）RTW build。由于 MATLAB 与 dSPACE 的无缝连接，完成目标系统的实时 C 代码的生成、编译链接和下载，将模型下载为实时仿真机上可运行的程序。

（4）dSPACE 综合实验和调试。最后利用 dSPACE 提供的 ControlDesk 实时监控软件设计监控界面显示系统的实时状态、调整控制系统的参数及实时跟踪系统的过程响应曲线等，完成与实时控制系统的交互工作。

四、其他实时仿真机系统

上述几种仿真平台外，世界各国以及国内的高校及科研机构也纷纷推出各自的仿真机解决方案。比较有代表性的仿真如下。

1．iHawk 并行计算机仿真系统

美国 Concurrent 公司推出的 iHawk 并行计算机仿真系统是具有高实时特性的实时仿真系统，该仿真系统包含对称多处理器计算机平台、实时操作系统、实时开发工具以及应用软件。系统以 MATLAB/Simulink 软件作为前端建模工具，并可兼容 C/C++、Ada 和 FORTRAN 等手工编程建模方式，应用领域覆盖系统架构设计、功能设计、快速原型、半实物仿真测试等阶段，以及航空、航天、汽车等实时仿真及测试。

2．EuroSim

荷兰 Dutch Space 公司推出 EuroSim 仿真平台，可应用于从系统建模、分析、离线仿真到实时仿真的全过程。对仿真系统进行模块化设计，具有较强的可重用性。采用 C/S 结构，便于扩充仿真系统成分布式实时网络系统。运行于 UNIX、Linux 或者 Windows NT 操作系统下，并且支持 MATLAB 等第三方工具。

3．YH-AStar

YH-AStar 是由国防科技大学研制的，它以直观方便、先进友好的一体化建模、仿真与分析软件 YHSIM 4.0 为核心，以通用计算机和专用 I/O 系统为基础，构成了可适应于不同规模连续系统数学仿真和半实物仿真的具有不同型号、不同档次的仿真机系列产品，并支持 SBS、VMIC 等实时网组网，能够建立分布式半实物实时仿真系统。

4．KDRTS

KDRTS 是由国防科技大学在独立研制完成 GPRTSS 后的新一代产品。KDRTS 是单机结构的半实物仿真系统，它既保留了专用仿真机实时半实物仿真的优势，又兼顾了通用性和可扩展性，特别是通过对国际通用仿真建模软件进行大胆创新，成功地解决了一般通用操作系统难以用于实时仿真的关键性难题。尤其值得一提的是，KDRTS 通过采用"平台+组件"的软件架构思想，已实现一个类似 Simulink 的图形化建模环境，目前正在不断完善中。KDRTS 现已在几个型号武器系统的研制中得到具体应用。

5．HiGale

HiGale 系统是由北京恒润科技开发的一套基于实时半实物仿真技术的控制系统开发及测试的工作平台。HiGale 系统支持由 MATLAB、Simulink、Stateflow 构建数学模型的实时运行。通过 HiGale Target 软件，从数学模型到代码生成、编译和下载过程实现了高度自动化，其板卡驱动库（RTD）实现了数学模型与硬件平台之间的无缝衔接，用户只需通过对话框对板卡驱动做勾选性配置即可实现仿真控制信号的输入/输出，并且可以对实时平台中运行的数学模型进行变量观测、在线调参、数据记录等操作。平台提供了一系列高性能、高可靠的软/硬件产品，满足了控制系统的快速原型及半实物仿真测试等应用。

6．HRT1000

HRT1000 是由北京华力创通科技有限公司开发的主、副机结构半实物仿真系统，主机为 PC，副机（目标机）可根据用户需求进行配置。HRT1000 系统支持用户基于

MATLAB/Simulink 进行图形化模型设计，并利用 RTW 工具自动生成目标代码；目标机基于 VxWorks RTOS，提供实时代码运行环境。HRT1000 将 Simulink 图形建模工具与 VxWorks 实时目标机集成起来，提供一个高易用性、高可靠性，且强实时性的设计、仿真、验证平台。

7．RTMSPlatform

RTMSPlatform 是由西北工业大学航天学院开发的一套产品，基于 RTX（Windows 嵌入式实时系统）实时系统，以 Simulink 为模型开发工具的实时模型计算平台。该产品能够快速地将 Simulink 模型转化为 RTX 环境下的实时模型，通过一键操作自动完成模型的编译链接，而无须对模型进行修改和操作，同时具备了数据实时存储、曲线在线显示等功能。另外，针对制导控制系统中武器半实物仿真和快速原型的任务需求，集成了典型飞行器的各种数学模型，覆盖精确制导武器目前采用的各项硬件通信接口，可以方便地完成飞行器或精确制导武器的闭环分布式仿真和单个部件的快速原型测试。同时，系统可以集成在便携式加固笔记本中，便于在外场完成单机测试和仿真。

8.5　本章要点小结

仿真验证是制导控制系统设计过程中的一个重要环节。通过不同形式和类型的仿真验证，能够全面真实的考核制导控制系统在各项工作条件下的制导精度和控制性能，评估不同设计方案的优劣，为方案选型、参数改进、系统优化提供理论依据和改进方向。

（1）本章中，首先分析制导控制系统开展蒙特卡罗仿真的意义，列举了典型精确制导武器进行蒙特卡罗仿真时所需要考虑的随机因素，详细给出了在 MATLAB 环境下开展蒙特卡罗仿真的实现方法。

（2）针对蒙特卡罗仿真计算条件多、仿真耗时长的问题，介绍了提升 Simulink 模型解算速度的几种方法，包括优化仿真模型、更改模型运行模式以及采用并行计算等方法；重点介绍了单机多核情况下采用 parfor 代替 for 循环开展并行计算的步骤；并简要给出了机群分布式下的 MATLAB 并行计算设置方法。

（3）最后，分析了半实物仿真在精确制导武器/飞行器的制导控制系统研制过程中的重要意义，给出了典型红外制导武器半实物仿真系统组成；分析了 MATLAB 软件在半实物仿真系统中的应用需求；介绍了几种常用的基于 MATLAB/Simulink 的实时仿真系统。

制导控制系统设计结果的验证与考核是系统研制的重要环节，是改进设计方案、评估设计结果的重要手段。关于并行计算和半实物仿真等内容，读者可以参考相关书籍与文献。

第 9 章

MATLAB 在试验数据结果分析中的应用

在制导控制系统研制过程中，需要进行一系列的仿真试验、部件测试和外场靶试等工作。这些工作的过程中会产生大量的数据（如试验数据、过程数据、分析数据）等。由于试验方式多样、分析内容众多、试验条件和环境参数类型繁杂、试验流程复杂多变等原因，导致对各种试验数据的分析和利用相对困难。

试验数据分析是指采用适当的统计方法对各类试验数据进行详细研究，提取有用信息并形成结论的过程。其目的在于达到最大化地挖掘试验数据的信息、发挥各项测试仿真试验的作用。在统计学领域，可以将数据分析划分为描述性统计分析、探索性数据分析以及验证性数据分析，其中，探索性数据分析侧重于在数据之中发现新的特点，而验证性数据分析则侧重于已有假设的证实或证伪。

在 MATLAB 中统计工具箱中，提供了一系列函数，能够方便快捷地完成数据统计、参数估计、方差分析、回归分析等任务，使得制导控制系统设计人员能够从烦琐、浩瀚的试验数据中，快速有效地获得所需的分析结果。MATLAB 作为一个数据分析工具，能够有效提高计算能力，增加统计推断的正确性，并能够开展多种方式的多元统计分析，从而能够大幅节约计算分析的时间，提高数据分析的效率。

在本章中，先讲解试验数据分析的一些基本概念，然后介绍几种典型的试验数据分析内容，并给出了其在 MATLAB 中的实现方法。

9.1　试验数据分析中的基本概念

下面简要介绍一下试验数据分析的一些基本概念，包括误差的概念和分类、数据精确度的概念和常用的数据分析处理方法。

9.1.1　误差的概念和分类

根据通常习惯的理解，误差应该存在于各种测量的测得值中，即

$$误差 + 真实值 = 测量值$$

通常，可以采用绝对误差、相对误差来表征误差大小。其中，绝对误差是测量值与真实值之间的差值，反映了测量值对其真实值偏离的大小；相对误差是误差与真实值的比值，反映了误差对真实值的影响程度。

根据误差的性质和特点，可以将误差分为随机误差（Random Error）、系统误差（Systematic Error）和过失误差（Mistake Error）。

1. 随机误差

随机误差是由在试验过程中产生的一系列有关的细小随机的波动而形成的具有相互抵消性的误差，它决定试验结果的精密度。

在单次试验中，随机误差的大小是无法预计的；但在多次试验中，随机误差的出现还是有规律的，它具有统计规律性，并且大多服从正态分布。由于随机误差的形成取决于试验过程中的一系列随机因素，而这些随机因素是试验者人员无法严格控制的，因此随机误差是不可避免的，尽管试验人员可采用多种方法减小误差的大小，但不可能完全消除。

2. 系统误差

系统误差是在一定试验条件下由某个或某些因素按照某一确定的规律作用而形成的误差，它决定了试验结果的准确度。

系统误差的大小及其符号在同一试验中是基本不变的，或在试验条件改变时，按照某一确定的规律变化。若能发现产生系统误差的原因，则可以设法避免或通过校正加以消除。

3. 过失误差

过失误差是一种没有特定规律、与事实明显不符的误差，主要是由试验人员的过失造成的，如读数错误、记录错误、单位混乱和操作失误等。确切地说，过失误差已经不属于误差的范畴，通常称其为"坏值"或"野点"。在对试验结果进行处理前，需要根据一定准则对其加以判断，决定是否应该将其剔除。

9.1.2 试验数据的精确度与判断

在对试验数据进行处理和判断时，经常需要对试验结果的精度或正确度进行判断和分析。统计学中引入精密度、正确度和准确度三个概念，用于评价试验数据与真实数据之间的差异大小。

1. 精密度（Precision）

精密度反映了试验数据中随机误差大小，是指在一定的试验条件下，多次试验值的彼此符合程度。精密度的高低直接反映了试验数据的变化范围。在统计学上，试验数据的精密度通常可以用极差、标准差或方差来度量。例如，单正态总体试验数据通常采用 χ^2 检验，两组具有正态分布的试验数据之间的精密度比较可以用 F 检验。

2. 正确度（Correctness）

正确度反映了系统误差的大小，是指在一定的试验条件下，所有系统误差的综合表现，在一定程度上，表征了试验数据与真实数据之间的差异大小。系统误差的检验，通常采用 t 检验法。

3. 精确度（Accuracy）

精确度结合了系统误差和随机误差的综合评定，融合了精密度和正确度的指标，表明了试验结果与真值的一致程度。精确度高表示测量值既精密又正确，在测量过程中汇总的随机误差和系统误差都很小。

9.1.3　试验数据分析的主要内容

根据数据分析目的和方法的不同，可以将试验数据的分析处理分为几种类型，主要包括数据描述性分析、回归分析、判别分析、主成分分析、典型相关分析及聚类分析等。

1．数据描述性分析

数据描述性分析是对试验数据进行统计计算，获取试验数据的集中位置、分散程度、相关关联关系以及数据分布的正态或偏态等统计特征。它是进行深入分析和特征信息挖掘的基础。

2．判别分析

判别分析是数据分析的常用方法之一，其基本思想是根据已知类别的样本所提供的信息，总结出分类的规律性，建立判别公式和判别准则，判断出新的试验数据所属类型。

3．回归分析

回归分析是数据分析的常用方法之一，主要用于处理变量之间的相关关系。它是根据已经得到的试验数据结果，结合以往经验来建立统计模型，并研究变量间的相关关系，建立起变量之间关系的近似表达式（即经验公式），寻找隐藏在随机数据中的统计规律，并由此对相应的变量进行预测和控制。

4．主成分分析

对于一组试验数据，其相关影响因素可能有很多。而主成分分析就是利用降维的思想，把多指标转换为少数几个综合指标的一种多元统计分析方法。

5．典型相关分析

典型相关分析是研究两组变量间的相关关系，能够揭示两组变量之间的内在联系，真正反映两组变量之间的线性相关情况。

6．聚类分析

聚类分析是一种多元统计分析方法，该方法可以对一组不知类别的试验数据按彼此相似的程度进行分类，达到"物以类聚"的目的。利用聚类分析有助于挑选变量，分析影响因素。

下面结合制导控制系统试验数据分析中的相关内容，介绍利用 MATLAB 开展试验数据分析的常用方法。

9.2　基于 MATLAB 的试验数据描述性分析及数据预处理方法

数据性描述分析是基于试验数据，采用一系列统计方法，获取试验数据的集中位置、分散程度、相互关联关系，以及数据分布的正态或偏态特征等试验数据特征。本节主要介绍试验数据的描述分析方法，并介绍试验数据预处理方法。

9.2.1 试验数据的描述性分析方法及其相关 MATLAB 函数

试验数据分析的研究对象是试验数据，假设从被研究事物 X 中得到 n 个测量值，即

$$x_1, x_2, \cdots, x_n \tag{9-1}$$

这 n 个值为样本数据，n 为样本容量。数据分析的任务就是对这 n 个样本数据进行分析，提取数据中包含的有用信息，进一步对总体的特性做出推断。

一、试验数据的均值、中位数、分位数和三均值

试验数据的均值、中位数、分位数等参数，都是用来描述试验数据的集中位置的。其数学含义如下。

1．均值

样本数据的平均值称为样本均值，记为

$$\overline{x} = \frac{1}{n} \sum_{i=1}^{n} x_i \tag{9-2}$$

样本均值描述了数据取值的平均位置，其计算简单，但易受异常值的影响而不稳健。MATLAB 中提供了均值计算函数 mean()，其使用方法如下：

```
M = mean(X) ;                          %  求取样本数据的算数平均值
M = mean(X,dim) ;                      %  求取数据指定维度的平均值
```

其中，X 为试验试验样本数据，dim 为矩阵数据的指定维度。

2．中位数

将试验样本按照从小到大的顺序排列，排序为 k 的数记为 $x_{(k)}$（$1 \le k \le n$），即 $x_{(1)} \le x_{(2)} \le \cdots \le x_{(n)}$，则

$$x_{(1)}, x_{(2)}, \cdots, x_{(n)} \tag{9-3}$$

称为样本数据的次序统计量。

由次序统计量定义数中位数，则有

$$M_D = \begin{cases} x_{\left(\frac{n+1}{2}\right)} & , n\text{为奇数} \\ \frac{1}{2}\left(x_{\left(\frac{n}{2}\right)} + x_{\left(\frac{n}{2}+1\right)}\right) & , n\text{为偶数} \end{cases} \tag{9-4}$$

其中，M_D 为样本数据的中位数。

中位数是描述数据中心位置的数字特征，比中位数大或小的数据个数占样本容量的一半。若数据是分布对称的，则均值与中位数比较接近。若数据的分布为偏态，则均值与中位数差异会比较大。中位数的一个显著特点是受异常值的影响较小，具有较好的稳健性。MATLAB 中提供了中位数计算函数 median()，其使用方法如下：

```
MD = median(X) ;                       %  求取样本数据的中位数
MD = median(X,dim) ;                   %  求取数据指定维度的中位数
```

3．分位数

设 $0 \le p < 1$，样本数据的 p 分位数定义为

$$M_P = \begin{cases} x_{([np]+1)} & , np\text{不是整数} \\ \dfrac{1}{2}(x_{(np)} + x_{(np+1)}) & , np\text{为整数} \end{cases} \tag{9-5}$$

其中，$[np]$ 表示 np 的整数部分。显然，当 $P = 0.5$ 时，$M_{0.5} = M_D$，即数据的 0.5 分位数等于其中位数。

一般来说，从整批数据（总体）中抽取样本数据，则整批数据中约有 $100P\%$ 个不超过样本数据的 P 分位数。在实际应用中，0.75 分位数与 0.25 分位数比较重要，它们分别称为上、下四分位数，记为 Q_3 和 Q_1。

一方面虽然均值 $\bar{x}$ 与中位数 M 都是描述数据集中位置的数字特征，但 $\bar{x}$ 用了数据的全部信息，M_D 只用了部分信息，因此通常情况下均值比中位数有效；另一方面，当数据有异常值时，中位数比较稳健。为了兼顾两方面的优势，人们提出三均值的概念，并定义三均值为

$$\hat{M} = \frac{1}{4}M_{0.25} + \frac{1}{2}M_{0.5} + \frac{1}{4}M_{0.75} \tag{9-6}$$

由定义，三均值是下四分位数、中位数与上四分位数的加权平均，即分位数向量 $(M_{0.25}, M_{0.5}, M_{0.75})$ 与权向量 $(0.25, 0.5, 0.75)$ 的内积。

MATLAB 中提供了分位数的求取函数 prctile()，通过该函数可以求取指定的分位数，并可通过计算求取三均数。

```
MP = prctile(X,P) ;                              % 求取数据指定的分位数
```

其中，输入 X 为样本数据；P 为介于 0～100 的整数，$P = 100 * p\,(0 \le p \le 1)$；输出 M_P 为 $P\%$ 分位数。

三均数的求取方法如下：

```
MP = 0.25*prctile(X,25)+ 0.5*prctile(X,50)+ 0.25*prctile(X,75) ;  % 求
取数据三均数
```

二、方差、标准差和变异系数

方差是描述数据取值分散性的一种度量统计量，它能够刻画出数据在散布范围内的集中或离散程度。它是数据相对于均值的偏差平方的平均值。样本数据的方差记为

$$s^2 = \frac{1}{n-1}\sum_{i=1}^{n}(x_i - \bar{x})^2 = \frac{1}{n-1}\left(\sum_{i=1}^{n}x_i^2 - n(\bar{x})^2\right) \tag{9-7}$$

其算术平方根称为标准差或根方差，即

$$s = \sqrt{\frac{1}{n-1}\left(\sum_{i=1}^{n}x_i^2 - n(\bar{x})^2\right)} \tag{9-8}$$

需要注意的是，方差的量纲与数据的量纲不一致，方差的量纲是数据的量纲的平方；而标准差的量纲与数据的量纲一致。比较两个样本的变异程度，由于单位不同或均数不同，不能用单纯的标准差进行比较。在此，引入变异系数的概念，即采用一个相对的百分数进行变异程度比较。变异系数是描述数据相对分散性的统计量，其计算公式为

$$v = s/\bar{x} \text{ 或者 } v = s/|\bar{x}| \tag{9-9}$$

MATLAB 提供了 var() 函数和 std() 函数用于求取方差和标准差。其主要调用格式如下：

```
V = var(X) ;                       %    求取样本数据的方差
S = std(X) ;                       %    求取样本数据的标准差
m = std(X)./mean(X) ;              %    求取样本数据的变异系数
m = std(X)./abs(mean(X)) ;         %    求取样本数据的变异系数
```

其中，输入 X 是样本数据；输出 V 为方差；S 为标准差；m 为变异系数。当输入 X 是矩阵时，输出为 X 每列数据的方差、标准差或每列的变异系数

三、极差和四分位极差

样本数据的极大值与极小值的差称为极差，是用于描述数据分散性的一种数字特征，其计算公式为

$$R = x_{(n)} - x_{(1)} \tag{9-10}$$

样本数据上、下四分位数 Q_3 与 Q_1 之差称为四分位极差，即

$$R_1 = Q_3 - Q_1 \tag{9-11}$$

四分位极差也是度量数据分散性的一个重要数字特征。由于分位数对异常值有抗扰性，因此四分位极差对异常数据也具有抗扰性。

MATLAB 提供了 range()函数和 iqr()函数用于求取极差和四分位极差。其主要调用格式如下：

```
R = range(X) ;                     %    求取样本数据的极差
R1 = iqr(X) ;                      %    求取样本数据的四分位极差
```

四、偏度和峰度

在对试验数据进行分析处理时，有时会关注数据的分布特征，数据分布特征一般用偏度与峰度描述。

偏度是用于衡量分布的不对称程度或偏斜程度的指标。样本数据偏度的计算公式有两种

$$p_d = \frac{n^2 u_3}{(n-1)(n-2)s^3} \tag{9-12}$$

$$p_d = \frac{1}{nS_0^3}\sum_{i=1}^{n}(x_i - \bar{x})^3 \tag{9-13}$$

式中，u_3 和 s 分别表示样本数据的 3 阶中心矩与标准差，S_0 是未修正的标准差。

当 $p_d > 0$ 时，数据的分布是右偏的，表明均值右边的数据比均值左边的数据分布得更分散；当 $p_d < 0$ 时称数据的分布是左偏的，表明均值左边的数据比均值右边的数据分布得更分散；当 p_d 接近 0 时，称数据的分布无偏倚，即分布是对称的。若已知分布有可能在偏度上偏离正态分布，则可用偏度来检验分布的正态性。

若数据分布右偏，则一般存在算术平均数大于中位数；若数据分布左偏，则中位数大于算术平均数。

峰度是用来衡量数据尾部分散性的指标。样本数据的峰度计算公式同样有两种

$$f_d = \frac{n^2 u_4}{(n-1)(n-2)s^4} - \frac{3(n-1)^2}{(n-2)(n-3)} \tag{9-14}$$

$$f_{\mathrm{d}} = \frac{1}{nS_0^4} \sum_{i=1}^{n} (x_i - \overline{x})^4 \tag{9-15}$$

式中，u_4 和 s 分别表示数据的 4 阶中心矩和标准差，S_0 是未修正的标准差。

当数据的总体分布是正态分布时，峰度近似为 0；与正态分布相比较，当峰度大于 0 时，数据中含有较多远离均值的极端数值，称数据分布具有平峰厚尾性；当峰度小于 0 时，表示均值两侧的极端数值较小，称数据分布具有尖峰细尾性。

MATLAB 提供了 skewness()函数和 kurtosis()函数用于求取样本数据的偏度和峰度。其主要调用格式如下：

```
Pd = skewness(X,flag) ;                    %    求取样本数据的偏度
Fd = kurtosis(X,flag) ;                    %    求取样本数据的峰度
```

式中，输入 X 为样本数据；flag 为计算方式标志，其取值为 0 或 1。对于偏度计算函数 skewness()，当 flag 为 0 时，采用式（9-12）计算偏度；当 flag 为 1 时，采用式（9-13）计算偏度。而对于峰度计算函数 kutrosis()，当 flag 为 0 时，采用式（9-14）计算峰度；当 flag 为 1 时，采用式（9-15）计算峰度。

【例 9-1】某型制导火箭弹共进行了 20 次靶试，其脱靶量散布结果如下表所示，单位为 m。请采用 MATLAB 分析其结果特征。

3.31	3.85	6.93	2.32	5.47	4.81	3.67	1.98	3.34	3.85
1.01	9.35	2.29	3.78	4.58	2.19	3.26	4.78	0.42	6.18

在 MATLAB 的命令行窗口中输入如下代码：

```
X=[3.31 3.85 6.93 2.32 5.47 4.81 3.67 1.98 3.34 3.85 1.01 9.35 2.29 3.78 4.58
2.19 3.26 4.78 0.42 6.18];                 %    输入样本数据
M = mean(X) ;                              %    求取样本数据的算数平均值
MD = median(X) ;                           %    求取样本数据的中位数
MP = 0.25*prctile(X,25)+0.5*prctile(X,50)+0.25*prctile(X,75) ;
                                           %    求取数据三均数
V = var(X) ;                               %    求取样本数据的方差
S = std(X) ;                               %    求取样本数据的标准差
m = std(X) ./mean(X) ;                     %    求取样本数据的变异系数
R = range(X) ;                             %    求取样本数据的极差
R1 = iqr(X) ;                              %    求取样本数据的四分位极差
Pd = skewness(X) ;                         %    求取样本数据的偏度
Fd = kurtosis(X) ;                         %    求取样本数据的峰度
```

计算结果为：

```
M = 3.8685; MD = 3.7250; MP = 3.6375; V = 4.3104; S = 2.0761;
m = 0.5367; R =  8.9300; R1 = 2.4900; Pd = 0.7710; Fd = 3.7830;
```

从计算结果可以看出，偏度 Pd>0 且平均数大于中位数，整个数据分布呈现右偏，而峰度显著大于 0，表明数据中存在较多远离均值的极端数值。

9.2.2　试验数据的预处理方法及其相关 MATLAB 函数

在制导控制系统研制过程的不同阶段，会进行大量的测试及试验，产生庞杂的试验样本数据。由于试验数据的杂乱性、重复性和不完整性，会造成数据分析效率低下，严重时甚至导致分析结果的不准确和不可信。因此，在获得试验数据后，通常会对试验数据进行

预处理，完成数据的归纳和整理。

常用的试验数据的预处理方法主要包括：数据清理、数据集成、数据变换和数据归约等，通过这些数据处理技术能够大大提高数据分析的质量，缩短实际分析所需的时间。数据清理主要通过补充缺失的值、光滑噪声数据、识别或删除离群点并解决不一致性来"清理"数据，进而清除野点数据和重复数据；数据集成是将多个数据源中的数据结合起来并统一存储；数据变换是通过平滑聚集、数据概化、规范化等方式将数据转换成适用于数据分析的形式；数据规约通过数值聚集、删除冗余特性的办法压缩数据，提高数据分析的质量，降低时间复杂度。

关于数据预处理方法很多，下面简要介绍一下数据清理和数据变换中的基本方法。

一、数据清理中野点剔除的常用方法

由于各种粗大误差引起的野点对数据的描述性分析结论影响很大，因此野点剔除是数据清理的主要内容。在 MATLAB 环境下进行样本数据的野点剔除，所采用的方法通常是按照某些野点剔除准则，基于利用 MATLAB 相关函数所得到的统计性描述结果，对样本数据逐个进行判别。

1. 基于四分位数的野点剔除方法

在解决实际问题时，需要对异常数据进行处理。一个非常简单的方法就是基于四分位数计算样本数据的截断点，将数据逐一与其进行比较，来判断该数据是否是野点。

在此，给出样本数据的上截断点和下截断点的定义，上截断点为 $Q_3 + 1.5R_1$，即下四分位数加上四分位极差；下截断点为 $Q_1 - 1.5R_1$，即上四分位数减去四分位极差。在进行野点剔除时，将样本数据逐个与截断点比较，小于下截断点的数据为特小值，大于上截断点的数据为特大值，两者均判为异常值。

2. 基于拉伊达（PauTa）准则的野点剔除方法

拉伊达准则又称为 3s 准则或 3σ 准则，是以三倍测量列的标准偏差为极限取舍标准。基于样本数据的描述性处理结果，将超过 3s 的数据视为野点进而剔除。假设样本数据的个数为 n，若某个样本数据 x_b（$1 \leq b \leq n$）与样本均值的偏差超过 3 倍标准差，则认为该值为野点，即满足式（9-16）时认为 x_b 为野点。

$$v_b = |x_b - \bar{x}| > 3\sigma, \quad 1 \leq b \leq n \tag{9-16}$$

该准则给定的置信概率为 99.73 %，该准则适用于测量次数 $n > 10$ 或预先经大量重复测量已统计出其标准误差 σ 的情况。在进行数据处理时，需要将可疑值舍弃后再重新算出除去这个值的其他测量值的平均值和标准偏差，然后继续使用该判别依据判断。

3. 基于格拉布斯（Grubbs）准则的野点剔除方法

格拉布斯准则适用于测量次数较少的情况（$n < 100$）。对于多次独立试验得到的数据 x_i 按顺序排列，然后导出 $g = (x_n - \bar{x})/\sigma$ 的概率分布，取显著水平 α，得

$$P\left\{ \frac{x_n - \bar{x}}{\sigma} \geq g_0(n, \alpha) \right\} = \alpha \tag{9-17}$$

若某个样本数据 x_b（$1 \leq b \leq n$）与样本均值的偏差满足

$$v_b = |x_b - \bar{x}| > g_0\sigma \tag{9-18}$$

则可以认为 x_b 为野点，将其剔除。附表中给出常用的样本数据和显著水平下的格拉布斯临界值表，读者可以查表来得到 g_0 的大小。

上面只是简要介绍了几种常用的野点剔除方法，类似的方法还包括依照肖维勒准则、狄克逊准则等方法，几种方法各有优缺点，在使用时应根据具体情况进行分析。另外，用不同的方法检验同一组试验数据，由于检验方法不同，因此即便在相同的显著性水平上，也可能会出现不同的结论，此时试验人员要对结果进行更加深入的分析。

在精确制导武器及飞行器的实际研制工作中，对于可疑数据的取舍和处理一定要慎重。在试验进行中时，若发现异常数据，应立即停止试验，分析原因并及时纠正错误；当试验结束后时，在对数据进行取舍时，应先找原因，不能任意的抛弃和修改。因为样本中的异常数据往往是由于系统的某些异常引起的，而暴露和发现这些异常，正是试验的主要目的之一，也是系统后续改进的重要依据。

【例 9-2】采用不同的方法对例 9-1 中的数据进行检查，判断其中是否包含野点。

（1）采用四分位数方法进行野点剔除，在 MATLAB 的命令行窗口中输入如下代码：

```
X=[3.31 3.85 6.93 2.32 5.47 4.81 3.67 1.98 3.34 3.85 1.01 9.35 2.29 3.78 4.58
2.19 3.26 4.78 0.42 6.18];                    %    输入样本数据
R1 = iqr(X);                                  %    求取样本数据的四分位极差
Q1 = prctile(X,25);                           %    求取样本数据的下分位数
Q3 = prctile(X,75);                           %    求取样本数据的上分位数
DownTruncation = Q1-1.5*R1;                   %    求取样本数据的下截断点
UpTruncation = Q3+1.5*R1;                     %    求取样本数据的上截断点
```

计算结果为：

```
R1 = 2.49; Q1 = 2.305;Q3 = 4.795; DownTruncation = -1.43; UpTruncation = 8.53;
```

从结果可以看出，由于第十二次的靶试结果 9.35 米，大于上截断点 8.53，因此对该次试验应进行深入分析。

（2）采用拉伊达准则进行野点剔除

由例 9-1 可知，样本均值为 M = 3.8685；样本标准差 S = 2.0761；第十二次靶试结果与均值之差为：5.48，小于 3 倍的标准差 6.2284，故样本中没有数据为野点。

（3）采用格拉布斯准则进行野点剔除

选取 alpha = 0.05，n=20，根据查表得到 g0 = 2.557；第十二次靶试结果与均值之差为 5.48，大于 g0 乘以标准差的值 5.3087，故第十二次的靶试结果异常。

二、数据清理中平滑处理的常用方法

在制导控制系统中，各种电气信号中经常包含了不同类型测量噪声，在一些情况下严重影响了分析数据的结论和处理速度。因此，在对于时间序列的数据（如飞行弹道的仿真结果和遥测结果）进行统计分析时，往往需要对数据进行平滑处理。MATLAB 的拟合工具箱和信号处理工具箱提供了多个命令函数用于对数据的平滑处理。

1．拟合工具箱中的平滑函数

平滑处理是通过采用不同的方法对原始数据进行加权求和等操作，完成信号数据的滤波和平滑处理。MATLAB 提供了 smooth() 函数，通过设置相关参数实现对样本数据的不同平滑。

```
Y = smooth(X);                          %    移动平均法进行平滑
Y = smooth(X,span);                     %    指定窗宽进行平滑
Y = smooth(X,method);                   %    指定方法进行平滑
Y = smooth(X,span,method);              %    指定窗宽和方法平滑
```

其中，输入值 X 为样本数据的向量；method 为指定平滑的方法，是一个字符串变量，包括 moving（移动平均法，默认方法）、lowess（局部回归，采用加权线性最小二乘和一个一阶多项式）、loess（局部回归，采用加权线性最小二乘和一个二阶多项式）、rlowess（lowess 方法的稳健形式，异常值被赋予较小的权重，6 倍的平均绝对偏差以外的数据权重为 0）、rloess（loess 方法的稳健形式，异常值被赋予较小的权重，6 倍的平均绝对偏差以外的数据权重为 0）、sgolay（Savitzky-Golay 滤波，这是一种广义移动平均方法，滤波系数由不加权线性最小二乘回归和一个可以指定阶数的多项式模型来确定）等多种方法；span 为指定滤波器的窗宽，不同方法下该数值不一样，对于 moving 和 savitzky-golay 方法，该值为平均滤波器的窗宽，表示滤波数据的个数，其值为一个奇数，默认值为 5，loess 和 lowess 方法中，span 的值是一个小于或等于 1 的数，表示占全体数据点总数的比例。输出 Y 为滤波后的结果。

2．信号处理工具箱中的一维中值滤波函数

MATLAB 的信号处理工具箱中提供了 medfilt1()函数，对采集得到的信号数据进行一维中值滤波处理，其主要调用格式如下：

```
Y = medfilt1(X,n);                      %    对数据的一维中值滤波
```

式中，输入参数 X 为样本数据向量；n 为滤波器窗宽。当 n 为奇数时，Y 的第 k 个元素等于 X 的第 $k-(n-1)/2$ 个元素至第 $k+(n-1)/2$ 个元素的中位数；当 n 为偶数时，Y 的第 k 个元素等于 X 的第 $k-n/2$ 个元素至第 $k+n/2-1$ 个元素的中位数。n 的默认值为 3。

三、数据变换中标准归一化的常用方法

数据变换的目的是将数据转换或统一成适合于数据分析的形式。数据变换的内容涉及光滑、聚集、数据泛化、数据标准化、属性构造等内容。下面介绍一些比较常用的数据标准化方法。

在对大量的试验数据进行处理分析时，为了消除试验样本数据中量纲影响和变量自身变异大小和数值大小的影响，常常需要将试验数据进行标准化。数据的标准化过程也就是统计数据的指数化过程，主要包括数据同趋化处理和无量纲化处理两个方面。数据同趋化处理主要解决数据不同性质问题，对不同性质指标直接求和不能正确反映不同作用力的综合结果，需先考虑改变逆指标数据性质，使所有指标对测评方案的作用力同趋化，再加总才能得出正确结果。数据无量纲化处理主要解决数据的可比性问题，去除数据的单位限制，将其转化为无量纲的纯数值，便于不同单位或量级的指标能够进行比较和加权。

数据标准化的方法有很多种，常用的有"最小-最大标准化""Z-score 标准化"等。经过上述标准化处理，原始数据均转换为无量纲化指标测评值，即各指标值都处于同一个数量级别上，便于进行综合测评分析。

1．最小-最大标准化

最小-最大标准化方法是对原始数据进行线性变换。假设试验样本数据的最大值和最小

值分别为 x_{max} 和 x_{min}，期望标准化后的数据范围为 $[y_{min}, y_{max}]$，原数据 x_b 的标准化过程为

$$y_b = (y_{max} - y_{min}) \times \frac{x_b - x_{min}}{x_{max} - x_{min}} + y_{min} \tag{9-19}$$

MATLAB 中提供了 mapminmax()函数用于完成数据的最小-最大标准化，试验人员也可以通过自行编写程序来实现。该函数的主要调用格式如下：

```
Y = mapminmax(X) ;                          %  对数据进行最小-最大标准化
Y = mapminmax(X,YMIN,YMAX) ;                 %  对数据进行最小-最大标准化
```

其中，输入 X 为样本数据，可以是向量或矩阵，当输入为矩阵时，该函数对每行的数据都进行最大-最小标准化处理；YMIN 和 YMAX 分别为期望标准化的数据最长值和最大值，默认情况下其值分别为为-1 和 1。输出结果 Y 为标准化数据，其维数与输入 X 相同。

最小-最大标准化对原始数据进行线性变换，保持原始数据值之间的联系。但输入如果落在的原始数据值域外，该方法会导致越界错误。

2．Z-score 标准化

该方法基于原始数据的均值和标准差进行数据的标准化。已知整个样本数据的均值为 $\bar{x}$，样本标准差为 σ，则原数据 x_b 的标准化过程为

$$y_b = \frac{x_b - \bar{x}}{\sigma} \tag{9-20}$$

MATLAB 提供了 zscore()函数用于完成数据的 Z-score 标准化，主要调用格式如下：

```
Z = zscore (X) ;                            %  对数据进行 Z-score 标准化
```

其中，输入 X 为样本数据，输出 Z 为采用 Z-score 标准化后的结果。该 Z-score 标准化方法适用于样本数据的最大值和最小值未知的情况，或有超出取值范围的离群数据的情况。

【例 9-3】某型火箭弹十次靶试的射程散布为 12.3、14.2、9.8、10.4、11.5、13.4、10.6、12.8、11.9、13.4（单位：km），对这批试验结果进行归一化处理。

在 MATLAB 中输入如下命令代码：

```
X = [12.3 14.2 9.8 10.4 11.5 13.4 10.6 12.8 11.9 13.4];
Y = mapminmax(X) ;              %  采用最小值-最大值方法进行数据归一化
Z = zscore (X) ;               %  采用 Z-score 方法进行数据归一化
```

计算结果为：

```
Y = [0.1364 1.0000 -1.0000 -0.7273 -0.2273 0.6364 -0.6364 0.3636 -0.0455 0.6364]
Z = [0.1853 1.4895 -1.5307 -1.1189 -0.3638 0.9404 -0.9816 0.5285 -0.0892 0.9404]
```

9.3　基于 MATLAB 的试验数据假设检验分析方法

在对试验数据进行统计分析时，通常根据以往经验假定样本总体服从某种分布，虽然在许多情况下这个假定是合理的，但是当要以此为前提进行重要的参数估计，或者人们对它有较大怀疑的时候，就有必要对这个假设进行检验。

本节简要给出假设检验的基本概念，然后给出利用 MATLAB 进行试验数据的假设检验的常用方法。

9.3.1 试验数据假设检验的基本概念

假设检验是数理统计学中根据一定假设条件由样本推断总体的一种方法，是数理统计研究的重要组成部分。假设检验又称为显著性检验，是用来判断样本与样本、样本与总体的差异是由采样误差引起的还是本质差别造成的统计推断方法。在对试验数据进行假设检验时，首先对总体的某个位置参数或总体的分布形式做某种假设，然后由抽取的样本所提供的信息构造合适的统计量，对所提出的假设进行检验，以做出统计判断。假设检验是统计判断中的一个重要内容，在统计学的理论和实际应用中占有重要位置。

下面给出假设检验中的几个基本概念。在假设检验中，常把一个被检验的假设称为原假设，用 H_0 表示，通常将不应轻易加以否定的假设作为原假设。当 H_0 被拒绝时而接收的假设称为备择假设，用 H_1 表示，H_0 与 H_1 通常成对出现。由样本对原假设进行判断总是通过一个统计量完成的，该统计量称为检验统计量。使原假设被拒绝的样本观测值所在区域称为拒绝域 W。在进行假设检验时，可能犯以下两类错误：第一类是 H_0 为真但观测值落在拒绝域中，从而拒绝原假设 H_0，这种错误称为第一类错误，其发生的概率称为犯第一类错误的概率，或称拒真概率，通常记为 α。第二类是 H_0 不真（即 H_1 为真）但样本观测值落在接受域中，从而接受原假设 H_0，这种错误称为第二类错误，其发生的概率称为犯第二类错误的概率，或称受伪概率，通常记为 β。这就是假设检验中经常会提到的两类错误。科研人员为了评判假设检验的结果，定义了显著性水平的概念，用来确定否定或接受无效假设的概率，即当原假设为正确时人们却把它拒绝了的概率或风险。当显著性水平取 0.05 时，表明做出接受原假设的决定的正确的可能性（概率）为 95%。

关于假设检验的其他相关数学基础，本书不做过多赘述。在此，主要介绍参数假设检验和非参数假设检验在 MATLAB 中的实现方法。

9.3.2 常用的参数假设检验及其相关 MATLAB 函数

在对样本数据进行假设检验时，若样本总体的分布函数类型已知，则需要对总体的未知参数进行假设检验，称其为参数假设检验。参数检验的目的在于对总体的参数及其有关性质做出明确的判断。

MATLAB 统计工具箱中提供了一系列函数，用于不同情况下的参数假设检验。

一、总体标准差已知的单样本均值的 μ 检验

已知一组样本数据 X，假设其服从正态分布 $N(\mu,\sigma^2)$，当已知总体标准差 σ 时，选取检测统计量 μ 为

$$\mu = \frac{\bar{x} - \mu_0}{\sigma/\sqrt{n}} \tag{9-21}$$

判断该样本的均值是否符合假设。该检验利用 μ 检验统计量，故称为 μ 检验。MATLAB 提供了 ztest() 函数用于已知方差情况下的单样本均值的假设检验，主要调用格式如下：

```
h = ztest(X,mu,sigma);                      %  单样本数据的 z 检验
h = ztest(X,mu,sigma,alpha);                %  指定 α 的单样本数据的 z 检验
[h,p,ci,zval] = ztest(X,mu,sigma,alpha);    %  单样本数据的 z 检验
```

该函数用于判断在指定的显著性水平下，正态分布样本 X 是否具有均值 μ 和标准差 σ。其中，输入 X 为样本数据；mu 为假设的正态分布均值；sigma 为已知的标准差；alpha 为设定的显著性水平，默认值为 0.05。输出结果中，h 为检验结果；p 为接受假设的概率值，若 p 小于 alpha，则拒绝是正态分布的原假设；ci 为一个二维向量，表示总体均值 μ 的置信水平为 $1-\alpha$ 的置信区间；zval 为检验统计量的观测值。当 h=0 或 p>α 时，表示接收原假设，当 h=1 或 p≤α 时表示拒绝原假设。

【例 9-4】在对某部件进行加工时，其加工结果符合正态分布 $N(500,64)$，单位为 mm，已知某批次抽查结果为：505,512,497,493,515,502,495,490,510,488。问该批次的部件加工是否合格？

在 MATLAB 中输入如下命令代码：

```
X = [505,512,497,493,515,502,495,490,510,488];  %   输入检测结果
[h,p] = ztest(X,500,64);                          %   对正态分布假设进行检验
```

计算结果为：

```
h = 0; p = 0.9724
```

计算结果表明该批次抽检结果的符合正态分布 $N(500,64)$，样本合格。

二、总体标准差未知的单样本均值的 t 检验

已知一组样本数据 X，假设其服从正态分布 $N(\mu,\sigma^2)$，当其总体标准差 σ 未知时，可以选用样本标准差 s 代替 σ 进行判断，选取检验统计量 t 为

$$t = \frac{\overline{x} - \mu_0}{s/\sqrt{n}} \tag{9-22}$$

判断该样本的均值是否符合假设。该检验用 t 检验统计量，故称为 t 检验。MATLAB 提供了 ttest()函数用于在未知方差情况下的单样本均值的假设检验，主要调用格式如下：

```
h = ttest(X);                        %   单样本数据的 t 检验
h = ttest(X,mu,alpha);               %   指定α的单样本数据的 t 检验
[h,p,ci,statsl] = ttest(X,mu,alpha); %   单样本数据的 t 检验
```

其中，输入 X 为样本数据；mu 为假设的正态分布均值，默认值为 0；alpha 为设定的显著性水平，默认值为 0.05。输出的四个参数中，h、p、ci 与函数 ztest()中的 h、p、ci 含义相同；stats 为包含相关统计结果的结构体。

【例 9-5】已知某精确制导武器的最大射程靶试结果如下（单位为 km）：

17.01	17.90	17.15	17.31	17.41	17.72	17.03	17.62	16.37	17.54
16.45	17.88	17.68	16.68	17.94	17.73	17.00	17.24	17.64	17.35

假设最大射程靶试结果符合正态分布，能否认为其平均最大射程指标为 17.5km？

在 MATLAB 中输入如下命令代码：

```
X = [17.01,17.90,17.15,17.31,17.41,17.72,17.03,17.62,16.37,17.54,16.45,
17.88,17.68,16.68,17.94,17.73,17.00,17.24,17.64,17.35];
[h,p] = ttest(X,17.5,0.05);              %   判断数据的均值是否符合要求
```

计算结果为：

```
h = 0; p = 0.1244;
```

计算结果表明该批次产品可以认为其平均最大射程为 17.5km。

三、总体标准差未知的双样本均值比较的 t 检验

在实际情况中,经常会遇到两组试验数据进行判断比较的情况。MATLAB 提供了 ttest2() 函数,用于两组总体标准差未知,但方差相等的正态样本均值的比较检验,即判断两组样本均值是否存在显著差异。其调用方法如下:

```
h = ttest2(X,Y);                              %  双样本的比较 t 检验
h = ttest2(X,Y,alpha);                        %  指定α的双样本的比较 t 检验
[h,p,ci,statsl] = ttest(X,Y,alpha);           %  双样本数据的 t 检验
```

其中,输入 X 和 Y 分别为两组试验样本数据;其余参数与 ttest() 函数中的参数含义相同。

【例 9-6】已知某型武器两个批次抽检靶试的脱靶量结果如下,单位为 m。

第一批	1.91	0.67	4.03	2.77	3.24	4.89	0.91	1.68	3.93	4.54
第二批	1.29	0.92	0.71	1.26	3.66	0.62	1.23	2.45	1.37	2.42

请比较两次靶试结果是否有显著差异。

在 MATLAB 中输入如下命令代码:

```
X = [1.91 0.67 4.03 2.77 3.24 4.89 0.91 1.68 3.93 4.54];
Y = [1.29 0.92 0.71 1.26 3.66 0.62 1.23 2.45 1.37 2.42];
[h,p,ci,statsl] = ttest2(X,Y)                 %  对两组样本数据进行 t 检验
```

计算结果为:

```
h = 1; p = 0.0382;ci = 0.0764 2.4516
statsl =        tstat: 2.2361      df: 18
```

从结果可以看出,两组样本数据的 t 检验未通过,说明两组样本的均值存在显著差异。

四、总体均值未知的单样本正态方差的 χ^2 检验

已知一组样本数据 X,假设其服从正态分布 $N(\mu,\sigma^2)$,当其总体均值 μ 未知时,选取统计检测量

$$\chi^2 = \frac{(n-1)s^2}{\sigma_0^2} \tag{9-23}$$

来判断该样本的正态总体方差是否符合假设,该方法称为 χ^2 检验。MATLAB 提供 vartest() 函数来实现在总体均值未知时的单个正态总体方差的假设检验,其调用格式如下:

```
h = vartest(X,v);                             %  单样本数据的 χ² 检验
h = vartest(X,v,alpha);                       %  指定α的单样本数据的 χ² 检验
[h,p,ci,statsl] = vartest(X,v,alpha);         %  单样本数据的 χ² 检验
```

其中,输入 X 为试验样本数据,v 为假设的样本正态方差;其余参数与 ttest() 函数中的参数的含义相同。

五、总体均值未知的双样本正态方差比较的 F 检验

与 ttest() 函数类似,MATLAB 提供 vartest2() 函数来实现在总体均值未知时的两个正态总体方差比较的 F 检验,其调用格式如下:

```
h = vartest2(X,Y);                            %  双样本数据的方差比较 χ² 检验
h = vartest2(X,Y,alpha);                      %  指定α的双样本数据的 χ² 检验
```

```
[h,p,ci,stats1] = vartest2(X,Y,alpha);        %    双样本数据的方差比较 χ² 检验
```

其中，输入 X 和 Y 分别为试验样本数据；其余参数与 vartest()函数中的参数的含义相同。

9.3.3　常用的非参数假设检验及其相关 MATLAB 函数

在具体的试验分析中，经常会遇到对于试验数据的总体分布形式所知甚少的情况，此时就需要对未知分布函数的形式及其他特征进行假设检验，这种假设检验称为非参数假设检验。下面介绍几种常用的非参数假设检验及其 MATLAB 实现函数。

一、单样本正态分布 Jarque-Bera 检验

Jarque-Bera 检验是对样本数据是否具有符合正态分布的偏度和峰度拟合优度的检验。该检验以 Carlos Jarque 和 Anil K. Bera 命名，简称 JB 检验。该方法利用正态分布的偏度 g_1 和峰度 g_2，构造一个包含 g_1、g_2 且自由度为 2 的卡方分布统计量 JB，即

$$JB = n(\frac{1}{6}J^2 + \frac{1}{24}B^2) \sim \chi^2(2) \tag{9-24}$$

其中，$J = \frac{1}{n}\sum_{i=1}^{n}(\frac{x_i - \overline{x}}{s})^3$，$B = \frac{1}{n}\sum_{i=1}^{n}(\frac{x_i - \overline{x}}{s})^4 - 3$。

对于显著性水平 α，当 JB 统计量小于 χ^2 分布的 $1-\alpha$ 分位数 $\chi^2_{1-\alpha}(2)$ 时，接受 H_0，即认为总体服从正态分布；否则拒绝 H_0，即认为总体不服从正态分布。该检验方法适用于大样本，当样本容量 n 较小时慎用。

MATLAB 提供了 jbtest()函数，用于采用 JB 检验来评估样本数据是否符合正态分布。其主要调用格式如下：

```
h = jbtest(X) ;                               %    单样本数据 JB 检验
h = jbtest(X,alpha);                          %    指定α单样本 JB 检验
[h,p,jbstart,critval] = jbtest(x,alpha);      %    单样本数据 JB 检验
```

其中，输入 X 为样本数据，alpha 为指定的假设检验显著性水平，默认值为 0.05。输出结果中，h 为检验结果，若 h 为 0，则表示样本数据 X 服从正态分布；若 h 为 1，则表示样本 X 不服从正态分布；p 为接收假设的概率值，若 p 小于 alpha，则拒绝总体服从正态分布的原假设；jbstart 是测试统计量的值，critval 为是否拒绝原假设的临界值，若 jbstart 大于 critval，则可以拒绝正态分布的原假设。

二、单样本任意分布（Kolmogorov-Smirnov）检验

Kolmogorov-Smirnov 检验简称 KS 检验，它是通过样本的经验分布函数与给定分布函数的比较，推断该样本是否来自给定分布函数的总体。假设给定分布函数为 $G(x)$，构造统计量

$$D_n = \max_n(|F_n(x) - G(x)|) \tag{9-25}$$

即两个分布函数之差的最大值，对于假设 H_0，总体服从给定的分布 $G(x)$ 和 α，根据 D_n 的极限分布确定关于是否接受 H_0 的统计量的临界值。因为该检验方法需要给定 $G(x)$，所以当用于正态性检验时，只能做标准正态检验，即 H_0 总体服从标准正态分布 $N(0,1)$。

在 MATLAB 环境中，KS 检验的命令为 kstest()函数，其主要调用格式如下：

```
h = kstest(X);                                    %   单样本数据的 KS 检验
h = kstest(X,Name,Value) ;                        %   附加参数的单样本 KS 检验
[h,p,ksstart,critval] = kstest(X,Name,Value);     %   附加参数的单样本 KS 检验
```

其中，输入 X 为样本数据，Name 为不同函数参数的名称；Value 为指定参数的数值大小；当输入为 alpha 表示指定的假设检验显著性水平，默认值为 0.05；当输入值为 cdf 时，表示假设连续矩阵，此时，数值为一个两列矩阵，矩阵的第一列包含可能的 X 值，第二列是假设累积分布函数 $G(x)$ 的值。输出结果中，h 为检验结果，若 h 为 0 则表示样本数据 X 服从标准正态分布，若 h 为 1 则表示样本 X 不服从正态分布；p 为接收假设的概率值，若 p 小于 alpha，则拒绝是正态分布的原假设；ksstart 是测试统计量的值；critval 为是否拒绝原假设的临界值，若 ksstart 大于 critval，则可以拒绝正态分布的原假设。

三、单样本正态分布（Lilliefors）检验

Lilliefors 检验是改进的 KS 检验并用于一般的正态性检验，原假设 H_0 为：总体服从正态分布 $N(\mu, \sigma^2)$，其中 μ、σ^2 由样本均值和方差估计，其命令为 Lillietest()函数。

```
h = lillietest(x);                                %   单样本数据 Lilliefors 检验
h = lillietest (x,Name,Value) ;                   %   附加参数的数据 Lilliefors 检验
[h,p,ksstat,critval] = lillietest (x, Name,Value);
%    附加参数的数据 Lilliefors 检验
```

该函数的输入参数和输出结果与 kstest()基本一致，在此不做过多叙述。

四、几种非参数假设检验的应用场合

在使用 jbtest()、lillietest()与 kstest()函数进行非参数假设检验时，需要注意以下几点。

（1）函数 jbtest()与函数 lillietest()均是检验样本是否服从正态分布，而函数 kstest()可检验样本是否服从任意指定的分布。

（2）函数 jbtest()是利用偏度、峰度来检验样本是否服从正态分布，适用于大样本；而对于小样本，则用函数 lillietest()来检验。

（3）函数 lillietest()与函数 kstest()的检验原理均是用 X 的经验分布函数与一个有相同均值与方差的正态分布的分布函数进行比较，不同的是函数 lisllietest()中正态分布的参数是由 X 估计得来的，而函数 kstest()中正态分布的参数是事先指定的。

【例 9-7】关于例 9-5，判断能否认为该武器最大射程的落点散布符合正态分布？

在 MATLAB 中输入如下命令代码：

```
X  = [17.01,17.90,17.15,17.31,17.41,17.72,17.03,17.62,16.37,17.54,16.45,
17.88, 17.68,16.68,17.94,17.73,17.00,17.24,17.64,17.35];
[h1,p1] = jbtest(X,0.05);                         %   进行 JB 检验
[h2,p2] = lillietest(X,0.05);                     %   进行 Lilliefors 检验
```

计算结果为：

```
hh1 = 0; p1 = 0.2061; h2 = 0; p2 = 0.4661;
```

采用 JB 检验方法和 Lilliefors 检验方法的检验结果均表明该武器的最大射程散布符合正态分布。

9.4　基于 MATLAB 的试验数据参数估计方法

在很多实际问题中，为了对某些统计进行判断，需要确定数据总体服从的分布，通常根据问题的实际情况或适当的统计方法来判断总体分布的类型，然后对总体分布中的各项参数进行估计。

本节首先简要介绍参数估计的基本概念，然后介绍如何利用 MATLAB 来实现样本数据不同分布情况下的参数估计。

9.4.1　试验数据参数估计的基本概念

参数估计就是根据样本统计量来推断总体分布的特征参数的过程，通常可以分为点估计和区间估计两类问题。点估计是根据样本估计总体分布中所含的未知参数，通常它们是总体的某个特征值，如数学期望、方差和相关系数等。点估计问题是要构造一个只依赖于样本的量，作为未知参数或未知参数的函数的估计值，常用的点估计方法包括矩估计法、极大似然估计法、最小二乘法和贝叶斯估计等。区间估计是根据抽取的样本，以及一定的正确度与精确度的要求，构造出适当的区间，作为总体分布的未知参数或参数的函数的真值所在范围的估计。因此，点估计方法既不能说明样本误差的大小，又不能说明估计的结果有多大的把握程度，但区间估计方法可以弥补这个不足。

在对样本数据进行点估计时，需要试验人员掌握几个基本概念和准则。评价估计结果优良性的标准主要包括：① 无偏性：样本采样分布的数学期望等于被估计的总体参数的期望；② 有效性：对同一总体参数的多个无偏点估计量，有更小标准差的估计量更有效；③ 一致性：随着样本数目的增加，估计结果也来越接近被估计的总体参数。

关于区间估计的概念还包括置信区间和置信水平。① 置信区间：在区间估计中，由样本统计量所构造的总体参数的估计区间称为置信区间，区间的最小值称为置信下限，最大值称为置信上限。② 置信水平：将构造置信区间的步骤重复若干次，置信区间包含总体参数真值的次数所占的比例称为置信水平。

9.4.2　常用的试验数据不同分布假设检验及其相关 MATLAB 函数

MATLAB 统计工具箱给出了多种方法，能够非常方便地求取不同概率分布中参数的点估计与区间估计。本书仅介绍极大似然估计法。

一、极大似然估计法的 MATLAB 实现

极大似然估计法是在总体类型已知条件下的一种参数估计法。假设样本 X 是为来自总体的一组样本数据，样本的联合密度或联合概率函数为 $f(x_1, x_2, \cdots, x_n; \theta)$。定义似然函数为

$$L(\theta) = f(x_1, x_2, \cdots, x_n; \theta) \tag{9-26}$$

极大似然估计就是利用使 $L(\theta)$ 达到最大值的 $\hat{\theta}$ 去估计 θ 的方法，即

$$L\left(\hat{\theta}\right) = \max_{\theta} L\left(\theta\right) \qquad\qquad (9\text{-}27)$$

称 $\hat{\theta}$ 为 θ 的极大似然估计。

MATLAB 提供了 mle()函数来求取分布参数的极大似然估计量，其主要调用格式如下：

```
phat = mle(X);                              %   求取样本极大似然估计量
phat = mle(X,'distribution',dist);          %   指定分布的极大似然估计量
phat = mle(X,'pdf',pdf,'start',start);      %   指定分布的极大似然估计量
[phat,pci] = mle(___) ;                     %   求取极大似然估计和置信区间
```

其中，输入 X 为样本数据；dist 为字符串变量，用于指定分布类型，包括'beta'（β 分布）、'bino'（二项分布）、'extp'（指数分布）、'norm'（正态分布）、'poiss'（泊松分布）和'unif'（平均分布）等；pdf 和 start 均为函数句柄变量，分别表示指定的概率密度分布函数和累积分布函数。输出结果中，phat 为样本的极大似然估计量；pci 为二维向量，存放得到的置信区间。

二、正态分布参数估计的 MATLAB 实现

正态分布作为一种典型的概率分布形式，在实际工作中具有显著意义。MATLAB 提供了 normfit()函数来完成对总体参数的点估计和区间估计，其主要调用格式如下：

```
[muhat,sigmahat] = normfit(X);                    %   求取正态分布参数的点估计
[muhat,sigmahat,muci,sigmaci] = normfit(X);       %   正态分布的点估计和区间估计
[muhat,sigmahat,muci,sigmaci] = normfit(X,alpha); % 指定置信度的正态分布估计
```

其中，输入 X 为样本数据；alpha 为指定的置信度大小，用于控制置信区间的宽度，默认值为 0.05。输出参数中，muhat 和 sigmahat 分别为点估计的正态分布均值和标准差；muci 和 sigmaci 分别为对应 1−alpha 的置信区间。

【例 9-8】关于例 9-5，求取靶试结果的标准差和均值，以及其置信区间大小。

在 MATLAB 中输入如下命令代码：

```
X = [17.01,17.90,17.15,17.31,17.41,17.72,17.03,17.62,16.37,17.54, 16.45,
17.88,17.68,16.68,17.94,17.73,17.00,17.24,17.64,17.35];
[muhat,sigmahat,muci,sigmaci] = normfit(X,0.05);    %   对正态分布数据进行参
数估计
```

计算结果为：

```
Muhat = 17.3325; sigmahat = 0.4660;
muci = [17.1144 17.5506]; sigmaci = [0.3544 0.6806]
```

计算结果表明：该样本数据的均值的点估计为 17.33，95%的置信区间为[17.11 17.55]；标准差的点估计为 0.466，其置信区间为[0.3544 0.6806]。

三、常用概率分布参数估计方法的 MATLAB 实现

除正态分布 normfit()函数外，MATLAB 统计工具箱中还提供了一系列以 fit 结尾的函数，分别对应不同概率分布的参数估计。主要包括二项分布概率的参数估计函数 binofit()、泊松分布参数的估计函数 poissfit()、β 分布参数 a 和 b 的估计函数 betafit()、均匀分布参数的估计函数 unifit()、指数分布参数的估计函数 expfit()、γ 分布参数的估计函数 gamfit()和韦伯分布参数的估计函数 weibfit()等。这些函数的调用方法、参数含义和输出结果与 normfit()函数基本类似，在此不做过多赘述。

需要说明的是：二项分布概率的最大似然估计函数 binofit()的输入中，需要添加样本数

目 n；而正态分布参数估计函数 normfit() 和均匀分布参数估计函数 unifit()，其输出结果是单独给出的；而其他参数的输出结果以列向量的形式给出。

【例 9-9】无人机制导控制系统包含众多的电子元器件，某电子元器件的使用寿命（从开始用到初次失效为止）服从指数分布，现抽取一组样本进行测试，结果如下：

2.48	9.42	14.20	9.06	23.28	20.25	0.59	0.49	5.54	29.17
14.49	10.41	1.98	41.73	31.4	17.82	4.42	3.14	4.25	7.96

求取 λ 的极大似然估计值。

在 MATLAB 中输入如下命令代码：

```
X = [2.48 9.42 14.20 9.06 23.28 20.25 0.59 0.49 5.54 29.17 14.49 10.41 1.984
1.73 31.4 17.82 4.42 3.14 4.25 7.96];
[muhat] = expfit(X, 0.05);               %   对指数分布数据进行参数估计
```

计算结果为：

```
muhat = 10.6042
```

计算结果表明：该样本数据 λ 的极大似然估计值为 10.6042。

9.5　基于 MATLAB 的试验数据回归分析方法

某些数据或试验结果往往与某种因素或多种因素相关，而这种关系又是难以直接推导确定的，只能从数据上分析出某种趋势。为了研究这种特征变量与试验结果之间具有的相关关系，就需要采用回归分析的方法。回归分析是根据已有的试验结果以及以往的经验来建立统计模型的并研究变量间的相互关系，建立变量之间关系的近似表达式，是常用的数据分析方法之一。具体而言，回归分析就是针对自变量和因变量之间的关系，借助数学理论的基础和经验，选配一种恰当的函数形式，然后选用某个回归命令求出所有的待定系数。本节将试验数据回归问题分为一元线性回归、多元线性回归和非线性回归进行介绍。

9.5.1　一元线性回归模型及其相关 MATLAB 函数

下面简要给出一元线性回归的概念及 MATLAB 的实现方法。

一、一元线性回归模型的概念

设 Y 是一个可观测的随机变量，它受到一个非随机变量因素 x 和随机误差 ε 的影响。若 Y 与 x 有如式（9-28）的线性关系

$$Y = \beta_0 + \beta_1 x + \varepsilon \tag{9-28}$$

且 ε 的均值 $E(\varepsilon) = 0$ ，方差 $\mathrm{var}(\varepsilon) = \sigma^2 (\sigma > 0)$ ，其中 β_0 与 β_1 是固定的未知参数，称为回归系数，Y 称为因变量，x 称为自变量，则称式（9-28）为一元线性回归模型。

对于实际问题，若要建立回归方程，则首先要确定能否建立线性回归模型，其次确定如何对模型中未知参数 β_0 与 β_1 进行估计。

通常，首先对总体 (x, Y) 进行 n 次独立观测，获得 n 组数据（称为样本观测值）$(x_1, y_1), (x_2, y_2), \cdots (x_n, y_n)$ ；然后在直角坐标系 xOy 中画出数据点 (x_i, y_i) ，其中，$i = 1, 2, \cdots n$ ，

该图形称为数据的散点图。若这些数据点大致位于同一条直线的附近，则认为 Y 与 x 之间的关系符合式（9-28）。此时，利用最小二乘法可以得到回归模型参数 β_0 的 β_1 的最小二乘估计 $\hat{\beta}_0$、$\hat{\beta}_1$，估计公式为

$$\begin{cases} \hat{\beta}_0 = \bar{y} - \bar{x}\hat{\beta}_1 \\ \hat{\beta}_1 = \dfrac{L_{xy}}{L_{xx}} \end{cases} \tag{9-29}$$

式中，$\bar{x} = \dfrac{1}{n}\sum\limits_{i=1}^{n} x_i$，$\bar{y} = \sum\limits_{i=1}^{n} y_i$，$L_{xx} = \sum\limits_{i=1}^{n}(x_i - \bar{x})^2$，$L_{xy} = \sum\limits_{i=1}^{n}(x_i - \bar{x})(y_i - \bar{y})$。

故建立经验公式模型

$$\hat{y} = \hat{\beta}_0 + \hat{\beta}_1 x \tag{9-30}$$

一元线性回归分析的主要任务：一是利用样本观测值对回归系数 β_0、β_1 和 σ 进行点估计；二是对方程的线性关系（即 β_1）进行显著性检验；三是在 $x = x_0$ 处对 Y 进行预测等。

在一元回归模型中，若变量 y 与 x 的关系是 n 次多项式，即

$$y = a_n x^n + a_{n-1} x^{n-1} + \cdots a_1 x + a_0 + \varepsilon \tag{9-31}$$

式中，ε 是随机误差，服从正态分布 $N(0, \sigma^2)$，a_0，$a_1, \cdots, a_n$ 为回归系数，则称式（9-31）为一元多项式回归模型。

二、一元线性回归模型的 MATLAB 实现

在 MATLAB 统计工具箱中，提供了多项式曲线拟合命令函数 ployfit()、多项式回归模型预测函数 ployval() 及多项式线性拟合工具 ploytool()。

1．多项式拟合命令函数

MATLAB 提供的多项式曲线拟合函数 polyfit() 能够方便地实现指定阶次的多项式拟合功能，详细使用方法参见第 3.4.2 节。

2．多项式回归模型的预测及置信区间函数

MATLAB 提供的多项式回归模型预测及置信区间的求解函数中，多项式回归模型预测就是前文介绍的多项式数值计算函数 polyval() 函数，指定置信度区间的多项式回归模型求解函数 polyconf()。其函数调用格式如下：

```
Y = polyval(p,x0) ;                    %    计算一元线性回归模型数值
[Y,delta] = polyval(p,x0,S,mu) ;       %    计算一元线性回归模型数值
```

其中，输入参数 p 为一元多项式回归模型的系数矩阵；x0 为期望的自变量数值；S 和 mu 为 polyfit() 函数的输出。输出结果 Y 为一元线性回归模型在 x0 处的结果；delta 为误差带范围，即若输入数据的误差相互独立且方差为常数，则 y±delta 至少包含 50% 的预计观测值。其调用格式如下：

```
[Y,DELTA] = polyconf(p,x0,S) ;             %    一元线性回归模型置信区间
[Y,DELTA] = polyconf(p,x0,S,'alpha',alphaval) ;%   一元线性回归模型置信区间
```

polyconf() 函数根据一元线性回归模型求取指定自变量的变化结果及其置信区间，输入 p、x0 与 polyval() 函数中的参数含义相同；alphaval 为置信区间参数，其大小介于 0~1。输出结果 DELTA 为 $100\times(1-\text{alpha})\%$ 的置信区间。

3．多项式线性拟合工具函数

除 ployfit()函数外，MATLAB 还提供了一个一元多项式线性拟合工具函数 polytool()，该函数的调用格式如下：

```
polytool(X,Y,n) ;                       %   一元线性回归交互工具
polytool(X,Y,n,alpha) ;                 %   指定置信度线性回归交互工具
```

其中，输入 X、Y、n 的含义与 polyfit()函数中参数的含义相同，分别表示输入样本的自变量、因变量和指定的多项式阶次，输入 alpha 为置信度参数，即期望的置信度为(1–alpha)%，默认情况下 alpha 的值为 0.05。

该命令可以绘出总体拟合图形以及(1–alpha)上、下置信区间的直线（屏幕上显示为红色），如图 9-1 所示。此外，用鼠标拖动图 9-1 中的纵向虚线，就可以显示出对于不同的自变量数值所对应的预测状况。与此同时，图 9-1 的左端边数值框中会随着自变量的变化而得到预测数值以及(1–alpha)置信区间长度一半的数值。用户可以通过修改上方的 Degree 参数动态地调整、拟合多项式的阶次。

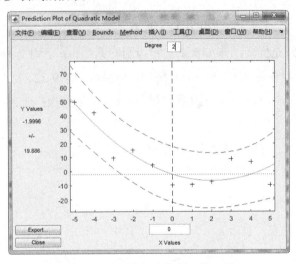

图 9-1　多项式拟合的图形化工具

【例 9-10】 已知某型陀螺的输出结果与温度密切相关，下面给出该陀螺在不同温度下对于同一转速的输出结果：

温度/℃	−40	−20	0	20	40	60	80	100
转速/(°/s)	76	88	96	104	115	128	141	154

求取输出转速与温度的一元线性回归方程，并分析其回归效果，预测温度为 30℃时对应的转速下陀螺输出的估值及预测区间（置信度 95%）。在 MATLAB 中输入如下命令代码：

```
X = [-40    -20 0    20   40   60   80   100];
Y = [76 88   96   104 115 128 141 154];
[p,S] = polyfit(X,Y,1);                 %   对数据进行一元线性回归
[y0,DELTA]=polyconf(p,30,S,'alpha',0.05)   %   进行回归结果预测
```

计算结果为：

```
p = [0.5464 96.3571]; S.normr = 6.4254;y0 = 112.7500, DELTA = 6.8080;
```

结果表明，该转速下陀螺转速与温度的关系为　0.5464*t + 96.3571；残差范数为 6.4254；

该转速下在 30℃时的输出估计为 112.75，置信区间为[105.942 119.558]。

9.5.2　多元线性回归模型及其相关 MATLAB 函数

一元线性回归分析是在排除其他影响因素或假定其他影响因素确定的条件下，分析某个因素对试验结果影响的过程，所进行的分析是比较理想化的。但在很多实际问题中，往往是多个因素变量都对试验结果有影响。例如，飞行器的气动力系数通常与飞行器的高度、速度、攻角、侧滑角和舵偏角等因素相关。研究一个变量和多个变量之间的定量关系问题就称为多元回归问题，其中，多元线性回归是多元回归分析中最简单、最常用的一种情况。下面对多元线性回归问题及其在 MATLAB 中的实现方法予以介绍。

一、多元线性回归模型的概念

设 Y 是一个可观测的随机变量，它受到 p（$p>0$）个非随机变量因素 $X_1,X_2,\cdots,X_p$ 和随机误差 ε 的影响。若 Y 与 $X_1,X_2,\cdots,X_p$ 之间的线性关系为

$$Y = \beta_0 + \beta_1 X_1 + \beta_2 X_2 \cdots \beta_p X_p + \varepsilon \tag{9-32}$$

式中，$\beta_0,\beta_1,\beta_2,\cdots,\beta_p$ 是固定的未知参数，称为回归系数；ε 是均值为 0、方差为 $\sigma^2(\sigma>0)$ 的随机变量；Y 称为因变量；$X_1,X_2,\cdots,X_p$ 称为自变量。式（9-32）称为多元线性回归模型。

对于总体 $(X_1,X_2,\cdots,X_p;Y)$ 的 n 组观测量 $(x_{i1},x_{i2},\cdots,x_{ip};y_i)(i=1,2,\cdots,n;n>p)$，应满足式（9-32），即

$$\begin{cases} y_1 = \beta_0 + \beta_1 x_{11} + \beta_2 x_{12} + \cdots + \beta_p x_{1p} + \varepsilon_1 \\ y_2 = \beta_0 + \beta_1 x_{21} + \beta_2 x_{22} + \cdots + \beta_p x_{2p} + \varepsilon_2 \\ \vdots \qquad\qquad \cdots \\ y_n = \beta_0 + \beta_1 x_{n1} + \beta_2 x_{n2} + \cdots + \beta_p x_{np} + \varepsilon_n \end{cases} \tag{9-33}$$

式中 $\varepsilon_1,\varepsilon_2,\cdots,\varepsilon_n$ 相互独立，且设 $\varepsilon_i \sim N(0,\sigma^2)$，其中 $i=1,2,\cdots,n$，记为

$$\boldsymbol{Y} = \begin{pmatrix} y_1 \\ y_2 \\ \vdots \\ y_n \end{pmatrix}, \quad \boldsymbol{X} = \begin{pmatrix} 1 & x_{11} & x_{12} & \cdots & x_{1p} \\ 1 & x_{21} & x_{22} & \cdots & x_{2p} \\ \vdots & \vdots & \vdots & \vdots & \vdots \\ 1 & x_{n1} & x_{n2} & \cdots & x_{np} \end{pmatrix}, \quad \boldsymbol{\beta} = \begin{pmatrix} \beta_0 \\ \beta_1 \\ \vdots \\ \beta_p \end{pmatrix}, \quad \boldsymbol{\varepsilon} = \begin{pmatrix} \varepsilon_1 \\ \varepsilon_2 \\ \vdots \\ \varepsilon_n \end{pmatrix}$$

该模型可用矩阵形式表示为

$$\boldsymbol{Y} = \boldsymbol{X}\boldsymbol{\beta} + \boldsymbol{\varepsilon} \tag{9-34}$$

式中，$\boldsymbol{Y}$ 称为观测向量；$\boldsymbol{X}$ 称为设计矩阵；$\boldsymbol{\beta}$ 称为待估计向量；$\boldsymbol{\varepsilon}$ 称为不可观测的 n 维随机向量，它的分量相互独立，假定 $\boldsymbol{\varepsilon} \sim N(0,\sigma^2 I_n)$。

二、多元线性回归模型的 MATLAB 实现

多元线性回归模型是对一元线性回归模型的扩展，两者的基本原理类似，但前者在计算上更为复杂，一般需要借助计算机来完成。在 MATLAB 统计工具箱中，提供了多元线性回归计算函数 regress()，用于求解多元线性回归问题。其主要调用格式如下：

```
b = regress(y,X) ;                    %  多元线性回归计算函数
[b,bint,r,rint,stats] = regress(y,X);  %  多元线性回归计算函数
```

```
[b,bint,r,rint,stats] = regress(y,X,alpha);        %     多元线性回归计算函数
```

其中，输入参数中，y 是大小为 n 的多元线性回归模型中的因变量向量；X 为大小为 n×p 的多元线性回归模型中的自变量矩阵；alpha 为设定的置信度大小，默认值为 0.05，其设置会影响置信区间的大小。输出结果中，b 为大小为 p 的多元线性回归模型中的回归系数向量，需要注意的是其结果顺序是从常数项开始（与 polyfit 函数不同）；bint 为指定置信度情况下的回归系数的置信区间，它是一个大小为 p×2 的矩阵，第一列为置信下限，第二列为置信上限；r 是大小为 n 的残差向量，即因变量的真实值减去估计值的大小；rint 为指定置信度情况下的残差置信区间，它是一个 n×2 的矩阵，第一列为置信下限，第二列为置信上限；stats 为回归分析状态的结构体，包括回归方程的置信度、F 统计量及与 F 统计量对应的 p 值大小。

对于多元回归函数 regress()，其难点在于根据经验公式选取合适的多元线性模型，并根据模型来构造出自变量矩阵 X 和因变量向量 y。其中，自变量矩阵 X 的每一列对应于目标函数中的一项，并且要在 X 矩阵最前面额外添加全 1 列，用于对应的常数项；因变量向量一定是列向量，其行数与因变量个数相同。需要注意的是，regress() 函数只能解决每项只有一个待定系数且必须有常数项的情况，（注，每项只有一个待定系数，即项数与待定系数数目相同）。

【例 9-11】飞行器的气动力通常与速度、攻角和舵偏角等因素相关，已知某飞行器的气动参数在不同速度、不同攻角下、不同舵偏角下的结果如下：

马赫数	0.3	0.4	0.5	0.6	0.7	0.8	0.9
舵偏角/°	−20	−10	−5	0	5	10	20
攻角/°	−10	−5	−3	0	3	5	10
气动系数	−7.59	−1.58	−1.68	0.42	2.54	4.42	8.44

根据相关专业知识，假设气动系数与速度、攻角和舵偏角的关系为 Cy = Cy0 + Cy_Ma*Ma + Cy_Alpha*Alpha + Cy_Delta*Delta 。在 MATLAB 中输入如下命令代码：

```
X1 = [0.3,0.4,0.5,0.6,0.7,0.8,0.9];               %     输入马赫数向量
X2 = [-20,-10,-5,0,5,10,20];                      %     输入舵偏角向量
X3 = [-10,-5,-3,0,3,5,10];                        %     输入攻角向量
y = [-7.59,-1.58,-1.68,0.42,2.54,4.42,8.44];      %     输入气动系数向量
X = [ones(size(X1')),X1',X2',X3'];                %     构造包含函数关系的矩阵 X
[b,bint,r,rint,stats] = regress(y',X);            %     进行多元线性回归结果
```

计算结果为：

```
b =[0.4615 -0.0622 0.3016 0.2001]
bint = [0.1243 0.7986; -0.6176 0.4932; 0.2914 0.3118;0.1958 0.2045]
r = [0.0009 -0.0008 -0.0019 -0.0041 0.0136 -0.0085  0.0009]
rint = [-0.0277 0.0294;-0.0021 0.0006;-0.0362 0.0324;-0.0485 0.0402;
  -0.0007 0.0279;-0.0235 0.0064;-0.0277 0.0294];
stats = 1.0e+05 * [0.0000  5.5819  0.0000  0.0000]
```

9.5.3　非线性回归的形式及其相关 MATLAB 函数

在实际工作中，由于一些试验结果与其影响因素之间的关系往往不是线性的，因此不能通过简单的多项式模型进行描述。在对这些非线性回归问题进行建模时，通常采用的方

法就是通过一些非线性曲线模型来实现非线性回归问题的求解，通过适当的变换，将其转换为线性回归问题。常用的非线性曲线包括双曲线函数曲线 $1/y = a + b/x$、幂函数曲线 $y = ax^b$（其中 $x>0, a>0$）、指数曲线 $y = ae^{bx}$（其中 $a>0$）、倒指数曲线 $y = ae^{b/x}$（其中 $a>0$）、对数曲线 $y = a + b\ln x$ 及 S 型曲线 $y = 1/a + be^{-x}$（其中 $ab>0$）。

在 MATLAB 统计工具箱中，实现非线性回归的命令函数有 nlinfit()、nlpredci()、nlparci() 和 nlintool()。

1．非线性回归命令函数

对于非线性回归问题，MATLAB 提供了 nlinfit() 函数来进行求解，其调用格式为：

```
beta = nlinfit(X,Y,modelFun,beta0) ;              %   求取非线性回归模型
[beta,R,J] = nlinfit(X,Y,modelFun,beta0);         %   求取非线性回归模型
```

其中，输入参数 X、Y 是样本数据的自变量和因变量，分别为 $n \times m$ 维的矩阵和 n 维向量，对于一元非线性回归，X 为 n 维列向量；modelFun 是指期望的非线性曲线函数（上文所述的双曲线函数、幂函数等）的句柄，可以通过预先编写的 M 文件或 inline 定义函数进行描述；beta0 为设定的回归系数初值。输出结果中，beta 为估计的最佳回归系数向量；R 为残差向量；J 为非线性回归模型的雅克比矩阵，存储着估计预测误差需要的数据。

2．非线性回归预测及置信度区间函数

与一元线性回归一样，MATLAB 也提供了非线性回归预测置信区间函数 nlpredci() 和非线性回归参数置信区间函数 nlparci()，其主要调用格式如下：

```
[Ypred,delta] = nlpredci(modelfun,X0,beta,R,'Jacobian',J);%   非线性回归预
测置信区间
[Ypred,delta] = nlpredci(modelfun,X0,beta,R,'Covar',Covar);    %   非线性
回归预测置信区间
ci = nlparci(beta,R,'covar',Covar);               %   非线性回归参数置信区间
ci = nlparci(beta,R,'jacobian',J);                %   非线性回归参数置信区间
```

其中，输入参数 beta、R、J、Covar 是非线性回归命令 nlinfit 的输出结果；modelfun 是期望的非线性曲线函数，X0 是需要预测的自变量；输出值中，Ypred 为预测值；delta 为 95% 置信区间的半宽度。ci 为一个矩阵，每行分别为每个参数(1–alpha)% 的置信区间。

3．非线性回归交互工具

与线性回归一样，MATLAB 也为非线性回归计算提供了交互工具函数 nlintool()，其典型调用格式为：

```
nlintool(X,Y,fun,beta0) ;                         %   非线性回归交互工具
nlintool(X,Y,fun,beta0,alpha) ;                   %   指定置信度回归交互工具
```

其中，相关参数与 nlinfit() 的参数含义相同。交互工具界面与多项式回归的命令 polytool 的界面相似，此处不再重述。

【例 9-12】火箭发动机在工作过程中，会对燃烧室产生侵蚀作用，下面给出某型发动机在工作时间内，对燃烧室的侵蚀作用，试给出工作时间与燃烧室侵蚀大小的关系，并分析发动机在工作 35s 时对燃烧室侵蚀的情况。

时间/s	10	20	30	40	50	60	70	80	90	100	110	120
侵蚀量	4.06	5.03	5.39	5.58	5.71	5.79	5.82	5.88	5.92	5.95	5.98	5.99

根据经验，燃烧室侵蚀量与时间的关系式为 $y=ae^{b/x}$，参考之前的测试结果，选取初值为 a=5,b=-5，在 MATLAB 中输入如下命令代码：

```
%   首先编写 m 文件
function yhat=CfFun(beta,x);                          %   编写关系式函数
a=beta(1);                                           %   获取变量 a
b=beta(2);                                           %   获取变量 b
yhat =a*exp(b./x);                                   %   建立关系式

%   然后在 Command Windows 中键入如下命令
X = [10,20,30,40,50,60,70,80,90,100,110,120];
y = [4.06,5.03,5.39,5.58,5.71,5.79,5.82,5.88,5.92,5.95,5.98,5.99];
beta0 = [5 -5];                                      %   设置初值
[beta,R,J] = nlinfit(X,Y,@CfFun,beta0);              %   进行非线性回归分析
[Ypred,delta] = nlpredci(@CfFun,35,beta,R,'Jacobian',J);  %   进行非线性
回顾预测
```

计算结果为：

```
beta = [6.2054   -4.2318]; Ypred = 5.4987; delta = 0.0059;
```

从结果可以看出，该型火箭发动机的侵蚀量与时间的关系式为 $y=6.2054e^{-4.2318/x}$，预计在发动机工作 35s 时，侵蚀量为 5.4987，95%的置信区间为[5.4929 5.5046]。

9.6　试验数据的统计绘图分析

在试验数据分析过程中，通过一些图形样例，可以更加清楚地描述数据分析结果，便于试验人员掌握和理解数据的描述性特征。对于试验数据，除可以利用第 2-5 节介绍的简要绘图函数外，MATLAB 还提供了一系列函数，用于绘制条形图、直方图、盒图、阶梯图和火柴棒图、Q-Q 图等特殊图形，便于试验人员借助几何图形来了解数据的特征与分布情况。

9.6.1　常用的统计绘图

常用的统计绘图包括条形图、直方图、盒图、阶梯图和火柴棒图等，下面简要介绍上述图形的绘制方法。

一、条形图、阶梯图、火柴棒图及填充图

条形图是利用宽度相同的直线条的高低或长短来表示统计指标数值的大小的。条形图根据表现内容可分为单式条形图、复式条形图和结构条形图。单式条形图反映统计对象随某个因素变化而变化的情况；复式条形图可以反映统计对象随两个因素变化而变化的情况；结构条形图反映不同统计对象内部结构的变化情况。类似的还有阶梯图（没有内部线条的条形图）和火柴棒图（一系列附带空心圆头的直线条组成，能够方便地显示出数据的变化趋势）。

MATLAB 中的条形图、阶梯图、火柴棒图和填充图的绘制函数分别为 bar()、stairs()、stem()，其主要调用格式如下：

```
bar(X) ;                                    %   绘制样本 X 的条形图
bar(z,X) ;                                  %   以 z 为横坐标的 X 样本条形图
stairs(X) ;                                 %   绘制样本 X 的阶梯图
stairs(z,X) ;                               %   以 z 为横坐标的 X 样本阶梯图
stem(X) ;                                   %   绘制样本 X 的火柴棒图
stem(z,X) ;                                 %   以 z 为横坐标的 X 样本火柴棒图
```

其中，X 为样本数据，可以为向量或矩阵；z 为自定义的横坐标向量，必须为递增形式。

二、直方图

通常可以用直方图的形式对数据分布进行统计，即使用频率分布的图形进行表示。将观测数据的取值范围分为若干个区间，计算落在每个区间的频数或频率。在每个区间上画一个矩形，矩形的高低表示频数的大小，以估计总体的概率密度。该图形可以方便地查看数据的分布情况。

MATLAB 提供了 hist()函数用于绘制数据的直方图。另外，MATLAB 还提供了 histfit()函数，能够绘制附加不同类型的密度曲线的直方图。其主要调用格式如下：

```
hist(X) ;                                   %   绘制直方图
hist(X,nbins) ;                             %   绘制指定条数的直方图
histfit(X) ;                                %   绘制附加正态分布曲线直方图
histfit(X,nbins) ;                          %   指定条数的正态密度直方图
histfit(X,nbins,dist) ;                     %   绘制附加指定分布曲线直方图
```

其中，X 为样本数据向量或矩阵；nbins 指定 bar 的个数，默认值为 10；dist 为指定的分布曲线，以字符串的形式表示，如'normal'（正态分布，默认情况）、'poisson'（泊松分布）和'beta'（β 分布）等。

三、盒子图

盒子图是用于描述数据离散度的一种图形，由五个数值点组成：最小值、下四分位数、中位数、上四分位数和最大值。下四分位数 Q1、中位数、上四分位数 Q3 组成一个带有隔间的盒子，盒子中的直线标出中位数的位置。上四分位数到最大值之间建立一条延伸线，这个延伸线称为"胡须（Whisker）"。中间的盒子是从 Q1 延伸到 Q3。在分析数据时，盒子图能够直观地识别试验样本中的异常值，根据观察盒子的长度、上下隔间的形状，以及胡须的长度，判断试验样本集的数据离散程度和偏向，有效地帮助我们识别数据的特征。

MATLAB 中的盒子图绘图函数为 boxplot()，其主要调用格式如下：

```
boxplot(X) ;                                %   为 X 的每列绘制 box 图
boxplot(X,notch) ;                          %   带修饰的 box 图
boxplot(X,notch,'sym') ;                    %   带修饰的 box 图
```

其中，X 为样本数据向量或矩阵；notch 为设定盒子是否有凹口，当为 1 时，盒子为凹口形式；sym 为标记符号，默认值为"+"。

【例 9-13】下面以不同的形式绘制出例 9-1 的靶试结果。在 MATLAB 中输入如下命令代码：

```
X = [3.31 3.85 6.93 2.32 5.47 4.81 3.67 1.98 3.34 3.85 1.01 8.35 2.29 3.78
4.58 2.19 3.26 4.78 0.42 6.18];
figure(1);
subplot(3,1,1);bar(X);title('条形图');          %   绘制条形图
```

```
subplot(3,1,2);stairs(X); title('阶梯图');            %    绘制阶梯图
subplot(3,1,3);stem(X); title('火柴棒图');            %    绘制火柴棒图
figure(2);
hist(X) ;    title('直方图');                          %    绘制直方图
figure(3);
boxplot(X) ;title('盒子图');                          %    为 X 绘制 box 图
```

计算结果如图 9-2 所示：

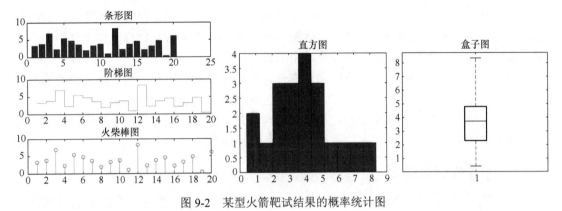

图 9-2　某型火箭靶试结果的概率统计图

9.6.2　概率分布统计绘图

MATLAB 中还提供了一些专用统计绘图，可以清晰直观地反映样本数据的统计结果，如正态分布图和 Q-Q 图等。

一、正态概率图

正态概率图（Normal Probability Plot）用于检查一组数据是否服从正态分布，是实数与正态分布数据之间函数关系的散点图。若这组实数服从正态分布，则正态概率图描绘的是一条直线。正态概率图也可以用于确定一组数据是否服从任意一个已知分布，如二项分布或泊松分布。

正态概率图中样本数据用符号"＋"来表示，叠加在数据上的实线是数据的第一个与第三个四分位点之间的连线（为样本顺序统计量的鲁棒线性拟合）。这条线延伸到样本数据的两端，以便估计数据的线性度。若数据来自一个正态分布，则"＋"线近似地在一条直线上。一般地，中间的点距离直线位置的偏差不能过大，两头的点的偏差可以允许大一些。当中间的点距离直线位置偏差太大时，就认为 X 来自其他分布。

MATLAB 中提供了正态概率图的绘制函数为 normplot()，其主要调用格式如下：

```
normplot(X) ;                                    %    绘制样本的正态概率图
```

其中，输入 X 为样本，当数据为矩阵时，系统为每列数据都绘制一条线。

借助正态概率图，试验人员可以根据曲线变形情况方便直观地辨别试验样本数据的概率分布情况。图 9-3 给出了一些常见的多项式拟合的图形化工具。

（1）短尾分布：若尾部比正常的短，则点所形成的图形左边朝直线上方弯曲，右边朝直线下方弯曲即如果倾斜向右看，那么图形呈 S 型。表明数据比标准正态分布时更加集中靠近均值。

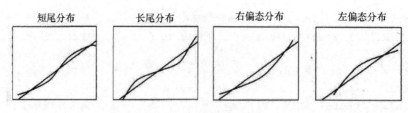

图 9-3　常见的多项式拟合的图形化工具

（2）长尾分布：若尾部比正常的长，则点所形成的图形左边朝直线下方弯曲，右边朝直线上方弯曲，即如果倾斜向右看，那么图形呈倒 S 型。表明数据比标准正态分布时有更多偏离的数据。一个双峰分布也可能是这个形状。

（3）右偏态分布：右偏态分布左边尾部短，右边尾部长。因此，点所形成的图形与直线相比向上弯曲，或者说呈 U 型。把正态分布左边截去，也会是这种形状。

（4）左偏态分布：左偏态分布左边尾部长，右边尾部短。因此，点所形成的图形与直线相比向下弯曲。把正态分布右边截去，也会是这种形状。

二、分位数-分位数图

分位数-分位数图（Quantile-Quantile Plot）简称为 Q-Q 图，也是一个常用的概率分布图。它通过图形的方式比较两个概率分布，把他们的两个分位数放在一起比较。分布图上的点 (x, y) 反映出其中一个第二个分布（y 坐标）的分位数和与之对应的第一分布（x 坐标）的相同分位数。因此，这条线是一条以分位数间隔为参数的曲线。若两个分布相似，则该 Q-Q 图趋近于落在 $y = x$ 线上。若两个分布线性相关，则点在 Q-Q 图上趋近于落在一条直线上，但不一定在 $y = x$ 这条直线上。Q-Q 图可在分布的位置/尺度范畴上可视化地评估参数。

利用 Q-Q 图鉴别样本数据是否近似于正态分布，只需看 Q-Q 图上的点是否近似地在一条直线附近，而且该直线的斜率为标准差，截距为均值。

MATLAB 中提供了 Q-Q 图的绘制函数为 qqplot()，其主要调用格式如下：

```
qqplot(X) ;                                    %    绘制样本 X 的 Q-Q 图
qqplot(X,Y) ;                                  %    绘制样本 X、Y 的 Q-Q 图
qqplot(X,Y,pvec) ;                             %    指定分位数的 Q-Q 图
```

其中，X、Y 分别为样本数据；pvec 为指定的分位数大小。

三、回归残差图

在进行回归分析时，可以通过对残差的计算来评价、回归、分析结果的优劣。回归残差图是指以回归方程的自变量为横坐标，以残差为纵坐标，将每个自变量的残差描在该平面坐标上所形成的图形。当描绘的点围绕残差等于 0 的直线上下随机分布时，说明回归直线对原观测值的拟合情况良好；否则，说明回归直线对原观测值的拟合不理想。

从回归残差图中可以直观地看出残差的绝对数值都比较小，所描绘的点都在以 0 为横轴的直线上下随机分布，回归直线对各个观测值的拟合情况是良好的，说明变量 X 与 y 之间有明显的线性关系。MATLAB 的统计工具箱中，提供了回归残差图的绘制函数 rcoplot()，其主要调用公式如下：

```
rcoplot(r,rint) ;                                 %    绘制回归残差图
```

该函数中，输入 r 和 rint 均为回归分析函数 regress()的输出。该函数将试验样本回归后的残差及置信区间绘制成误差条图，按数据的顺序给出各数据点的误差条。

9.6.3　MATLAB 中图形绘制方法汇总

图像作为试验数据的重要表型形式，能够直观地表现出数据的内在属性和相关特征，MATLAB 作为一个重要的试验分析软件，为仿真试验分析提供了多种图形绘制函数。图 9-4 与图 9-5 给出 MATLAB 常用的图形绘制方法，包括线图、条形图、区域图、方向图、雷达图、散点图、网格形和条形图、区域图和构造对象、表面图、方向图和体积图等。从图 9-4 与图 9-5 中可以比较方便地看出各种曲线的绘图类型、函数方法和图形形状。

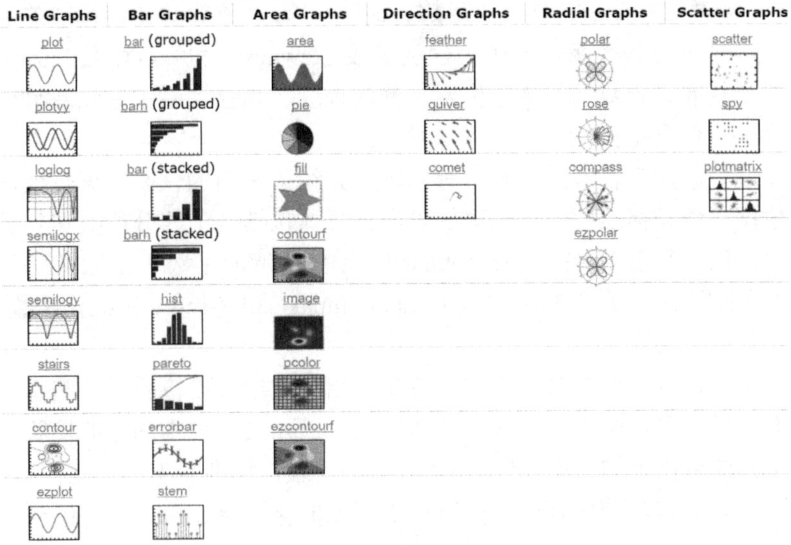

图 9-4　MATLAB 中绘图函数汇总示意图

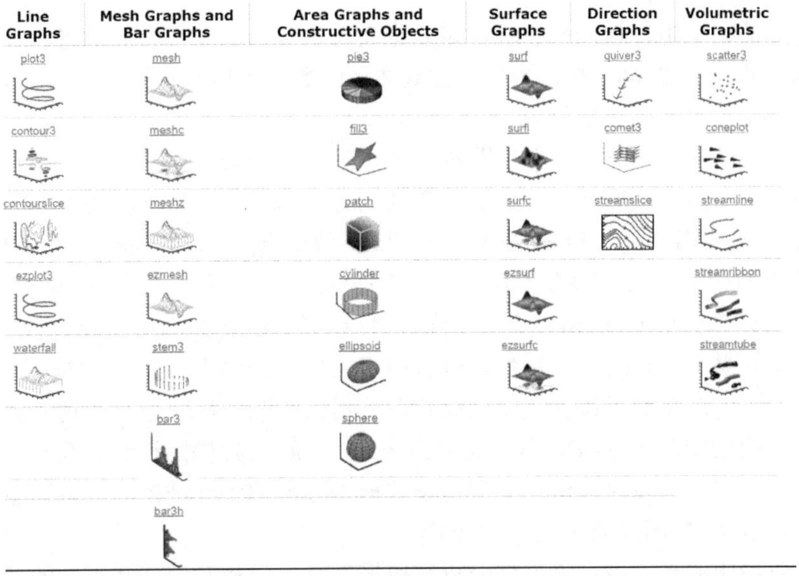

图 9-5　MATLAB 中绘图函数汇总示意图

9.7 本章要点小结

各种仿真、测试等试验是精确制导武器研制过程中的重要工作，因此，高效熟练地掌握数据分析工具，对于深入分析试验结果、提高工作效率有重要的意义。本章首先给出了试验数据分析的一些基本概念，简要介绍了如何利用 MATLAB 开展描述性分析、假设检验、参数估计和回归分析等内容。

（1）介绍了利用 MATLAB 开展数据性描述分析的方法，MATLAB 提供了平均值函数 mean()、中位数函数 median()、分位数函数 prctile()、方差函数 var()、标准差函数 std()、极差函数 range()、四分位极差函数 iqr()、偏度函数 skewness()和峰度函数 kurtosis()等一系列函数命令，用于获取试验数据的集中位置、分散程度、相互关联关系以及数据分布的正态或偏态特征等试验数据特征。

（2）针对试验数据包含噪声、野点等问题，介绍了常用的试验数据预处理方法，包括野点剔除、数据平滑和标准归一化处理等内容。具体包括基于四分位数和基于格拉布斯准则的野点剔除方法；利用平滑函数 smooth()和一维中值滤波函数 medfilt1()进行数据平滑处理的方法，以及利用最小-最大标准化函数 mapminmax()和 Z-score 标准化函数 zscore()进行数据标准归一化的方法。

（3）对于试验数据假设检验的需求，首先介绍了数据假设检验的一些基本概念；然后介绍了常用的参数假设检验方法，包括总体标准差已知的单样本均值的检验函数 ztest()、总体标准差未知的单样本均值的 t 检验函数 ttest()、总体标准差未知的双样本均值比较的 t 检验函数 ttest2()、总体均值未知的单样本正态方差的 χ^2 检验函数 vartest()等；对于非参数假设检验的情况，介绍了 Jarque-Bera 检验、Kolmogorov-Smirnov 检验、Lilliefors 检验在 MATLAB 中的实现方法。

（4）参数估计是指在根据样本统计量来推断总体分布的特征参数的过程，本章给出常用的极大似然估计函数 mle()和正态分布参数估计函数 normfit()的具体使用方法，并简要介绍其他概率分布类型的参数估计函数。

（5）对于对试验数据进行回归分析的数据处理需求，MATLAB 提供了多种函数用于一元线性回归、多元线性回归和非线性回归等数据处理情况。对于一元线性回归，用户通过多项式拟合命令函数 polyfit()、多项式回归模型的预测 polyval()及其置信区间函数 polyconf()，以及多项式线性拟合工具 ploytool()来实现具体目标。同时，MATLAB 提供了多元线性回归计算函数 regress()、非线性回归命令函数 nlinfit()、非线性回归预测 nlpredci()及置信度区间函数 nlparci()等一系列函数，用于完成复杂情况下的回归分析。

（6）最后，本章介绍了试验数据的统计图分析的绘制方法，包括常用的条形图绘制命令 bar()、直方图绘制命令 hist()、盒图绘制命令 boxplot()、阶梯图绘制命令 stairs()和火柴棒图绘制命令 stem()，以及可以清晰直观地反映样本数据的统计结果的正态分布图绘制函数 normplot 函数()、Q-Q 图绘制函数 qqplot()等。

（7）需要说明的是，由于"数据分析和挖掘"是一门相对复杂和深入的课程，本书没有对各种分析中的数学基础和推导过程进行展开,仅给出了基本概念和 MATLAB 中的实现方法。同时,关于试验数据分析中的聚类分析、主成分分析和试验设计等内容,本书受篇幅限制并未展开,有兴趣的读者可以参考相关资料和 MATLAB 的帮助文档。

附表：格拉布斯临界值表

n	90.00%	95.00%	97.50%	99.00%	99.50
3	1.148	1.153	1.155	1.155	1.155
4	1.425	1.463	1.481	1.492	1.496
5	1.602	1.672	1.715	1.749	1.764
6	1.729	1.822	1.887	1.944	1.973
7	1.828	1.938	2.020	2.097	2.139
8	1.909	2.032	2.126	2.22	2.274
9	1.977	2.110	2.215	2.323	2.387
10	2.036	2.176	2.290	2.410	2.482
11	2.088	2.234	2.355	2.485	2.564
12	2.134	2.285	2.412	2.550	2.636
13	2.175	2.331	2.462	2.607	2.699
14	2.213	2.371	2.507	2.659	2.755
15	2.247	2.409	2.549	2.705	2.806
16	2.279	2.443	2.585	2.747	2.852
17	2.309	2.475	2.620	2.785	2.894
18	2.335	2.501	2.651	2.821	2.932
19	2.361	2.532	2.681	2.954	2.968
20	2.385	2.557	2.709	2.884	3.001
21	2.408	2.580	2.733	2.912	3.031
22	2.429	2.603	2.758	2.939	3.060
23	2.448	2.624	2.781	2.963	3.087
24	2.467	2.644	2.802	2.987	3.112
25	2.486	2.663	2.822	3.009	3.135
26	2.502	2.681	2.841	3.029	3.157
27	2.519	2.698	2.859	3.049	3.178
28	2.534	2.714	2.876	3.068	3.199
29	2.549	2.730	2.893	3.085	3.218
30	2.583	2.745	2.908	3.103	3.236
31	2.577	2.759	2.924	3.119	3.253
32	2.591	2.773	2.938	3.135	3.270
33	2.604	2.786	2.952	3.150	3.286
34	2.616	2.799	2.965	3.164	3.301
35	2.628	2.811	2.979	3.178	3.316
36	2.639	2.823	2.991	3.191	3.330
37	2.650	2.835	3.003	3.204	3.343

（续表）

38	2.661	2.846	3.014	3.216	3.356
39	2.671	2.857	3.025	3.228	3.369
40	2.682	2.866	3.036	3.240	3.381
41	2.692	2.877	3.046	3.251	3.393
42	2.700	2.887	3.057	3.261	3.404
43	2.710	2.896	3.067	3.271	3.415
44	2.719	2.905	3.075	3.282	3.425
45	2.727	2.914	3.085	3.292	3.435
46	2.736	2.923	3.094	3.302	3.445
47	2.744	2.931	3.103	3.310	3.455
48	2.753	2.940	3.111	3.319	3.464
49	2.760	2.948	3.120	3.329	3.474
50	2.768	2.956	3.128	3.336	3.483
51	2.775	2.943	3.136	3.345	3.491
52	2.783	2.971	3.143	3.353	3.500
53	2.790	2.978	3.151	3.361	3.507
54	2.798	2.986	3.158	3.388	3.516
55	2.804	2.992	3.166	3.376	3.524
56	2.811	3.000	3.172	3.383	3.531
57	2.818	3.006	3.180	3.391	3.539
58	2.824	3.013	3.186	3.397	3.546
59	2.831	3.019	3.193	3.405	3.553
60	2.837	3.025	3.199	3.411	3.560
61	2.842	3.032	3.205	3.418	3.566
62	2.849	3.037	3.212	3.424	3.573
63	2.854	3.044	3.218	3.430	3.579
64	2.860	3.049	3.224	3.437	3.586
65	2.866	3.055	3.230	3.442	3.592
66	2.871	3.061	3.235	3.449	3.598
67	2.877	3.066	3.241	3.454	3.605
68	2.883	3.071	3.246	3.460	3.610
69	2.888	3.076	3.252	3.466	3.617
70	2.893	3.082	3.257	3.471	3.622
71	2.897	3.087	3.262	3.476	3.627
72	2.903	3.092	3.267	3.482	3.633
73	2.908	3.098	3.272	3.487	3.638
74	2.912	3.102	3.278	3.492	3.643
75	2.917	3.107	3.282	3.496	3.648
76	2.922	3.111	3.287	3.502	3.654
77	2.927	3.117	3.291	3.507	3.658

78	2.931	3.121	3.297	3.511	3.663
79	2.935	3.125	3.301	3.516	3.669
80	2.940	3.130	3.305	3.521	3.673
81	2.945	3.134	3.309	3.525	3.677
82	2.949	3.139	3.315	3.529	3.682
83	2.953	3.143	3.319	3.534	3.687
84	2.957	3.147	3.323	3.539	3.691
85	2.961	3.151	3.327	3.543	3.695
86	2.966	3.155	3.331	3.547	3.699
87	2.970	3.160	3.335	3.551	3.704
88	2.973	3.163	3.339	3.555	3.708
89	2.977	3.167	3.343	3.559	3.712
90	2.981	3.171	3.347	3.563	3.716
91	2.984	3.174	3.350	3.567	3.720
92	2.989	3.179	3.355	3.570	3.725
93	2.993	3.182	3.358	3.575	3.728
94	2.996	3.186	3.362	3.579	3.732
95	3.000	3.189	3.365	3.582	3.736
96	3.003	3.193	3.369	3.586	3.739
97	3.006	3.196	3.372	3.589	3.744
98	3.011	3.201	3.377	3.593	3.747
99	3.014	3.204	3.380	3.597	3.750
100	3.017	3.207	3.383	3.600	3.754

参考文献

[1] 张望根. 寻的防空导弹总体设计[M]. 北京：中国宇航出版社, 1991.

[2] 赵善友. 防空导弹武器寻的制导控制系统设计[M]. 北京：中国宇航出版社, 1992.

[3] 彭冠一. 防空导弹武器制导控制系统设计[M]. 北京：中国宇航出版社, 1996.

[4] 陈怀瑾, 吴北生, 梁晋才. 防空导弹武器系统总体设计和试验[M]. 北京：中国宇航出版社, 1995.

[5] 杨军, 杨晨, 段朝阳. 现代导弹制导控制系统设计[M]. 北京：航空工业出版社, 2005.

[6] 樊会涛. 空空导弹方案设计原理[M]. 北京：航空工业出版社, 2013.

[7] 张波. 空面导弹系统设计[M]. 北京：航空工业出版社, 2013.

[8] 王少峰. 空面导弹制导控制系统设计[M]. 北京：航空工业出版社, 2017.

[9] 孟秀云.导弹制导与控制系统原理[M]. 北京：北京理工大学出版社, 2003

[10] George M.Siouris. 导弹制导与控制系统[M]. 张天光, 王丽霞, 宋振峰，等，译. 北京：国防工业出版社, 2010.

[11] 于剑桥, 文仲辉, 梅月跃等. 战术导弹总体设计[M]. 北京：北京航空航天大学出版社, 2010.

[12] 张志涌. 精通 MATLAB R2011a[M]. 北京：北京航空航天大学出版社, 2011

[13] 张文乐, 朱家组. 《MATLAB-PC》矩阵分析计算软件包在控制理论中的应用[J]. 上海：上海机械学院学报,1988,10(02): 97-104.

[14] 栾颖. MATLAB R2013a 工程分析与仿真[M]. 北京：清华大学出版社, 2014.

[15] 赵海滨. MATLAB 应用大全[M]. 北京：清华大学出版社, 2012.

[16] 杨涤, 耿云海, 杨旭等. 飞行器系统仿真与 CAD[M]. 哈尔滨：哈尔滨工业大学出版社, 2006.

[17] 娄寿春. 面空导弹武器系统分析[M]. 北京：国防工业出版社, 2013.

[18] 薛定宇, 陈阳泉. 高等应用数学问题的 MATLAB 求解[M]. 北京：清华大学出版社, 2008..

[19] CleveB.Moler, 张志涌译. MATLAB 数值计算[M]. 北京：北京航空航天大学出版社, 2015.

[20] 刘寅立. MATLAB 数值计算案例分析[M]. 北京：北京航空航天大学出版社, 2011.

[21] 张德丰. MATLAB 数值计算方法[M]. 北京：机械工业出版社, 2010.

[22] 栾颖. MATLAB R2013a 求解数学问题[M]. 北京：清华大学出版社, 2014.

[23] 胡寿松. 自动控制原理(第四版)[M]. 北京：科学出版社, 2001.

[24] 孟秀云. 导弹制导与控制系统原理[M]. 北京：北京理工大学出版社, 2003.

[25] 刘兴堂, 刘宏, 柳世考,等. 导弹制导控制系统分析、设计与仿真[M]. 西安：西北工业大学出版社, 2006.

[26] 黄新生. 导弹制导控制系统设计[M]. 长沙：国防科技大学出版社, 2013.

[27] 于秀萍, 刘涛. 制导与控制系统[M]. 哈尔滨：哈尔滨工程大学出版社, 2014.

[28] 岳瑞华, 徐中英, 周涛. 导弹控制原理[M]. 北京：北京航空航天大学出版社, 2016.

[29] 杨军, 朱学平, 袁博. 现代防空导弹制导控制技术[M]. 西安：西北工业大学出版社, 2014.

[30] 林德福, 王辉, 王江等. 战术导弹自动驾驶仪设计与制导律分析[M]. 北京：北京理工大学出版社, 2012.

[31] 薛定宇. 反馈控制系统设计与分析: MATLAB 语言应用[M]. 北京：清华大学出版社, 2000.

[32] 薛定宇, 陈阳泉. 基于 MATLAB/Simulink 的系统仿真技术与应用[M]. 北京：清华大学出版社, 2002.

[33] 薛定宇. 控制系统计算机辅助设计: MATLAB 语言与应用（第 2 版）[M]. 北京：清华大学出版社, 2006.

[34] 刘金琨. 先进 PID 控制 MATLAB 仿真[M]. 北京：电子工业出版社, 2011.

[35] 杨佳, 许强, 徐鹏, 余成波. 控制系统 MATLAB 仿真与设计[M]. 北京：清华大学出版社, 2012.

[36] 夏玮, 李朝晖, 常春藤. MATLAB 控制系统仿真与实例详解[M]. 北京：人民邮电出版社, 2008.

[37] 赵景波. MATLAB 控制系统仿真与设计[M]. 北京：机械工业出版社, 2010.

[38] JohnJ.D'Azzo, ConstantineH.Houpis, StuartN.Sheldon. 基于 MATLAB 的线性控制系统分析与设计[M]. 张武, 王玲芳, 孙鹏, 译. 北京：机械工业出版社, 2008.

[39] 李钟慎, 王亮. GUI 工具 LTIviewer 在系统分析中的应用[J]. 微型电脑应用, 2002, 18(6): 29, 53-55.

[40] 罗成汉. 基于 MATLAB 的控制系统计算机辅助分析[J]. 计算机仿真, 2004, 21(4): 61-63.

[41] 罗成汉, 张富忠, 江小霞. 控制系统计算机辅助分析的 MATLAB 实现方法[J]. 集美大学学报：自然科学版, 2003, 8(2): 145-148.

[42] 李钟慎. 用 sisotool 实现经典控制系统的设计与仿真[J]. 计算机仿真, 2007, 24(5): 173-175.

[43] 陆凌艳. 基于 MATLAB 的线性控制系统教学软件的设计与实现[D]. 上海：复旦大学, 2011.

[44] 张有济. 战术导弹飞行力学设计[M]. 北京：中国宇航出版社, 1998.

[45] 肖业伦, 金长江. 大气扰动中的飞行原理[M]. 北京：国防工业出版社, 1993.

[46] 张毅, 杨辉耀, 李俊莉. 弹道导弹弹道学[M]. 长沙：国防科技大学出版社, 1999.

[47] 贾沛然, 陈克俊, 何力. 远程火箭弹道学[M]. 长沙：国防科技大学出版社, 2009.

[48] 王志刚, 施志佳. 远程火箭与卫星轨道力学基础[M]. 西安：西北工业大学出版社, 2006.

[49] 李新国, 方群. 有翼导弹飞行动力学[M]. 西安：西北工业大学出版社, 2005.

[50] 张葛祥. MATLAB 仿真技术与应用[M]. 北京：清华大学出版社, 2003.

[51] 王江, 付文利. 基于 MATLAB/Simulink 系统仿真权威指南[M]. 北京：机械工业出版社, 2013.

[52] 石良臣. MATLAB/Simulink 系统仿真超级学习手册[M]. 北京：人民邮电出版社, 2014.

[53] 黎明安. MATLAB/Simulink 动力学系统建模与仿真[M]. 北京：国防工业出版社, 2012.

[54] 孙忠潇. Simulink 仿真及代码生成技术入门到精通[M]. 北京：北京航空航天大学出版社, 2015.

[55] 刘金琨, 沈晓蓉, 赵龙. 系统辨识理论及 MATLAB 仿真[M]. 北京：电子工业出版社, 2013.

[56] 闻新. MATLAB 神经网络仿真与应用[M]. 科学出版社, 2003.

[57] 飞思科技产品研发中心. 神经网络理论与 MATLAB 7 实现[M]. 北京：电子工业出版社, 2005.

[58] MATLAB 中文论坛. MATLAB 神经网络 30 个案例分析[M]. 北京：北京航空航天大学出版社, 2010.

[59] 董长虹. MATLAB 神经网络与应用[M]. 北京：国防工业出版社, 2007.

[60] 张德丰. MATLAB 神经网络仿真与应用[M]. 北京：电子工业出版社, 2009.

[61] 于秀萍. 基于动态逆系统和神经网络理论的 BTT 导弹控制系统研究[D]. 哈尔滨：哈尔滨工程大学, 2004.

[62] 杨志峰, 雷虎民, 李庆良, 李炯. 基于 RBF 神经网络的导弹鲁棒动态逆控制[J]. 宇航学报, 2010, 31(10): 2295-2301.

[63] 胡云安, 晋玉强. BTT 导弹神经网络自适应控制器设计[J]. 航天控制, 2003, (01): 37-42.

[64] 晋玉强, 史贤俊, 王学宝. 基于神经网络的 BTT 导弹鲁棒动态逆设计[J]. 系统工程与电子技术, 2008, 30(02): 327-330.

[65] 宋申民, 于志刚, 段广仁. BTT 导弹自适应神经网络控制[J]. 宇航学报, 2007, 28 (05): 1224-1230.

[66] 黄树彩, 李为民. BTT 导弹的神经网络自适应非线性自动驾驶仪设计[J]. 宇航学报, 2007, 28(05): 1231-1234.

[67] 魏喜庆. 基于神经网络的 BTT 导弹自动驾驶仪设计[D]. 哈尔滨：哈尔滨工业大学, 2007.

[68] 崔杰. BTT 导弹自适应神经网络自动驾驶仪设计[D]. 哈尔滨：哈尔滨工业大学, 2006.

[69] 吴晓莉. MATLAB 辅助模糊系统设计[M]. 西安：西安电子科技大学出版社, 2002.

[70] 张国良. 模糊控制及其 MATLAB 应用[M]. 西安：西安交通大学出版社, 2002.

[71] 刘金琨. 滑模变结构控制 MATLAB 仿真[M]. 北京：清华大学出版社, 2012.

[72] 张国良. 模糊控制及其 MATLAB 应用[M]. 西安：西安交通大学出版社, 2002.

[73] 石辛民,郝整清. 模糊控制及其 MATLAB 仿真[M]. 北京：清华大学出版社, 2008.

[74] 黄卫华. 模糊控制系统及应用[M]. 北京：电子工业出版社, 2012.

[75] 庞中华, 崔红. 系统辨识与自适应控制 MATLAB 仿真[M]. 北京：北京航空航天大学出版社, 2013.

[76] 李若铭. 基于 T-S 模糊模型的防空导弹控制系统设计[D]. 哈尔滨：哈尔滨工业大学,2016.

[77] 赵国荣, 韩旭, 胡正高, 马晨, 孙聪. 基于模糊滑模方法的双舵控制导弹制导控制一体化[J]. 控制与决策, 2016, 31(02): 267-272.

[78] 史震, 马文桥, 张玉芳, 林强. 复合控制导弹的模糊控制算法及实现[J]. 哈尔滨工程大学学报, 2014, 35(02): 195-201.

[79] 马治明, 王雪梅, 易志虎. 模糊控制在飞航导弹自动控制系统中的应用[J]. 兵工自动化, 2009, 28(01): 17-18+21.

[80] 许哲, 许化龙, 郝炜亮, 蔡璞. 模糊控制在导弹姿态控制中的应用研究[J]. 弹箭与制导学报, 2006, 26(2): 337-339.

[81] 王蒙. 基于模糊逻辑的飞航导弹高度控制系统设计[D]. 哈尔滨：哈尔滨工程大学, 2006.

[82] Rafael Yanushevsky,现代导弹制导[M]. 薛丽华，等，译.北京：国防工业出版社, 2013.10.

[83] 刘隆和. 多模复合寻的制导技术[M]. 北京：国防工业出版社, 1998.

[84] 方洋旺, 伍友利, 王洪强, 张平.导弹先进制导与控制理论[M]. 北京：国防工业出版社, 2015.9.

[85] 梁晓庚, 王伯荣, 余志峰.王锡泉, 等. 空空导弹制导控制系统设计[M]. 北京：国防工业出版社, 2006.6.

[86] 周荻. 寻的导弹新型导引规律[M]. 北京：国防工业出版社, 2002.

[87] 李庆波. 智能制导律的设计及其仿真研究[D]. 哈尔滨：哈尔滨工业大学, 2013.

[88] 拉斐尔·雅诺舍夫斯基. 无人机制导[M]. 朱华勇, 沈林成, 项晓嘉, 译. 北京：国防工业出版社, 2015.

[89] 薛年喜. MATLAB 在数字信号处理中的应用（第 2 版）[M]. 北京：清华大学出版社 2008.

[90] 雷虎民, 田昌会, 刘文江. 用卡尔曼滤波器估计目标机动加速度[J]. 飞行力学, 2002, 20(3): 36-38.

[91] 张道松. 非线性系统滤波及其在制导中的应用研究[D]. 哈尔滨：哈尔滨工业大学, 2006.

[92] 汪语哲. 滤波技术在高超声速大机动飞行器末制导中的应用[D]. 哈尔滨：哈尔滨工业大学, 2013.

[93] 朱胤. 非线性滤波及其在跟踪制导中的应用[D]. 哈尔滨：哈尔滨工业大学, 2009.

[94] 付梦印, 邓志红, 张继伟. Kalman 滤波理论及其在导航系统中的应用[M]. 北京：科学出版社, 2010: 168-198.

[95] 杨柳. 改进卡尔曼滤波的目标跟踪研究[J]. 计算机仿真, 2010, 27(9): 351-355.

[96] 杨青智. 机动目标跟踪技术的研究[D]. 西安：西安电子科技大学, 2008.

[97] 黄小平, 王岩编著. 卡尔曼滤波原理及应用: MATLAB 仿真[M]. 北京：电子工业出版社, 2015.7.

[98] 毛静. 基于 MATLAB 的卡尔曼滤波器设计[J]. 软件工程师, 2015, 18(10): 32-33.

[99] RafaelC.Gonzalez, RichardE.Woods, StevenL.Eddins, 等. 数字图像处理[M]. 北京：电子工业出版社, 2013.

[100] 郑巧珍, 黄飞, 王佳, 宋柯. 多通道相控阵雷达导引头技术概述[J]. 航空兵器, 2016, (06): 40-43.

[101] 汤晓云, 樊小景, 李朝伟. 相控阵雷达导引头综述[J]. 航空兵器, 2013, (03): 25-30.

[102] 赵鸿燕. 相控阵雷达导引头技术发展现状[J]. 飞航导弹, 2011, (08): 78-82.

[103] 张强, 王正林. 精通 MATLAB 图像处理[M]. 北京：电子工业出版社, 2009.

[104] 张倩, 占君, 陈珊. 详解 MATLAB 图像函数及其应用[M]. 北京：电子工业出版社, 2011.

[105] 杨丹, 赵海滨, 龙哲. MATLAB 图像处理实例详解[M]. 北京：清华大学出版社, 2013.

[106] 余胜威, 丁建明, 吴婷, 等. MATLAB 图像滤波去噪分析及其应用[M]. 北京：北京航空航天大学出版社, 2015.

[107] Bassem R. Mahafza Atef Z. Elsherbeni, 雷达系统设计 MATLAB 仿真[M]. 朱国富, 等, 译. 北京：电子工业出版社, 2009.10.

[108] 王桃桃. 基于 MATLAB/Simulink 的机载相控阵雷达系统的仿真研究[D]. 南京：南京航空航天大学, 2014.

[109] 万顷浪, 张殿福. 基于卡尔曼粒子滤波的目标跟踪算法[J]. 电子科技, 2013, 26(08): 7-9+12.

[110] 张聪慧. 雷达信号处理的 MATLAB 仿真及 DSP 实现[D]. 上海：华东师范大学, 2012.

[111] 李媛媛, 薛媛, 陈凯. 基于 MATLAB 的雷达系统仿真[J]. 电子元器件应用, 2009, 11(09): 55-57.

[112] 魏选平, 姚敏立, 张周生, 齐世举. 脉冲压缩雷达原理及其 MATLAB 仿真[J]. 电子产品可靠性与环境试验, 2008, 26(04): 36-38.

[113] 窦林涛, 程健庆, 李素民. 基于 MATLAB 的雷达信号处理系统仿真[J]. 指挥控制与仿真, 2006, 28(02): 78-82.

[114] 周宇, 张林让, 田慧. 基于 MATLAB/Simulink 的雷达系统仿真[J]. 计算机仿真, 2004, 21(11): 235-238.

[115] 金振中, 李晓斌. 战术导弹试验设计[M]. 北京：国防工业出版社, 2013.

[116] 拉尔夫·D.金柏林. 固定翼飞机飞行试验[M]. 张炜, 田福礼, 译. 北京：航空工业出版社, 2012.

[117] 高亚奎, 安刚, 支超有. 大型运输机飞行控制系统试验技术[M]. 上海：上海交通大学出版社, 2015.

[118] 康崇禄. 蒙特卡罗方法理论和应用[M]. 北京：科学出版社, 2015.

[119] 罗俏, 张伟, 李伟. 微型导弹蒙特卡罗打靶仿真研究[J]. 飞行力学, 2013, 31(3): 265-268.

[120] 金华, 戴金海. 某异型卷弧翼弹的蒙特卡罗计算机模拟打靶[J]. 航天控制, 2007, 25(2): 52-56.

[121] 王华, 徐军, 张芸香. 基于 MATLAB 的弹道蒙特卡罗仿真研究[J]. 弹箭与制导学报, 2005, 25(1): 181-183.

[122] 李文清, 符文星, 闫杰, 等. 某型导弹几种典型干扰的建模与仿真[J]. 计算机测量与控制, 2011, 19(8): 1932-1935.

[123] 尚磊云, 唐硕. 基于方差分析的 Monte-Carlo 制导精度分配方法研究[J]. 飞行力学, 2009, 27(3): 93-96.

[124] 刘维. 实战 MATLAB 之并行程序设计[M]. 北京：北京航空航天大学出版社, 2012.

[125] 张林波, 迟学斌, 李若, 等. 并行计算导论[M]. 北京：清华大学出版社, 2006: 48-55.

[126] 姚尚锋, 刘长江, 唐正华, 等. MATLAB 并行计算解决方案[J]. 计算机时代, 2016, (9): 73-75.

[127] 袁舒, 黄学超, 杨烜. Windows 环境下的 MATLAB 并行机群计算配置及应用[J]. 计算机与现代化, 2010, (5): 189-194.

[128] 符文星, 于云峰, 黄勇, 尉建利. 精确制导导弹制导控制系统仿真[M]. 西安：西北工业大学出版社, 2010.

[129] 单家元, 孟秀云, 丁艳. 半实物仿真[M]. 北京：国防工业出版社, 2008.

[130] 常晓飞, 李萌萌, 符文星, 等. 某型导弹飞控计算机半实物仿真系统的设计[J]. 西北工业大学学报, 2010, 28(3): 318-322.

[131] 闫晓东, 许志. 飞行器系统仿真实训教程[M]. 西安：西北工业大学出版社, 2013.01.

[132] 符文星, 朱苏朋, 陈士橹. 空地导弹制导精度分析及仿真[J]. 弹箭与制导学报, 2005, 25(4): 833-835.

[133] 王松辉. 基于 dSPACE 的无人机飞行控制系统半实物仿真研究[D]. 南京: 南京航空航天大学, 2008.

[134] 金晓华. 基于 dSPACE 半实物仿真的电机测试平台研究[D]. 南京: 东南大学, 2006.

[135] OPAL-RT Inc. RT-LAB Version 8.1 User Guide [K]. Canada: OPAL-RT Inc, 2005.

[136] 常晓飞, 符文星, 闫杰. RT-LAB 在半实物仿真系统中的应用研究[J]. 测控技术, 2008, 27(10): 75-78.

[137] 常晓飞, 符文星, 闫杰. 基于 RT-LAB 的某型导弹半实物仿真系统设计[J]. 系统仿真学报, 2009, 21(18): 5720-5723.

[138] 刘林. 现代飞行控制系统的评估与确认方法[M]. 北京: 国防工业出版社, 2010.

[139] 王岩, 隋思涟. 试验设计与 MATLAB 数据分析[M]. 北京: 清华大学出版社, 2012.

[140] 王文健, 许荔, 钱海挺等. 试验数据分析处理与软件应用[M]. 北京: 电子工业出版社, 2008.

[141] 费业泰, 陈晓怀, 秦岚, 等. 误差理论与数据处理[M]. 北京: 机械工业出版社, 2010.

[142] 李柏年, 吴礼斌. MATLAB 数据分析方法[M]. 北京: 机械工业出版社, 2012.

[143] 谢中华. MATLAB 统计分析与应用[M]. 北京: 北京航空航天大学出版社, 2010.

[144] 方洪鹰. 数据挖掘中数据预处理的方法研究[D]. 重庆: 西南大学, 2009.

[145] 关大伟. 数据挖掘中的数据预处理[D]. 吉林大学, 2006.

[146] 熊艳艳, 吴先球. 粗大误差四种判别准则的比较和应用[J]. 大学物理实验, 2010, 23(1): 66-68.

[147] 刘渊. 误差理论与数据处理[D]. 大连理工大学, 2009.

[148] 谷阳阳, 赵圣占. 遥测数据野值剔除方法的对比与分析[J]. 战术导弹技术, 2012, (2): 60-63.

[149] 姬威. 数据流聚类分析及其异常检测方法研究[D]. 北京化工大学, 2015.

[150] 张建业, 张鹏. 飞行数据的时间序列分析方法及其应用[M]. 北京: 国防工业出版社, 2013.

反侵权盗版声明

电子工业出版社依法对本作品享有专有出版权。任何未经权利人书面许可，复制、销售或通过信息网络传播本作品的行为；歪曲、篡改、剽窃本作品的行为，均违反《中华人民共和国著作权法》，其行为人应承担相应的民事责任和行政责任，构成犯罪的，将被依法追究刑事责任。

为了维护市场秩序，保护权利人的合法权益，我社将依法查处和打击侵权盗版的单位和个人。欢迎社会各界人士积极举报侵权盗版行为，本社将奖励举报有功人员，并保证举报人的信息不被泄露。

举报电话：（010）88254396；（010）88258888

传　　真：（010）88254397

E-mail：　dbqq@phei.com.cn

通信地址：北京市万寿路 173 信箱

　　　　　电子工业出版社总编办公室

邮　　编：100036